Lothar Träger

Steroidhormone

Biosynthese, Stoffwechsel, Wirkung

Mit 280 Abbildungen

Springer-Verlag Berlin Heidelberg GmbH 1977

Professor Dr. LOTHAR TRÄGER
Zentrum der Biologischen Chemie, Abteilung für Biochemie der Hormone, Klinikum der J. W. Goethe-Universität Frankfurt, 6000 Frankfurt

ISBN 978-3-540-08012-1 ISBN 978-3-642-66529-5 (eBook)
DOI 10.1007/978-3-642-66529-5

Library of Congress Cataloging in Publication Data. Träger, Lothar. Steroidhormone. Bibliography: p. Includes index. 1. Steroid hormones. I. Title. [DNLM: 1. Steroids. 2. Hormones. WK 150 T764s] · QP572.S7T7. 574.1'927. 76-49455.

Ursprünglich erschienen bei Springer-Verlag Berlin Heidelberg New York 1977
Softcover reprint of the hardcover 1st edition 1977

Bindearbeiten: Brühlsche Universitätsdruckerei, Gießen.

Für Ruth

Inhaltsverzeichnis

1. Vorwort

Vor rund 50 Jahren begannen die ersten systematischen Untersuchungen über die biologische Bedeutung der Steroidhormone. Aber erst nach 1960 schuf die Molekularbiologie die notwendigen Grundlagen zum Verständnis der Steroidhormon-Wirkungen auf molekularer Ebene.

Die in den letzten Jahren gewonnenen überaus zahlreichen neuen Erkenntnisse zur Biochemie und Molekularbiologie der Steroidhormone haben den Anstoß für eine zusammenfassende und aktuelle Darstellung dieses Wissensgebietes gegeben, in der auch solche Stoffgruppen berücksichtigt werden sollen, die an der Regulation von Biosynthese und Wirkung der Steroidhormone beteiligt sind.

Während bei der Beschreibung der Biosynthese der Steroidhormone die chemischen und biochemischen Abläufe im Vordergrund stehen, werden im Zusammenhang mit den regulativen Einflüssen auf die Steroidsynthese die Tropine, Liberine, Prostaglandine und cyclischen Nucleotide behandelt. Die biologische Aktivität der Steroidhormone in ihren Zielorganen wird durch die Beschreibung der einzelnen steroidabhängigen zellulären Leistungen umrissen. Schließlich werden Stoffwechsel und Abbau der Steroide unter besonderer Berücksichtigung der Biochemie der steroidumwandelnden Enzyme vorgestellt. Die molekularbiologischen Wirkungsmechanismen der Steroidhormone werden jeweils nach einer kurzen Einführung in die Molekularbiologie von Replikation, Transkription und Translation erläutert.

Dagegen mußten morphologische oder cytologische Aspekte der endokrinen Vorgänge in den Hintergrund treten. Auch bleiben einige Sondergebiete der Steroidbiochemie, z.B. die Gallensäuren, die Digitalisglycoside und Pflanzensteroide sowie die chemischen Totalsynthesen der Steroide unberücksichtigt. Vielmehr soll die gewählte Darstellung einen Beitrag zu der aktuellen Diskussion leisten, die über die in jüngster Zeit erhobenen Befunde und Modelle der Steroidhormonwirkung in Gang gekommen ist.

Aus der Fülle der Publikationen zur Biochemie und Wirkung der Steroidhormone wurden im wesentlichen nur Arbeiten aus den Jahren 1971 bis 1976 berücksichtigt. Soweit bekannt, wurden die im Text beschriebenen oder erwähnten Enzymaktivitäten gemäß den IUPAC-Empfehlungen von 1972 und 1976 katalogisiert. Auch die Nomenklatur der Peptid- und Proteohormone lehnt sich an die unlängst vorgelegten Empfehlungen der IUPAC an.

Frau U. Markert hat einen Teil der Zeichnungen der Kapitel 4 und 5 angefertigt, wofür ich herzlich danken möchte. Den Herren Priv.-Doz. Dr. D. Drahovsky, Dr. H. Kuhl und Dr. G. Ohlenschläger habe ich für hilfreiche Diskussionen zu danken. Zu überaus großem Dank bin ich Herrn Prof. Dr. R. Abraham (Frankfurt), Prof. Dr. H. Breuer (Bonn) und Priv.-Doz. Dr. K. Demisch (Frankfurt) verpflichtet, die sich der Mühe unterzogen haben, das gesamte Manuskript durchzusehen, und mich so auf mißverständliche oder falsche Formulierungen aufmerksam machen konnten. Auch dem Springer-Verlag möchte ich für die sachliche und großzügige Zusammenarbeit danken.

Frankfurt, Januar 1977 L. TRÄGER

2. Einleitung

Organe und Gewebe haben die Fähigkeit, sich wechselnden Beanspruchungen und äußeren Reizen funktionsgerecht anzupassen. Dies geschieht — in Abhängigkeit vom Grad der *Differenzierung*, den der Organismus erreicht hat — durch zwei verschiedene Systeme, dem *Nervensystem* und dem System regulierender Hormone. Beide Systeme greifen ineinander über. So erfolgt die Übertragung der elektrischen Signale zwar mit Hilfe intakter Nervenfasern, jedoch sind dabei hormonartige Signalüberträger (Neurotransmitter), wie *Acetylcholin* oder *Catecholamine*, beteiligt. Andererseits unterliegen die hormonbildenden Organe einer nervösen Kontrolle.

Die von bestimmten Organen und Geweben gebildeten Steroidhormone gelangen in der Regel über den Blutstrom in ihre Zielorgane und regulieren dort zahlreiche Stoffwechselvorgänge. Die Sexualhormone sind darüber hinaus an der Erhaltung und Funktionskontrolle der Fortpflanzungsorgane beteiligt. Eine Reihe von Steroidhormonen wird außerdem für die Entwicklungskontrolle des fetalen und heranwachsenden Organismus benötigt, alle Steroidhormone beeinflussen über eine zentrale Wirkung das Verhalten des Individuums.

Die Bezeichnung Hormon stammt von E. H. Starling, der um die Jahrhundertwende die stimulierende Wirkung des Proteohormons Sekretin auf das Pankreas beobachtete. Hormone sind chemische Verbindungen, die bereits in sehr geringer Konzentration wirken. Für *Proteohormone* beträgt die Konzentration im Blut meist weniger als 10^{-10} M, bei Steroiden werden mit 10^{-9} bis 10^{-6} M etwas höhere Konzentrationen im Blut gefunden. Der Organismus führt die Hormonsynthese selbst aus und ist nicht auf die Zufuhr der Hormone von außen angewiesen, wie es bei den Vitaminen der Fall ist.

Nach ihrer stofflichen Natur unterscheidet man zwischen Proteohormonen (z.B. Lutropin, Follitropin, Prolactin), bei denen es sich um höhermolekulare Proteine bzw. Proteide handelt, *Peptidhormonen* (z.B. Luliberin, Prolactostatin usw.), von Aminosäuren abgeleiteten niedermolekularen Hormonen (wie z.B. die Catecholamine) und den Steroidhormonen. Hinzu kommen die unter dem Oberbegriff *Gewebshormone* stehenden Verbindungen, die nicht in speziellen Drüsen gebildet werden (biogene Amine, Prostaglandine, cyclische Nucleotide).

3. Struktur und Nomenklatur der Steroide

Cholesterin (Abb. 3-1) ist gemeinsamer Vorläufer der Steroide (= sterinähnlich), aus dem diese durch Abspaltung der ganzen Seitenkette oder eines Teils davon und durch Modifikation des Moleküls entstehen.

Cholesterin stellt das wichtigste Sterin des tierischen, pflanzlichen und bakteriellen Organismus dar und enthält als Grundgerüst das Steran (Abb. 3-2 und Tab. 3-6), das in der Natur jedoch nicht vorkommt.

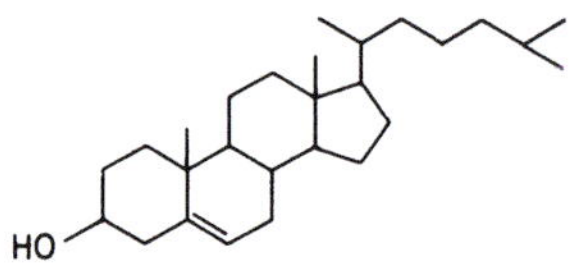

Abb. 3-1. Cholesterin

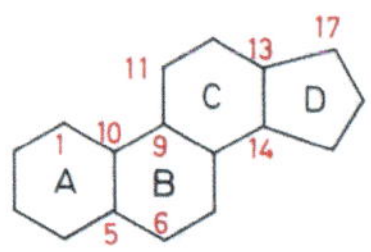

Abb. 3-2. Steran

Diese Verbindung besteht aus drei miteinander kondensierten sechsgliedrigen Ringen A, B und C und einem weiteren fünfgliedrigen Ring D, die zum Perhydrocyclopentanophenanthren-System, dem Steran, zusammentreten. Insgesamt sechs C-Atome dieser Verbindung weisen vier verschiedene Liganden auf. Entsprechend der Strukturisomerie des *Glycerinaldehyds*, bei der stets ein Paar strukturisomerer Verbindungen entsteht, wenn ein Kohlenstoff-Atom mit

Abb. 3-3. Strukturisomerie von D- und L-Glycerinaldehyd und deren Darstellung im Formelbild

vier verschiedenen Substituenten vorliegt (Abb. 3-3), führen die sechs C-Atome des Sterans, an denen die entsprechenden Strukturisomeren-Paare konstruiert werden können, zu insgesamt 2^6 verschiedenen Steran-Formen. Da die isomeren Formen an jedem einzelnen C-Atom spiegelbildliche Strukturen bilden, die dem Verhältnis der linken zur rechten Hand entsprechen, werden diese C-Atome als chiraler Kohlenstoff oder als *chirales Zentrum* (griech.: Hand) bezeichnet (Abb. 3-4).

Treten an das Steran-Gerüst weitere Substituenten, z. B. Hydroxygruppen, so erhält man zusätzliche chirale Zentren. Andererseits kommt es durch die Einführung von Doppelbindungen zum Wegfall eines solchen Zentrums. In den meisten natürlichen Steroiden liegen sieben chirale Zentren vor, d. h. es könnte theoretisch zur Bildung von $2^7 = 128$ verschiedenen Isomeren eines einzigen Steroides kommen.

Durch Einführung bestimmter Substituenten leiten sich vom Steran die Sterine und Steroide ab:

a) An den C-Atomen 10 und 13 können sog. angulare Methylgruppen stehen.

b) Das C-Atom 17 trägt stets Substituenten: Im Falle des Cholesterins eine verzweigte Kohlenstoffkette aus acht C-Atomen, im Falle der Corticoide eine sauerstoffreiche zwei C-Atome lange Seitenkette, im Falle der natürlichen Androgene und Östrogene eine Keto- bzw. Hydroxygruppe.

c) Am C-Atom 3 befindet sich bei den natürlichen Sterinen und Steroiden stets eine Sauerstoff-Funktion (Keto- oder Hydroxygruppe, die als 3-on bzw. 3-Hydroxy bezeichnet wird).

d) Häufig weisen die Verbindungen Doppelbindungen auf, die z. B. im Ring A zwischen C-Atom 4 und 5 (bezeichnet als 4-en), im Ring B zwischen C-Atom 5 und 6 (5-en), seltener zwischen C-Atom 1 und 2 (1-en) oder 16 und 17 (16-en) usw. bestehen. Manche Steroide enthalten auch mehrere Doppelbindungen. Bei den Östrogenen ist der Ring A aromatisch.

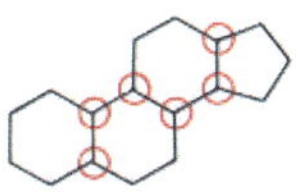

Abb. 3-4. Die chiralen C-Atome 5, 8, 9, 10, 13 und 14 des Sterans, die sog. „Brückenkopfatome" (Numerierung siehe Abb. 3-2)

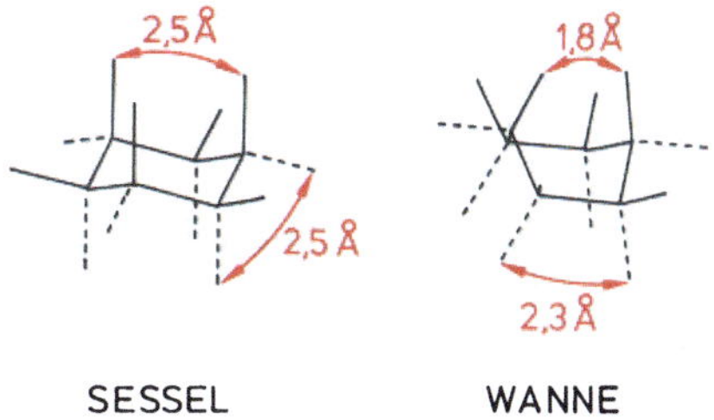

Abb. 3-5. Die beiden Konformationen „Sessel" und „Wanne" des Cyclohexans

Die Lage der C-Atome in den Ringen A bis C im Sterangerüst läßt sich mit den Ringkonformationen des *Cyclohexans* vergleichen. Cyclohexan kann in den beiden Konformationen „Sessel" und „Wanne" vorliegen (Abb. 3-5). Die Substituenten am Ring in der *Sesselform* weisen im Durchschnitt wesentlich größere Abstände zueinander auf, als es für die entsprechenden Reste in der *Wannenform* gemessen wird. Dadurch sind die intramolekularen Wechselwirkungen in der Sesselform geringer, Spannungen bzw. räumliche Behinderungen minimal. Dies bedeutet, daß die Sesselform energieärmer und damit stabiler ist als die Wannenform.

In den beiden Konformationen ragen die verschiedenen Substituenten nach oben oder unten aus der Zeichenebene heraus. Sie werden als axiale Reste a bezeichnet, wenn die Bindungen parallel einer gedachten Raumachse durch das Ringsystem liegen (Abb. 3-6). Eine gleiche Anzahl von Substituenten liegt mit ihren Bindungen in der Ebene der Sessel- oder Wannenform. Diese Reste

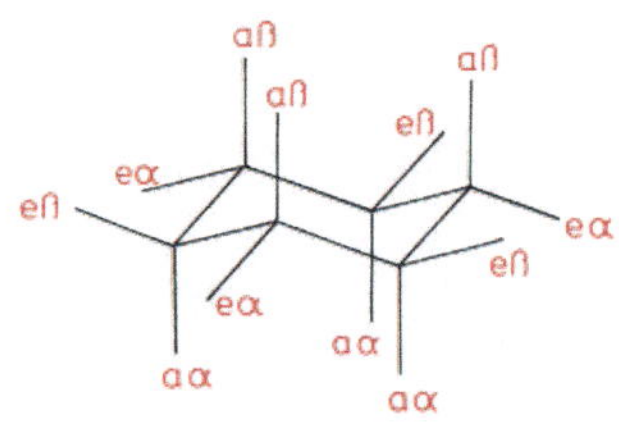

Abb. 3-6. Axiale (a) und äquatoriale (e) Substituenten am Cyclohexanring. Außerdem ist ihre Orientierung nach α oder β (unterhalb oder oberhalb der Zeichenebene) gekennzeichnet

werden als äquatoriale (e) Substituenten bezeichnet. Die nach oben aus der Zeichenebene herausragenden Liganden werden durch den Buchstaben β, die unterhalb der Zeichenebene liegenden Reste mit α gekennzeichnet. Bei den äquatorialen Resten richtet sich die Einordnung nach α oder β nach der Orientierung des axialen Substituenten am gleichen C-Atom. So ist am C-Atom 1 der äquatoriale Substituent (e) α-orientiert, am C-Atom 2 ist der äquatoriale Substituent dagegen β-orientiert.

Treten die einzelnen Cyclohexan-Ringe zum Steran-Gerüst zusammen, so liegen sie im Falle der (natürlichen) Sterine und Steroide ebenfalls in der Sesselform vor. Allerdings kann der Ring A zwischen den beiden Formen Sessel und Wanne oscillieren. Da sehr viele Steroide im Ring A eine Doppelbindung zwischen C-4 und C-5 haben, erfährt der Ring dadurch eine Versteifung, so daß sich keine klaren Sessel- oder Wannenformen einstellen können. Vielmehr schwingt der Ring A zwischen den Formen

$$2\beta\text{-Sofa} \rightleftharpoons 1\alpha, 2\beta\text{-Halbsessel} \rightleftharpoons 1\alpha\text{-Sofa}.$$

Dabei versteht man unter einer *Sofa-Konformation* eines sechsgliedrigen Ringes die ebene Anordnung von fünf Atomen, während das sechste Ringglied ober- (β) oder unterhalb (α) des Ringes liegt (Abb. 3-7). In der *Halbsesselform* bilden vier

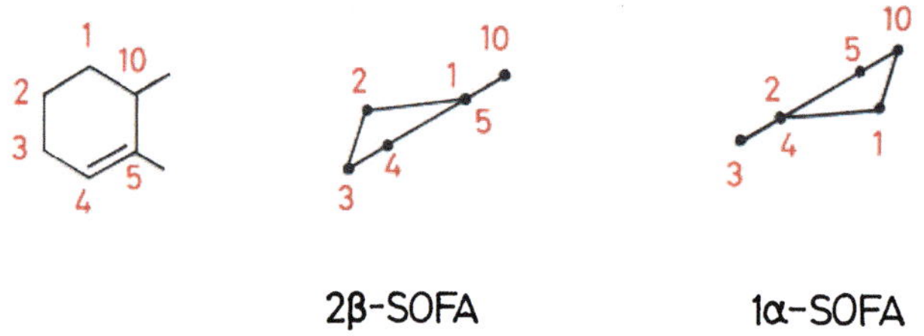

Abb. 3-7. 2β-Sofa- bzw. 1α-Sofa-Konformation eines 4-en-Sterins bzw. -Steroids im Ring A. Die Numerierung entspricht der im Ring A üblichen Reihenfolge. Die Kohlenstoff-Atome 5 und 10 gehören gemeinsam zu Ring A und B

C-Atome eine Ebene und die C-Atome 1 und 2 des Ringes A befinden sich unter- bzw. oberhalb der Ringebene (Abb. 3-8).

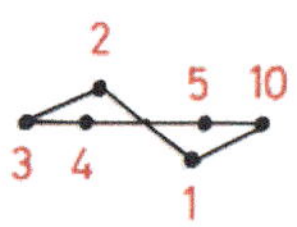

Abb. 3-8. 1α,2β-Halbsessel

Die Ringe B und C des Sterin- bzw. Steroidgerüstes sind durch die Nachbarringe in ihrer jeweiligen Ringkonformation — also Sessel- oder Wannen-Form — fixiert. Bei den meisten natürlichen Steroiden, die im Stoffwechsel des Menschen von Bedeutung sind, ist es die Sesselform. Bei einigen Naturstoffen haben allerdings bestimmte interne Ringe im Perhydrocyclopentanophenanthren-System die Wannenform (s. Abb. 3-17 und 3-18). Der Ring D kann nur in einer relativ flachen Konformation vorliegen.

Um die Orientierung α oder β rasch einem Formelbild entnehmen zu können, hat man sich darauf geeinigt, die aus der Zeichenebene nach oben herausragenden Substituenten β durch einen durchgehenden Bindungsstrich zu markieren. Dabei kann es sich sowohl um äquatoriale als auch axiale Substituenten handeln (Abb. 3-9). Die unter der Zeichenebene liegenden Substituenten α (die ebenfalls entweder axial oder äquatorial am Cyclohexan-Ring stehen können), werden durch eine punktierte Linie markiert (Abb. 3-10).

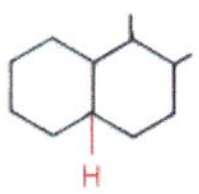

Abb. 3-9. Darstellung eines an C-5 in β stehenden Wasserstoffatoms

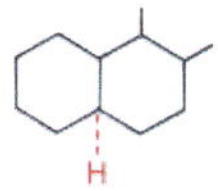

Abb. 3-10. Darstellung eines an C-5 in α stehenden Wasserstoffatoms

Bei der Verknüpfung von zwei Cyclohexanringen bestehen insgesamt vier verschiedene Möglichkeiten, wenn die in den Sterinen und Steroiden vorhandene *angulare Methylgruppe* berücksichtigt wird (Abb. 3-11). Wählt man als feststehenden Bezugspunkt die Methylgruppe an C-10 so aus, daß sie aus der Zeichenebene nach oben herausragt (β), so fallen von den vier Isomeren die beiden Formen 2 und 4 weg, bei denen die Methylgruppe unter der Zeichenebene liegt. Tatsächlich beziehen sich alle Konfigurationsaussagen am Steroidgerüst auf eine Form, in der Steran an C-10 mit einer Methylgruppe in β substituiert ist (Ausnahme: *Retro*-Steroide, s. Kap. 6, Abb. 6-2 und 6-3).

Die angularen Methylgruppen werden in den endgültigen Formelbildern nicht mehr durch den Rest CH_3, sondern als bloßer Strich, der von C-10 bzw.

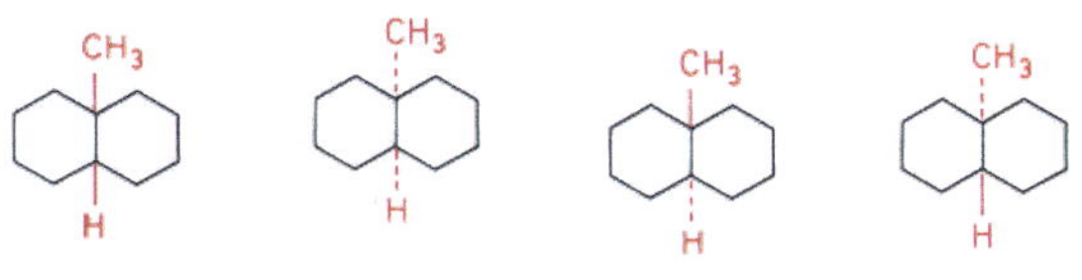

1 2 3 4

Abb. 3-11. Vier Dekalin-Isomere mit einer Methylgruppe an C-10

C-13 nach β orientiert ist, markiert. So erscheint das vollständige *Cholestan* mit den beiden Methylgruppen C-18 und C-19 sowie der Seitenkette, die aus acht C-Atomen C-20 bis C-27 besteht, in dem Formelbild der Abb. 3-12. Der an den

Kohlenstoff-Atomen gebundene Wasserstoff wird im Formelbild nicht mehr berücksichtigt.

In den beiden *Dekalin*-Isomeren 1 und 3 aus Abb. 3-11 bestehen für die beiden Substituenten an C-5 und C-10 folgende räumliche Orientierungen: In der Form 1 liegt der Substituent H an C-5 auf der gleichen Seite des Moleküls wie die angulare Methylgruppe an C-10. Daraus resultiert für die beiden miteinander verbundenen Ringe A und B eine gewinkelte Lage, die als cis bezeichnet wird (Abb. 3-13).

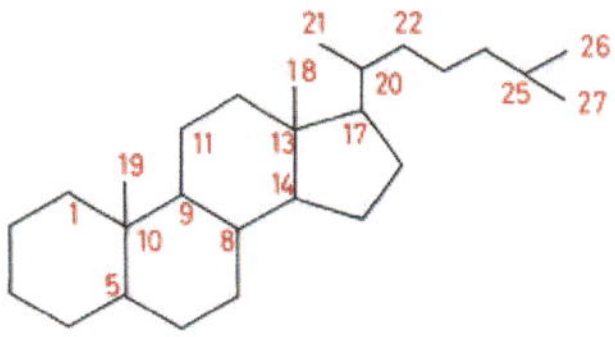

Abb. 3-12

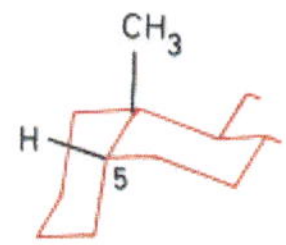

Abb. 3-13

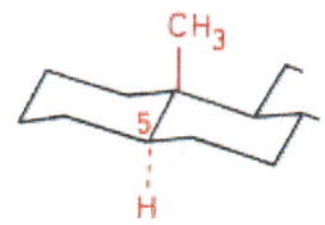

Abb. 3-14

Abb. 3-12. Cholestan.
In der gewählten Darstellung bleibt offen, ob an C-5 (und den weiteren chiralen C-Atomen) der Wasserstoff nach α oder β orientiert ist

Abb. 3-13. Räumliche Darstellung der aus Form 1 der Abb. 3-11 resultierenden Verbindung.
An C-5 steht H in β, d.h. cis zur Methylgruppe. Die beiden Ringe A und B sind ebenfalls in cis zueinander angeordnet

Abb. 3-14. Räumliche Darstellung der aus Form 3 der Abb. 3-11 resultierenden Verbindung.
An C-5 steht H in α, d.h. trans zur Methylgruppe. Die beiden Ringe A und B liegen ebenfalls in trans zueinander

Entsprechend gilt für die Form 3, daß die Methylgruppe in trans zum Substituenten H an C-5 steht (Abb. 3-14). Die Definition der *Ringverknüpfung* cis oder trans ist unabhängig von der Konformation der Ringe, gilt also sowohl für die Sessel- wie die Wannenform. Will man — insbesondere im Hinblick auf ungewöhnliche Naturstoffe — gesondert hervorheben, daß ein bestimmter Ring in Sessel- oder Wannenform vorliegt, so macht man sich die Tatsache zunutze, daß in den Sesselformen bei benachbarten C-Atomen die axialen Substituenten stets in trans zueinander stehen (s. Abb. 3-5). Dagegen befinden sich bei der Wannenform die axialen benachbarten Substituenten in cis zueinander. Nun ist die gleichzeitige Verwendung der Ausdrücke cis und trans sowohl für den Typ der Ringverknüpfung als auch für die Festlegung der Ringkonformation verwirrend. Aus diesem Grunde wählt man für die Definition der Ringform

„Sessel“ die Bezeichnung anti (statt trans)
„Wanne“ die Bezeichnung syn (statt cis).

Zur vollständigen Definition eines gegebenen Steran-Ringsystems wird daher die Lage der Substituenten an den Brückenkopfatomen — das sind die in

Abb. 3-4 definierten chiralen Zentren — in der folgenden Reihenfolge gekennzeichnet (Tabelle 3-1).

Tabelle 3-1. Zuordnung der Ringverknüpfung und Ringkonformation zur Lage der Substituenten an den Bindungen zwischen den Brückenkopfatomen des Steran-Ringsystems

5 → 10	kennzeichnet die Art der Ringverknüpfung zwischen A und B
10 → 9	kennzeichnet die Ringkonformation von Ring B
9 → 8	kennzeichnet die Art der Ringverknüpfung zwischen B und C
8 → 14	kennzeichnet die Ringkonformation von Ring C
14 → 13	kennzeichnet die Art der Ringverknüpfung zwischen C und D

Das komplette Ringsystem der Steroide in der 5α-Konformation (bzw. solcher Abkömmlinge, die an C-4 bzw. C-5 eine Doppelbindung tragen) wird durch die folgende Konformationsbeschreibung definiert (Tabelle 3-2, Abb. 3-15).

Tabelle 3-2. Zuordnung der Nomenklatur des Ringsystems für 5α- oder 4-en- bzw. 5-en-Steroide bzw. -Sterine

Bezeichnete Ringverknüpfung	A/B		B/C		C/D
Bezeichnete Ringkonformation		B		C	
	↓	↓	↓	↓	↓
Nomenklatur	trans	anti	trans	anti	trans

Liegt eine Doppelbindung zwischen C-4 und C-5 bzw. C-5 und C-6 vor, so erzwingt sie am C-5 eine ebene Anordnung der verbliebenen Einfachbindungen mit der Doppelbindung. Dadurch resultiert eine Steroidkonformation im Bereich der Ringe A und B, die nahezu mit der der 5α-Steroide identisch ist. Das gleiche gilt für Östrogene mit aromatischem Ring A, d. h. auch hier können die Ringe A und B keine gewinkelte Struktur zueinander bilden, sondern nehmen eine relativ flache Lage ein.

Alle 5β-Steroide und -Sterine liegen dagegen in einer gewinkelten Struktur zwischen Ring A und B vor (Abb. 3-16). Ihre vollständige Strukturbezeichnung ist der Tabelle 3-3 zu entnehmen.

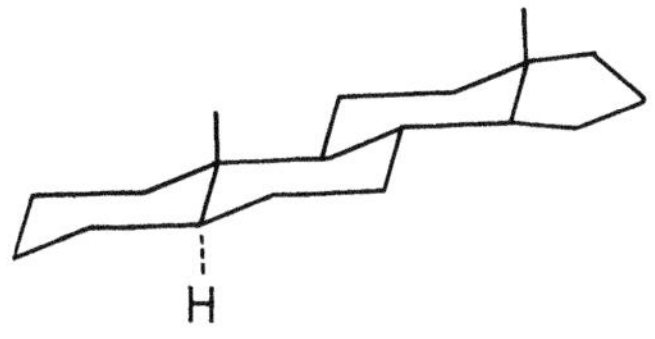

Abb. 3-15. Räumliche Darstellung eines 5α-Sterins oder -Steroides

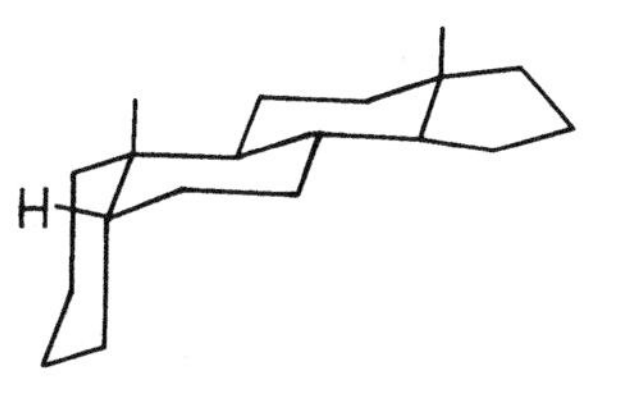

Abb. 3-16. Räumliche Darstellung eines 5β-Steroides

Tabelle 3-3. Zuordnung der Nomenklatur des gesamten Ringsystems für 5β-Steroide bzw. -Sterine

Bezeichnete Ringverknüpfung	A/B		B/C		C/D
Bezeichnete Ringkonformation		B		C	
Nomenklatur	cis	anti	trans	anti	trans

Zu den Naturstoffen, bei denen bestimmte Ringe innerhalb des Perhydrocyclopentanophenanthren-Systems in Abweichung von den normalen Steroiden in der Wannenform vorliegen, seien zwei Vertreter genannt. Die sich von der *Fusidansäure* ableitenden Antibiotika (z. B. Fusidinsäure) weisen im Ring B eine Wannenform auf. Ihre vollständige Konformation wird daher durch die Folge „trans-syn-trans-anti-trans" definiert. Im Falle der Fusidansäure ist als weitere strukturelle Besonderheit eine an C-14 stehende Methylgruppe zu erwähnen. An C-13 fehlt dagegen die für Sterine und Steroide charakteristische Methylgruppe (Abb. 3-17).

Bei den Kröten- und Herzgiften finden sich Vertreter, die im Ring C in der Wannenform vorliegen, also durch die Folge „cis-anti-trans-syn-cis" beschrieben werden (Abb. 3-18).

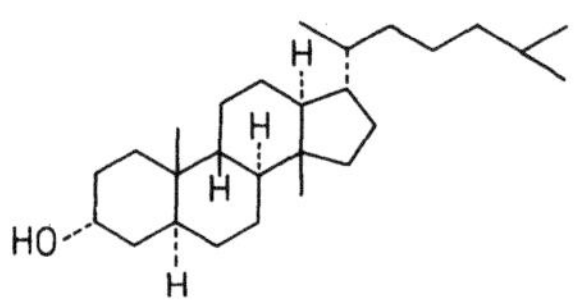

Abb. 3-17. Fusidansäure

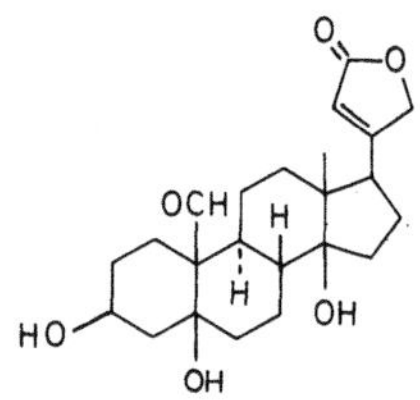

Abb. 3-18. Strophantidin

Im *Strophantidin* fallen weitere Strukturanomalien auf: Hydroxygruppe an C-5 (in β stehend), Oxydation der angularen Methylgruppe an C-10 zum Aldehyd-Rest und fünfgliedriger Lactonring am C-17.

Da sich die Beschreibung der Ringverknüpfung und Ringform mit den Symbolen trans bzw. cis und anti bzw. syn nicht allgemein durchgesetzt hat, verwendet man in zunehmendem Maße folgende Definition: es werden die vom normalen Ringsystem des 5α-Pregnans, das den Wasserstoff an den Brückenkopfatomen in den Positionen

5α, 8β, 9α, 10β, 13β, 14α

trägt, abweichenden Positionen angegeben. Im Strophantidin stehen die H-Atome bzgl. der hier interessierenden Positionen an

5β, 8β, 9α, 10β, 13β, 14β.

Die Abweichung betrifft daher 5β und 14β; seine Struktur wird daher durch 3β,5,14-Trihydroxy-(5β,14β)-card-20(22)-enolid-19-on beschrieben.

Für die beiden Grundformen der Steroide bzw. Sterine läßt sich für alle substituierbaren Positionen die Lage der Substituenten im Raum bezüglich der axialen oder äquatorialen *Orientierung* angeben (Tabelle 3-4). Diese Orientie-

Tabelle 3-4. Orientierung der Substituenten in den beiden Ringkonformationen 5α bzw. 5β in Abhängigkeit von der Lage der Substituenten in α oder β

Substituent am C-Atom	5α- bzw. 4-en- oder 5-en-Konformation		5β- Konformation	
Lage der Substituenten	α	β	α	β
1	a	e	e	a
2	e	a	a	e
3	a	e	e	a
4	e^{+}	a^{+}	a	e
5	$a^{\times}$			a^{y}
10		a		e^{z}
	gemeinsam für 5α- bzw. 5β-Konformation			
	α	β		
6	$e^{\times\times}$	$a^{\times\times}$		
7	a	e		
8		a		
9	a			
11	e	a		
12	a	e		
13		a		
14	a			
15	e^{++}	a^{++}		
16	o	o		
17	a^{++}	e^{++}		

$^{+}$ Beschreibung der Orientierung entfällt in 4-en-Verbindungen
$^{\times}$ Beschreibung entfällt in 4-en- und 5-en-Derivaten
$^{\times\times}$ Beschreibung entfällt in 5-en-Derivaten
^{y} Orientierung bezogen auf Ring A. Bezüglich Ring B liegt der Substituent äquatorial
^{z} Orientierung bezogen auf Ring A. Bezüglich Ring B liegt der Substituent axial
$^{++}$ Orientierung bezogen auf Ring C
o Orientierung symmetrisch zur Ringebene D.

rung beeinflußt die Reaktionsbereitschaft der Substituenten. In der Regel kann man davon ausgehen, daß äquatoriale Substituenten stabiler und reaktionsträger sind als axiale. So werden äquatoriale Hydroxy-Gruppen schwerer zu Carbonyl-Sauerstoff aufoxydiert als axiale. Die axialen Substituenten sind häufig für die biologische Wirkung wesentlich, z. B. die Gruppen 3α und 11β. Umwandlungen an den Ringen B und C erfolgen wegen der abschirmenden Wirkung der (in β stehenden) Methylgruppen, die aus der Oberseite des Ringsystems herausragen, meist von der Unter- (α-)Seite des Ringsystems. Andererseits erfolgt die Erkennung der Steroide hauptsächlich von der Oberseite (s. Kap. 8.1). Insgesamt kann man für die biologisch wichtigen Steroide folgenden in Tabelle 3-5 wiedergegebenen Zusammenhang zwischen Aktivität und Struktur erkennen. Zu diesem Schema gibt es allerdings auch eine Reihe von Ausnahmen.

Tabelle 3-5. Zuordnung biologischer Aktivitäten der Steroide zum flachen (trans) bzw. gewinkelten (cis) Ringsystem A/B

Lage der Ringe A/B	Eigenschaften des Steroides	Nomenklatur
trans	meist biologisch aktiv	5α; 4-en; 5-en; 1,3,5-trien
cis	häufig biologisch inaktiv	5β

In Tabelle 3-6 sind die gebräuchlichen Bezeichnungen für die Steroidhauptgruppen zusammengefaßt. Sie werden bei der Beschreibung der Verbindungen in der systematischen Nomenklatur verwendet. Daneben halten sich zahlreiche Trivialnamen, die wegen ihrer Kürze in der Praxis vorgezogen werden (Verzeichnis s. Kap. 11.3).

Tabelle 3-6. Systematische Nomenklatur der vom Steran abgeleiteten Verbindungen. Alle aufgeführten Grundformen kommen nicht in der Natur vor

Name	Anzahl der C-Atome	Bemerkungen	
Steran	17	beide angularen Methylgruppen an C-10 bzw. C-13 fehlen	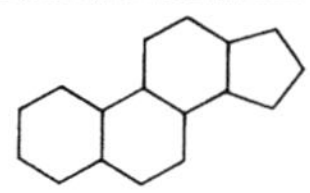
Östran	18	die angulare Methylgruppe an C-10 fehlt. Ring A ist (im Gegensatz zu den kompletten Östrogenen) nicht aromatisch	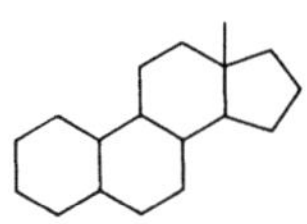
Androstan	19	Rest R = H	
Pregnan	21	Rest R = CH_2CH_3	
Cholan	24	Rest R = $CH(CH_3)\ (CH_2)_2CH_3$	
Cholestan	27	Rest R = $CH(CH_3)\ (CH_2)_3CH(CH_3)_2$ In den C-19- bis C-27-Verbindungen stehen die Methylgruppen an C-10 und C-13 in β	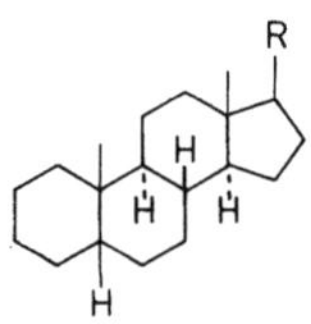 5 β 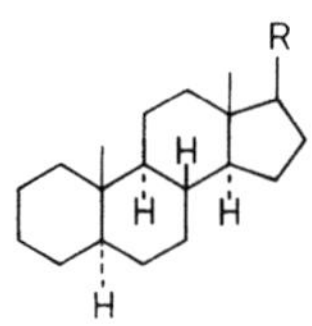 5 α

4. Die Biosynthese der Steroide

Schon frühzeitig wurde die Vermutung ausgesprochen, daß *Cholesterin* in den steroidbildenden Organen und Geweben als unmittelbarer Vorläufer der Steroidhormone dient. Bei der Suche nach den Vorstufen des Cholesterins fanden verschiedene Arbeitskreise zwischen 1937 und 1942, daß Acetat als der niedermolekulare Vorläufer des Cholesterins und damit auch der Steroidhormone anzusehen ist. Aus dem Arbeitskreis von Bloch kam schließlich 1952 der endgültige Beweis für diese Annahme.

4.1 Die Biosynthese von Cholesterin

Die Biosynthese beginnt mit der Bereitstellung von Acetyl-CoA, das anschließend durch die β-Ketothiolase [EC 2.3.1.16] zu Acetoacetyl-CoA umgesetzt wird (Abb. 4-1). Das Gleichgewicht der zweiten Reaktion liegt normalerweise auf der Seite der Spaltung zu Acetyl-CoA, wird aber durch den Entzug von Acetoacetyl-CoA zugunsten der Kondensation zu β-Methyl-β-hydroxy-glutaryl-CoA (HMG-CoA) auf die Synthese-Seite hin verschoben. Die Bildung von β-Methyl-β-hydroxy-glutaryl-CoA ist eine irreversible Reaktion (Abb. 4-2).

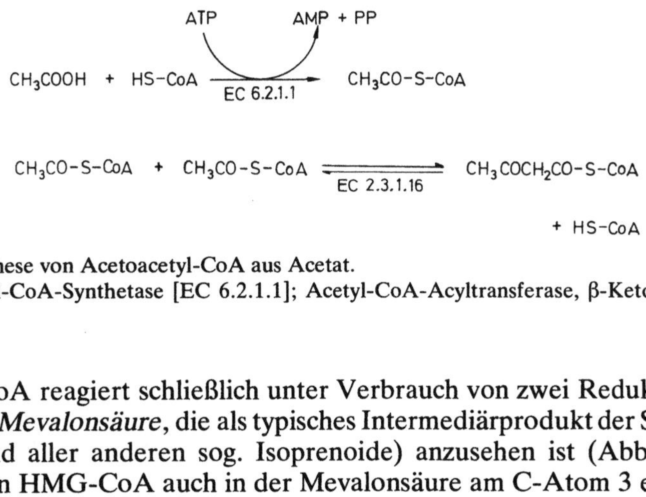

Abb. 4-1. Synthese von Acetoacetyl-CoA aus Acetat.
Enzyme: Acetyl-CoA-Synthetase [EC 6.2.1.1]; Acetyl-CoA-Acyltransferase, β-Ketothiolase [EC 2.3.1.16]

HMG-CoA reagiert schließlich unter Verbrauch von zwei Reduktionsäquivalenten zur *Mevalonsäure*, die als typisches Intermediärprodukt der Sterin-Biosynthese (und aller anderen sog. Isoprenoide) anzusehen ist (Abb. 4-3). Da ebenso wie in HMG-CoA auch in der Mevalonsäure am C-Atom 3 ein chirales Zentrum vorliegt und die an der Mevalonsäure-Verwertung beteiligten Enzyme nur eine der möglichen Isomeren verwerten, muß die Lage der Substituenten am C-3 nach den R- und S-Regeln[1] (Cahn et al., 1966) definiert werden. Die

[1] IUPAC Tentative rules for the nomenclature of organic chemistry. Section E. Fundamental Stereochemistry. Eur. J. Biochem. *18,* 151 (1971).

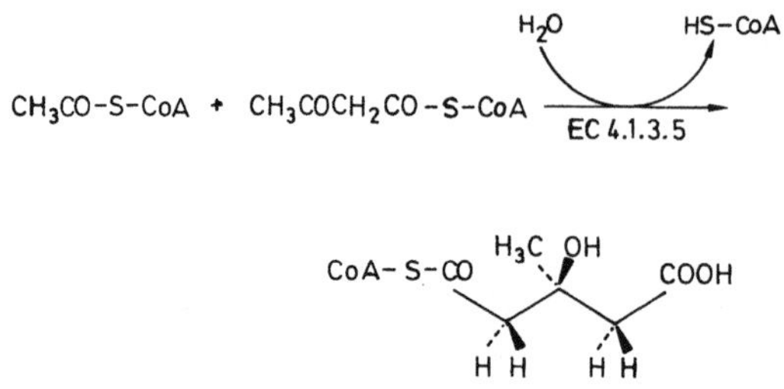

Abb. 4-2. Bildung von 3 S-Hydroxymethyl-glutaryl-CoA.
Enzym: Hydroxymethylglutaryl-CoA-Synthase [EC 4.1.3.5]

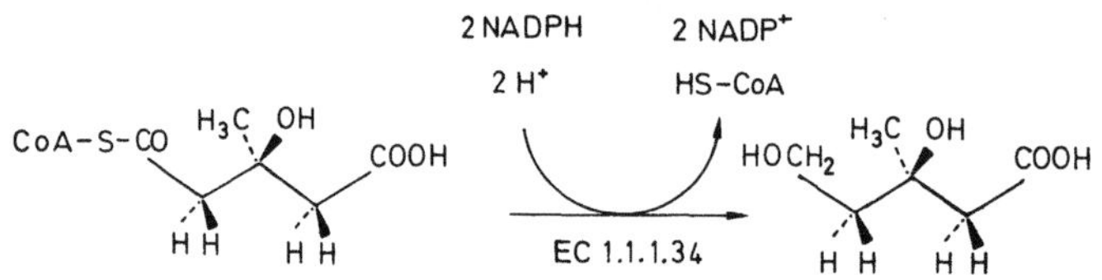

Abb. 4-3. Bildung von 3 R (+)-Mevalonsäure.
Enzym: Hydroxymethylglutaryl-CoA-Reduktase (NADPH) [EC 1.1.1.34]

biologisch aktive Form hat die Konfiguration 3 R (+)-Mevalonsäure. Ohne Umkehrung der Chiralität geht sie aus 3 S-Hydroxymethyl-glutaryl-CoA hervor. Da die Wertigkeit der Substituenten am C-3 von HMG-CoA bzw. Mevalonsäure entsprechend den Chiralitäts-Regeln verschieden ist, resultiert eine unterschiedliche Definition am C-3 für die beiden im übrigen jedoch konformationsgleichen Intermediate. 3 S (−)-Mevalonsäure wird von Versuchstieren unverändert im Urin ausgeschieden.

Die Reduktion von HMG-CoA zu Mevalonsäure stellt den entscheidenden Verzweigungspunkt bei der Verwertung von Acetat dar, denn HMG-CoA kann auch mit Hilfe der Hydroxymethylglutaryl-CoA-Lyase [EC 4.1.3.4] zu Acetoacetat gespalten werden. Diese Reaktion führt zur *Ketosäuresynthese.* Tatsächlich sind beide Synthesezweige schon am Anfang räumlich getrennt, denn die beiden anabolen Prozesse laufen entweder mikrosomal oder mitochondrial ab (Tabelle 4-1) (Bucher et al., 1960; Clinkenbeard et al., 1975).

Tabelle 4-1. Intracelluläre Verteilung der Enzyme in den Anfangsschritten von Ketogenese und Cholesterin-Synthese

Anaboler Prozeß Lokalisation Enzym	Ketosäure-Bildung Mitochondrien	Cholesterin-Bildung Mikrosomen
Acetyl-CoA-Acyltransferase [EC 2.3.1.16]	×	×
HMG-CoA-Synthase [EC 4.1.3.5]	×	×
HMG-CoA-Lyase [ES 4.1.3.4]	×	
HMG-CoA-Reduktase (NADPH) [EC 1.1.1.34]		×

An der weiteren Verwertung der R-Mevalonsäure bis zum *Farnesylpyrophosphat* sind insgesamt fünf (möglicherweise auch sechs) Enzyme beteiligt, die sich ausnahmslos im löslichen Teil des Cytoplasmas befinden (Übersicht s. Tabelle 4-2 am Schluß des Kap. 4.1).

Zunächst wird die Mevalonsäure zu *Mevalonsäurepyrophosphat* aufphosphoryliert (Abb. 4-4). Im nächsten Schritt wird dieses Intermediat an der Sauerstoff-Funktion am C-3 unter Bildung von 3-Phospho-mevalonsäure-5-pyrophosphat verändert (Abb. 4-5). Allerdings ist diese Zwischenverbindung noch immer hypothetisch. Anschließend wird durch Verschiebung des einen Elektro-

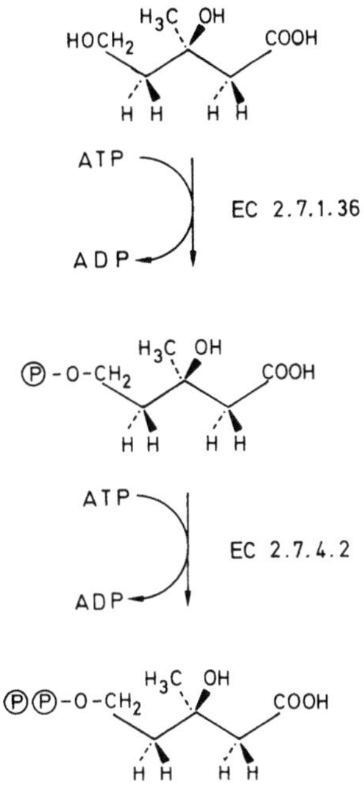

Abb. 4-4

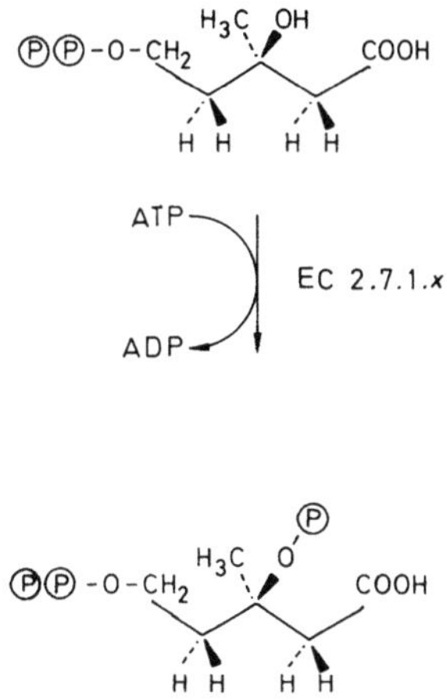

Abb. 4-5

Abb. 4-4. Umsetzung von Mevalonsäure zu Mevalonsäure-pyrophosphat über 5-Phosphomevalonsäure.
Enzyme: Mevalonat-Kinase [EC 2.7.1.36], Phosphomevalonat-Kinase [EC 2.7.4.2]

Abb. 4-5. Bildung des hypothetischen Intermediates 3-Phosphomevalonsäure-5-pyrophosphat.
Enzym: Mevalonsäurepyrophosphat-Kinase [EC 2.7.1.x]

nenpaares aus der neu phosphorylierten Sauerstoff-Funktion an C-3 die Abspaltung der Phosphat-Gruppe eingeleitet (Abb. 4-6). Ist der Sauerstoff an C-3 durch O^{18} markiert, so ist er im freigesetzten Phosphat wiederzufinden.

Bei der anschließenden Isomerisierung von *Isopentenylpyrophosphat* zu *Dimethylallylpyrophosphat* wird die Bindung desjenigen Wasserstoff-Atoms gelöst, das ursprünglich an C-4 der Mevalonsäure in cis zur Methylgruppe an C-3 stand (Abb. 4-7). Durch Abspaltung eines Pyrophosphat-Anions aus Dimethylallylpyrophosphat verbleibt ein Carbonium-Ion, das in Gegenwart der Dimethylallyltransferase [EC 2.5.1.1] und Isopentenylpyrophosphat zu *Geranylpyrophosphat* kondensiert (Ionisations-Kondensations-Eliminations-Mechanismus) (Abb. 4-8). Geranylpyrophosphat lagert mit dem gleichen Mechanismus ein weiteres Molekül Isopentenylpyrophosphat zu Farnesylpyrophosphat an (Abb. 4-9). Die Verknüpfung aller Doppelbindungen erfolgt in trans. Die Reaktion ist im Pyrophosphat-Überschuß reversibel (Poulter und Rilling, 1976).

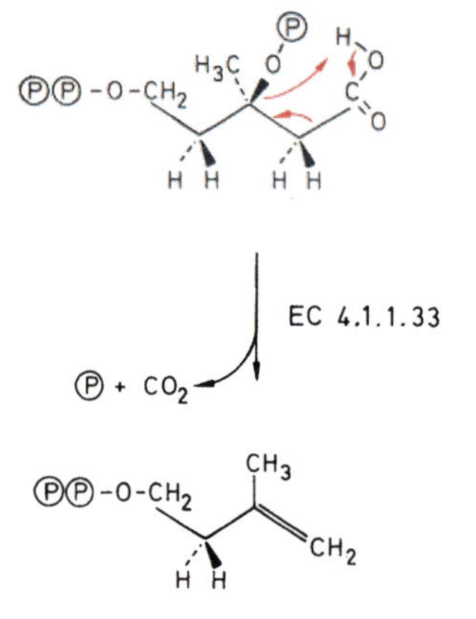

Abb. 4-6

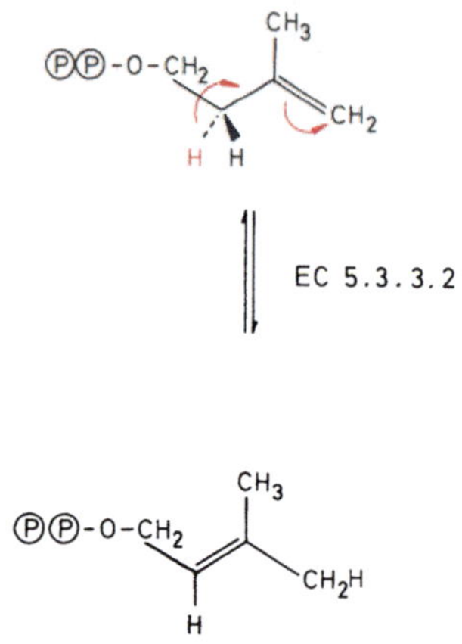

Abb. 4-7

Abb. 4-6. Bildung des „aktiven Isoprens" Isopentenylpyrophosphat aus 3-Phosphomevalonsäure-5-pyrophosphat.
Enzym: Pyrophosphomevalonat-Decarboxylase [EC 4.1.1.33]

Abb. 4-7. Isomerisierung von Isopentenylpyrophosphat zu Dimethylallylpyrophosphat (Prenylpyrophosphat).
Enzym: Isopentenylpyrophosphat Δ-Isomerase [EC 5.3.3.2]

In einer mehrstufigen Folgereaktion, die durch die Farnesyltransferase [EC 2.5.1.21] katalysiert wird, gehen zwei Moleküle Farnesylpyrophosphat eine Kopf-an-Kopf-Kondensation ein. Es bildet sich ein pyrophosphathaltiges Intermediat, das *Präsqualenpyrophosphat* (Abb. 4-10), aus dem unter Verbrauch von NADPH und Abspaltung des Pyrophosphat-Restes *Squalen* entsteht (Abb. 4-11). Nach nucleophilem Angriff kondensiert das Enzym die beiden C_{15}-Vorläufer zu einem Cyclopropan-Derivat, das sich — möglicherweise über ein Cyclobutan-Intermediat — zum C_{30}-Körper Squalen stabilisiert (Edmond et al., 1971). Das farbig gekennzeichnete H-Atom stammt aus der Position pro 4 S des reduzierenden Cosubstrates NADPH (identisch mit der früheren Bezeichnung 4 B) (Abb. 4-12).

Werden die beiden Reste $C_{10}H_{17}$ im Squalen der Abb. 4-11 ausgeschrieben, so erhält man das in Abb. 4-13 gezeigte Formelbild. Die Fähigkeit des Squalens, ein Vorläufer für das Cyclopentanoperhydrophenanthren-Ringsystem zu sein, wird deutlich, wenn man die Kohlenstoffkette entsprechend den zu erwartenden

Abb. 4-8. Kondensation von Isopentenylpyrophosphat mit Dimethylallylphosphat unter Bildung von Geranylpyrophosphat.
Enzym: Dimethylallyltransferase [EC 2.5.1.1]

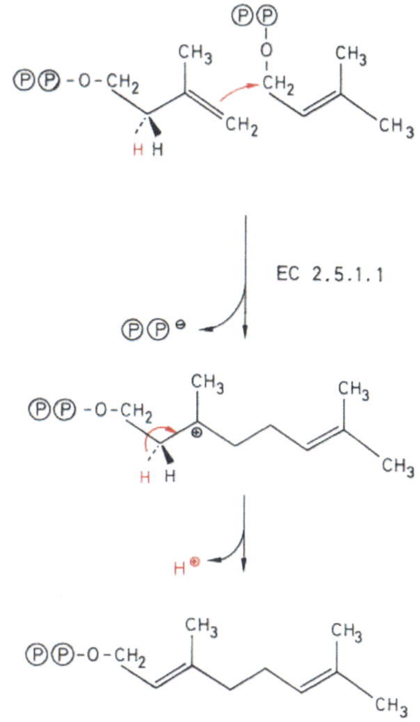

Cyclisierungen niederschreibt (Abb. 4-14). Insgesamt finden bis zur Bildung des Squalens die in Abb. 4-15 notierten stöchiometrischen Umsätze statt.

Aus Squalen entsteht in Gegenwart von NADPH (als vermutlichem H-Donator) und Sauerstoff mit Hilfe der Squalen-Monooxygenase (2,3-epoxidierend) [EC 1.14.99.7] das 3 S-2,3-Oxido-squalen (Formel in Abb. 4-16). Diese Squalenepoxidase ist inzwischen aus der Rattenleber isoliert und eingehend charakterisiert worden. Sie enthält NADPH-Cytochrom c-Reduktase [EC 1.6.2.4] und ein Flavoprotein, jedoch weder Cytochrom P-450 noch Cytochrom b_5 (Ono und Bloch, 1975).

Durch Öffnung des Epoxid-Ringes und Bildung eines Carbonium-Ions an C-2 erfolgt in einer Kettenreaktion die Cyclisierung des gesamten Systems. *Protolanosterin* stabilisiert sich schließlich unter Eliminierung eines Protons, nachdem über eine Serie von 1,2-Trans-Wanderungen Protonen bzw. Methylgruppen ihren Platz gewechselt haben. Als Endprodukt verbleibt das stabile *Lanosterin* (Abb. 4-16).

Zur weiteren Umwandlung von Lanosterin in Richtung Cholesterin erfolgt zunächst die Eliminierung der überzähligen Methylgruppen aus den Positionen

Abb. 4-9. trans-trans-Farnesylpyrophosphat, C_{15}-Intermediat.
Bildung aus Geranylpyrophosphat und Isopentenylpyrophosphat unter Beteiligung der Dimethylallyltransferase [EC 2.5.1.1]

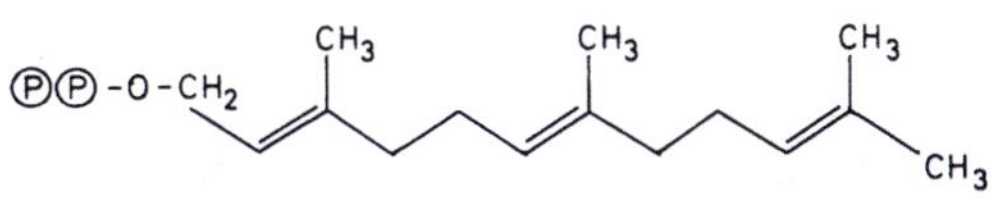

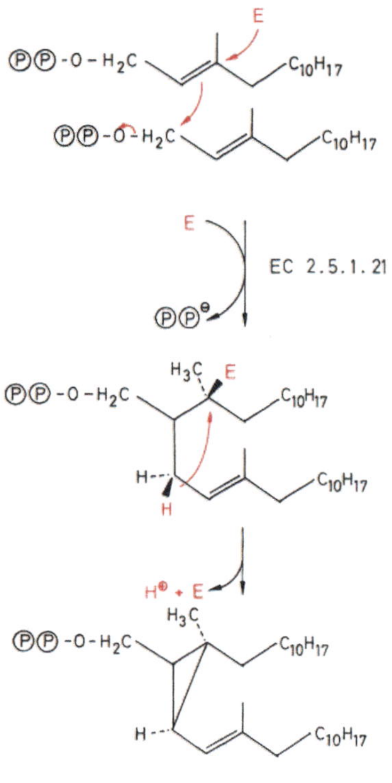

Abb. 4-10

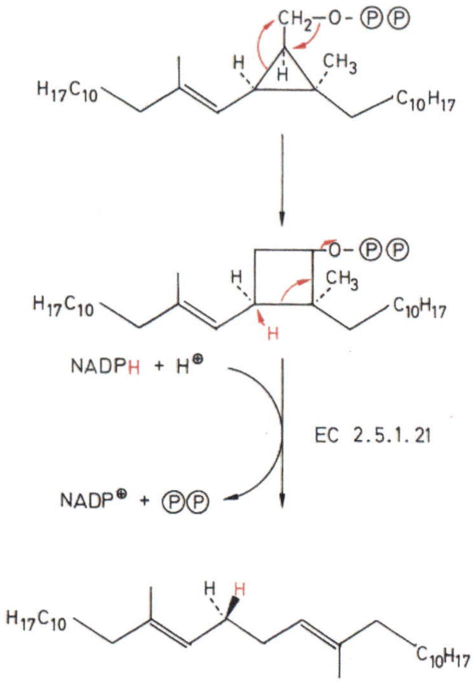

Abb. 4-11

Abb. 4-10. Bildung von Präsqualenpyrophosphat aus zwei Molekülen Farnesylpyrophosphat unter nucleophilem Angriff des Enzyms.
Enzym: Farnesyltransferase [EC 2.5.1.21]

Abb. 4-11. Stabilisierung von Präsqualenpyrophosphat zum Squalen.
Enzym: Farnesyltransferase [EC 2.5.1.21]

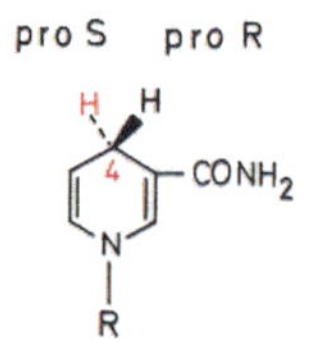

Abb. 4-12. Konfiguration am C-4 in NADPH oder NADH

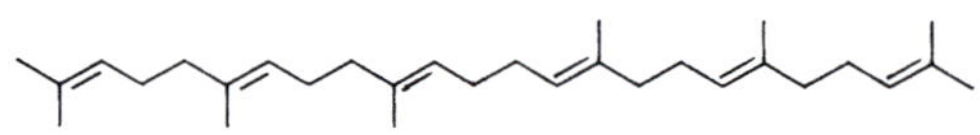

Abb. 4-13. All-trans-Squalen, C_{30}-Körper

C-14 und C-4, und zwar in der Reihenfolge 14α, 4α und zum Schluß 4β (Miller und Gaylor, 1970). Die *Demethylierungen* erfolgen für jede einzelne Methylgruppe nach dem Schema der Abb. 4-17.

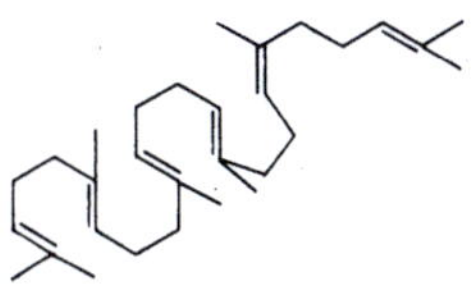

Abb. 4-14. Darstellung des Squalens als direkter Vorläufer der Sterine

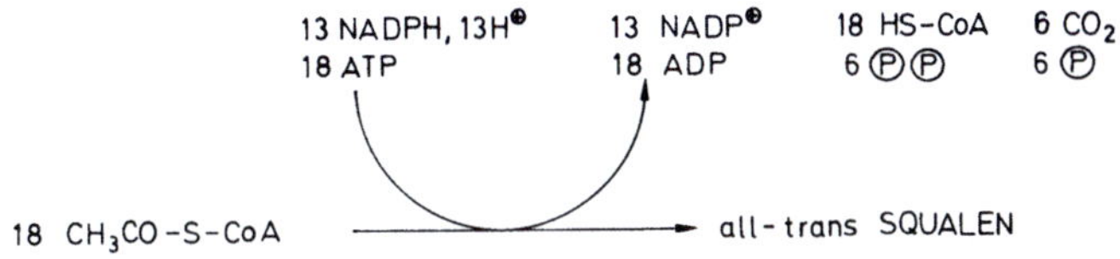

Abb. 4-15. Bruttoumsatz zur Squalen-Bildung aus Acetyl-CoA

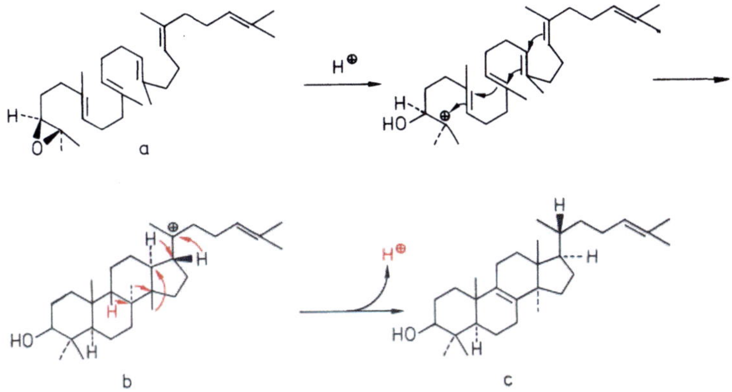

Abb. 4-16. Bildung von Lanosterin aus 2,3-Oxidosqualen über Protolanosterin.
Die postulierte positive Ladung an C-20 kann als die funktionelle Gruppe des Enzyms (in α stehend) aufgefaßt werden (Phillips und Clifford, 1976).
Enzym: 2,3-Oxidosqualen-Lanosterin-Cyclase [EC 5.4.99.7]. (a) 3 S-2,3-Oxido-squalen, (b) Protolanosterin, (c) Lanosterin (3β-Hydroxy-4,4,14α-trimethyl-8,24-cholestadien)

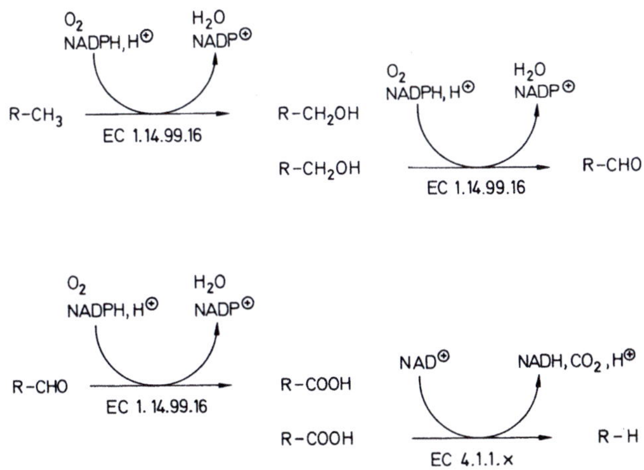

Abb. 4-17. Verlauf der Demethylierung am Sterin-Gerüst.
Enzyme: Methylsterinmonooxygenase [EC 1.14.99.16], Sterincarbonsäure-Decarboxylase (NAD^+) [EC 4.1.1.x]

Im Falle der zuerst entfernten Methylgruppe von Position 14α bleibt allerdings die Oxydation auf der Stufe des Aldehyds stehen. Dieser Rest wird nach Hydroxylierung des Nachbar-C-Atoms als Ameisensäure eliminiert (Abb. 4-18). Das (farbige) H-Atom an C-14 stammt aus der Position 4 pro S des NADPH, H_L aus dem Lösungsmittel (Akhtar et al., 1972; Alexander et al., 1972). Für die Abspaltung der Carboxygruppe aus der Position 4α wird dagegen der ın Abb. 4-19 vorgeschlagene Mechanismus diskutiert (Wilton und Akhtar, 1975). Für den Verlauf dieser Reaktion ist charakteristisch, daß pro Methylgruppe 3 Mol O_2 + 3 Mol NADPH verbraucht werden. Ferner fällt auf, daß die

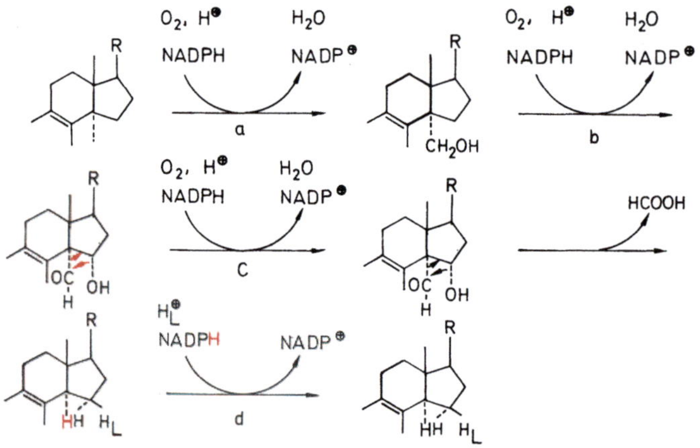

Abb. 4-18. Demethylierung von Lanosterin an C-14.
Enzyme: (a), (b) Methylsterinmonooxygenase [EC 1.14.99.16], (c) 15α-Hydroxylase [EC 1.14.x.x], (d) 14-Dehydrosterinreduktase (NADPH) [EC 1.3.1.x]

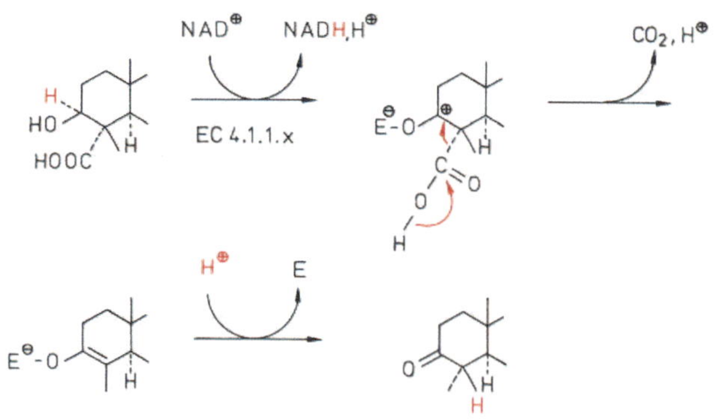

Abb. 4-19. Verlauf der 4α-Decarboxylierung mit Hilfe einer NAD^+-abhängigen Decarboxylase. Reaktionsprodukt: 5α-Cholesta-8,24-dien-3-on.
Enzyme: Sterincarbonsäure-Decarboxylase (NAD^+) [EC 4.1.1.x oder 1.3.1.x] (in Analogie zu EC 1.3.1.25)

ursprünglich an 4β stehende Methylgruppe nach Entfernung der 4α-Carboxygruppe ebenfalls an 4α steht und auf dem gleichen Weg wie die erste 4α-Methylgruppe oxydiert und decarboxyliert wird.

8,24-Cholestadien-3-on wird anschließend unter Verbrauch von NADH an der 3-Ketogruppe unter Bildung von Zymosterin hydrogeniert. Aus diesem Grunde geht der NAD^+-Verbrauch nicht in den Brutto-Cofaktor-Versuch der Umsetzung von Lanosterin in *Zymosterin* (Abb. 4-20) ein.

Nach Bildung des Zymosterins kann in der Biosynthesekette schließlich die Doppelbindung aus der Position C-8 verschoben werden. Zunächst entsteht das Isomere mit der Doppelbindung an C-7 (Abb. 4-21). Hierbei wird zunächst ein Proton an 9α inseriert und anschließend aus 7β eliminiert (Scala et al., 1974). Die Isomerisierung verläuft erst nach der vorherigen Demethylierung des C-Atoms 32 aus der Position 14α. Die Methylgruppen an 4α und 4β hemmen dagegen nur mäßig die Reaktion (Gaylor et al., 1966).

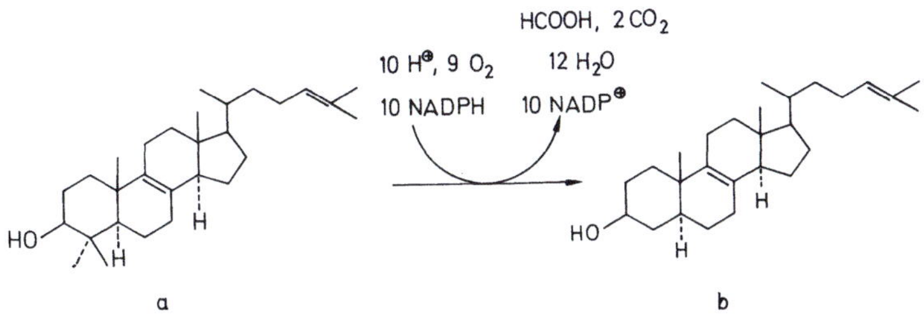

Abb. 4-20. Bruttoumsetzung bei der Eliminierung von drei Methylgruppen aus Lanosterin unter Bildung von Zymosterin. Alle vom Ringsystem abragenden durchgehenden bzw. gestrichelten Linien stehen für eine nach β bzw. α orientierte Methylgruppe (mit Ausnahme der Bindungsstriche zu H bzw. OH). (a) Lanosterin (3β-Hydroxy-4,4,14α-trimethyl-5α-cholesta-8,24-dien), (b) Zymosterin (3β-Hydroxy-5α-cholesta-8,24-dien)

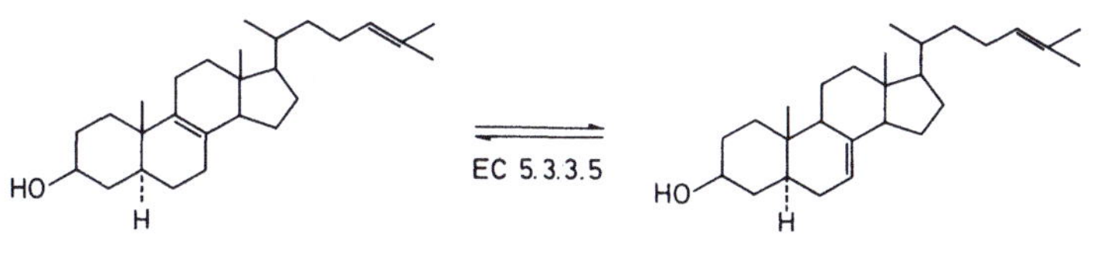

Abb. 4-21. Bildung von 3β-Hydroxy-5α-cholesta-7,24-dien aus Zymosterin.
Enzym: Cholestenol-Δ-Isomerase [EC 5.3.3.5]

Abb. 4-22. Mechanismus der Dehydrierung durch Lathosterin-Oxidase [EC 1.3.3.2]

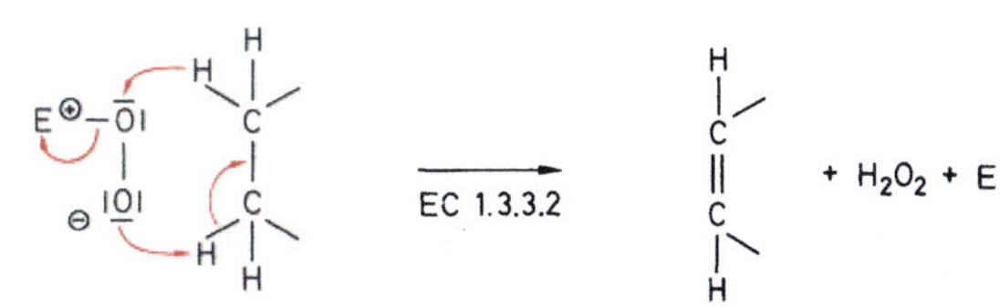

Aus 3β-Hydroxy-5α-cholesta-7,24-dien verläuft die Weiterreaktion über die Einführung einer dritten Doppelbindung an C-5 (Alexander und Akhtar, 1975) (Abb. 4-23). Diese Reaktion wird wahrscheinlich durch ein Enzym katalysiert, das große Ähnlichkeit mit der Lathosterin-Oxidase [EC 1.3.3.2] hat (Abb. 4-22). Da während dieser Dehydrogenierung H_2O_2 gebildet wird, ist für dessen Reduktion gleichzeitig eine NADPH-verbrauchende Peroxidase notwendig.

Bei der Einführung der Doppelbindung an C-5 erfolgt eine cis-Eliminierung von H aus 5α und 6α. Die Doppelbindung an C-7 wird schließlich in der

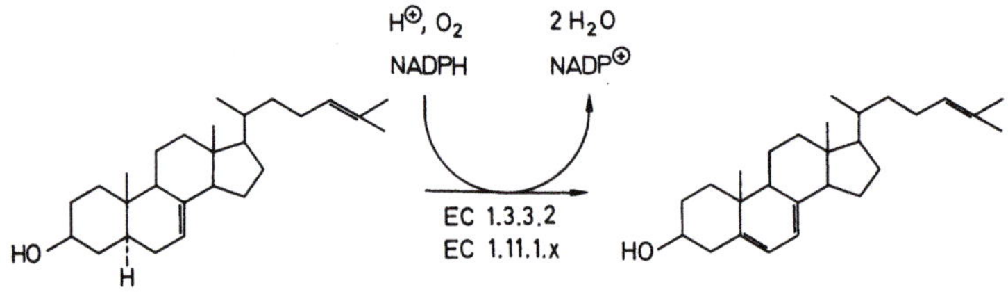

Abb. 4-23. Bildung von 3β-Hydroxy-5,7,24-cholestatrien aus 3β-Hydroxy-5α-cholesta-7,24-dien. Enzyme: Lathosterin-Oxidase [EC 1.3.3.2] oder analog wirkendes Enzym. Peroxidase [EC 1.11.1.x]

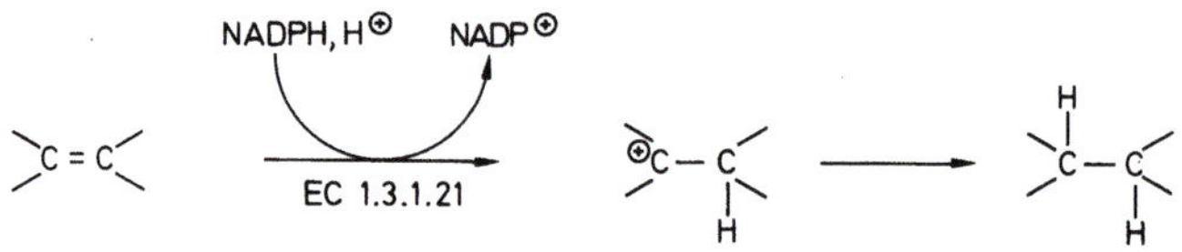

Abb. 4-24. Addition von Wasserstoff in trans an die Doppelbindung zwischen C-7 und C-8. Enzym: 7-Dehydrocholesterin-Reduktase [EC 1.3.1.21]

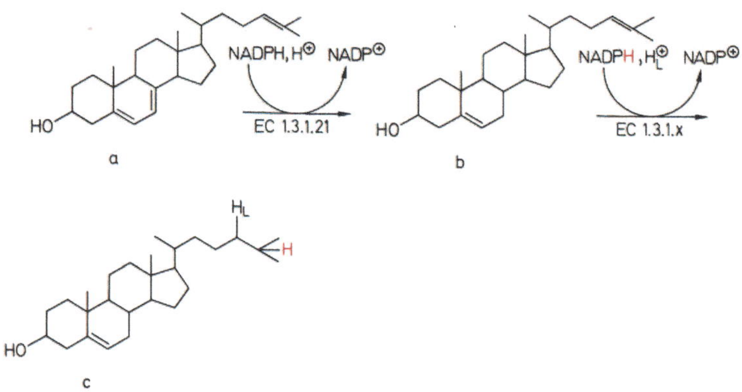

Abb. 4-25. Bildung von Cholesterin aus 3β-Hydroxy-5,7,24-cholestatrien. (a) 3β-Hydroxy-5,7,24-cholestatrien, (b) Desmosterin (3β-Hydroxy-5,24-cholestadien), (c) Cholesterin (3β-Hydroxy-5-cholesten).
Enzyme: 7-Dehydrocholesterinreduktase [EC 1.3.1.21], 24-Dehydrocholesterinreduktase [EC 1.3.1.x]

Folgereaktion durch eine NADPH-abhängige Reduktase, die 7-Dehydrocholesterin-Reduktase [EC 1.3.1.21], aufgehoben. Dabei werden die H-Atome in trans an 7α (aus der Position 4 pro S des NADPH) und in 8β (aus dem Proton des Lösungsmittels) inseriert (Akhtar et al., 1972) (Abb. 4-24).

Die Reduktion der Doppelbindung an C-24 im *Desmosterin* erfolgt schließlich mit NADPH — überraschenderweise jedoch in cis. Dabei wird das Hydridion aus 4 pro S des NADPH an C-25 und H^+ des Lösungsmittels in die Position pro S an C-24 inseriert (Abb. 4-25).

Da die Reduktion an Δ^{24} auch auf einer früheren Stufe erfolgen kann (Gibbons, 1974), werden auch nennenswerte Mengen an weiteren C_{27}- und C_{28}-Sterinen gebildet, die bereits an C-24 reduziert sind, z.B. der unmittelbare Vorläufer für Vitamin D_3, das *3β-Hydroxy-5,7-cholestadien* (Abb. 4-26).

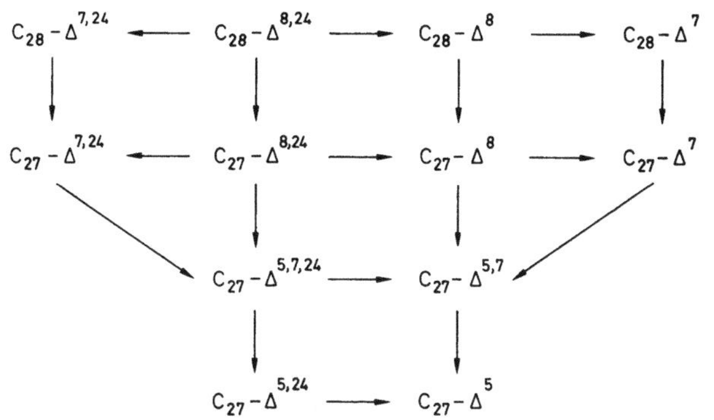

Abb. 4-26. Verzweigungen während der Cholesterin-Synthese. Das Schema beginnt mit dem C_{28}-Sterin 4α-Methyl-5α-cholesta-8,24-dien-3-on (C_{28}-$\Delta^{8,24}$) und zeigt das Vorläufer-Produkt-Verhältnis bis zum Cholesterin (C_{27}-Δ^5)

Aus der Abb. 4-26 geht hervor, daß es vier Familien von Sterin-Intermediaten gibt, die die Doppelbindungen entweder an

$\Delta^{8,24}$, $\Delta^{7,24}$, Δ^8 oder Δ^7

tragen. Alle führen sie zum Cholesterin.

Für die Reaktionen zwischen Squalen und Cholesterin läßt sich der Verbrauch an Substrat- und Cosubstrat-Molekülen wie folgt abschätzen (Abb. 4-27):

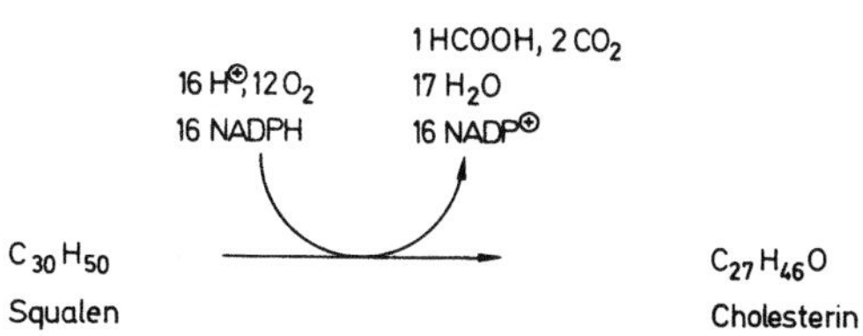

Abb. 4-27. Brutto-Umsatz von Squalen bis zum Cholesterin

Die Biosynthese des Cholesterins erfolgt in allen Vertebraten gleichartig. Auch Pflanzen können auf diesem Wege Cholesterin-Abkömmlinge bilden. Lediglich Insekten fehlt dieses System (s. Kap. 4.9). Beim Säuger kann in allen Geweben mit Ausnahme des Gehirns Cholesterin gebildet werden. 97 % des Cholesterins entstammen der Biosynthese in Leber, Darm und Haut. Der Organismus eines erwachsenen Menschen erzeugt in 24 Stunden etwa 1–1,5 g Cholesterin. Ein Drittel davon wird in Form von *Gallensäuren* mit dem Stuhl ausgeschieden. Mit der Nahrung werden täglich zwischen 0,1–1 g Cholesterin aufgenommen. Der Gesamtgehalt an Cholesterin ist im Körper des Menschen relativ hoch. Die Angaben schwanken zwischen 60 und 150 g Cholesterin + Cholesterinester pro 60 kg Körpergewicht. Rund 15 g davon befinden sich in einem Cholesterinkompartiment in Leber, Galle, Darm, Plasma und in den Erythrocyten, aus dem das Sterin relativ rasch abrufbar ist. Es steht in einem Gleichgewicht mit einem Cholesterin-Kompartiment in Fettgewebe, Haut und weiteren extrahepatischen Organen, wo Cholesterin nur relativ langsam umgesetzt wird. Das über die Nahrung zugeführte Cholesterin und der mit den Gallensäuren eliminierte Anteil verändern primär nur das erstgenannte Kompartiment, das sich nur langsam mit dem zweiten ins Gleichgewicht setzt. Cholesterin ist außerdem Strukturbestandteil der Plasmamembranen und in intracellulären Kompartimenten angereichert.

Mit Ausnahme der Enzyme, die die Reaktionen zwischen Lanosterin und Cholesterin katalysieren, sind alle weiteren enzymatischen Komponenten isoliert und charakterisiert worden. Für den Verlauf der Biosynthese ist charakteristisch, daß in der ersten Phase die aktivierten Ester des Coenzyms A eingesetzt werden, während in der zweiten Phase die energiereichen Phosphate auftreten. In der dritten Phase — spätestens auf der Stufe des Squalens — liegen die Intermediate an Transportproteinen gebunden vor. Hierbei handelt es sich um ein Gemisch mehrerer *Sterin-Carrier-Proteine* SCP mit Molekular-Gewicht zwischen 16000 und 28000. SCP_1 bindet Squalen und beschleunigt dessen Verwertung zum Lanosterin (Scallen et al., 1975). SCP_2 greift in den Schritt zwischen C_{29}-Δ^8 und C_{27}-Δ^5 ein, ist also an den Demethylierungsreaktionen des *Lanosterins* beteiligt. SCP_3 wird schließlich für die Umwandlung von *7-Dehydrocholesterin* in Cholesterin (C_{27}-$\Delta^{5,7}$ $\rightarrow$ C_{27}-Δ^5) benötigt. Es ist denkbar, daß die Wirkung derjenigen Proteohormone, die die Steroidsynthese stimulieren, über die Bereitstellung dieser Sterin-Carrier-Proteine erfolgt (Dempsey, 1974).

Die am dritten Schritt der Cholesterinbiosynthese beteiligte *HMG-CoA-Reduktase* [EC 1.1.1.34] katalysiert den langsamsten Teilschritt der Gesamtsynthese. Sie ist daher Angriffspunkt für eine Regulation der Cholesterin-Bildung. Dieses Enzym gehört zu denjenigen Proteinen höherer Organismen, die nur eine relativ kurze Halbwertszeit ($t_{1/2}$ = 3–4 Stunden) haben. Das mit der Nahrung aufgenommene Cholesterin vermag sowohl Aktivität als auch Synthese dieses Enzyms zu regulieren.

Die Einstellung der Cholesterinbiosynthese auf den tatsächlichen Cholesterinspiegel im Plasma (und damit auf den Bedarf) erfolgt nach Fixierung des Plasma-Komplexes zwischen Cholesterinestern und dem sog. „low density lipoprotein" LDL an spezifischen Oberflächen-Rezeptoren der cholesterinbildenden Zellen. Nach der Bindung wird aus dem Komplex Cholesterin in das

Zell-Innere freigesetzt, das nun die Aktivität und Synthese des Schrittmacher-Enzyms HMG-CoA-Reduktase hemmt (Bell et al., 1976) (Abb. 4-28). Darüber hinaus stimuliert das freigesetzte Cholesterin die Aktivität der *Cholesterinacyl-Transferase* [EC 2.3.1.26], so daß es zu einer vermehrten Cholesterinester-Bildung auf Kosten des freien Cholesterins kommt (Brown et al., 1976).

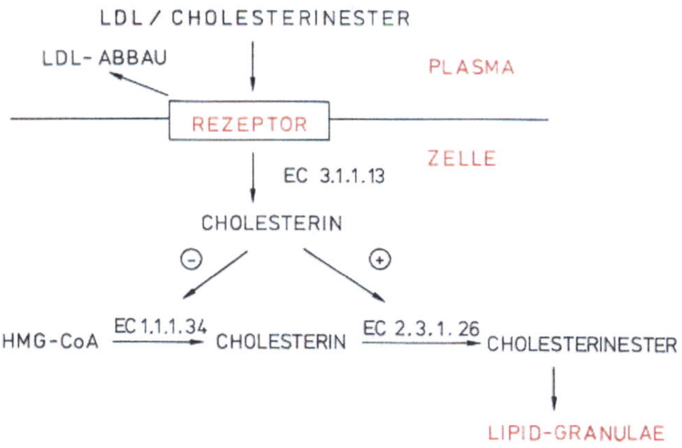

Abb. 4-28. Rückkopplung von plasmatischen Cholesterinestern auf das mikrosomale System der Cholesterinsynthese und -verwertung.
Enzyme: Hydroxymethylglutaryl-CoA-Reduktase (NADPH) [EC 1.1.1.34], Cholesterinacyl-Transferase [EC 2.3.1.26], Cholesterinesterase [EC 3.1.1.13]

Außerdem wird die HMG-CoA-Reduktase durch eine reversible cAMP-abhängige Phosphorylierung inaktiviert. Die hydrolytische Abspaltung des Phosphatrestes geht also mit einer Regeneration der Enzymaktivität einher. Darüber hinaus kontrolliert Cholesterin über die Änderung der Lipidphasen-Beweglichkeit der mikrosomalen Membran, an der das Enzym fixiert ist, die Aktivität der HMG-CoA-Reduktase (Sabine und James, 1976).

Die Aktivität der HMG-CoA-Reduktase unterliegt einem 24-Stunden-Rhythmus (sog. circadianer Rhythmus), der bei der Ratte ein Maximum um Mitternacht und ein Minimum in den Tagesstunden (ca. 14 Uhr) aufweist (Hamprecht, 1969). Verschiedene Beobachtungen lassen vermuten, daß die Cholesterinsynthese beim Menschen mit einem entsprechenden circadianen Rhythmus verläuft und ein Maximum in den frühen Morgenstunden aufweist (Boyd, 1975).

Cholesterin wird vorzugsweise als Ester der Schwefelsäure (Sulfat) sowie als Ester mit verschiedenen Fettsäuren gespeichert. Die Bildung der *Fettsäureester* erfolgt mit Cholesterin, das im Plasma an „high density lipoprotein" HDL gebunden ist, wobei der Fettsäurerest aus Position 2 des Lecithins übertragen wird (Abb. 4-29).

Aus Cholesterinsulfat kann das Sterin mit Hilfe der Sterinsulfatase [EC 3.1.6.2] und aus den Fettsäureestern durch die Cholesterinesterase [EC 3.1.1.13] freigesetzt werden. Der Cholesteringehalt des Serums beträgt im

Tabelle 4-2. An der Cholesterinbiosynthese beteiligte Enzyme

Enzym	EC	Produkt	Vorkommen
Acetyl-CoA-Synthetase	6.2.1.1	Acetyl-CoA	mikrosomal
Acetyl-CoA-Acyltransferase	2.3.1.16	Acetoacetyl-CoA	mikrosomal
Hydroxymethylglutaryl-CoA-Synthase	4.1.3.5	HMG-CoA	mikrosomal
Hydroxymethylglutaryl-CoA-Reduktase (NADPH)	1.1.1.34	Mevalonsäure	mikrosomal
Mevalonatkinase	2.7.1.36	5-Phosphomevalonat	löslich
Phosphomevalonatkinase	2.7.4.2	Mevalonsäurepyrophosphat	löslich
Mevalonatpyrophosphatkinase	2.7.1.x	3-Phospho-mevalonsäure-pyrophosphat	
Pyrophosphomevalonat-Decarboxylase	4.1.1.33	Isopentenylpyrophosphat	löslich
Isopentenyldiphosphat-Δ-Isomerase	5.3.3.2	Dimethylallylpyrophosphat	löslich
Dimethylallyltransferase	2.5.1.1	Geranylpyrophosphat, Farnesylpyrophosphat	löslich
Farnesyltransferase	2.5.1.21	Präsqualenpyrophosphat, Squalen	mikrosomal
Sqalen-monooxygenase (2,3-epoxidierend)	1.14.99.7	2,3-Oxidosqualen	mikrosomal
2,3-Oxidosqualen-Lanosterin-Cyclase	5.4.99.7	Lanosterin	mikrosomal
Methylsterinmonooxygenasen	1.14.99.16	} 5α-Cholesta-8,24-dien-3-on	mikrosomal
Sterincarbonsäure-Decarboxylase (NAD⁺)	1.3.1.x		mikrosomal
3β-Hydroxysteroid-Dehydrogenase	1.1.1.51		mikrosomal
15α-Hydroxylase	1.14.x.x	} Zymosterin	
14-Dehydrosterinreduktase	1.3.1.x		
Cholestenol-Δ-Isomerase	5.3.3.5	3β-Hydroxy-5α-cholesta-7,24-dien	mikrosomal
Lathosterin-Oxidase	1.3.3.2	} 3β-Hydroxy-5,7,24-cholestatrien	löslich?
Peroxidase	1.11.1.x		
7-Dehydrocholesterin-Reduktase	1.3.1.21	Desmosterin	löslich
Δ^5-Sterin-Δ^{24}-Reduktase	1.3.1.x	Cholesterin	

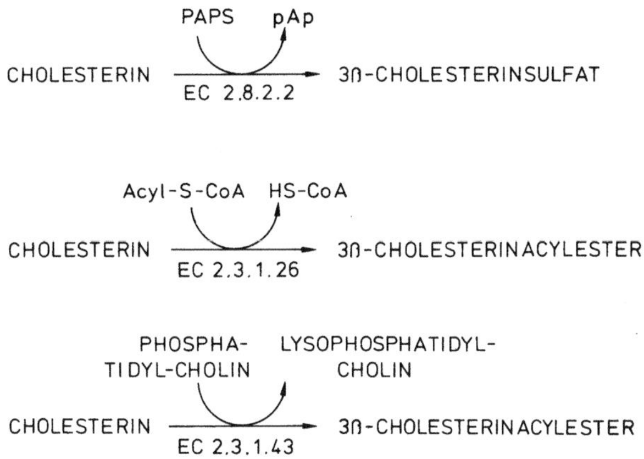

Abb. 4-29. Bildung von Cholesterin-Estern.
Enzyme: 3β-Hydroxysteroid-Sulfotransferase [EC 2.8.2.2], Cholesterin-Acyltransferase [EC 2.3.1.26], Lecithin-Acyltransferase [EC 2.3.1.43].
PAPS 3′-Phospho-adenosin-5′-phosphosulfat, *pAp* Adenosin-3′,5′-diphosphat, *Acyl-S-CoA* Fettsäure-Coenzym A-Ester, *HS-CoA* Coenzym A

Mittel 250 mg Cholesterin/100 ml ($6{,}5 \cdot 10^{-3}$ M) und nimmt besonders bei Frauen mit zunehmendem Lebensalter zu.

4.2 Die Biosynthese von Pregnenolon

Rund 250 mg Cholesterin dienen täglich zur Synthese der Steroidhormone. Sie werden in bestimmten Organen — Nebennierenrinde, Ovar, Testes, Placenta, den entsprechenden fetalen Organen sowie in Tumoren — gebildet. Durch i. v. Injektion von radioaktiv markiertem Cholesterin läßt sich zeigen, daß bei ovulierenden Frauen Progesteron und seine Metabolite etwa zu gleichen Teilen aus Plasma-Cholesterin und neuem, innerhalb des Corpus luteum gebildeten Cholesterin entstehen. Die aus der Nebennierenrinde ausgeschütteten Steroide (Corticoide und Androgene) stammen dagegen — selbst unter dem ACTH-Stimulus (s. Kap. 5.1.1.1) — praktisch ausschließlich aus Plasma-Cholesterin (Bolte et al., 1974). Obwohl die einzelnen endokrinen Organe durchaus zur Cholesterin-Synthese in der Lage sind, spielt daher die Neusynthese innerhalb der endokrinen Drüsen häufig nur eine untergeordnete Rolle. Vielmehr dient das von der Leber gebildete und im Plasma an den Lipoproteinen HDL und LDL gebundene Cholesterin als bevorzugter Grundstoff der Steroidsynthese.

Das im Cytoplasma der endokrinen Organe in sog. *Lipid-Granulae* in Form von Cholesterinestern konzentrierte Cholesterin wird zunächst mit Hilfe der Cholesterinesterase [EC 3.1.1.13] in den freien Alkohol überführt. Diese Lipid-Granulae bestehen zu 85 % aus Cholesterinölsäureester, 2 % Cholesterin, 4 % Phospholipide (Mol.-Gew. um 1000) und 9 % Proteinen, von denen die *Nucleosidtriphosphatase* [EC 3.6.1.15] als Eiweißbestandteil identifiziert werden konnte (Armstrong und Flint, 1973). Durch die Tropine *Lutropin* (LH) und *Corticotropin* (ACTH) nimmt in den Gonaden bzw. der Nebennierenrinde das Verhältnis Cholesterinester/Phospholipide in den Lipid-Granulae sehr rasch ab. Das freie Cholesterin wandert aus den Granulae in das Cytosol der Zelle und anschließend — wahrscheinlich an einem Transportprotein gebunden — in die Mitochondrien. Dort wird es in einem mehrstufigen Modifikationsprozeß zum Pregnenolon umgebaut. Bei der intramitochondrialen Translokation des Cholesterins wirkt Ca^{++} permissiv (Arthur et al., 1976a).

Parallel dazu wird auch *Cholesterinsulfat* als Ausgangsverbindung der Steroidbiosynthese akzeptiert, wobei Pregnenolon-3-sulfat entsteht. Da mit isolierten Mitochondrien aus Nebennierenrinden-Gewebe die Pregnenolon-Bil-

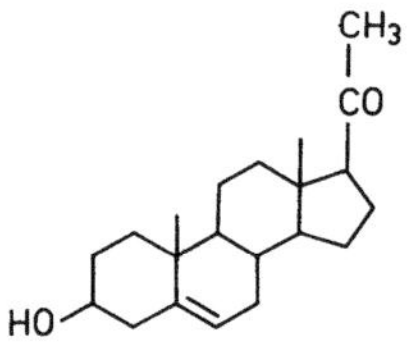

Abb. 4-30

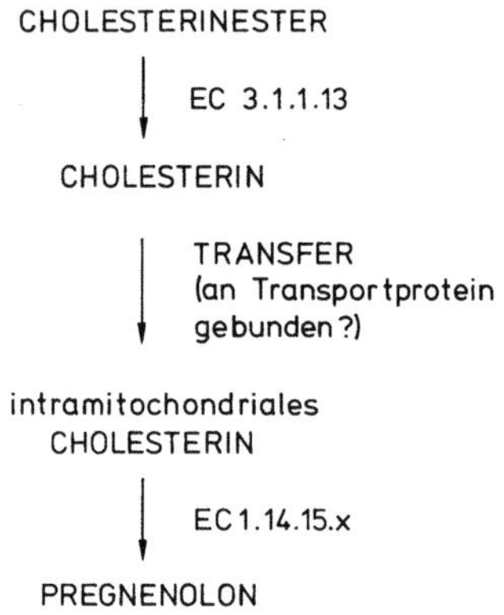

Abb. 4-31

Abb. 4-30. **Pregnenolon, 3β-Hydroxy-5-pregnen-20-on**

Abb. 4-31. **Schrittfolge bei der intracellulären Cholesterinverwertung zur Pregnenolon-Synthese. Enzyme: Cholesterinesterase [EC 3.1.1.13], Pregnenolonsynthetase [EC 1.14.15.x]**

dung aus Cholesterin durch Cholesterin-Sulfat kompetitiv gehemmt werden kann (ebenso wie die Cholesterinsulfat-Verwertung durch Cholesterin gehemmt wird), muß man annehmen, daß das mitochondriale Enzymsystem beide Substrate nebeneinander verwerten kann. Allerdings ist der K_m-Wert für Cholesterinsulfat niedriger, d.h. seine Affinität zum Enzym höher als es für Cholesterin gemessen wird. Auch die Maximalgeschwindigkeit V_{max} ist für das Sulfat höher als für freies Cholesterin (Hochberg et al., 1974).

Alle Einzelschritte werden intramitochondrial von einem Enzymsystem katalysiert, das als *Pregnenolon-Synthetase* zusammengefaßt wird. Wesentlicher Bestandteil dieses Systems ist das *Cytochrom P-450.*

4.3 Die Biochemie des Cytochroms P-450

Cytochrom P-450 gehört zur Gruppe der Cytochrome vom Typ b_5. Es ist ein Hämoprotein, das nach der Lage des Absorptionsmaximums in der reduzierten Form nach reversibler Bindung von CO bei 450 nm benannt wird. CO kann durch Einstrahlung von Licht der gleichen Wellenlänge wieder abgespalten werden.

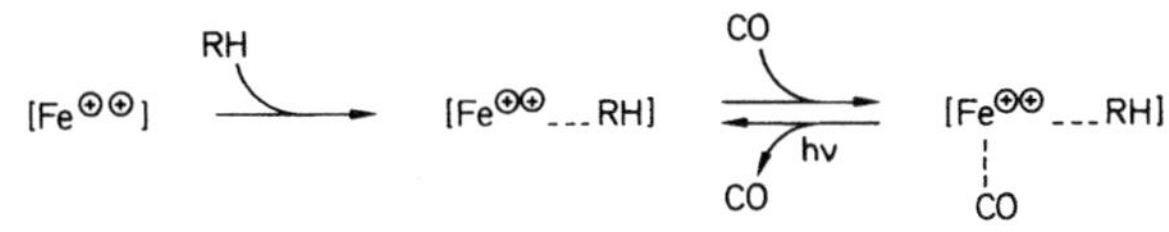

Abb. 4-32. Reversible Anlagerung von Kohlenmonoxid an das reduzierte substrathaltige Cytochrom P-450.
$[Fe^{++}]$ reduziertes Cytochrom P-450. Die Klammer [ ] symbolisiert den Komplex des Eisens mit Protoporphyrin IX. $[Fe^{++}\dots RH]$ Substrat RH im Komplex mit reduziertem Cytochrom P-450

Cytochrom P-450 enthält *Protoporphyrin IX* als prosthetische Gruppe, also das gleiche Ringsystem, das im Hämoglobin vorkommt. Im Unterschied zum Hämoglobin vermag allerdings das Eisen-Atom im Cytochrom P-450 seine Wertigkeit während der katalysierten Reaktion zu wechseln.

Cytochrom P-450 aus Nebennierenrinden-Mitochondrien des Rindes besteht aus 16 Untereinheiten und bildet ein aktives Enzym mit Mol.-Gew. 850000 (Form I). Dagegen sind Form II (Mol.-Gew. 420000, acht Untereinheiten) und Form III (Mol.-Gew. 210000, vier Untereinheiten) biologisch inaktiv. Jede Untereinheit hat ein Mol.-Gew. von 53000 dalton (Takagi et al., 1975). Nach isoelektrischer Fokussierung kann man zwischen zwei Gruppen von Untereinheiten I und II mit isoelektrischem Punkt 4,0 bzw. 7,0 unterscheiden, von denen nur II mit Häm einen Komplex bildet. Das komplette Cytochrom P-450 besteht daher bei einem Molekulargewicht von 850000 aus $I_8 \cdot II_8 \cdot Häm_8$ (Tilley et al., 1976). Für Cytochrom P-450 aus Mikroorganismen sind Molekulargewichte im Bereich um 40000 ermittelt worden. Das Cytochrom P-450 der 11β-Hydroxylase aus Rinder-Nebennierenrinden-Mitochondrien hat ein Mol.-Gew. von 43000 dalton.

Für die Gesamtheit der unter Beteiligung von Cytochrom P-450 ablaufenden Schritte bei der Pregnenolon-Bildung bestehen die folgenden stöchiometrischen Verhältnisse (Shikita und Hall, 1973 und 1974) (Abb. 4-33):

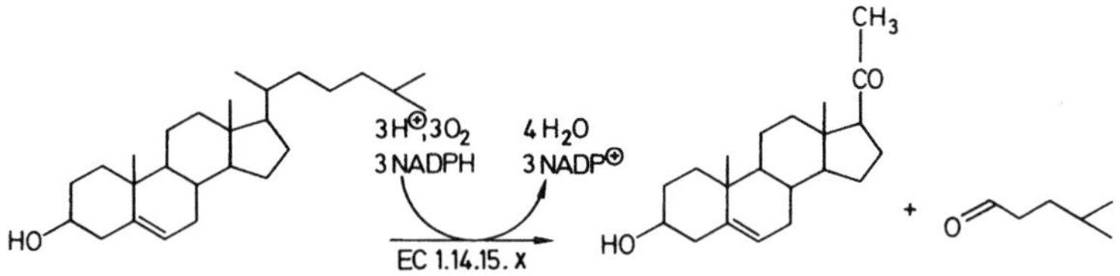

Abb. 4-33. Brutto-Umsetzung von Cholesterin und Co-Substraten bei der Pregnenolon-Bildung.
Enzym: Pregnenolon-Synthetase [EC 1.14.15.x] bestehend aus Cytochrom P-450 [EC 1.9.3.x], adrenal Ferredoxin-NADP$^+$-Reduktase [EC 1.6.7.1], adrenal Ferredoxin (NHI-Protein)

Nach der klassischen Theorie der Cholesterin-Umwandlung verläuft die Bildung von Pregnenolon über definierte Hydroxycholesterin-Intermediate:

a) Einführung der Hydroxygruppe an C-22R. Diese Reaktion verläuft schneller als eine initiale 20α-Hydroxylierung (Burstein und Gut, 1969).

b) Hydroxylierung an C-20α. Die Hydroxylierung von 22R-Hydroxycholesterin unter Bildung von 20α,22R-Dihydroxy-cholesterin ist ebenfalls schneller als die Bildung von 20α-Hydroxycholesterin. Aus diesem Grunde spielt die langsame initiale 20α-Hydroxylierung in vivo keine Rolle. Die postulierten Intermediate sind inzwischen unter Verwendung von schwerem Sauerstoff zur Markierung des Stoffwechselwegs des Cholesterins nachgewiesen und ihre Vorläufer-Produkt-Beziehungen bestätigt worden (Burstein und Gut, 1976).

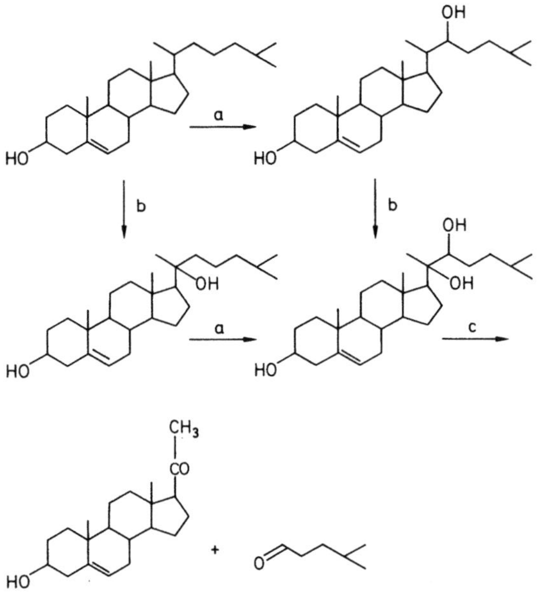

Abb. 4-34. Hauptintermediate bei der Pregnenolon-Bildung aus Cholesterin.
Enzyme: Pregnenolonsynthetase [EC 1.14.15.x],
(a) 22R-Hydroxylase, (b) 20α-Hydroxylase, (c) C-20,22-Lyase.
Intermediate: 22R-Hydroxycholesterin, 20α-Hydroxycholesterin, 20α,22R-Dihydroxycholesterin.
Produkte: Pregnenolon (3β-Hydroxy-5-pregnen-20-on), Isocapronaldehyd

Alternativ-Vorschläge zur Pregnenolon-Bildung postulieren, daß entweder Dihydroxycholesterin nie frei, sondern enzymgebunden auftritt oder durch Hydrolyse aus dem 20.22-Epoxid (siehe weiter unten) entsteht.

c) Anschließend wird die Seitenkette durch eine C-20,22-Lyase abgespalten. Dieses Enzym könnte als 20α,22R-Dihydroxycholesterin-Aldolase [EC 4.1.2.x] definiert werden.

Die *Hydroxylierungen* an C-20α und C-22R sowie die später zu besprechenden Hydroxylierungen an weiteren Positionen von Sterinen und Steroiden verlaufen stets nach dem gleichen Schema: zum einen muß das stark apolare Substrat spezifisch auf die zu modifizierende Position abgetastet und aktiviert werden, zum anderen muß die große Reaktionsträgheit des Sauerstoffs überwunden werden.

Für die Ausrichtung der Steroide als Substrat des Cytochroms P-450 ist eine interessante Hypothese formuliert worden. Danach besteht eine Wechselwirkung zwischen der Sauerstoff-Funktion an C-3 der Steroide oder des Cholesterins und den beiden Propionsäure-Resten des Häm-Moleküls im Protoporphyrin IX (Estabrook et al., 1975). An der Wechselwirkung zwischen den beiden sauerstoffhaltigen Gruppen ist wahrscheinlich ein zusätzliches Metall-Ion beteiligt. Umgekehrt können Steroide auch über die Sauerstoff-Funktion an C-17 mit den Propionsäure-Gruppen in Wechselwirkung treten. In beiden Fällen wird ein naher räumlicher Kontakt zu dem am zentralen Eisen-Atom gebundenen Sauerstoff-Molekül (Ullrich, 1972) einerseits und den Positionen 15, 16, 20, 22 und 2, 4 oder 7 andererseits hergestellt (Abb. 4-35). Daraus resultiert die bevorzugte Substitution an den genannten Positionen der Steroide durch die zahlreichen Steroid-Hydroxylasen bei höheren und niederen Organismen. Durch die Bindung wird die zu hydroxylierende Bindung C-H gestreckt und damit für die Substitutionsreaktion aktiviert. Vom Sauerstoff-Molekül geht das eine Atom in das zu hydroxylierende Substrat (H-D-H), das andere bildet Wasser (Abb. 4-36). Die Hydroxygruppe wird dabei stets direkt unter Ersatz des Protons inseriert. Die ursprüngliche Konfiguration am C-Atom des Sterins oder Steroids, an dem die Substitution erfolgt, bleibt erhalten (siehe jedoch Chiralitätsumkehr bei der hydroxylierenden Dehalogenierung von Fluorcorticoiden, Kap. 7.7).

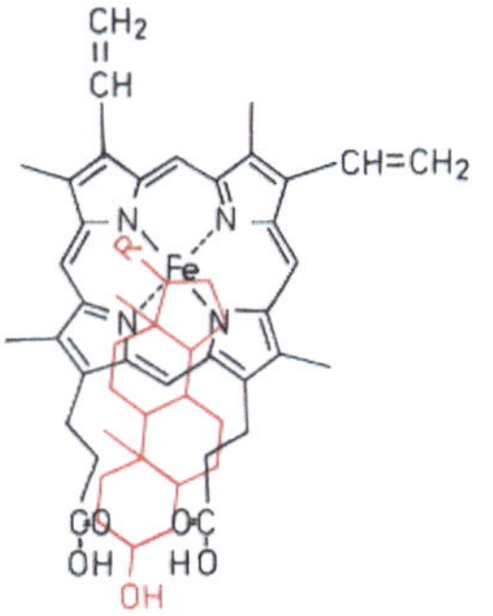

Abb. 4-35

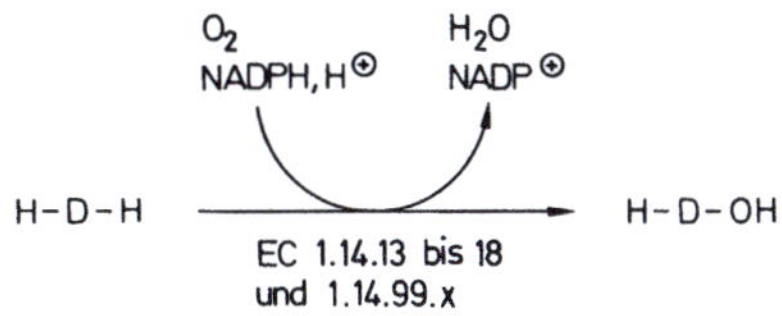

Abb. 4-36

Abb. 4-35. Fixierung der zu hydroxylierenden Position eines Steroides in der Nähe des Eisen-Atoms im Häm von Cytochrom P-450 durch die Wechselwirkung zwischen der Sauerstoff-Gruppe an C-3 und den beiden Propionsäure-Resten des Häms

Abb. 4-36. Verlauf der Hydroxylierung mit Hilfe einer mischfunktionellen Monooxygenase [EC 1.14.13 bis 18 bzw. 99]

Als Wasserstoff-Donator dient für die mitochondrialen *mischfunktionellen Monooxygenasen* ausnahmslos NADPH. Bei den mikrosomalen Monooxygenasen wird auch NADH, Tetrahydropterine, reduziertes Flavin oder Ascorbinsäure akzeptiert. So fließt z. B. das bei der Dehydrogenierung von *L-Ascorbinsäure* zu Monodehydroascorbinsäure frei werdende Reduktionsäquivalent mit Hilfe der L-Ascorbinsäure-Cytochrom b_5-Reduktase [EC 1.10.2.1] zum oxydierten Cytochrom b_5, das einen Teil der Elektronentransportkette der mikrosomalen Cytochrom-P-450-abhängigen mischfunktionellen Monooxygenasen darstellt.

Tatsächlich ist der Verbrauch an Ascorbinsäure ein Maß für die Steroidsynthese in der Nebennierenrinde. Es ist sehr wahrscheinlich, daß Ascorbinsäure bei der Erhaltung der intakten Struktur der membrangebundenen Cytochrome P-450 eine Rolle spielt. Bei Vitamin-C-Mangel beobachtet man atypische Bindungsspektren (s. weiter unten) der Cytochrom-P-450-Substrat-Komplexe, die als Strukturstörungen des Cytochroms interpretiert werden, die Affinitätsminderungen zum Substrat hervorrufen (Zannoni und Sato, 1975).

Für die mischfunktionellen Monooxygenasen ist insgesamt charakteristisch (s. Abb. 4-36), daß die Oxydation des Substrates unter Einführung der Hydroxylgruppe nur in Anwesenheit und unter Verbrauch von Reduktionsäquivalenten stattfindet. Im Gegensatz zur biologischen Oxydation, bei der der Sauerstoff nur die Rolle des Elektronenakzeptors hat, greift bei dieser Reaktion der Sauerstoff auch als Cosubstrat ein, wobei ein Atom im hydroxylierten Substrat, ein weiteres im Wasser erscheint.

Nach der Bindung des Substrats RH an die oxidierte Form des Cytochroms P-450 [Fe^{+++}] wird zunächst unter Verbrauch des ersten Reduktionsäquivalentes das Eisen zur zweiwertigen Stufe Fe^{++} reduziert. Diese Form [Fe^{++}...RH] lagert anschließend Sauerstoff an und bildet das *Superoxid-Anion*. Aus diesem Intermediat geht durch Aufnahme eines weiteren Reduktionsäquivalentes der sog. „*aktive Sauerstoff*" hervor, mit dem schließlich die Hydroxylierung möglich wird. Nach Ablösung des hydroxylierten Sterins oder Steroides verbleibt das Ausgangs-Cytochrom [Fe^{+++}] mit dreiwertigem Eisen als Zentralatom (Abb. 4-37).

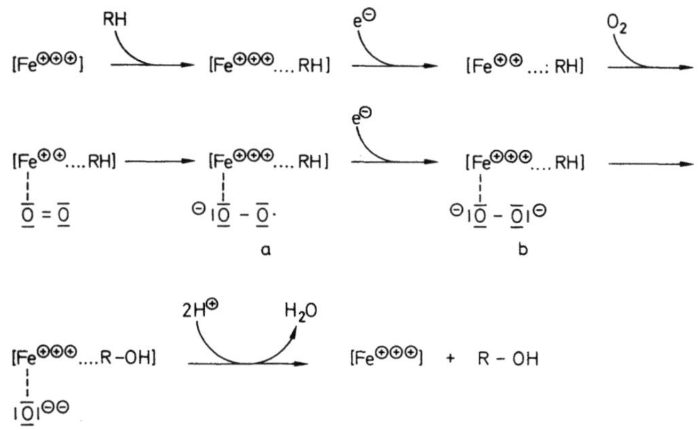

Abb. 4-37. Verlauf der Hydroxylierung in Gegenwart von Cytochrom P-450.
[Fe^{++}] bzw. [Fe^{+++}] stehen für Ferro- bzw. Ferricytochrom P-450. (a) Superoxid-Anion, (b) Peroxid („aktiver Sauerstoff")

Die Reduktionsäquivalente für die Hydroxylierung an den mitochondrialen mischfunktionellen Monooxygenasen stammen aus NADPH, wobei gleichzeitig der Wasserstoff aus der Position 4 pro R des NADPH übertragen wird. Dieser Transfer erfolgt allerdings nicht direkt vom NADPH auf das Cytochrom

P-450, sondern mit Hilfe von zwei dazwischen geschalteten Kettengliedern (s. Abb. 4-39).

Vom Peroxid b aus kann die Schrittfolge bis zum hydroxylierten Substrat R-OH auch in anderer Reihenfolge verlaufen. So könnte zunächst durch Aufnahme von zwei Protonen H_2O gebildet werden, wobei das erste Sauerstoff-Atom verwertet wird. Das verbliebene zweite Atom geht — durch Resonanz stabilisiert — in ein Ferryl-Ion mit 4-wertigem Eisen über, aus dem dann die Hydroxylierung erfolgt (Abb. 4-38). Dieses Modell wurde nach in vitro-Untersuchungen aufgestellt, bei denen die Hydroxylierung in Abwesenheit von O_2 und von Reduktionsäquivalenten mit Cytochrom P-450 unter Einsatz von organischem Peroxid gelang (Hrycay et al., 1976).

Daß tatsächlich Cytochrom P-450 definierte Zwischenformen nach Bindung des Substrates durchläuft, läßt sich auf Grund charakteristischer physikalischer

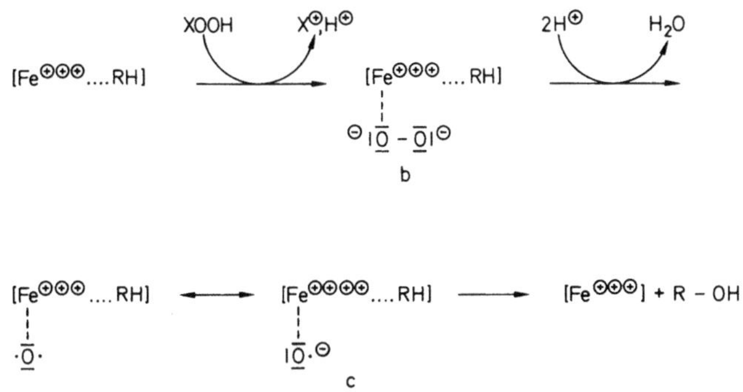

Abb. 4-38. Hypothetische Reaktion zwischen einem Peroxid und Cytochrom P-450 ohne Beteiligung von molekularem Sauerstoff und von Reduktionsäquivalenten. (b) Peroxid-Ion, (c) Ferryl-Ion

Eigenschaftsänderungen des Enzyms messend verfolgen. Freies Eisen als Fe^{++} hat vier ungepaarte Elektronen mit *parallelem Spin*, während Fe^{+++} insgesamt fünf ungepaarte Elektronen mit parallelem Spin mitbringt (Tabelle 4-3).

Tabelle 4-3. Anzahl und Spinrichtung der Elektronen in den äußeren Schalen von Eisen sowie Fe^{++} und Fe^{+++}

	3. Schale			4. Schale
	3s	3p	3d	4s
Fe	↑↓	↑↓↑↓↑↓	↑↓↑↑↑↑	↑↓
Fe^{++}	↑↓	↑↓↑↓↑↓	↑↓↑↑↑↑	
Fe^{+++}	↑↓	↑↓↑↓↑↓	↑ ↑↑↑↑	

In einem Komplex, in dem die Liganden des Eisens ein starkes Feld um das Metallion aufbauen, nimmt die Zahl der ungepaarten Elektronen ab, die in sog. nichtbindende Orbitale eintreten. Dieser Zustand wird als „low spin" bezeichnet. Die Zahl der ungepaarten Elektronen beträgt hierbei für Fe^{++} Null, für Fe^{+++}

Eins. In einem schwachen Ligandenfeld werden dagegen alle vier bzw. fünf ungepaarten Elektronen nachweisbar: der Komplex befindet sich im „high-spin"-Zustand.

Während des Kreislaufs, den das Cytochrom P-450 während der Hydroxylierung durchläuft, oscilliert das Enzym in Abhängigkeit von der Substratbindung zwischen den beiden Zuständen „low spin" und „high spin" (Collman et al., 1976):

$[Fe^{+++}....RH]$ sowie $[Fe^{++}....RH]$ high spin

$[Fe^{+++}]$, $[Fe^{++}....RH]$, $[Fe^{++}.....RH]$
$\vdots$ (an Fe^{++}): O_2; $\vdots$ (an Fe^{++}): CO
$[Fe^{+++}....ROH]$
} low spin

Darüber hinaus verändern die Substrate das Absorptionsmaximum des Enzymkomplexes in charakteristischer Weise:

Substrate, die *Typ-I-Koordinationskomplexe* bilden, verschieben das Extinktionsmaximum nach 390 nm. Solche Komplexe sind außerdem im „high-spin"-Zustand.
Substrate, die *Typ-II-Koordinationskomplexe* bilden, verschieben das Extinktionsmaximum nach 420 nm. Solche Komplexe sind außerdem im „low-spin"-Zustand.

Bei der Umwandlung von Desoxycorticosteron zu Corticosteron mit Hilfe der mitochondrialen 11β-Hydroxylase [EC 1.14.15.4] aus Rinder-Nebennierenrinde werden die in Tabelle 4-4 beschriebenen Übergänge gemessen. Mit mikrosomalem Cytochrom P-450 der Leber findet man ein Absorptionsmaximum bei 421 nm, das sich nach Bindung von Androstendion (Typ-I-Bindung) nach 387 nm verschiebt (Estabrook et al., 1975).

Die Höhe der jeweils zu beobachtenden Spektraländerungen steht in keinem erkennbaren Zusammenhang mit der Geschwindigkeit, mit der das Substrat

Tabelle 4-4. Physikalische Eigenschaften verschiedener Cytochrom-P-450-Zustände der 11β-Hydroxylase [EC 1.14.15.4] aus Rinder-Nebennierenrinden-Mitochondrien bei der Bindung von 11-Desoxycorticosteron (Takemori et al., 1975)

Symbol des Cytochroms	$[Fe^{+++}]$	$[Fe^{+++}....RH]$	$[Fe^{+++}....ROH]$
Bindungs-Typ	—	I	II
Absorptionsmax.	418	394	418
	539	510	
nm	570	645	
Spin	low	high	low

umgesetzt wird, oder mit der Affinität des Substrats zum Cytochrom P-450. Die Bindungsstellen für die Substratgruppen vom Typ I oder II sind auf Cytochrom P-450 identisch (Orrenius et al., 1972).

Die Oscillation des Cytochroms hängt zwar primär nicht von den möglichen Wertigkeitswechseln des Eisen-Atoms ab, verläuft aber tatsächlich nur nach Hydroxylierung und Abspaltung des Substrates. Die dabei in das System einfließenden Reduktionsäquivalente bilden eine definierte Redox-Kette. Im Falle der mitochondrialen Cytochrom-P-450-abhängigen mischfunktionellen Monooxygenasen sind dabei das Flavoprotein Adrenal Ferredoxin-NADP$^+$-Re-

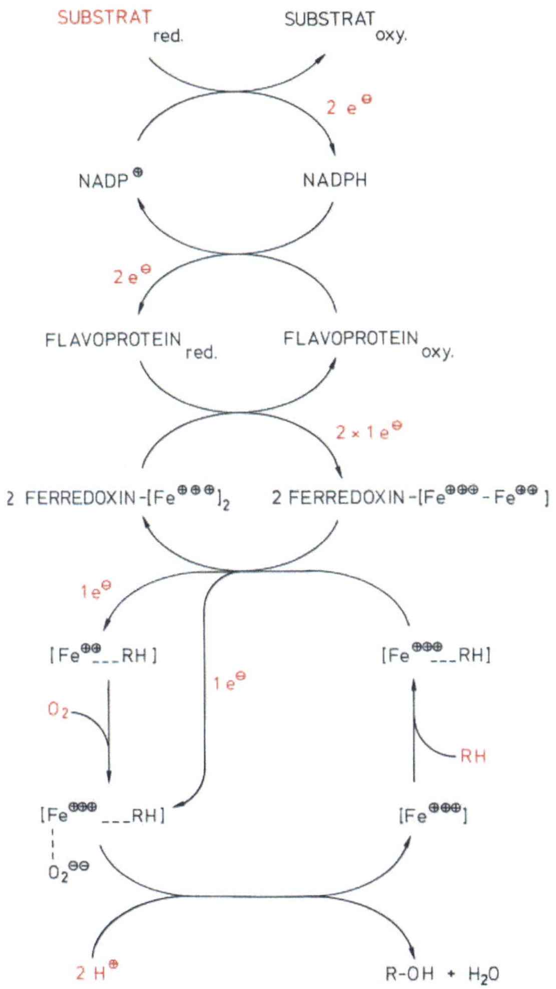

Abb. 4-39. Elektronenfluß bei der Cytochrom-P-450-abhängigen Hydroxylierung in Nebennierenrinden-Mitochondrien.
Enzyme: als Beispiel 11β-Hydroxylase [EC 1.14.15.4] (Steroid-11β-Monooxygenase), bestehend aus (a) Cytochrom P-450 [EC 1.9.x.x], (b) Adrenal Ferredoxin-NADP$^+$-Reduktase [EC 1.6.7.1], (c) Adrenal Ferredoxin (NHI-Protein)

duktase [EC 1.6.7.1] und das *Non-heme-iron-Protein* (NHI-Protein) Adrenal-Ferredoxin beteiligt (Abb. 4-39). Das in der Reaktionsfolge an der Spitze stehende Substrat, das durch Dehydrogenierung Elektronen zur Verfügung stellt, stammt aus dem *Tricarbonsäure-Cyclus*.

Das Flavoprotein Adrenal *Ferredoxin-NADP⁺-Reduktase* [EC 1.6.7.1] enthält *Flavinadenindinucleotid* als Cosubstrat. Das Enzym aus Rinder-Nebennierenrinden-Mitochondrien hat ein Molekulargewicht von 51000 (Foster und Wilson, 1975). Pro Gesamt-Molekül ist ein Flavinadenindinucleotid-Rest gebunden.

Die Elektronen fließen von der Ferredoxinreduktase auf *Adrenal-Ferredoxin* über, das Eisen in einer nichthämartigen (Non-heme-iron, NHI) Anordnung enthält. Bei einem relativ niedrigen Molekulargewicht von 15000 verfügt es über zwei Atome Eisen und zwei Atome „labilen" Schwefels, die beim Ansäuern als H_2S freigesetzt werden (Kimura et al., 1971). Die reduzierte Form ist durch

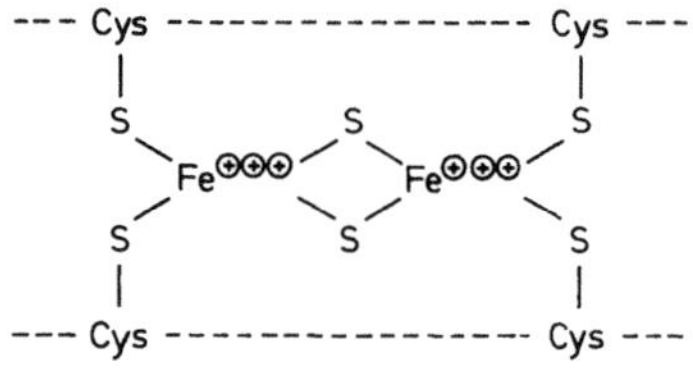

Abb. 4-40. Struktur im Bereich der Eisen-Atome für das adrenale Ferredoxin des Rindes

Luftsauerstoff oxydierbar. Abbildung 4-40 zeigt einen Strukturvorschlag für das Enzym im Bereich der Eisenatome.

Im reduzierten Zustand liegt nur eines der beiden Eisen-Atome im zweiwertigen Zustand vor. Aus diesem Grund ist Ferredoxin nur ein 1-Elektronen-Überträger. In unmittelbarer Nähe des Fe-S-Clusters befindet sich Tyrosin, das für die biologische Aktivität des Proteins unerläßlich ist (Taniguchi und Kimura, 1975).

Die gesamte *Elektronen-Transportkette* am Cytochrom P-450 durchläuft folgende Redox-Potentiale (Gunsalus et al., 1972) (Tabelle 4-5):

Tabelle 4-5. Redox-Potential von NADPH bis zum Cytochrom P-450 im Verlauf der Substrat-Umsetzung an einer mischfunktionellen Monooxygenase

NADPH	– 0,320 V
Ferredoxin-Reduktase	– 0,274 V
Ferredoxin	– 0,270 V
Cytochrom P-450	– 0,17 V

Ferrodoxinreduktase und Ferrodoxin liegen in den Nebennierenrinden-Mitochondrien in vivo reduziert vor. Die Bereitstellung der Reduktionsäquivalente stellt daher für den Reaktionscyclus am Cytochrom P-450 keinen limitierenden Faktor dar. Vielmehr sind die Bindung bzw. Bereitstellung des Sterins oder Steroides als Substrate des Cytochroms P-450 limitierend (Simpson et al., 1975). Durch Ca^{++}, das in die Mitochondrien zu permeieren vermag, wird die Substratbindung erleichtert. Dies wird auf eine Ca^{++}-abhängige „Störung" der Mitochondrienmembran zurückgeführt, die die Assoziation des Substrates begünstigt.

Der Typ der mit der adrenalen Ferredoxin-Reduktase und adrenalem Ferredoxin verknüpften Cytochrome P-450 ist außer für die Seitenkettenabspaltung (Pregnenolonsynthese oder C-20,22-Lyase genannt) auch bei der 11β- und 18-Hydroxylierung aktiv. Diese beiden Hydroxylasen [EC 1.14.15.4 bzw. 5] kommen in der Nebennierenrinde im Verhältnis 1:1 vor (Björkhem und Karlmar, 1975). Die 11β-Hydroxylase-Aktivität hängt stärker von einem intakten Phospholipid-Kompartiment in der Mitochondrien-Membran ab als die Pregnenolonsynthetase (Wang et al., 1974).

Nach der Hydroxylierung der Cholesterin-Seitenkette an den beiden Positionen 20α und 22R erfolgt im letzten Schritt mit Hilfe einer weiteren Oxydation die endgültige Seitenkettenabspaltung. Zunächst wird enzymatisch ein Proton aus der Hydroxygruppe an C-22 abgezogen (Abb. 4-41). Danach wird in konzertierter Aktion die 20,22-Bindung auseinandergedrängt. Trennt man den Oxydationsvorgang von der C-C-Spaltung und betrachtet nur die Spaltung in einem Hydroxyketon, so weist diese Reaktion große Ähnlichkeit mit der durch Aldehyd-Lyasen [EC 4.1.2.x] katalysierten Reaktion auf.

Da auch bei der Oxydation des Dihydroxycholesterins nicht Oxydationsäquivalente wie $NADP^+$ verbraucht, sondern molekularer Sauerstoff und NADPH benötigt werden (Shikita und Hall, 1974), der Sauerstoff jedoch nicht in den

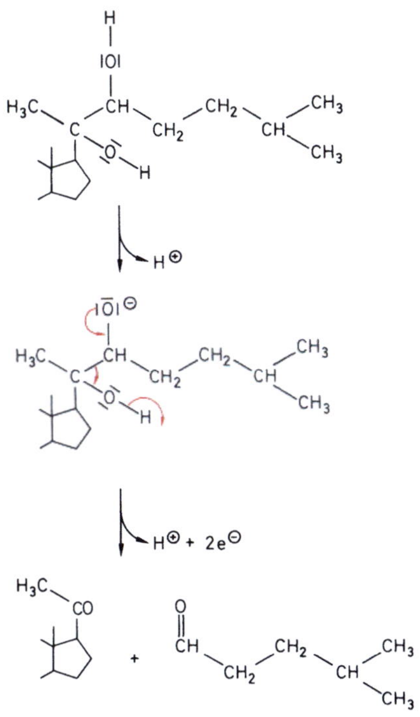

Abb. 4-41. Verlauf der Seitenkettenabspaltung aus 20α,22R-Dihydroxycholesterin und Bildung von Pregnenolon und Isocapronaldehyd.
Enzym: 20α,22R-Dihydroxycholesterin-Aldolase [EC 4.1.2.x] als Teilaktivität der Pregnenolonsynthetase [EC 1.14.15.x]

beiden Spaltprodukten, sondern in zwei Molekülen Wasser erscheint, kann es sich weder um eine Dehydrogenase noch um eine mischfunktionelle Monooxygenase handeln, die diesen Schritt katalysiert. Vielmehr werden die beiden Atome des Sauerstoff-Moleküls zunächst zur Übernahme der bei der Oxydation frei werdenden Elektronen unter Bildung von H_2O_2 verwertet (Abb. 4-42). Die Reaktion kann durch Oxidasen [EC 1.1.3.x] katalysiert werden, wobei anschließend H_2O_2 mit Hilfe einer Peroxidase [EC 1.11.1.x] und NADPH reduziert wird.

Statt der sukzessiven Hydroxylierung an 20α und 22R sind für die Pregnenolon-Bildung auch andere Reaktionswege vorgeschlagen worden. So nimmt ein attraktives Modell die Bildung eines Radikals als Intermediat an. Dabei geht man davon aus, daß Cytochrome auch die Bildung von Peroxiden katalysieren können. Daß eine solche Möglichkeit vom Mechanismus her denkbar ist, haben chemische Modelluntersuchungen gezeigt, bei denen 20α-Hydroxycholesterin mit Bleitetracetat unter formaler Reduktion des Pb^{++++} zum

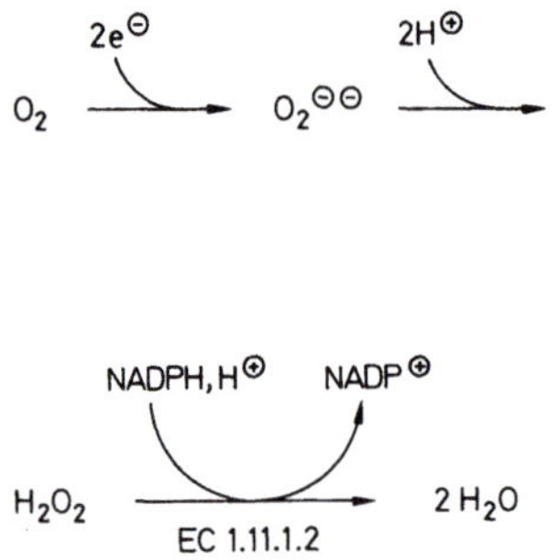

Abb. 4-42. Möglicher Elektronenfluß bei der Seitenkettenabspaltung aus Dihydroxycholesterin und Übernahme der Elektronen durch Sauerstoff sowie Reduktion des gebildeten Wasserstoffperoxids.
Enzyme: Oxidase [EC 1.1.3.x]; Peroxidase [EC 1.11.1.x]

Pb^{+++} in eine Alkoxy-Verbindung überführt werden konnte (Luttrell et al., 1972). Dieses Intermediat stabilisiert sich nach Abspaltung von Bleitriacetat zum Alkoxy-Radikal. Unter weiterer Reduktion des Bleis — bei gleichzeitiger Oxydation der abzuspaltenden Seitenkette — bilden sich dann Pregnenolon, Bleidiacetat und der C_6-Alkohol Isocapronylalkohol als Acetat (Abb. 4-43).

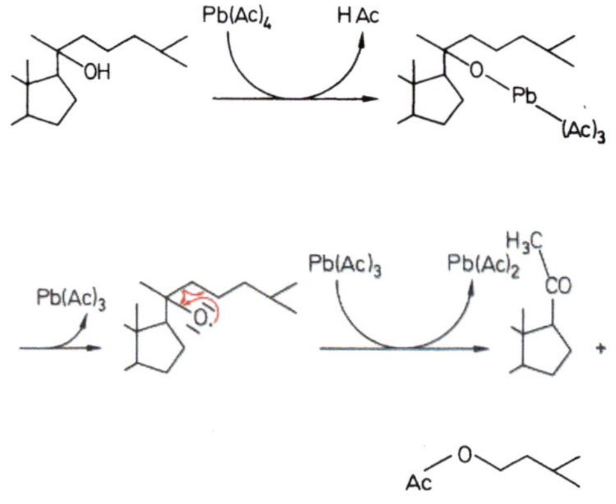

Abb. 4-43. Radikalische Spaltung von 20α-Hydroxycholesterin in Gegenwart von $Pb(Acetat)_4$

Überträgt man diesen radikalischen Mechanismus auf die biologische Seitenkettenabspaltung, so kommt man zu der folgenden Reaktionssequenz (Abb. 4-44). Hierbei ist wesentlich, daß die verschiedenen Intermediate der Reaktionskette nie frei, sondern stets enzymgebunden auftreten (Hochberg et al., 1975). Die Seitenkette fällt nach der Abspaltung direkt als Alkohol an. Unabhängig von der Frage, ob primär der verzweigte Alkohol oder Aldehyd entstehen, wird im Stoffwechsel in jedem Fall die Seitenkette durch eine „Isohexylalkoholdehydrogenase" [EC 1.1.99.8] zum Alkohol hydrogeniert (Burstein und Gut, 1971). Interessanterweise akzeptiert die Pregnenolonsynthetase auch ungewöhnliche Sterine mit verkürzter oder veränderter Seitenkette als Substrat (Arthur et al., 1976b).

Ein weiterer erst unlängst formulierter Alternativvorschlag postuliert, daß Cholesterin primär nicht hydroxyliert, sondern an C-20,22 dehydriert wird. Das daraus durch Hydroxylierung entstehende *20,22-Epoxycholesterin* ist isoliert worden (Kraaipoel et al., 1975a). Auch in diesem Falle sind die an 20α und 22R

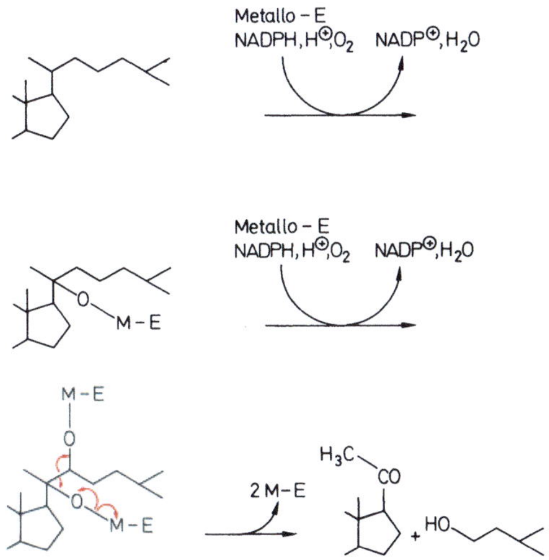

Abb. 4-44. Hypothetischer Verlauf der Seitenkettenabspaltung vom Cholesterin über enzymgebundene Intermediate

monohydroxylierten Cholesterinderivate keine echten Intermediate der Reaktionssequenz, sondern stellen Seitenprodukte dar (Abb. 4-45). Leider wird das synthetisch erhaltene 20,22-Epoxycholesterin nicht von dem seitenkettenabspaltenden Enzymsystem zur Pregnenolon-Bildung akzeptiert (Morisaki et al., 1976). Überdies läßt sich durch Verwendung von ^{18}O-markierten Vorläufern die Beteiligung eines Olefins bzw. eines Epoxids als Intermediate der Pregnenolon-Bildung in einem Aceton-Trockenpuder-Extrakt von Nebennierenrinden-Mitochondrien ausschließen (Burstein et al., 1976). Daher hat der von Kraaipoel vorgeschlagene Syntheseweg wieder an Wahrscheinlichkeit verloren. Allerdings werden Epoxide auch von anderen mischfunktionellen Monooxygenasen gebildet. So vermag die 11β-Hydroxylase aus Nebennierenrinden-Mitochondrien ein 9(11)-Pregnen zum 9β,11β-Oxido-Pregnan umzuwandeln (Sih, 1969) (Abb. 4-46).

Insgesamt findet man in Nebennierenrinden-Mitochondrien nebeneinander drei verschiedene Cytochrom-P-450-haltige Systeme: die Aktivität zur Seitenkettenabspaltung aus Cholesterin, die 11β-Hydroxylase (Steroid-11β-Monooxygenase [EC 1.14.15.4]) und die 18-Hydroxylase (Corticosteron-18-Monooxygenase [EC 1.14.15.5]). In den Mitochondrien von Ovar, Corpus luteum, Testes und auch in Placenta-Mitochondrien (Baron, 1976) ist nur noch die C-20,22-Lyase-Aktivität in nennenswertem Umfang aktiv.

Die zahlreichen mikrosomalen Cytochrom-P-450-haltigen Hydroxylasen (Haugen et al., 1975) (s. Tabelle 4-6) verwenden dagegen NADH-Cytochrom-b_5-Reduktase und Cytochrom b_5, die an die Stelle von Ferredoxin-Reduktase und dem Non-home-iron-Protein Adrenal-Ferredoxin treten. Dient NADPH als Donator für die Reduktionsäquivalente, so erhält Cytochrom b_5 die Elektronen nicht von der Cytochrom-b_5-Reduktase, sondern von NADPH via NADPH-Cy-

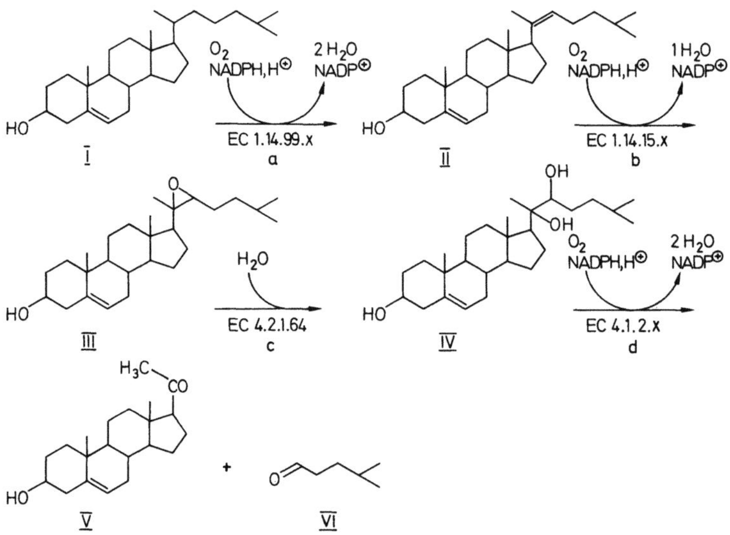

Abb. 4-45. Seitenkettenabspaltung des Cholesterins über eine Dehydrierung zu 20(22)-en-Cholesterin.
Enzyme: (a) Desaturase, wahrscheinlich Kombination einer Oxidase analog zu Acyl-CoA-Desaturase [EC 1.14.99.5] + Peroxidase [EC 1.11.1.x]; (b) Epoxidase, mischfunktionelle Monooxygenase [EC 1.14.15.x]; (c) Epoxyhydrase, entsprechend der Aren-oxid-Hydratase [EC 4.2.1.64]; (d) Seitenkettenabspaltung, 20α,22R-Dihydroxy-cholesterin-Aldolase [EC 4.1.2.x]; die Aktivitäten (b) und (d) sind Cytochrom-P-450-abhängig (Kraaipoel et al., 1975b). *I* Cholesterin, *II* 3β-Hydroxy-5,20(22)-cholestadien, *III* 20,22-Epoxycholesterin, *IV* 20α,22R-Dihydroxycholesterin, *V* Pregnenolon, *VI* Isocapronaldehyd

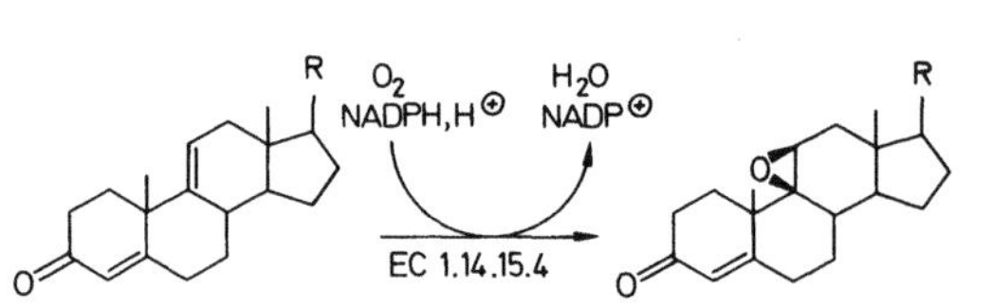

Abb. 4-46. Bildung eines 9β,11β-Oxido-Steroides aus einem 9(11)-Pregnen mit Hilfe der 11β-Hydroxylase.
Enzym: Steroid-11β-Monooxygenase [EC 1.14.15.4]

Tabelle 4-6. Cytochrom-P-450-abhängige Enzyme des Steroidstoffwechsels. NNR = Nebennierenrinde, DHEA = Dehydroepiandrosteron

Enzym	EC	katalysierte Reaktion	Vorkommen Mitochondrien	Vorkommen Mikrosomen
C-20,22-Lyase	1.14.15.x	20α,22R-Dihydroxycholesterin → Pregnenolon	NNR, Ovar, Testes	
C-17,20-Lyase		17α-Hydroxy-pregnenolon → DHEA		NNR, Ovar, Testes
17α-Hydroxyprogesteron-Aldolase	4.1.2.30	17α-Hydroxyprogesteron → 4-Androsten-3,17-dion		NNR, Ovar, Testes
C-10,19-Lyase		19-Oxotestosteron → Östradiol		Placenta, NNR, Ovar, Testes
Progesteron-Monooxygenase	1.14.99.4	Progesteron → Testosteronacetat		NNR, Ovar, Testes
25-Hydroxycholecalciferol-1-Monooxygenase (1α-Hydroxylase)	1.14.13.13	25-Hydroxy-cholecalciferol → 1α,25-Dihydroxy-cholecalciferol	Niere	
2β-Hydroxylase		Androstane und Pregnane → 2β-Hydroxy-Androstane bzw. -pregnane		Leber
6α-Hydroxylase		→ 6α-Hydroxy-Steroide		Leber
Östradiol-6β-Monooxygenase	1.14.99.11	Östrogene 6β-Hydroxy-östrogene		Leber
Steroid-11β-Monooxygenase	1.14.15.4	Corticoide 11β-Hydroxy-Corticoide	NNR	
Progesteron-11α-Monooxygenase	1.14.99.14	Progesteron 11α-Hydroxyprogesteron		Leber
12α-Hydroxylase		→ 12α-Hydroxy-Steroide		Leber
12β-Hydroxylase		→ 12β-Hydroxy-Steroide		Leber
15α-Hydroxylase		→ 15α-Hydroxy-Steroide		Leber
16α-Hydroxylase		→ 16α-Hydroxy-Steroide		Leber, Ovar, Placenta, Testes
Steroid-17α-Monooxygenase	1.14.99.9	→ 17α-Hydroxy-Pregnane		Testes, NNR
Corticosteron-18-Monooxygenase	1.14.15.5	Corticosteron → 18-Hydroxycorticosteron	NNR	
18-Hydroxylase		→ 18-Hydroxy-Steroide		Leber
19-Hydroxylase		Androstendion → 19-Hydroxy-androstendion		Placenta, Ovar, Testes
20α-Hydroxylase		Cholesterin → 20α-Hydroxycholesterin	Testes, NNR, Ovar	
Steroid-21-Monooxygenase	1.14.99.10	17α-Hydroxyprogesteron → Cortexolon		NNR
22R-Hydroxylase		Cholesterin → 22R-Hydroxycholesterin	Testes, NNR, Ovar	

tochrom-c-Reduktase und einem (unbekannten) Elektronen-Transfer-Faktor X. Hierbei wird H aus der Position 4 pro S des NADPH abgezogen (Abb. 4-47).

Als Elektronendonator für Cytochrom b_5 kann auch Ascorbinsäure mit Hilfe der Ascorbat-Cytochrom-b_5-Reduktase [EC 1.10.2.1] dienen. NADPH-Cytochrom-c-Reduktase wird auch als Cytochrom-P-450-Reduktase [EC 1.6.2.4] bezeichnet und hat als Flavoenzym ein Mol.-Gew. von 79000. Es steht in Rattenleber-Mikrosomen mit dem Cytochrom P-450 im Verhältnis 1:10 bis 1:20. Dies bedeutet, daß die Reduktase als zentrales Partikel von zahlreichen Cytochrom-P-450-Molekülen umgeben ist, auf die je nach ihrer Entfernung verschieden schnell das Reduktionsäquivalent übertragen wird. Rund 8–12 Cytochrom-P-450-Moleküle befinden sich in unmittelbarem Kontakt mit der Reduktase, da sie auch bei niedriger Temperatur sehr schnell reduziert werden können (Peterson et al., 1976). Das Mol.-Gew. des mikrosomalen Cytochroms P-450 wurde zu 45000 bis 53000 bestimmt.

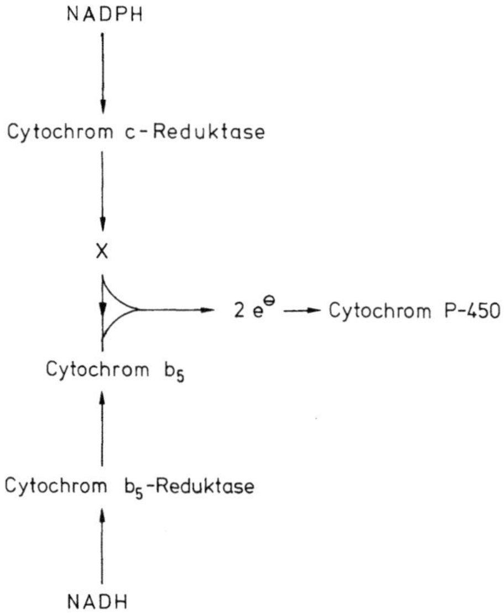

Abb. 4-47. Elektronen-Donatoren bei der Hydroxylierung durch mikrosomale Cytochrom-P-450-abhängige Hydroxylasen (nach Estabrook et al., 1973).
NADH-Cytochrom-b_5-Reduktase [EC 1.6.2.2], *NADPH*-Cytochrom-c-Reduktase [EC 1.6.2.4], *X* unbekannter Elektronen-Transfer-Faktor

Bei der Biosynthese des mikrosomalen Cytochroms P-450 läßt sich durch Kobalt die (mitochondriale) Häm-Synthese selektiv unterdrücken, so daß das Apocytochrom P-450 akkumuliert (Correia und Meyer, 1975). Die Bildung dieses Proteins wird durch Pharmaka (z.B. Barbiturate) induziert und ist — zumindest für die mikrosomale Cytochrom-P-450-Synthese — limitierend. Ein Ascorbinsäure-Mangel in der Leber erniedrigt über die verminderte Bereitstellung dieses Apoproteins den Cytochrom-P-450-Spiegel (Degkwitz et al., 1974). Cytochrom P-450 zerfällt mit einer Halbwertszeit von rund drei Tagen. Seine Biosynthese wird in Gonaden bzw. Nebennierenrinden hypophysektomierter Tiere durch hCG bzw. ACTH stimuliert (Purvis et al., 1973a und 1973b).

Die Tabelle 4-6 enthält diejenigen Enzyme, bei denen die Beteiligung von Cytochrom P-450 gesichert ist. In einigen Fällen, so bei der 25-Hydroxylase des

Cholecalciferols, ist dies noch fraglich, in einigen Fällen, so bei der 2α-Hydroxylase des Androgen-Stoffwechsels, ist es definitiv ausgeschlossen (Gustafsson und Ingelman-Sundberg, 1976).

Cytochrom P-450 wird durch eine Reihe von Pharmaka inhibiert, die Eingang bei der klinischen Funktionsprüfung der Nebennierenrinde gefunden haben. So inhibiert Metopirone (Abb. 4-48) stark das Cytochrom P-450 der 11β-Hydroxylase und schwächer die Aktivität der Pregnenolon-Synthetase. Außerdem hemmt das Pharmakon die (mitochondriale) 18-Hydroxylase [EC 1.14.15.5] sowie die mikrosomale 19-Hydroxylase. Der Inhibitor wird über seinen Pyridin-Stickstoff an das Eisen des Häms gebunden (Ruf und Nastainczyk, 1976) und verhindert dadurch die Anheftung und Aktivierung des Substrats (Olson, 1965). Es erzeugt dabei einen Typ-II-Komplex mit Cytochrom P-450.

Weitere — auch für die biochemische Charakterisierung der Monooxygenasen wichtige — Inhibitoren sind *Amphenon B* (Abb. 4-49) und o,p'-DDD (Abb. 4-50) (Gower, 1974).

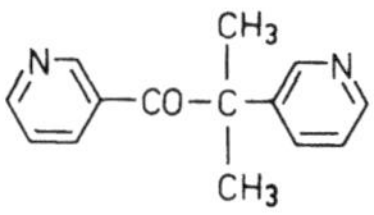

Abb. 4-48. Metopirone (Metyrapon), 2-Methyl-1,2-bis(3-pyridyl)-1-propanon

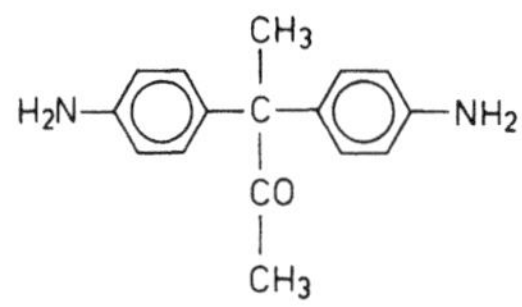

Abb. 4-49. Amphenon B, 3,3-bis(p-Aminophenyl)-2-butanon

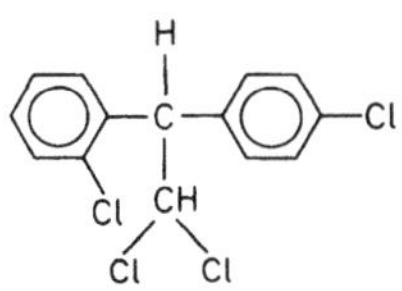

Abb. 4-50

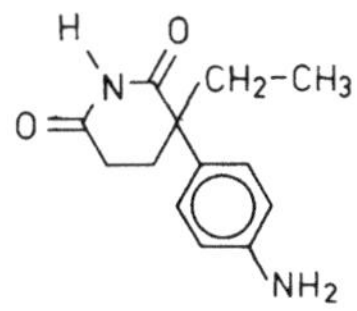

Abb. 4-51

Abb. 4-50. o,p'-DDD [2,2-bis(2-Chlorphenyl-4-chlorphenyl)-1,1-dichloräthan]. Das p,p'-Isomere 2,2-bis(p-Chlorphenyl)-1,1-dichloräthan ist inaktiv

Abb. 4-51. p-Aminoglutäthimid, Elipten, α-(p-Aminophenyl)-α-äthylglutarimid

Als nichtkompetitiver Inhibitor der Monooxygenasen wirkt *p-Aminoglutäthimid* (Abb. 4-51). Eine fünfzigprozentige Hemmung der 20α-Hydroxylierung wird durch 40 μM Metyrapon oder 50 μM p-Aminoglutäthimid erreicht (Wilson und Harding, 1973). p-Aminoglutäthimid hemmt nicht nur die Pregnenolonbildung, sondern auch die 11β- und 21-Hydroxylierung, so daß sich dadurch die verbliebenen Synthesekapazitäten der Nebennierenrinde in Richtung Androgen-Bildung verschieben. Aus diesem Grunde wirkt dieser Inhibitor — während der Schwangerschaft gegeben — virilisierend.

Als Hemmstoff der 17α-Hydroxylase [EC 1.14.99.9] und der 17α-Hydroxy-progesteron-Aldolase (C-17,20-Lyase) [EC 4.1.2.30] ist SKF-525A (Abb. 4-52) wirksam.

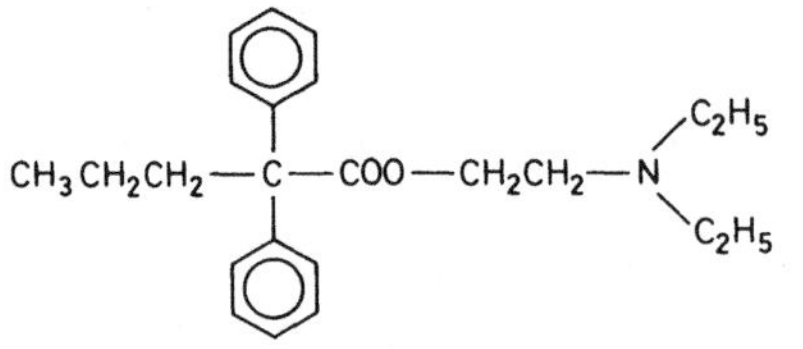

Abb. 4-52. SKF-525A. 2,2-Diphenylvaleriansäure-N-diäthylaminoäthylester

4.4 Die Biosynthese von Progesteron

Sowohl *Cholesterin* als auch das daraus entstehende *Pregnenolon* können als Muttersubstanzen aller Steroide gelten. Bei der Umwandlung des Pregnenolons und Bildung der Steroide gabelt sich der Stoffwechselweg (Abb. 4-53).

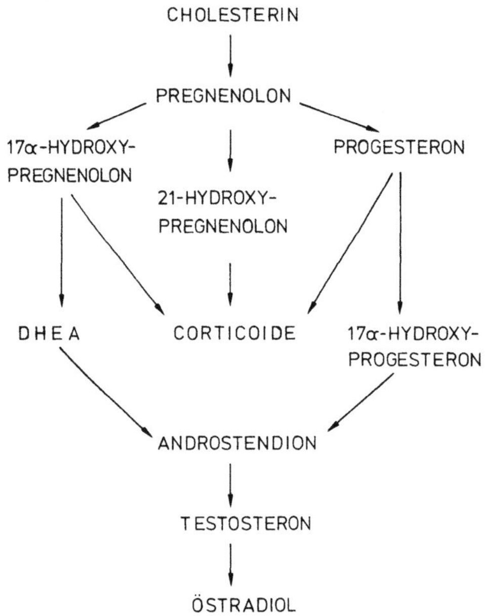

Abb. 4-53. Hauptsynthesewege der Steroidhormone

An der Umwandlung von Pregnenolon zu Progesteron ist zunächst eine Oxidoreduktase beteiligt, die die Sauerstoff-Funktion in β an C-3 in C_{19}- und C_{21}-Steroiden angreift (Björkhem et al., 1972), sofern das Substrat an C-5 eine Doppelbindung aufweist: 3β-Hydroxy-Δ^5-Steroid-Dehydrogenase [EC 1.1.1.145] (Abb. 4-54). Den entsprechenden 3α-Alkohol, also 3α-Hydroxy-5-pregnen-20-on, läßt das Enzym unverändert. Das Gleichgewicht liegt praktisch vollständig auf der Seite der oxydierten Substrate. Als Oxydationsäquivalent wird NAD^+ benötigt. Das Enzym kommt in allen steroidbildenden Organen sowohl in den Mitochondrien als auch Mikrosomen vor (Ferre et al., 1975). In der Placenta liegt es vorwiegend mitochondrial vor.

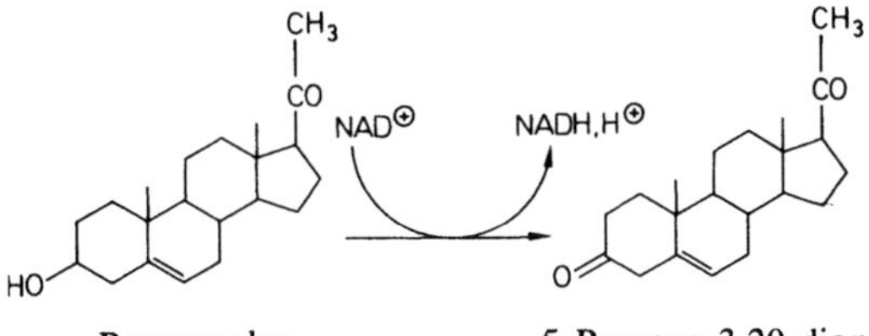

Pregnenolon 5-Pregnen-3,20-dion

Abb. 4-54. Dehydrogenierung von Pregnenolon.
Enzym: 3β-Hydroxy-Δ^5-Steroid-Dehydrogenase [EC 1.1.1.145]

Für dieses Enzym existiert eine Gruppe spezifischer Inhibitoren, von denen das „*Cyanoketon*" (Abb. 4-55) der wichtigste Vertreter ist.

Auch 17β-Hydroxy-4.4.17α-trimethyl-5-androsten-(2,3d)-isoxazol wirkt inhibitorisch auf die 3β-Hydroxy-Δ^5-Steroid-Dehydrogenase (Abb. 4-56).

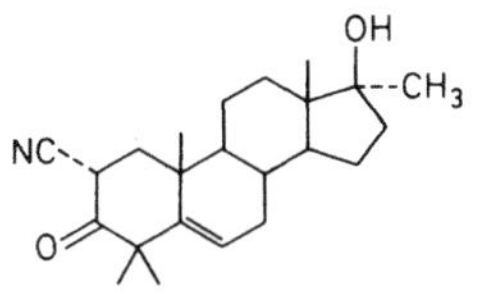

Abb. 4-55. „Cyanoketon", 2α-Cyano-4,4,17α-trimethyl-17β-hydroxy-5-androsten-3-on

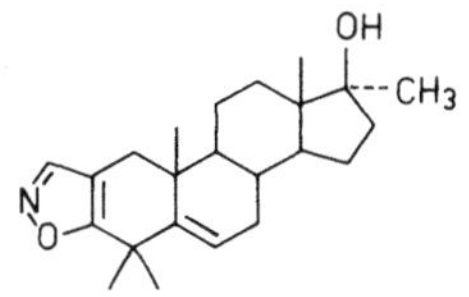

Abb. 4-56. 17β-Hydroxy-4,4,17α-trimethyl-5-androsten-(2,3d)-isoxazol

Da „Cyanoketon" ein relativ langwirkendes Pharmakon ist, hat man für die Untersuchung der sexualspezifischen Differenzierungsschritte während der Fetalentwicklung kurzwirkende chemische „Sterilisatoren" entwickelt (Begue et al., 1974). Hierzu gehören die in Abb. 4-57 und 4-58 aufgeführten Verbindungen.

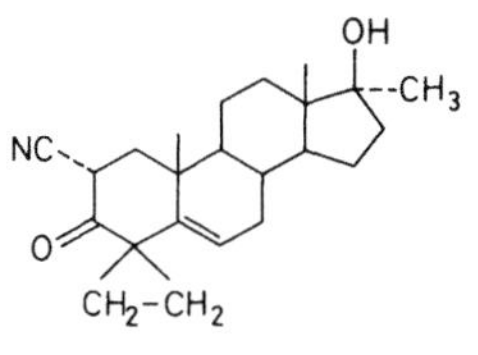

Abb. 4-57. 2α-Cyano-17β-hydroxy-17α-methyl-spiro(5-androsten-4,4′-cyclopropan)-3-on

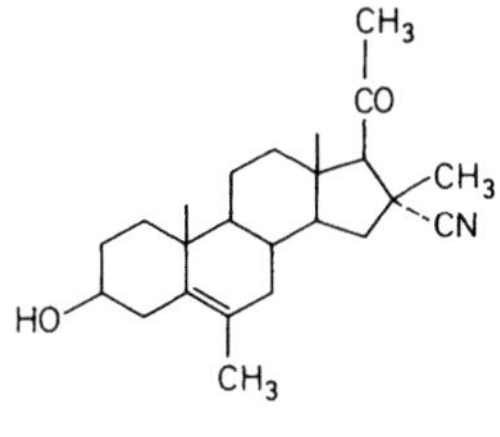

Abb. 4-58. 16α-Cyano-3β-hydroxy-6,16β-dimethyl-5-pregnen-20-on

Wegen ihrer kurzen Wirkdauer bei der Hemmung der 3β-Hydroxy-Δ^5-Steroid-Dehydrogenase erlauben diese Verbindungen eine „chemische" Gonadektomie in kritischen Stadien der Sexualentwicklung des Fetus. Die Verbindungen hemmen auch die C-17,20-Lyase. Ihr Wirkmechanismus ist unbekannt.

Nach der Dehydrogenierung bleibt die Reaktion nicht bei 5-Pregnen-3,20-dion stehen. Das Intermediat kann allerdings unter geeigneten Bedingungen abgefangen werden (Edwards et al., 1976). Bei Mikroorganismen ist das für die Verschiebung der Doppelbindung in 5-Pregnen-3,20-dion unter Bildung von Progesteron verantwortliche Enzym, die Steroid-Δ-Isomerase (häufig auch 3-Oxosteroid-Δ^4-Δ^5-Isomerase [EC 5.3.3.1] genannt) ausführlich charakterisiert worden. Führt man die Isomerisierung in D_2O durch, so wird das Isotop nicht in das Steroid inkorporiert. Demnach muß der Wasserstoff-Transfer intramolekular verlaufen (Abb. 4-59). Im Experiment ließ sich zeigen, daß der

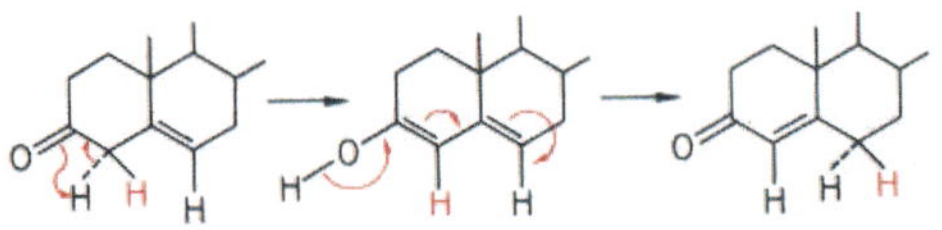

Abb. 4-59. Isomerisierung der Doppelbindung von 5 nach 4. Enzym: Steroid-Δ-Isomerase [EC 5.3.3.1]

Wasserstoff-Transfer von 4β nach 6β erfolgt. Auf Grund einer Modellisomerisierung mit primären Aminen wird angenommen, daß die Isomerisierung aus einem Δ^4-3-Imin beginnt (Benisek und Jacobson, 1975). Die Isomerase könnte hierfür — falls der Mechanismus in dieser Form auch in vivo abläuft — eine freie Aminogruppe aus einem Lysin-Rest zur Verfügung stellen (Abb. 4-60).

Aus Nebennierenrinden-Mikrosomen des Schafs läßt sich die Isomerase bei der Enzymanreicherung nicht von der 3β-Hydroxy-Δ^5-Steroid-Dehydrogenase abtrennen (Ford und Engel, 1974). Schließlich verbleibt ein gelelektrophoretisch

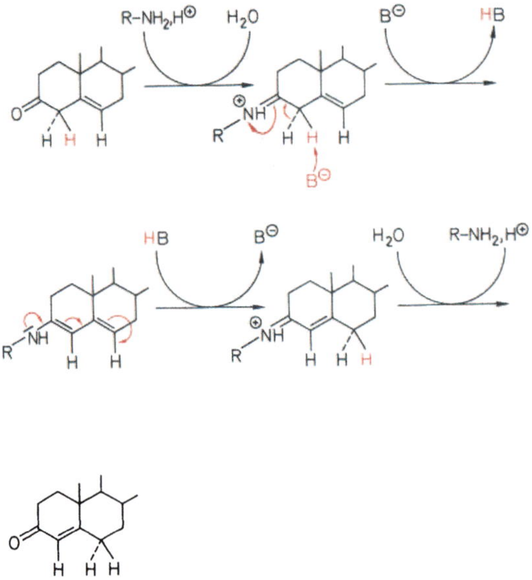

Abb. 4-60. Modellisomerisierung eines 5-ens in ein 4-en in Gegenwart eines primären Amins

einheitliches Präparat mit Mol.-Gew. um 300000, das aus gleichen Untereinheiten von je 40000 dalton besteht und noch immer beide enzymatischen Aktivitäten zur Dehydrogenierung und Isomerisierung aufweist. Aus diesem Grunde kann man vermuten, daß bei Mammaliern beide Aktivitäten tatsächlich von einem Enzymprotein entwickelt werden. Dieser Schluß wird auch aus kinetischen Untersuchungen mit dem Enzymsystem aus Placenta-Mitochondrien gezogen (Edwards et al., 1976).

Andererseits scheinen beim Säugetier drei verschiedene Enzymsysteme bei der Bildung von 4-Androsten-3,17-dion, Progesteron und 17α-Hydroxyprogesteron aus 3β-Hydroxy-5-androsten-17-on, Pregnenolon bzw. 17α-Hydroxypregnenolon beteiligt zu sein. Im Falle der Progesteron-Bildung ist dabei nachgewiesen worden, daß die Reaktion reversibel ist.

Da bei der Reduktion von Pregnenolon der Wasserstoff auf die Position pro 4 S des NAD^+, von DHEA dagegen sowohl auf pro 4 S als auch pro 4 R übertragen wird, andererseits kein Enzym bekannt ist, bei dem der Wasserstoff auf beide Seiten des Cosubstrats gelangt, muß die 3β-Hydroxy-Δ^5-Steroiddehydrogenase aus mindestens zwei verschiedenen Enzymspecies bestehen, die nebeneinander im Rinderovar aktiv sind (Gibb und Hagerman, 1976).

Spätestens nach der Pregnenolon-Umwandlung in Progesteron erfolgt der Transfer des gebildeten Progesterons aus den Mitochondrien in das Cytoplasma. Auf diese Weise wird Progesteron in allen steroidhormonbildenden endokrinen Drüsen bereitgestellt. Es wird allerdings vom Corpus luteum und — während der Schwangerschaft — in der Placenta in ungleich größeren Mengen gebildet. In der Placenta wird Progesteron aus mütterlichen Cholesterin synthetisiert. Dies steht in deutlichem Gegensatz zur placentaren Östrogensynthese, wofür das aus der fetalen Nebennierenrinde stammende Dehydroepiandrosteronsulfat verwertet wird.

Progesteron wird zumindest teilweise in seinen Zielorganen durch Ring-A-Reduktion in 5α-Pregnan-3,20-dion überführt. Die hierfür notwendige 5α-Reduktase [EC 1.3.1.22] ist in allen wichtigen Zielorganen des Progesterons sowie in der Placenta (Ainsworth und Ryan, 1969) nachgewiesen worden. Die 5α-Reduktase im Hypothalamus wandelt Progesteron und 20α-Hydroxy-4-pregnen-3-on mit K_m zwischen $4{,}8–8{,}6 \cdot 10^{-7}$ M um. Testosteron wird von diesem Enzym nur mäßig hydrogeniert (Cheng und Karavolas, 1975). Östradiol hemmt die Reduktion nichtkompetitiv.

Die Biosynthese des Progesterons wird im Corpus luteum durch Lutropin zusammen mit Prolactin kontrolliert. Der Einfluß von Prolactin auf die menschliche Progesteron-Synthese galt lange Zeit als unbewiesen, ist aber mittlerweile abgeklärt (Saito und Saxena, 1975).

4.5 Die Biosynthese der Corticoide

Die *Nebennierenrinde* (NNR) ist bei beiden Geschlechtern für die Bildung der Corticoide verantwortlich. Bei Säugetieren liegen die Nebennieren als Drüsenpaar den Nieren an und bestehen aus Rindengewebe (Cortex) und Markgewebe

(Medulla). Von der Gesamtmasse entfallen rund 90 % auf die Rinde. Innerhalb des Cortex sind (von außen nach innen) die folgenden drei Zonen unterscheidbar:

Zona glomerulosa
Zona fasciculata
Zona reticularis.

Im engeren Sinne bilden folgende Steroide die Gruppe der Corticoide:

Cortisol (11β,17α,21-Trihydroxy-4-pregnen-3,20-dion)
Cortison (17α,21-Dihydroxy-4-pregnen-3,11,20-trion)
Corticosteron (11β,21-Dihydroxy-4-pregnen-3,20-dion)
11-Dehydrocorticosteron (21-Hydroxy-4-pregnen-3,11,20-trion)
11-Desoxycorticosteron (21-Hydroxy-4-pregnen-3,20-dion)
11-Desoxy-17-hydroxy-corticosteron (17α,21-Dihydroxy-4-pregnen-3,20-dion)
21-Desoxycortisol (11β,17α-Dihydroxy-4-pregnen-3,20-dion)
Aldosteron (11β,21-Dihydroxy-4-pregnen-3,18,20-trion).

Hiervon sind Cortisol und das in sehr geringer Menge gebildete Aldosteron qualitativ am wichtigsten. Das Verhältnis Cortisol zu Aldosteron beträgt im

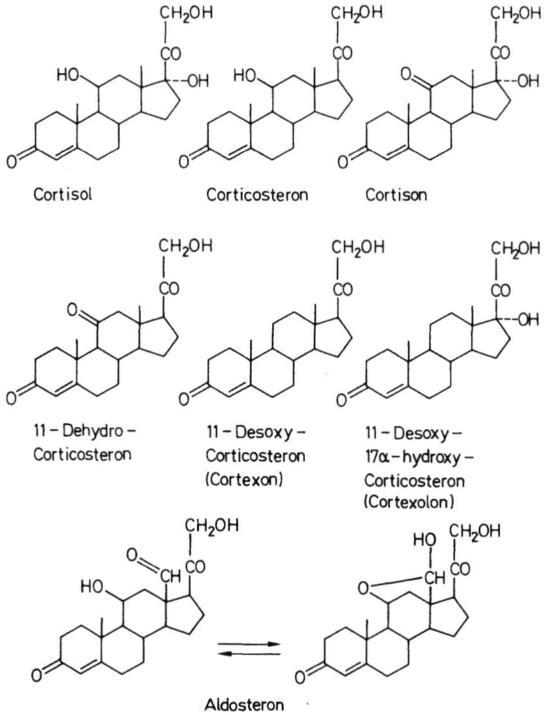

Abb. 4-61. Strukturen der wichtigsten Nebennierenrinden-Hormone

venösen Blut der Nebenniere des Menschen 70, im Plasma rund 2000 (s. Kapitel 6.4). Bei anderen Tierspecies (z. B. Nagern) wird mehr Corticosteron als Cortisol gebildet.

Vergleicht man die Strukturen der glucocorticoid wirksamen Steroide (Abb. 4-61), so fallen folgende Merkmale auf:

Corticoide sind 4-Pregnen-Derivate, die aus
21 C-Atomen bestehen
an C-21 (meist) eine Hydroxygruppe tragen und
an C-3 und C-20 Ketogruppen aufweisen.

11-Desoxycorticosteron unterscheidet sich demnach vom *Progesteron* nur durch die zusätzliche OH-Gruppe an C-21. Dieser Unterschied reicht aus, um die biologische Funktion des Steroides umzuprägen: 11-Desoxycorticosteron ist ein glucocorticoid und mineralocorticoid wirksames Hormon, Progesteron ist für die Fortpflanzung wichtig. Die Biosynthese des *Cortisols* erfolgt vornehmlich in der mittleren Rindenzone, der Zona fasciculata. *Aldosteron* wird in der Zona glomerulosa synthetisiert. Von der Zona reticularis stammen die Nebennierenrinden-Androgene, d. h.

Dehydroepiandrosteron (DHEA, 3β-Hydroxy-5-androsten-17-on)
3β,17β-Dihydroxy-5-androsten
Androsteron (3α-Hydroxy-5α-androstan-17-on)
Testosteron (17β-Hydroxy-4-androsten-3-on)
11β-Hydroxy-4-androsten-3,17-dion.

Abb. 4-62. Stammbaum der Corticoide während der Biogenese in der Nebennierenrinde.

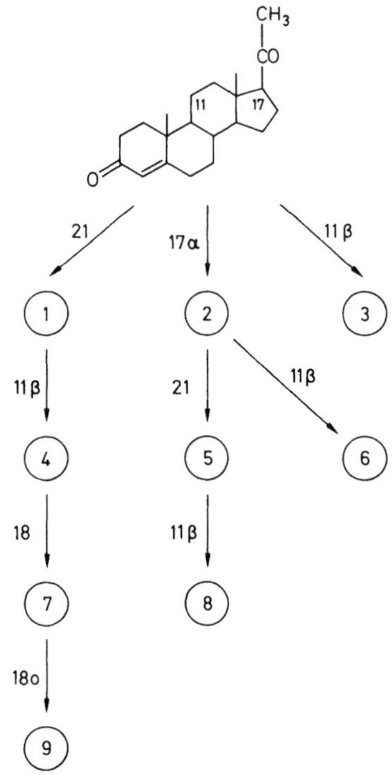

		zusätzliche Hydroxygruppe(n) im Vergleich zum Progesteron an Position
1	Desoxycorticosteron	21
2	17α-Hydroxyprogesteron	17α
3	11β-Hydroxyprogesteron	11β
4	Corticosteron	11β,21
5	Cortexolon	17α,21
6	21-Desoxycortisol	11β,17α
7	18-Hydroxycorticosteron	11β,18,21
8	Cortisol	11β,17α,21
9	Aldosteron (18-Oxo-corticosteron)	11β,21

Enzyme: Steroid-21-Monooxygenase [EC 1.14.99.10], Steroid-17α-Monooxygenase [EC 1.14.99.9], Steroid-11β-Monooxygenase [EC 1.14.15.4], Corticosteron-18-Monooxygenase [EC 1.14.15.5], Steroid-18-Oxidase [EC 1.1.2.x oder 1.1.3.x]

Für die Biosynthese der Corticoide wird Pregnenolon bzw. Progesteron in einer definierten Schrittfolge hydroxyliert. An diesen Hydroxylierungen sind die bereits bei der Pregnenolonbiosynthese beschriebenen Cytochrom-P-450-abhängigen mischfunktionellen Monooxygenasen beteiligt. Die Hydroxylreste werden in der Reihenfolge

C-17α — C-21 — C-11β

inseriert. Dies bedeutet, daß zwar aus Progesteron nebeneinander die jeweilig an C-17α, C-21 oder C-11β monohydroxylierten Derivate entstehen können, daß aber das an 11β hydroxylierte Steroid nicht mehr nachträglich an 21 oder 17α hydroxyliert werden kann. Ebenso kann das 21-hydroxylierte Produkt kaum noch an 17α, wohl aber an 11β hydroxyliert werden. Aus diesem Grunde läßt sich für die Biogenese der Corticoide ein „Stammbaum" von Intermediaten konstruieren (Abb. 4-62), der auf Grund der Vielzahl der daran beteiligten Enzyme und der Irreversibilität der Einzelschritte vielfältigen Störungen unterliegen kann.

Daneben existiert ein sog. Δ^5-Weg, bei dem nicht Progesteron, sondern *17α-Hydroxypregnenolon* als wichtiger Vorläufer auftritt. In dieser Kette steht dann unmittelbar vor Cortisol das trihydroxylierte Pregnenolon *3β,11β,17α,21-Tetrahydroxy-5-pregnen-20-on* (Abb. 4-63).

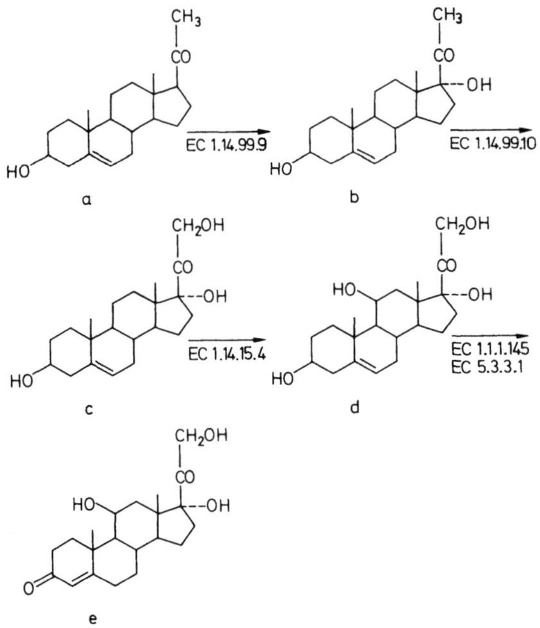

Abb. 4-63. Biosynthese von Cortisol über Pregnenolon-Derivate (Δ^5-Weg).
(a) Pregnenolon, 3β-Hydroxy-5-pregnen-20-on, (b) 17α-Hydroxypregnenolon, 3β,17α-Dihydroxy-5-pregnen-20-on, (c) 3β,17α,21-Trihydroxy-5-pregnen-20-on, (d) 3β, 11β,17α,21-Tetrahydroxy-5-pregnen-20-on, (e) Cortisol, 11β,17α, 21-Trihydroxy-4-pregnen-3,20-dion.
Enzyme: Steroid-17α-Monooxygenase [EC 1.14.99.9], Steroid-21-Monooxygenase [EC 1.14.99.10], Steroid-11β-Monooxygenase [EC 1.14.15.4], 3β-Hydroxy-Δ^5-Steroid-Dehydrogenase [EC 1.1.1.145], Steroid-Δ-Isomerase [EC 5.3.3.1]

Da die für die Hydroxylierung notwendigen und jeweils für bestimmte Positionen im Steroidsystem spezifischen Monooxygenasen (s. Tabelle 4-6) in verschiedenen Zellkompartimenten vorkommen, müssen die Intermediate in entsprechender Weise auch während der Biosynthese mehrere Ortswechsel vornehmen (Abb. 4-64).

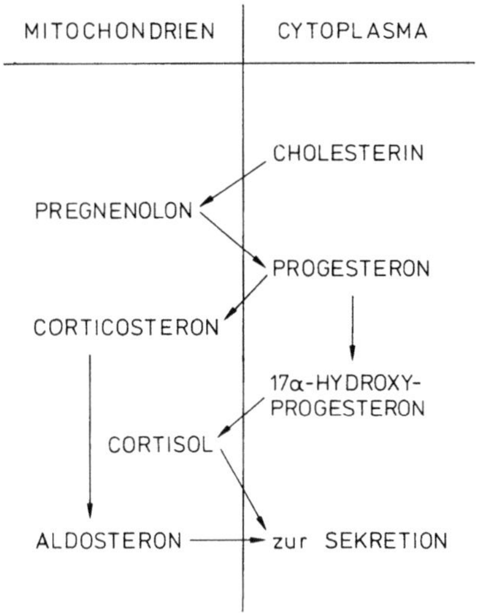

Abb. 4-64. Transfer der Corticoid-Intermediate zwischen Cytoplasma und Mitochondrien

Das für Nebennierenrinden-Mitochondrien charakteristische und für den Verlauf der Corticoid-Biosynthese wichtige Enzym *Steroid-11β-Monooxygenase* [EC 1.14.15.4] ist Teil der Mitochondrien-Innenmembran in allen Nebennierenrinden-Zonen. Es besteht aus einem Flavoprotein mit Mol.-Gew. 60000, aus Adrenal-Ferredoxin (Mol.-Gew. 20000) und Cytochrom P-450 (Mol.-Gew. 46000), die in der kompletten 11β-Hydroxylase im Verhältnis 50:1:1 vorliegen. Die verschiedenen, in der Nebennierenrinde an 11β hydroxylierbaren Steroide, nämlich Desoxycorticosteron, Cortexolon (11-Desoxycortisol) und Androstendion (als Vertreter der NNR-Androgene) werden jeweils durch eine spezifische 11β-Hydroxylase umgewandelt (Hudson et al., 1976). Dies bedeutet, daß es mindestens drei verschiedene 11β-Hydroxylasen in den NNR-Mitochondrien gibt. Darüber hinaus hat sich gezeigt, daß in der menschlichen Nebennierenrinde ein signifikanter Anteil der 11β-Hydroxylase-Aktivität mikrosomal vorkommt (Klein et al., 1976).

Die *17α-Hydroxylase* [EC 1.14.99.9] ist als mikrosomales Enzym ebenfalls Cytochrom-P-450-abhängig und sowohl bei der Corticoid-Synthese in der NNR als auch für die Androgen- und Östrogen-Synthese in den Gonaden für die Bildung von 17α-Hydroxy-pregnenolon bzw. 17α-Hydroxy-progesteron notwendig. Da die Affinität des Enzyms zu Pregnenolon rund vier- bis sechsfach höher ist als zu Progesteron, hat Kremers (1976) geschlossen, daß 17α-Hydroxy-pregnenolon im Vergleich zum 17α-Hydroxy-progesteron das wichtigere und natürliche Intermediat bei der Corticoid- und Androgen-Biosynthese ist. Aus diesem Grund soll die Synthese dieser Steroid-Gruppen unter normalen Bedingungen vorzugsweise über den Δ^5-Weg verlaufen. Das Enzym wird sowohl von den beiden an C-17 hydroxylierten C_{21}-Steroiden als auch von einer Reihe weiterer Steroide kompetitiv gehemmt (Nayfeh und Baggett, 1969). — Die

21-Hydroxylase [EC 1.14.99.10] kommt praktisch ausschließlich in den NNR-Mikrosomen vor. Dieses Enzym wird durch Progesteron gehemmt (Wickramasinghe und Bryan, 1975).

Für die Entstehung des adrenogenitalen Syndroms (s. Kap. 4.6) ist die Tatsache von Bedeutung, daß die 21-Hydroxylierung von Progesteron und von 17α-Hydroxyprogesteron durch zwei unabhängige 21-Hydroxylasen katalysiert wird (Wickramasinghe, 1975), die einzeln oder auch zusammen bei dieser Form des Hyperandrogenismus ausfallen können. Darüber hinaus sollen auch Cytochrom-P-450-unabhängige 21-Hydroxylasen existieren.

Zusätzlich zu den für die Positionen 17α, 21 und 11β spezifischen Hydroxylasen findet man im Falle der *Aldosteron*-Synthese eine *18-Hydroxylase*, die den vorletzten Schritt unter Bildung von 11β,18,21-Trihydroxy-4-pregnen-3,20-dion (Hydroxycorticosteron) katalysiert (Abb. 4-65).

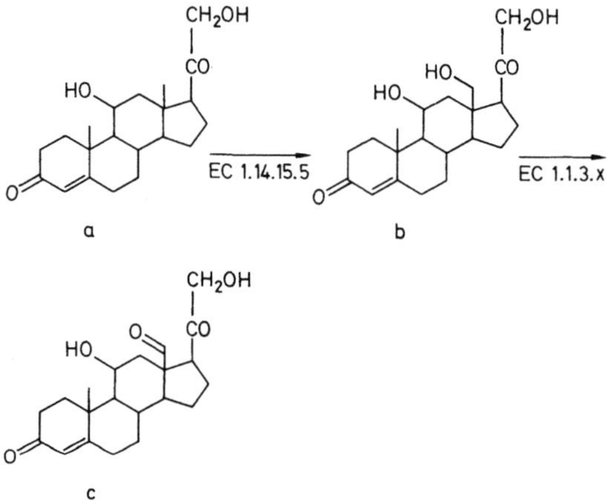

Abb. 4-65. Biosynthese von Aldosteron aus Corticosteron.
Enzyme: Corticosteron-18-Monooxygenase [EC 1.14.15.5], 18-Oxidase [EC 1.1.3.x].
(a) Corticosteron, 11β,21-Dihydroxy-4-pregnen-3,20-dion, (b) 18-Hydroxycorticosteron, 11β,18,21-Trihydroxy-4-pregnen-3,20-dion, (c) Aldosteron, 11β,21-Dihydroxy-4-pregnen-3,18,20-trion

Die Oxydation der Hydroxygruppe an C-18 erfolgt nicht durch eine Dehydrogenase, sondern durch eine NADPH und O_2 verbrauchende Oxygenase (Marusic et al., 1973).

Die gesamte Steroidproduktion in der Nebennierenrinde — rund 20 bis 40 mg/Tag beim Menschen — beträgt ein Vielfaches des Gesamtsteroidgehaltes des Organs. Es existieren demnach nur sehr kleine Speicher, die nach Stimulation der Steroidsekretion sehr rasch entleert wären, wenn nicht eine Nachbildung stattfände. An der Regulation der Corticoidsekretion sind ACTH (s. Kap. 5.1.1.1) und im Falle der Mineralocorticoide Renin, Angiotensin, Na^+ und K^+ (Müller und Baumann, 1974) (s. Kap. 5.1.1.7) sowie davon unabhängig Prostaglandin A_1 (s. Kap. 5.3) beteiligt.

Eine Nebennierenrinden-Insuffizienz (*Morbus Addison*) tritt auf, wenn 90 % der Rindenzonen verloren gegangen sind. Auf diese Weisen sinken die Corticoidspiegel im Blut und der 17-Ketosteroid-Gehalt im Urin, während die Mengen an ACTH (und MSH) im Plasma stark ansteigen. Während früher die Tuberkulose der Nebennierenrinde als häufigste Ursache angenommen wurde, wird heute der Morbus Addison als typisches Beispiel einer Autoimmunerkrankung angesehen, bei dem circulierende Antikörper gegen Teile der Nebennierenrinden-Zelle gerichtet sind und zum Untergang des Gewebes führen.

Die *Sekretion* von Cortisol (und der meisten übrigen Steroidhormone; Rastogi et al., 1976) hat einen ausgeprägten Tagesrhythmus (circadianer Rhythmus). Beim Menschen liegt der Gipfel bei 6 Uhr, das Minimum zwischen 20 und 24 Uhr. Zum Zeitpunkt des minimalen Glucocorticoidspiegels beträgt der Cortisolgehalt nur 10–15 % des Wertes zum Zeitpunkt des morgendlichen Maximums. Der tageszeitliche Rhythmus der Aldosteronsekretion liegt zeitlich mit seinem Maximum etwas früher, bei gesunden Probanden erfolgt die Maximalausschüttung gegen 4 Uhr.

4.6 Die Biosynthese der Androgene

Androgen wirksame Steroide werden in den *Testes* und *Ovarien*, in der Nebennierenrinde sowie während der Schwangerschaft in den fetalen Testes und Nebennierenrinden produziert. Die Hoden enthalten tubuläre Drüsen mit Kanälchen, die mit den samenbildenden Epithelzellen ausgekleidet sind. Im Bindegewebe zwischen den Kanälchen befindet sich das interstitielle Gewebe, in der die Testosteronproduktion abläuft (*Leydigsche Zwischenzellen*).

Die Leydig-Zellen sind beim genetisch männlichen Fetus bereits in der 10. Embryonalwoche zur Testosteron-Synthese in der Lage und stehen danach zur männlichen Prägung des Sexualzentrums zur Verfügung (s. Kap. 9.1). Beim geschlechtsreifen Mann machen die Leydig-Zellen rund 3 % des Hodenvolumens aus. Androgene, sogar 5α-Dihydrotestosteron, werden auch vom gesunden Ovar der geschlechtsreifen Frau gebildet (Smith et al., 1974b). Mit 2 mg/Tag bildet die Nebennierenrinde Androgene, was 5–10 % der Corticoid-Synthese entspricht.

Alle für die Androgenbildung aus Pregnenolon notwendigen Enzyme befinden sich in den Mikrosomen der Testes, Ovarien und Nebennierenrinde. Inkubiert man Hodengewebe der Ratte mit radioaktiv markierten Vorläufern, so lassen sich die in Abb. 4-66 beschriebenen Intermediate identifizieren. In dieser Schrittfolge wird als neue Teilreaktion aus *17α-Hydroxyprogesteron* durch eine mikrosomale C-17,20-Lyase [EC 4.1.2.30] die Seitenkette eliminiert. Aus dem C_{21}-Steroid entstehen so das um zwei C-Atome ärmere Androgen Androstendion und Acetaldehyd. Die Abspaltung erfolgt in Analogie zu der Seitenkettenabspaltung des Cholesterins zu Pregnenolon durch ein Cytochrom-P-450-abhängiges Enzymsystem. Die C-17,20-Lyase wird durch Progesteron (Mahajan und Samuels, 1975) bzw. durch 5α-Pregnan-3,20-dion (Brophy und Gower, 1974) gehemmt. Ein hochspezifischer Inhibitor der Seitenkettenabspaltung steht mit dem in Abb. 4-67 wiedergegebenen Pharmakon zur Verfügung (Yates et al.,

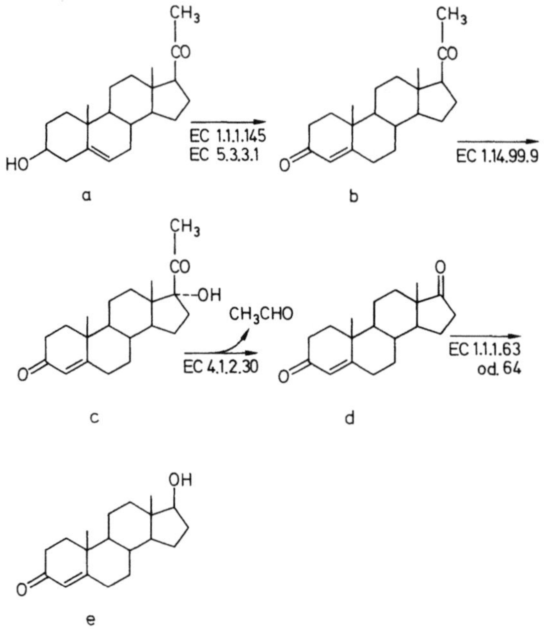

Abb. 4-66. Verlauf der Androgenbiosynthese aus Pregnenolon.
Enzyme: 3β-Hydroxy-Δ^5-Steroid-Dehydrogenase [EC 1.1.1.145], Steroid-Δ-Isomerase [EC 5.3.3.1], Steroid-17α-Monooxygenase [EC 1.14.99.9], 17α-Hydroxyprogesteron-Aldolase [EC 4.1.2.30], 17β-Hydroxysteroid-Dehydrogenase [EC 1.1.1.63 oder 64].
(a) Pregnenolon, 3β-Hydroxy-5-pregnen-20-on, (b) Progesteron, 4-Pregnen-3,20-dion, (c) 17α-Hydroxyprogesteron, 17α-Hydroxy-4-pregnen-3,20-dion, (d) Androstendion, 4-Androsten-3,17-dion, (e) Testosteron, 17β-Hydroxy-4-androsten-3-on

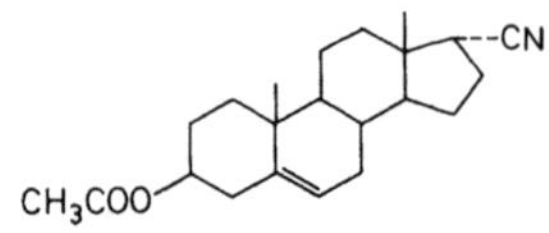

Abb. 4-67. 17α-Cyano-3β-hydroxy-5-androsten-3-acetat

1975). Im Gegensatz zur mitochondrialen C-20,22-Lyase befindet sich die C-17,20-Lyase als Cytochrom-P-450-haltige mischfunktionelle Monooxygenase in den mikrosomalen Membranen, wo sie zusammen mit der 3β-Hydroxy-Δ^5-Steroid-Dehydrogenase [EC 1.1.1.145], der Steroid-17α-Monooxygenase [EC 1.14.99.9] und der 17β-Hydroxysteroid-Dehydrogenase [EC 1.1.1.51] einen Komplex bildet (Samuels et al., 1975).

In einer Variante der Seitenkettenabspaltung wird angenommen, daß — ausgehend vom 17α-Perhydroxyprogesteron — ein 1,2-Dioxäthan gebildet wird, das sich zu Androstendion und Acetat stabilisiert (Abb. 4-68) (Tan und Rousseau, 1975). Schließlich soll mit Hilfe der *Progesteron-Monooxygenase* [EC 1.14.99.4] Progesteron auch direkt in Testosteron-Acetat übergehen.

Den bisher beschriebenen Schrittfolgen — die als Δ^4-Weg der Androgenbiosynthese zusammengefaßt werden — steht als Stoffwechselalternative der sog. Δ^5-Weg gegenüber. Hierbei wird zunächst Pregnenolon im Cytoplasma an C-17 hydroxyliert (Kremers, 1976). Das Produkt unterliegt nun der Seitenkettenab-

Abb. 4-68. Anaerobe Seitenkettenabspaltung aus 17α-Hydroperoxyprogesteron

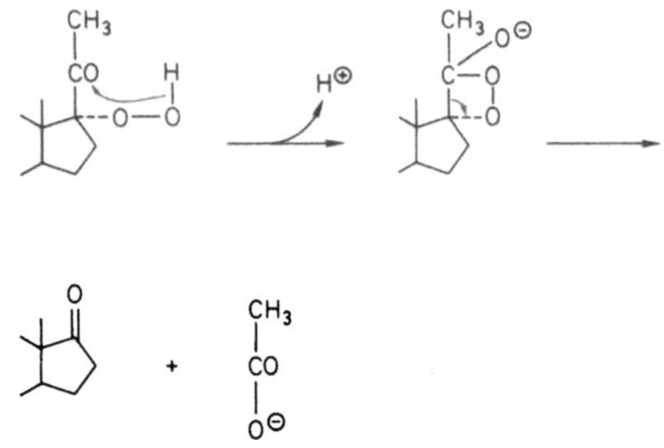

spaltung zu *Dehydroepiandrosteron* (DHEA), das schließlich via 3β,17β-Dihydroxy-5-androsten oder Androstendion in Testosteron übergeht (Abb. 4-69). Hierbei ist wesentlich, daß DHEA auch aus einem großen Kompartiment an DHEA-3-sulfat hervorgehen kann, mit dem es in einem Gleichgewicht steht. Das plasmatische DHEA-Sulfat muß zu diesem Zweck mit Hilfe der testikulären

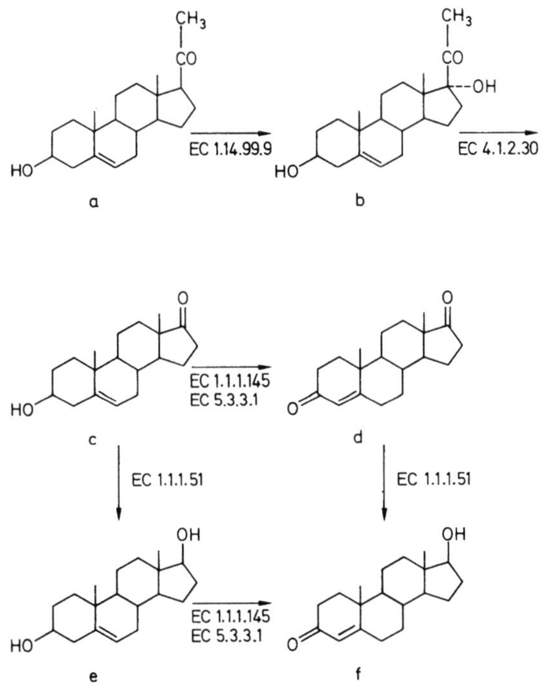

Abb. 4-69. Δ^5-Weg der Androgen-Biosynthese.
(a) Pregnenolon, 3β-Hydroxy-5-pregnen-20-on, (b) 17α-Hydroxypregnenolon, 3β,17α-Dihydroxy-5-pregnen-20-on, (c) Dehydroepiandrosteron, DHEA, 3β-Hydroxy-5-androsten-17-on, (d) 4-Androsten-3,17-dion, (e) 3β,17β-Dihydroxy-5-androsten, (f) Testosteron, 17β-Hydroxy-4-androsten-3-on.
Enzyme: Steroid-17α-Monooxygenase [EC 1.14.99.9], C-17,20-Lyase analog zu [EC 4.1.2.30], 3β-Hydroxy-Δ^5-Steroid-Dehydrogenase [EC 1.1.1.145], Steroid-Δ-Isomerase [EC 5.3.3.1], 17β-Hydroxysteroid-Dehydrogenase [EC 1.1.1.51]

Sulfatase (aus der Gruppe der Sterinsulfat-Sulfohydrolasen [EC 3.1.6.2]) in DHEA und Sulfat gespalten werden.

Sowohl beim Δ^4- als auch beim Δ^5-Weg wird Androstendion als Intermediat der Androgen-Synthese gebildet. Allerdings kann auch aus DHEA durch Reduktion der 17-Keto-Gruppe zunächst 3β,17β-Dihydroxy-5-androsten und daraus mit Hilfe der 3β-Hydroxy-Δ^5-Steroid-Dehydrogenase + Isomerase ohne Zwischenschaltung von Androstendion Testosteron entstehen (Rosner und Macome, 1970). Dies ist zumindest für in-vitro-Untersuchungen an menschlichem Testesgewebe nachgewiesen worden (Variante c–d in Abb. 4-69). Physiologisch bedeutsam ist die Beobachtung, daß alle Androgen-Intermediate in den Testes als Inhibitoren der Δ^5-3β-Hydroxysteroid-Dehydrogenase wirken, wie 17α-Hydroxy-pregnenolon, 3β,17β-Dihydroxy-5-androsten, DHEA und Progesteron (Fan und Troen, 1975). Die Testosteronbiosynthese verläuft bei den meisten untersuchten Säugern und auch beim Menschen vornehmlich über den Δ^5-Weg (Kremers, 1976), wobei die einzelnen Intermediate im wesentlichen als Sulfate vorliegen.

Bei Ratten ist unlängst noch ein sog. 5α-Weg gezeigt worden, bei dem Progesteron vor oder auch nach der 17α-Hydroxylierung in das entsprechende 5α-Pregnan übergeht und erst anschließend die Seitenkette abgespalten wird

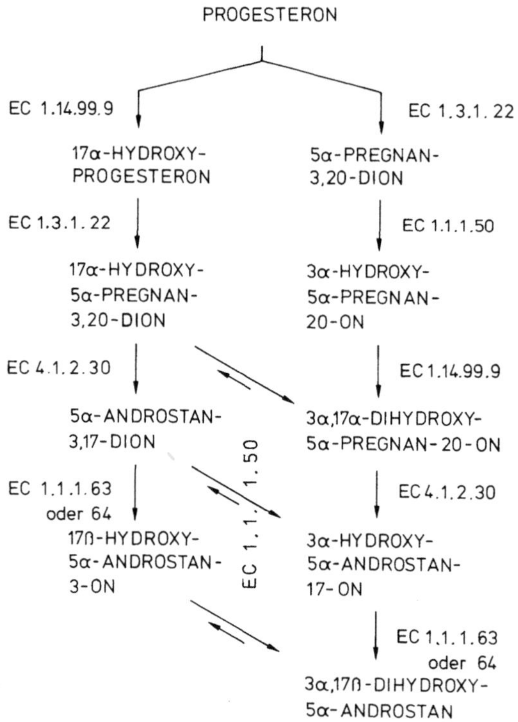

Abb. 4-70. 5α-Weg der Androgen-Synthese.
Enzyme: Steroid-17α-Monooxygenase [EC 1.14.99.9], 3-Oxo-5α-Steroid: NADP$^+$-Δ^4-Oxidoreduktase [EC 1.3.1.22], 3α-Hydroxysteroid-Dehydrogenase [EC 1.1.1.50], C-17,20-Lyase, entsprechend [EC 4.1.2.30], 17β-Hydroxysteroid-Dehydrogenase [EC 1.1.1.63 oder 64]

(Yamada et al., 1976). Hierbei erscheint 4-Androsten-3,17-dion nicht als notwendiges Intermediat (Abb. 4-70). Der 5α-Weg ist in Testes aus Rattenfeten oder unreifen Ratten stärker ausgeprägt als in erwachsenen Tieren (Tsujimura et al., 1975).

Ein *Hyperandrogenismus*, also eine Erhöhung des Androgenspiegels im Blut, kann trotz normaler Gonadenfunktion dadurch entstehen, daß die Androgenproduktion der NNR pathologisch hohe Werte erreicht. Diese Störung wird als *adrenogenitales Syndrom* zusammengefaßt, wobei es sich im wesentlichen um folgende drei Enzymabweichungen der Nebennierenrinde handelt:

Mangel an 3β-Hydroxy-Δ^5-Steroid-Dehydrogenase [EC 1.1.1.145]. Der Anstau an nicht umgesetzten Pregnenolon wird durch die nun verstärkt ablaufende Bildung von 17α-Hydroxypregnenolon und DHEA kompensiert. DHEA steht damit zur vermehrten Androgenbildung zur Verfügung.
Mangel an Steroid-21-Monooxygenase [EC 1.14.99.10]. Progesteron wird nun nicht mehr in 11-Desoxycorticosteron überführt. Statt dessen geht Progesteron via 17α-Hydroxyprogesteron in Androstendion und Testosteron über.
Mangel an Steroid-11β-Monooxygenase [EC 1.14.15.4]. Die Verwertung von Desoxycorticosteron zur Glucocorticoid-Bildung unterbleibt. Statt dessen erzwingt der Substratdruck nach 17α-Hydroxylierung die Androgensynthese.

In allen Fällen kommt es zu einer *Virilisierung*, die naturgemäß bei der Frau bzw. beim Kind auffallendere Symptome hat als beim Mann. In der Synthesekette der Corticoide sind noch weitere Enzymdefekte möglich. Deren Häufigkeit ist jedoch im Vergleich zu den bereits genannten Enzymmangel-Erkrankungen geringer. Adenome oder Carcinome der Nebennierenrinde bedingen in der Regel eine starke Steigerung des Androgenspiegels. Dabei ist besonders der Anstieg an 3β,17β-Dihydroxy-5-androsten und an DHEA deutlich, deren Bestimmung für die Diagnose autonomer adrenaler Prozesse wichtig ist (Demisch et al., 1975). Eine stark erhöhte Androgenbildung, die auch durch hCG stimulierbar ist, wird beim *virilisierenden Ovarialtumor* sowie beim *Stein-Leventhal-Syndrom* beobachtet. Im Nebennieren-Adenom der Frau kann die Androgenbildung durch Gonadotropine stimulierbar werden (Pittaway et al., 1973). Die Entartung des Gewebes hat in diesen Fällen zur Exposition von Membranrezeptoren für dieses normalerweise an der Nebennierenrinde unwirksame Proteohormon geführt.

Corticoide hemmen direkt in den Testes die Androgen-Synthese. Diese Wirkung verläuft nicht über einen Rückgang des LH-Spiegels und wird auch nach Verabreichung synthetischer Corticoide, wie *Dexamethason*, beobachtet. Bei der hirsuten Frau wird durch Cyproteronacetat im Verlauf einer vielmonatigen Behandlung der Androgengehalt im Plasma gesenkt. Der Rückgang der (androgenabhängigen) Behaarung beruht allerdings in erster Linie auf der Blockade der Androgen-Rezeptoren durch das Antiandrogen (s. Kap. 6.7.2).

Aus vielen Beobachtungen der letzten Jahre geht hervor, daß nicht Testosteron, sondern *5α-Dihydrotestosteron* (17β-Hydroxy-5α-androstan-

3-on) als das eigentlich wirksame androgene Prinzip in einigen androgenabhängigen Organen beim Menschen anzusehen ist. Testosteron wird dort mit Hilfe einer mikrosomalen 3-Oxo-5α-Steroid:NADP$^+$-Δ^4-Oxidoreduktase [EC 1.3.1.22] oder der 3-Oxo-5α-Steroid:Acceptor-Δ^4-Oxidoreduktase [EC 1.3.99.5] in 5α-Dihydrotestosteron überführt. Durch Verwendung von an C-3 mit ^{18}O-markiertem Testosteron läßt sich zeigen, daß die Hydrogenierung nicht an einer Schiffschen Base als Intermediat erfolgt, sondern über den in Abb. 4-71 gezeigten Mechanismus verläuft (Wilton, 1976).

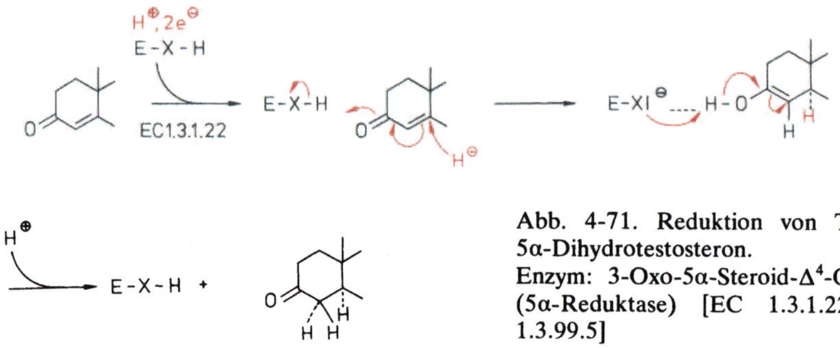

Abb. 4-71. Reduktion von Testosteron zu 5α-Dihydrotestosteron.
Enzym: 3-Oxo-5α-Steroid-Δ^4-Oxidoreduktase (5α-Reduktase) [EC 1.3.1.22] oder [EC 1.3.99.5]

Dieser Mechanismus gilt sinngemäß auch für die Bildung des 5β-Androstans. Die 5α-Reduktase wird sowohl durch Östrogene als auch durch Progesteron gehemmt, deren antiandrogene Aktivität teilweise auf dieser Wirkung beruht. Interessant ist der antiandrogene Effekt des C_{20}-Steroides 4-Androsten-3-on-17β-carbonsäure, die sich als starker Inhibitor der 5α-Reduktase herausgestellt hat (Saksena et al., 1976).

Bei der NADPH-verbrauchenden 5α-Reduktase [EC 1.3.1.22] wird der Wasserstoff aus der Position 4 pro S nach C-5 übertragen. Die im Stoffwechsel der Androgene mit der Bildung der 5β-Androstane verbundene 3-Oxo-5β-Steroid:NADP$^+$-Δ^4-Oxidoreduktase [EC 1.3.1.23] überträgt dagegen den Wasserstoff aus der Position 4 pro R des NADPH (Abul-Haji, 1972). Hierbei dient nicht freies Testosteron, sondern dessen 17β-Glucuronid als Substrat. Im Falle der Steroidreduktase [EC 1.3.99.5] kommt das Reduktionsäquivalent zwar auch letztlich vom NADPH, wird aber von dort nicht direkt auf das Enzym übertragen, sondern zunächst vom Coenzym Q_{10} übernommen, auf das es mit Hilfe der Cytochrom-c-Reduktase [EC 1.6.2.4] gelangt (Graef und Golf, 1975) (s. Kap. 7.8, Abb. 7-35).

Die 5α-Reduktase unterliegt regulativen Einflüssen. So geht ihre Aktivität in den akzessorischen Geschlechtsdrüsen (z.B. der Prostata) nach Kastration zurück, während Androgenzufuhr die Aktivität wieder normalisiert. Ein unbekannter nicht mit den Gonadotropinen identischer Faktor der Hypophyse ist an der Erhaltung der 5α-Reduktase-Aktivität beteiligt. Denn nach Hypophysektomie geht die Enzymaktivität zurück, und Substitution mit den bekannten Gonadotropinen ist ohne Einfluß (s. Kap. 9.1).

Das Enzym wird auch in allen bisher untersuchten Hirnbereichen beim Rhesus-Affen gefunden (Sholiton et al., 1974), so daß man schließen muß, daß die 5α-Androstane eine Rolle bei der zentralen Androgen-Wirkung spielen. Im Hypothalamus des menschlichen Fetus ist die 5α-Reduktase-Aktivität höher als im Cerebrum (Schindler, 1976). In Hypothalamus und Hypophyse der weiblichen Ratte ist die 5α-Reduktase-Aktivität höher als bei der männlichen Ratte. Durch Androgen-Behandlung der neugeborenen weiblichen Ratte erniedrigt sich die Enzymaktivität auf den Wert des männlichen Tieres, durch Kastration des männlichen Tieres steigt umgekehrt der Wert auf die Aktivität des weiblichen Kontrollorgans (Massa et al., 1975). Das aus der menschlichen Prostata isolierte Enzym benötigt Zn^{++} als essentiellen Cofaktor (Wallace und Grant, 1975).

Während die tierische 5α-Reduktase [EC 1.3.1.22] nur die Reduktion unter Bildung der 5α-Androstane katalysiert, ist das entsprechende bakterielle Enzym [EC 1.3.99.5] in der Lage, aus Androstanen wieder 4-Androstene unter Regeneration von NADH zu bilden. Diese 5α-Reduktion und die Dehydrogenierung zu den 4-Androstenen wird auch durch gastrointestinale Bakterien im Darm katalysiert.

Umfang und Geschwindigkeit der 5α-Dihydrotestosteron-Bildung sind bei verschiedenen Säugern verschieden groß. Besonders bei Meerschweinchen, Katze und Kaninchen lassen die geringen Anteile an Dihydrotestosteron relativ zu Testosteron Zweifel aufkommen, ob dieses Steroid stets als obligatorischer Metabolit des Testosterons anzusehen ist. Aber auch bei der Ratte liegt in typischen androgenempfindlichen Organen, wie der Präputialdrüse, Niere, Vesikulardrüse usw., das Androgen in den Zellkernen als Testosteron und nicht als 5α-Dihydrotestosteron vor (Gustafsson und Pousette, 1975). In limbischen Hirnbereichen wird Testosteron zur Einstellung des männlichen Verhaltensmusters vorher zum Östradiol aromatisiert (McEwen, 1976).

Die Aktivität zur Testosteronsynthese unterliegt in den Testes der Kontrolle durch Lutropin (LH) und von Prolactin (Rubin et al., 1975). Die Tagesproduktion liegt beim erwachsenen Mann bei 7 mg, der Normalgehalt im Plasma um 0,7 μg/100 ml Plasma ($2{,}4 \cdot 10^{-8}$ M Testosteron). Davon stammen rund 80 % von den Testes, 10 % aus den Nebennierenrinden und 10 % gehen aus dem peripher circulierenden Androstendion und DHEA hervor. Wie alle Steroidhormone zeigt auch Testosteron eine ausgeprägte Tagesrhythmik mit einem Maximum gegen 8 Uhr und einem Minimum gegen 18 Uhr, wo der Plasmagehalt nur rund 65 % des morgendlichen Maximums beträgt (Nieschlag und Ismail, 1970). Ebenso weist auch DHEA einen — wegen des großen humoralen Kompartimentes allerdings flachereren — circadianen Rhythmus auf. Der circadianen Testosteron-Sekretion sind beim gesunden Mann kurze pulsartige Sekretionsspitzen überlagert, denen sich jeweils 45 bis 80 Minuten vorher entsprechende LH-Sekretionsspitzen aus der Hypophyse zuordnen lassen.

Das Testosteron der Frau (30 ng/100 ml Plasma; $1 \cdot 10^{-9}$ M Testosteron) geht zu 45 % aus peripherem Androstendion und zu 5 % aus peripherem DHEA hervor. 25 % werden in der Nebennierenrinde und rund 25 % im Ovar synthetisiert. Diese Werte zeigen, daß das Androstendion bei der Frau große Bedeutung als Prähormon der Androgene hat.

4.7 Die Biosynthese der Östrogene

Testosteron und Androstendion sind die Vorläufer der Östrogene, wobei als spezifische Zwischenprodukte *17β,19-Dihydroxy-4-androsten-3-on* und *17β-Hydroxy-4-androsten-3,19-dion* entstehen. Die Biosynthese erfolgt über zwei parallele irreversible Stoffwechselwege, die miteinander reversibel verknüpft sind (Braselton et al., 1974) (Abb. 4-72). Die an der Testosteron-Aromatisie-

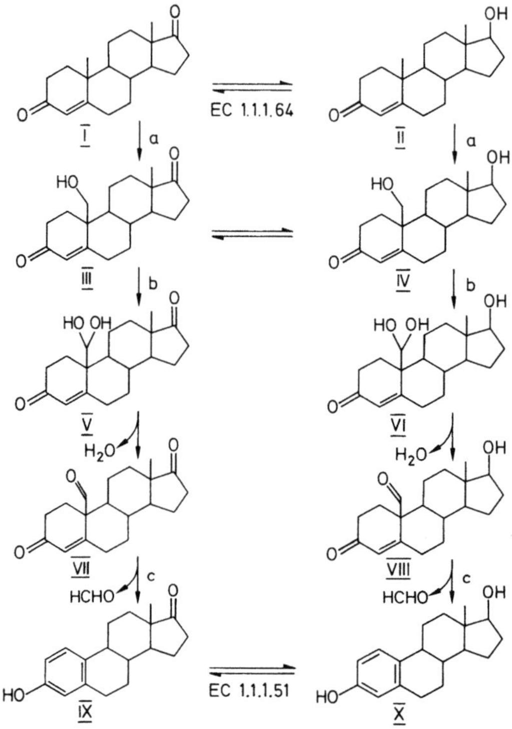

Abb. 4-72. Biosynthese von Östron bzw. Östradiol aus Androstendion bzw. Testosteron. *I* 4-Androsten-3,17-dion, *II* Testosteron, *III* 19-Hydroxy-androstendion, *IV* 19-Hydroxytestosteron, *V* 19-Oxo-androstendion, *VI* 19-Oxotestosteron, *VII* Östron, *VIII* Östradiol.
Enzyme: Testosteron-17β-Dehydrogenase [EC 1.1.1.64], 17β-Hydroxysteroid-Dehydrogenase ($NADP^+$) [EC 1.1.1.51].
(a) 19-Hydroxylase [EC 1.14.15.x], (b) 19-Oxidase [EC 1.1.3.x oder 1.14.15.x], (c) C-10,19-Lyase [EC 4.1.2.x]

rung beteiligten Enzyme sind die mikrosomalen mischfunktionellen Oxygenasen *19-Hydroxylase* und *19-Oxidase*. Schließlich wird in Gegenwart der *C-10,19-Lyase* aus C-1β und C-2β Wasserstoff eliminiert. Dabei geht der Wasserstoff aus C-2β in die labile Position des phenolischen Hydroxyls (Abb. 4-73). Das gilt auch für die mikrobielle Östrogenbildung (Nambara et al., 1973b).

Die 19-Hydroxylierung ist der langsamste Schritt der Gesamtreaktion (Braselton et al., 1974). Insgesamt 3 Mol O_2 + 3 Mol NADPH werden pro Mol

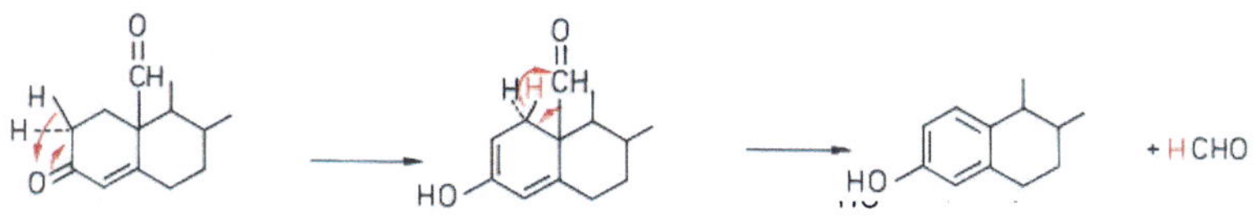

Abb. 4-73. Aromatisierung von 19-Oxotestosteron.
Enzym: C-10,19-Lyase [EC 4.1.2.x]

gebildetes Östrogen verbraucht. Als Terminal-Oxidase dient in allen drei Schritten Cytochrom P-450 (Zachariah und Juchau, 1975; Lee et al., 1975 b). Für die C-19-Eliminierung wird 4β,5β-Oxido-19-oxo-testosteron als Intermediat angenommen (Abb. 4-74) (Morand et al., 1976).

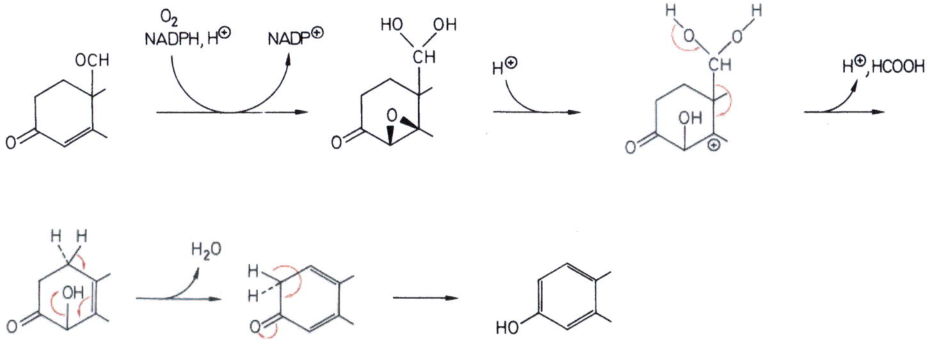

Abb. 4-74. Hypothetischer Verlauf der Aromatisierung aus 19-Oxotestosteron über ein 4β,5β-Epoxid

Da 11β-Hydroxytestosteron nicht in das entsprechende 11β-Hydroxyöstradiol überführt werden kann, 11α-Hydroxytestosteron dagegen 11α-Hydroxyöstradiol bildet, tastet das aromatisierende System das Substrat von der Vorderseite (β-Seite) her ab. Eine vergleichbare Hinderung kann auch an anderen Stellen gesetzt werden. So ist 6β-Hydroxytestosteron ein schlechteres Substrat für die Aromatisierung als das 6α-Analoge. Das aromatisierende System akzeptiert auch 19-Nor-Steroide (Nambara et al., 1973 b).

Das C_{19}-Steroid *1,4,6-Androstatrien-3,17-dion* (Abb. 4-75) ist ein potenter Inhibitor des aromatisierenden Systems. Aber auch natürliche C_{19}-Steroide, wie 5α-Dihydrotestosteron, 5α-Androstan-3,17-dion sowie 19-Nor-Testosteron inhibieren die Aromatisierung. Über die Bildung der 5α-Androstane kann daher die 5α-Reduktase regulatorisch die Kapazität des aromatisierenden Systems beeinflussen (Siiteri und Thompson, 1975).

Abb. 4-75. 1,4,6-Androstatrien-3,17-dion

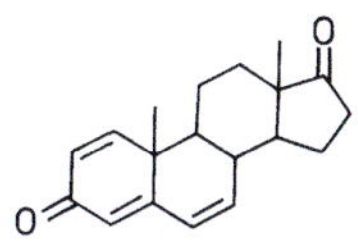

Der Reaktionsweg von den Androgenen zu den Östrogenen stellt das einzige bekannte biochemische System bei höheren Organismen dar, das einen aromatischen Ring zu bilden vermag. Alle daran beteiligten Hydroxylasen und Lyasen benötigen Sauerstoff und NADPH, die Aromatisierung erfolgt also nicht mit Hilfe einer $\Delta^{10(1)}$-Dehydrogenase usw. Das aromatisierende System ist in den Mikrosomen lokalisiert und kommt vor allem in der Placenta sowie in den Follikeln des *Ovars* (den Thekazellen der Follikel), in den Thekaluteinzellen des *Corpus luteum* und in bestimmten Zellgruppen des *Stromas* vor. Östrogene werden außerdem in der Nebennierenrinde, in der Placenta (besonders im späten Stadium der Schwangerschaft) und zahlreichen weiteren Geweben gebildet. Beim Mann sezernieren die *Sertolizellen* der Testes Östrogene. Von der Nebennierenrinde wird mehr Östron als Östradiol ausgeschieden.

Da Östrogene auch in adrenalektomierten und ovariektomierten weiblichen Tieren nach Testosterongabe im Urin ausgeschieden werden, müssen noch weitere Gewebe zur Östrogenbildung in der Lage sein als die Gonaden und die NNR. Aus der sog. *peripheren Östrogensynthese* gehen beim Mann rund 60 % der circulierenden Östrogene (25 µg/Tag) hervor. Die Aromatisierung der Androgene erfolgt in der Leber, im Brustgewebe, in den Haarwurzeln und in verschiedenen Hirnbereichen einschließlich dem Hypothalamus. Auch in Mammatumoren werden Östrogene aus DHEA und weiteren C_{19}-Steroiden gebildet. In der Hirnrinde fehlt dagegen das aromatisierende System.

Die zur Bildung von Östriol (Abb. 4-76) notwendige 16α-Hydroxylase kommt in allen wichtigen östrogenbildenden Organen vor. Auch dieses Enzym ist in den Mikrosomen lokalisiert. Während der Schwangerschaft spielen Östradiol und Östron quantitativ nur eine geringe Rolle, während Östriol — nach 16α-Hydroxylierung aus DHEA-Sulfat entstanden — als der wichtigste Östrogen-Metabolit anzusehen ist.

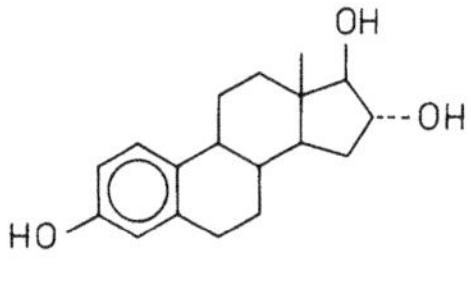

Abb. 4-76. Östriol, 3,16α,17β-Trihydroxy-1,3,5(10)-östratrien

Die *Placenta* bildet die Östrogene in erster Linie aus fetalem *DHEA-Sulfat*, das aus der Nebennierenrinde des Embryos stammt. Die fetale Nebennierenrinde besitzt nur äußerst geringe Mengen an 3β-Hydroxy-Δ^5-Steroid-Dehydrogenase [EC 1.1.1.145] (Ferre et al., 1975), weshalb einerseits der C_{19}-Metabolismus in der NNR auf der Stufe des DHEA-Sulfats stehen bleibt, andererseits in der Placenta das C_{19}-Steroid vor der Aromatisierung noch in Androstendion bzw. Testosteron überführt werden muß (Abb. 4-77).

Gegen Ende der Schwangerschaft bildet der menschliche Embryo in der Nebennierenrinde bis zu 75 mg DHEA-Sulfat pro Tag. Wegen der hohen Kapazität des aromatisierenden Systems in den Placenta-Mikrosomen passieren mütterliche Androgene die Placenta nur nach ihrer Aromatisierung. Corticoide können dagegen die Placenta unverändert passieren und die fetale ACTH-Bildung hemmen. Da ACTH jedoch für die fetale DHEA-Sulfat-Synthese

Abb. 4-77. Verlauf der Östrogensynthese in der feto-placentaren Einheit. Enzyme: 16α-Hydroxylase [EC 1.14.99.x], 3β-Hydroxy-Δ^5-Steroid-Dehydrogenase [EC 1.1.1.145], Steroid-Δ-Isomerase [EC 5.3.3.1], Arylsulfatase [EC 3.1.6.1]

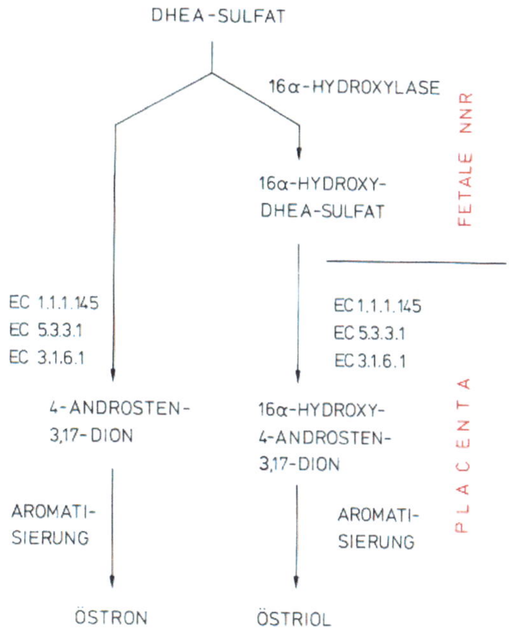

notwendig ist, erniedrigen Corticoide den Östrogenspiegel sowohl im Fetus als auch bei der Mutter.

Die Östriol-Bildung ist während der Schwangerschaft ein Maß der Biosyntheseaktivität der Placenta und der fetalen Nebennierenrinde und damit gleichzeitig ein Kriterium für die Vitalität des Fetus. Bei nichtschwangeren Frauen spielt die Östrogen-Bildung aus DHEA-Sulfat keine Rolle. Bei Patienten beiderlei Geschlechts mit gonadotropinbildenden Neoplasmen (Chorioncarcinom, testikuläres Chorioncarcinom sowie in selteneren Fällen bei Bronchial- und Magencarcinom) werden bei normalen Testosteron-Konzentrationen erhöhte Östrogenwerte im Plasma gefunden. Es zeigt sich, daß DHEA-Sulfat, dessen Plasmaspiegel ebenfalls normal ist, bei stark gesteigerter Umwandlungsrate in den Tumoren in Östrogene übergeht. In nicht trophoblastischen, nicht-gonadotropinbildenden Neoplasmen wird kein DHEA-Sulfat in Östrogen überführt. Demnach lassen sich gonadotropinbildende Tumoren durch den Nachweis der erhöhten Östrogenbildungsrate aus DHEA-Sulfat diagnostizieren (Kirschner et al., 1974).

Die ovarielle Östrogensynthese steht unter der Kontrolle von Lutropin (LH) (s. Kap. 5.1.1.2).

4.8 Die Biosynthese von 1α,25-Dihydroxy-cholecalciferol

1α,25-Dihydroxy-cholecalciferol (Abb. 4-78) und sein Vorläufer, das *Vitamin D_3*, spielen bei der Einstellung des normalen Ca^{++}-Spiegels im Plasma, also bei der Aufnahme von Ca^{++} durch den Darm, für den Aufbau der Knochen und möglicherweise auch für die Ca^{++}-abhängige Muskelarbeit eine außerordentlich wichtige Rolle.

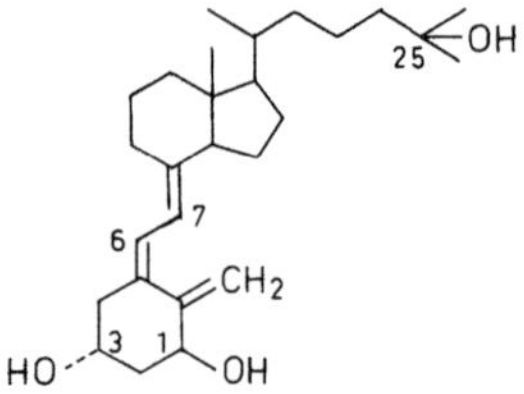

Abb. 4-78. 1α,25-Dihydroxy-cholecalciferol

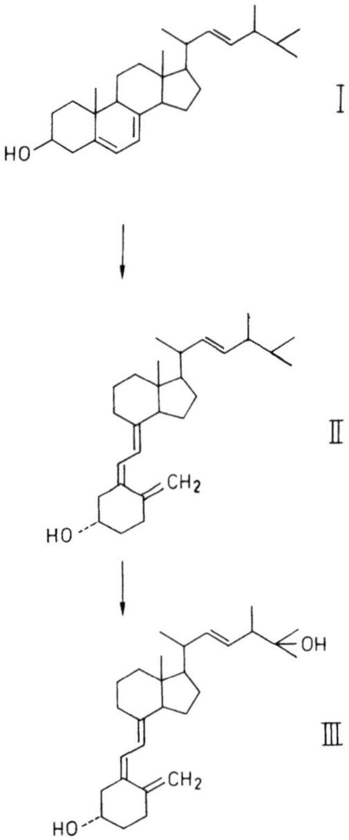

Abb. 4-80

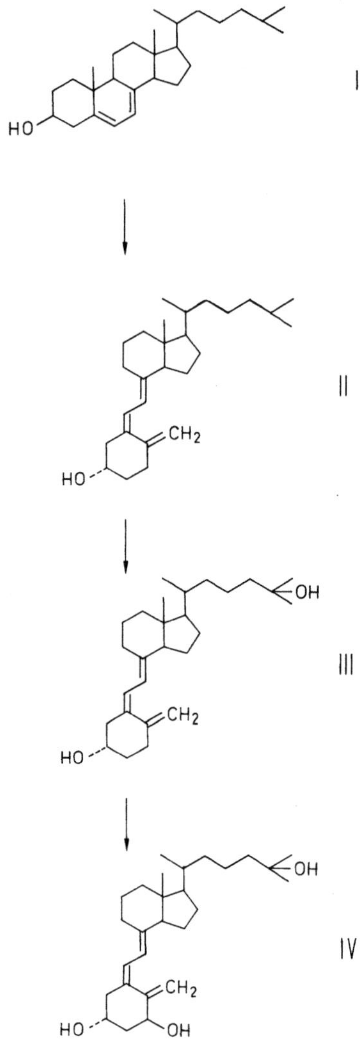

Abb. 4-79

Abb. 4-79. Bildung von 1α,25-Dihydroxy-cholecalciferol aus 7-Dehydrocholesterin. *I* 7-Dehydrocholesterin, 3β-Hydroxy-5,7-cholestadien, *II* Cholecalciferol, Vitamin D_3, 3β-Hydroxy-9,10-secocholesta-5,7,10(19)-trien, *III* 25-Hydroxy-cholecalciferol, *IV* 1α,25-Dihydroxy-cholecalciferol, 1α,3β,25-Trihydroxy-9,10-secocholesta-5,7,10(19)-trien.
Enzyme: 25-Hydroxylase [EC 1.14.x.x], 25-Hydroxycholecalciferol-1-Monooxygenase [EC 1.14.13.13]

Abb. 4-80. Bildung von 25-Hydroxy-ergocalciferol aus Ergosterin. *I* Ergosterin, 3β-Hydroxy-24-methyl-5,7,22-cholestatrien, *II* Ergocalciferol, Vitamin D_2, 3β-Hydroxy-9,10-secoergosta-5,7,10(19),22-tetraen, *III* 25-Hydroxy-ergocalciferol

Vitamin D verdankt seine Zuordnung zur Gruppe der Vitamine der Tatsache, daß es zusammen mit weiteren Vitamin-D-Abkömmlingen über die Nahrung aufgenommen werden kann. Vom Organismus wird es dann in die eigentliche Wirkform, das 1α,25-Dihydroxy-cholecalciferol überführt. Daneben erfolgt unabhängig von der Aufnahme des Vitamins auch eine Synthese aus körpereigenem *3β-Hydroxy-5,7-cholestadien*, das in der Haut unter der Einwirkung von UV-Strahlen in Vitamin D_3 übergeht. Dieses Prohormon wird anschließend an den Positionen 25 und 1α in das Hormon 1α,25-Dihydroxy-cholecalciferol überführt (Abb. 4-79).

Im Formelbild des 1α,25-Dihydroxy-cholecalciferols ist die 1α-Hydroxygruppe mit einem durchgehenden Strich zum Cyclohexanring gezeichnet worden, weil nach Rotation um die Einfachbindung zwischen C-6 und C-7 diese Sauerstoff-Funktion oberhalb der Molekülebene liegt. Das Entsprechende gilt für die 3β-Hydroxygruppe, die nun mit einem unterbrochenen Bindungsstrich versehen ist, wie es sonst für α-Substituenten üblich ist. Die Ring-B-Spaltung des 7-Dehydrocholesterins (3β-Hydroxy-5,7-cholestadiens) erfolgt in der *Haut*, die Umwandlung in 25-Hydroxycholecalciferol in Leber, Niere und Darm, die Bildung von 1α,25-Dihydroxycholecalciferol ausschließlich in der Niere. Sowohl 25- als auch 1α-Hydroxylase befinden sich mitochondrial. Die 25-Hydroxylase wird durch 24-Nor-25-hydroxy-cholecalciferol gehemmt.

In der Nahrung dient *Ergosterin* als Vitamin-D-Vorläufer. Nach Öffnung des Ringsystems zu *Ergocalciferol* ist die Hydroxylierung an C-25 die für die biologische Wirkung wesentliche Modifikation an diesem Derivat (Abb. 4-80). Aus 7-Dehydrocholesterin entstehen neben Cholecalciferol durch UV-Bestrahlung außerdem noch *Tachysterin* und *Lumisterin* (Abb. 4-81 und 4-82). Aus der Bildung des 19α-Isomeren Lumisterin kann man indirekt auf *Präcalciferol* (Abb. 4-83) als gemeinsamen Vorläufer dieser Photoprodukte des 7-Dehydrocholesterins schließen.

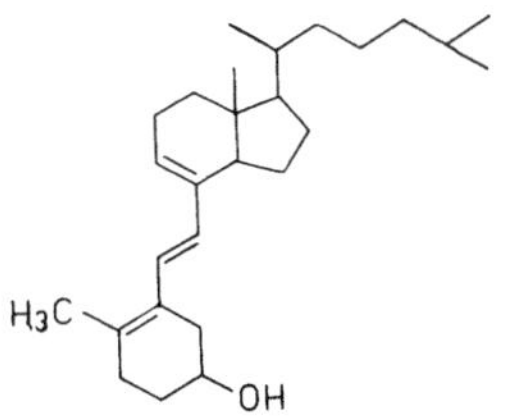

Abb. 4-81. Tachysterin

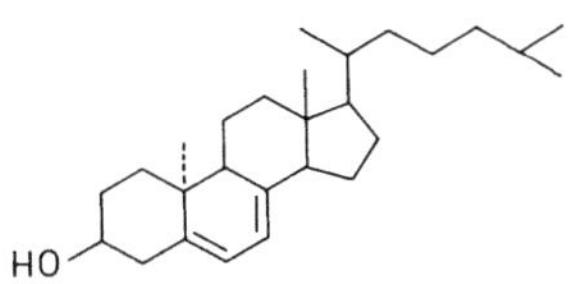

Abb. 4-82. Lumisterin

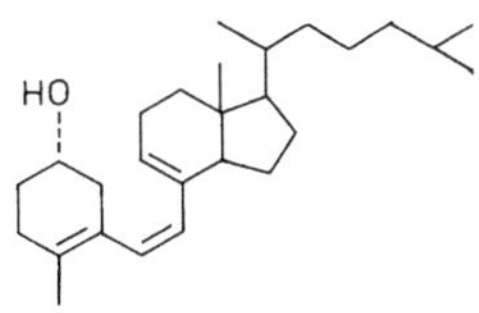

Abb. 4-83. Präcalciferol

An der Steuerung der 1α,25-Dihydroxy-cholecalciferol-Bildung in der Niere sind *Parathormon* (s. Kap. 5.1.1.6) sowie direkt Ca^{++} (Horiuchi et al., 1975) beteiligt. Die 25-Hydroxylase unterliegt dagegen als ubiquitäres Enzym keiner erkennbaren Regulation.

4.9 Die Biosynthese der Insektenhormone

Bei den steroidähnlichen Insektenhormonen handelt es sich um C_{27}-Sterine in der 5β-Konformation, von denen der am längsten bekannte Vertreter das Ecdyson ist (Abb. 4-84). Aus dem α-Ecdyson geht durch Hydroxylierung an Position 20 das β-Ecdyson (Ecdysteron) hervor, das im in-vitro-Test bei der experimentellen Puppenhäutung deutlich aktiver ist als α-Ecdyson. Möglicherweise ist aber α-Ecdyson nicht nur Prohormon des β-Ecdysons, sondern weist besondere Aktivitäten auf, die nicht von β-Ecdyson übernommen werden können.

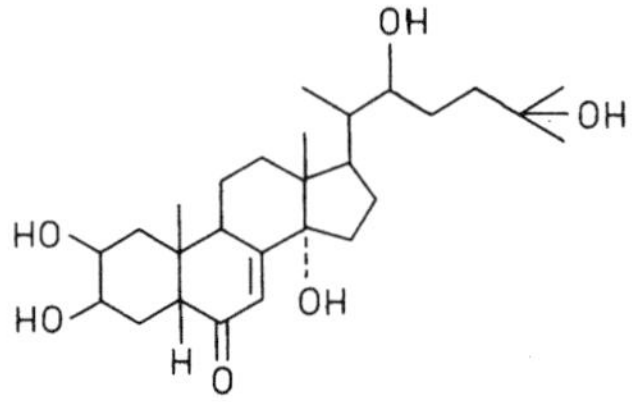

Abb. 4-84. α-Ecdyson (20S)-2β,3β,14α,22R,25-Pentahydroxy-5β-cholesta-7-en-6-on

Die Insektenhormone werden in der sog. Prothoraxdrüse und zahlreichen weiteren Geweben gebildet (Studinger und Willig, 1975). Die Biosynthese erfolgt aus Cholesterin, das überraschenderweise von den Insekten nicht selbst gebildet werden kann. Sie sind daher auf die Zufuhr des Sterins bzw. weiterer cholesterinähnlicher Verbindungen (*Phytosterine*) mit der Nahrung angewiesen. Bei manchen Insekten sind allerdings noch rudimentäre Kapazitäten zur Cholesterin-Bildung erhalten geblieben (Beedle et al., 1975).

Cholesterin wird in *Calliphora erythrocephala* über Cholesterinacetat und 3β-Hydroxy-5,7-cholestadienacetat in 3β-Hydroxy-5,7-cholestadien überführt, ohne daß intermediär 3β-Hydroxy-5α-cholestan oder 3β-Hydroxy-5α-cholesta-7-en entstehen (Johnson et al., 1975a). Bei der Einführung der Doppelbindung an C-7 wird Wasserstoff aus der Position 7β eliminiert (Cook et al., 1973) (Abb. 4-85).

Hydroxycholestadien wird anschließend sukzessive an den Positionen C-6, C-14 und C-2 hydroxyliert, wonach die 5β-Konformation des 22,25-Didesoxy-α-ecdysons entsteht. Durch weitere Hydroxylierung an den Positionen 25 und 26 wird schließlich α-Ecdyson erhalten (Abb. 4-86). Die 26-Hydroxylierung bereitet die Inaktivierung des Hormons vor, das teilweise nach Sulfatbildung über den Darm ausgeschieden wird.

Bei *Calliphora* wird vermutet, daß die Seitenkettenhydroxylierungen an einem Vorläufer erfolgen, der an C-2 noch keine Sauerstoff-Funktion trägt. Die Reihenfolge der Ecdyson-Vorläufer ist in Abb. 4-87 formuliert.

Bei einer Reihe von Insekten kann *Desmosterin* (Abb. 4-88) und *Sitosterin* (Abb. 4-89) in Cholesterin überführt werden.

Die Biosynthese von α-Ecdyson aus Cholesterin wird in der Prothoraxdrüse durch Juvenilhormon und durch ein glandotropes Hormon aus dem Insektenhirn (wahrscheinlich ein Peptid; Bräuer et al., 1976) stimuliert.

In diesem Zusammenhang ist bemerkenswert, daß Juvenilhormon als Sesquiterpen (s. Kap. 6.6) aus Mevalonsäure hervorgeht. Demnach müssen bei

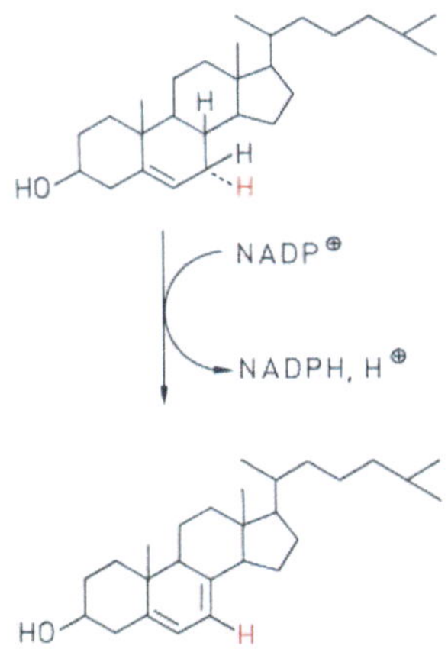

Abb. 4-85

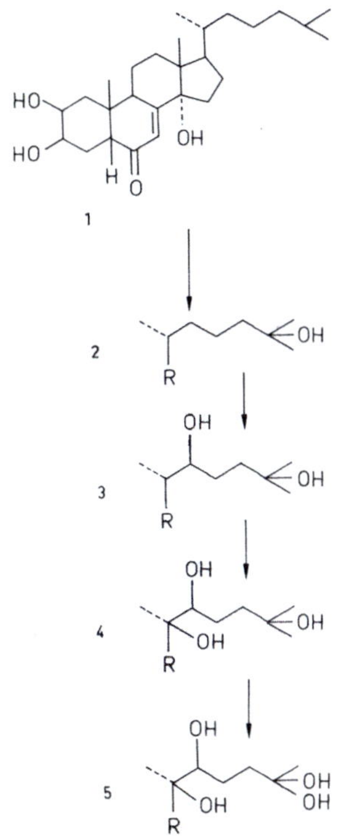

Abb. 4-86

Abb. 4-85. Bildung von 3β-Hydroxy-5,7-cholestadien aus Cholesterin.
Enzym: 7-Dehydrocholesterinreduktase [EC 1.3.1.21]

Abb. 4-86. Hydroxylierungen am 22,25-Didesoxy-α-ecdyson unter Bildung von α-Ecdyson und Ecdysteron.
Enzyme: Hydroxylasen [EC 1.14.99.x].
1 22,25-Didesoxy-α-ecdyson, 2β,3β,14α-Trihydroxy-5β-cholesta-7-en-6-on, *2* 22-Desoxy-α-ecdyson, *3* α-Ecdyson, *4* β-Ecdyson, Ecdysteron, (20S)-2β,3β,14α,20β,22R,25-Hexahydroxy-5β-cholesta-7-en-6-on, *5* 26-Hydroxy-ecdysteron

2,22,25-TRIDESOXY-α-ECDYSON

↓ 25-HYDROXYLASE

2,22-DIDESOXY-α-ECDYSON

↓ 22-HYDROXYLASE

2-DESOXY-α-ECDYSON

↓ 20-HYDROXYLASE

2-DESOXY-ECDYSTERON

↓ 2-HYDROXYLASE

ECDYSTERON

Abb. 4-87. Ecdysteron-Bildung aus 2,22,25-Tridesoxy-α-ecdyson bei *Calliphora*

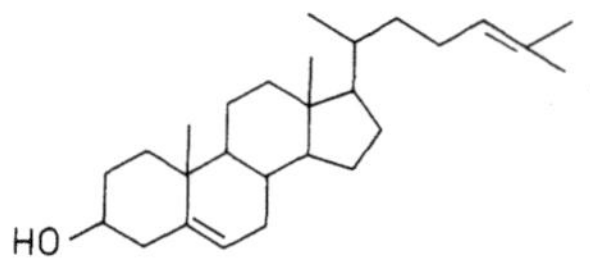

Abb. 4-88. Desmosterin, 3β-Hydroxy-5,24-cholestadien

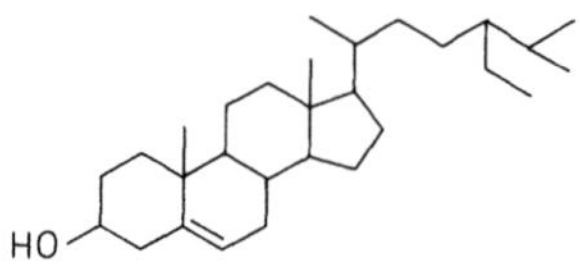

Abb. 4-89. Sitosterin, 3β-Hydroxy-24-äthyl-5-cholesten

den Insekten Enzyme für die Bildung und Verwertung von Mevalonsäure vorhanden sein. Jedoch ist im Verlaufe der Phylogenese die Fähigkeit zur Squalen- und Cholesterin-Bildung verloren gegangen.

Ecdysteron wird außerhalb der Prothoraxdrüse gebildet. Es ist kein Mechanismus bekannt, durch den die α-Ecdyson-Bildung abgeschaltet werden kann. Es wird vermutet, daß der Ecdyson-Spiegel über den Ecdyson-Abbau reguliert wird (Karlson und Shaaya, 1964).

5. Die Regulation der Steroidhormon-Biosynthese

Die Steriodhormone werden in Mengen, die für jeden Steroidtyp charakteristisch sind, in den endokrinen Drüsen gebildet und gelangen von dort in das Blut, mit dessen Hilfe sie alle für die Steroidwirkung und den Steroidabbau spezialisierten Organe und Gewebe erreichen. Steroide können außerdem direkt am Bildungsort auf das benachbarte Gewebe wirken, was besonders für die Sexualhormone in den Gonaden gilt. Da die Wirkung der Steroidhormone auf einer optimalen Bereitstellung beruht, müssen Mechanismen existieren, die für die Einhaltung der Produktionsraten sorgen.

Cholesterin kann nach Abspaltung der Seitengruppe in Pregnenolon übergehen und ist damit Vorläufer aller Steroidhormone. Durch Kontrolle der Cholesterin-Synthese oder der Bereitstellung dieses Sterins für die Steroid-Synthese ist daher eine Regulation denkbar. Tatsächlich stellt die Freisetzung des Cholesterins aus einem Kompartiment von Cholesterinfettsäureestern einen der wesentlichen Angriffspunkte in der Syntheseregulation der Steroide dar (Abb. 5-1).

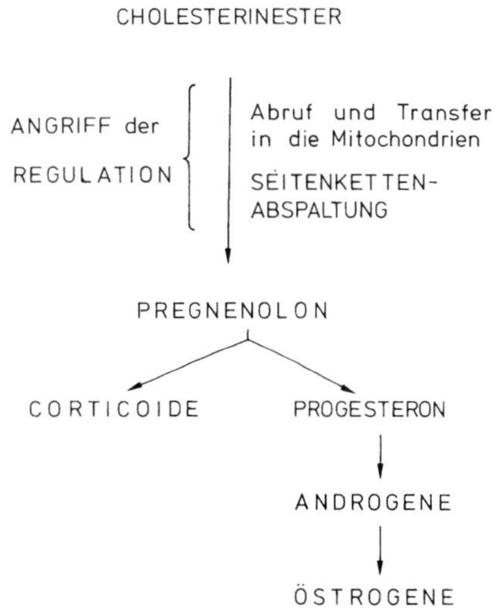

Abb. 5-1. Vorläufer-Produkt-Beziehung zwischen Cholesterin und den Steroidhauptgruppen (stark vereinfacht)

5.1 Die glandotropen Hormone

An der Regelung der Pregnenolon-Bildung aus Cholesterin ist eine Reihe verschiedener glandotroper Hormone beteiligt. Dies sind Proteohormone, die über den Blutweg in die endokrinen Drüsen gelangen und dort spezifische membranständige Rezeptoren vorfinden, an denen sie nach Bindung ein chemisches Signal auslösen. Dies ist in den meisten Fällen cyclisches Adenosin-

3′,5′-monophosphat (cAMP) (s. Kap. 5.2). Möglicherweise haben aber auch cyclisches Guanosin-3′,5′-monophosphat (cGMP) und die Prostaglandine (Kap. 5.3) Messenger-Funktionen. Den einzelnen Steroidhormonsynthesen werden in Tabelle 5-1 verschiedene glandotrope Hormone als Regulatoren zugeordnet.

Tabelle 5-1. Zuordnung glandotroper Hormone zu den regulierten Steroidhormon-Biosynthesen

Steroid	Syntheseort des Steroides	Glandotropes Hormon
Glucocorticoide	Nebennierenrinde	Corticotropin
Mineralocorticoide	Nebennierenrinde	Corticotropin, Angiotensin
Androgene	Nebennierenrinde	Corticotropin
Androgene	Testes	Lutropin, Prolactin
Östrogene	Ovar	Lutropin, Prolactin
Östrogene	Placenta	fetales Corticotropin wirkt über die vermehrte Bereitstellung von DHEA-SO_4 aus der fetalen Nebennierenrinde
Gestagene	Corpus luteum	Lutropin, Prolactin
Östrogene, Gestagene	Corpus luteum graviditatis	Human-Choriongonadotropin
Androgene	fetale Testes	Human-Choriongonadotropin, fetales Corticotropin
Corticoide	fetale Nebennierenrinde	Human-Choriongonadotropin, fetales Corticotropin
1α,25-Dihydroxycholecalciferol	Niere	Parathormon

Die glandotropen Hormone werden entweder von der Hypophyse (Lutropin, LH; Follitropin, FSH; Prolactin, PRL), von der Placenta (Human-Choriongonadotropin, hCG), von Schilddrüse bzw. Nebenschilddrüsen (Calcitonin, Parathormon) bzw. von der Leber (Angiotensin) gebildet. Alle glandotropen Hormone — besonders hCG — werden auch von Tumoren sezerniert. Da sich hier die Bildung der glandotropen Hormone nicht mehr dem rückkoppelnden System der hormonbildenden Drüsen einpaßt, kommt es zu überschießenden Hormonproduktionen. Dieses für die ektopische Hormonproduktion (Rees, 1975) charakteristische Phänomen führt klinisch meist zu außerordentlich schweren endokrinen Störungen. Gleichzeitig erscheinen als Zeichen einer Retrodifferenzierung in den Tumoren oft typisch placentare Hormone und andere fetale Proteine, die normalerweise in adulten Geweben fehlen.

Die *Hypophyse* als Ursprungsorgan der drei genannten Hormone LH, FSH und PRL (sowie weiterer in diesem Zusammenhang nicht interessierender Proteohormone) nimmt in der Regulation des endokrinen Systems eine zentrale Stellung ein. Bei den Säugetieren ist dieses Organ an der Schädelbasis angeordnet. Ihre Größe nimmt zunächst mit zunehmendem Alter zu, verkleinert sich aber im höheren Alter wieder. Während der Schwangerschaft oder nach

Kastration der Tiere vergrößert sich das Organ. Beim Erwachsenen repräsentiert das Organ mit 0,6 g Gewicht nur einen relativ kleinen Teil des Hirngewichtes und läßt sich anatomisch in Hypophysenvorderlappen (HVL, Adenohypophyse) und Hypophysenhinterlappen (HHL, Neurohypophyse) unterteilen (Abb. 5-2). Wegen der Vielfalt der von der Hypophyse ausgehenden Kontrollfunktionen ist das Organ lebenswichtig.

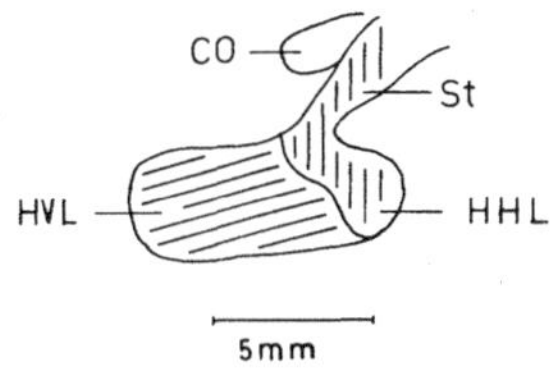

Abb. 5-2. Hypophyse eines erwachsenen Menschen (stark vereinfacht).
HVL Hypophysenvorderlappen (Adenohypophyse), *HHL* Hypophysenhinterlappen (Neurohypophyse), *St* Hypophysenstiel, *CO* Chiasma opticum

In den verschiedenen Zielorganen stimulieren die glandotropen Hormone die Cholesterin-Verwertung auf gleiche Weise. Obwohl der Biosynthese-Weg der Steroide in allen Organen gleich ist, und die Synthese nahezu aller Steroidtypen in allen steroidbildenden Organen stattfinden kann, werden dennoch organspezifisch an den Verzweigungsstellen der Steroid-Biogenese die jeweils für eine andere Alternative notwendigen Intermediate durch rasche Weiterreaktion der Synthesekette entzogen. Das Enzymmuster begünstigt in den einzelnen steroidbildenden Organen jeweils bestimmte Reaktionssequenzen, so daß es stets zur Bildung eines vorherrschenden Steroidtyps kommt. So fördert in der Nebennierenrinde die Hydroxylierung an C-21 alle Folgereaktionen, die zu Corticoiden führen, hemmt aber die Seitenkettenabspaltung an C-17 oder gar die Aromatisierung des Ringes A.

Die Spezifität der verschiedenen glandotropen Hormone, in jeweils bestimmten Organen die Biosynthese der Steroide zu stimulieren, hängt mit der Bereitstellung spezifischer *Membranproteine* auf der Zelloberfläche zusammen. Diese Proteine erkennen und binden spezifisch das für das jeweilige Organ „passende“ Tropin, so daß die Kontrolle der Steroidhormon-Biosynthese in den verschiedenen endokrinen Geweben unabhängig voneinander erfolgen kann. Allerdings beeinflussen die Steroide selbst den Stoffwechsel anderer endokriner Systeme (s. Kap. 6.7).

5.1.1 Die Wirkung in den Zielorganen

Für jedes einzelne glandotrope Hormon lassen sich mehrere regulative Funktionen in den Zielorganen definieren:
a) Regelung der Biosynthese der Steroidhormone (durch ACTH, LH, FSH, PRL, Parathormon, hCG);
b) Wachstumsförderung und Erhaltung der Gewebestruktur bestimmter Organe (ACTH, LH, FSH, PRL, hCG);
c) Förderung von Entwicklung und Wachstum von Spermatozoen bzw. Follikeln (FSH);
d) direkte Einwirkung auf das Zentralnervensystem (ACTH, PRL).

In der Mehrzahl der Fälle muß der Wirkung eine Bindung der Proteohormone an definierten *Rezeptoren* vorausgehen. Diesen Rezeptoren sind eine Reihe von Eigenschaften gemeinsam, durch die die Spezifität der Signalübertragung gewährleistet wird:

a) Die Rezeptoren sind in der Plasma-Membran lokalisiert. Die glandotropen Hormone müssen also nicht ihre biologische Aktivität intracellulär entwickeln. (Allerdings ist die Diskussion über die Frage, ob die Proteohormone sowohl an den Membran-Rezeptoren als auch intracellulär nach Durchtritt durch die Membran ihre Wirkung entfalten, noch nicht abgeschlossen).

b) Die Membranrezeptoren sind hochspezifisch. Verschiedene glandotrope Hormone können nicht um den gleichen Rezeptor konkurrieren. Allerdings können auch Bruchstücke der Proteohormone gebunden werden.

c) Mit der Bindung an den Rezeptoren ist keine Inaktivierung des gebundenen Hormons verbunden.

d) Die Membranrezeptoren liegen in einer endlichen Zahl vor, die Bindung ist bei ausreichender Konzentration an den Proteohormonen sättigbar. Die Bindung verläuft sehr rasch und reversibel.

e) Die Bindung geht dem biologischen Effekt der glandotropen Hormone voraus. Durch die proteohormonabhängige Störung der Membranstruktur in der Nachbarschaft des Rezeptors kommt es zur Bildung sekundärer Messenger (s. Kap. 5.2 und 5.3), die nun das Signal in das Zellinnere weitergeben.

5.1.1.1 Corticotropin (ACTH)

Das am längsten bekannte Proteohormon, das an der Regulation der Corticoid-Synthese beteiligt ist, ist das *Corticotropin*. Es hat als Peptid aus 39 Aminosäuren ein Mol.-Gew. von 4567 (Abb. 5-3). Von den 39 Aminosäuren in der Sequenz

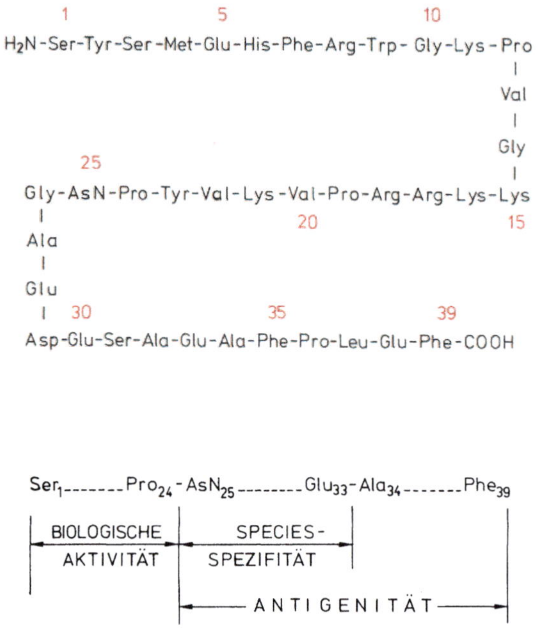

Abb. 5-3. Aminosäuresequenz des menschlichen ACTH

des ACTH-Peptides ist nur der N-terminale Bereich für die Stimulation der Steroidsynthese wesentlich. Aus diesem Grunde hat das Peptidfragment, das aus den ersten 17 Aminosäuren vom N-Ende aus besteht, bereits 5% der biologischen Aktivität im Vergleich zur Aktivität des kompletten Peptides. Die ersten 24 Aminosäuren vom N-Ende aus sind voll aktiv. Dabei lassen sich nach einem Vorschlag von Schwyzer (zitiert bei Hechter und Calek, 1974) die dem ACTH innewohnenden Informationen in sieben Worte aufteilen (Tabelle 5-2).

Tabelle 5-2. Information auf der Aminosäuresequenz des ACTH

Wort	Positionen	Information
1	5–10	Wechselwirkung mit dem Rezeptor auf den Melanocyten von Amphibien
2	1–4	verstärkt Wechselwirkung mit dem Rezeptor durch Wort 1
3	11–14	
4	15–18	moduliert Wort 1 bis 3 zur Wechselwirkung mit der Plasmamembran der Nebennierenrinde. Zurückdrängung der Wechselwirkung mit dem Amphibienrezeptor
5	19–24	stabilisiert das Molekül gegen hydrolytische Inaktivierung während des humoralen Transportes
7	34–39	
6	25–33	trägt Species-Spezifität

Die Sequenz Met-Glu-His-Phe-Arg-Trp-Gly auf den Positionen 4–10 ist auch in den Peptidketten von *Melanotropin* und *Lipotropin* zu finden. Wird in der Position 7 L-Phe durch D-Phe ersetzt, so entsteht ein ACTH-Antagonist.

Zur Entfaltung seiner biologischen Aktivität wird ACTH durch einen membranständigen Rezeptor gebunden. Bereits in einer Konzentration von $1{,}5 \cdot 10^{-8}$ M vermag ACTH an isolierten Nebennierenrinden-Zellen eine Stimulation der membranständigen *Adenylcyclase* auszulösen. Dadurch wird die intracelluläre cAMP-Konzentration erhöht und die Corticiod-Biosynthese gesteigert. Es sind zwei Rezeptortypen nachgewiesen worden, von denen einer ACTH mit einer Affinität von $9 \cdot 10^{11}\ M^{-1}$ bindet (60 Bindungsstellen/Zelle), der andere mit $3 \cdot 10^{7}\ M^{-1}$ wesentlich weniger affin ist und mit 600000 Bindungsstellen pro Zelle wohl einen unspezifischen Rezeptor darstellt. Da durch Neuraminidase-Behandlung von isolierten NNR-Zellen die ACTH-abhängige cAMP-Bildung unterbleibt, ist *Sialinsäure* entweder an der Wechselwirkung von ACTH mit dem Rezeptor oder an der Signalübertragung vom Rezeptor zur Adenylcyclase beteiligt (Haksar et al., 1974).

Die cAMP-Bildung durch ACTH kann durch Hemmstoffe der Proteinsynthese nicht unterbunden werden. Wohl aber hemmen diese Agentien die nachfolgende Steroidsynthese. Die Bindung von ACTH an den Membranrezeptoren ist unabhängig von Ca^{++}, das Kation muß aber für die hormonabhängige Stimulation der Adenylcyclase zugegen sein (Birmingham und Bartova, 1973) (für die Rolle des Ca^{++} wird im Kap. 5.3 ein weiteres Modell vorgestellt). Aus diesen Beobachtungen kann man den Schluß ziehen, daß zwischen ACTH-Bindung und Steroidbiosynthese-Steigerung die in Abb. 5-4 skizzierte Sequenz von Ereignissen abläuft.

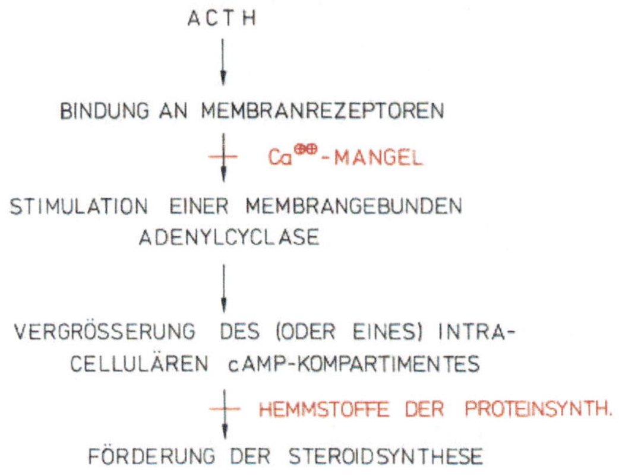

Abb. 5-4. Verlauf der ACTH-abhängigen Signal-Übertragung bei der Stimulation der Corticoid-Synthese in der Nebennierenrinde

Die Förderung der Steroidsynthese schließt die Änderung der folgenden intracellulären Parameter ein:

a) Erhaltung der Pregnenolon-Synthetase-Aktivität und der Zahl und Aktivität der Mitochondrien. Diese Wirkung läßt sich deutlich nach der operativen Entfernung der Hypophyse verfolgen. Der Gehalt an Cytochrom P-450 nimmt in den Nebennierenrinden-Mitochondrien mit einer Halbwertszeit von rund drei Tagen schneller ab als die Mehrzahl der übrigen Nebennierenrinden-Enzyme (Purvis et al., 1973b). Durch Gabe von ACTH kann der alte Zustand restauriert werden. Dabei beeinflußt ACTH stärker die Zona fasciculata und reticularis als die Zona glomerulosa (Alfano et al., 1973). Gleichzeitig nimmt die Zahl der Mitosen in der NNR zu, so daß ACTH auch die DNA-Synthese promoviert. ACTH stimuliert alle wichtigen intramitochondrialen Cytochrom-P-450-abhängigen Enzymaktivitäten, d.h. die Pregnenolon-Synthetase [EC 1.14.15.x], 11β-Hydroxylase [EC 1.14.15.4] und 18-Hydroxylase [EC 1.14.15.5]. Die ebenfalls mitochondrialen Enzyme der Atmungskette bleiben dagegen unverändert. Außerdem stimuliert ACTH in der NNR (ebenso wie FSH in den Gonaden) die Synthese der mikrosomalen 17α-Hydroxylase [EC 1.14.99.9] (Fevold und Drummond, 1973) und die der 21-Hydroxylase [EC 1.14.99.10].

b) Erhöhung der durch die Mitochondrien verwertbaren Cholesterin-Menge durch Stimulation der Cholesterinester-Spaltung und Beeinflussung des Cholesterin-Transfers in die Mitochondrien. An diesen Aktivitätsänderungen ist mindestens ein kurzlebiges Protein beteiligt, dessen Synthese an einem stabilen Messenger durch ACTH gefördert wird. Statt durch ACTH sind alle genannten Eigenschaftsänderungen auch durch cAMP erreichbar. So erhält man durch 10^{-6} M cAMP in kultivierten Adrenaltumorzellen den gleichen Effekt bei der Regeneration der Mitochondrien nach Hypophysektomie und auf die Steroidsynthese wie nach Gabe von 5 mU ACTH (Grower und Bransome, 1970).

Allerdings muß die Tatsache berücksichtigt werden, daß bei niedrigen ACTH-Dosen in isolierten NNR-Zellen die Corticoid-Synthese zunimmt, ohne daß der cAMP-Gehalt meßbar verändert wird (Abb. 5-5). Die maximale Corticoid-Synthese wird dabei in einem ACTH-Konzentrations-Bereich beobachtet, in dem die cAMP-Synthese-Steigerung erst beginnt. Andererseits erhöhen hohe ACTH-Dosen den cAMP-Spiegel, ohne die Corticoid-Bildung weiter zu verstärken. Wahrscheinlich gehört das durch ACTH vermehrt synthetisierte cAMP einem kleinen Kompartiment an, woraus es seine spezifischen Wirkungen auf die Steroidsynthese entfalten kann. Die Größe dieses Kompartimentes ist gegenüber dem Gesamtgehalt an cAMP in der Zelle sehr klein. Bei hohen ACTH-Dosen wird dagegen eine sog. Reserve-Kapazität stimuliert, die nicht mehr in ursächlichem Zusammenhang mit der stimulierbaren Steroid-Biosynthese steht. Eine andere Deutung zum Wirkungsmechanismus des ACTH geht von der Beobachtung aus, daß niedrige ACTH-Dosen bereits signifikant die cGMP-Bildung steigern (Sharma et al., 1974). Danach wäre cGMP — und nicht cAMP — der ACTH-abhängige sekundäre Messenger in der Nebennierenrinde.

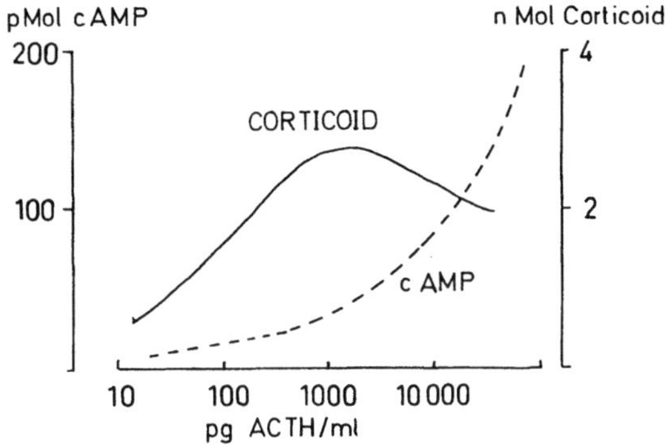

Abb. 5-5. Zusammenhang zwischen ACTH-Dosis und Corticoid- bzw. cAMP-Bildung in kultivierten NNR-Tumorzellen

Da die Teilsequenz $ACTH_{7-24}$ zur vollen Aktivierung der Adenylcyclase in der Lage ist, jedoch die Folgewirkungen unterbleiben, die erst mit dem Derivat $ACTH_{5-24}$ (oder dem kompletten Hormon) beobachtet werden können (Lang et al., 1976), muß man schließen, daß die Erhöhung der cAMP-Menge allein nicht ausreicht, um die volle biologische Qualität des Hormons zu entfalten. Möglicherweise vermag nur die längere oder komplette Peptidsequenz zusätzliche biologische Signale zu übermitteln, die z.B. für einen Transfer des gebildeten cAMP in sein „richtiges“ Kompartiment notwendig sind.

Die frühe ACTH-Wirkung ist nicht durch Actinomycin D oder andere Transkriptionshemmer inhibierbar. Das Hormon entfaltet daher seine Wirkung auf der *Translationsebene* (s. Kap. 8.4.2). Allerdings wird nach 14stündiger ACTH-Einwirkung auch eine Steigerung der rRNA-Synthese gemessen (Fuhrman und Gill, 1975), die im Zusammenhang mit der allgemeinen trophischen

Wirkung des Hormons zu sehen ist. Auf die Einzelheiten der tropinabhängigen cAMP-Bildung und die allgemeine Wirkungsweise der cyclischen Nucleotide wird im Kap. 5.2 eingegangen.

Unabhängig von der Natur der zwischengeschalteten Mediatoren führt der durch ACTH ausgelöste Stimulus über die vermehrte Bereitstellung von Pregnenolon als Substrat zur Steigerung aller in der Nebennierenrinde synthetisierbaren Steroide, also sowohl der Glucocorticoide, Mineralocorticoide (Kem et al., 1975) als auch der Nebennierenrinden-Androgene.

Auf der Grundlage der „second-messenger-Hypothese“ haben Haynes und Berthet einen Vorschlag zur Wirkungsweise von cAMP bei der Stimulation der Corticoid-Synthese formuliert. Nach diesem Modell soll NADPH einen begrenzenden Faktor bei der Steroidsynthese darstellen, für die das Nucleotid als Coenzym zahlreicher mischfunktioneller Monooxygenasen benötigt wird. Da NADPH vornehmlich durch den *Pentosephosphat-Cyclus* bereitgestellt wird und Glucose-6-phosphat das unmittelbare Substrat dieses oxydativen Abbauweges ist, sollte die vermehrte Bereitstellung dieses Zuckers die NADPH-Bildung und damit auch die Corticoid-Synthese garantieren.

Dies könnte durch die cAMP-abhängige Phosphorylierung der *Glykogenphosphorylase* [EC 2.4.1.1] geschehen, die aus Glykogen Glucose-1-phosphat freisetzt (Abb. 5-6).

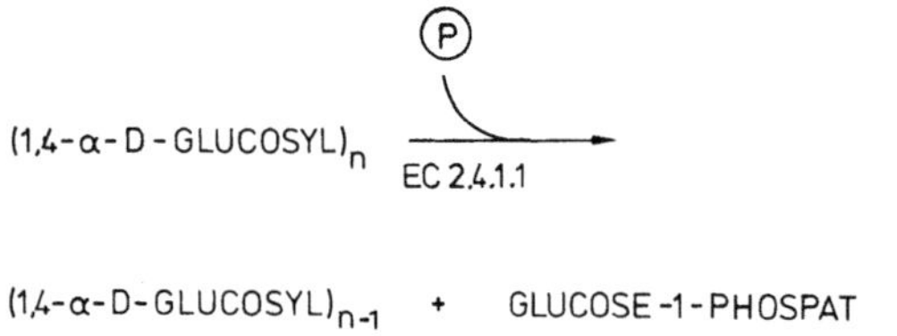

Abb. 5-6. Freisetzung von Glucose-1-phosphat aus Glykogen.
Enzym: 1,4α-D-Glucan:Orthophosphat α-Glucosyltransferase, Phosphorylase [EC 2.4.1.1]

Die Phosphorylase kann in zwei verschieden aktiven Formen a und b vorliegen: Form a ist biologisch aktiv, Form b kommt mit niedrigerer Aktivität in ruhenden Muskelzellen vor. Die Umwandlung der inaktiven in die aktive Form erfolgt mit Hilfe einer durch cAMP stimulierbaren *Phosphorylase-Kinase* [EC 2.7.1.38] (Abb. 5-7).

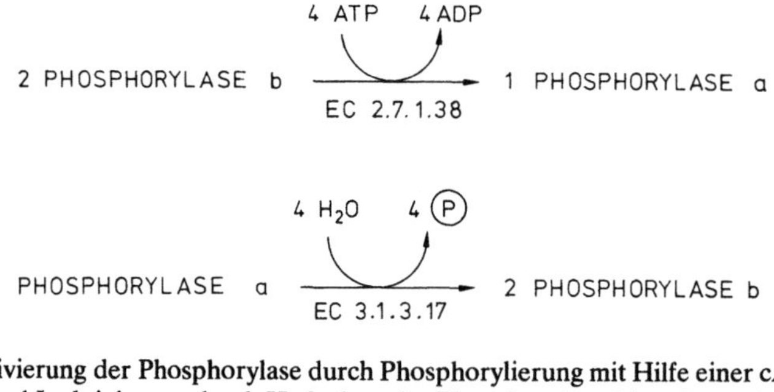

Abb. 5-7. Aktivierung der Phosphorylase durch Phosphorylierung mit Hilfe einer cAMP-stimulierbaren Kinase und Inaktivierung durch Hydrolyse des Phosphorylase-Phosphats mit einer Phosphatase.
Enzyme: Phosphorylase-Kinase [EC 2.7.1.38], Phosphorylase-Phosphatase [EC 3.1.3.17]

Glucose-1-phosphat wird schließlich mit Hilfe der *Phosphoglucomutase* (Glucose-Faktor) [EC 2.7.5.5] in einer Transfer-Reaktion unter Übertragung des Phosphat-Restes auf freie Glucose in Glucose-6-phosphat umgewandelt.

Da alle beteiligten Enzyme extramitochondrial vorkommen und NADPH selbst nicht in die Mitochondrien zu permeieren vermag, wo es für die Cholesterinspaltung benötigt wird, wurde ein Kreisprozeß konstruiert, durch den die Reduktionsäquivalente aus dem Cytoplasma in die Mitochondrien gelangen können (Malat-Pyruvat-Shuttle) (Simpson und Frenkel, 1969) (Abb. 5-8). Mit den transferierbaren Substratmolekülen Malat und Pyruvat könnte das extramitochondriale NADPH-Kompartiment zum Aufbau des intramitochondrialen NADPH beitragen, so daß der Glucose-6-phosphat-Bereitstellung indirekt eine Schlüsselfunktion zufiele. Dieses Modell berücksichtigt die Tatsache, daß die Mitochondrienmembran einerseits für NAD^+, $NADP^+$, NADH, NADPH, freies H^+ sowie Oxalacetat usw. nicht permeabel ist, daß jedoch andererseits folgende Ionen über geeignete Transportmechanismen in die und aus den Mitochondrien gelangen können: Pyruvat, ATP, ADP, Ca^{++}, Citrat, L-Aspartat, L-Glutamat, α-Ketoglutarsäure, L-Malat, Succinat und α-Glycerinphosphat.

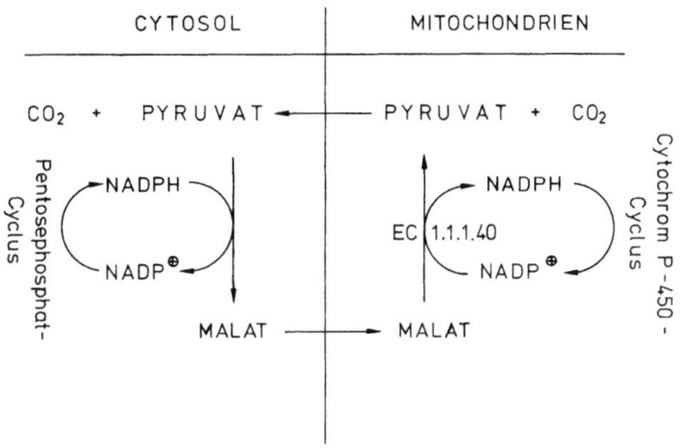

Abb. 5-8. Malat-Pyruvat-Shuttle. Transfer von Reduktionsäquivalenten zwischen Cytoplasma und Mitochondrien.
Enzym: Malat-Dehydrogenase (decarboxylierend, $NADP^+$) [EC 1.1.1.40]

Dennoch hat die Hypothese von Haynes und Berthet heute nur noch historischen Charakter. Zahlreiche Untersuchungen haben gezeigt, daß in isolierten Nebennierenrinden-Zellen ACTH nicht eine Aktivierung der Glykogenphosphorylase bewirkt. Noch zwingender ist der Beweis, daß ACTH keine Änderung der Glucose-Verwertung via Pentosephosphat-Cyclus bewirkt. Auch spielt der Malat-Shuttle für die Bildung der intramitochondrialen Reduktionsäquivalente praktisch keine Rolle (Lin et al., 1974a). Vielmehr wird heute angenommen, daß die NADPH-Bereitstellung für die Steroidbiosynthese nicht limitierend ist. Mit Hilfe einer energieabhängigen Transhydrogenase werden intramitochondrial die Reduktionsäquivalente von NADH übernommen (Peron et al., 1972) (Abb. 5-9).

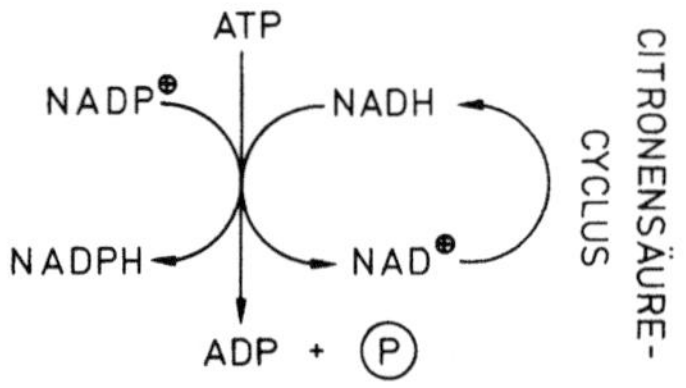

Abb. 5-9. Intramitochondriale Verknüpfung von NADPH-Bildung und NADH-Bereitstellung. Enzym: energieabhängige Transhydrogenase [EC 1.6.x.x]

Bemerkenswert ist übrigens die Auffassung, nach der die an der Außenmembran der Mitochondrien befindlichen *Steroiddehydrogenasen* möglicherweise einen Beitrag zum H-Transfer in die Mitochondrien liefern (Pollow et al., 1974). Daran soll ein im Kap. 8.6 skizzierter durch katalytische Steroid-Mengen unterhaltener H-Austausch zwischen NAD^+ und $NADP^+$ beteiligt sein.

Die Regeneration des NADH kann auch durch *Ascorbinsäure* erfolgen. Sie transferiert in Gegenwart der Monodehydroascorbinsäure-Reduktase [EC 1.6.5.4] Reduktionsäquivalente auf NAD^+. Übrigens gehört die Nebennierenrinde zu den *Vitamin-C*-reichsten Organen. Die Konzentration beträgt 40 mg Ascorbinsäure/100 g Naßgewicht und liegt damit wesentlich über dem Wert in der Leber (5–10 mg/100 g Naßgewicht). Die Tatsache, daß unter der ACTH-Wirkung der Vitamin-C-Gehalt zugunsten von Dehydroascorbinsäure abnimmt, wird zur Bestimmung ACTH-aktiver Präparationen im Tierversuch herangezogen.

Relativ früh ist in der Diskussion über die Wirkungsweise der glandotropen Hormone die Vorstellung entwickelt worden, nach der die Cholesterin-Hydroxylierung an C-20α oder C-22R als der geschwindigkeitsbestimmende Schritt der Pregnenolon-Synthese durch die Proteohormone reguliert wird. Diese Annahme berücksichtigt die Beobachtung, daß die tropen Hormone vor der Pregnenolon-Bildung in die Reaktionsfolge eingreifen. Da alle vor der Pregnenolon-Synthese ablaufenden Schritte intramitochondrial stattfinden, müßte das unter dem ACTH-Stimulus via cAMP vermehrt gebildete Protein in die Mitochondrien permeieren und dort als Teil der *Pregnenolon-Synthetase* [EC 1.14.15.x] oder durch Aktivierung der Synthetase (Caron et al., 1975) für die Seitenketten-Hydroxylierung limitierend sein.

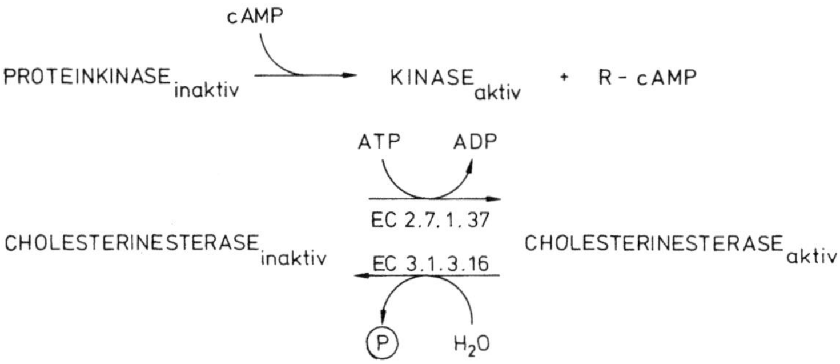

Abb. 5-10. Aktivierung bzw. Inaktivierung der Cholesterinesterase [EC 3.1.1.13] durch Phosphorylierung bzw. Dephosphorylierung.
Enzyme: Proteinkinase [EC 2.7.1.37], Phosphorproteinphosphatase [EC 3.1.3.16]

Cholesterin kommt innerhalb der Zelle in verschiedenen Kompartimenten vor. Die Geschwindigkeit der Steroidsynthese kann daher auch durch die Bereitstellung von Cholesterin limitiert werden (Bell und Harding, 1974). Cholesterin, das in den sog. Lipid-Tröpfchen als Cholesterinfettsäureester vorliegt, muß vor der Penetration in die Mitochondrien aus den Estern freigesetzt werden. Die hierfür notwendige Cholesterinesterase [EC 3.1.1.13] wird in einem cAMP-abhängigen Schritt durch Phosphorylierung aktiviert (Trzeciak und Boyd, 1974; Wallat und Kunau, 1976) (Abb. 5-10).

Nach der Bindung von ACTH an den Plasmamembran-Rezeptoren läuft die in Abb. 5-11 skizzierte Sequenz von Ereignissen ab. Gleichzeitig wird durch ACTH ein kurzlebiges Protein vermehrt gebildet, dessen Halbwertszeit weniger als 10 Minuten beträgt. Es wird vermutet, daß dieses Protein als *Cholesterin-Carrier* fungiert (Arthur und Boyd, 1974; Ungar et al., 1973).

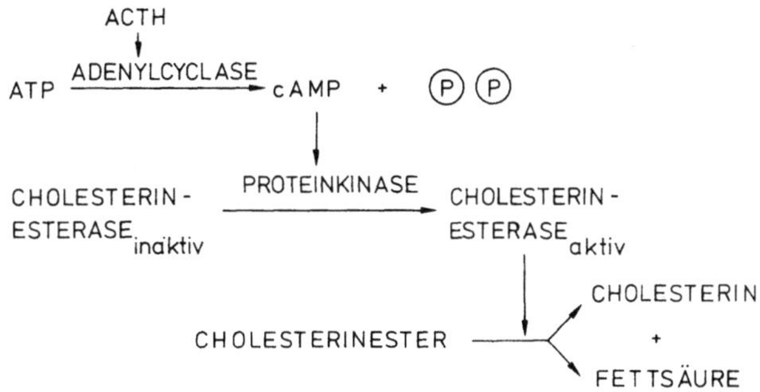

Abb. 5-11. Modell der ACTH-abhängigen Cholesterinester-Spaltung.
Enzyme: Adenylcyclase [EC 4.6.1.1], Proteinkinase [EC 2.7.1.37], Cholesterinesterase [EC 3.1.1.13]

Sowohl die Cholesterinester-Spaltung als auch der proteincarrierabhängige Transfer des Cholesterins in die Mitochondrien genügen der aus reaktions-kinetischen Betrachtungen als limitierend beschriebenen „Kommunikation“ zwischen dem Substratkompartiment [S] und dem Enzymsystem [E]:

$$[S] \underset{k_2}{\overset{k_1}{\rightleftharpoons}} [E] \xrightarrow{k_3} \text{Produkt.}$$

k_3 ist rund 20fach größer als k_1, d.h. nicht die Seitenkettenabspaltung des Substrates Cholesterin, sondern dessen Zugang zum Enzymsystem [E] ist limitierend (Burstein, 1973). Zu der gleichen Feststellung kommen Arthur et al. (1976 b) beim Vergleich der Pregnenolon-Bildung aus Sterinen mit unterschiedlich langen Seitenketten.

Darüber hinaus verdoppelt ACTH in der NNR die limitierende Kapazität an *Steroidsulfatasen* [EC 3.1.6.2] (Dominguez et al., 1975), wodurch der Weg für die Bildung von 3-Oxo-4-en-Steroiden aus den 3β-Hydroxy-5-en-Vorläufern frei wird, die als 3-Sulfate vorliegen (s. Kap. 7.1.3). Schließlich soll auch die

Aktivität der Pregnenolonsynthetase durch ACTH via cAMP nach Phosphorylierung kontrolliert werden (Caron et al., 1975). Außerdem stimuliert ACTH in der NNR unabhängig von der cAMP-Bildung die Aktivität der Ornithindecarboxylase [EC 4.1.1.7] (Levine et al., 1975). Die Vermutung, daß ACTH den Export des Produktes Pregnenolon aus den Mitochondrien stimuliert, das im übrigen aber in Abwesenheit von ACTH eine Produkthemmung an der Pregnenolonsynthetase entwickelt, ließ sich im Versuch ausschließen (Holzbauer et al., 1975).

Die Regulationsfähigkeit der Steroidhormonbildung ist in Tumoren verändert. Dort kann die Steroidsynthese häufig ohne exogene Stimulatoren ablaufen. Bei Versuchen mit explantierten Gewebetumoren führt ein Zusatz von glandotropen Hormonen andererseits häufig nur noch zu geringen Synthesesteigerungen. Auch ist gezeigt worden, daß die Steroidsynthese explantierter NNR-Tumoren nicht nur durch ACTH, sondern auch durch Gonadotropine gesteigert werden kann. Es ist naheliegend, daß in all diesen Fällen die membranständigen „Signal"-Bereiche verändert worden sind.

Während alle bisherigen Wirkungen des ACTH in der NNR als seinem Zielorgan gesucht wurden, ist mittlerweile auch eine direkte Wirkung des Hormons auf das *Verhalten* von Versuchstieren nachgewiesen worden. Diese Wirkungen ähneln den ebenfalls direkten Wirkungen bestimmter Steroidhormone auf das Zentralnervensystem. Im Falle des ACTH wird das sog. aktive Vermeideverhalten, das z.B. einem elektrischen Schlag vorbeugen soll, bei hypophysektomierten Versuchstieren durch ACTH restauriert. Diese ACTH-Wirkung läßt sich strukturell von der Aktivität bei der Stimulation der Steroidbiosynthese abtrennen. Statt des kompletten ACTH-Moleküls löst bereits das Sequenzfragment mit den Positionen 4–10 das aktive Vermeideverhalten aus. Dieses Fragment ist jedoch völlig inaktiv zur Nebennierenrinden-Stimulation. ACTH oder dieses Fragment steigern uniform den Aminosäure-Einbau in die Proteine des Hirnstammes. Der zentrale Effekt des ACTH wird daher durch eine Stimulation der allgemeinen Fähigkeit zur Reizverarbeitung im ZNS begünstigt.

Die Biosynthese von ACTH erfolgt im *Hypophysenvorderlappen* (HVL) aus einem Prohormon, dem „Big ACTH". Im Gegensatz zu anderen Hypophysenhormonen, die ausschließlich im HVL vorkommen (wie Wachstumshormon, Thyreotropin, Prolactin und die Gonadotropine) sind rund 10 % der Gesamt-ACTH-Aktivität der Hypophyse im Hypophysenmittel/hinterlappen lokalisiert. Bei der Maus entsteht ACTH aus dem „Big ACTH" mit Mol.-Gew. 31000, das durch Strangverkürzung über die Intermediate mit Mol.-Gew. 23000 und 13000 in das reife ACTH mit Mol.-Gew. 4567 übergeht. Interessanterweise sind alle drei höhermolekularen Vorstufen Glykoproteine (Mains und Eipper, 1976). Nach Strangverkürzung der Prohormone gelangt das Hormon über den Blutweg zur Nebennierenrinde und entfaltet dort seine stimulierende Wirkung auf die Corticoidsynthese. Außerdem wird ACTH oder ein Protein mit ACTH-analoger Aktivität von der *Placenta* sezerniert (Hodgen et al., 1975). ACTH wird auch ektopisch in *Lungen-* und *Magentumoren* gebildet, wo es überwiegend in Form des „Big ACTH" sezerniert wird. Sogar bei einem Tumor des *Nebennierenmarks* ist die episodische Sekretion von ACTH beobachtet worden (Burmeister und Simon, 1975). Das Prohormon ist biologisch weitgehend inaktiv, obwohl seine

Antigenität mit der der normalen Form übereinstimmt. Bei der Umwandlung des „Big ACTH" stammt das reife ACTH aus dem N-terminalen Bereich des Prohormons (Hew und Yip, 1976). ACTH wird bei beiden Geschlechtern in gleicher Form gebildet.

Die Biosynthese des ACTH wird durch den Corticoid-Spiegel im Plasma mit Hilfe eines bisher noch nicht rein erhaltenen Faktors, dem Corticoliberin (CRH, Kap. 5.1.2.2), gesteuert. Bei „*Streß*" wird ACTH unabhängig vom bestehenden Corticoidspiegel sezerniert.

Die Lebensdauer von ACTH ist mit einer Halbwertszeit von nur 10 Minuten beim Menschen relativ klein. Der Plasmaspiegel kann zwischen 0,1–5 ng/100 ml ($2 \cdot 10^{-13}$ bis 10^{-11} M) in Abhängigkeit vom Corticoid-Spiegel und von der Tageszeit (Maximum beim Menschen morgens 6 Uhr, Minimum gegen 20 Uhr mit nur rund 5 % des Morgenwertes) betragen.

5.1.1.2 Lutropin (LH)

Lutropin (früher auch luteinisierendes oder interstitiell cell stimulating hormone, ICSH, genannt) bildet zusammen mit Follitropin (FSH), humanem Choriongonadotropin (hCG) und Prolactin (PRL) die Gruppe der Gonadotropine.

Ebenso wie die biologische Wirkung von ACTH erst nach Entzug des Hormons durch Hypophysektomie meßbar wird, läßt sich auch der Zusammenhang zwischen LH und der Steigerung der Steroidsynthese in den Gonaden nach operativer Entfernung der Hypophyse verfolgen. Injiziert man hypophysektomierten unreifen Tieren LH, so nimmt die Fähigkeit der Mitochondrien in den Gonaden zu, Cholesterin durch Seitenketten-Abspaltung unter Bildung von Pregnenolon und Isocapronsäure zu verwerten. Ob LH ebenso wie ACTH in die Seitenkettenhydroxylierung des Cholesterins oder in die Bereitstellung des Cholesterins eingreift, ist bisher weder bewiesen noch ausgeschlossen worden.

LH entfaltet seine Wirkung bei beiden Geschlechtern gleichartig. Auch die chemische Zusammensetzung des Hormons ist unabhängig vom Geschlecht. LH ist ein Glykoproteid mit Mol.-Gew. 28000 und besteht aus zwei Untereinheiten α und β. Der Kohlenhydratanteil beträgt 18–20 %, wobei sowohl neutrale Zucker (Galactose, Mannose und Fucose) als auch N-Acetylglucosamin und N-Acetylgalactosamin vertreten sind. *Sialinsäuren* stellen 1 % des Partikelgewichtes.

Die α-Untereinheit des menschlichen LH besteht aus 89 Aminosäuren. Auch die übrigen glandotropen Hormone hCG, FSH sowie das im Rahmen der Steroidhormon-Biochemie nicht berücksichtigte Thyreotropin weisen sehr ähnliche α-Untereinheiten auf, so daß sich die α-Untereinheiten der genannten Hormone gegenseitig ersetzen können. Sie tragen darüber hinaus gleiche immunologische Determinanten, obwohl sie geringe Unterschiede in der Aminosäurenzusammensetzung und im Kohlenhydratgehalt aufweisen. So ist die α-Kette von hCG am N-Terminus um drei Aminosäuren Ala-Pro-Asp länger als die α-Untereinheit von LH, während der Rest der Peptidsequenz der beiden α-Untereinheiten von hLH und hCG identisch ist. Die gegenseitige Ersetzbarkeit der α-Untereinheiten weist darauf hin, daß durch dieses Peptid keine Wirkspezifität vermittelt wird. Sie ist vielmehr in der β-Untereinheit verankert. Sie enthält im Falle des menschlichen LH 115 Aminosäuren und trägt an Pos 30 (Asp) eine Kohlenhydrat-Kette. Die isolierten Untereinheiten sind biologisch inaktiv, nur das komplette α- und β-Untereinheiten enthaltende Protein ist wirksam (Vaitukaitis und Ross, 1974).

Auf den Plasmamembranen der *Interstitiell-Zellen* von Ovar bzw. Testes lassen sich spezifische *Rezeptoren* identifizieren, die LH mit hoher Affinität zu binden vermögen. Die Ass.-Konstanten betragen zwischen 2 bis $6 \cdot 10^{10}\ M^{-1}$. Die Bindung verläuft bei 37° C optimal. LH und hCG konkurrieren miteinander um diese Bindung. An der Erkennung oder Bindung durch den Rezeptor ist die Sialinsäure im Kohlenhydratanteil von LH bzw. hCG nicht beteiligt (Grimek et al., 1976) (zur Chemie der Sialinsäure s. Kap. 5.1.1.3). Die Bildung oder Exposition der Membranrezeptoren erfolgt an den Leydigschen Zellen zum gleichen Zeitpunkt, an dem sich experimentell eine Testosteronsynthese in den Gonaden nachweisen läßt. Die Membranrezeptoren verhalten sich daher wie ein biochemischer Marker für den Differenzierungsschritt der Leydigschen Zellen, durch den deren endokrine Aktivität möglich wird (Catt et al., 1975). Im menschlichen Ovar ist die Zahl der LH-Rezeptoren cyclusabhängig und maximal am 13. bis 15. Tag bzw. 22. bis 23. Tag des Cyclus, während am Tag 27 keine Rezeptoraktivität nachweisbar ist (Wardlaw et al., 1975). Aus dem Ovar trächtiger Ratten läßt sich ein niedermolekulares Peptid (Mol.-Gew. 3800) isolieren, das die Bindung von LH am Interstitiell-Gewebe des Ovars hemmt. Dieser antigonadotrope Wirkstoff fehlt in Ovarien nichttragender Tiere und kommt weder in Testes noch Leber vor (Yang et al., 1976). Nach Hypophysektomie verlieren die Gonaden die Fähigkeit zur LH-Bindung. Die Bereitstellung der Membranrezeptoren steht daher unter einer hypophysären Kontrolle. Möglicherweise ist daran Follitropin (FSH) beteiligt. Östrogene — vor allem Östrogenkonjugate — wirken permissiv auf die gonadotropinabhängigen Änderungen am Ovar. Der Mechanismus dieser direkten Steroidwirkung auf das Ovar ist unbekannt. Das Mol.-Gewicht der hormonfreien LH-Rezeptoren aus Gonaden beiderlei Geschlechts beträgt rund 195 000.

Nach Bindung von LH an den spezifischen Membranrezeptoren erfolgt die Stimulation der Steroidsynthese mit isolierten Leydig-Zellen oder Ovar-Gewebe, bevor der Gehalt an cAMP meßbar zunimmt. Auch hier geht man daher von der Annahme aus, daß LH primär die Synthese von cAMP stimuliert, das aber in ein kleines intracelluläres Kompartiment transferiert wird, in dem es einerseits die volle biologische Aktivität auf die Steroidsynthese entfalten kann, andererseits in der Gesamtheit der zellulären cAMP keine meßbare Konzentrationsänderung mit sich bringt.

Die LH-Wirkung ist in vivo außerordentlich rasch. Bereits fünf Minuten nach i.v. Applikation läßt sich im Testesgewebe eine signifikante Steigerung der Pregnenolon-Bildung nachweisen. Ca^{++} hat eine bisher nicht verstandene permissive Wirkung auf die LH-Wirkung (van der Vusse et al., 1975). Ebenso in Analogie zur ACTH-Wirkung wird auch die rasche Stimulation der Androgen- bzw. Östrogensynthese durch LH via cAMP (oder auch durch cAMP allein) nicht durch Hemmstoffe der RNA-Synthese blockiert (Younglai, 1975). Überdies ist die mRNA, die die Information für die nach LH-Stimulation vermehrt synthetisierten Proteine trägt, sehr stabil (Lieberman et al., 1975b).

Nach der Bindung von LH durch den Membranrezeptor und die Stimulation der Adenylcyclase sowie der Freisetzung von *Prostaglandin E_2* löst das Hormon in den Interstitiell-Zellen der Gonaden eine Steroidhormon-Synthese aus, deren biochemischer Ablauf nicht vom Typ des stimulierenden Hormons, sondern vom genetisch fixierten Enzymmuster des Organs geprägt wird. Sowohl im Ovar als auch in den Testes findet man eine Steigerung der mitochondrialen C-20α, 22R-Lyase [EC 1.14.15.x] und der mikrosomalen Enzyme 17α-Hydroxylase [EC 1.14.99.9], C-17,20-Lyase [EC 4.1.2.30], 5α-Reduktase [EC 1.3.1.22] und 3β-Hydroxy-Δ^5-Steroid-Dehydrogenase [EC 1.1.1.145]. Indirekt ist ferner geschlossen worden, daß das Gonadotropin die ebenfalls mikrosomale Cholesterinesterase [EC 3.1.1.13] stimuliert. Wegen der LH-abhängigen Steigerung der 3β-Hydroxysteroid-Dehydrogenase wird angenommen, daß nach der Ovulation die ovarielle Steroid-Hormonbiosynthese vorzugsweise über den Δ^4-Weg abläuft (Lisse und Schürenkemper, 1974). Damit wird sichergestellt, daß in der Lutealphase des Cyclus der Progesterongehalt stärker zunimmt als der der übrigen Steroide. Bei Nagern wirkt hierbei Prolactin permissiv. Außerdem stimuliert LH die Glykolyse, wovon — über die Bereitstellung von NADPH — die Steroidbildung profitiert (Lieberman et al., 1975a).

Beim Mann werden die *Hodenfunktionen* via Testosteron-Synthese gesteuert, die Wirkung von LH ist also eigentlich die des Testosterons. Dagegen findet die LH-Wirkung auf die *Eireifung* auch dann statt, wenn mit geeigneten Inhibitoren die Östrogensynthese gehemmt wird. Die Steigerung der Oocyten-Meiose durch LH verläuft über die vermehrte Sekretion von Prostaglandin E_2.

Die meisten der für die Antikonzeption üblichen *Ovulationshemmer* greifen über den Ausfall des LH-Sekretionsgipfels vor der Ovulation (s. Kap. 6.2.2) in die Fruchtbarkeit der Frau (bzw. weiblicher Tiere) ein. Die Bildung von Lutropin unterliegt der Regulation durch Gonadoliberin (Gn-RH) (s. Kap. 5.1.2.3). Nach Hypophysektomie verschwindet LH aus dem Blut mit zwei verschiedenen Halbwertszeiten von 20 Minuten bzw. 4 Stunden, was auf unterschiedlich zugängliche Kompartimente im Plasma hinweist. Der gleiche Schluß läßt sich auch nach Applikation von Gn-RH und Bestimmung des LH-Sekretionsverlaufes ziehen (Bremner und Paulsen, 1974). Im Normalfall beträgt der Plasmagehalt bei der Frau rund 200 ng/100 ml ($7 \cdot 10^{-11}$ M).

5.1.1.3 Humanes Choriongonadotropin (hCG)

Während der Schwangerschaft kann der Bedarf an glandotropen Hormonen mit LH-Wirkung nicht mehr durch die Hypophyse gedeckt werden. Die ansteigenden Konzentrationen an Östradiol und Progesteron im Plasma hemmen die hypophysäre Ausschüttung der Gonadotropine, so daß zusätzlich durch die *Placenta* das humane Choriongonadotropin (hCG) zur Verfügung gestellt wird. Es entspricht in seinen physiologischen Eigenschaften bei der Stimulation der Steroidbildung im Corpus luteum graviditatis und in den fetalen Gonaden denen des LH in den Gonaden des Erwachsenen. Dagegen hat hCG keinen Einfluß auf die placentäre Östradiol- und Progesteronsynthese.

Die Wirkung von hCG verläuft ebenfalls über die Bindung an spezifischen Membranrezeptoren, zu denen es eine Affinität mit $K_{ass} = 10^{10}$ M^{-1} entwickelt. Die Rezeptoren entsprechen denen des LH. Anschließend wird — ebenfalls in Analogie zum LH — die membranständige Adenylcyclase aktiviert, wofür weder eine intakte RNA- noch Protein-Synthese notwendig sind. cAMP stimuliert dann die Steroidsynthese in einem durch Hemmstoffe der RNA- und Proteinsynthese inhibierbaren Prozeß (Mendelson et al., 1975). hCG läßt sich von der Membran durch geeignete Extraktionsmittel unverändert ablösen. Es wird also nach seiner Bindung weder hydrolysiert noch andersartig inaktiviert (Dufau et al., 1972).

Humanes Choriongonadotropin besteht aus zwei Untereinheiten α und β. Die α-Untereinheit ist eine am N-Terminus um drei Aminosäuren verlängerte α-Kette von hLH (insgesamt 92 Aminosäuren). Die β-Untereinheit ist eine am C-Ende der β-Untereinheit von hLH verlängerte Peptidkette mit insgesamt 145 Aminosäuren (Morgan et al., 1975). Das Mol.-Gew. für den kohlenhydratfreien Anteil von hCG beträgt rund 26000. Das Gesamt-Mol.-Gew. von 39000 berücksichtigt einen Kohlenhydrat-Gehalt von rund 30% (zuzüglich 10% Sialinsäure).

Die Abspaltung der *Sialinsäure* führt zur raschen biologischen Inaktivierung des Hormons. Andererseits ist Sialinsäure nicht an der Bindung am Rezeptor beteiligt. Erst nach Verlust der Mannose-Reste geht die Bindefähigkeit des Hormons zurück. Stets verschwindet die Fähigkeit zur Stimulation der Adenylcyclase rascher als die Affinität zum hCG-Rezeptor (Moyle et al., 1975). Bei den Sialinsäuren handelt es sich um ein Gemisch verschiedener Verbindungen, die sich von der in der Natur nicht frei vorkommenden *Neuraminsäure* ableiten (Abb. 5-12). Werden in der Neuraminsäure die HO-Gruppen an den Positionen C-4, C-7 und C-9 mit Acetat verestert und wird die Aminogruppe an C-5 ebenfalls durch den Acetatrest substituiert, so erhält man zahlreiche sehr ähnliche Derivate, die die Gruppe der Sialinsäuren bilden. Die HO-Gruppe an C-1α geht mit weiteren Zuckern glykosidische Bindungen ein, so daß auch die Sialinsäure nie frei, sondern stets als Teil eines Oligosaccharides bzw. von Glykoproteiden und Gangliosiden vorkommt. *Neuraminidase* [EC 3.2.1.18] spaltet diese Bindung wieder.

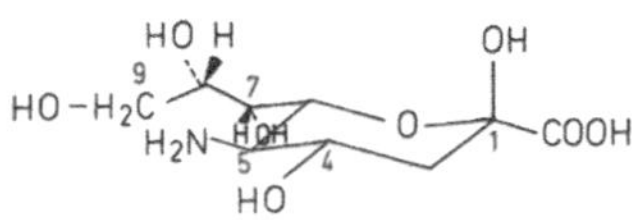

Abb. 5-12. Neuraminsäure, C_9-Polyhydroxyaminosäure

hCG verhält sich bei der Reinigung wie ein mikroheterogenes Stoffgemisch, wobei Menge und Zusammensetzung des Kohlenhydrat-Anteils (besonders der Sialinsäure) variieren (Merz et al., 1974). Die Kohlenhydratketten sind in der α-Untereinheit an den Positionen 52 und 78 jeweils über Asparaginsäure N-glykosidisch gebunden. In der β-Untereinheit stehen die Kohlenhydratketten an den Positionen 13 und 30 (ebenfalls über Asp N-glykosidisch) sowie an den Positionen 121, 127, 132 und 138 (an Serin O-glykosidisch) (Morgan et al., 1975). Der Kohlenhydrat-Gehalt der β-Untereinheit ist deutlich größer als der der α-Untereinheit, während die Länge der einzelnen (verzweigten) Kohlenhydratketten relativ uniform ist.

Humanes Choriongonadotropin wird in den *Langhans-Zellen* der Placenta gebildet. Außerdem wird es von ovariellen, testikulären und Uterus-Tumoren sezerniert. Eine molekularbiologische Kuriosität stellt die Beobachtung dar, nach der HeLa-Zellen die β-Untereinheit von hCG synthetisieren können. Diese Leistung ist in Gegenwart von Na-Butyrat erhöht (Ghosh und Cox, 1975). Die β-Untereinheit wird auch von anderen Tumoren, z. B. einem Pankreas-Tumor, gebildet (Tashjian et al., 1973). Das Bronchial-Carcinom sezerniert sowohl komplettes hCG als auch überzählige β-Untereinheiten.

Die placentare Synthese durchläuft ein Maximum zwischen dem 60. und 80. Schwangerschaftstag und fällt dann auf sehr niedrige Werte in der zweiten Schwangerschaftshälfte ab. Dies entspricht der Beobachtung, daß nach dem 50. Schwangerschaftstag die Schwangerschaft auch in Abwesenheit eines intakten Corpus luteum aufrecht erhalten werden kann, so daß hierfür kein hCG mehr benötigt wird. Eine interessante Hypothese spricht dem hCG eine wichtige Funktion als *Immunsuppressor* zu. Trotz der Tatsache, daß Fetus bzw. Embryo eine Vielzahl von immunologisch fremden Determinanten entwickeln, wird die Frucht nicht durch eine Immunreaktion der Mutter abgestoßen (Adcock et al., 1973). Die Halbwertszeit von hCG beträgt rund acht Stunden.

5.1.1.4 Follitropin (FSH)

Ebenfalls nicht geschlechtsspezifisch und mit identischer Struktur in beiden Geschlechtern wirkt Follitropin (früher auch follikelstimulierendes Hormon genannt). Es ist ein Glykoprotein mit Mol.-Gew. 34000. Der Kohlenhydrat-Anteil von hFSH beträgt rund 18 % und ist damit geringer als der des FSH aus Rind oder Pferd mit 22,2 bzw. 24,2 %.

Sialinsäuren stellen einen wichtigen Bestandteil von FSH dar. Durch Behandlung mit Neuraminidase [EC 3.2.1.18] wird FSH vollständig inaktiviert (Grimek et al., 1976). FSH besteht ebenfalls wie die übrigen Gonadotropine aus zwei Untereinheiten α und β, von denen β die Wirkspezifität vermittelt. Die α-Untereinheit von hFSH ist mit hCGα identisch und enthält 92 Aminosäuren (Shome und Parlow, 1974). hFSHβ enthält 118 Aminosäuren und weist große Ähnlichkeit mit der β-Untereinheit von Thyreotropin auf (Saxena und Rathnam, 1976). Ein Teil der hFSHβ-Ketten enthält nur 108 Aminosäure-Reste.

Bei der Wirkungsweise von FSH tritt die unmittelbare Stimulation der Steroidsynthese in den Hintergrund. Statt dessen beeinflußt FSH die späten Stadien der *Spermiogenese*, vergrößert die Samenkanälchen in den Hoden, steigert das Wachstum der Granulosa-Zellen in den *Graafschen Follikeln* und ermöglicht die zur Steroidbildung in den *Sertolizellen* notwendige Gewebedifferenzierung (Fakunding et al., 1976; Tung et al., 1975). Dies geschieht u. a. durch die Förderung der Bereitstellung der LH-Rezeptoren. Durch den gezielten Synergismus zwischen FSH-Wirkung und LH-abhängiger Steroidbildung wird das im lebenden Tier zu beobachtende Gleichgewicht von Gonadenentwicklung und -funktion eingestellt. Der hohe Grad an Synergismus und die Tatsache, daß FSH und LH physiologisch niemals allein wirken, haben die Zuordnung der einzelnen Effekte zu den Hormonen erheblich erschwert.

FSH induziert in den *Sertoli-Zellen*, die den Samenkanälchen in den Testes anliegen, ein androgenbindendes Protein, das *Testosteron* und *5α-Dihydrotestosteron* bindet (s. Kap. 8.1.2.5). Dieses Protein garantiert, daß intratubulär genügend Testosteron angereichert werden kann, das aus den Leydigschen

Zwischenzellen abgegeben wird. Im Ovar verstärkt FSH die *Glykolyse* und Aminosäuren-Aufnahme durch das Gewebe (Nilsson und Selstam, 1975). In beiden Organen stimuliert FSH die Nuclear-RNA-Synthese. Außerdem verstärkt FSH den ovariellen Steroidstoffwechsel zugunsten des Δ^5-Weges, weil die Synthese der *17α-Hydroxylase* [EC 1.14.99.9] stimuliert und damit die Sequenz

Pregnenolon → 17α-Hydroxypregnenolon → DHEA → 5-Androstendiol

begünstigt wird (Lisse und Schürenkemper, 1974). Die Wirkung von FSH verläuft ebenso wie die des LH nach spezifischer Stimulation einer membranständigen Adenylcyclase [EC 4.6.1.1] zur cAMP-Bildung. Während der Follikelreifung existieren rund 1100 FSH-Rezeptoren/Zell-Plasmamembran, die FSH mit $K_{ass} = 1{,}3 \cdot 10^{10}\ M^{-1}$ binden (Nimrod et al., 1976). Im Gegensatz zu den LH-Rezeptoren, die sich in den Theka- und Interstitiell-Zellen befinden, sind die ovariellen FSH-Rezeptoren in den Granulosa-Zellen konzentriert (Nilsson und Selstam, 1975). In den Testes befinden sich die FSH-bindenden Membranrezeptoren im Tubulus-Apparat (Means und Vaitukaitis, 1972; Abou-Issa und Reichert, 1976). Die durch FSH via cAMP regulierte testikuläre *Proteinkinase* [EC 2.7.1.37] ist bei der Ratte charakterisiert worden (Means et al., 1974). Die scheinbare Desensibilisierung in älteren Tieren beruht auf der altersabhängigen Zunahme der cAMP-Phosphodiesterase-Aktivität [EC 3.1.4.17].

Für die zeitliche Reihenfolge der durch FSH ausgelösten molekularbiologischen Effekte in Säuger-Testes kann man folgende Sequenz formulieren (Tabelle 5-3):

Tabelle 5-3. Zeitliche Folge der durch FSH in Rattentestis ausgelösten molekularbiologischen Aktivitätsänderungen (verändert nach Means, 1974)

	Zeit nach i.v. FSH-Applikation
Bindung an Plasmamembran	
Aktivierung der Adenylcyclase	5 min
Aktivierung einer Proteinkinase	
Phosphorylierung von Proteinen	20 min
Anstieg der Nuclear-RNA-Synthese	
meßbarer Anstieg der RNA-Polymerase II	
meßbarer Anstieg der RNA-Polymerase I	1 Std
Proteinsynthese-Anstieg	2 Std
Anstieg der Ribosomen-Menge	4 Std
Zunahme der Mitosen	6 Std

Das von der Hypophyse tonisch ausgeschüttete FSH unterscheidet sich von dem circulierenden, unter der Kontrolle von Androgenen bzw. Östrogenen stehenden Hormon hinsichtlich Mol.-Gew., Sialinsäure-Gehalt und Stabilität (Bogdanove et al., 1975). Nach Hypophysektomie verschwindet das Hormon aus dem Plasma mit einer im Vergleich zum LH längeren Halbwertszeit von drei Stunden.

Die Plasma-Konzentration von FSH beträgt im Mittel rund 100 ng/100 ml ($3 \cdot 10^{-11}$ M). Die Sekretion wird durch Gn-RH (Kap. 5.1.2.3) bzw. durch Inhibin (Kap. 5.1.2.5) gesteuert. Wegen des Rückgangs der Steroid-Hormon-Bildung in der Menopause sind FSH- (und LH-)Gehalt dann erhöht.

Inzwischen ist auch ein placentares Hormon mit FSH-Aktivität, das humane chorion-follikel-stimulierende Hormon, beschrieben worden (Tojo et al., 1975).

5.1.1.5 Prolactin (PRL)

Prolactin (früher auch luteotropes Hormon, LTH, genannt) besteht aus 198 Aminosäuren und weist ein Mol.-Gew. von rund 25000 auf. Es enthält im Gegensatz zu FSH, LH und hCG keine Kohlenhydrate. In weiten Bereichen bestehen große Ähnlichkeiten zur Struktur des Wachstumshormons.

PRL entwickelt mehrere physiologische Aktivitäten. Beim Tier (und auch beim Menschen: McNatty et al., 1974; Saito und Saxena, 1975) führt das Hormon zusammen mit LH zur vermehrten Progesteronbildung im Corpus luteum. Ausgeprägt sind die organisatorischen Wirkungen auf die Bildung des Corpus luteum aus den Follikelresten und (zusammen mit Somatotropin, Thyroxin und Insulin) auf die Entwicklung der Mammae, wobei gleichzeitig das für die *Lactose*-Bildung notwendige Enzymsystem durch PRL induziert wird (s. Kap. 6.1). Die Lactose-Bildung wird allerdings durch Östradiol und Progesteron inhibiert. Erst wenn die Placenta unter der Geburt zugrunde geht und die Konzentration der antagonistischen Steroidhormone abfällt, setzt die Lactosebildung ein. Außerdem ist PRL zusammen mit weiteren Hormonen an der *Casein*-Bildung beteiligt. Hierbei wird die Synthese der caseincodierenden Messenger stimuliert (Rosen et al., 1975a). Unter Casein versteht man eine Gruppe von prolinreichen, sauren Phosphoproteinen, die zwischen 70 und 80 % des Gesamtmilcheiweißes stellen.

Zusammen mit dem synergistisch wirkenden Östradiol stimuliert PRL die DNA-Synthese in der Brustdrüse (Stoudemire et al., 1975). Ein Teil dieser Wirkung beruht auf der PRL-abhängigen Vermehrung der *Östradiol-Rezeptoren* in dem Gewebe. Auch in der Rattenleber stimuliert PRL die Bildung von Östradiol-Rezeptoren (Chamness et al., 1975).

Beim Mann übernimmt Prolactin die Funktion eines Wachstumsfaktors für die akzessorischen Geschlechtsorgane, wie Prostata und Vesikulardrüse (Dattatreymurty et al., 1975). Gleichzeitig steigert PRL die *Spermatogenese* über die Stimulation der Leydig-Zellen. Ebenso wie im Ovar (Flint und Armstrong, 1973) erhöht Prolactin auch in den Testes die Menge an Cholesterin für die Steroidsynthese. Für die Wirkung des Prolactins auf die akzessorischen Geschlechtsorgane wird angenommen, daß die Zahl der *Androgen-Rezeptoren* — und damit die Ansprechbarkeit durch Androgene — prolactinabhängig erhöht wird. Die Prolactin-Bindung durch die Rezeptoren der Prostata-Membran ist androgenunabhängig (Kledzik et al., 1976).

Wie bei allen Proteohormonen wirkt auch Prolactin nach Bindung an membranständigen *Rezeptoren*. Für Prolactin existieren in nahezu allen untersuchten Organen und Geweben spezifische Rezeptoren. In der Niere und Nebennierenrinde wird die Zahl der Prolactin-Rezeptoren durch Testosteron bzw. Östradiol vermindert (Marshall et al., 1976). Prolactin stimuliert in der

Niere, Leber und einigen weiteren Organen der weiblichen Ratte die Synthese der Ornithindecarboxylase [EC 4.1.1.17] (Richards, 1975). Ebenso wie das Wachstumshormon stimuliert auch Prolactin in der Leber die Synthese von *Somatomedin* (Francis und Hill, 1975). In der Brustdrüse scheint die Wirkung von Prolactin über die Bildung von *Prostaglandin* $F_{2\alpha}$ als sekundären Messenger und darauf folgende Stimulation der *cGMP*-Bildung zu verlaufen (Rillema, 1975). Im übrigen ist aber *cAMP* als sekundärer Messenger des Prolactins anzusehen (Shani et al., 1976).

Prolactin scheint an der Ausbildung von Brusttumoren beteiligt zu sein. Vermutlich beruht diese Wirkung auf der PRL-abhängigen Steigerung der Östradiol-Rezeptor-Menge im Brustgewebe (Sasaki und Leung, 1974; Vignon und Rochefort, 1976). Andererseits hemmen Östrogene die PRL-Wirkung, womit der paradoxe Befund erklärt wird, daß Östrogene in bestimmten Fällen das PRL-abhängige Brusttumorwachstum hemmen können (Meites et al., 1972). Nach anderen Untersuchungen wird allerdings bezweifelt, daß zwischen Prolactin-Spiegel und der Entwicklung des Brusttumors ein Zusammenhang besteht (Kwa et al., 1976).

Da Prolactin die Androgenproduktion in den Nebennierenrinden stimuliert, geht bei Frauen häufig eine *Hyperprolactinämie* mit einer Ovarialinsuffizienz einher. Die erhöhten Androgen-Plasmawerte hirsuter Frauen werden ebenfalls auf den Einfluß von PRL zurückgeführt.

Die Prolactin-Sekretion unterliegt in erster Linie der Kontrolle durch *Prolactostatin* (s. Kap. 5.1.2.4), das wiederum durch Östrogene beeinflußt wird (Vekemans und Robyn, 1975). Daneben existiert ein *Prolactoliberin*, das nicht mit dem ebenfalls die PRL-Sekretion fördernden *Thyroliberin* identisch ist. Bei Vögeln überwiegt die stimulierende Aktivität eines Prolactoliberins gegenüber der Hemmwirkung eines Prolactostatins. An der Regulation der Prolactin-Sekretion ist außerdem Prostaglandin E_2 (via cAMP-Bildung) beteiligt (Gautvik und Kriz, 1976). Schließlich inhibieren Corticoide die Freisetzung von Prolactin (Schwinn et al., 1976). Prolactin hemmt über eine kurze Rückkopplung am Hypothalamus seine eigene Sekretion (Meites et al., 1972). Dies erfolgt über eine Dämpfung der *Dopamin*-Freisetzung. Daher hemmen hohe PRL-Spiegel die Freisetzung von Gn-RH (und damit von FSH und LH). Durch die zentrale Wirkung des Prolactins werden die *Brutinstinkte* stimuliert.

PRL hat die Endokrinologen auch aus einer anderen Sicht her interessiert. Es zeigte sich, daß dieses Hormon innerhalb der Evolution mehrfach sein Aktivitätsfeld verändert hat. Bei den kieferlosen Fischen beeinflußt PRL den Elektrolythaushalt. Bei den Knochenfischen stimuliert PRL die Verdickung der Epidermis, und es ist — zum ersten Male in der Phylogenese — ein Einfluß auf das Brutverhalten nachweisbar. Bei den Amphibien entwickelt Prolactin somatotrope und glucotrope Wirkungen. Bei den Vögeln kommt schließlich die Histotropie bei der Kropfmilchbildung hinzu. Außerdem hat es starke Einflüsse auf das Verhalten der Tiere. Beim Säuger sind von den zahlreichen Wirkmöglichkeiten jeweils Ausschnitte erhalten geblieben. Hierzu gehören der Einfluß auf die Haut (Laktation), die Verstärkung der Brutpflege, die Wirkungen auf das allgemeine Wachstum, der Einfluß auf den Kohlenhydrat- und Fettstoffwechsel und zahlreiche positive Wirkungen auf die Gonaden.

Im Plasma übersteigt der Prolactingehalt normalerweise nie 2,5 μg/100 ml (10^{-9} M). Während der Schwangerschaft werden allerdings Konzentrationen bis zu 60 μg/100 ml ($2{,}4 \cdot 10^{-8}$ M) gemessen. Prolactin zeigt einen ausgeprägten circadianen Rhythmus mit Maximum zwischen 5 und 6 Uhr.

5.1.1.6 Parathormon (PTH) und Calcitonin

Mit dem Parathormon wird ein Proteohormon im Zusammenhang mit einer Steroidhormonbiosynthese besprochen, das nicht in der Hypophyse, sondern in den *Nebenschilddrüsen* (Epithelkörperchen) gebildet wird. Das unmittelbare Translationsprodukt besteht aus 115 Aminosäuren (Präpro-parathyroidhormon), das noch am Ort seiner Synthese, dem endoplasmatischen Reticulum, innerhalb einer Minute in das relativ stabile Peptid Pro-parathormon mit 90 Aminosäuren übergeht. Die abgespaltenen Aminosäuren stammen vom N-Terminus des Vorläufers. Im Golgi-Apparat werden die gespeicherten Proparathormon-Moleküle nach rund 20 Minuten um weitere sechs Aminosäuren am N-Terminus verkürzt, und es entsteht das eigentliche Parathormon aus 84 Aminosäuren mit dem Mol.-Gew. 9500 (Habener et al., 1976). Insgesamt stammt Parathormon daher aus dem C-Terminus seines Vorläufers Präpro-parathyroidhormon, während z.B. bei der Reifung der ACTH-Vorläufer der C-Terminus verworfen wurde.

Im Blut circulieren in beträchtlichem Ausmaß PTH-Fragmente mit Mol.-Gew. 7000, die durch eine erneute Abspaltung von Aminosäuren aus dem N-Terminus des PTH hervorgegangen sind und biologisch aktiv sind (Manderlier et al., 1975).

Niere, Knochen und Dünndarm sind die Zielorgane des PTH. Die Wirkungen verlaufen sowohl über eine Stimulation der Adenylcyclase als auch über eine vermehrte RNA-Synthese. Hemmstoffe der RNA-Synthese inhibieren daher die Parathormon-Wirkung. In der Niere reguliert PTH (zusammen mit Ca^{++}) die Aktivität der mitochondrialen *1α-Hydroxylase* [EC 1.14.13.13] (Henry und Norman, 1975). Dieses Enzym ist für die Umwandlung des Prohormons 25-Hydroxycholecalciferol, das von der Leber sezerniert wird, in das Hormon 1α,25-Dihydroxy-cholecalciferol verantwortlich (s. Kap. 4.8). Die gleiche Wirkung auf die 1α-Hydroxylase läßt sich an isolierten Nierentubuli durch cAMP auslösen. Die 1α-Hydroxylase steht außerdem unter einer direkten (inhibitorischen) Kontrolle durch Ca^{++}. Überraschenderweise stimuliert PTH auch in der Leber die Adenylcyclase, obwohl keine physiologische Funktion des Hormons in diesem Organ bekannt ist (Earp, 1974). PTH hemmt die Bildung der 24-Hydroxylase, die die Synthese von 24,25-Dihydroxy-cholecalciferol katalysiert.

PTH ist zusammen mit Calcitonin und 1α,25-Dihydroxy-cholecalciferol für die außerordentliche Konstanz des Serum-Calciums verantwortlich. Der Mensch enthält 9–10,5 mg Ca^{++}/100 ml Serum (2,25–2,63 mM). Hiervon sind rund 50 % an Eiweiß und organische Säuren gebunden, während der Rest als biologisch aktives freies Ca^{++} circuliert. 99 % des gesamten Körper-Calciums sind allerdings in den Knochen fixiert. Neben einem Anstieg des freien Ca^{++} im Plasma verursacht PTH gleichzeitig einen Abfall des *Phosphat*-Spiegels. Diese

Wirkung verläuft über eine gesteigerte Phosphat-Diurese und eine erhöhte Aktivität der alkalischen Phosphatase [EC 3.1.3.1] im Serum. Die Mobilisierung des Knochen-Calciums ist dagegen vergleichsweise langsam und fehlt bei Vitamin-D_3-Mangel.

Die Biosynthese von PTH wird durch Ca^{++} gesteuert. Der Ca^{++}-Effekt verläuft ebenfalls über eine Änderung der Adenylcyclase-Aktivität in den Epithelkörperchen. Ein Ca^{++}-Anstieg unterdrückt dabei die PTH-Sekretion, so daß PTH nur bei Ca^{++}-Werten unterhalb von 10 mg/100 ml ins Blut abgegeben wird. Außerdem aktiviert Ca^{++} ein PTH-abbauendes Systems. Schließlich hemmt 1α,25-Dihydroxy-cholecalciferol durch direkte Rückkopplung die PTH-Bildung (Brumbaugh et al., 1975).

Da PTH mit einer Halbwertszeit von rund 20 Minuten eine relativ lange Wirkdauer hat und auch die Abbauprodukte noch biologisch aktiv sind, könnte sich bei bereits gehemmter PTH-Sekretion eine Hypercalcämie ausbilden. Aus diesem Grunde wird durch eine rasche Gegenregulation mit Hilfe von Calcitonin die überschießende Ca^{++}-Mobilisierung verhindert. Calcitonin stimuliert die Einlagerung des Ca^{++} in den Osteoidsaum des Knochens.

Calcitonin ist ein kurzes Peptid aus nur 32 Aminosäuren mit Mol.-Gew. 3600. Im Gegensatz zum Parathormon werden alle Aminosäuren für die biologische Wirkung benötigt (Abb. 5-13). Calcitonin wird in den parafollikulären Schilddrüsenzellen vermehrt gebildet, wenn der Ca^{++}-Spiegel ansteigt. Ganz analog zum Parathormon wird auch Calcitonin als höhermolekulares „big Calcitonin" sezerniert, das in dieser Form auch noch im Serum circuliert. Die Wirkungsweise des Ca^{++} auf die Calcitonin-Bildung und -Sekretion und der Mechanismus der Calcitonin-Wirkung auf die Ca^{++}-Immobilisierung sind unbekannt. Fest steht, daß Calcitonin (ebenso wie Parathormon) durch spezifische *Membranrezeptoren* gebunden wird. Beide Hormone stimulieren die cAMP-Bildung, wobei beide Hormone ein verschiedenes cAMP-Kompartiment vergrößern (Nagata et al., 1976). Überraschenderweise weisen *Lymphocyten* eine signifikante Kapazität zur Calcitonin-Bindung auf. Der Plasmamembran-Rezeptor der Nierenrinde des Rindes hat ein Mol.-Gew. von mehr als 100000. Entsprechend der physiologischen Funktion bei der Einstellung des Ca^{++}-Spiegels und der dabei notwendigen Beteiligung des Hormons 1α,25-Dihydroxy-cholecalciferol regulieren sowohl Parathormon als auch Calcitonin sowie weitere Effektoren die Aktivität der 1α-Hydroxylase, die den langsamsten Teilschritt bei

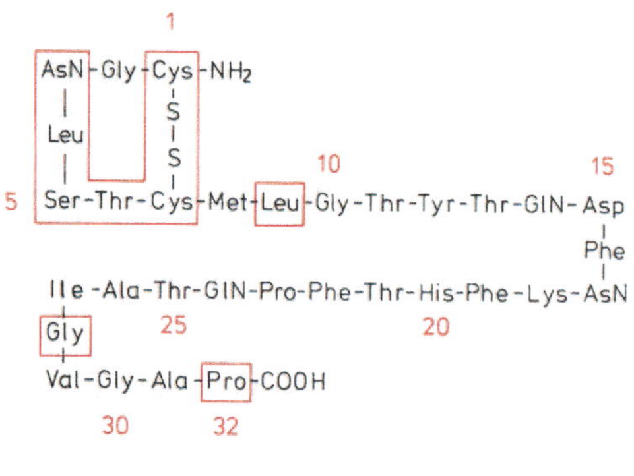

Abb. 5-13. Aminosäure-Sequenz des menschlichen Calcitonins. Die markierten Positionen entsprechen den gleichartigen Aminosäuren in den Calcitonin-Sequenzen von Mensch, Schwein, Rind und Lachs

der Verwertung von *Vitamin D_3* katalysiert (Abb. 5-14). Die Natur des stimulierenden endogenen Faktors aus decalcifizierten Knochen sowie die Wirkungsweise von Phosphat sind noch nicht geklärt. Die Hemmwirkung von Ca^{++} und von 1α,25-Dihydroxy-cholecalciferol verläuft wahrscheinlich über die gehemmte Bereitstellung des Parathormons.

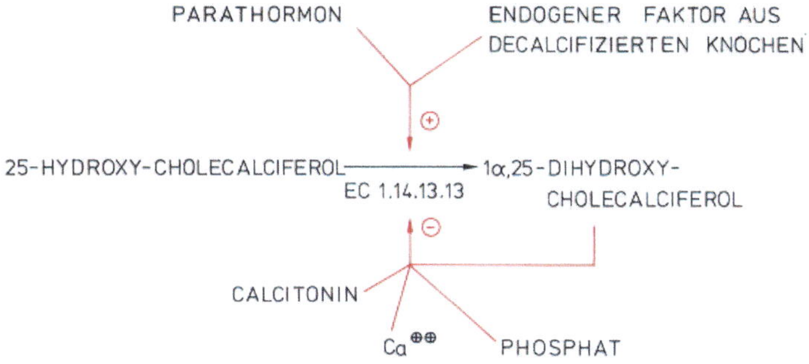

Abb. 5-14. Regulation des Schrittmacherenzyms der 1α,25-Dihydroxy-cholecalciferol-Bildung durch verschiedene Effektoren (nach Haussler, 1975).
Enzym: 1α-Hydroxylase [EC 1.14.13.13].

Die Halbwertszeit von Calcitonin ist mit rund 10 Minuten halb so kurz wie die des Parathormons. Der PTH-Gehalt beträgt beim Menschen bei normalem Ca^{++}-Spiegel rund 100 ng/100 ml Serum (10^{-10} M), der des Calcitonins rund 10 ng/100 ml Serum ($2{,}8 \cdot 10^{-11}$ M).

5.1.1.7 Renin, Angiotensin

Ebenso wie im Falle von Parathormon und Calcitonin wird dieses Wirkstoffpaar außerhalb der Hypophyse gebildet. Beide Verbindungen sind mit der Kontrolle der *Aldosteron*-Bildung und -Sekretion verknüpft.

Unter Bedingungen eines Na^+-Mangels übernimmt *Angiotensin* (im älteren Schrifttum auch Angiotensin II genannt) die im übrigen ACTH-abhängige Stimulation der Aldosteron-Biosynthese (Kem et al., 1975). Angiotensin greift auf einer relativ späten Stufe der Aldosteron-Biosynthese ein, denn es stimuliert die Verwertung von *Corticosteron*. ACTH wirkt dagegen durch Steigerung der Cholesterin-Bereitstellung bzw. -Verwertung. Es wird angenommen, daß Angiotensin primär die cAMP-Synthese stimuliert, obwohl unter dem Hormon-Stimulus die cAMP-Menge nicht verändert wird (Peytremann et al., 1974). In der Niere stimuliert Angiotensin ferner die Biosynthese von *Prostaglandin E_2* und $F_{2\alpha}$ (Danon et al., 1975). In der vaskulären glatten Muskulatur erhöht Angiotensin die *cGMP*-Bildung (Rosman et al., 1976), was mit der *Blutdrucksteigerung* durch Angiotensin in Verbindung gebracht wird. Außerdem ist eine zentrale Wirkung des Angiotensins beobachtet worden (Buggy und Fischer, 1974). An der Spitze der die Aldosteron-Biosynthese regulierenden Signale steht der Rückgang des Na^+-Gehaltes im Blut, der mit einer Verminderung des *Blutvolumens* verbunden ist. Diese Änderung führt zu einer vermehrten Ausschüttung des proteolytischen Enzyms Renin [EC 3.4.99.19] aus der Niere (Davis und Freeman, 1976) (Abb.

5-15). Renin gehört zu den α_2-Globulinen und hat ein Mol.-Gew. zwischen 40000 und 45000. Es wird hauptsächlich in der Niere gebildet. Renin spaltet in Angiotensinogen, einem ebenfalls zur Gruppe der α_2-Globuline gehörenden Glykoprotein mit Mol.-Gew. 110000 (Eggena et al., 1976), eine Leu-Leu-Bindung unter Bildung des Dekapeptides *Proangiotensin* (früher auch Angiotensin I genannt) (Abb. 5-16). Angiotensinogen wird von der Leber gebildet. Die Synthese von Angiotensinogen und von Renin wird durch Östrogene stimuliert (Eisenfeld et al., 1976).

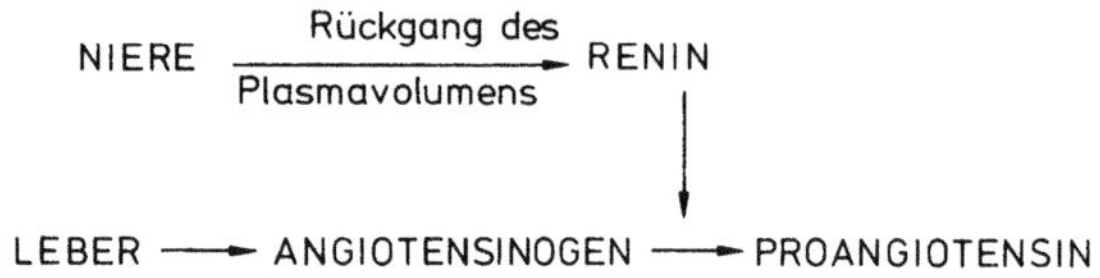

Abb. 5-15. Bereitstellung von Renin [EC 3.4.99.19] und von Angiotensinogen

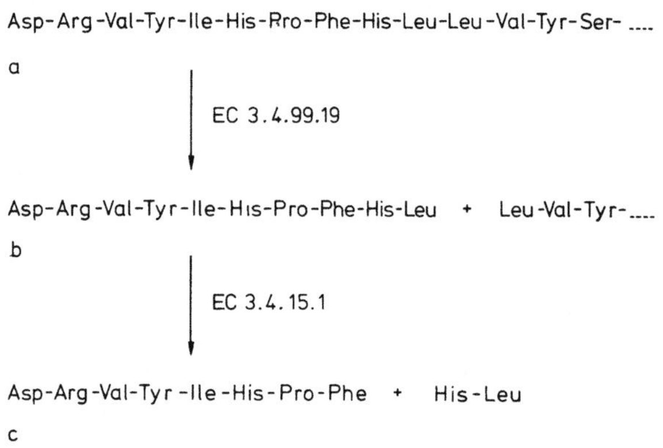

Abb. 5-16. Aminosäuresequenz von Angiotensinogen im Spaltbereich von Renin [EC 3.4.99.19] und der Peptidyl-Dipeptidase (Converting enzyme) [EC 3.4.15.1]. (a) N-Terminus von Angiotensinogen, (b) Proangiotensin, (c) Angiotensin

Proangiotensin stammt aus dem N-Terminus von Angiotensinogen und ist biologisch noch inaktiv. Die Umwandlung in das biologisch aktive Peptid wird durch das *Converting enzyme* (Peptidyl-Dipeptidase) [EC 3.4.15.1] katalysiert. Dieses Enzym ist aus der Nierenrinde als Glykoprotein mit Mol.-Gew. 195000 erhalten worden. Das Enzym enthält 26 % Kohlenhydrate sowie 1 g Atom Zn. Es kann auch aus anderen Organen erhalten werden. Für das Converting enzyme aus Kaninchenlunge wurde das Mol.-Gew. zu 129000 bis 140000 bestimmt. Als C-terminale Dipeptid-Hydrolase wird das Enzym auch als *Kininase II* bezeichnet.

Die Sequenz des Oktapeptids Angiotensin ist bei Mensch, Pferd und Schwein identisch. Beim Rind steht in Pos. 5 Val statt Ileu. Das am N-Terminus um die Aminosäure Asp verkürzte Heptapeptid *Des-Asp-1-Angiotensin* hat zu den

Rezeptoren in der Zona glomerulosa der Nebennierenrinde eine höhere Affinität als das komplette Angiotensin und steigert daher die Aldosteron-Sekretion wirksamer als das Oktapeptid. Umgekehrt wirkt das Oktapeptid stärker blutdrucksteigernd (Spielman et al., 1976). Angiotensin wirkt auf die glatte Muskulatur des Uterus kontrahierend. Hierfür wird es durch einen Plasmamembran-Rezeptor im Myometrium gebunden (Rouzaire-Dubois et al., 1975). Das synthetische Peptid [Sar^1-$Ileu^8$-]-Angiotensin, in dem die Pos. 1 und 8 durch Sarcosin bzw. Isoleucin besetzt wurden, dient als Antagonist des Angiotensins (Chiu und Peach, 1974). Es ist ohne Einfluß auf die basale oder die ACTH-stimulierte Aldosteron-Sekretion.

Über die durch die vermehrte Aldosteron-Bildung verstärkte Na^+-Rückresorption in der Niere nimmt gleichzeitig die Wasseraufnahme und damit das Plasmavolumen zu. Die negative Rückkopplung von Angiotensin auf die Renin-Sekretion ist jedoch davon unabhängig (Hofbauer et al., 1976).

Angiotensin, dessen Konzentration im Plasma zwischen 0,1–1 ng/100 ml (rund 10^{-12} M; Mol.-Gew.: 1046,2) schwankt, wird im Blut durch Angiotensinase [EC 3.4.99.3], Peptidylprolylaminosäure-Carboxypeptidase [EC 3.4.12.4] und Peptidyldipeptidase [EC 3.4.15.1] abgebaut. Die Halbwertszeit von 30 Minuten ist mit der des Aldosterons vergleichbar. Die Halbwertszeit von Renin ist dagegen mit 80 Minuten deutlich länger. Von allen bei der Angiotensin-Bildung beteiligten Faktoren, d.h. Angiotensinogen, Renin, Converting enzyme,

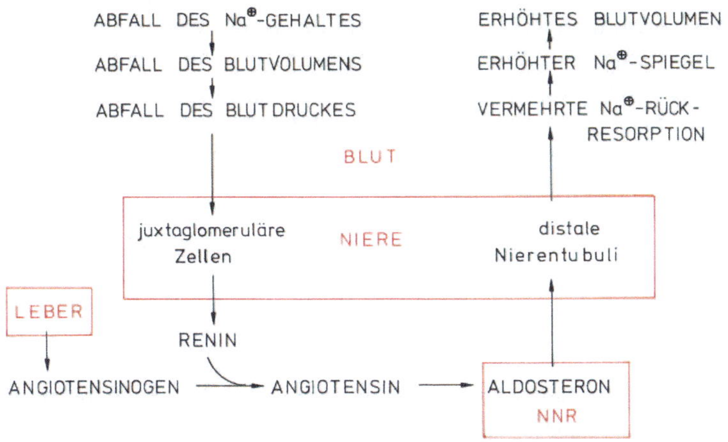

Abb. 5-17. An der Einstellung der Na^+-Konzentration im Blut beteiligter Regelkreis

Angiotensinasen usw., ist dennoch Renin der limitierende Faktor. Die Regulation greift über die Bereitstellung dieses proteolytischen Enzyms in die beschriebene Schrittfolge ein (Abb. 5-17). Der Renin-Spiegel (Mittel 60 bis 90 µg/100 ml; 1,5–2,2 · 10^{-8} M) zeigt einen circadianen Rhythmus mit Maximum gegen 4 Uhr und Minimum zwischen 19 und 23 Uhr. Dies entspricht dem parallel dazu verlaufenden Aldosteron-Rhythmus (Lommer et al., 1976).

5.1.2 Die Biosynthese der glandotropen Hormone

Da die glandotropen Hormone die Biosynthese der Steroidhormone steigern und so zu einer Erhöhung des Steroidspiegels führen, muß die Freisetzung der glandotropen Hormone aus der Hypophyse dem Aktivitätsbedarf in den Zielorganen angepaßt werden. Diese Regulation erfolgt in zweifacher Weise. Zum einen wird die Sekretion der glandotropen Hormone des Hypophysenvorderlappens (HVL) durch Neurohormone des Hypothalamus, die sog. *Liberine* (früher als Releasing Hormone, RH, bezeichnet) gesteuert. Zum anderen hemmen die glandotropen Hormone und die Steroidhormone die Sekretion der Liberine bzw. hemmen deren Wirkung im HVL.

Danach wären die Liberine (RH) die Stellglieder, die unter dem Einfluß der Steroidhormon-Konzentration die Ausschüttung der HVL-Hormone kontrollieren. Die Steroidhormone beeinflussen über den Blutweg am Hypothalamus (via gehemmter RH-Sekretion) oder am HVL (durch gehemmte oder modulierte RH-Wirkung) die Aktivität des HVL. Da bei ausreichendem Blutspiegel an Steroiden die hypophysäre Gonadotropin-Sekretion in der Regel absinkt, handelt es sich um eine *negative Rückkopplung*.

5.1.2.1 Die Wirkung der Liberine

Die Regelung der Biosynthese der glandotropen Hormone in der Hypophyse verläuft über den *Hypothalamus*, der über den Hypophysenstiel mit der Hypophyse verbunden ist. Der Hypothalamus ist der basale Teil des Dienzephalons und mit einem durchschnittlichen Gewicht von 4 g beim Erwachsenen deutlich größer als die Hypophyse.

Als der *übergeordneten Drüse* zur Hypophyse integriert der Hypothalamus weitere nervöse Reize des Hirns und verbindet sie mit den endokrinen Leistungen der Hypophyse und der Gonaden. Bei einigen Säugern ist diese Verbindung besonders deutlich erkennbar. Bei Kaninchen wird die Ovulation, d.h. die LH-Sekretion aus der Hypophyse zusammen mit der nachfolgenden Follikelruptur im Ovar, erst durch den Koitus ausgelöst (reflektorische Ovulation). Ebenso wird der Sexualrhythmus beider Geschlechter durch Umgebungsreize, wie Tag-Nacht-Wechsel, Temperaturänderung, Hunger, Bereitstellung von Nestmaterial, soziale Kontakte usw. gesteuert. Emotionelle Belastungen können beim Menschen über das ZNS und den HVL zu Fehlfunktionen der Gonaden (Amenorrhoe, Potenzstörungen) führen.

Der Hypothalamus als Endglied der neuralen Reizleitung gibt seine Signale in Form der Liberine (RH) über das hypophysäre *Pfortadersystem* vaskulär an den HVL. Die Liberine haben auf Grund des Verlaufs ihrer Biosynthese, ihrer Konzentration im Blut und ihrer Wirkung Eigenschaften, die definitionsgemäß Hormonen gegeben werden. Sie werden allgemein als hypophyseotrope Hormone bezeichnet. Durch die gezielte Verletzung bestimmter Hypothalamus-Bereiche läßt sich zeigen, daß jede der verschiedenen RH-Aktivitäten in bestimmten Bereichen synthetisiert wird, die als *Kernbereiche* oder *Nuclei* bezeichnet werden. Die Liberine stammen aus Nucleus tuberis infundibularis, Nucleus dorsomedialis, Nucleus ventromedialis, Nucleus praemamillaris sowie aus der

Area praeoptica-suprachiasmatica. Diese anatomischen Zuordnungen wurden in erster Linie am Ratten-Hypothalamus vorgenommen, dürften wohl aber auch für die entsprechenden Nuclei des menschlichen Hypothalamus gelten. Zum Teil sind diese Kernbereiche gut definiert und bestehen aus jeweils 40000 bis 80000 Zellen. Die Neurohormone des Hypophysenhinterlappens stammen aus Nucleus supraopticus und Nucleus paraventricularis.

An distinkten Nervenendigungen im Bereich des Hypophysenstiels werden die Liberine in das Pfortadersystem des HVL freigegeben. Die Neurohormone des Hypophysenhinterlappens werden dagegen direkt von den Nervenenden in Blutkapillaren sezerniert (Abb. 5-18). Die Reizung der Nerven, die aus den hypophyseotropen Nuclei des Hypothalamus entspringen, kann experimentell durch *Dopamin* erfolgen. Dopamin ist daher ein *Neurotransmitter*, der nach Applikation zur vermehrten Ausschüttung der hypophyseotropen Liberine (und Statine) führt (Bennett et al., 1975). Die Konzentration der Liberine ist im Bereich der Eminentia mediana bzw. dem Hypophysenstiel beim Menschen am höchsten (beim Menschen ist die Eminentia mediana nicht klar ausgebildet; Daniel und Prichard, 1975). Da in diesem Bereich auch die *Noradrenalin*-Konzentration hoch ist, ist möglicherweise auch dieses Catecholamin an der Freisetzung der Liberine beteiligt. *Serotonin* und *Melatonin* sollen dagegen die Freisetzung hemmen (Moguilevsky et al., 1976). Überraschenderweise wird die Melatonin-Synthese in der Epiphyse durch Östradiol stimuliert, wobei das Steroid die Bildung der Acetylserotoninmethyltransferase [EC 2.1.1.4] induziert (Mizobe und Kurokawa, 1976). Schließlich läßt sich im Experiment mit isolierten Hypothalami + Hypophysengewebe die FSH-Sekretion durch *Acetylcholin* steigern, weshalb auch cholinerge Rezeptoren an der Freisetzung (zumindest des Gonadoliberins) beteiligt sein können (Kizer et al., 1976). Die Wirkung von Dopamin und den übrigen Catecholaminen verläuft teilweise über eine vermehrte *Prostaglandin*-Sekretion (s. Kap. 5.3); dabei modulieren die Prostaglandine die Signalübertragung oder machen sie überhaupt erst möglich (Ojeda et al., 1975). Man kann annehmen, daß die Monoamine nach spezifischen Änderungen der Membranpotentiale die Aufnahme von Ca^{++} erleichtern, das unter

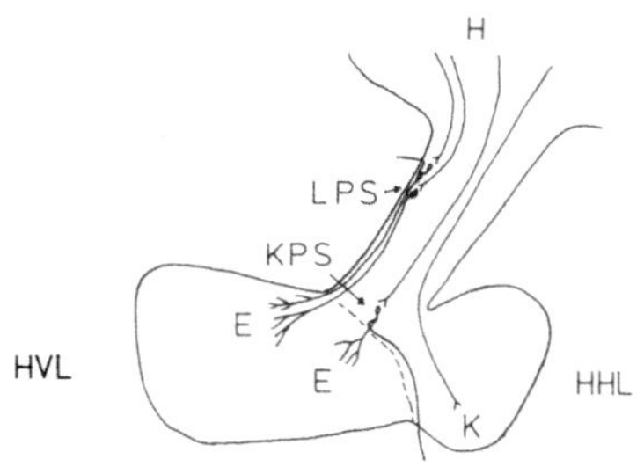

Abb. 5-18. Vereinfachte Darstellung der neurovaskulären Verknüpfung zwischen Hypothalamus und Hypophyse.
Aus der hypophyseotropen Region H des Hypothalamus reichen bestimmte Axone bis zu den langen (LPS) und kurzen (KPS) Portalgefäßsystemen im Hypophysenstiel. Die übrigen Axone enden im Kapillarbett (K) des Hypophysenhinterlappens (HHL). Aus den Portalgefäßsystemen gelangen die Liberine zu bestimmten Epithelialzellsystemen (E) des Hypophysenvorderlappens (HVL), wo sie die Sekretion der Tropine auslösen

Beteiligung von cAMP die Exocytose der Liberine bzw. Statine ermöglicht. Ob die verschiedenen Neurotransmitter über eine gemeinsame Reaktionskette wirken, ist unbekannt.

Für die Mehrzahl der glandotropen Hormone ist ein *circadianer Rhythmus* ihrer Sekretion beobachtet worden (Rastogi et al., 1976). Bei den tagaktiven Tieren liegt das Optimum in den frühen Morgenstunden, bei nachtaktiven Tieren um Mitternacht. An der Signalgabe soll die *Epiphyse* beteiligt sein. Sie empfängt geeignete Signale aus dem Bereich des Nucleus suprachiasmaticus (Stetson und Watson-Whitmyre, 1976) und schüttet entsprechend Melatonin und Serotonin aus. Außerdem beeinflußt die *Schilddrüse* und Thyroxin den circadianen Rhythmus (Dunn et al., 1976). Darüber hinaus werden die Liberine (und Tropine) mit zahlreichen distinkten *Sekretionsspitzen* abgegeben, wofür möglicherweise die sog. ultrakurze Rückkopplung der Liberine im Hypothalamus — also eine Hemmung der Liberin-Freisetzung durch die Liberine — verantwortlich ist (Knobil, 1974).

Für die Wirkungsweise der übergeordneten Drüsen ist die negative Rückkopplung der Steroidhormone auf die Bereitstellung der Liberine charakteristisch. Hieran sind spezifische steroidbindende Rezeptoren im Hypothalamus, im Bereich des Hypophysenstiels und in der Hypophyse beteiligt. Auch in den weiteren Hirnbereichen, aus denen Signale zum Hypothalamus gelangen, sind Steroidhormonrezeptoren nachgewiesen worden. Die Sekretion der Liberine, z.B. des *Corticoliberins* (s. Kap. 5.1.2.2), die jeweils in bestimmten Synaptosomen des Hypothalamus gespeichert werden, läßt sich in vitro durch elektrische Stimulation der Synaptosomen auslösen. Erhalten Ratten 20 Stunden vor ihrem Tod 300 µg Corticosteron, so enthalten die Synaptosomen wesentlich weniger CRH als die aus Kontrolltieren erhaltenen Nervenenden. Ähnliche Versuche sind auch zur steroidabhängigen Ausschüttung von Gonadoliberin (Gn-RH) unternommen worden. Erhielten die Versuchstiere in vivo Östradiol oder Progesteron allein, so ließ sich aus den isolierten Synaptosomen des Hypothalamus durch elektrische Stimulation mehr Gn-RH freisetzen als nach in-vivo-Applikation von Östradiol + Progesteron (Bennett et al., 1975).

Die Bindung der Steroide hat daher zu einem Rückgang der in vitro meßbaren Liberin-Menge geführt. Diese Wirkung soll auf der steroidabhängigen Aktivierung spezifischer RH-abbauender *Peptidasen* beruhen (Hooper, 1968; Griffiths und Hooper, 1974). Die Steuerung erfolgt also durch eine steroidhormonabhängige Inaktivierung der kompletten Liberine, nicht durch einen Einfluß auf deren Synthese oder Sekretion. Inzwischen ist eine Reihe von *Tripeptidasen* im Hypophysengewebe nachgewiesen und charakterisiert worden (Marks et al., 1974). Die ultrakurze Rückkopplung der Liberine auf ihre Sekretion beruht auf der vermehrten Bildung von cAMP, das nach Aktivierung einer spezifischen Proteinkinase durch Phosphorylierung bestimmte Peptidasen bzw. Desaminasen aktiviert (McKelvy, 1975). Umgekehrt hemmen die Monoamine (Dopamin, Noradrenalin usw., s. Abb. 5-19) die Proteinkinase, verhindern also den Liberinabbau. Die Peptidasen werden auch durch Prostaglandine, z.B. PGE_2, aktiviert (Kuhl et al., 1976b).

Im Falle des *Prolactins* wird die Sekretion des Hypophysenhormons durch Prolactostatin (PIF, Kap. 5.1.2.4) gehemmt. Durch Östradiol wird die Bildung

Abb. 5-19. Struktur der wichtigsten biogenen Amine sowie des Inaktivierungsproduktes aus Adrenalin.
(a) Dopamin, 3,4-Dihydroxy-phenyläthylamin, (b) Noradrenalin, β(3,4-Dihydroxyphenyl)-β-hydroxyäthylamin, (c) Adrenalin, β(3,4-Dihydroxyphenyl)-β-hydroxy-N-methyläthylamin, (d) Metanephrin (Metadrenalin), β(3-Methoxy-4-hydroxyphenyl)-β-hydroxy-N-methyl-äthylamin (Inaktivierungsprodukt des Adrenalins), (e) Serotonin, 5-Hydroxytryptamin, (f) Melatonin, N-Acetyl-5-methoxytryptamin

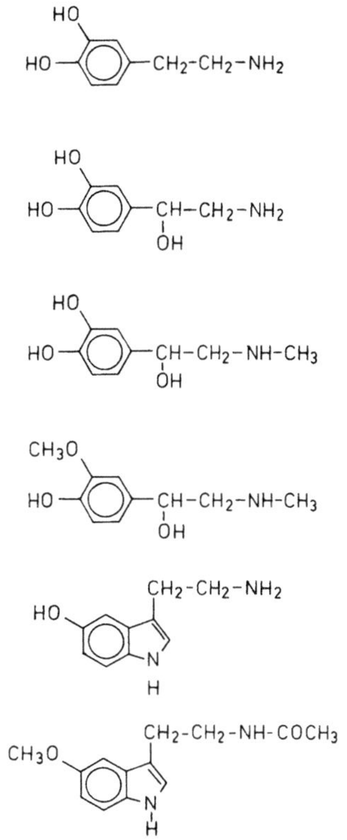

a b c d e f

oder Aktivität dieses Faktors gehemmt, so daß es insgesamt zu einer Erhöhung der PRL-Sekretion kommt (positive Rückkopplung). Es ist die Vermutung geäußert worden, nach der sich Dopamin wie PIF verhält. Allerdings machen andere Untersuchungen wahrscheinlich, daß auch PIF ein hypothalamisches Peptid ist. Außerdem existiert als weiteres (negatives) Regulatorelement für die PRL-Sekretion das Prolactoliberin (PRF).

Alle Steroidhormone entwickeln auch direkte Wirkungen an der Hypophyse, wo sie die Liberin-Effekte auf die Gonadotropin-Freisetzung modulieren (Tang und Spies, 1975). Wird über eine längere Zeit durch Steroidgabe die Liberin- und damit auch die Tropin-Sekretion unterdrückt, so steigt gleichzeitig der Gehalt an noch nicht sezerniertem Tropin im HVL an. Setzt man nun die Steroid-Applikation ab, unterbricht also die negative Rückkopplung, so werden die Tropine stärker sezerniert als vor der Hemmung. Diese Wirkung wird als „*Rebound*"-*Effekt* bezeichnet.

Neben diesen insgesamt negativen Rückkopplungen (Ausnahme: PRL-Steuerung durch PIF) ist seit rund 40 Jahren die als *Hohlweg-Effekt* bezeichnete positive Rückkopplung auf die Gonadotropin-Sekretion bekannt (Hohlweg und Junkmann, 1932). Die verschiedenen Modelle für diesen Effekt — Sensibilisierung des HVL, zentrale Effekte, Verminderung des Catecholamin-Stoffwechsels und Besetzung des Östrogen-Rezeptoren durch biologisch „inaktive" Östrogenmetabolite — werden im Kap. 5.1.2.3 diskutiert.

An der spezifischen Erkennung der über den Blutstrom herangebrachten Liberine sind im HVL spezifische RH-Rezeptoren beteiligt. Nach ihrer Bindung können die Liberine auf verschiedenen Wegen die Sekretion der glandotropen Hormone beeinflussen. So wäre denkbar, daß die Liberine nach Bindung an der Zellmembran zu *Depolarisierungen* und Permeationsänderungen führen, die zu einer Erhöhung des extracellulären K^+-Gehaltes um das 15fache bei gleichzeitigem Anstieg des Na^+- und Ca^{++}-Influx in die Zelle führen. Von dem vermehrt aufgenommenen Ca^{++} ist bekannt, daß es eine sog. *umgekehrte Pinocytose* katalysiert, wodurch die gonadotropinhaltigen Granulae in die Nähe der Zellmembran verschoben und schließlich ausgestoßen werden. Tatsächlich zeigt sich bei der experimentellen Prüfung, daß die Liberine nach Bindung an ihren Rezeptoren zunächst die Permeabilität für Ca^{++} erhöhen, das einströmende Ca^{++} aber die Membranpermeabilität herabsetzt. Der nun fehlende Ausgleich chemischer und elektrischer Potentiale zwischen den Zellkompartimenten regt die Ausschüttung der Hormone und sekundär deren Synthese an. Zumindest in diesem Stadium ist die Wirkung der Liberine nicht mit einer vermehrten RNA-Synthese verbunden. Mit isoliertem Hypophysengewebe kann die Sekretion der Tropine statt durch RH auch mit cAMP ausgelöst werden. Es ist daher sehr wahrscheinlich, daß auch die Liberine nach Bindung an ihren Rezeptoren über die Stimulation der membranständigen Adenylcyclase und Erhöhung des cAMP-Gehaltes den Entleerungsimpuls an die Sekretgranulae der Hypophyse weitergeben (Labrie et al., 1973; Justisz et al., 1976).

Im HVL kommen ferner *Protein-Methyltransferasen* [EC 2.1.1.23 und 24] vor, die die Übertragung der Methylgruppe aus S-Adenosylmethionin auf LH sowie PRL katalysieren und dadurch die Hormone reversibel inaktivieren. Axelrod (1975) vermutet, daß dadurch zusätzlich eine Aktivitätskontrolle der gespeicherten Hormone erfolgt. Da die hypophyseotropen Hormone des Hypothalamus relativ kurzkettige, niedermolekulare Peptide sind, ähneln sie den in den letzten Jahren intensiv untersuchten *Hirn-Peptiden*, die nach Dressur von Versuchstieren vermehrt gebildet werden. Injiziert man die isolierten Peptide nichtdressierten Tieren, so werden die für dressierte Tiere typischen Verhaltensweisen ausgelöst. Die Liberine und Statine findet man außerhalb der Hypothalamus-Hypophysen-Achase in weiteren Hirnbereichen, in denen sie wahrscheinlich verhaltensphysiologische Wirkungen entfalten (Plotnikoff und Kastin, 1976; Renaud et al., 1975).

Über die Art der an der Biosynthese der kurzkettigen Liberine und Statine beteiligten zellulären Komponenten — z. B. über die relativ einfache Frage nach dem Mechanismus ihrer Synthese — können bis heute noch keine verbindlichen Angaben gemacht werden. Die Vermutung, daß es sich um eine nichtribosomale Peptidsynthese handelt, hat sich nicht bestätigt.

Die vollständige Hierarchie der Hormondrüsen umfaßt drei Stufen. Vom Hypothalamus werden spezifische Liberine gebildet, die über das Pfortadersystem in den HVL gelangen. Dort stimulieren sie die Ausschüttung der zugehörigen Tropine. Das jeweilige glandotrope Hormon wirkt auf „sein" steroidbildendes Zielorgan und regt dessen Hormonproduktion an. Im Sinne einer Rückkopplung richtet sich nun die im Regelkreis übergeordnete Drüse Hypothalamus nach der Menge des vom steroidbildenden Organ in die Blutbahn abgegebenen Hormons. Dabei führt die Erhöhung des Steroidspiegels in der Regel zu einer Hemmung von Hypothalamus- und Hypophysentätigkeit (lange Rückkopplung). Solche langen Rückkopplungen existieren bis zu den höheren extrahypothalamischen Hirnbereichen. Eine lange Rückkopplung kann auch positiv sein (s. Hohlweg-Effekt und PRL-Regulation über PIF). Durch die kurze Rückkopplung der Tropine auf den HVL sowie der Liberine im Hypothalamus werden die Ausscheidungen der Liberine bzw. Tropine den bestehenden Proteo- bzw. Peptidhormonspiegeln angepaßt (Abb. 5-20). An der kurzen Rückkopplung sind die liberinspezifischen Peptidasen beteiligt.

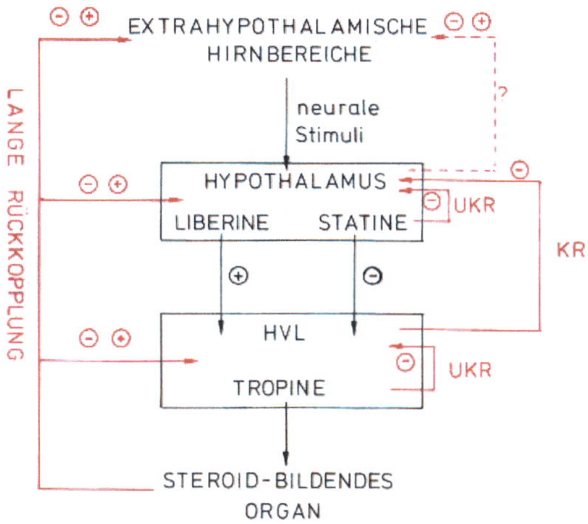

Abb. 5-20. Hierarchie der Hormondrüsen und Hormone. Die Entscheidung über eine negative − oder positive + Rückkopplung hängt von der Art des Hormons, dem Zeitpunkt seiner Einwirkung und der Gegenwart weiterer permissiver Faktoren ab. KR = kurze Rückkopplung, UKR = ultrakurze Rückkopplung

Im Zusammenhang mit der Steroidhormonsynthese und deren Regulation werden in den folgenden Abschnitten die nachstehenden Neurohormone des Hypothalamus beschrieben (Tabelle 5-4).

Tabelle 5-4. Zuordnung der Hypothalamus-Peptide zu den Hormonen des Hypophysenvorderlappens

Neurohormon des Hypothalamus		gesteuertes Hormon des Hypophysenvorderlappens	
Corticoliberin	CRH	Corticotropin	ACTH
Gonadoliberin	Gn-RH	Lutropin Follitropin	LH FSH
Prolactoliberin Prolactostatin	PFR PIF	Prolactin	PRL

Außerdem werden einige Daten über die Regulation der FSH-Sekretion durch Inhibin angefügt. Dieses Peptid stammt nicht aus dem Hypothalamus, sondern wird von den Testes produziert.

5.1.2.2 Corticoliberin (CRH)

Der erste hypothalamische Faktor, dessen biologische Eigenschaften untersucht worden sind, ist das für die Sekretion von ACTH notwendige Corticoliberin. Wegen der enormen experimentellen Schwierigkeiten, einen Test für die zur ACTH-Ausschüttung aktiven Faktoren aufzubauen, ist aber die chemische Struktur des CRH noch immer nicht bekannt. Zwar hat man eine Reihe von Verbindungen mit CRH-Aktivität identifiziert, kann aber im einzelnen ihre tatsächliche biologische Funktion noch nicht belegen.

In jedem Falle handelt es sich um niedermolekulare Peptide. So soll die *Pressinonsäure* (Abb. 5-21) CRH-Aktivität besitzen. Hierbei handelt es sich um ein um drei Aminosäuren verkürztes Derivat des *Vasopressins* (Saffran et al., 1972). Ein weiteres Peptid mit CRH-Aktivität, das β-CRH, ähnelt ebenfalls in seiner Struktur stark dem Vasopressin (Abb. 5-22) (Schally et al., 1974). Weiterhin stimulieren die beiden Peptide α_1-CRH und α_2-CRH (Abb. 5-23) die ACTH-Sekretion. Bei α_1-CRH soll es sich um *melanotropin*ähnliches Peptid handeln. Die CRH-Sekretion wird durch Corticoide (und in schwächerem Maße durch Gestagene, z.B. Cyproteronacetat, s. Kap. 6.7.2), nicht aber durch Androgene unterdrückt, obwohl ACTH sowohl die Glucocorticoid- als auch Androgensynthese der Nebennierenrinde stimuliert. Beim hypothalamischen Cushing ist die Rückkopplung zwischen Corticoid-Angebot und CRH-Sekretion gestört. Hier ist die Grenzkonzentration an Corticoiden, durch die die CRH-Sekretion ausgeschaltet wird, signifikant erhöht.

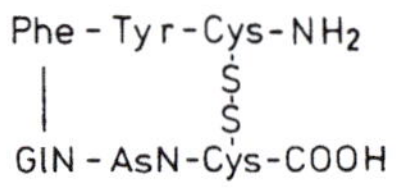

Abb. 5-21. Pressinonsäure

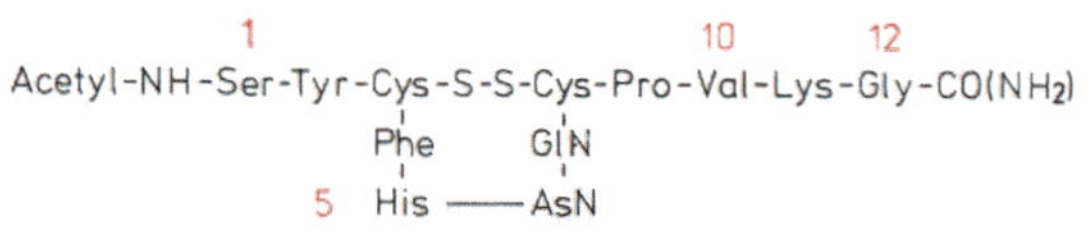

Abb. 5-22. Aminosäuresequenz des β-CRH

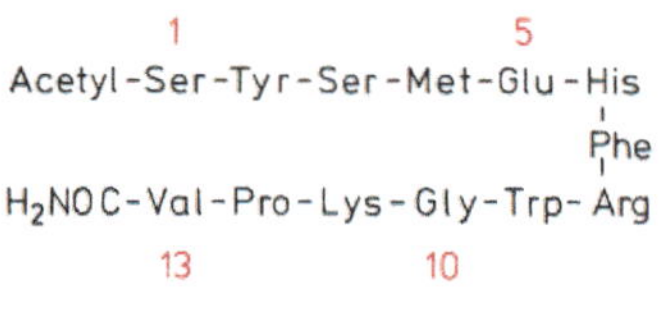

Abb. 5-23. Aminosäuresequenz von α_2-CRH

Die Sekretion von CRH richtet sich unter dem Einfluß eines „*Streß*" nicht nach dem bestehenden Corticoid-Spiegel. Unter diesen Bedingungen ist dann auch die ACTH-Produktion nicht durch *Dexamethason* beeinflußbar. Die CRH-Sekretion — und damit die des ACTH — wird durch Noradrenalin gehemmt (van Loon, 1974). Die CRH-Wirkung verläuft in der Hypophyse nicht über eine gesteigerte RNA-Synthese (Ishikawa und Goto, 1973).

5.1.2.3 Gonadoliberin (Gn-RH)

Wesentlich erfolgreicher als im Falle des CRH war die Suche nach dem hypophyseotropen Hormon für LH und FSH, die schließlich in der endgültigen

Darstellung und chemischen Synthese durch Guillemin und Schally ihren Abschluß fand. Gn-RH (früher auch als luteinisierendes Hormon-Releasing Hormon oder Luliberin, LH-RH, bezeichnet) ist ein Dekapeptid, wovon 2 μg/100 ml ($1{,}2 \cdot 10^{-8}$ M) an der isolierten Hypophyse zur Freisetzung der Gonadotropine LH und FSH ausreichen (Borgeat et al., 1972). Das Mol.-Gew. des Peptids beträgt 1181 (Abb. 5-24). Für dieses und weitere Liberine sind *Pyroglutaminsäure* am N-terminalen Ende der Peptidkette und das durch Carboxamid maskierte C-terminale Ende typisch. Diese Strukturen desensibilisieren die Peptide gegenüber den ubiquitären Proteinasen. Spezifische Peptidasen, die im Bereich der Eminentia mediana bzw. des Hypophysenstiels lokalisiert sind, spalten Gn-RH zwischen Gly und Leu (Koch et al., 1974) sowie an weiteren Positionen des Peptids (Marks und Stern, 1974). Diese Peptidasen werden durch Lutropin aktiviert, wobei Steroidhormone permissiv wirken (Kuhl und Taubert, 1975). Überdies wird die Peptidasenaktivität durch Prostaglandin E_2 gesteigert (Kuhl et al., 1976b). Auf diese Weise verstärken Prostaglandine die LH-abhängige Rückkopplung auf die Gn-RH-Bereitstellung.

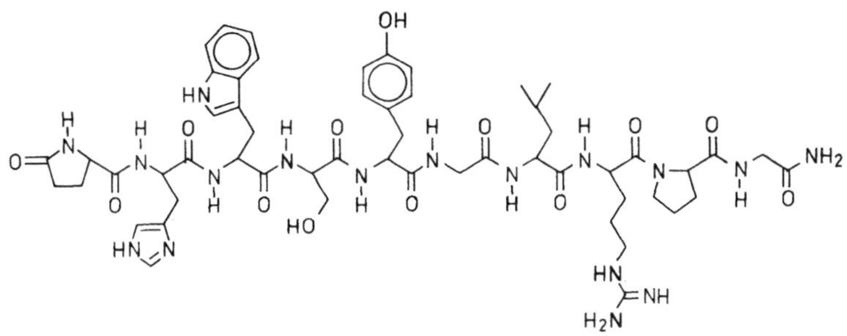

Pyro-Glu- His - Trp - Ser - Tyr - Gly - Leu - Arg - Pro - Gly(NH_2)

Abb. 5-24. Aminosäuresequenz von Gonadoliberin

Außerdem blockiert Östradiol die Dopamin-Ausschüttung im Hypothalamus und inhibiert dadurch die Freisetzung von Gn-RH. Auch für Progesteron wird eine relativ komplexe Wirkung auf den Monoamin-Stoffwechsel in verschiedenen Hirnbereichen beschrieben (Wirz-Justice et al., 1974). Zusätzlich scheint eine direkte Beeinflussung der Wirkqualität des Gn-RH an der Hypophyse zu erfolgen, wobei Östradiol die stimulierende Wirkung von Gn-RH auf die LH-Sekretion im Vergleich zur FSH-Sekretion fördert (s. Abb. 5-27) (Yen et al., 1974). Diese modulatorische Aktivität des Östradiols läßt sich sogar in vitro zeigen (Eshkol et al., 1975). Gn-RH-inaktivierende Peptidasen existieren auch in der Hypophyse und werden dort ebenfalls durch LH, Sexualhormone und PG E_2 stimuliert (Kuhl et al., 1975).

Während bisher die sog. negative Rückkopplung der Östrogene und der übrigen Sexualhormone auf die Gn-RH-Sekretion erläutert wurde, ist für den Verlauf des weiblichen Cyclus charakteristisch, daß durch Östrogene gegen Mitte des Cyclus eine Sekretionsspitze von LH ausgelöst wird, die wiederum die

Follikelruptur der *Ovulation* zur Folge hat. Diese positive Rückkopplung (Hohlweg-Effekt) beschäftigt die Endokrinologen schon seit mehreren Jahrzehnten, ohne daß bis jetzt ein in sich geschlossenes Modell für den Mechanismus dieser Regulation besteht.

Folgende Angriffspunkte sind denkbar:

a) Erhöhung der Gn-RH-Sekretion durch Beeinflussung neuraler Mechanismen im Hypothalamus oder höheren Zentren des Gehirns. So wird diskutiert, daß Östrogene im Zusammenspiel mit weiteren Faktoren die Ausschüttung biogener Amine (Spies und Norman, 1975) oder des *Prostaglandins* E_2 erleichtern bzw. stimulieren, was unmittelbar zur verstärkten Gn-RH-Sekretion führt. Beim Schaf werden die einzelnen Sekretionspulse von PG $F_{2\alpha}$ nach Östradiolgabe verkleinert, wonach unmittelbar von dem LH-Sekretionsgipfel ein großer PG $F_{2\alpha}$-Ausstoß erfolgt. Diese PG-Ausschüttung wird als wesentlicher Teil der positiven Rückkopplung durch Östradiol auf die LH-Sekretion angesehen (Roberts und McCracken, 1975). Diese Beobachtungen stehen mit der Tatsache im Einklang, daß in Gegenwart von Hemmstoffen der Prostaglandin-Bildung Östradiol nicht die LH-Sekretion zu stimulieren vermag.

Die Gn-RH-ausschüttenden Neuronen entspringen unterschiedlichen Kernbereichen im Hypothalamus, die entweder die tonische (und durch Sexualhormone inhibierbare) oder die cyclische (durch Hohlweg-Effekt positiv beeinflußbare) Sekretion ermöglichen. Die suprachiasmatische Region der Area präoptica-suprachiasmatica ist für die cyclische Liberin-Ausschüttung verantwortlich (Stetson und Watson-Whitmyre, 1976). Die ventromedialen Nuclei sezernieren Gn-RH tonisch (Legan und Karsch, 1974) (Abb. 5-25).

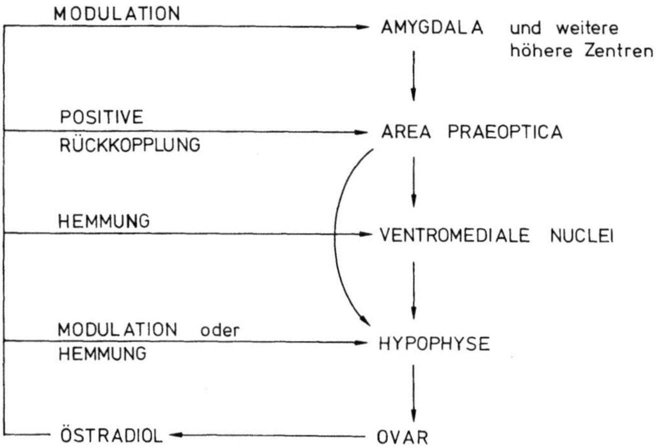

Abb. 5-25. Wesentliche Teile der positiven und negativen Rückkopplung der Gn-RH- bzw. LH- und FSH-Ausschüttung durch Östradiol

Für die positive Rückkopplung durch Östrogene ist eine weitere interessante Theorie entwickelt worden. Danach liegen Östrogene im Hirn in auffallend großer Menge als 2-Hydroxy-Derivate vor. Diese sog. *Catecholöstrogene* können an der Catecholamin-O-Methyltransferase [EC 2.1.1.6] in die entsprechenden 3-Methoxy- bzw. 2-Methoxyverbindungen überführt werden (Abb. 5-26). Durch die Besetzung dieses Enzyms, zu dem sie eine höhere Affinität haben als die Catecholamine (Breuer und Köster, 1974), ist die Metabolisierung der Catecholamine zu den inaktiven 3-Methoxyderivaten (z.B. Metadrenalin, siehe Abb. 5-19) verlangsamt. Dies führt zur Anhäufung biologisch aktiven Noradrenalin und Adrenalins, deren Menge nun ausreichen kann, um die Gn-RH-Sekretion zu stimulieren. Tatsächlich beobachtet man nach i.m. Injektion von 50 µg 2-Hydroxyöstron den erwarteten Serumanstieg von LH und FSH bei der Ratte (Gethmann und Knuppen, 1976). Allerdings ist nach Implantation von 2-Hydroxyöstradiol in die *Amygdala* des Schweins bei gesteigerter Catecholamin-Bildung (oder -Akkumulation) die übliche Hemmung der LH-Sekretion beobachtet worden (Parvizi und Ellendorff, 1975).

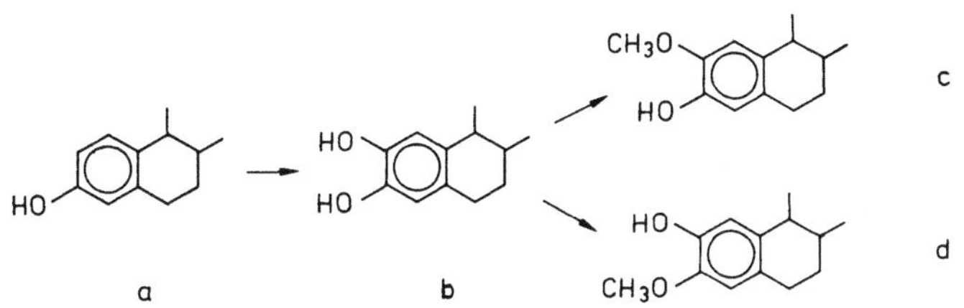

Abb. 5-26. Umwandlung der Catecholöstrogene in Methoxy-Derivate.
(a) Östradiol, (b) 2-Hydroxy-östradiol, (c) 2-Methoxy-östradiol, (d) 3-Methyl-2-hydroxy-östradiol.
Enzyme: 2-Hydroxylase [EC 1.14.15.x], S-Adenosyl-L-methionin:Catechol O-Methyltransferase [EC 2.1.1.6]

Nach einer anderen Version verhält sich *2-Hydroxy-östradiol* direkt antiöstrogen (Naftolin et al., 1975 a). Es wird einerseits durch den Östradiol-Rezeptor im Bereich des für die cyclische Gn-RH-Sekretion verantwortlichen Hirnbereichs gebunden, wird aber andererseits nicht als „Östrogen" erkannt und simuliert daher wie ein typisches Antihormon einen Hormonmangel, der durch die vermehrte Gn-RH-Sekretion beantwortet wird. Die O-Methylierung durch die Catechol-O-Methyltransferase ist dann nur noch zur Beendigung der biologischen Funktion notwendig.

Ob die Eigenschaft der Catecholöstrogene, den mikrosomalen Elektronenfluß verschiedener Cytochrome zu hemmen (Wollenberg et al., 1976) für die biologische Wirkung dieser Steroide wesentlich ist, ist noch offen. Catecholöstrogene können auf diese Weise Hydroxylierungsreaktionen an weiteren Steroiden und Pharmaka erniedrigen. Da auch *Progesteron* einen positiven Effekt auf die Gonadotropin-Sekretion ausübt (Yen et al., 1975), diese Wirkung jedoch nicht über die Catecholamin-Akkumulation erfolgt, nimmt man an, daß dieses Steroid zentral, vielleicht extrahypothalamisch, in die Gn-RH-Sekretion eingreift. Hierbei wird angenommen, daß steigende Progesteron-Konzentrationen die Erregungsschwelle des basalen Hypothalamus auf afferente Reize aus dem Gebiet der Area praeoptica senken (McDonald und Gilmore, 1971).

b) Änderung der Sensitivität der Hypophyse bei der Verwertung eines bestehenden Gn-RH-Reizes. Die Gonadotropine liegen in der Hypophyse in bestimmten Kompartimenten vor, wobei Steroide die Freisetzung der Proteohormone aus diesen Kompartimenten erleichtern. Steroidhormone erhöhen daher die Sensibilität bestimmter HVL-Areale für Gn-RH (McLean et al., 1975). Es wird vermutet, daß Östradiol entweder die Synthese der Gn-RH-Rezeptoren im HVL promoviert oder die Ausschüttung der Gonadotropine aus den Sekretionsvesikeln direkt (durch Solubilisierung oder Membranfragmentation) oder indirekt fördert (Nikitovitch-Winer et al., 1976). Sensibilitätsänderungen von Hypophyse und Hypothalamus gegenüber den Steuergrößen sind auch für den Übergang während der *Pubertät* typisch. Die für den Eintritt in die Geschlechtsreife charakteristische Vermehrung des Sexualhormon-Bildungsraten beruht auf einer Erhöhung der Hemmschranke des Hypothalamus zur RH-Sekretion (Eldridge et al., 1974), d. h. nach Eintritt in die Pubertät muß der Steroidhormonspiegel deutlich höher sein, ehe die Sekretion der hypothalamischen Hormone durch Rückkopplung gehemmt ist. Durch den erhöhten Gonadotropin- und Sexualhormongehalt im Blut kommt es dann im Verlauf der Pubertät zur vollen Ausbildung der sekundären Geschlechtsmerkmale.

Die Entscheidung, ob Östradiol einen positiven oder negativen Effekt auf die Gn-RH-Sekretion ausübt, hängt von der Höhe des Östradiol-Spiegels, der Dauer und dem Zeitpunkt der Einwirkung während des Cyclus ab, zu dem der Östradiol-Spiegel aufgebaut wird (Ruf et al., 1976).

Zur Wirkung an der Hypophyse muß Gonadoliberin durch spezifische *Membranrezeptoren* erkannt und gebunden werden. Für die Wechselwirkung mit dem Rezeptor sind die entständigen Aminosäuren Pyro-Glu bzw. Glycinamid verantwortlich. His und Trp auf den Pos. 2 und 3 sind für die Aktivierung des Rezeptors zur Adenylcyclase-Stimulation notwendig (Coy et al., 1974). Ein Ersatz von His (oder dessen Wegfall) verändert daher nicht die Anheftung des Hormons, wohl aber dessen biologische Aktivität und es kann ein Antagonist entstehen. Mittlerweile ist eine Vielzahl von chemischen Varianten synthetisiert worden, die im Vergleich zum natürlichen Gn-RH veränderte Eigenschaften haben. Wenn man Glycin in Pos. 10 gegen Äthylamid oder das Glycin in Pos. 6 gegen Ala austauscht, erhält man Gn-RH-Analoge, die wesentlich höhere Releasing-Aktivität als das Ausgangspeptid haben. Dies beruht auf der Stabilisierung des Peptides gegenüber der abbauenden Wirkung von Amino- und Carboxypeptidasen im Plasma (Marks und Stern, 1974). Stärkster kompetitiver Hemmer ist das (2-des His,3-Leu,6-D-Ala,10-des-Gly-10-Äthylamid)-Gn-RH, das nur noch einen minimalen Teil der ursprünglichen Aktivität des natürlichen Gn-RH besitzt. Nach der Bindung durch den Rezeptor stimuliert Gn-RH die membranständige Adenylcyclase, wobei GTP modulatorisch wirkt (Deery und Howell, 1973).

Für die gesamte Sequenz der Signalübertragungen und Modulationen bei der LH- und FSH-Ausschüttung läßt sich das in Abb. 5-27 gezeigte Schema formulieren. Hierbei wird deutlich, daß Steroidhormone direkt an der Hypophyse das Verhältnis LH/FSH steuern können (Debeljuk et al., 1974). Die FSH-Sekretion wird durch Testosteron (oder 5α-Dihydrotestosteron) begünstigt, der Aufbau des LH-Spiegels wird durch Östradiol gefördert. Da Androgene

Abb. 5-27. Sequenz der Signalübertragungen und Modulationen zur LH- und FSH-Sekretion (verändert nach Sandow und Babej, 1975)

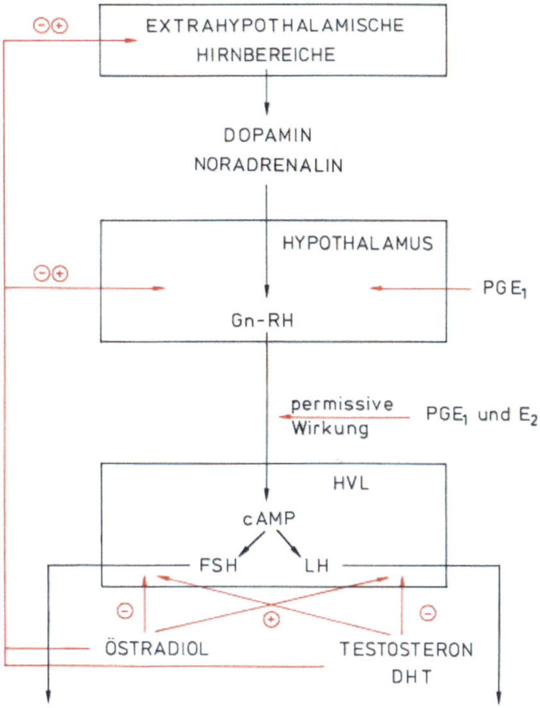

nach Hydrogenierung zu DHT die Wechselwirkung von Östradiol mit den HVL-Rezeptoren schwächen, nach Aromatisierung zu den Östrogenen jedoch verstärken, kommt eine weitere interessante Modulationsmöglichkeit der beiden Sexualhormone zum Tragen (Korach und Muldoon, 1975). Wiederholte Injektion von gleichen Dosen an Gn-RH führt zum Anstieg der dadurch insgesamt sezernierten LH-Menge, d.h. Gn-RH verstärkt seine eigene Effizienz in der Hypophyse (Edwardson und Gilbert, 1975).

Gn-RH-Präparationen werden für die Therapie der Sterilität eingesetzt (Mandelbaum et al., 1976). Bei sekundärem *Hypogonadismus* lassen sich die Ausfallerscheinungen durch Gn-RH-Injektion aufheben, wobei sich auch der Androgenspiegel normalisiert. Auch infertile Frauen scheiden nach Gn-RH-Injektion vermehrt Gonadotropine aus. Außer nach s.c. oder i.v. Injektion ist Gn-RH auch als Nasen-Spray wirksam, oral jedoch wirkungslos. Bei Ratten erhöhen allerdings 100 μg Gn-RH/Tier auch per os den LH-Spiegel innerhalb 15 Minuten (Nishi et al., 1975). Beim Menschen wirkt Gn-RH innerhalb weniger Minuten und wird mit zwei verschiedenen Halbwertszeiten von zwei bzw. zehn Minuten eliminiert (Seyler, 1975). Hauptinaktivierungsort sind Leber und Niere. Durch geeignete chemische Modifikation kann man jedoch Depotwirkungen erreichen, z.B. im [Des-Gly^{6}-(Ser-tBU)^{6}-des-Glycinamid^{10}-Glycinäthylamid^{10}]-Gn-RH. Hiermit sind noch nach sechs Stunden konstant erhöhte LH-Spiegel zu messen (Kuhl et al., 1976a). Solche Präparate eignen sich besonders für die

Funktionsprüfung der Hypophyse hinsichtlich ihrer Fähigkeit zur Gonadotropin-Sekretion.

5.1.2.4 Prolactoliberin (PRF) und Prolactostatin (PIF)

Die Prolactin-Produktion wird durch das Hypothalamus-Hormon PIF gehemmt und durch PRF gefördert. Wenn die hypothalamische Sekretion von PIF vermindert ist, wird dementsprechend die Prolactin-Ausschüttung gefördert. Die Struktur beider Faktoren ist noch unbekannt, für PIF ist aber inzwischen die Peptidnatur nachgewiesen worden (Greibrokk et al., 1975). Das Tripeptid *Thyroliberin* induziert ebenfalls die Prolactin-Sekretion (sowie die des Thyreotropins und des Wachstumshormons) bei beiden Geschlechtern (Abb. 5-28) (Deis, und Alonso, 1975). Allerdings ist Thyroliberin nicht mit dem PRF identisch. Bei Vögeln überwiegt die Aktivität des Prolactoliberins gegenüber der des Prolactostatins.

Pyro-Glu-His-Pro(NH_2)

Abb. 5-28. Aminosäuresequenz von Thyroliberin

Die PRF- und PIF-Sekretion wird zentral durch dopaminerge (PIF) und serotoninerge (PRF) Reize gesteuert. Steroidhormone beeinflussen die Freisetzung dieser Neurotransmitter. Darüber hinaus sollen Progesteron und Östradiol die PIF-spezifische Peptidase aktivieren, so daß als positive Rückkopplung eine verstärkte Prolactin-Sekretion resultiert. Aus diesem Grunde steigt während der Schwangerschaft parallel zum steigenden Östrogenspiegel auch der Gehalt an Prolactin im Blut an. Diese positive Rückkopplung zwischen Östradiol und Prolactin ist stark bei der weiblichen Ratte ausgeprägt. Die Prolactin-Sekretion nimmt außerdem bei einer bestehenden Hypoglykämie zu, Glucocorticoide senken andererseits den Prolactin-Spiegel (Copinschi et al., 1975). PIF soll in der Hypophyse durch Hemmung der Adenylcyclase wirken (Wakabayashi et al., 1973).

5.1.2.5 Inhibin

Mit diesem Namen wird ein von den Keimzellen der Testes synthetisierter Faktor bezeichnet, dessen Peptidnatur inzwischen geklärt ist (Franchimont et al., 1975). Inhibin übermittelt auf dem Blutweg dem HVL ein Signal über die Zahl der reifenden Spermatozoen. Auf diese Weise wird die Sekretion von FSH und LH inhibiert, wenn die Zahl der reifen Spermatocyten hoch ist. Bei Kryptorchismus kommt es wegen des Ausfalls an Inhibin zu einer überdurchschnittlichen Steigerung der FSH-Sekretion (Bramble et al., 1975). Bei Azoospermie nimmt der LH- und FSH-Gehalt im Seminalplasma überdurchschnittlich zu.

Inhibin ist bereits 1932 von McCullagh postuliert worden. Als Bildungsort wird das Keimepithel angesehen. Es ist denkbar, daß ein analog wirkendes Hormon auch durch die Cumulus-Zellen, die dem Ei im Ovar anliegen, sezerniert wird.

5.2 Die Rolle der cyclischen Nucleotide

Liberine, Statine, Tropine und die Mehrzahl der übrigen Proteohormone sowie die Catecholamine wirken in ihren Zielorganen nach Bindung durch spezifische Membranrezeptoren. In unmittelbarer Nachbarschaft zum jeweiligen Hormon-Rezeptor befindet sich in der Zellmembran eine *Adenylcyclase* [EC 4.6.1.1] oder *Guanylcyclase* [EC 4.6.1.2]. Durch das gebundene Hormon wird im Bereich der Cyclasen eine „Störung“ ausgelöst, die die vermehrte Bildung der cyclischen Nucleotide ermöglicht (Abb. 5-29 und 5-30).

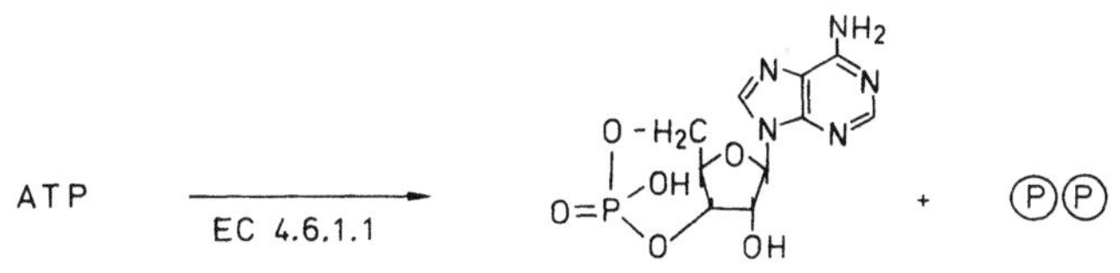

Abb. 5-29. Bildung von cyclischem Adenosin-3′,5′-monophosphat (cAMP) aus ATP. Enzym: Adenylcyclase [EC 4.6.1.1.]

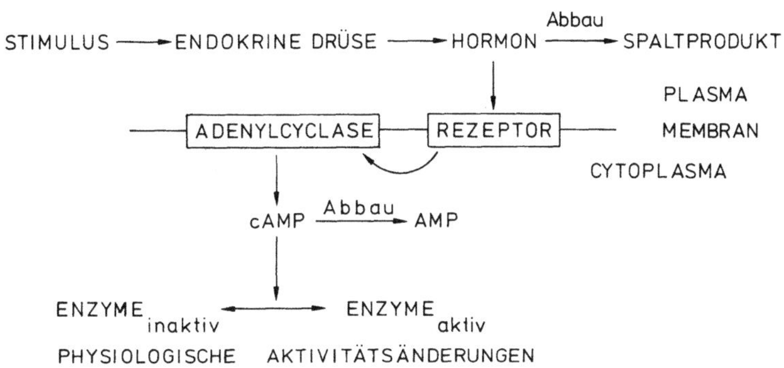

Abb. 5-30. Wirkungsweise verschiedener Proteo- oder Peptidhormone sowie Catecholamine bei der Aktivierung membranständiger Adenylcyclasen.
Enzyme: Adenylcyclasen [EC 4.6.1.1], Abbau des cAMP durch cAMP-Phosphodiesterase [EC 3.1.4.17], durch cAMP aktiviertes Enzym, z. B. Proteinkinase [EC 2.7.1.37]

Die membranständige Adenylcyclase kommt praktisch in allen Säugetiergeweben vor, z. B. Leber, Nebennierenrinde, Darm- und Herzmuskel, Fettgewebe, Lunge, Milz, Hypophyse und Hirnrinde. Auf welche Weise die Aktivierung der Adenylcyclase durch die gebundenen Hormone erfolgt, ist noch immer nicht vollständig geklärt (Nelboeck, 1972). Die Stimulation der cAMP-Bildung durch *Noradrenalin* ist ein β-adrenerger Effekt. Das gleiche Catecholamin stimuliert dagegen die cGMP-Bildung über einen α-adrenergen Effekt (Rosman et al., 1976). An der Aktivierung haben Phospholipide sowie Prostaglandine (s. Kap. 5.3) Anteil (Hosey und Tao, 1975). *Prolactin* soll z. B. via Prostaglandin $F_{2\alpha}$ die Guanylcyclase [EC 4.6.1.2] stimulieren (Rillema, 1975). Auch ACTH beeinflußt die cGMP-Bildung, bevor es zur meßbaren cAMP-Akkumulation kommt (Sharma et al., 1974). Das gleiche gilt für Angiotensin (Rosman et al., 1976).

GTP und GDP modulieren die proteohormonabhängige Stimulation der Adenylcyclase als allosterische Effektoren des Enzyms (Londos et al., 1974; Hunt et al., 1976). Bereits 0,05 µM GTP stimulieren die Adenylcyclase halbmaximal. Die Effektivität der genannten Nucleotide sowie von ATP bei der Modulation der Adenylcyclase-Aktivität ist organspezifisch. Dadurch wird die Aktivität der hormonell steuerbaren Cyclasen in den verschiedenen Geweben zusätzlich variierbar (Birnbaumer und Yang, 1974).

Die intracelluläre cAMP-Konzentration bewegt sich zwischen 0,1 bis 1 nMol cAMP pro g Naßgewicht Gewebe, das sind 10^{-7} bis 10^{-6} M cAMP. Die ATP-Konzentration ist dagegen mindestens 100fach höher. Durch hohe Proteohormondosen kann die cAMP-Menge in den Geweben so stark erhöht werden, daß sie in den Konzentrationsbereich des ATP kommt. Allerdings wird in der Regel die für Proteohormone typische Leistungsänderung, z.B. die ACTH-abhängige Corticoid-Synthese, auch dann beobachtet, wenn der cAMP-Spiegel noch nicht meßbar zugenommen hat (s. Kap. 5.1.1.1). Aus diesem Grunde hat man geschlossen, daß es sehr unterschiedliche cAMP-Kompartimente gibt, deren Größe individuell geregelt wird und deren Effektivität sich nach der betrachteten biologischen Leistung richtet. Zu dem gleichen Ergebnis — d.h. der Annahme verschiedener cAMP-Kompartimente in der gleichen Zelle — gelangt man durch das additive Verhalten der antagonistisch wirkenden Hormone PTH und Calcitonin auf den cAMP-Spiegel (Nagata et al., 1976). Man kann daher aus der Gesamtkonzentration an cAMP nicht auf die biologische Aktivität des cAMP in der Zelle schließen (Goldberg, 1975).

Neben dem cAMP kommt dem cyclischen Guanosin-3',5'-monophosphat (cGMP) eine wichtige Funktion für verschiedene zelluläre Leistungen zu. Dabei hat sich herausgestellt, daß sich die Mengen an cAMP und cGMP entgegengesetzt verändern. So enthalten schnell wachsende Zellen weniger cAMP als ruhende Zellen. Die Bildung zahlreicher für nichtteilende Zellen charakteristischen Enzyme läßt sich durch Zugabe von cAMP erzwingen. Hierbei arretiert cAMP die Zellen in der G_1-Phase des Teilungscyclus (Froehlich und Rachmeler, 1974). cAMP ist daher für die Produktion der sog. „Luxusproteine“ notwendig, die nicht für die Zellteilung benötigt werden, aber für den funktionellen Status der Zelle charakteristisch sind.

cGMP ist dagegen ein mitogenes Signal (Johnson und Hadden, 1975), das zusammen mit Ca^{++} den Proliferationsstart (z.B. bei der phytohaemagglutinabhängigen *Lymphocyten-Transformation*) einleitet. Wahrscheinlich ist hieran die cGMP-abhängige Labilisierung der *Lysosomen* beteiligt. cAMP stabilisiert dagegen die Lysosomen. cGMP vermittelt außerdem den sog. *Glucose-Effekt*, das heißt die Glucose-Hemmung der corticoidabhängigen Enzyminduktionen. cGMP erzeugt daher den gleichen Effekt wie die Gabe von Glucose (Goldberg, 1975). Insgesamt wird daher die Entscheidung für Zellwachstum oder Zelldifferenzierung durch die Einstellung des cAMP/cGMP-Quotienten ermöglicht.

Schließlich vermitteln cAMP und cGMP entgegengesetzte neuronale Wirkungen im ZNS, denn cAMP hemmt und cGMP stimuliert die Neuronen des pyramidalen Bündels (Stone et al., 1975). Gleichzeitig weisen diese Untersuchungen cAMP als sekundären Messenger des Noradrenalins und cGMP als sekundären Messenger des Acetylcholins aus.

An dem regulativen Zusammenspiel zwischen cGMP und cAMP ist Ca^{++} beteiligt (Berridge, 1975). Gegenüber cAMP ist der Gehalt an cGMP normalerweise nur $^1/_{10}$ bis $^1/_{50}$ so groß. Für die intracelluläre Wirkungsweise der cyclischen Nucleotide ist in erster Linie deren Bindung durch cAMP- bzw. cGMP-abhängige *Proteinkinasen* [EC 2.7.1.37] verantwortlich. Dabei erfahren die Kinasen eine allosterische Aktivitätsänderung, in deren Verlauf eine inaktivierende Untereinheit abgespalten wird. Zurück bleibt eine zur Phosphat-Übertragung aktive Untereinheit der Proteinkinase. Das Enzym ist daher in Abwesenheit von cAMP aus einer (hemmenden) regulierenden Untereinheit R, die cAMP zu binden vermag, und einer Untereinheit K zusammengesetzt, die das aktive Zentrum zur Phosphat-Übertragung und den Erkennungsbereich für das zu phosphorylierende Protein enthält (Abb. 5-31). Die Dephosphorylierung des Proteinphosphats wird durch Phosphoproteinphosphatasen [EC 3.1.3.16] katalysiert. Diese Enzymgruppe enthält Vertreter, die durch cAMP inhibierbar sind. Auf diese Weise verstärkt cAMP in zweifacher Weise die Kinase-Wirkung (Abb. 5-32).

$$\text{R-K}_{\text{inaktiv}} + \text{cAMP} \longrightarrow \text{K}_{\text{aktiv}} + \text{R-cAMP}$$

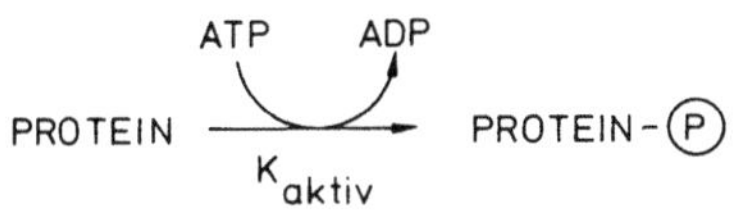

Abb. 5-31

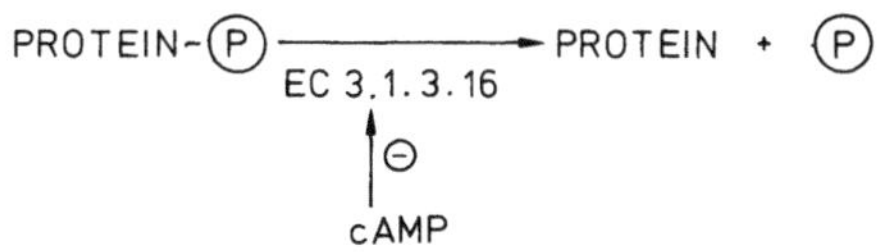

Abb. 5-32

Abb. 5-31. Verlauf der durch Proteinkinasen R-K bzw. der aktiven katalytischen Untereinheit K beschleunigten Proteinphosphorylierung.
Enzym: Proteinkinase [EC 2.7.1.37]

Abb. 5-32. Dephosphorylierung von Phosphoproteinen durch eine Phosphatase. Das Enzym ist in bestimmten Fällen durch cAMP inhibierbar.
Enzym: Phosphoproteinphosphatase [EC 3.1.3.16]

Eine Proteinkinase aus Nebennierenrinden-Cytosol wird durch 10^{-8} M cAMP halbmaximal stimuliert. Diese Konzentration liegt bereits in dem cAMP-Bereich, der ohne Stimulation der Adenylcyclase in der Zelle gemessen wird. Diese Beobachtung ist ein weiterer Hinweis für die Annahme, daß cAMP in unterschiedlichen und verschieden zugänglichen Kompartimenten in der Zelle vorliegt. In der Nebennierenrinde ist ferner eine cGMP-abhängige Proteinkinase nachgewiesen worden (Shima et al., 1974), die allerdings auch durch cAMP aktivierbar ist. Eine hoch cGMP-spezifische Proteinkinase ist dagegen aus der fetalen Lunge des Meerschweinchens isoliert worden (Kuo et al., 1976). Im Ovariencytosol löst die cAMP-Bindung an die regulatorische Untereinheit einer Proteinkinase einen massiven Transfer der (nun cAMP-unabhängigen) Proteinkinase in den Zellkern aus (Jungmann et al., 1974b). In Rattentestes existieren drei verschiedene Proteinkinasen, von denen zwei cAMP-abhängig sind. Ihre Aktivitäten durchlaufen charakteristische ontogenetische Wechsel während der postnatalen Entwicklung der Tiere (Lee et al., 1976a).

Neben der Bindung von cAMP durch die regulatorische Untereinheit der Proteinkinasen existieren charakteristische *cAMP-Rezeptorproteine*, die die Wirkungsweise von cAMP modulieren (Jungmann et al., 1974b). Außerdem fand man im Rattenhirn Proteine, die sowohl die Adenylcyclase [EC 4.6.1.1] als auch die cAMP-Phosphodiesterase [EC 3.1.4.17] aktivieren (Cheung et al., 1975). Um die Enzyme aktivieren zu können, muß das Protein Ca^{++} binden (Abb. 5-33). Ca^{++} führt so zur vermehrten Bildung von cAMP das anschließend durch die gleichfalls aktivierte cAMP-Phosphodiesterase hydrolysiert wird. Da diese Phosphodiesterase jedoch bevorzugt cGMP hydrolysiert, wird auf diese Weise der cGMP/cAMP-Quotient verändert. Außerdem regt Ca^{++} die an der Innenseite der Plasmamembran befindlichen *actin*ähnlichen Proteine zur Kontraktion an. Hierbei handelt es sich um Filamentstrukturen, die aus zahlreichen identischen Untereinheiten bestehen und bis zu 10% der cytoplasmatischen Proteine stellen (Olsen, 1975). *Mikrotubuli* und *Mikrofilamente* enthalten tubulin- und actinähnliche Proteine, die nach der cAMP-abhängigen Phosphorylierung eine Konformationsänderung erfahren. Diese leitet deren Aggregation ein, die anschließend zur Ausstoßung von Sekretgranulae (*Exocytose*) führen kann (Sheterline und Schofield, 1975). Hierbei wirkt Ca^{++} permissiv (Dean, 1975). Jedoch wird Tubulin selbst nicht phosphoryliert.

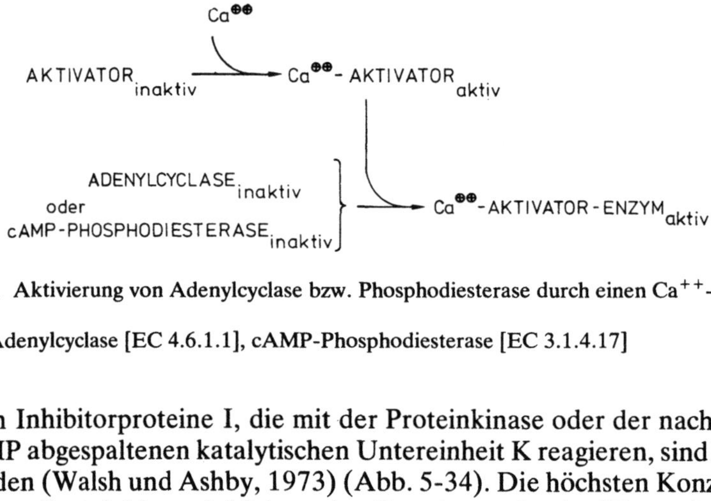

Abb. 5-33. Aktivierung von Adenylcyclase bzw. Phosphodiesterase durch einen Ca^{++}-abhängigen Aktivator.
Enzyme: Adenylcyclase [EC 4.6.1.1], cAMP-Phosphodiesterase [EC 3.1.4.17]

Auch Inhibitorproteine I, die mit der Proteinkinase oder der nach Bindung von cAMP abgespaltenen katalytischen Untereinheit K reagieren, sind beschrieben worden (Walsh und Ashby, 1973) (Abb. 5-34). Die höchsten Konzentrationen an dem Proteinkinase inhibierenden Protein werden im Hirn gefunden.

$$R\text{-}K + I \longrightarrow R\text{-}K\text{-}I$$

$$R\text{-}K + cAMP \longrightarrow K + R\text{-}cAMP$$

$$K + I \longrightarrow K\text{-}I$$

Abb. 5-34. Inaktivierung der Proteinkinase R-K oder der katalytischen Untereinheit K durch einen Inhibitor

Als Phosphatdonator dient der Proteinkinase stets ATP und nicht cAMP, obwohl das cyclische AMP für die Hydrolyse eine höhere Enthalpie (14,1 kCal/Mol) mitbringt als ATP (8,1 kCal/Mol). Die hohe Energie im cAMP ist wahrscheinlich für eine rasche Hydrolyse durch die cAMP-Phosphodiesterase [EC 3.1.4.17] notwendig. Die Phosphodiesterase wird durch Theophyllin sowie Glucose-6-phosphat inhibiert, wodurch eine Steigerung der intracellulären cAMP-Menge resultiert. Die cAMP-Phosphodiesterase spaltet auch cGMP. Daneben existiert noch eine spezifische cGMP-spaltende Phosphodiesterase [EC 3.1.4.35].

Als Phosphatakzeptor in der proteinkinasenkatalysierten Phosphat-Übertragung können Nichthistonproteine, Histone, Enzyme, Membranproteine, Mikrotubulusproteine oder ribosomale Proteine usw. dienen (Labrie et al., 1973). Im letzten Fall ist es denkbar, daß Proteohormone durch *Phosphorylierung* von Bestandteilen der Ribosomen deren Aktivität zur Proteinsynthese fördern. Die Stimulation der *Nichthistonprotein*-Phosphorylierung wird als notwendiger Teilschritt der gonadotropinabhängigen RNA-Synthese-Steigerung angesehen. Hierbei kann es sich um die *RNA-Polymerase* (als eines der Nichthistonproteine) handeln, denn in vitro steigt die Aktivität der durch Proteinkinasen phosphorylierten RNA-Polymerase II (Jungmann et al., 1974a). Die Phosphorylierung der *Histone* ist wahrscheinlich nicht mit genspezifischen Wirkungen, sondern mit allgemeinen Reaktivitäten des Genoms, wie die Fähigkeit zur Replikation, verbunden. Die Phosphorylierung erfolgt an Thr und Ser.

Zu den durch Phosphorylierung veränderbaren Enzymen gehört die HMG-CoA-Reduktase [EC 1.1.1.34] (s. Kap. 4.1), die Phosphorylase b [EC 2.4.1.1] und sogar die *Pregnenolonsynthetase* [EC 1.14.15.x] (Caron et al., 1975). Auch die Cholesterinesterase [EC 3.1.1.13], die die Freisetzung von Cholesterin aus dem Cholesterinester-Kompartiment katalysiert, wird durch eine Proteinkinase phosphoryliert und damit in einen aktiven Zustand überführt (Wallat und Kunau, 1976) (s. Abb. 5-10).

Wahrscheinlich ist der Weg über die Proteinkinasen nicht der einzige Mechanismus, mit dem die cyclischen Nucleotide ein Signal weitergeben können. So ist vorstellbar, daß die Nucleotide auch bei anderen allosterischen Proteinen aktivierend oder inaktivierend eingreifen können, obwohl dies in vitro meist nur bei unphysiologisch hohen Konzentrationen beobachtet wird. cAMP soll z. B. die Eigenschaften des Östradiol-Rezeptors ändern (Eide et al., 1975). Hierzu gehört auch die Inhibition der Thymidinkinase (neue Code-Nr. [EC 2.7.1.21]) durch eine direkte cAMP-Enzym-Wechselwirkung (Hauschke et al., 1972). Auf diese Weise inhibiert cAMP den Salvage-Pathway (Grivell und Jackson, 1976).

Wegen der Beteiligung von cAMP an der Weitergabe einer Vielzahl von ursprünglich sehr spezifischen Eingangssignalen wird die Rolle von cAMP wie auch von cGMP als Teil einer pleiotypischen Regulation verstanden (Kram et al., 1973).

5.3 Die Rolle der Prostaglandine

Prostaglandine können neben oder vor der cAMP-Bildung in die Wirkung der Proteohormone (Liberine und Tropine) eingreifen. Sie sind in allen für die Fortpflanzung wichtigen Organen beider Geschlechter für eine Reihe sehr unterschiedlicher Wirkungen verantwortlich (Goldberg und Ramwell, 1975). Als natürliche Bestandteile des Nervensystems werden sie vom Hirn nach Stimulation freigegeben, so daß sie auch bei der synaptischen Signalübertragung und bei der Steuerung der Liberin-Freisetzung im Hypothalamus beteiligt sind.

Prostaglandine sind ungesättigte C_{20}-Fettsäuren. Ihr gemeinsamer Vorläufer ist die C_{20}-Fettsäure *Arachidonsäure*. Die Biosynthese von Arachidonsäure verläuft über die in Abb. 5-35 skizzierte Sequenz. Die Kettenverlängerung

FETTSÄURE		DOPPELBINDUNG	REAKTION
LINOLSÄURE	C_{18}	C-9 C-12	
↓			DESATURASE
LINOLENSÄURE	C_{18}	C-6 C-9 C-12	
↓			VERLÄNGERUNG
EICOSATRIENSÄURE	C_{20}	C-8 C-11 C-14	
↓			DESATURASE
ARACHIDONSÄURE	C_{20}	C-5 C-8 C-11 C-14	

Abb. 5-35. Zusammenhang zwischen den Vorläufern der Arachidonsäure.
Enzym: Acyl-CoA-Desaturase [EC 1.14.99.5]

erfolgt mit Hilfe mikrosomaler Enzyme, wobei im Gegensatz zur Fettsäuresynthese die Zwischenprodukte nicht enzymgebunden sind, sondern als CoA-Ester vorliegen. Die Einführung der Doppelbindung erfolgt stets in cis unter Verbrauch von O_2 und NADPH. Hydroxylierte Zwischenprodukte sind nicht gefunden worden. Die Brutto-Umsetzung erfolgt wie in Abb. 5-36 beschrieben. Ähnlich

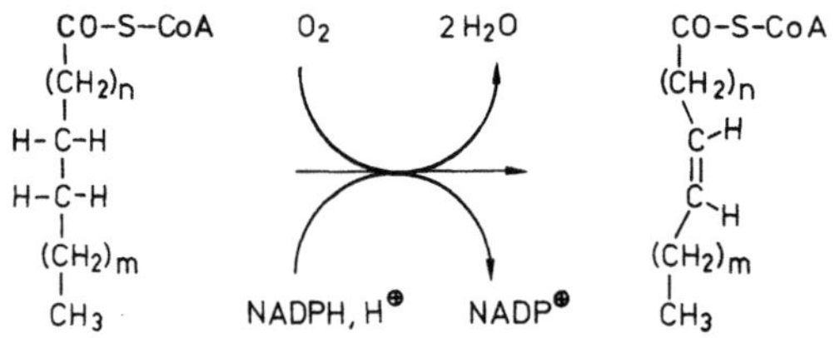

Abb. 5-36. Einführung einer Doppelbindung in cis.
Enzym: Acyl-CoA-Desaturase [EC 1.14.99.5]

der Elektronen-Transportkette im Falle der mikrosomalen Cytochrom-P-450-abhängigen Enzyme wird auch hier das Reduktionsäquivalent durch ein Flavoenzym, die Cytochrom-b_5-Reduktase [EC 1.6.2.2], übernommen. Sie überträgt es auf Cytochrom b_5 (und nicht auf ein NHI-Protein, wie im Falle der Cytochrom-P-450-Enzyme), das schließlich das Reduktionsäquivalent auf die terminale Desaturase transferiert, die zu ihrer Wirkung O_2 benötigt. Im Gegensatz zum Cytochrom P-450 dient nicht NADPH, sondern NADH als

Elektronen-Donator (Abb. 5-37). Das gesamte System aus Desaturase, Cytochrom b_5 und dem Flavoprotein Cytochrom-b_5-Reduktase wird *Acyl-CoA-Reduktase* [EC 1.14.99.5] genannt.

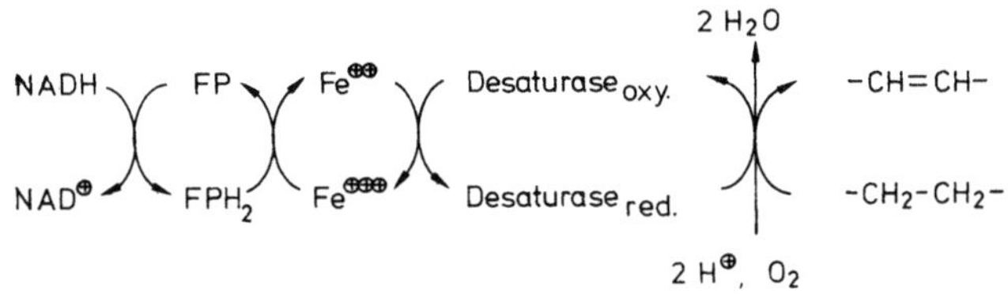

Abb. 5-37. Elektronentransportkette bei der Dehydrogenierung einer C-C-Bindung durch die Acyl-CoA-Desaturase.
Enzyme: Cytochrom-b_5-Reduktase [EC 1.6.2.2] bildet zusammen mit Cytochrom b_5 und der terminalen Desaturase die Acyl-CoA-Reduktase [EC 1.14.99.5]

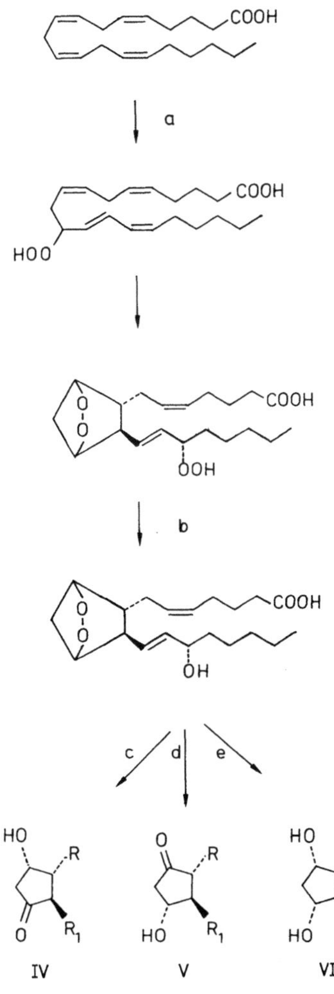

Abb. 5-38. Intermediatsequenz bei der Bildung der Prostaglandine D_2, E_2 und $F_{2\alpha}$ aus Arachidonsäure (nach Nugteren und Hazelhof, 1973).
I Arachidonsäure Eicosatetraensäure, *II* Prostaglandin G_2, *III* Prostaglandin H_2 (identisch mit PGR_2), *IV* Prostaglandin D_2, *V* Prostaglandin E_2, *VI* Prostaglandin $F_{2\alpha}$. *a* Lipoxygenase [EC 1.13.11.12] einschließlich einer Cyclooxygenaseaktivität, *b* 15-Peroxidase, *c* Prostaglandin-R_2-D-Isomerase [EC 5.3.99.2], *d* Prostaglandin-R_2-E-Isomerase [EC 5.3.99.3], *e* 9α-Dehydrogenase; alle Einzelaktivitäten häufig als Prostaglandinsynthetase [EC 1.14.99.1] zusammengefaßt

Die auf diese Weise synthetisierte Arachidonsäure liegt in der Zelle vornehmlich als Ester in verschiedenen Phospholipiden vor, aus denen sie mit Hilfe von Phospholipasen, z. B. Phospholipase A_1 [EC 3.1.1.32] freigesetzt wird. Daneben kommt die Arachidonsäure auch als Cholesterinester vor und wird mit Hilfe der Cholesterinesterase [EC 3.1.1.13] hydrolytisch abgespalten. Tatsächlich soll das Cholesterinester-Kompartiment die Hauptquelle der rasch abrufbaren ungesättigten Fettsäuren sein, während Arachidonsäure oder andere polyungesättigte Fettsäuren aus den Phospholipiden nur unter pathologischen Bedingungen freigesetzt werden (Ellis et al., 1975). Diese Reaktionen sind übrigens teilweise cAMP-abhängig (Haye et al., 1974).

Arachidonsäure wird anschließend mit Hilfe der mikrosomalen *Prostaglandinsynthetase* [EC 1.14.99.1, definiert für 8.11.14-Eicosatriensäure als Substrat] oxydiert. Nach Peroxid-Bildung geht sie in die Cycloendoperoxide PGG_2 und PGH_2 über. Diese Intermediate sind bereits biologisch höchst wirksam, die notwendigen Konzentrationen können bis zu 1000fach niedriger liegen als bei den Prostaglandinen, die wiederum in Mengen unterhalb von 0,1 μg/100 ml ($2{,}5 \cdot 10^{-9}$ M) charakteristische Wirkungen entfalten. Die Halbwertszeit der Cycloendoperoxide ist kürzer als fünf Minuten (Gorman, 1975 (Abb. 5-38).

Je nach Natur und Geometrie der Substituenten erhalten die Prostaglandine die Gruppenbezeichnung A, B, C, D, E oder F. Ein Index weist auf die Zahl der Doppelbindungen in den Seitenketten hin. Durch Abspaltung von HO und H aus den Positionen 11α und 10 von PGE entstehen die Prostaglandine A (Abb. 5-39). Durch Umlagerung der Doppelbindung in PGA von C-10 nach C-8(12) bzw. nach C-11 entstehen die biologisch inaktiven Prostaglandine B bzw. C (Abb. 5-40). Für die biologische Wirkung sind daher im wesentlichen nur die

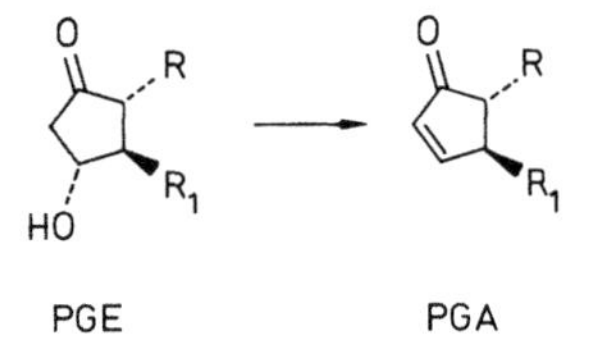

Abb. 5-39. Vorläufer-Produkt-Beziehung zwischen den Prostaglandinen E und A

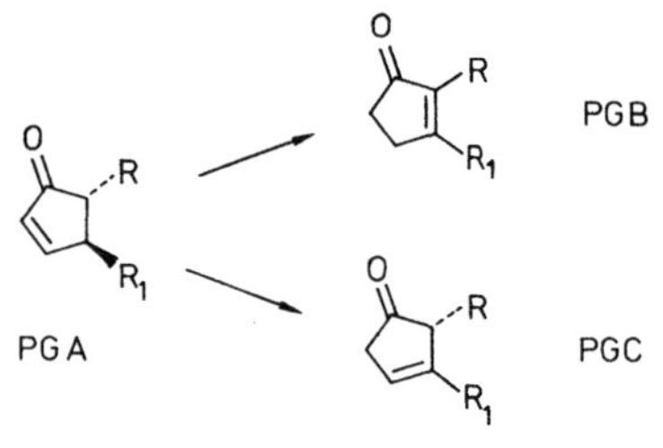

Abb. 5-40. Vorläufer-Produkt-Beziehung zwischen Prostaglandin A und den Gruppen B bzw. C.
Enzyme: Prostaglandin-Isomerasen [EC 5.3.3.x]

Prostaglandine A, E und F wichtig. Das Endoperoxid PG H_2 verhält sich antagonistisch bei der proteohormonabhängigen Stimulation der Adenylcyclase in Fettzellghosts (Gorman et al., 1975). Dieser Verbindung kommt daher möglicherweise eine besondere Funktion im Rahmen der direkten Rückkopplung der Hormonwirkung zu. Die Bedeutung der 19-Hydroxy-Derivate von PGE_1 und PGE_2 ist noch nicht vollständig geklärt (Jonsson et al., 1975). Das gleiche gilt für 8(1-Hydroxy-3-oxopropyl)-9,12-dihydroxy-5,10-heptadecadiencarbonsäure (Thromboxan B_2), die nach Inkubation von Lungengewebe mit Arachidonsäure in erheblicher Menge gebildet wird (Abb. 5-41) (Hamberg und Samuelsson, 1974).

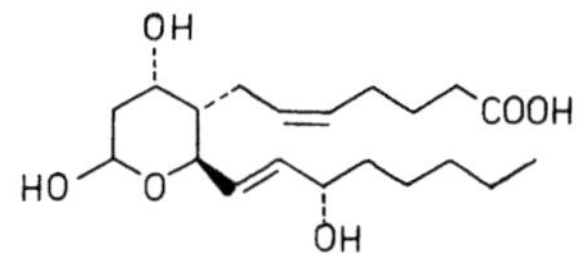

Abb. 5-41. 8(1-Hydroxy-3-oxopropyl)-9,12-dihydroxy-5,10-heptadecadiencarbonsäure, Thromboxan B_2

Insgesamt bildet der erwachsene Mensch nur 0,1 mg Gesamtprostaglandine/Tag. Besonders reich sind Samenblase und Lunge. Doch sind alle bisher untersuchten menschlichen Gewebe (mit Ausnahme der Erythrocyten) zur Prostaglandin-Bildung fähig (Silver und Smith, 1975). Für die Prostaglandine existiert ebenso wie bei den Proteo- und Steroidhormonen kein nennenswertes Kompartiment in den Zellen.

Den wichtigsten Prostaglandinen kommen die in Tabelle 5-5 aufgeführten systematischen Bezeichnungen zu.

Tabelle 5-5. Zuordnung der systematischen Bezeichnungen zu den wichtigsten Prostaglandinen

Prosta-glandin	systematische Bezeichnung
A_1	15(S)-Hydroxy-9-keto-10,13trans-prostadiensäure
A_2	15(S)-Hydroxy-9-keto-5cis,10,13trans-prostatriensäure
B_1	15(S)-Hydroxy-9-keto-8(12),13trans-prostadiensäure
C_1	15(S)-Hydroxy-9-keto-11,13trans-prostadiensäure
D_2	9α-Hydroxy-11-keto-5cis-13trans-prostadiensäure
E_1	11α,15(S)-Dihydroxy-9-keto-13trans-prostensäure
E_2	11α,15(S)-Dihydroxy-9-keto-5cis-13trans-prostadiensäure
E_3	11α,15(S)-Dihydroxy-9-keto-5cis-13trans-17cis-prostatriensäure
$F_{1\alpha}$	9α,11α,15(S)-Trihydroxy-13trans-prostensäure
$F_{2\alpha}$	9α,11α,15(S)-Trihydroxy-5cis-13trans-prostadiensäure
$F_{3\alpha}$	9α,11α,15(S)-Trihydroxy-5cis-13trans-17cis-prostatriensäure
G_2	9α,11α-Epidioxy-15(S)-hydroperoxy-5cis-13trans-prostadiensäure
$H_2 = R_2$	9α, 11α-Epidioxy-15(S)-hydroxy-5cis-13trans-prostadiensäure

Bei den einzelnen Prostaglandinen werden verschiedene physiologische Aktivitäten beobachtet (Tabelle 5-6). Prostaglandine werden bei der Reizung sympathischer Nerven freigesetzt. Gleichzeitig hemmen die Prostaglandine der E-Serie die adrenerge Übertragung durch Unterdrückung der Antwort auf den adrenergen Transmitter oder in speziellen Fällen durch Hemmung der Freisetzung des Transmitters aus den Nervenendigungen. Prostaglandine F zeigen den entgegengesetzten Effekt. Sie erhöhen die Antwortbereitschaft auf eine sympa-

Tabelle 5-6. Ausschnitt einiger Prostaglandin-Wirkungen in vivo

Prostaglandin	Wirkung
A_1	Senkung des Blutdruckes durch Abnahme des peripheren Widerstandes. Stimulation der Aldosteronsekretion unabhängig von ACTH, Renin oder Serumelektrolyten (Fichman et al., 1972).
E_1	Entspannung der glatten Muskulatur, Stimulation des Na^+-Transportes, Stimulation von Mitosen, Hemmung der pentagastrinabhängigen Magensekretion, Gefäßdilatation, Permeabilitätsänderung, permissive Wirkung auf die Gn-RH-Effekte.
E_2	erzeugt nach inflammatorischen Prozessen den Schmerz (Bekemeier et al., 1974), erniedrigt Blutdruck, kontrahiert die Muskulatur des graviden Uterus, wirkt permissiv auf die Gonadotropin-Sekretion.
$F_{2\alpha}$	erhöht Blutdruck, kontrahiert Uterusmuskulatur, wirkt vasokonstriktorisch, daher luteolytisch.
H_2	nach i.v. Injektion langwährende Blutdrucksenkung.

thische Reizung des Effektorgans, z.B. des glatten Muskels im Verdauungstrakt (Brody und Kadowitz, 1974).

Die permissive Wirkung der Prostaglandine auf die catecholaminabhängige Freisetzung der Liberine im Hypothalamus ist relativ strukturspezifisch. So steigern PG E_1 und E_2 über die vermehrte Sekretion der entsprechenden Liberine die Ausschüttung von LH, FSH, PRL, ACTH und Somatotropin (Warberg et al., 1976). Prostaglandin $F_{2\alpha}$ moduliert die östrogenabhängige Gn-RH-Sekretion (Roberts und McCracken, 1975). Die luteolytische Wirkung von $PGF_{2\alpha}$ in vivo, die für den medikamentösen Abort eingesetzt wird, beruht auf einer Vasokonstriktion, die die Durchblutung des Corpus luteum blockiert (McCracken et al., 1972). Außerdem werden rasche Wirkungen auf das Corpus luteum (Behrman et al., 1974), den Hypophysenvorderlappen und die glatte Muskulatur des Uterus entfaltet. Wegen der luteolytischen Wirkung in vivo hemmt $PGF_{2\alpha}$ die Steroidsynthese im Corpus luteum, obwohl es in vitro am isolierten Organ die Progesteronsynthese stimuliert. PGE_2 ist in vivo an den Vorgängen während der Ovulation beteiligt und soll direkt die Follikelruptur stimulieren (Lindner et al., 1974).

Die Prostaglandine wirken — ebenso wie die Proteo- und Peptidhormone — nach Bindung durch spezifische membranständige *Rezeptoren*, für die Assoziationskonstanten um $2 \cdot 10^8\ M^{-1}$ gemessen werden (Samuelsson et al., 1975). Dabei stimulieren oder hemmen die Prostaglandine je nach Typ und Gewebeart die cAMP-Bildung. In der Krötenblase sowie im Fettgewebe wird durch die Prostaglandine die cAMP-Sekretion erniedrigt. Hierfür nimmt man an, daß das durch weitere hormonelle Stimuli vermehrt gebildete cAMP intracellulär Lipasen oder Phospholipasen aktiviert, die nun die Freisetzung von Arachidonsäure und damit eine vermehrte Prostaglandin-Synthese ermöglichen. Die Prostaglandine hemmen nun rückkoppelnd die Adenylcyclase (Silver und Smith, 1975). In der Mehrzahl der Gewebe erhöhen dagegen die Prostaglandine die cAMP-Bildung. Dies gilt besonders für die Prostaglandine E_1 und E_2. Die

Fähigkeit zur Aktivierung der Adenylcyclase im HVL nimmt dabei in der Reihenfolge

$$E_1 > E_2 > A_1 > A_2 > F_{1\alpha} > F_{2\alpha}$$

ab (Borgeat et al., 1975). Östrogene hemmen die Bindung von PG E_1, Progesteron die des PG $F_{2\alpha}$ an den jeweiligen Prostaglandin-Rezeptoren (Rao, 1976). In einer Vielzahl von Geweben, in denen glandotrope Hormone aktiv sind (Corpus luteum, HVL, Niere und Lunge; Hinman, 1972), verhalten sich die Prostaglandine wie Signalüberträger, die zwischen dem Hormon und der cAMP-Bildung eingreifen. Eine interessante Hypothese nimmt hierfür an, daß die Proteohormone (oder Catecholamine) primär eine membranständige Phospholipase stimulieren, die zur vermehrten Freisetzung von Prostaglandin-Vorläufern führt, die schließlich in Prostaglandine übergehen. Wegen der Fähigkeit der Prostaglandine zur Ca^{++}-Bindung kommt es zur Depolarisation der Membran und damit zum verstärkten Na^+-Influx. Diese Änderung des Ionenmilieus wirkt als Auslöser der Adenylcyclase, die nun den tertiären Messenger cAMP bildet (Silver und Smith, 1975). Tatsächlich gilt für eine Reihe von Proteohormonen als sicher, daß zunächst die Prostaglandin-Synthese angeregt wird (Sandow und Babej, 1975). In anderen Fällen scheinen die Prostaglandine nur fakultativ in die Signalübertragung einzugreifen. Im Falle von LH ist z.B. gezeigt worden, daß PGE_2 und cAMP an Stelle von LH additiv die Östrogensynthese am isolierten Ovar stimulieren. Besonders die Prostaglandine A und H entwickeln Eigenschaften, die den klassischen Hormonen entsprechen. Die übrigen Prostaglandine sind dagegen typische Gewebshormone.

Pharmakologisch ist die Tatsache von Bedeutung, daß sich Präparate finden lassen, die sich wie *Prostaglandin-Antagonisten* verhalten (Bartmann, 1975). Hierzu gehören 7-Oxa-prostaglandine und 8-Äthoxy-carbonyl-10,11-dihydroprostaglandin A (Abb. 5-42 und 5-43). Sie besetzen die Prostaglandin-Rezeptoren und verhindern dadurch die biologische Wirkung der natürlichen Prostaglandine. Die Prostaglandine werden in der Regel sehr rasch im Stoffwechsel inaktiviert. Als Hauptmetabolisierungsorgan wird für PGE und PGF die Lunge, für PGA die Leber genannt. Dabei erfolgt nach Reduktion der Doppelbindungen und Oxydation der Sauerstoff-Funktionen eine β- und ω-Oxydation analog dem Fettsäurestoffwechsel.

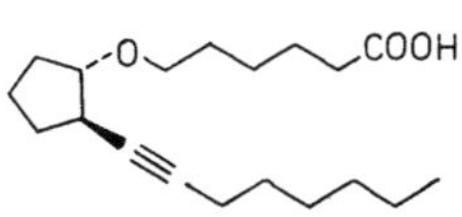

Abb. 5-42. 7-Oxa-prosta-13-in-säure

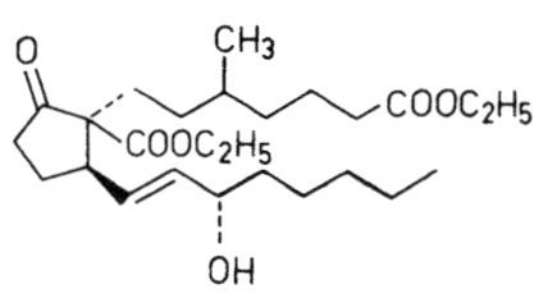

Abb. 5-43. 5-Methyl-8-äthoxycarbonyl-10,11-dihydroprostaglandin A-äthylester

6. Die biologische Funktion der Steroidhormone

Die Mehrzahl der Steroidhormon-Wirkungen am Tier oder in Organ- oder Zellkulturen sind durch Hemmstoffe der Protein- und RNA-Synthese inhibierbar. Lediglich die zentralen Wirkungen der Steriodhormone verlaufen zumindest teilweise über direkte Aktivitätsänderungen an Proteinen und Membranen, wobei zunächst keine Protein- und Nucleinsäure-Synthesen beteiligt sind.

Für die Steroidhormone lassen sich folgende Hauptfunktionen erkennen:

1. Erhaltung oder Steigerung zellulärer Funktionen in ihren Zielorganen. Diese Wirkungen gehen in der Regel mit einer gesteigerten Eiweißsynthese und Zellteilung einher (Beispiele: Gestagene, Östrogene, Androgene, Corticoide, Ecdyson, 1α,25-Dihydroxycholecalciferol);
2. Reduktion bestimmter zellulärer Funktionen, die mit einem Rückgang von Zellwachstum oder Zellzahl im Gewebe verbunden sein können (z.B. katabole Wirkung der Glucocorticoide, Cytolyse);
3. negative oder positive Rückkopplung auf die Sekretion der Liberine (bzw. Statine) und Tropine (außer für Ecdyson für alle anderen Steroidhormongruppen nachgewiesen);
4. direkte Wechselwirkung von Steroiden mit Membranen (Teil der antiinflammatorischen Wirkung der Corticoide, membranlabilisierende Wirkung der Androgene und Östrogene);
5. zentrale Wirkung auf das Verhalten der Tiere unter Beeinflussung extrahypothalamischer Hirnregionen (Androgene, Östrogene, Gestagene, möglicherweise Corticoide);
6. organisatorische Wirkungen bei der Fetalentwicklung und Differenzierung geschlechtsspezifischer Enzymmuster verschiedener Organe (Androgene, Corticoide).

Alle Wirkungen verlaufen nach vorheriger Bindung der Steroidhormone an spezifischen Rezeptoren im Cytosol und Nucleus ihrer Zielorgane (s. Kap. 8.1).

6.1 Gestagene

Im Gegensatz zu den Gonadotropinen und den übrigen glandotropen Hormonen sowie allen anderen Steroidhormongruppen sind für Progesteron und andere synthetische Gestagene, wie Äthisteron, nur bei der Frau bzw. beim weiblichen Tier biologische Funktionen bekannt. Der Name Gestagen weist auf die Funktion dieser Steroidgruppe zur Erhaltung der Schwangerschaft hin (Abb. 6-1 und 6-2). In der Sekretionsphase des Geschlechtscyclus wird Progesteron vornehmlich im *Corpus luteum* gebildet. Es startet die Umwandlung der Uterusschleimhaut, nachdem vorher durch Östradiol das Endometrium entwickelt worden war. Gleichzeitig wird vermehrt Glykogen in das Gewebe eingelagert. Zusammen mit

Östradiol und weiteren Hormonen führt Progesteron zur Entwicklung der Drüsenalveolen in der *Brustdrüse*. Dieser Effekt ist mit einer Steigerung der DNA-Synthese verbunden. Er verläuft synergistisch mit Insulin, Prolactin und den Glucocorticoiden, — der Mechanismus ist unbekannt.

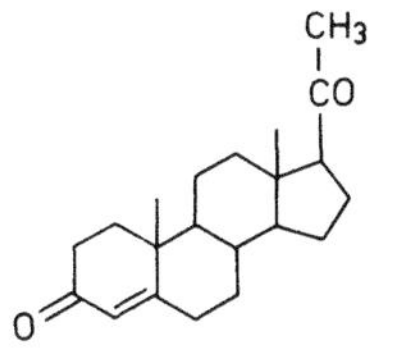

Abb. 6-1. Natürliches Gestagen Progesteron. 4-Pregnen-3,20-dion

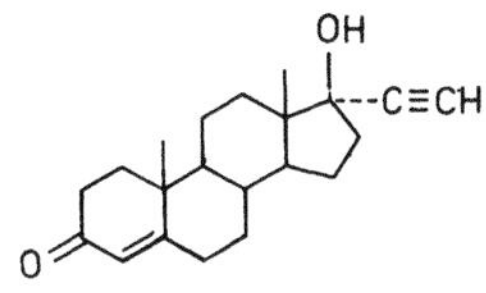

Abb. 6-2. Synthetisches Gestagen Äthisteron. 17α-Äthinyl-17β-hydroxy-4-androsten-3-on

Nach der Vorbereitung durch Östradiol ist Progesteron auch für die Weiterentwicklung des Eies und die Einnistung (*Nidation*) in die Uterusschleimhaut notwendig. Hier wiederum ist ein in Abhängigkeit von Progesteron gebildetes Protein, das *Uteroglobin*, vorhanden, das im Uterussekret für das sich entwickelnde Ei benötigt wird (Beato und Baier, 1975). Die ansteigenden Konzentrationen an Progesteron während der zweiten Phase des Sexualcyclus und während der Schwangerschaft hemmen die hypophysäre Gonadotropinsekretion. Gleichzeitig stimuliert Progesteron die Prolactinsekretion.

Nach der Befruchtung wird Progesteron zunächst vom Corpus luteum graviditatis, später nahezu ausschließlich von der Placenta gebildet. Es trägt zur Ruhigstellung des Uterus bei und verhindert eine erneute Ovulation durch Zurückdrängung der Gonadotropinsekretion. Progesteron inhibiert außerdem direkt ovarielle Funktionen. Als Hauptwirkorte im engeren Sinne gelten Uterus, Brustdrüse und Hypothalamus-Hypophysen-Achse.

Wie beim Testosteron der Ring-A-hydrogenierte Metabolit 5α-Dihydrotestosteron in einigen androgenempfindlichen Organen als eigentliches androgenes Prinzip wirkt, so findet man ebenfalls im Falle des Progesterons, daß *5α-Pregnan-3,20-dion* im Hühner-Ovidukt die gleiche Aktivität zur *Avidin*-Induktion entwickelt wie Progesteron selbst. Bei der Ratte werden im Bereich von Hypophyse und Hypothalamus ebenfalls die 5α-Metabolite 5α-Pregnan-3,20-dion und 3α-Hydroxy-5α-pregnan-20-on gefunden (Karavolas et al., 1976). Die Aktivität der für die Bildung der 5α-Pregnane notwendigen 5α-Reduktase [EC 1.3.1.4 oder 1.3.1.22] nimmt nach Kastration zu und wird durch Östradiol inhibiert (Kniewald et al., 1974). Es ist daher wahrscheinlich, daß auch im Falle der Gestagene Progesteron als Prohormon für die eigentlich wirksamen gestagenen Metabolite vom 5α-Pregnan-Typ dient (Ainsworth und Ryan, 1969).

Da Progesteron oral unwirksam ist, sind durch chemische Modifikation geeignete Präparate entwickelt worden, die hohe gestagene Aktivität auch per os entwickeln. Hierzu gehört in erster Linie 17α-Hydroxy-progesteron-17-capronat.

Gestagene Aktivität wird auch in solchen synthetischen Derivaten gefunden, die umfangreiche chemische Modifikationen im Steranskelett aufweisen. So unterscheiden sich die *Retro-Steroide* von „normalen" Steroiden durch die ungewöhnliche Konfiguration der Substituenten an C-9 und C-10. Der Wasserstoff an C-9 steht in β, die Methylgruppe an C-10 in α. Daraus resultiert eine zwischen den Ringen B und C gewinkelte Struktur (Abb. 6-3). Ihre vollständige Konformationsbeschreibung lautet gemäß den im Kap. 3 gegebenen Regeln: (trans)-anti-cis-anti-trans. Das vom Retroprogesteron abgeleitete Derivat Trengeston ist stark gestagen (Abb. 6-4). Das Retroprogesteron-Derivat 9β,10α-Pregna-4,6-dien-3,20-dion hat insofern günstige pharmakologische Eigenschaften, als es im Zielorgan gestagen wirkt, ohne — selbst bei hohen Dosen — die LH-Ausschüttung zu bremsen. Weitere synthetische Gestagene sind im Kap. 6.2.2 aufgeführt.

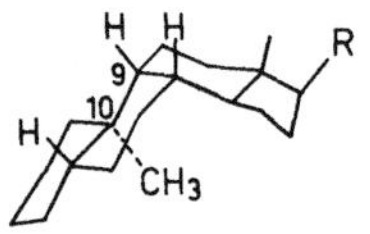

Abb. 6-3. Struktur eines Retro-Steroides

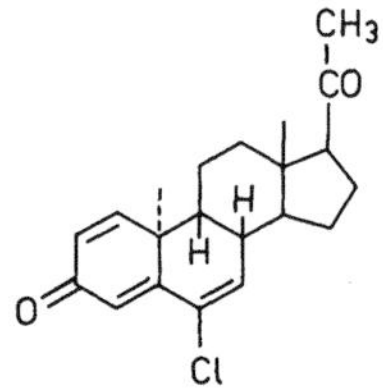

Abb. 6-4. Trengeston. 6-Chlor-9β,10α-pregna-1,4,6-trien-3,20-dion

Alle Gestagene können synergistisch mit Östradiol über eine positive Rückkopplung die *Ovulation* durch eine LH- und FSH-Sekretionsspitze auslösen. Im Gegensatz zu anderen Steroidhormonen sind bisher nur wenige definierte Proteine und Enzyme bekannt geworden, deren Synthese unter der Kontrolle von Gestagenen stehen. Beim Huhn werden im ausdifferenzierten Ovidukt durch Progesteron die für die Eibildung notwendigen Proteine, wie *Lipovitellin* und *Ovalbumin*, induziert. Außerdem induziert Progesteron spezifisch das biotinbindende *Avidin*. Im Uterus stimuliert Progesteron *Uteroglobin* (Beato und Arnemann, 1975), das u.a. für die Ernährung des Eies notwendig ist. Außerdem wird im Uterus durch Progesteron die Synthese eines Fe-haltigen Glykoproteins induziert, das als Phosphoproteinphosphatase [EC 3.1.3.16] die Dephosphorylierung von *Phosvitin* katalysiert. Schließlich induziert Progesteron die Bildung von *17β-Hydroxysteroid-Dehydrogenase* [EC 1.1.1.62], wodurch die Menge an aktivem Östradiol zugunsten von Östron zurückgeht (Tseng und Gurpide, 1975). Zusammen mit der progesteronabhängigen Hemmung der *Östradiol-Rezeptor*-Bildung wird damit die Aktivität der Uterusöstrogene in der Lutealphase vermindert, so daß es zu den charakteristischen Veränderungen des Uterusendometriums in der zweiten Cyclushälfte kommt. In der Brustdrüse induziert Progesteron die PRL-abhängige Bildung von *Galactosyltransferase*, hemmt jedoch die α-Lactalbumin-Bildung und damit die Lactose-Synthese (Murphy et al., 1973) (Abb. 6-5). Bei der durch Galactosyltransferase katalysierten Teilreaktion sind die beiden Aminozucker N-Acetyllactosamin und N-Acetylglucosamin Bestandteil eines Glykopeptids (N-Acetyllactosamin-Peptid). *α-Lactalbumin*, das für sich allein keine enzymatische Aktivität aufweist, verhält sich wie eine modifizierende Komponente der Galactosyltransferase (Ivatt und Rosemeyer, 1976). Da wegen des hohen Progesteronspiegels während des letzten Trimesters in der Schwangerschaft die α-Lactalbumin-Konzentration niedrig bleibt, kann die Milchbildung erst nach der Entbindung beginnen, wenn auch der Progesteronspiegel abgefallen ist.

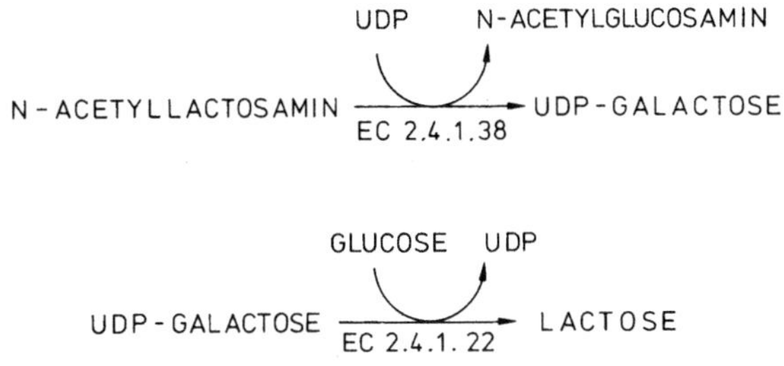

Abb. 6-5. Lactosebildung aus Galactosyl-2-acetamido-2-desoxy-D-glucosyl-glykopeptid („N-Acetyllactosamin-Peptid").
Enzyme: Galactosyltransferase [EC 2.4.1.38], Lactose-Synthetase [EC 2.4.1.22], bestehend aus Protein A (= Galactosyltransferase) + α-Lactalbumin

Zu den weiteren progesteronabhängigen Aktivitätsänderungen gehört die Hemmung der 21-Hydroxylierung von 17α-Hydroxyprogesteron (Wickramasinghe und Bryan, 1975). Ob die Hemmung der cAMP-Phosphodiesterase [EC 3.1.4.17] durch Progesteron (halbmaximale Hemmung in vitro durch 50 μM Progesteron) und der daraus resultierende Anstieg der cAMP-Menge von physiologischer Bedeutung ist, ist noch offen. Darüber hinaus verändern Gestagene in bestimmten Fällen Zellpermeabilitäten. Am ausführlichsten ist die progesteronabhängige Induktion der Oocyt-Reifung bei Amphibien untersucht worden. Progesteron stimuliert primär die Synthese eines Proteins, das den Abbruch des L-Leucin-Transportes in die Zellen verursacht, wodurch unmittelbar die Oocyt-Reifung in den Follikeln des Xenopus-Ovars ausgelöst wird (Belle et al., 1976).

Einige im Stoffwechsel der C_{21}-Steroide auftretende Metabolite, wie 3α-Hydroxy-5β-pregnan-20-on, aber auch Gestagene, die zur oralen Konzeption verwendet werden, greifen induktorisch in die Synthese der δ-Aminolävulinsäuresynthetase (ALSase) [EC 2.3.1.37] ein. Wahrscheinlich konkurrieren die Steroide mit Häm, das normalerweise die Transkription des für ALSase codierenden Messengers an der DNA unterdrückt (Weissman et al., 1973). Patienten, die einen u. U. kongenitalen Mangel an 5α-Reduktase [EC 1.3.1.22] aufweisen, bilden durch den Substratdruck nun vermehrt 5β-Pregnane, die die vermehrte Bildung von δ-Aminolävulinsäuresynthetase verursachen. Da Aminolävulinsäure der limitierende Vorläufer der Porphyrine ist, die nun verstärkt gebildet werden, entsteht das klinische Bild der *intermittierenden Porphyrie* (Kappas et al., 1972). Da die Glucuronide der 5β-Pregnane diese Wirkung nicht entfalten, kann das Syndrom auch auf einer Störung des Glucuronidierungsapparates beruhen. Auch andere Steroidmetabolite, wie die 5β-Androstane, ja sogar

5α-Androstane, können die Synthese der ALSase induzieren. Der in der Muttermilch ausgeschiedene Progesteronmetabolit 3α,20β-Dihydroxy-5β-pregnan hemmt in vitro die Glucuronidierung von Bilirubin durch die *Bilirubin-glucuronyltransferase* [EC 2.4.1.76]. Dieses Progesteron-Derivat wird daher für eine bestimmte Form des *Neugeborenen-Ikterus* verantwortlich gemacht.

Die zentrale Wirkung von Progesteron führt zusammen mit Prolactin zur Entwicklung „mütterlichen" Verhaltens zum Schutz und Aufzucht der Jungen. Sehr augenfällig ist die über die zentrale Wirkung des Progesterons verlaufende Erhöhung der Körpertemperatur um 0,6–1 ° C in der zweiten Cyclushälfte, die auf der direkten Wechselwirkung von Progesteron mit den präoptischen thermosensitiven Neuronen beruht (Nakayama et al., 1975). Höhere Dosen an Progesteron sowie bestimmte Progesteron-Derivate wie 3α-Hydroxy-5α-pregna-16-en-11,20-dion (Abb. 6-6) (Richards und Hesketh, 1975), wirken anästhetisch (Ayres et al., 1975). Die Wirkung dieser Steroide (und allgemein aller Anästhetika) hängt mit der hohen Affinität dieser Verbindungen zu den Phospholipid-Cholesterin-Membran-Vesikeln (Liposomen) zusammen, wobei die Beweglichkeit der Lipidphase der Nervenzellmembram beträchtlich erhöht wird (Lawrence und Gill, 1975).

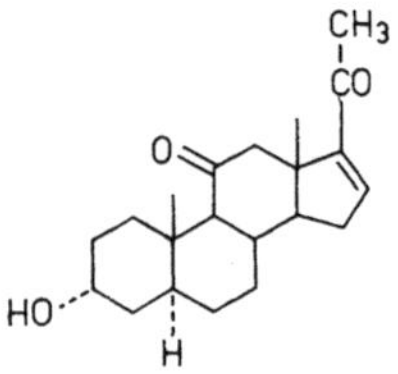

Abb. 6-6. Alphaxalon, 3α-Hydroxy-5α-pregna-16-en-11,20-dion

Bei der Frau werden zwischen 20–40 mg Progesteron/Tag gebildet, wobei rund 5–8 mg/Tag aus der Nebennierenrinde stammen. Im letzten Drittel der Schwangerschaft werden bis zu 350 mg Progesteron/Tag synthetisiert, die zu diesem Zeitpunkt nahezu ausschließlich aus der Placenta stammen. Der Plasmagehalt an Progesteron beträgt in der Lutealphase des Cyclus bis zu 1,5 μg/100 ml ($4{,}8 \cdot 10^{-8}$ M), in der Follikelphase rund 130 ng/100 ml ($4{,}1 \cdot 10^{-9}$ M), im letzten Drittel der Schwangerschaft bis zu 20 μg/100 ml ($6{,}4 \cdot 10^{-7}$ M). Beim Mann circulieren nur 20 ng Progesteron/100 ml Plasma ($6{,}4 \cdot 10^{-10}$ M). Das Steroid stammt hierbei vornehmlich aus der Nebennierenrinde.

6.2 Östrogene

Östradiol steuert zusammen mit Progesteron den Verlauf des *weiblichen Cyclus* (s. Kap. 6.2.1). Es ist für den Aufbau der Uterusschleimhaut notwendig und sowohl für die unter positiver Rückkopplung stehende Sekretionsspitze von LH und FSH kurz vor der *Ovulation* als auch für die Rückdrängung der tonischen Gonadotropin-Sekretion bei Frau (und Mann nach Aromatisierung der Androgene) verantwortlich. Dabei hemmt Östradiol stärker die FSH-Ausschüttung als die des LH. Bei der positiven Rückkopplung erhöht Östradiol die LH-Sekretion ebenfalls stärker als die FSH-Ausschüttung (s. Abb. 5-27). Außerdem entwikkeln Östradiol und dessen Konjugate einen direkten positiven Effekt auf die Ovarien, der die Ovulation begünstigt. Der Mechanismus dieser Wirkung ist unbekannt.

Die trophische Wirkung der Östrogene ist an der Zunahme des Uterusgewichtes im heranreifenden Organismus, bei Regeneration und Wachstum der Zona functionalis des *Endometriums*, der Ausbildung der sekundären weiblichen Geschlechtsmerkmale und — zusammen mit Progesteron und Prolactin — bei der Brustdrüsenentwicklung abzulesen. Östradiol hemmt ebenso wie Progesteron die Milchbildung.

Während der Schwangerschaft ist Östradiol an der Angleichung des Uteruswachstums an den sich entwickelnden Embryo beteiligt. Dies beruht ganz wesentlich auf der östrogenabhängigen Steigerung des *Collagen*stoffwechsels und der Collagensynthese. So stimuliert Östradiol (und auch Progesteron) die Aktivität der *Protocollagenhydroxylase* [EC 1.14.11.2] (Salvador et al., 1976). Gleichzeitig erhöht Östradiol die Gefäßdurchblutung, wahrscheinlich über eine gesteigerte *Prostaglandin*ausschüttung. Durch Titration mit Lectin lassen sich messend die Änderungen der Zelloberfläche nach Östrogengabe verfolgen (Pietras und Szego, 1975). Gleichzeitig erniedrigt Östradiol den intracellulären *Histamin*gehalt durch Freisetzung der Histamine aus definierten Kompartimenten. Wahrscheinlich geht dieser Effekt mit der östrogenabhängigen Labilisierung der Lysosomen parallel (s. Kap. 8.1.1 und 8.5). Die Wirkung tritt rasch ein und kann durch Hemmstoffe der Nucleinsäure- und Proteinsynthese nicht inhibiert werden. Die Histaminfreisetzung ist ursächlich mit der *Vasodilatation* des Uterusgewebes verknüpft. Gleichzeitig steigert Histamin die Östradiolaufnahme durch das Gewebe und verstärkt damit die Wirkung des Hormons (Castro-Vazquez et al., 1976). Wahrscheinlich ist die rasche, östradiolabhängige Vergrößerung des *cGMP*-Kompartimentes an der Labilisierung der Lysosomen beteiligt oder sogar Voraussetzung für dieses Phänomen. cGMP wirkt selbst mitogen und lysosomenlabilisierend (s. Kap. 5.2).

Da die Östrogene ebenso wie die Androgene während der Pubertät zur endgültigen Schließung der *Epiphysenfugen* und damit zum Stillstand des Längenwachstums des Skeletts führen, können Östrogene den anormalen Hochwuchs junger Mädchen hemmen. Diese Wirkung beruht auf der Hemmung von Sekretion und Bildung von *Somatomedin* in der Leber. Im übrigen verhält sich Östradiol wie ein ausgesprochen anaboles Steroid. Die Stickstoffretention durch Östrogene ist nur wenig geringer als die der Androgene. Das gleiche gilt für den Fettsäurestoffwechsel unter dem Einfluß des Östradiols. Beide Wirkungen haben zum Einsatz von Östrogenen in der Fleischmast geführt.

Hinsichtlich des Einweißstoffwechsels lassen sich eine Reihe definierter Proteine und Enzyme charakterisieren, die unter der Kontrolle von Östradiol stehen. Am längsten bekannt ist die Bildung des sog. „induced proteins“ IP. Es läßt sich mit proteinchemischen Methoden als neu gebildetes Protein nach Östradiolgabe beim ovariektomierten Tier sowohl im Endometrium als auch Myometrium nachweisen. Möglicherweise verbirgt sich aber unter „IP“ ein

Gemisch einer Gruppe von sauren Proteinen mit isoelektrischem Punkt zwischen 3,5 und 5,1, deren Mol.-Gew. im Bereich um 40000 liegt. Die ursprüngliche Annahme Baulieus, daß IP mit dem von ihm postulierten „key intermediate protein" KIP identisch ist, das für die Stimulation der ribosomalen RNA-Polymerase I notwendig sei, konnte Baulieu selbst ausschließen (Pennequin et al., 1975). Auch die Vermutung, daß es sich bei IP um eine Phosphoproteinphosphatase [EC 3.1.3.16] handelt, ließ sich nach Reinigung der IP-Fraktion nicht bestätigen. Während die Bildung von IP frühestens nach 30 Minuten nachweisbar ist und die Synthese nach insgesamt 60 Minuten maximal ist (Jacobelli et al., 1973), läßt sich im weiteren Verlauf ein weiteres neues Protein nachweisen, dessen Synthese drei Stunden nach Östradiolgabe maximal ist. Es hat ein Mol.-Gew. von 70500 und wird als cytoplasmatischer Vorläufer eines östradiolspezifischen Nichthistonproteins angesehen (Cohen und Hamilton, 1975). In der Hühnerleber sind noch weitere Nichthistonproteine identifiziert worden, deren Synthese östradiolabhängig ist (Dierks-Ventling und Jost, 1974). Das gleiche gilt für östradiolabhängig gebildete Nichthistonproteine im Rattenuterus mit Mol.-Gew. zwischen 16000 und 42000 (King et al., 1974).

Weiterhin induziert Östradiol die Synthese einer Reihe von *Plasmaproteinen* in der Leber:

Sexhormonbindendes Globulin (SBG) (siehe Kap. 8.1.2.4),
thyroxinbindendes Protein,
Transcortin (s. Kap. 8.1.2.3),
β-Glucuronidase [EC 3.2.1.31],
Angiotensinogen,
Caeruloplasmin [EC 1.16.3.1].

Die Veränderung dieser Plasmaproteine weist auf eine Reihe von Nebenwirkungen der östrogenen Komponente in den Ovulationshemmern hin, so den Einfluß auf den Blutdruck über die Änderung der Angiotensinbildung oder die Entwicklung einer Vitamin-C-Hypovitaminose durch das ascorbinsäureverbrauchende Caeruloplasmin (Briggs und Briggs, 1972).

Im Ovidukt des Huhns entstehen unter dem Östradiolstimulus Ovalbumin, Conalbumin, Lysozym [EC 3.2.1.17], Avidin und Ornithindecarboxylase [EC 4.1.1.17]. Dabei macht der Ovalbuminanteil rund 60 % der Gesamtproteine des Oviduktes aus, während Avidin etwa 0,1 % des Gesamteiweißes entspricht.

In der Leber des geschlechtsreifen Huhns wird durch Östradiol die Synthese der Eidotterproteine erhöht, die auf dem Blutweg zum Ovidukt gelangen, wo sie in die sich entwickelnden Oocyten eingelagert werden. Die Haupteidotterproteine sind *Phosvitin* (bestehend aus zwei Glykophosphoproteinen mit Mol.-Gew. 28000 und 34000, Seringehalt rund 50%) und *Lipovitellin* α und β (bestehend aus 20 % Lipiden und 80 % Protein, das rund 10 % Serin enthält. Die beiden Formen α und β unterscheiden sich nur im Phosphatgehalt, das Mol.-Gew. beträgt rund 180000). Diese Eidotterproteine sind auch in Hähnen nach Östradiolgabe induzierbar. Alle genannten Eiproteine entstehen aus dem gemeinsamen Vorläufer *Vitellogenin* (Deeley et al., 1975). Vitellogenin ist ein Dimeres aus zwei 240000-dalton-Untereinheiten, die jeweils die Sequenz für ein Molekül Lipovitellin und zwei Moleküle Phosvitin tragen. Während bei Hähnen ohne Stimulation rund 30 Moleküle β-Lipovitellin/Min./Leberzelle gebildet werden, erhöht sich diese Zahl nach einmaliger Östradiolinjektion (40 mg Östradiol/kg K.-Gew.) auf 48000 Mol./Min./Zelle (Jost et al., 1975).

Im Uterus induziert Östradiol die Synthese der Ornithindecarboxylase [EC 4.1.1.17], Glucose-6-phosphat-Dehydrogenase [EC 1.1.1.49], vermehrt die Synthese der Proteinsynthese-Startfaktoren und — was für die physiologische Wirkung außerordentlich wichtig ist — die der intracellulären Progesteron- und Östradiol-Rezeptoren. Ferner induziert Östradiol die Synthese von Lactatdehydrogenase [EC 1.1.1.27], Malatdehydrogenase [EC 1.1.1.39] und der 20α-Hydroxysteroid-Dehydrogenase [EC 1.1.1.149], so daß vermehrt 20α-Hydroxy-4-pregnen-3-on aus Progesteron entsteht. In verschiedenen Hirnbereichen der Ratte induziert Östradiol die Synthese der Acetylcholinesterase [EC 3.1.1.7] (Kanungo et al., 1975) sowie in der Epiphyse die für die Melatoninbildung wichtige Acetylserotonin-Methyltransferase [EC 2.1.1.4] (Mizobe und Kurokawa, 1976).

Diese Wirkungen beruhen durchwegs auf einer verstärkten Transkription der jeweiligen Messenger-Ribonucleinsäuren (Knowler, 1976). Daß tatsächlich der Östrogenreiz den Gehalt an mRNA (und nicht nur den der sog. stabilen Ribonucleinsäuren der Ribosomen und der Transfer-Ribonucleinsäuren) anhebt, konnte inzwischen zweifelsfrei nachgewiesen werden. Über das am 3'-Ende der mRNA gebundene Poly-A-Segment kann die nach Östradiolgabe vermehrt gebildete mRNA angereichert werden (Villee, 1974). Daneben ist allerdings zu beachten, daß die Änderung der RNA-Synthese, gemessen als eingebaute Radioaktivität aus Nucleinsäurevorläufern, auch auf der östrogenabhängigen Steigerung der Cytidinaufnahme durch die Uteruszellen beruht (Greenman, 1971). Dies führt zur Änderung des *Nucleotidkompartimentes* in der Zelle, wodurch scheinbar die RNA-Synthese stärker zunimmt als es dem tatsächlichen Anstieg der RNA-Menge entspricht.

Zwei Stunden nach Östradiolgabe steigt im Uterus die Aktivität der tRNA-Methyltransferasen [EC 2.1.1.x] um 10–20% und erreicht nach 72 Stunden fünffach höhere Werte im Vergleich zur Kontrolle. Gleichzeitig ändert sich die Spezifität der Methylasen (Baliga und Borek, 1974).

Als relativ später Östrogeneffekt folgt die Stimulation der Histon- und DNA-Synthese. Die DNA-Synthese wird in den unterschiedlichen Gewebe- und Zelltypen des Uterus auch verschiedenartig durch Östradiol beeinflußt. So steigert das Östrogen nach 18 Stunden die DNA-Synthese im Epithelium, nach Progesteronvorbehandlung wird dagegen die Zellteilung nur im Stroma begünstigt. Insgesamt kann man für die Folge der durch Östradiol im Uterus beim ovariektomierten Tier ausgelösten biochemischen und molekularbiologischen Änderungen den in Abb. 6-7 skizzierten Zeitplan aufstellen.

Wenn man die östrogene Aktivität der verschiedenen weiblichen Steroidhormone über den Grad der Umwandlung der *Vaginalschleimhaut* der Ratte bestimmt, so beobachtet man einen halbmaximalen Effekt bei der Anwendung recht unterschiedlicher Dosen (Tabelle 6-1). Während das natürliche Östradiol sehr gut nach s.c. Applikation wirkt, ist es oral nur sehr schwach wirksam. Dagegen ist das synthetische 17α-Äthinylöstradiol auch oral sehr gut wirksam

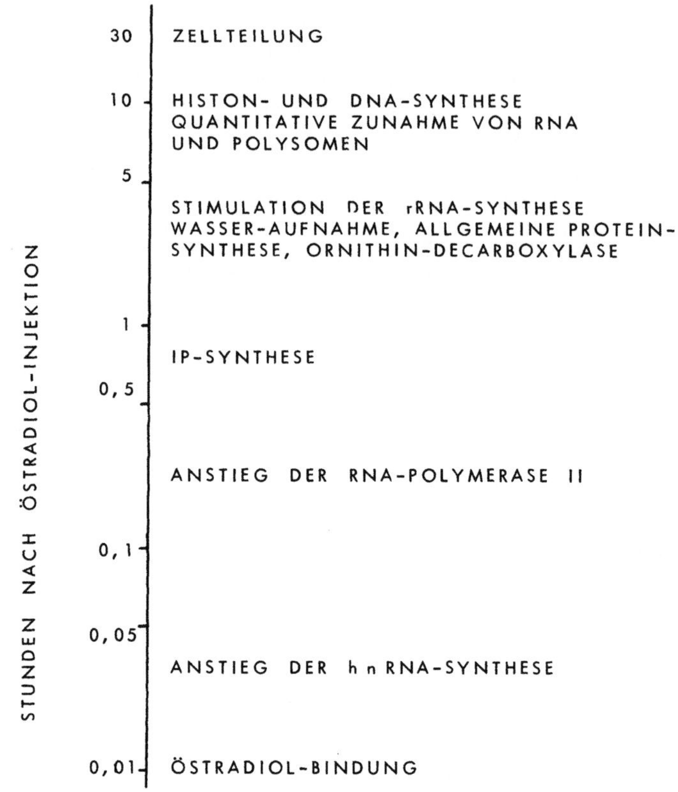

Abb. 6-7. Folge der durch Injektion von Östradiol bei der unreifen Ratte in vivo ausgelösten biochemischen und molekularbiologischen Änderungen im Uterus. 0,01 Std = 36 sec (verändert nach Katzenellenbogen und Gorski, 1975)

Tabelle 6-1. Halbmaximale Dosis bei der Umwandlung der Vaginalschleimhaut der Ratte

	μg subcutan	μg oral
Östradiol	0,1	50
Östron	0,8	55
Östriol	10	10
17α-Äthinylöstradiol	0,1	4

(Abb. 6-8). Östriol besitzt eine geringere biologische Aktivität als Östron oder Östradiol, wenn es s.c. injiziert wird, ist aber wegen seines stärker polaren Charakters deutlich wirksamer als Östradiol, wenn es oral gegeben wird (Abb. 6-9). Die uterotrophen Wirkungen von Östradiol und Östriol sind sogar gleichwertig (Martin et al., 1976). Dies gilt auch für die sog. raschen Wirkungen von Östriol und Östradiol auf die Glucoseoxydation, die Glucoseverwertung zur Lipidsynthese, die Aktivierung der RNA-Polymerase und auf die Flüssigkeitsaufnahme durch das Gewebe. Dennoch nimmt das Uteruswachstum in Gegenwart von Östriol nicht so stark zu wie nach Östradiolgabe. Dies beruht auf der Unfähigkeit des Östriols, den cytoplasmatischen Rezeptor lang genug im Kern zu halten. Drei Stunden nach Steroidgabe ist zwar in beiden Fällen der Rezeptorgehalt im Kern gleich hoch, nach drei weiteren Stunden geht dagegen dessen Menge im Falle des Östriols auf die Kontrolle zurück, mit Östradiol bleibt der Kern-Rezeptor-Gehalt jedoch weiter hoch. Wird daher die Östriolinjektion im Drei-Stunden-Abstand wiederholt, so stimuliert nun Östriol ebenso stark wie Östradiol das Uteruswachstum (Anderson et al., 1975).

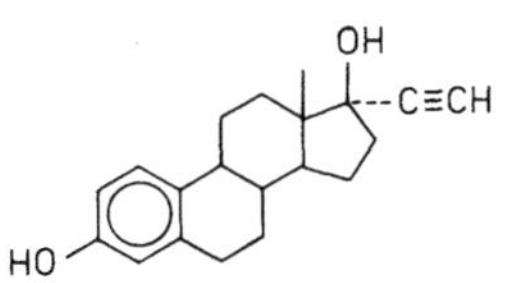

Abb. 6-8. 17α-Äthinyl-östradiol, 17α-Äthinyl-3,17β-dihydroxy-1,3,5(10)-östratrien

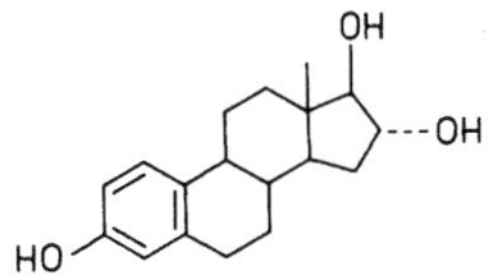

Abb. 6-9. Östriol, 3,16α,17β-Trihydroxy-1,3,5(10)-östratrien

Insgesamt stellt Östriol eine zusätzlich östrogen wirksame Komponente dar und verhält sich nicht — wie häufig angenommen — nur als östrogene „Puffersubstanz". Östriol fördert das *Brusttumor*wachstum stärker als Östradiol (Fishman und Hellman, 1976).

Durch den Bedarf an oral wirksamen Östrogenen ergab sich die Entwicklung synthetischer Östrogene. Heute werden vornehmlich zwei synthetische Östrogene bei der hormonellen Antikonzeption (s. Kap. 6.2.2) eingesetzt: 17α-Äthinylöstradiol (s. Abb. 6-8) und Mestranol (Abb. 6-10). Bereits 1934 wurde beobachtet, daß Verbindungen mit ein oder mehreren Benzolringen östrogen wirken können, wenn die Struktur des Moleküls in den äußeren Dimensionen der der Steroide nahe kommt. So erhält man im 4,4'-Dihydroxy-γ,δ-diphenyl-n-hexan (Abb. 6-11) eine Verbindung, die ebenso (schwach) östrogen ist wie

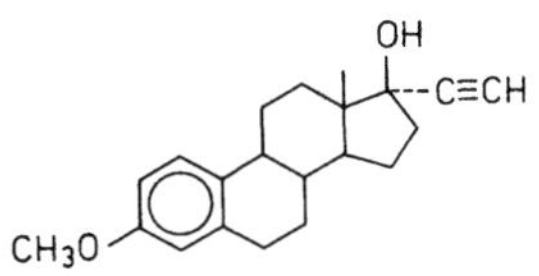

Abb. 6-10. Mestranol, 17α-Äthinyl-3-methoxy-17β-hydroxy-1,3,5(10)-östratrien

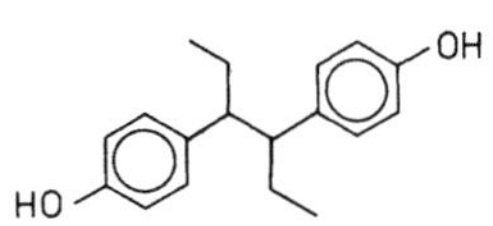

Abb. 6-11. 4,4'-Dihydroxy-γ,δ-diphenyl-n-hexan

Östron. Die Verbindung kann als Vorgänger des Diäthylstilböstrols aufgefaßt werden (Cook et al., 1934). 1938 gelang im gleichen Labor die Synthese des *Diäthylstilböstrols* (Abb. 6-12). Diese Verbindung ist wesentlich wirksamer als Östron und etwa gleich wirksam wie Östradiol. Zusammen mit dem stärker ungesättigten *Dienöstrol* (Abb. 6-13) wird Diäthylstilböstrol heute nur noch im Tierversuch eingesetzt. Bei Töchtern von Müttern, die während der Schwangerschaft mit Diäthylstilböstrol behandelt worden waren, haben sich Spätschäden herausgestellt. Sie erkrankten an (zumeist gutartigen) Tumoren von Vagina und Cervix im Alter von 17–18 Jahren (Sonek et al., 1976). Auch bei Söhnen wurden nach Diäthylstilböstrolgabe während der kritischen Phase ihrer Embryogenese Mißbildungen der Genitalien erzeugt. Andererseits ist auch Östradiol als natürliches Östrogen am Wachstum (östrogenabhängiger) Brusttumoren beteiligt.

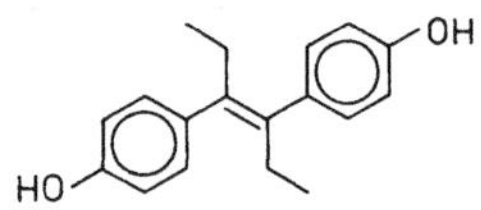

Abb. 6-12. Diäthylstilböstrol, 3,4-bis(p-Oxyphenyl)-3-hexen (oder: 4,4-Dihydroxy-trans-7,7′-diäthylstilben)

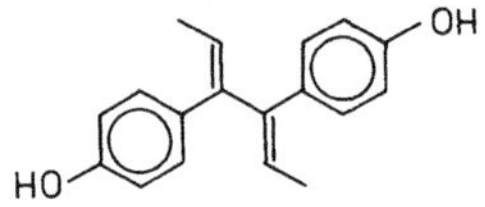

Abb. 6-13. Dienöstrol, 3,4-bis(p-Oxyphenyl)-2,4-hexadien

Die als natürliche Metabolite des Testosterons auftretenden Östrogene haben auch beim Mann hormonelle Funktionen. So fördern sie das Wachstum der Prostata, Samenblase und die Knochenbildung. Schließlich erfolgt ein Teil der Androgenwirkung auf die Gonadotropinsekretion nach vorheriger Aromatisierung in Östrogene.

Relativ unklar ist der Zusammenhang zwischen Östrogenen und dem *Relaxin*, einem vom Corpus luteum gebildeten Peptidhormon mit Mol.-Gew. 5600–5800 (Schwabe und Braddon, 1976). Relaxin lockert die Beckenbänder für die bevorstehende Geburt, soll aber auch außerhalb der Schwangerschaft im Verlauf des Cyclus physiologische Funktionen haben. Für seine Wirkung bedarf Relaxin der permissiven Aktivität von Östradiol.

Alle Sexualhormone, so auch die Östrogene, haben eine zentrale Wirkung. In demjenigen Hirnteil, der alle für die Selbst- und Arterhaltung notwendigen Verhaltensweisen reguliert, kommt durch die Wirkung des Östradiols ein direkter Einfluß auf das Triebverhalten, die Angriffsstärke, den Unternehmungsgeist und die Stimmungslage zustande. Östradiol (und die übrigen Sexualhormone) beeinflussen also nicht nur im psychosexuellen Bereich, sondern weit darüber hinaus. So können Gedächtnisstörungen eine Folge des Östrogen- und Androgenmangels im Klimakterium von Frau und Mann sein. Auch hochdosierte östrogenbetonte Ovulationshemmer führen zu depressiven Stimmungslagen und Antriebsschwäche. Über die zentrale Wirkung der Östrogene ist auch die Senkung der Körpertemperatur zu erklären. Diesem Effekt in der ersten östrogenbetonten Cyclushälfte steht die Erhöhung der Körpertemperatur durch Progesteron in der zweiten Cyclushälfte gegenüber.

Bei beiden Geschlechtern zeigen die Östrogene einen circadianen Rhythmus im Blutspiegel mit einem abendlichen Abfall auf 15–20 % des Morgenwertes. Der Östradiolgehalt beträgt 30 ng Östradiol/100 ml (das sind rund $1{,}1 \cdot 10^{-9}$ M) kurz vor der Ovulation. Es werden insgesamt 50–300 μg Östradiol/Tag bei der Frau produziert. Während des letzten Schwangerschaftsdrittels erhöht sich die

Syntheserate auf 300 mg Östrogene/Tag (vornehmlich Östriol). Beim Mann beträgt der Plasmagehalt rund 1,5–2 ng Östradiol/100 ml Plasma (7,3 · 10^{-11} M) zuzüglich 2–3 ng Östron/100 ml (10^{-10} M) bei einer Syntheserate von rund 40 μg Östrogen pro Tag.

6.2.1 Der weibliche Cyclus

Physiologie und Funktion des *Ovars* stehen im Mittelpunkt der Vorgänge, die während des Geschlechtscyclus ablaufen. Ebenso wie die Testes stellen die Ovarien eine gemischte Drüse dar, da sie sowohl Keimzellen, die Eier, als auch die spezifischen weiblichen Geschlechtshormone produzieren. Das Ovar ist bei der geschlechtsreifen Frau ein 7–14 g schweres Organ und enthält bis zu 300000 Eizellen (Primordialfollikel), von denen jedoch nur ein Bruchteil unter der Stimulation der Gonadotropine zu Primärfollikeln und weiter bis zu den sprungreifen *Graaf-Follikeln* heranreift. Die Follikel liegen im Bindegewebe (Membrana granulosa) des Ovars und treten nach dem Follikelsprung aus, wobei es beim Menschen in den beiden Ovarien abwechselnd zur *Ovulation* kommt. Für das Wachstum des Follikels ist in erster Linie FSH verantwortlich. Die Ovulation wird durch den Sekretionsgipfel von LH unmittelbar davor ausgelöst.

Während der Ovulation fließt der sog. Liquor folliculi zusammen mit dem Ei aus dem Follikel aus, wobei im einzelnen noch nicht genau bekannte proteolytische Vorgänge beteiligt sind (Marsh und LeMaire, 1974). Einen erheblichen Anteil daran haben die *Lysosomen*, deren Anzahl und Aktivität sowohl durch Steroidhormone als auch durch Prostaglandine gesteuert werden (Bjersing und Cajander, 1975). Nach dem Follikelsprung ist die erste Reifeteilung abgeschlossen und die daraus hervorgehende sog. sek. Oocyte enthält nur noch einen haploiden Chromosomensatz, also 22 Autosomen + ein X-Chromosom. Das zurückgebliebene Follikel wandelt sich in das *Corpus luteum* um, das wegen seines hohen Carotingehaltes gelb gefärbt ist. Das freigelegte Ei wandert zum Uterus, wo es durch die Schleimhaut im *Endometrium* fixiert wird.

Die physiologischen Vorgänge bei der Entwicklung und Ernährung von Ei, Ovar, Corpus luteum und Uterusschleimhaut werden durch Steroidhormone und Gonadotropine gesteuert. Die tonische FSH- und LH-Sekretion fördert zunächst das Follikelwachstum und die Östradiolbildung in den Theka-Zellschichten. Durch den *Hohlweg-Effekt* (s. Kap. 5.1.2.3) wird die Sekretionsspitze von LH und FSH ausgelöst, die in der Regel 16–24 Stunden vor der Ovulation, also der Follikelruptur, liegt. Beim Menschen liegt die für die Auslösung des Hohlweg-Effektes notwendige Sekretionsspitze des Östradiols deutlich vor dem Anstieg der Gonadotropinkonzentrationen (Abb. 6-14). Bei anderen Primaten fallen dagegen beide Vorgänge zusammen. In den Granulosazellen des Corpus luteum wird anschließend in steigendem Maße Progesteron gebildet. Die Änderung des Entwicklungszustandes des Endometriums läßt sich durch die Einstellung des Progesteron-/Östradiolquotienten als Funktion der Cyclusphasen erklären. Ansteigende Progesteronkonzentrationen hemmen die Bereitstellung von Östradiolrezeptoren und verringern daher die Effektivität der vorhandenen Östrogene

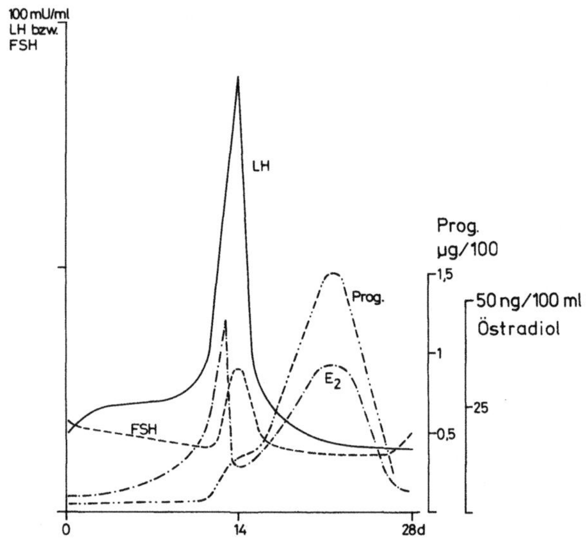

Abb. 6-14. Verlauf der Plasmaspiegel für die verschiedenen Hormone im Zusammenhang mit dem Sexualcyclus der Frau (verändert nach Nocke und Leyendecker, 1972).
LH Lutropin, *FSH* Follitropin, *Prog.* Progesteron, E_2 Östradiol

(Brenner et al., 1974). Gleichzeitig stimuliert Progesteron die Synthese der 17β-Hydroxysteroid-Dehydrogenase [EC 1.1.1.62], die das Verhältnis Östradiol/Östron zugunsten von Östron verschiebt.

Ebenso wie Progesteron bereits präovulatorisch von den Follikeln sezerniert wird, wird Östradiol auch noch im Corpus luteum synthetisiert. Durch negative Rückkopplung von Östradiol und Progesteron kommt es im weiteren Verlauf des Cyclus zur Zurückdrängung der Gonadotropinsekretion. Gleichzeitig geht das Corpus luteum zugrunde. Die Lebenserwartung des Corpus luteum beträgt außerhalb der Schwangerschaft maximal neun Tage. Die physiologischen Gründe hierfür sind nicht bekannt. Der Untergang des Corpus luteum zum Ende des Sexualcyclus wird als *Luteolyse* bezeichnet.

Hohe Progesteronkonzentrationen halten die Sekretionsphase des Uterus aufrecht und gewährleisten dadurch die Ernährung des Eies (Uteroglobinbildung s. Kap. 6.1). Durch die Rückbildung des Corpus luteum geht allmählich auch die Progesteronbildung zurück, so daß die Uterusschleimhaut nicht mehr ausreichend stimuliert wird. Durch die Abstoßung der Schleimhaut zusammen mit dem unbefruchteten Ei findet der Cyclus seinen Abschluß (Menses).

Findet eine *Befruchtung* statt, so bleibt das Corpus luteum erhalten und übernimmt mit Hilfe des sezernierten Progesterons folgende Funktionen: Hemmung einer weiteren Ovulation, Förderung der Entwicklung des Embryos, Herabsetzung der Bewegungsfähigkeit des Uterus und zusammen mit Östradiol Förderung der Weiterentwicklung der Brustdrüsen.

Die sog. spontane *Ovulation* der Frau kommt auch bei anderen Säugern, z. B. Affe, Ratte und Meerschweinchen vor. Demgegenüber steht die reflektorische Ovulation bei Kaninchen und Katze, bei denen die charakteristischen Änderungen der Gonadotropinsekretion mit nachfolgender Ovulation erst durch die Kohabitation ausgelöst werden. Der Sexualcyclus der Nichtprimaten wird *Östruscyclus* genannt. Der Ovulation entspricht der Östrus, der follikularen Phase der Proöstrus, der Lutealphase der Metöstrus, der durch den Diöstrus abgeschlossen wird. Bei Ratten und Mäusen dauert der Östruscyclus 4–6 Tage.

Der Sexualcyclus in weiblichen Säugern steht im offensichtlichen Gegensatz zum cyclusfreien Sexualverhalten männlicher Individuen. Der für die cyclische Gonadotropinsekretion verantwortliche Bereich im Hypothalamus weiblicher Säuger fehlt bei männlichen Individuen. Seine Ausbildung wird bereits während der Embryogenese männlicher Feten unterdrückt (s. Kap. 9.1).

6.2.2 Antikonzeption

Da einer Befruchtung die Bildung eines reifen Eies vorausgehen muß, wird durch Hemmung der *Eireifung* und *Ovulation* auch die Befruchtung unterdrückt. Eireifung und die Ovulation hängen von der zunächst tonischen Gonadotropinsekretion und schließlich der LH-Sekretionsspitze am Tag vor der Ovulation ab. Durch Erhöhung der Plasmakonzentration an Östrogenen und Gestagenen kann über die negative Rückkopplung die Gn-RH- und damit auch die Gonadotropinsekretion selbst zurückgedrängt werden.

Bei der hormonellen Antikonzeption nehmen die Probanden daher (in der sog. Einphasenpille) eine gestagene Komponente zusammen mit einer geringeren Menge eines östrogen wirksamen Stoffes ein, wodurch die Gonadotropinsekretion weit zurückgedrängt und eine Ovulation daher unmöglich wird. Das gleichzeitig vorhandene Gestagen führt zum Wachstum des *Endometriums*, so daß es kurz nach Absetzen der Medikamentation zu einer „*Entzugsblutung*" kommt. Dabei wird die Uterusschleimhaut abgestoßen, die allerdings im Gegensatz zur normalen Menses kein (unbefruchtetes) Ei enthält.

Bei der „Zweiphasenpille" werden die physiologischen Verhältnisse insofern imitiert, als zunächst 14 Tage lang Östrogene neben wenig Gestagen, in der letzten Cyclushälfte jedoch relativ mehr Gestagen neben wenig Östrogen eingenommen werden. Neben den im Kap. 6.2 angegebenen oral wirksamen Östrogenen werden durchwegs synthetische Gestagene bei der hormonellen Antikonzeption eingesetzt (Abb. 6-15).

Neben den erwünschten Wirkungen der Ovulationshemmer läßt sich eine ganze Reihe von biochemischen Effekten definieren (Briggs, 1976), die zum Teil zu Gesundheitsstörungen führen können. Dabei steht die Risikozunahme für thrombo-embolische Erkrankungen nach der Einnahme höher östrogenbetonter Ovulationshemmer an der Spitze. Die jährliche Erkrankungsziffer mit diesen Symptomen beträgt bei Frauen zwischen 20. und 34. Lebensjahr sechs pro 100000, nach Einnahme von Ovulationshemmern erhöht sich die Zahl auf 66 pro 100000. Die Letalität an Lungenembolie und Hirnvenenthrombose beträgt 1,5/100000 Frauen gegenüber 0,2/100000 bei Frauen, die keine Ovulationshemmer einnehmen (Stamm, 1975). Auch Gallenblasenerkrankungen gehören zu den Nebenwirkungen der Ovulationshemmer (79 Erkrankungen/100000 bei

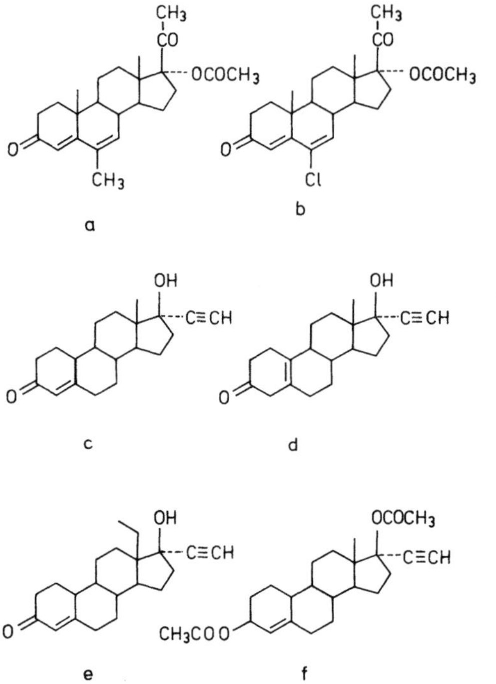

Abb. 6-15. Struktur einiger synthetischer Gestagene. (a) Megestrolacetat, 6-Methyl-17α-hydroxy-4-pregnen-3,20-dion-17-acetat; (b) Chlormadinonacetat, 6-Chlor-17α-hydroxy-4-pregnen-3,20-dion-17-acetat; (c) Noräthindron, 17α-Äthinyl-17β-hydroxy-4-östren-3-on; (d) Norethynodrel, 17α-Äthinyl-17β-hydroxy-5(10)-östren-3-on; (e) Norgestrel, 17α-Äthinyl-18-methyl-17β-hydroxy-4-östren-3-on; (f) Ethynodioldiacetat, 17α-Äthinyl-3β,17β-dihydroxy-4-östren-3,17-diacetat

Frauen ohne, 158/100000 bei Frauen mit Einnahme von Ovulationshemmern). Schließlich findet man eine Zunahme von hepatozellulären Neoplasmen. Sie sind zwar meist gutartig, doch sind auch eine Reihe von Lebercarcinomen im Zusammenhang mit der Einnahme von Ovulationshemmern diagnostiziert worden (Goldfarb, 1976). Umgekehrt sind sog. benigne Brusttumoren nach Einnahme von Ovulationshemmern seltener als bei den übrigen Frauen.

Als Kontraindikation der Ovulationshemmer sah man bei jungen Mädchen das noch nicht abgeschlossene Längenwachstum, den noch nicht stabilen Cyclus und die Einwirkungen auf die sekundären weiblichen Geschlechtsmerkmale. Doch halten diese Einschränkungen einer strengen Kritik nicht stand. Für einen möglichen Wachstumsstillstand sind mindestens fünffach höhere Östrogendosen notwendig als sie mit den Ovulationshemmern eingenommen werden. Auch eine nachteilige Wirkung auf den noch nicht stabilen Cyclus ist statistisch nicht zu begründen. Die Häufigkeit von Cyclusstörungen nach Absetzen der Ovulationshemmer steht in keinem erkennbaren Zusammenhang mit dem Lebensalter zum Zeitpunkt der ersten hormonellen Antikonzeption.

Der klassischen hormonellen Antikonzeption steht die sog. *Minipille* gegenüber. Sie trägt ihren Namen auf Grund der außerordentlich niedrigen Gestagendosen und enthält kein Östrogen. Hier findet demnach ein völlig normaler ovulatorischer Cyclus statt, in den das Gestagen nicht inhibierend einzugreifen vermag. Das Steroid verändert vielmehr die physikalische Beschaffenheit des *Cervixschleims* in der Weise, daß die Spermien ihn nicht mehr passieren können. Diese Änderung läßt sich messend durch die sog. *Spinnbarkeit* des Cervixschleimes unter der Einnahme der Minipille verfolgen. Der Cervixschleim besteht aus einem Polypeptid-/Polysaccharidgemisch. Die Wirkung beruht wahrscheinlich auf der progesteronabhängigen Hemmung der UDP-Galactose:Glycoprotein-Galactosyltransferase [EC 2.4.1.22] (die *Lactosesynthetase* aus Kap. 6.1) und der CMP-Sialinsäure: Glykoproteinsialyltransferase [EC 2.4.99.1] (Nelson et al., 1975). Naturgemäß ist diese Form der Antikonzeption weniger sicher als nach der Einnahme klassischer Ovulationshemmer. Da es jedoch bei einem Teil der Frauen nach der Einnahme der klassischen Ovulationshemmer zu erheblichen Beeinträchtigungen des Allgemeinbefindens und gesundheitlichen Störungen kommen kann (Auftreten eines latenten Diabetes mellitus; Hausmann und Kaffarnik, 1975), kann die Minipille als Alternative angesehen werden. Wegen der anabolen Wirkung der Östrogene erhöhen Ovulationshemmer den Triglyceridgehalt des Blutes (Atolabi et al., 1976). Durch die östrogenabhängige Stimulation der Angiotensinogenbildung in der Leber können Hypertonikerinnen gefährdet sein (Girndt et al., 1976). In seltenen Fällen kann es zur Ausbildung eines Hochdrucks kommen, der sich nach Absetzen des Ovulationshemmers zurückbildet.

Als eine Variante zur pharmakologischen Steuerung der Fruchtbarkeit der Frau erscheint die Hemmung der *Nidation*. Die Entwicklung solcher präimplantorisch wirkenden Interzeptiva ist gegenwärtig Gegenstand intensiver Forschungen (Oettel, 1975). Dem Laien sind sie durch die Bezeichnung „Morning-after-pill" bekannt.

Zu den weiteren Alternativen einer pharmakologischen Antikonzeption gehört die Einnahme von *Akrosininhibitoren*. Akrosin [EC 3.4.21.10] ist ein trypsinähnliches Enzym, das sich in der Akrosomenkappe des Spermienkopfes befindet und für die Passage durch die Eizellenmembran notwendig ist. In ejakulierten Spermien ist zunächst keine Akrosinaktivität vorhanden, doch tritt sie in sog. kapazitierten Spermien auf, die eine gewisse Zeit im weiblichen Genitaltrakt verweilten. Erst dann ist die Befruchtung möglich. Durch Behandlung mit Akrosininhibitoren lassen sich die Spermien wieder dekapazitieren, so daß die Eizelle nun nicht mehr befruchtet werden kann. Natürliche Akrosininhibitoren befinden sich sowohl in der Vesikulardrüse des Mannes als auch im Cervixschleim der Frau. Zwei Tage vor der Ovulation ist der Spiegel an Akrosininhibitoren im Cervixschleim am niedrigsten. Die Minipille mit ihren niedrigen Gestagendosen scheint ebenfalls die Spermakapazitation zu hemmen. In diesem Zusammenhang ist eine interessante Hypothese formuliert worden, nach der die dekapazitierten (oder die noch nicht kapazitierten) Spermien einen relativ hohen Gehalt an membranstabilisierendem *Cholesterinsulfat* aufweisen. An der Kapazitation sei die in den weiblichen Reproduktionsorganen vorhandene Cholesterinsulfatase [EC 3.1.6.2] beteiligt, die zur Freisetzung von Cholesterin führt. Damit steht in Zusammenhang, daß der Gehalt an Cholesterinsulfat in kapazitierten Spermien niedriger ist (Lalumiere et al., 1976).

Zu den weiteren denkbaren Methoden, die erst nach erfolgter Konzeption wirksam werden, also einen *Schwangerschaftsabbruch* darstellen, gehören der Einsatz spezifischer Antiseren gegen schwangerschaftstypische Serumproteine und die Verwendung von Prostaglandinen. Bei Affen fand man im Plasma schwangerer Tiere ein Protein SP_1, das in der Placenta für den Steroidhormontransport benötigt wird. Durch Impfung mit einem Antiserum gegen SP_1 läßt sich ein Schwangerschaftsabbruch einleiten (Bohn und Weinmann, 1974). Inzwischen sind auch bei schwangeren Frauen mehrere schwangerschaftsspezifische Proteine charakterisiert worden (Lin et al., 1974b). Durch intraamniale Gabe von *15-Methyl-Prostaglandin* $F_{2\alpha}$ erzeugt man ebenfalls einen Schwangerschaftsabbruch. Hierbei steht die luteolytische Wirkung der Prostaglandine im Vordergrund. Die Methylgruppe bewirkt eine Verlängerung der Halbwertszeit des Pharmakons. In 97 % der Fälle wird innerhalb von 18–20 Stunden ein Abort eingeleitet. Bei den mechanischen, in den Uterus eingebrachten schwangerschaftsverhütenden Hilfsmitteln verläuft die Wirkung über die verstärkte Invasion von *Phagocyten*, die ihrerseits prostaglandinreich sind und dadurch eine *Luteolyse* auslösen (Myatt et al., 1975). Es wird auch die Verwendung solcher Pharmaka diskutiert, die über eine Hemmung des Prostaglandinabbaus den Prostaglandinspiegel anheben und dadurch in Placenta und Corpus luteum inhibitorisch wirken (Lerner et al., 1975).

Eine weitere denkbare Variante zur biologischen Schwangerschaftsverhütung stellt die Applikation von Antikörpern gegen Oberflächenantigene der menschlichen Spermatocyten dar. Solche Antiseren könnten nach lokaler Applikation im Genitaltrakt der Frau wirken. Auf diese Möglichkeit der Schwangerschaftsverhütung stieß man, nachdem die Kinderlosigkeit bei bestimmten Frauen auf die Bildung von inaktivierenden Antikörpern gegen die Spermatocyten des Mannes zurückgeführt werden konnte.

Verschiedentlich ist die Frage gestellt worden, ob nicht auch der Mann zumindest alternierend die Verantwortung für die Familienplanung übernehmen kann. Theoretisch könnte der männliche Reproduktionsprozeß an verschiedenen Stellen beeinflußt werden. Es ist aber bisher nicht gelungen, Präparate zu finden, die die Spermatogenese nur reversibel zu hemmen vermögen. Bei der hormonellen Unterdrückung der Spermatogenese müssen außerdem sehr hohe Dosen an Sexualhormonen angewendet werden, um die Gonadotropinsekretion in ausreichendem Maße zu unterdrücken. Bei diesen Steroidspiegeln ist aber das Auftreten von *Prostatatumoren* begünstigt. Außerdem beobachtet man einen Schwund des *Keimepithels*, der ebenfalls nicht reversibel ist. Hinzu kommt, daß wegen der längeren Reifungsdauer der Spermien zwischen Beginn der Behandlung und dem Verlust der Zeugungsfähigkeit mindestens drei Monate vergehen. Schließlich sind Libido- und Potenzverlust in Kauf zu nehmen. Das Antiandrogen Cyproteronacetat (s. Kap. 6.7.2) erzeugt zwar eine reversible Azoospermie, doch sind hier andere Nebenwirkungen beträchtlich, so daß die Anwendung nur bei Triebtätern versucht wird. Insgesamt ist die „Pille“ für den Mann in naher Zukunft noch nicht zu erwarten.

6.3 Androgene

Für die Androgene lassen sich folgende biologischen Aktivitäten definieren:

a) Stimulation spezifischer Stoffwechselleistungen in den Zielorganen der Androgene. Förderung der Ausbildung der männlichen Fortpflanzungsorgane

(einschließlich Prostata, Vesikulardrüse usw.) sowie von Haarwuchs, Kehlkopfvergrößerung usw. In der Regel sind diese Wirkungen mit einer vermehrten Nucleinsäure- und Eiweißsynthese verbunden. Im Muskel wird die Synthesesteigerung der Proteine bei den anabolen Steroiden klinisch ausgenutzt;
b) Förderung der Spermatogenese in bestimmten Stadien;
c) Rückkopplung auf die Gonadotropinsekretion (möglicherweise über die vorherige Umwandlung in Östrogene);
d) zentrale Wirkung auf das Hirn;
e) Ausbildung geschlechtsspezifischer Enzymmuster in verschiedenen Organen einschließlich der Differenzierung des Sexualzentrums während der Embryogenese sowie postnatal (s. Kap. 9.1 und 9.2).

Die wichtigsten natürlichen Androgene sind Testosteron (Abb. 6-16) und 5α-Dihydrotestosteron (Abb. 6-17). Außerdem sind noch weitere C_{19}-Steroide

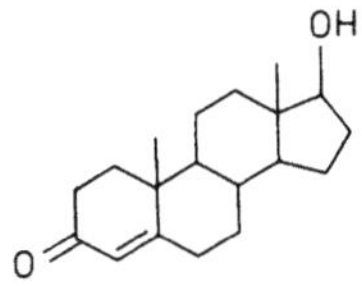

Abb. 6-16. Testosteron, 17β-Hydroxy-4-androsten-3-on

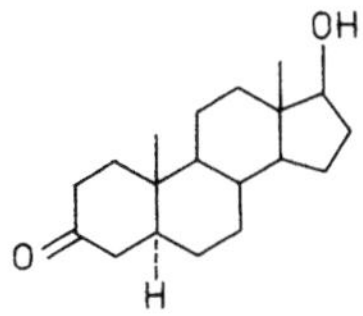

Abb. 6-17. 5α-Dihydrotestosteron, 17β-Hydroxy-5α-androstan-3-on

androgen wirksam (Abb. 6-18). Die androgene Aktivität von 3α,17β-Dihydroxy-5α-androstan beruht wahrscheinlich in erster Linie auf der Möglichkeit, durch Reduktion mit Hilfe der 3α-Hydroxysteroid-Dehydrogenase [EC 1.1.1.50] in 5α-Dihydrotestosteron überzugehen. Das gleiche trifft für 3α-Hydroxy-5α-an-

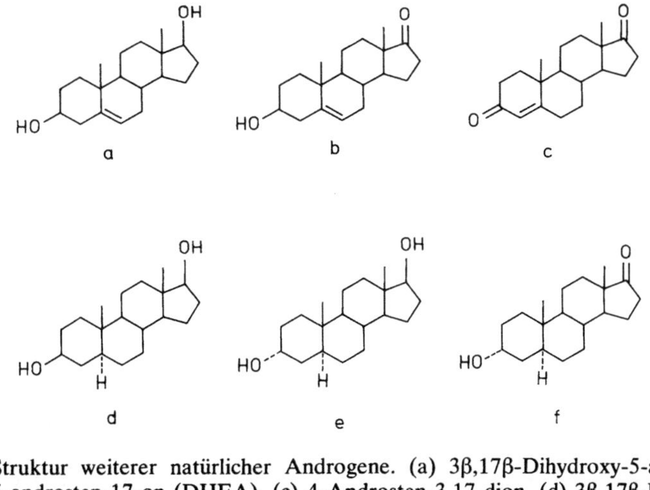

Abb. 6-18. Struktur weiterer natürlicher Androgene. (a) 3β,17β-Dihydroxy-5-androsten, (b) 3β-Hydroxy-5-androsten-17-on (DHEA), (c) 4-Androsten-3,17-dion, (d) 3β,17β-Dihydroxy-5α-androstan, (e) 3α,17β-Dihydroxy-5α-androstan, (f) 3α-Hydroxy-5α-androstan-17-on

drostan-17-on zu, wobei eine Reduktion mit Hilfe der 17β-Hydroxysteroid-Dehydrogenase [EC 1.1.1.63 oder 64] stattfinden muß. Außerdem konkurrieren alle 5α-Androstane mit Testosteron um die Bindung am plasmatischen sexhormonbindenden Globulin (SBG) (s. Kap. 8.1.2.4) und erhöhen dadurch die Menge an freiem, d.h. aktivem Testosteron im Blut.

Aus dem Vergleich der biologischen Aktivitäten der Androgene und ihrer Struktur sind folgende Merkmale für die androgene Wirkung wesentlich:

a) Sauerstoff-Funktion an C-3. Besonders günstig: 3-Keto-Gruppe;
b) Doppelbindung an C-4 oder C-5 oder 5α-Konformation;
c) 17β-Hydroxygruppe;
d) C-19-Methylgruppe.

Testosteron ist für die Aufrechterhaltung der Funktionen der accessorischen Geschlechtsorgane (Prostata, Vesikulardrüse) verantwortlich und fördert zusammen mit FSH die Spermatogenese, die Lebensdauer und Beweglichkeit der Spermien und den Stoffwechsel der Samenkanälchen. Testosteron stimuliert außerdem alle Stadien der meiotischen Teilung der *Spermatogenese*. Da für die Spermatozoen Fructose als wichtigster Energielieferant dient, ist es erklärlich, daß Testosteron die Enzyme Aldosereduktase [EC 1.1.1.21] und Sorbitdehydrogenase [EC 1.1.1.14] induziert, die von Glucose via Sorbit die Fructosebildung ermöglichen (Samuels und Harding, 1962). Auch der Gehalt an Citrat und *saurer Phosphatase* [EC 3.1.3.2] sind im Ejakulat testosteronabhängig. Die Prostata ist das einzige Organ, das beträchtliche Mengen an saurer Phosphatase in das Serum ausschüttet (Tenniswood et al., 1976). Beim Prostatacarcinom steigt der Serumspiegel an diesem Enzym signifikant an. Umfangreiche biochemische Untersuchungen zur Enzymologie dieses Enzyms haben jedoch keine biologische Funktion für dieses Protein erkennen lassen.

In den Testes bewirkt Testosteron bzw. das daraus gebildete 5α-Dihydrotestosteron eine vermehrte Synthese von Enzymen, die die *Glykolyse* fördern, z.B. Hexokinase [EC 2.7.1.1] und Phosphofructokinase [EC 2.7.1.11]. Schließich induzieren Testosteron bzw. 5α-Dihydrotestosteron die Synthese des cytoplasmatischen *Rezeptors* für Testosteron bzw. 5α-Dihydrotestosteron und die der 5α-Reduktase [EC 1.3.1.22], die die Bildung des 5α-Androstans gewährleistet. Aus diesem Grunde geht nach Kastration der Gehalt an diesem Enzym in den Zielorganen der Androgene zurück (s. Kap. 9.2).

5α-Dihydrotestosteron verhält sich wie ein qualitativ verschiedenes Androgen gegenüber Testosteron. In Organkulturen der Prostata stimuliert 5α-Dihydrotestosteron die Gewebsproliferation einschließlich der DNA-Synthese, während Testosteron stärker die Sekretionsaktivität des Gewebes aufrecht erhält. Beim Hund stimuliert dagegen 3α,17α-Dihydroxy-5α-androstan (und nicht 5α-Dihydrotestosteron) die DNA-Synthese in der Prostata (Evans und Pierrepoint, 1975). Dieses 3α,17α-Diol wird als wirksames Androgen in die Kerne der Prostatazellen transferiert (Evans und Pierrepoint, 1976). Bei der Spermatogenese in der Epididymis der Ratte entwickelt 3α,17β-Dihydroxy-5α-androstan besondere Aktivitäten, die von keinem anderen C_{19}-Steroid erbracht werden (Calandra und Blaquier, 1973). Desgleichen ist 3α,17β-Dihydroxy-5α-androstan das eigentliche androgene Prinzip in der Niere (Dofuku et al., 1971).

Testosteron ist der androgene Wirkstoff in einer Vielzahl von peripheren Geweben sowie in der Vesikulardrüse, Präputialdrüse usw. (Gustafsson und Pousette, 1975). Ferner wirkt Testosteron (und nicht 5α-Dihydrotestosteron) in den Muskeln und denjenigen Hirnbereichen, in denen das Sexualverhalten gesteuert wird (nicht zu verwechseln mit den Nuclei, die die tonische Gn-RH-Sekretion gewährleisten). Im Muskelgewebe fehlen überdies ausreichende Aktivitäten an der 5α-Reduktase [EC 1.3.1.22] zur 5α-Dihydrotestosteron-Bildung (Massa und Martini, 1974).

Die Androgene regeln über eine negative Rückkopplung die Gonadotropinsekretion in Hypothalamus und Hypophyse, wofür sie zumindest teilweise in Östrogene überführt werden müssen (Naftolin et al., 1975 b) So wird Testosteron in den limbischen Hirnbereichen des Affen, bei der Ratte und einigen anderen Laboratoriumstieren zur Steuerung androgenabhängiger Verhaltensweisen zunächst in Östradiol überführt (Agmo und Södersten, 1975). Entsprechend gibt es dort bestimmte, für das aus Testosteron entstehende Östradiol spezifische Rezeptoren, die sich von solchen Rezeptoren unterscheiden, die direkt Östradiol binden können. Entsprechend ist die sterotaktische Applikation von DHT im Bereich der limbischen Hirnregionen ohne Einfluß auf das „männliche" Verhaltensmuster. Auch für die Sexualdifferenzierung des männlichen fetalen Gehirns (s. Kap. 9.1) ist die vorherige Aromatisierung des Testosterons notwendig. Insgesamt kann man den Schluß ziehen, daß Testosteron im Gehirn sowohl direkt (Hypothalamus und Hypophyse) als auch nach Aromatisierung als Östadiol (limbische Bereiche, Hypothalamus) bzw. nach Ring-A-Reduktion als 5α-Androstan-Derivat (HVL) wirkt (Abb. 6-19) (Mahesh et al., 1975).

Verfolgt man die Verteilung und den Stoffwechsel von Testosteron im Rattenhirn, so wiegt allerdings in allen untersuchten Bereichen (HVL, Hypotha-

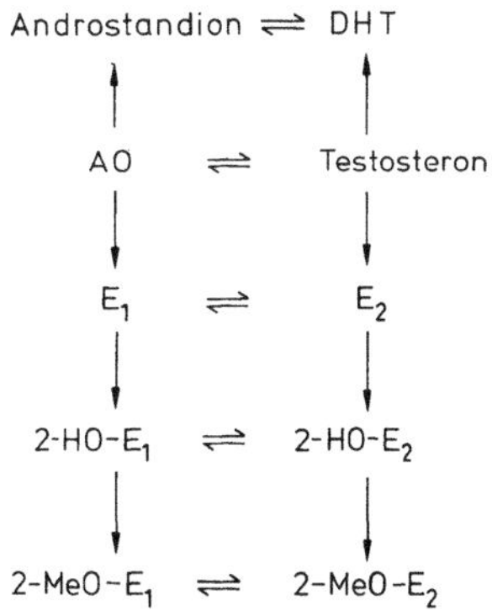

Abb. 6-19. Hauptmetabolite des Testosterons, die im Hirn biologisch aktiv sein können (nach Naftolin und Ryan, 1975). *DHT* 5α-Dihydrotestosteron, *AO* 4-Androsten-3,17-dion, *E_1,E_2* Östron, Östradiol, *2-HO-E_1* 2-Hydroxy-östron, *2-HO-E_2* 2-Hydroxy-östradiol, *2-MeO-E_1* 2-Methoxy-östron, *2-MeO-E_2* 2-Methoxy-östradiol

lamus, Epiphyse usw.) Testosteron vor, dem mengenmäßig Androstendion folgt (Gustafsson et al., 1976). Beide Steroide zusammen repräsentieren bei der männlichen Ratte mehr als 80 % der Gesamt-C_{19}-Steroide im Gehirn. Dagegen überwiegen bei der weiblichen Ratte 17α-Hydroxy-4-androsten-3-on (Epitestosteron) und 17α-Hydroxy-5α-androstan-3-on als hypothalamische und hypophysäre Testosteronmetabolite.

Alle Androgenwirkungen auf das Verhalten der Tiere verlaufen ebenso wie in den meisten anderen bisher geschilderten Fällen über die vermehrte und spezifische Bildung von RNA. Da die Verwertung dieser Nucleinsäuren (und der davon codierten Proteine und Peptide) in einem außerordentlich komplizierten Folgeprozeß erfolgt, sind die eigentlichen biologischen Effekte auf das Verhalten erst 6–12 Stunden nach Steroidgabe nachweisbar, zu einem Zeitpunkt, in dem die Steroide nicht mehr im Gehirn nachweisbar sind.

Interessant ist die Beobachtung, nach der im Rattenhypothalamus die ungewöhnlichen Metabolite 3α,17β-Dihydroxy-4-androsten und 3β,17β-Dihydroxy-4-androsten in nennenswerter Menge vorkommen (Genot et al., 1975).

In der Leber bewirken Androgene die Bildung des sog. *Sexproteins*, eines α_2-Globulins, dessen Funktion unbekannt ist (Roy et al., 1974). Es wird mit dem Harn ausgeschieden. Bei seiner Biosynthese wirken weitere Hormone, wie Schilddrüsen-, Wachstumshormon und Glucocorticoide permissiv (Sippel et al., 1975).

Die *Niere* ist ein wichtiges Zielorgan der Androgene. Dort wirkt Testosteron neben 3α,17β-Dihydroxy-5α-androstan auf die Synthese von Arginase [EC 3.5.3.1], β-Glucuronidase [EC 3.2.1.31] und Erythropoietin stimulierend. Auch im *Knochenmark* stimuliert Testosteron (und nicht 5α-Dihydrotestosteron) die Blutbildung (Sierralta et al., 1974).

Die Androgene sind ohne Bedeutung für das Wachstum und die Entwicklung des Hodens, wofür ausschließlich die Gonadotropine, in erster Linie FSH, verantwortlich sind. Bei der Frau fördern die Androgene die Entwicklung der *Klitoris*, Labia majora und Pubes. Bei der weiblichen Ratte stimuliert 3β,17β-Dihydroxy-5-androsten das *Uteruswachstum* und keratinisiert das Vaginalepithelium (Shao et al., 1975). Ebenso wird das *Oviduktwachstum* des Huhns durch Androgene gefördert (Palmiter und Haines, 1973). Auf die biologische Bedeutung der Androgene im weiblichen Organismus weist auch die Tatsache hin, daß die vom Ovar sezernierten Testosteronmetabolite durchweg biologisch aktive Androgene sind (Schriefers und Schmidt, 1968).

Der *anabole* Wirkanteil der natürlichen Androgene führt zum charakteristischen Knochenbau des Mannes, der typisch männlichen Verteilung und Ausbildung der Muskeln und seiner gegenüber der Frau verstärkten Behaarung und Hämoglobinbildung (via stimulierte Erythropoietinbildung). Die anabole Wirkung wird durch die androgenabhängige Steigerung der DNA-Synthese in der Vesikulardrüse und in den Muskeln unterstrichen (Mosebach und Engels, 1966).

Testosteron und 5α-Dihydrotestosteron sind (ebenso wie die natürlichen Sexualhormone Östradiol und Progesteron) oral unwirksam. Durch verschiedene Molekülmodifikationen am Testosteron kann man oral wirksame Androgene oder solche ebenfalls oral wirksamen Derivate erhalten, bei denen die anabole Wirkung betont ist. Als oral wirksames Androgen bewährt sich *Mesterolon* (Abb. 6-20).

Dieses Steroid weist insofern eine besondere biologische Qualität auf, weil es einerseits die Funktion des Testosterons in den Zielorganen der Androgene auch nach oraler Gabe übernehmen kann, andererseits nicht die Ausschüttung der Gonadotropine hemmt. Möglicherweise hängt dies mit der Tatsache zusammen,

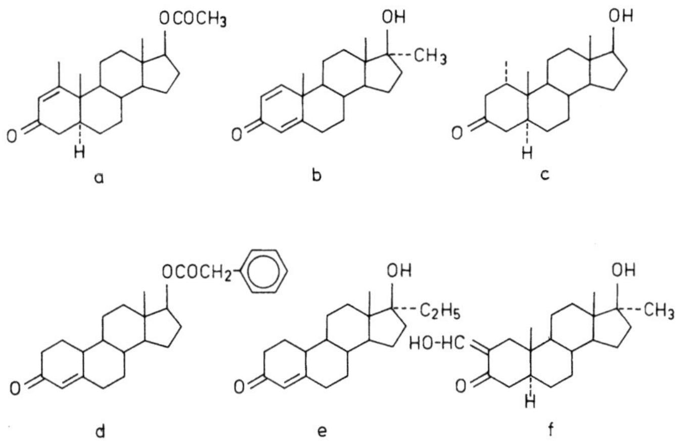

Abb. 6-20. Struktur einiger anabol wirkender Steroide mit unterschiedlich großer androgener Aktivität. (a) Primobolan, 1-Methyl-17β-hydroxy-5α-androst-1-en-3-on-17-acetat; (b) Methandrostenolon, 17α-Methyl-17β-hydroxy-1,4-androstadien-3-on; (c) Proviron, Mesterolon, 1α-Methyl-17β-hydroxy-5α-androstan-3-on; (d) Durabolin, 17β-Hydroxy-4-östren-3-on-17-phenylpropionat; (e) 17α-Äthyl-17β-hydroxy-4-östren-3-on; (f) 2-Hydroxymethylen-17α-methyl-17β-hydroxy-5α-androstan-3-on

daß die Androgene im Bereich von Hypothalamus und Hypophyse für ihre Rückkopplung erst zu Östrogenen aromatisiert werden müssen, was Mesterolon auf Grund seiner 5α-Androstan-Struktur verwehrt ist.

Durch zusätzliche Modifikationen läßt sich die androgene Wirkung der männlichen Geschlechtshormone von der anabolen Aktivität dissoziieren, so daß nur noch sehr schwach androgene Derivate vorliegen, die auch bei der Frau zur Stärkung der Eiweißsynthese eingesetzt werden können. Dennoch muß man immer — auch bei relativ niedrigen Dosierungen — mit Virilisierungen (Stimmveränderung, Akne) rechnen, die häufig irreversibel sind (Heinemann, 1976). Die wichtigsten synthetischen C_{19}-Verbindungen mit ausgeprägten anabolen Wirkungen sind in Abb. 6-20 aufgeführt. Die anabolen Wirkungen verlaufen ohne Beteiligung der Gonaden, Nebennieren oder der Hypophyse. Sie sind nicht universell auf die gesamte Proteinsynthese des Körpers gerichtet. Vielmehr regen die Anabolika vorzugsweise das Wachstum bestimmter Skelettmuskeln an, stimulieren aber auch die Leistung (insuffizienter) Nieren. Gleichzeitig erfolgt eine Mobilisierung von Fett, das als Energiequelle verwertet wird. Wesentlich für den therapeutischen Effekt der Anabolika ist eine optimale Eiweißzufuhr. Inzwischen ist mit kultivierten Skelettmuskelzellen (primäre Myoblastenkultur) eine direkte Stimulation des Mitoseindex durch Anabolika nachgewiesen worden (Powers und Florini, 1975). Die Anabolika verkürzen dabei die G_1-Phase unter raschem Eintritt in die S-Phase des Zellcyclus.

Ein von den androgenen und anabolen Wirkungen unabhängiger Effekt wird von 5β-Androstanen (und auch von 5β-Pregnanen) bei der Synthese der *δ-Aminolävulinsäuresynthetase* [EC 2.3.1.37] entwickelt. Wenn als Folge einer zu geringen 5α-Reduktase-Aktivität [EC 1.3.1.22] die 4-Androstene mit Hilfe der 5β-Reduktase [EC 1.3.1.23] vermehrt in 5β-Androstane übergehen, so häufen sich diese Metabolite so stark an, daß sie eine normalerweise steroidunabhängige Synthesekette stören. 5β-Androstane (und 5β-Pregnane, s. Kap. 6.1) greifen in die Wechselwirkung zwischen Häm und denjenigen Regulatorelementen ein, die normalerweise die mRNA-Synthese für die δ-Aminolävulinsäuresynthetase abschalten. Die hämabhängige Repression der Biosynthese des Hämvorläufers δ-Aminolävulinsäure ist nun nicht mehr möglich. Es entsteht das Symptom der bereits im Kap. 6.1 beschriebenen *intermittierenden Porphyrie*. Rezeptoren für die 5β-Androstane (und 5β-Pregnane) sind in den blutbildenden Organen und Geweben gefunden worden. Das gleiche gilt für die Leber, in der ein Teil der vermehrten δ-Aminolävulinsäuresynthese bei dieser Erkrankung abläuft (Kappas et al., 1972; Lane et al., 1975). Von Mainwaring wird die Auffassung vertreten, daß die 5β-Androstane auch unter normalen Bedingungen für die Regulation der Hämoglobinbildung notwendig sind (Irving et al., 1976). Da Androgene außerdem an der Stimulation der *Erythropoietin*bildung beteiligt sind, würde dies auf eine zweifache steroidabhängige Kontrolle der *Hämoglobin*bildung hinweisen. Die Induktion der δ-Aminolävulinsäuresynthetase-Synthese läßt sich auch mit isolierten Hepatocyten durch 3α-Hydroxy-5α-androstan-17-on erreichen, sofern sich die Zellen in der G_1-Phase des Zellcyclus befinden (Incefy und Kappas, 1974).

Der Gehalt an Testosteron im Plasma beträgt beim Mann altersabhängig 500–1000 ng/100 ml ($1{,}7–3{,}4 \cdot 10^{-8}$ M) und tendiert im hohen Alter zu Werten unter 500 ng/100 ml. Wegen des circadianen Rhythmus der Androgensekretion (Nieschlag und Ismail, 1970) findet man beim gesunden Mann morgens z.B. 600 ng Testosteron/100 ml, abends 400 ng/100 ml. Im Vergleich hierzu beträgt der Gehalt an

5α-Dihydrotestosteron	60 ng/100 ml = $2{,}6 \cdot 10^{-9}$ M
3β,17β-Dihydroxy-5-androsten	110 ng/100 ml = $3{,}8 \cdot 10^{-9}$ M
4-Androsten-3,17-dion	80 ng/100 ml = $2{,}8 \cdot 10^{-9}$ M

Der Androsten-dion-Gehalt ist bei der Frau mit 160 ng/100 ml ($5{,}6 \cdot 10^{-9}$ M) deutlich höher. Die Bildungsrate beträgt rund 7 mg Testosteron pro Tag, für Androstendion 1,4 mg/d. Das im Blut circulierende DHEA (30–100 µg/100 ml, 1,1 bis $3{,}5 \cdot 10^{-6}$ M) stammt vornehmlich aus der Nebennierenrinde. Die Sekretionsrate von DHEA ist ebenfalls wesentlich größer als die des Testosterons: 15–20 mg/Tag.

Bei der gesunden Frau werden folgende Androgenkonzentrationen gemessen:

Testosteron	15– 60 ng/100 ml = $0{,}5–2{,}4 \cdot 10^{-9}$ M
5α-Dihydrotestosteron	10– 30 ng/100 ml = $3–10 \cdot 10^{-10}$ M
DHEA	150–740 ng/100 ml = $5–25 \cdot 10^{-9}$ M
Androstendion	100–310 ng/100 ml = $3–11 \cdot 10^{-9}$ M
3β,17β-Dihydroxy-5-androsten	30–120 ng/100 ml = $1– 4 \cdot 10^{-9}$ M

Die Bildungsrate für Testosteron beträgt bei der Frau 0,1 mg/Tag.

6.4 Corticoide

In der Nebennierenrinde werden Glucocorticoide (in erster Linie Cortisol und Cortison), Mineralocorticoide (Aldosteron und 11-Desoxycorticosteron) und die Nebennierenrindenandrogene und -östrogene sowie Progesteron gebildet. Für die Glucocorticoide lassen sich die folgenden Hauptfunktionen nennen:
a) Spezifische Stimulation einer Vielzahl von Enzymsynthesen in der Leber und weiteren Organen, die stets mit einer vermehrten Nucleinsäure- und Proteinsynthese verbunden sind. Die Syntheseänderungen der Enzyme des gluconeogenetischen Stoffwechsels stehen im Vordergrund. Im Falle der Mineralocorticoide wird das Transportsystem für Na^+ in der Niere induziert. Die Gluconeogenese ermöglicht nach Abbau der von den peripheren Geweben stammenden Aminosäuren zu CO_2 und Wasser die Bereitstellung von Energie. Außerdem werden Teile des Kohlenstoffgerüstes der Aminosäuren zum Aufbau von Glucose und Glykogen verwertet.
b) Hemmung der Nucleinsäure- und Eiweißsynthese in den peripheren Geweben. Hemmung der peripheren Glucoseverwertung. Auflösung des lymphatischen Systems. Diese katabolen Wirkungen der Glucocorticoide in den peripheren Geweben überwiegen die durch Anstieg bestimmter Enzymsynthesen verfolgbare „anabole“ Wirkung in der Leber und Niere. Die katabolen Wirkungen sind sowohl in der Muskulatur als auch in der Haut, dem gesamten lymphatischen System usw. nachweisbar. Neben der verminderten Glucoseverwertung kommt es zu einer gesteigerten Lipolyse (permissiver Effekt der Glucocorticoide auf die Catecholaminwirkung) und wegen der verringerten Bereitstellung von α-Glycerinphosphat zu einer verminderten Fettsäuresynthese. Als Folge des Gewebeuntergangs steigt das Angebot an freien Aminosäuren, die in der Leber mit Hilfe der aminosäureabbauenden und gluconeogenetischen Enzyme in Richtung Glucosebildung verwertet werden.
c) Änderung von Membranqualitäten, besonders Stabilisierung von Membranen (therapeutische Verwendung der Corticoide zur Gefäßabdichtung beim Schock), Lysosomenstabilisierung und dadurch verminderte Prostaglandinfreisetzung usw.
d) Rückkopplung auf die Sekretion von ACTH im Hypothalamus.
e) Zentrale Wirkung auf das Hirn unter Änderung des Verhaltensmusters.
f) Einfluß auf die Organentwicklung in der Fetalperiode (z.B. Differenzierung der Lunge) und — nach Metabolisierung zu den fetalen Östrogenen — auf die allgemeine Embryonalentwicklung (s. Kap. 9.1).

So wie bei den Androgenen stets die anabole neben der androgenen Wirkung vorliegt, deren Verhältnis zueinander für jedes Steroid einen charakteristischen Wert hat, weisen auch die Corticoide gleichzeitig nebeneinander glucocorticoide Wirkungen (d.h. Fähigkeit zur Induktion der Enzyme der *Gluconeogenese*) und mineralocorticoide Wirkung (Induktion des oder der Proteine für den Na^+-Transport) auf. Für die wichtigsten Nebennierenrindenhormone (Abb. 4-61) läßt sich deren glucocorticoide Wirkung miteinander vergleichen und mit den mineralocorticoiden und antiinflammatorischen Wirkungen ins Verhältnis setzen (Tabelle 6-2). Die 11β-Hydroxygruppe ist für die glucocorticoide Wirkung wichtig, so daß Cortison im Stoffwechsel erst in Cortisol übergehen muß.

Tabelle 6-2. Vergleich der glucocorticoiden, mineralocorticoiden und antiinflammatorischen Wirkung wichtiger Corticoide

	glucocorticoide Wirkung	mineralocorticoide Wirkung	antiinflammatorische Wirkung
Cortisol	1	1	1
Cortison	0,7	2,0	0,8
Corticosteron	0,3	5	0,02
Aldosteron	0,2	1000	0,01

Die Leber stellt das wichtigste Zielorgan der Glucocorticoide dar. Dort wird die Synthese einer Reihe von aminosäureabbauenden Enzymen sowie verschiedener gluconeogenetischer Enzyme stimuliert. Zwischen der Applikation der Corticoide und der meßbaren Zunahme der Gluconeogeneseaktivitäten vergeht eine Verzögerungsperiode von rund 45–60 Minuten, die für die Glucocorticoidwirkung charakteristisch zu sein scheint. Sie wird auch mit isolierten Leber- und Lebertumorzellen gemessen.

Im Rahmen der Gluconeogenese wird Glucose aus Pyruvat, Lactat oder anderen Intermediaten des Citronensäurecyclus' synthetisiert. Pyruvat geht als Vorläufer der Glucose die in Abb. 6-21 beschriebenen Einzelschritte ein. In den Stufen nach Bildung von Phosphoenolpyruvat stellt die Reaktionskette eine Umkehrung der Glykolyse dar. Während der Gluconeogenese findet ein Ortswechsel der Intermediatbildung statt, denn Oxalessigsäure entsteht in den Mitochondrien, Phosphoenolpyruvat wird aber im Cytoplasma verwertet.

Glucocorticoide induzieren den Anstieg der beiden Enzyme Pyruvat-Carboxylase und Phosphoenolpyruvat-Carboxykinase am Anfang der Gluconeogenese und außerdem Fructose-1,6-diphosphat-1-Phosphohydrolase sowie D-Glucose-6-phosphat-Phosphohydrolase am Schluß der Reaktionskette (Abb. 6-22). Im ganzen Verlauf der Gluconeogenese wird die Pyruvat-Carboxylase als das limitierende Enzym angesehen, das den langsamsten Teilschritt katalysiert, an dem daher auch eine sinnvolle Regulation durch die Corticoide erfolgen kann. An allen aufgeführten Angriffspunkten wirken Glucocorticoide und Insulin antagonistisch, d.h. durch Insulin werden die durch Cortisol begünstigten Enzymaktivitäten inhibiert. Außerhalb der Leber unterdrücken die Corticoide

Abb. 6-21. Verlauf der Gluconeogenese aus Pyruvat. (a) Pyruvat, (b) Oxalacetat, (c) Phosphoenolpyruvat, (d) D-Glycerinsäure-2-phosphat, (e) D-Glycerinsäure-3-phosphat, (f) D-Glycerinsäure-1,3-diphosphat, (g) D-Glycerinaldehyd-3-phosphat, (h) Dihydroxyacetonphosphat, (i) Fructose-1,6-diphosphat, (k) Fructose-6-phosphat, (l) Glucose-6-phosphat, (m) Glucose. ►

Enzyme: Pyruvat-Carboxylase [EC 6.4.1.1], Phosphoenolpyruvat-Carboxykinase (GTP) [EC 4.1.1.32], Enolase [EC 4.2.1.11], 2,3-Diphospho-D-glycerat:2-Phospho-D-glycerat-Phosphotransferase [EC 2.7.5.3], ATP:3-Phospho-D-glycerat-1-Phosphotransferase [EC 2.7.2.3], D-Glycerinaldehyd-3-phosphat:NAD^+ Oxidoreduktase (phosphorylierend) [EC 1.2.1.12], Triosephosphatisomerase [EC 5.3.1.1], D-Fructose-1,6-diphosphat-D-Glycerinaldehyd-3-phosphat-Lyase [EC 4.1.2.13], D-Fructose-1,6-diphosphat-1-Phosphohydrolase [EC 3.1.3.11], D-Glucose-6-phosphat-Ketol-Isomerase [EC 5.3.1.9], D-Glucose-6-phosphat-Phosphohydrolase [EC 3.1.3.9]

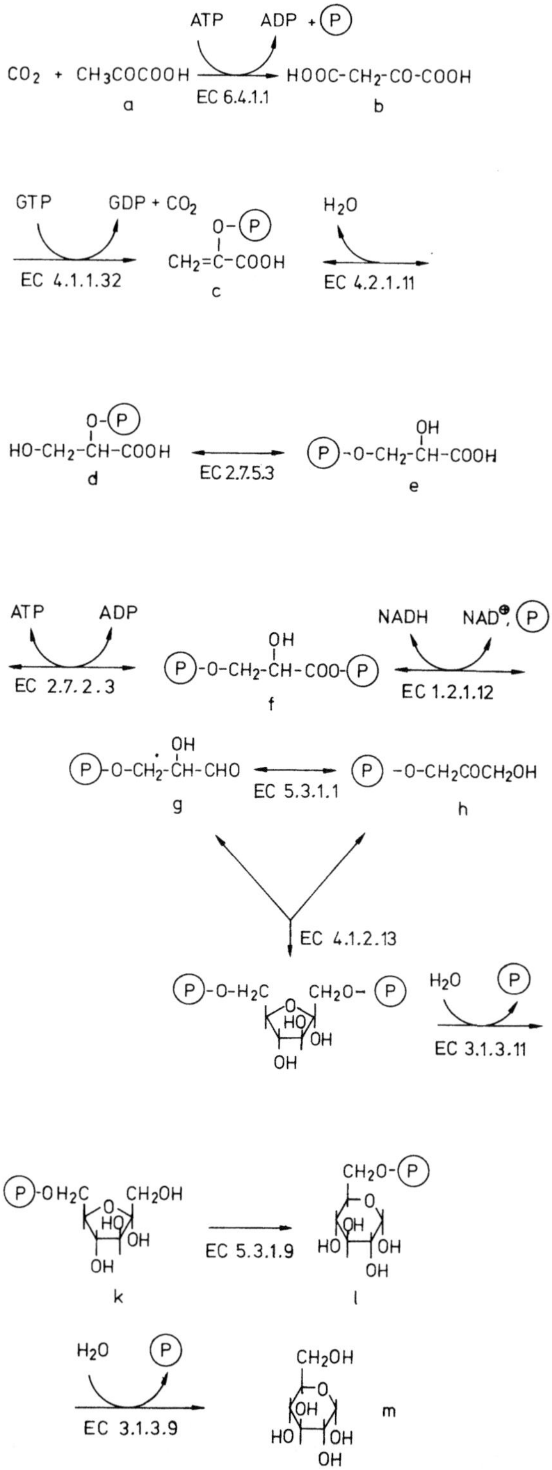
ATP
ADP + P
CO2 + CH3COCOOH
EC 6.4.1.1
HOOC-CH2-CO-COOH
a
b
GTP
GDP + CO2
EC 4.1.1.32
O-P
CH2=C-COOH
c
H2O
EC 4.2.1.11
O-P
HO-CH2-CH-COOH
d
EC 2.7.5.3
OH
P-O-CH2-CH-COOH
e
ATP
ADP
EC 2.7.2.3
OH
P-O-CH2-CH-COO-P
f
NADH
NAD⊕, P
EC 1.2.1.12
OH
P-O-CH2-CH-CHO
g
EC 5.3.1.1
P -O-CH2COCH2OH
h
EC 4.1.2.13
P-O-H2C
CH2O- P
H2O
P
EC 3.1.3.11
P-OH2C
CH2OH
k
EC 5.3.1.9
CH2O-P
l
H2O
P
EC 3.1.3.9
CH2OH
m

die Aktivität der Phosphoenolpyruvat-Carboxykinase-Aktivität, z.B. im Fettgewebe.

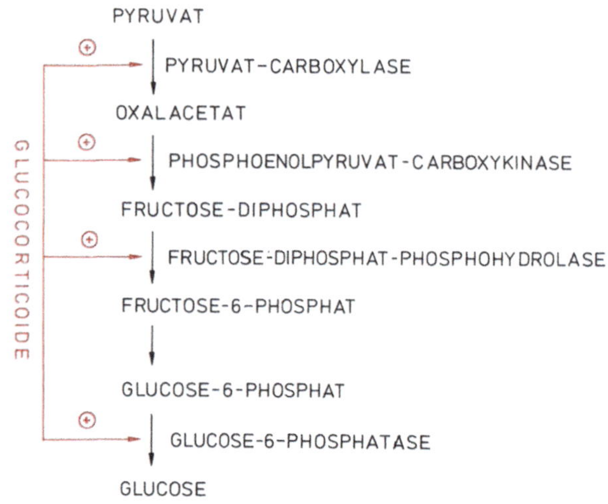

Abb. 6-22. Hauptangriffspunkte der Corticoide während der Stimulation der Gluconeogenese

Diese Aktivitätsänderungen führen aber nur dann zu einer vermehrten Glucosebildung, wenn tatsächlich die Intermediate Pyruvat oder Oxalacetat in ausreichendem Maße zur Verfügung stehen. Bei Hunger ist dies nicht der Fall. Hier springen nun die aus dem Eiweißkatabolismus anfallenden Aminosäuren (mit Ausnahme von Leucin) ein. Sie vermögen nach Abbau in verschiedene Intermediate des Citronensäurecyclus überzugehen, die letztlich zur vermehrten Pyruvatbereitstellung führen (Abb. 6-23). Corticoide greifen nun in diesen Vorläuferpool an Aminosäuren ein, indem sie durch Induktion der Tryptophan-2,3-dioxygenase (L-Tryptophan: Oxygen, 2,3-Oxidoreduktase [decyclisierend],

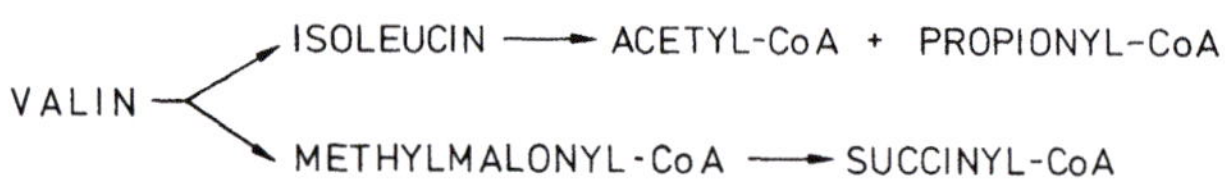

Abb. 6-23. Verwertung von Valin zur Gluconeogenese

[EC 1.13.11.11]) bzw. der Tyrosinaminotransferase (L-Tyrosin:2-Oxoglutarsäure-Aminotransferase, [EC 2.6.1.5]) die Bildung von Intermediaten des Citronensäurecyclus begünstigen. Tryptophan durchläuft beim Abbau mehrere Einzelstufen (Abb. 6-24). Von den beiden Endprodukten unterliegt 3-Hydroxyanthranilsäure einem vielstufigen Spalt- und Umwandlungsmechanismus bis zur Bildung von Acetoacetyl-CoA. Alanin wird mit Hilfe der Alaninaminotransferase [EC 2.6.1.2] zu Pyruvat desaminiert (Abb. 6-25). Auch die Synthese dieses

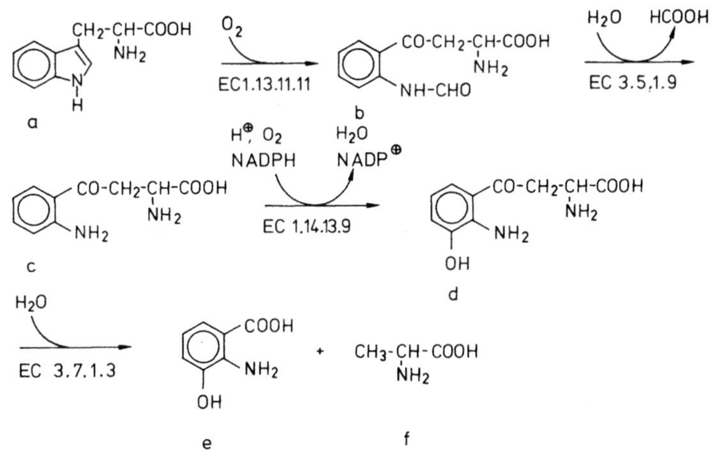

Abb. 6-24. Abbau von Tryptophan. (a) Tryptophan, (b) N-Formylkynurenin, (c) Kynurenin, (d) 3-Hydroxy-L-kynurenin, (e) 3-Hydroxy-anthranilsäure, (f) Alanin.
Enzyme: L-Tryptophan:Oxygen 2,3-Oxidoreduktase (decyclisierend) [EC 1.13.11.11], Arylformylamin-Amidohydrolase [EC 3.5.1.9], L-Kynurenin (NADPH):Oxygen-Oxidoreduktase (3-hydroxylierend) [EC 1.14.13.9], L-Kynurenin-Hydrolase [EC 3.7.1.3]

Enzyms wird durch Corticoide induziert. Die Aktivität der Alaninaminotransferase steigt allerdings wegen des größeren Turnovers nicht so deutlich an wie die der Tyrosinaminotransferase. Schließlich induzieren Corticoide auch die Synthese der Aspartataminotransferase [EC 2.6.1.1] in der fetalen Leber und Niere.

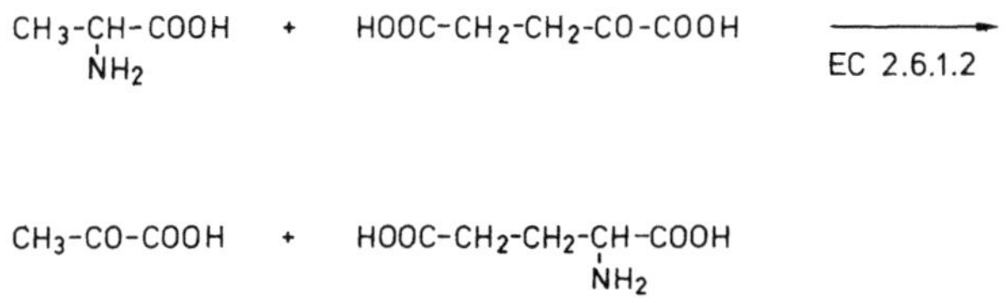

Abb. 6-25. Desaminierung von Alanin. Nach Umsatz mit 2-Oxoglutarsäure bildet sich Pyruvat und Glutaminsäure.
Enzym: L-Alanin-2-Oxoglutarsäure-Aminotransferase [EC 2.6.1.2]

Ein weiteres Beispiel der Corticoidwirkung stellt der Einfluß auf den Phenylalaninabbau dar. Zunächst induziert Cortisol die Synthese der Phenylalaninhydroxylase [EC 1.14.16.1], die die Bildung von Tyrosin katalysiert. Tyrosin wird anschließend durch die Tyrosinaminotransferase desaminiert, wobei wiederum die Synthese der Tyrosinaminotransferase durch Corticoide induziert wird. p-Hydroxyphenyl-brenztraubensäure geht nach Decarboxylierung, Oxidation, Hydroxylierung und Seitengruppenwanderung schließlich in Homogentisinsäure über, die nach Ringöffnung die Intermediate Fumarsäure und Acetoessigsäure bildet (Abb. 6-26).

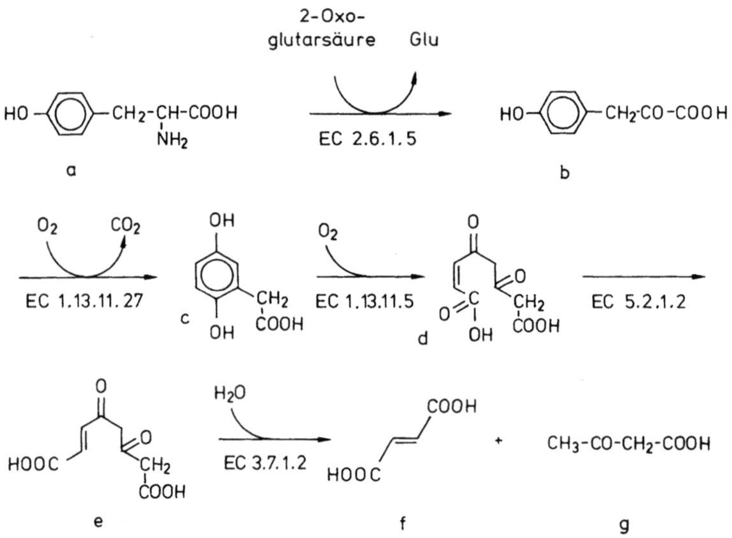

Abb. 6-26. Abbau von Tyrosin. (a) Tyrosin, (b) p-Hydroxyphenylbrenztraubensäure, (c) Homogentisinsäure, (d) 4-Maleyl-acetoessigsäure, (e) 4-Fumaryl-acetoessigsäure, (f) Fumarsäure, (g) Acetoessigsäure.
Enzyme: Tyrosinaminotransferase [EC 2.6.1.5],4-Hydroxyphenylpyruvat-Dioxygenase [EC 1.13.11.27], Homogentisinsäure-1,2-Dioxygenase [EC 1.13.11.5], 4-Maleylacetoacetat-cis-trans-Isomerase [EC 5.2.1.2], 4-Fumarylacetoacetat-Fumarylhydrolase [EC 3.7.1.2]

Da die Corticoide auch die Synthese der UDP-Glucose:Glykogen-4-α-Glucosyltransferase [EC 2.4.1.11, Glykogensynthase] steigern, die die Verwertung von Uridin-5′-diphosphat-α-D-glucose zur Glykogenverlängerung katalysiert, führen die Hormone zur gesteigerten Glucoseverwertung in der Leber (Abb.

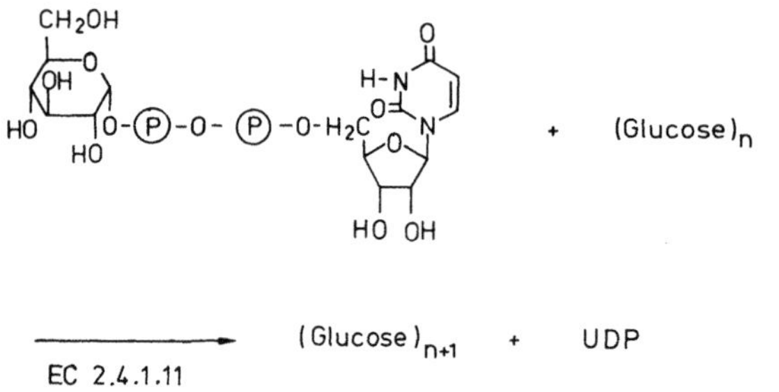

Abb. 6-27. Glykogenbildung in der Leber.
Enzyme: Glykogensynthase [EC 2.4.1.11]

6-27). Die Glykogensynthase liegt in zwei Formen vor, von denen die Form I unphosphoryliert und sehr viel aktiver als die phosphorylierte Form D ist (Abb. 6-28). *Adrenalin* verringert über die Bereitstellung von cAMP und der dadurch ausgelösten Aktivierung der zugehörigen ATP:Protein-Phospho-transferase [EC 2.7.1.37] die Menge an Form I und reduziert dadurch in Antagonismus zu den Corticoiden die *Glykogenbildung*. Die Phosphoprotein-Phosphatase [EC 3.1.3.16] führt die inaktive Form D in die aktive Form I zurück.

Den verschiedenen corticoidabhängigen Enzyminduktionen in der Leber stehen eine Reihe von Hemmwirkungen durch die gleichen Hormone gegenüber, die die gluconeogenetische Wirkung unterstützen. Durch Corticoide (aber auch durch andere Steroidhormone) steigt der Spiegel an freien Fettsäuren, die aus Fettsäureestern freigesetzt werden, erheblich an. Diese freien Fettsäuren hemmen allosterisch das Schrittmacherenzym der Fettsäurebiosynthese, die *Acetyl-CoA-Carboxylase* [EC 6.4.1.2]. Hieraus resultiert ein Anstau des nicht verbrauchten Acetyl-CoA sowie von Phosphoenolbrenztraubensäure, die nun vermehrt in die Gluconeogenese einfließen. Der Anstieg an *Acetyl-CoA* fördert die Gluconeogenese außerdem indirekt, indem die Verbindung als allosterischer Inhibitor die *Pyruvatkinase* [EC 2.7.1.40] hemmt und dadurch die Phosphoenolbrenztraubensäure PEP für die Gluconeogenese erhält (Abb. 6-29). Außerdem

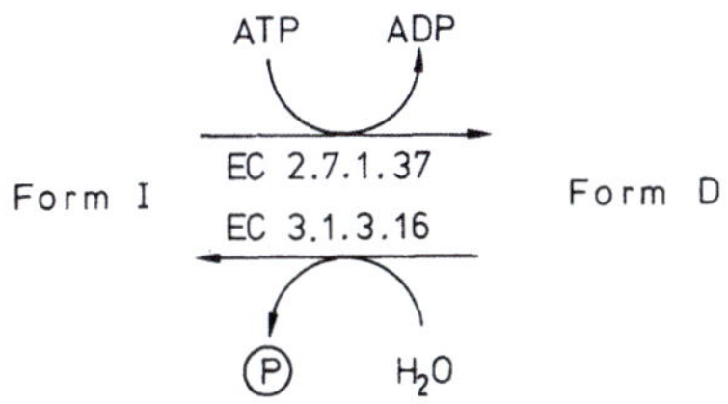

Abb. 6-28

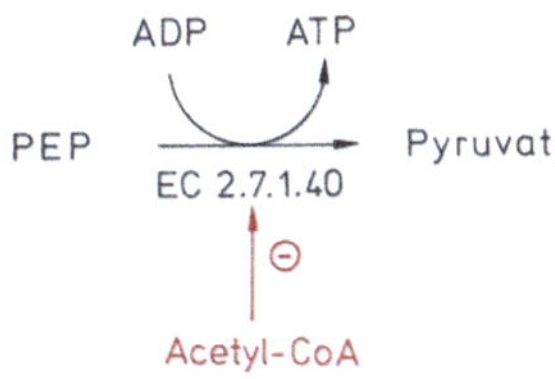

Abb. 6-29

Abb. 6-28. Aktivitätsänderung der Glykogensynthase durch Phosphorylierung bzw. Dephosphorylierung.
Enzyme: Glykogensynthase Form I und D [EC 2.4.1.11], Proteinkinase [EC 2.7.1.37], Phosphoprotein-Phosphatase [EC 3.1.3.16]

Abb. 6-29. Pyruvat und ATP-Bildung unter Verbrauch von Phosphoenolbrenztraubensäure PEP.
Enzym: Pyruvatkinase [EC 2.7.1.40], gehemmt durch Acetyl-CoA

hemmt Acetyl-CoA die *6-Phosphofructokinase* [EC 2.7.1.11], die Fructose-6-phosphat zu Fructose-1,6-diphosphat aufphosphoryliert. Dies würde eine Umkehrung des drittletzten Schrittes der Gluconeogenese darstellen (s. Abb. 6-21). Für die gesteigerte Verwertung der Aminosäureabbauprodukte ist wesentlich, daß die Corticoide die Synthese der Enzyme des *Harnstoffcyclus*, also der Argininosuccinat-Synthetase [EC 6.3.4.5], Argininosuccinat-Lyase [EC 4.3.2.1] und der Arginase [EC 3.5.3.1] induzieren (Husson et al., 1975). Auch die *Ornithinaminotransferase* [EC 2.6.1.13] wird durch Corticoide in der Leber induziert.

Corticoide induzieren weitere, nicht direkt mit der Gluconeogenese verbundene Enzyme. So wird in der fetalen Lunge die Synthese der Glycerinphosphat-Phosphatidyltransferase [EC 2.7.8.5] bzw. der Cholinphosphotransferase [EC 2.7.8.2] induziert, die die Biosynthese des *Lecithins* als Hauptbestandteil des

Lungen-Surfactans katalysieren. Ein Mangel an diesem Faktor führt zum sog. hyalinen Membransyndrom mit hoher perinataler Mortalität.

Im fetalen Hirn induzieren Glucocorticoide die Synthese der *Tryptophan-5-monooxygenase* [EC 1.14.16.4]. Dieses Enzym steht am Anfang der Biosynthesesequenz zum *5-Hydroxy-tryptamin* (Serotonin) (Sze et al., 1976). Im Nebennierenmark induzieren Corticoide die Synthese der Phenyläthanolamin-N-Methyltransferase [EC 2.1.1.28], die die Bildung von *Adrenalin* aus Noradrenalin katalysiert. In der Retina des Hühnerembryos wird durch Corticoide die Synthese der *Glutaminsynthetase* [EC 6.3.1.2] stimuliert, im Rattenhirn die der Glycerinphosphatdehydrogenase [EC 1.1.1.8], in der Niere die *Ornithindecarboxylase* [EC 4.1.1.17], im Pankreas Chymotrypsinogen (Cohen und Kulka, 1974). Die corticoidabhängige Steigerung der *alkalischen Phosphatase*aktivität [EC 3.1.3.1] in menschlichen Leukocyten, Epithelialzellen des Dünndarms und in HeLa-Zellen beruht dagegen auf einer Modifikation des Enzyms, die durch ein Protein katalysiert wird, dessen Synthese allerdings durch Corticoide induziert wird. Ursprünglich vermutete man, daß die Corticoidwirkung auf die alkalische Phosphatase eine direkte Steroidenzymwechselwirkung darstellt. Die aktive Phosphatase enthält nur halb so viel Phosphatreste wie die „nichtinduzierte" Kontrolle. Durch Corticoide wird die Synthese einer spezifischen Phosphoproteinphosphatase [EC 3.1.3.16] induziert, die die Dephosphorylierung zur aktiven alkalischen Phosphatase katalysiert (Bazzell et al., 1976).

Auch die inhibitorische Wirkung der Corticoide auf Erhaltung und Wachstum verschiedener *mesenchymaler Gewebe* (Osteoblasten, Fibroblasten, Thymocyten und Lipocyten), die bis zur Einschmelzung der Gewebe führen kann, beruht auf einer primär corticoidabhängigen Stimulation der RNA-Synthese (Borthwick und Bell, 1975), der dann eine spezifische Proteinsynthese folgt. Die gebildeten Proteine verändern nun bestimmte Eigenschaften der Zellmembranen und hemmen den Glucose- (Munck et al., 1972) und Aminosäuretransport (Baran et al., 1973) in die Zellen. Außerdem werden corticoidabhängig Fettsäuren aus den Triglyceridkompartimenten freigesetzt, die zur Pyknose der Zellen führen (Turnell und Burton, 1975). Durch die Involution des lymphatischen Systems wird nun außerdem die Antikörpersynthese gehemmt, was mit einer *Lymphopenie* verbunden ist. Der Einsatz von *Prednisolon* bei bestimmten Formen der *myeloischen Leukämie* beruht auf der Fähigkeit der Corticoide, die Synthese solcher Membranproteine zu induzieren, die für die (normale) Reifung der Lymphoblasten zu Granulocyten und Makrophagen notwendig sind. Dadurch stimulieren die Corticoide einen (andernfalls ruhenden) Differenzierungsschritt und können daher zu einer gewissen Normalisierung des Blutbildes beitragen (Lotem und Sachs, 1975). Die corticoidabhängige Synthese von Membranproteinen ist bereits 1970 bei HTC-Zellen beobachtet worden (Ballard und Tomkins, 1970).

Corticoide regeln die *Leberregeneration*. Nach Adrenalektomie nimmt die DNA-Synthese rasch zu, nach Corticoidsubstitution fällt sie wieder ab (Henderson et al., 1971). Schließlich unterdrücken Corticoide in Abhängigkeit vom Entwicklungsstand des Tieres verschiedene Leberenzymaktivitäten, ein Vorgang, der auch im Verlauf der normalen Reifung des Tieres stattfindet, durch Gabe von Corticoiden aber beschleunigt werden kann (Greengard, 1975):

Thymidinkinase [EC 2.7.1.21], Phosphoserinphosphatase [EC 3.1.3.3] und Prolin-Hydroxylase [EC 1.14.11.2]. Insgesamt sind die katabolen Wirkungen der Corticoide besonders deutlich in der Muskulatur zu verfolgen (Mayer et al., 1976). Durch verminderte Aminosäureaufnahme und -verwertung, Anstieg von Proteinaseaktivitäten, Protein- und Fettverlust kommt es schließlich zur *Myopathie*, die zu den Kennzeichen des *Cushing* gehört.

Im Fettgewebe vermindern Corticoide die Synthese der Phosphoenolpyruvat-Carboxykinase [EC 4.1.1.32], wobei noch offen ist, ob dieser Wirkung eine vorhergehende Stimulation oder Hemmung der RNA-Synthese oder ein posttranskriptioneller Effekt der Corticoide vorausgeht (Meyuhas et al., 1976). In der Leber und in der Nierenrinde wird dagegen die Synthese des gleichen Enzyms durch Corticoide stimuliert.

Der entzündungshemmende Effekt von Corticoiden wird bei rheumatischen und arthritischen Beschwerden eingesetzt. Er beruht vorwiegend auf direkten Wechselwirkungen der Corticoide mit Membranen, wodurch eine *Membranstabilisierung* resultiert. Diese Eigenschaft der Corticoide läßt sich auf grundlegende physikalisch-chemische Parameter der Steroidmoleküle zurückführen. Am besten hat sich der sog. *Parachor* bewährt, der sich rechnerisch aus Molekülvolumen und Änderung der Oberflächenspannung ergibt (Ahmad und Mellors, 1976). Durch die Membranstabilisierung wird der Austritt von Prostaglandinen aus ganzen Zellen und aus den intracellulären *Lysosomen* gehemmt (Lewis und Piper, 1975). Diese Wirkungen treten außerordentlich rasch ein und verhindern die Anfangsschritte der Gewebsentzündung (Bekemeier et al., 1974). Allerdings wird dadurch nicht die Ursache berührt, die zum Reiz der Prostaglandinausschüttung und Lysosomenlabilisierung führte. Gleichzeitig hemmen die antiinflammatorisch wirksamen Corticoide die Freisetzung (oder Bildung) von *Collagenase* [EC 3.4.24.3], so daß der Collagenabbau retardiert. Dies läßt sich auch an kultivierten menschlichen Hautgewebszellen oder menschlichem rheumatoidem Bindegewebe zeigen, wo die Ausscheidung von Collagenase in das Kulturmedium durch Dexamethason unterbunden wird (Koob et al., 1974).

Durch die corticoidabhängige Hemmung des lymphatischen Systems entfalten die Steroide eine immunsuppressive Wirkung. Das im Gefolge einer Antikörper-Antigen-Reaktion ausgeschüttete *Histamin* wird daher in Gegenwart von Corticoiden ebenfalls in geringerem Maße freigesetzt. Da Histamine einen wesentlichen Anteil an den *allergischen Symptomen* bilden, mildern die Corticoide auf diese Weise die allergischen Entzündungen vom sog. verzögerten Typ. Die fiebersenkende Wirkung von Corticoiden beruht auf der Stabilisierung der *Phagocytenmembran*, so daß aus den Organellen nicht mehr die fieberbildenden Pyrogene freigesetzt werden.

Einen bisher noch wenig verstandenen Effekt stellt die sog. permissive Wirkung der Corticoide für die catecholamin- und glucagonabhängigen Effekte und bei der cAMP-Wirkung in der Leber und in anderen Organen dar (Krone et al., 1976). Bei der Induktion der Tyrosinaminotransferase [EC 2.6.1.5] in der Leber durch cAMP wird die Wirkung des Nucleotids durch einen corticoidabhängigen Faktor moduliert (Hoshino et al., 1975a). Dagegen wird die stimulierende Wirkung von cAMP auf die Aktivität der Serin-Pyruvat-Aminotransferase [EC 2.6.1.51] durch Corticoide unterdrückt (Hoshino et al., 1975b). Die acetylcholinabhängige Induktion der Tyrosin-3-Monooxygenase [EC 1.14.16.2] in Nervenzellen wird ebenfalls durch Corticoide moduliert (Otten und Thoenen, 1976).

Es ist bisher nicht gelungen, die antiinflammatorischen Eigenschaften der Corticoide von ihren gluconeogenetischen Wirkungen durch strukturelle Modifikationen in nennenswertem Umfang zu trennen. Dagegen läßt sich die glucocorticoide von der mineralocorticoiden Wirkung weitgehend dissoziieren. Durch *Corneybacterium* kann in Cortison oder Cortisol jeweils eine zusätzliche Doppelbindung an C-1 eingeführt werden, wodurch *Prednison* und *Prednisolon* entstehen (Abb. 6-30 und 6-31). Bei diesen beiden Steroiden steigen die

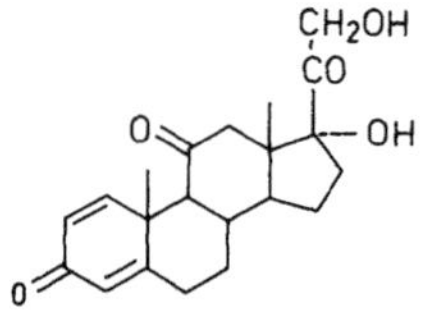

Abb. 6-30. Prednison, 17α,21-Dihydroxy-1,4-pregnadien-3,11,20-trion

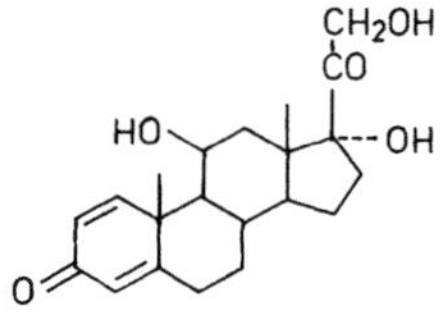

Abb. 6-31. Prednisolon, 11β,17α,21-Trihydroxy-1,4-pregnadien-3,20-dion

antirheumatischen und antiallergischen Eigenschaften an, ohne daß gleichzeitig die mineralocorticoiden Aktivitäten zunehmen. Weitere Derivate mit günstigen Eigenschaftskombinationen entstehen durch Einführung der Fluorgruppe in 9α und einer 16α-Hydroxygruppe (*Triamcinolon*, Abb. 6-32) oder einer 16α-Methylgruppe (*Dexamethason*, Abb. 6-33). In beiden Fällen werden entzündungshemmende (sowie glucocorticoide) Aktivität erhöht, die (unerwünschte) mineralocorticoide Wirkung bleibt dagegen niedrig. Die 16α-Methylgruppe ist für die

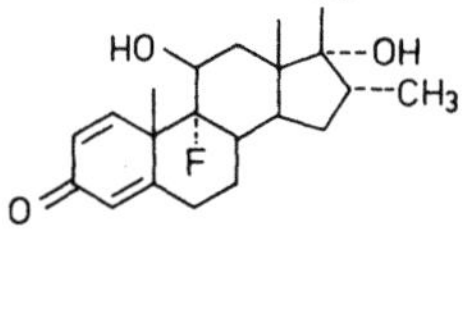

Abb. 6-32. Triamcinolon, 9α-Fluor-11β,16α,17α,21-tetrahydroxy-1,4-pregnadien-3,20-dion

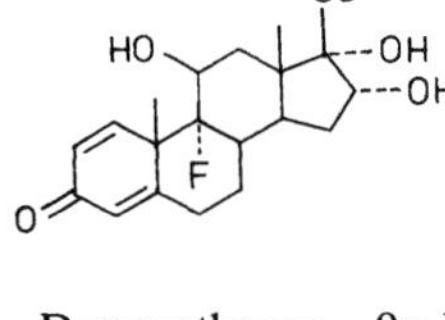

Abb. 6-33. Dexamethason, 9α-Fluor-16α-methyl-11β,17α,21-trihydroxy-1,4-pregnadien-3,20-dion

Verlängerung der Wirkdauer des Derivates verantwortlich. Steht die Methylgruppe an C-16 nicht in α sondern in β, so erhält man *Betamethason*, das im Vergleich zum Dexamethason günstigere glucocorticoide Eigenschaften aufweist, da es an Plasmaproteine (s. Kap. 8.1.2.3) weniger stark gebunden wird, der verfügbare biologisch aktive Anteil des Steroides bei gleicher Dosierung daher größer ist. Die günstigsten antiinflammatorischen Eigenschaften werden vom Fluocinolonacetonid entwickelt (Abb. 6-34, Tabelle 6-3).

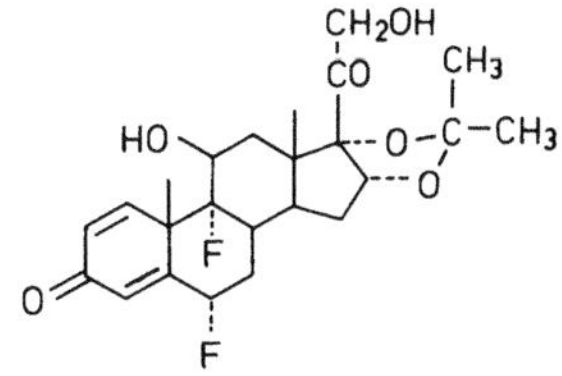

Abb. 6-34. Fluocinolonacetonid, 6α,9α-Difluor-11β,16α,17α,21-tetrahydroxy-1,4-pregnadien-3,20-dion-16,17-acetonid

Tabelle 6-3. Relative antiinflammatorische Aktivität verschiedener synthetischer C_{21}-Steroide im Vergleich zum Cortisol

Steroid	relative antiinflammatorische Aktivität
Cortisol	1
Prednisolon	1,7
Dexamethason	7,5
Triamcinolonacetonid	156
Fluocinolonacetonid	440

Die mineralocorticoide Wirkung von Aldosteron und einigen weiteren Corticoiden beruht auf der Steigerung der *Na^+-Rückresorption* zusammen mit Chlorid in den distalen Nierentubuli. Dadurch kommt sekundär eine Wasserretention zustande. Diese Wirkungen werden im Gegensatz zur glucocorticoiden Wirkung mit der Leber als Hauptzielorgan hier in der Niere entfaltet. Dazu stimuliert Aldosteron die Synthese der am Na^+-Transport beteiligten Proteine und Enzyme. Möglicherweise nimmt die Aktivität der *Carboanhydrase* [EC 4.2.1.1, Carbonat-Dehydratase] dabei eine Schlüsselrolle ein, da sie über die Kontrolle des zellulären pH-Wertes den Na^+Transport regulieren könnte (Voute et al., 1975). Außerdem nimmt unter dem Einfluß von Aldosteron die Aktivität einer Proteinphosphatase [EC 3.1.3.16] zu, die das sog. membrangebundene Protein D in der Krötenblase dephosphoryliert (Liu und Greengard, 1974). Im Epithelium der Krötenblase geht der physiologischen Wirkung des Aldosterons auf den Na^+-Transport die rasche Stimulation einer RNA-Synthese voraus, die wegen ihres Gehaltes an Poly A wahrscheinlich Messenger-Funktion hat (Rossier et al., 1974). Die Wirkung der Mineralocorticoide auf die K^+-Ausscheidung verläuft unabhängig von den Effekten auf die Na^+-Retention (Stewart, 1975). Außer Aldosteron ist noch 11-Desoxycorticosteron (21-Hydroxy-4-pregnen-3,20-dion, Cortexon, s. Abb. 4-61) schwach mineralocorticoid. Seine Na^+-retinierende Wirkung ist nur $^1/_{50}$ so groß wie die des Aldosterons. Noch schwächer mineralocorticoid wirkt Corticosteron.

Die zentrale Wirkung der Glucocorticoide kann zu recht gegensätzlichen Stimmungsänderungen führen: Euphorie, Schlaflosigkeit, Nervosität, Erregbarkeit. Ebenso wie im Falle der Androgene steht auch der Corticoidspiegel im Blut im Zusammenhang mit der Rangstellung innerhalb einer Tiergruppe. Bei Affen prädestiniert eine hohe Nebennierenrindenaktivität das jeweilige Individuum (u. a. mit Hilfe seiner erhöhten Aggressivität) dazu, eine höhere Rangstellung zu erobern. Hat sich die Gruppe etabliert, so bleibt dennoch eine deutliche Relation zwischen Cortisolausschüttung und dem Rang der Tiere innerhalb der Gruppe. Ob diese Beobachtung einfach mit der Tatsache zusammenhängt, daß die Tiere mit erhöhtem Corticoidspiegel schneller Energie mobilisieren können, mit der die aggressiven Verhaltensweisen unterhalten werden können, scheint allerdings als eine zu einfache Erklärung.

Die Sekretion der Corticoide (einschließlich der Nebennierenrindenandrogene und des Aldosterons) unterliegt der Kontrolle durch ACTH (Geck et al., 1975). Durch Rückkopplung unterbinden die Steroide im Hypothalamus die CRH-Freisetzung. Im Falle eines sinkenden Na^+-Spiegels übernimmt ferner Angiotensin die Sekretionskontrolle für Aldosteron (s. Kap. 5.1.1.7). Außerdem steuert Prostaglandin A_1 die Aldosteronsekretion. Aldosteron wiederum hemmt durch Anstieg des Na^+-Gehaltes über eine negative Rückkopplung die Angiotensinbildung.

Beim Menschen werden folgende Sekretionsraten und Plasmakonzentrationen für Corticoide (Mason und Fraser, 1975) gemessen (Tabelle 6-4):

Tabelle 6-4. Sekretionsraten und Plasmagehalt einiger Corticoide beim gesunden Erwachsenen

	Sekretionsrate	Plasmagehalt	
		Bereich	Mittelwert
Cortisol	15–25 mg/d	2,5–10 μg/100 ml	9,3 μg/100 ml $3{,}1 \cdot 10^{-7}$ M
Corticosteron	1–5 mg/d	80–800 ng/100 ml	500 ng/100 ml $1{,}3 \cdot 10^{-8}$ M
Aldosteron	50–150 μg/d	4–18 ng/100 ml	6,5 ng/100 ml $1{,}8 \cdot 10^{-10}$ M
Desoxy-corticosteron		3–16 ng/100 ml	6 ng/100 ml $1{,}7 \cdot 10^{-10}$ M
11-Desoxycortisol		40–400 ng/100 ml	250 ng/100 ml $0{,}7 \cdot 10^{-8}$ M

Wegen des ausgeprägten circadianen Rhythmus werden bei den Glucocorticoiden morgens (7 Uhr) rund sechsfach höhere Plasmawerte gefunden als abends (21–24 Uhr). Die Maxima bzw. Minima der Aldosteronsekretion liegen dagegen zeitlich früher um 4 Uhr bzw. 16–22 Uhr (Lommer et al., 1976).

6.5 Vitamin D und seine Abkömmlinge

Wachstum, Entwicklung und in sehr vielen Fällen auch Funktion der Zellen sind von der Versorgung mit Ca^{++} abhängig. An der Steuerung des Ca^{++}-Gehaltes im Blut sind das aus *Vitamin D* gebildete Hormon *1α,25-Dihydroxy-cholecalciferol* sowie *Parathormon* und *Calcitonin* beteiligt.

Ca^{++} gelangt sowohl nach Penetration der Darmwand als auch durch Mobilisation aus den Knochen ins Blut. Für beide Prozesse wird 1α,25-Dihydroxy-cholecalciferol benötigt (s. Abb. 4-78). Es wird in Darm und Knochen an spezifischen Rezeptoren (Brumbaugh und Haussler, 1975) gebunden und stimuliert anschließend die Nucleinsäuresynthese. Danach kommt es zur Bildung eines *Ca^{++}-bindenden Proteins* (Mol.-Gew. 26000). Außerdem soll das Hormon die Synthese einer Ca^{++}-abhängigen ATPase induzieren. Insgesamt findet man dabei folgenden Zeitverlauf nach Gabe von 1α,25-Dihydroxy-cholecalciferol (Haussler, 1975) (Tabelle 6-5):

Tabelle 6-5. Zeitlicher Verlauf der experimentell beim rachitischen Huhn nachweisbaren Effekte nach Gabe von 1α,25-Dihydroxycholecalciferol

Zeit nach Gabe von 1α,25-Dihydroxy-chole-calciferol	Wirkung
30 min	halbmaximale Sättigung der Nuclearakzeptoren für den cytoplasmatischen Rezeptor/1α,25-Dihydroxy-cholecalciferol-Komplex im Dünndarm
2 Std	maximale Steigerung der RNA-Polymerase II
4 Std	halbmaximale Steigerung der Ca^{++}-Absorption

Die Ca^{++}-mobilisierende Wirkung von Vitamin D bzw. seinem hormonell wirksamen Metabolit erscheint zunächst paradox, weil im weiteren Verlauf die antirachitische Wirkung des Vitamins zur Verstärkung der Knochencalcifizierung führt. Dies ist jedoch erst als Folge des nach Vitamin D erhöhten Ca^{++}-Spiegels zusammen mit Calcitonin zu verstehen.

In der Nahrung dient in der Regel *Ergocalciferol* (Formel s. Abb. 4-80) als Vitamin-D-Vorläufer. Die Konzentration an 25-Hydroxycholecalciferol beträgt unter normalen Bedingungen $6 \cdot 10^{-8}$ M, die an dem biologisch aktiven 1α,25-Dihydroxy-cholecalciferol sogar nur $2–24 \cdot 10^{-11}$ M (das sind rund 1 bis 10 ng/100 ml). Die tägliche Bildungsrate beträgt weniger als 300 pMol. 1 inter. Einheit von Cholecalcifereol (= Vitamin D_3) oder Ergocalciferol (= Vitamin D_2) entspricht 0,25 μg = 65 pMol dieser Verbindungen. 1α,25-Dihydroxy-cho-

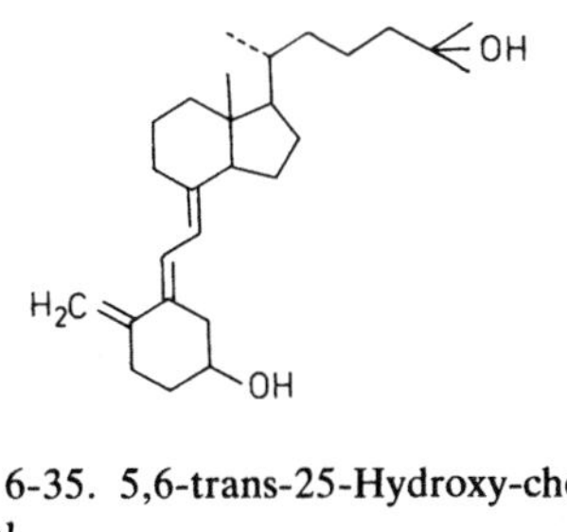

Abb. 6-35. 5,6-trans-25-Hydroxy-cholecalciferol

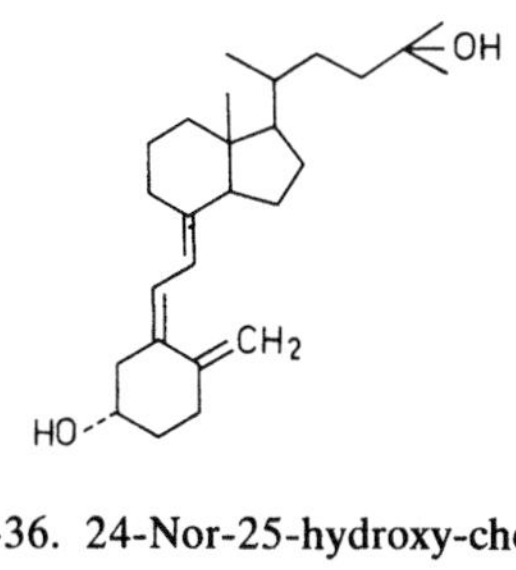

Abb. 6-36. 24-Nor-25-hydroxy-cholecalciferol

lecalciferol ist rund 5000fach wirksamer als 25-Hydroxy-cholecalciferol oder das isomere 5,6-trans-25-Hydroxy-cholecalciferol (Abb. 6-35). Das aktive Hormon 1α,25-Dihydroxy-cholecalciferol regelt seinen Plasmaspiegel außer über die Rückkopplung auf die *1α-Hydroxylase* [EC 1.14.13.13] auch durch Induktion eines inaktivierenden Enzyms, der *24-Hydroxylase* (Tanaka et al., 1975). Das synthetische Derivat 24-Nor-25-hydroxy-cholecalciferol verhält sich wie ein Antivitamin D_3, indem es die Bildung von 25-Hydroxycholecalciferol aus Cholecalciferol hemmt (Johnson et al., 1975b) (Abb. 6-36).

6.6 Insektenhormone

Wachstum und Häutung von Insektenlarven werden durch eine Steroidhormongruppe kontrolliert, die in der Prothoraxdrüse und weiteren Insektengeweben gebildet wird. In den sich entwickelnden Puppen von *Bombyx* haben Butenandt und Karlson als erste das Ecdyson entdeckt und seine Identität festgestellt (Abb. 6-37). α-Ecdyson ist weniger aktiv als das stärker polare Derivat β-Ecdyson (Ecdysteron, Abb. 6-38). So reichen bereits $2 \cdot 10^{-7}$ M β-Ecdyson aus, um die Differenzierung von Imaginalscheiben aus *Drosophila melanogaster* in Zellkultur auszulösen. Für den gleichen Effekt werden $2 \cdot 10^{-5}$ M α-Ecdyson benötigt (Milner und Sang, 1974). Ecdysteron (β-Ecdyson) ist mit dem Häutungshormon bei Krebsen und Hummern, dem *Crustecdyson*, identisch.

Die biologische Wirkung der Insektenhormone läßt sich mit Hilfe der morphologischen Änderungen in den sog. *Riesenchromosomen* der Dipteren

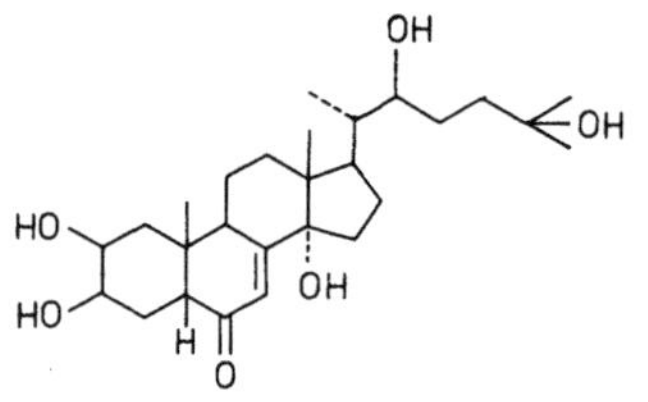

Abb. 6-37. α-Ecdyson, (20S)-2β,3β,14α,22R,25-Pentahydroxy-5β-cholesta-7-en-6-on

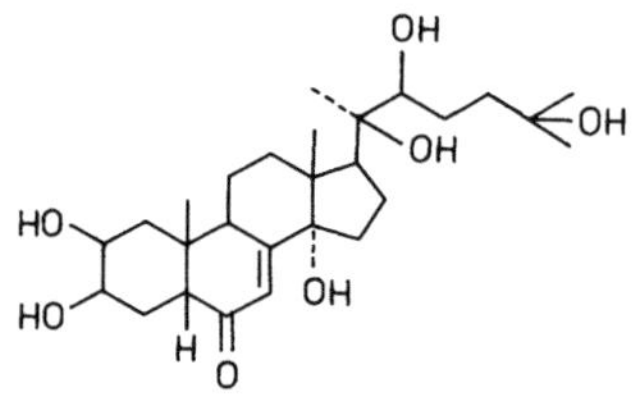

Abb. 6-38. β-Ecdyson (Ecdysteron), (20S)-2β,3β,14α,20β,22R,25-Hexahydroxy-5β-cholesta-7-en-6-on

verfolgen. In bestimmten Organen der Insekten, z. B. in der Speicheldrüse, liegen die Chromosomen polytän vor. Hier hat abweichend von der normalen DNA-Synthese eine sog. *Endomitose* stattgefunden. Zunächst verdoppeln sich zwar die Chromosomen ordnungsgemäß, doch durch die fehlende Auflösung der Kernmembran und durch weitere zusätzliche Replikationscyclen nimmt der DNA-Gehalt pro Chromosom stark zu: es entstehen die Riesenchromosomen.

Wegen der enormen Anhäufung der DNA und der chromosomalen Proteine sind die Riesenchromosomen nicht nur dicker, sondern auch länger als normale Chromosomen. Die parallel liegenden Chromomeren der Einzelfäden treten zu sichtbaren Querscheiben auf den Riesenchromosomen zusammen.

Einige dieser sog. Querscheiben werden durch Gabe von außerordentlich geringen Ecdysonmengen innerhalb kurzer Zeit zu sog. Puffs aufgebläht. Die Puffbildung wird durch Bestimmung der mittleren Durchmesser der betreffenden Querscheibe im Vergleich zur Nachbarscheibe messend verfolgt. Dabei bestehen bestimmte zeitliche Sequenzen in der Auswahl der Querscheiben (Ashburner, 1973). Das Ausmaß der Puffbildung und die zeitliche Sequenz sind in gewissem Umfang von der Ecdysondosis abhängig.

Da in den Puffs intensiv RNA synthetisiert wird, kann man annehmen, daß die Insektenhormone primär über eine gesteigerte RNA-Synthese — also auf der Transkriptionsebene (s. Kap. 8.3) — wirken. Ecdyson oder ein Metabolit des Hormons sollten daher ihre Wirkung am Chromatin entfalten. Auf einen anderen Wirkungsmechanismus — die ecdysonabhängige Änderung des Na^+/K^+-Quotienten innerhalb und außerhalb des Kernes — als Ursache einer spezifischen DNA-Templat-Aktivierung wird im Kap. 8.5 hingewiesen.

Die nach Ecdysongabe vermehrt gebildeten Ribonucleinsäuren sind schon früh mit der Fähigkeit der Insektenlarve in Zusammenhang gebracht worden, den für die Verpuppung notwendigen braunen Farbstoff zu bilden und die Sklerotosierung einzuleiten. So wird bei *Calliphora erythrocephala* von Tyrosin ausgehend über DOPA und Dopamin N-Acetyldopamin gebildet, das schließlich nach Bildung des N-Acetyldopaminchinons in Sklerotin übergeht (Abb. 6-39). In dieser Reaktionsfolge ist die Decarboxylierung limitierend, da die *DOPA-Decarboxylase* [EC 4.1.1.28] erst nach Ecdysongabe in ausreichender Menge zur Verfügung steht. Die durch Ecdyson vermehrt gebildeten Ribonucleinsäuren

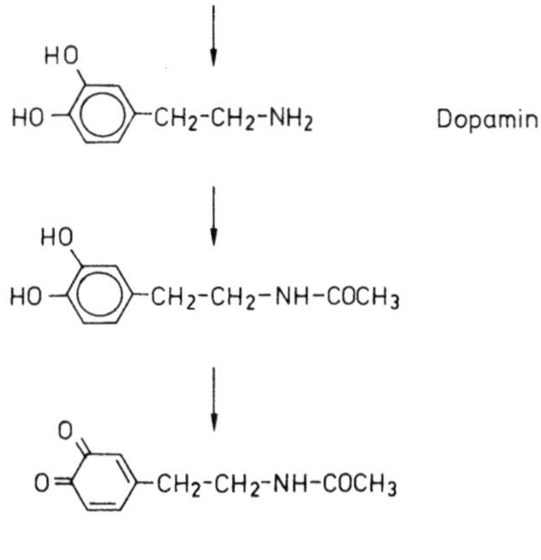

Abb. 6-39. Verlauf der N-Acetyl-dopamin-chinon-Bildung bei Calliphora erythrocephala zur Färbung und Sklerotisierung der Insektenlarve.
Enzyme: Tyrosin-3-monooxygenase [EC 1.14.16.2], DOPA-Decarboxylase [EC 4.1.1.28], Arylamin-Acetyltransferase [EC 2.3.1.5], Monophenol-Monooxygenase (Diphenol-oxidase) [EC 1.14.18.1]

codieren daher u.a. für die Bildung dieses Enzyms. Da diese Ecdysonwirkung durch Hemmstoffe der RNA-Synthese unterbunden wird, haben Karlson und Sekeris vorgeschlagen, daß Ecdyson auf der Transkriptionsebene die Bereitstellung dieser mRNA reguliert (Sekeris et al., 1965). Weitere Untersuchungen haben gezeigt, daß Ecdyson die Bildung eines kurzlebigen RNA-Polymerase-I-Inhibitors hemmt, so daß nach Steroidgabe die Synthese an ribosomaler RNA stark zunimmt (Nishiura und Fristrom, 1975). Außerdem stimuliert Ecdyson die Bildung bestimmter Nichthistonproteine und beeinflußt daher sowohl die quantitative als auch qualitative Transkriptionskapazität des Chromatins (Helmsing und Berendes, 1971). Ferner induziert Ecdyson die Biosynthese eines Faktors, der die Aktivität der *Diphenoloxidase* [EC 1.14.18.1] steigert. Außerdem ist β-Ecdyson für die Bildung von *Vitellogenin* im Fettkörper der Insekten verantwortlich, das anschließend über die Hämolymphe zu den Oocyten gelangt (Hagedorn et al., 1975).

Wirken Ecdyson oder Ecdysteron allein, so wird die Bildung der Puppe aus der Raupe bzw. die Bildung des Schmetterlings aus der Puppe eingeleitet. Die während des Raupenwachstums notwendigen Larvenhäutungen werden dagegen zusammen mit dem *Juvenilhormon* gesteuert. Juvenilhormon, das das „jugendliche" Raupenstadium stabilisiert, ist als ungesättigte Fettsäure ein Derivat des Isoprens (Abb. 6-40). Da Juvenilhormon bei den Insekten noch weitere für die Eientwicklung notwendigen Prozesse steuert, verhält es sich wie ein „Gonadotropin". Juvenilhormon ist ohne Einfluß auf die Bindung von β-Ecdyson an dessen Rezeptor, hemmt aber die ecdysonabhängige Stimulation der RNA-Synthese (Chihara und Fristrom, 1973). Ecdyson soll über eine gesteigerte RNA-Synthese in der Corpora allata die Biosynthese des Juvenilhormons steigern (Siew und Gilbert, 1971).

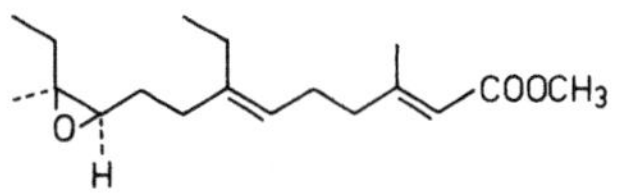

Abb. 6-40. Juvenilhormon aus der Motte H. Crepopia. trans,trans,cis-10-Epoxy-7-äthyl-3,11-dimethyl-trideca-2,6-dien-säuremethylester, C_{18}-Juvenilhormon mit 17 C-Atomen in der Kette

Die biochemischen Wirkungen des Ecdysons sind in der Larve in vivo frühestens nach sechs Stunden nachweisbar. Der sog. Primäreffekt des Ecdysons, die Aufblähung bestimmter Querscheiben in einem der vier *Drosophila*-Riesenchromosomen, ist bereits nach 30 Minuten optimal.

6.7 Antihormone

Alle steroidproduzierenden Drüsen beeinflussen sich wechselseitig. Diese Wirkung kann sowohl synergistisch als auch antagonistisch oder bloß permissiv sein (Eik-Nes, 1968). So können Steroide im physiologischen Konzentrationsbereich inhibitorische Aktivitäten auf bestimmte Enzyme entwickeln, die für den Verlauf der Steroidbiosynthese selbst wichtig sind. Hierzu gehört die

Fähigkeit der Östrogene, die Aktivität der 3β-Hydroxy-Δ^5-Steroid-Dehydro-genase [EC 1.1.1.145] oder die der Gestagene, die Aktivität der 5α-Reduktase [EC 1.3.1.22] zu hemmen.

Insgesamt kann man drei Wirkebenen unterscheiden, auf denen Antihormonwirkungen entfaltet werden:

a) Hemmung der Gonadotropinbildung mit anschließendem Rückgang der Neusynthese des inhibierten Hormons (Antagonismus durch Erzeugung eines Hormonmangels);

b) Hemmung der Umwandlung von Prohormonen in die eigentliche Wirkform (Störungen im enzymatischen Stoffwechsel der Steroide unter Erzeugung eines Hormonmangels);

c) Konkurrenz des Antihormons mit dem natürlichen Hormon um einen gemeinsamen Rezeptor (Erzeugung eines Mangels an aktivem Rezeptor-/Steroid-Komplex).

Für viele Antihormone ist die zuletzt genannte Eigenschaft Grundlage für die Wirkungsweise schlechthin und wird als die einzig befriedigende Definition eines Antihormons angesehen. Antihormone halten nach Bindung am Rezeptor das Protein in einer inaktiven Konformation. Der Rezeptor ist nun entweder nicht mehr zum Transfer in den Zellkern fähig oder kann im Kern nicht mehr mit den nuclearen Akzeptoren in Wechselwirkung treten (Rousseau et al., 1972) (s. auch Kap. 8.1).

6.7.1 Antigestagene

Echte Antigestagene existieren nicht. Die Herstellung synthetischer Derivate des 17α-Hydroxyprogesterons, in denen die 17α-Hydroxygruppe mit langkettigen aliphatischen oder aromatischen Resten verestert wurde — eine Strategie, die bei der Synthese von Antiöstrogenen erfolgreich war — führte nicht zum erhofften biologischen Effekt (Beyer et al., 1976). 17β-Hydroxy-17α-äthinyl-18-methyl-4,9,11-östratrien-3-on (Abb. 6-41) entwickelt Eigenschaften, die den Verlauf der Schwangerschaft beeinträchtigen, obwohl es im übrigen schwach gestagene Aktivität besitzt (Raynaud et al., 1975).

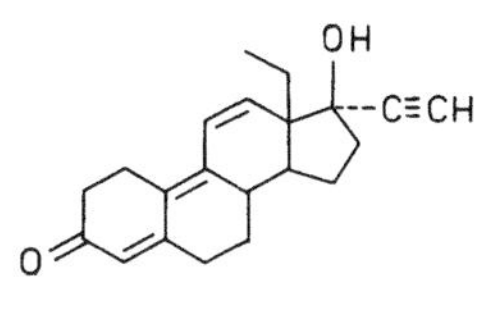

Abb. 6-41. 17β-Hydroxy-17α-äthinyl-18-methyl-4,9,11-östratrien-3-on, R 2323

Einige 7α-Methyl-substituierte Steroide entwickeln im biologischen Test antigestagene Aktivität, wobei besonders die Nidation unterbunden wird. Hierzu gehören vor allem 7α-Methyl-17β-hydroxy-5-androsten-3-on, 7α-Methyl-17β-hydroxy-5-östren-3-on und 7α-Methyl-17β-hydroxy-4-östren-3-on-17-acetat (Grunwell et al., 1976).

6.7.2 Antiandrogene

Schon seit langem hat man die *Östrogene* als die natürlichen Antiandrogene angesehen. Doch entfalten sie ihre Wirkung nicht über die Konkurrenz an den spezifischen Androgenrezeptoren (oder tun dies nur in Ausnahmefällen), sondern hemmen die Androgenbiosynthese, erzeugen also ihre antiandrogene Wirkung durch einen Androgenmangel. Dabei handelt es sich primär um die Inhibition von androgenbildenden Enzymen, wie die 3β-Hydroxy-Δ^5-Steroid-Dehydrogenase [EC 1.1.1.145]. Erst nach Langzeitbehandlung mit Östrogenen, z. B. bei der Therapie des menschlichen Prostatacarcinoms mit Diäthylstilböstrol, fällt allmählich auch der LH-Spiegel (Sholiton et al., 1975). Überdies stimuliert Östradiol die Biosynthese des sexhormonbindenden Globulins (SBG, Kap. 8.1.2.4), wodurch der Plasmagehalt an freiem „aktiven“ Androgen ebenfalls abfällt (Dörner et al., 1975). Schließlich hemmen Östrogene (und Progesteron) die Umwandlung von Testosteron in die biologisch wichtigen 5α-Androstane, wie 5α-Dihydrotestosteron, durch Inhibition der mikrosomalen 5α-Reduktase [EC 1.3.1.22] (Lee et al., 1973) und der löslichen 5β-Reduktase [EC 1.3.1.23] (van Doorn und Clark, 1972).

Corticoide wirken antiandrogen, indem sie (ohne Beteiligung von ACTH und ohne Änderung des LH-Spiegels) direkt in den Testes die Androgenbiosynthese hemmen. Der Mechanismus dieser Wirkung ist unbekannt. Klinisch muß dieser Effekt bei der Substitutionstherapie mit hohen Dosen synthetischer Corticoide beachtet werden. Hierauf weist auch das häufige Zusammentreffen von *Cushing* und *Hypogonadismus* beim Mann hin. Bei diesen Patienten ist die Androgensynthese auf ein Sechstel des Normalwertes abgefallen. Man kann vermuten, daß außerdem die antiandrogene Wirkung der Corticoide durch ihre lysosomenstabilisierende Aktivität verstärkt wird (Szego, 1974), weil Androgene mindestens einen Teil ihres biologischen Effektes über die Freisetzung lysosomaler Hydrolasen in ihren Zielorganen entfalten. Die antimineralocorticoid wirksamen Spirolactone konkurrieren allerdings direkt an den Androgenrezeptoren mit den natürlichen Androgen (Corvol et al., 1975).

Als klassische, um den Hormonrezeptor konkurrierende Antagonisten sind dagegen die beiden synthetischen Progesteronabkömmlinge *Cyproteron* und *Cyproteronacetat* anzusehen. Während Cyproteron nur antiandrogen ist, weist Cyproteronacetat neben seiner stärkeren antiandrogenen Wirkung noch eine ausgeprägte gestagene Aktivität auf, die im standardisierten Test 1000fach größer ist als die des Progesterons. In der Milz entwickelt Cyproteronacetat außerdem corticoide Aktivität, die etwa $^1/_3$ so groß ist wie die des Prednisolons (Broulik und Starka, 1975).

Während Cyproteron im Stoffwechsel relativ schnell unter Bildung des 20α-Hydroxy-Derivates an C-20 reduziert wird, wird Cyproteronacetat (Abb. 6-42) weder reduziert noch verliert es seinen Acetatrest von der 17α-Hydroxygruppe, obwohl die Gewebe reich an Esterasen und Transacetylasen sind. Offensichtlich ist die Acetatgruppe durch die esterspaltenden Enzyme nicht zu erreichen. Inzwischen sind noch weitere synthetische Antiandrogene hergestellt worden, die teilweise kein Steroidgerüst mehr aufweisen. *Flutamide* fand Eingang in die Behandlung der benignen Prostatahypertrophie (Abb. 6-43 bis

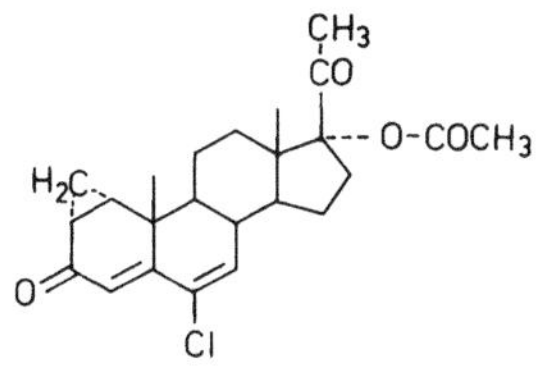

Abb. 6-42. Cyproteronacetat, 6-Chlor-17α-hydroxy-1,2α-methylen-4,6-pregnadien-3,20-dion-17α-acetat

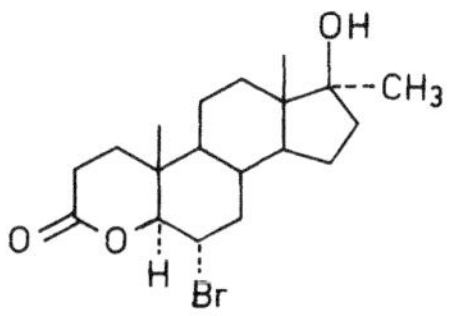

Abb. 6-43. BOMT, 6α-Brom-17β-hydroxy-17α-methyl-4-oxa-5α-androstan-3-on

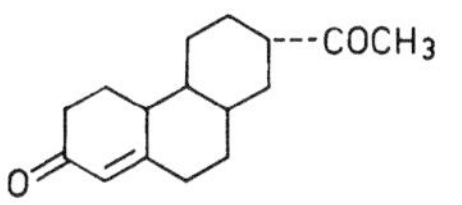

Abb. 6-44

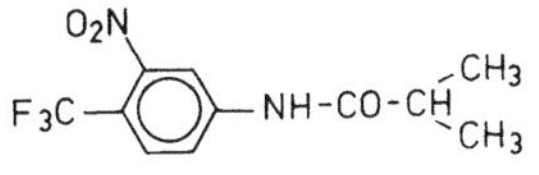

Abb. 6-45

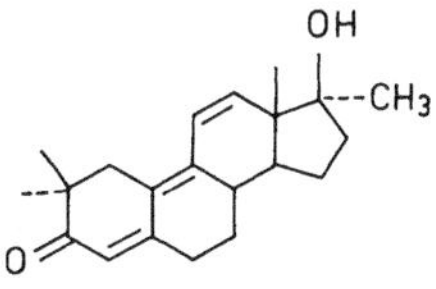

Abb. 6-46

Abb. 6-44. Ro-2-7239, 2-Acetyl-7-oxo-1,1,2,3,4,4a,5,6,7,9,10,10a-dodecahydrophenanthren

Abb. 6-45. Flutamide, 4'-Nitro-3'-trifluormethyl-isobuttersäureanilid Sch 13521

Abb. 6-46. 17-Hydroxy-2,2,17α-trimethyl-östra-4,9,11-trien-3-on, R 2956

6-45). Flutamide wird in der Prostata erst durch Hydroxylierung in die eigentliche Wirkform transformiert (Katchen und Buxbaum, 1975). Vom BOMT ist bekannt, daß es mit 5α-Dihydrotestosteron um die Bindung an dem cytoplasmatischen Androgenrezeptor konkurriert. Es verhindert dadurch den androgenabhängigen Anstieg der RNA-Polymerase-Aktivität in der Prostata. BOMT hat weder östrogene noch gestagene Eigenschaften. Ein weiteres sehr potentes Antiandrogen mit Steroidstruktur liegt im 17β-Hydroxy-2,2,17α-trimethyl-östra-4,9,11-trien-3-on (Abb. 6-46) vor.

Die Antiandrogene besetzen die Androgenrezeptoren in den typischen Zielorganen der Androgene, wie der Prostata, und verhindern dadurch die Besetzung durch die natürlichen Androgene, vermögen andererseits aber nicht die Wirkung der Androgene zu simulieren. Aus diesem Grunde unterbleibt die Stimulation der spezifischen Nucleinsäure- und Proteinsynthese in den akzessorischen Geschlechtsorganen. Durch den gestagenen Wirkanteil des Cyproteronacetats wird außerdem die Gn-RH-Sekretion gehemmt.

Bei der Langzeitbehandlung von hirsuten Frauen mit Cyproteronacetat sinkt der Androgenspiegel manchmal ab, was auf einen Rückgang der CRH- und ACTH-Sekretion und anschließender Verminderung der Nebennierenrinden-Androgen-Synthese zurückgeführt wird. Unter Cyproteronacetat-Medikamentation darf die Patientin nicht schwanger werden, da sonst bei männlichen Feten Intersexformen entstehen (s. Kap. 9.1). Aus diesem Grunde wird Cyproteronacetat zusammen mit einem Östrogen in einer sog. reversen Sequenz (im

Vergleich zu den üblichen Zweiphasen-Ovulationshemmern) eingenommen. Cyproteronacetat wird nur mäßig vom Körper resorbiert, unterliegt allerdings einem ausgeprägten Depoteffekt im Fettgewebe (Hammerstein et al., 1975). Die Halbwertszeit ist mit 1,5–2 d deutlich länger als die für die übrigen Steroidhormone gemessenen Werte (Jentsch et al., 1976).

Beim Mann führt Cyproteronacetat zu einer starken Erniedrigung des Androgenspiegels auf rund 100 ng/100 ml Plasma ($3{,}5 \cdot 10^{-9}$ M Testosteron), also rund einem Sechstel des Normalwertes. Gleichzeitig gehen die FSH-Werte im Plasma zurück. Dabei haben Michael et al. (1973) beobachtet, daß der LH-Spiegel nahezu konstant bleibt. Nach Gabe von 100–150 mg Cyproteronacetat täglich wird von Donald et al. (1976) allerdings der erwartete Rückgang des LH-Spiegels gemessen. Der Rückgang der Testosteronbildung soll außerdem auf der cyproteronacetatabhängigen Hemmung der folgenden Enzymaktivitäten beruhen: 17β-Hydroxysteroid-Dehydrogenase [EC 1.1.1.63 oder 64], 3β-Hydroxy-Δ^5-Steroid-Dehydrogenase [EC 1.1.1.145], Steroid-Δ-Isomerase [EC 5.3.3.1] und der C-17,20-Lyase [EC 4.1.2.x] (Engel und Karsznia, 1971). Ferner inhibiert Cyproteronacetat die Reduktion von Testosteron zum 5α-Dihydrotestosteron (Belham et al., 1969; Tan et al., 1974).

Außer zur Behandlung der benignen Prostatahypertrophie und des *Hirsutismus* werden Antiandrogene auch zur Dämpfung des Sexualtriebs verwendet (Laschet und Laschet, 1975). Hierbei ist die zentrale Wirkung unabhängig von den peripheren endokrinen Aktivitäten des Antiandrogens, denn *Äthinylöstradiol* und Cyproteron dämpfen beide den Sexualtrieb, obwohl sie entgegengesetzte Wirkung auf LH- und Testosteronspiegel haben (Murray et al., 1975; Saletu et al., 1975).

Überraschenderweise verhält sich Cyproteronacetat in der Niere wie ein Androgen, stimuliert dort die Bildung von β-Glucuronidase [EC 3.2.1.31] und wirkt sogar synergistisch mit Androgenen (Mowszowicz et al., 1974). Bei der sexualspezifischen Einstellung des Leberenzymmusters verhält sich Cyproteronacetat völlig neutral. Die Maskulinierung der Leberenzymaktivitäten bei männlichen kastrierten Ratten durch Androgene verläuft daher nicht über klassische Androgenrezeptoren (Staib et al., 1970). Ähnliches gilt auch für die androgenabhängige Einstellung der Nieren-Enzym-Aktivitäten (Ghraf et al., 1975b).

6.7.3 Antiöstrogene

Zu den Antiöstrogenen gehören eine Reihe vollsynthetischer Wirkstoffe, die kein Steroidgerüst enthalten. So konkurriert *Clomiphen* (Abb. 6-47) mit Östrogenen um die Rezeptoren in Sexualzentrum und Zielorganen. Im Gegensatz zu den Antiandrogenen ist allerdings der Clomiphen-Rezeptor-Komplex in den Zielorganen noch schwach östrogen. Dagegen verhält sich Clomiphen wie ein starkes Antiöstrogen nach Bindung durch die hypothalamischen Rezeptoren. Unmittelbare Folge hiervon ist eine verstärkte Gonadotropinsekretion, die eine Ovulation auslösen kann. Clomiphen verstärkt die LH-Sekretion mehr als die FSH-Sekretion.

Mit dem Clomiphen verwandt ist das *Nafoxidin* (Abb. 6-48). Es verhält sich ebenfalls wie ein partielles Antiöstrogen, da es teilweise schwach östrogene Wirkung in den Zielorganen entwickelt. Zugleich wirkt es viel länger als Östradiol, da seine Bindung am Östrogenrezeptor im Uteruszellkern stabiler ist als die des Östradiols. Im Zielorgan bewirkt also Nafoxidin zunächst ebenso wie Östradiol eine vermehrte Nucleinsäure- und Proteinsynthese, die zu Hypertrophie und Hyperplasie des Gewebes führen. Diese Stimulation bricht aber nach einer gewissen Zeit ab und läßt sich auch durch erneute Gabe des Antiöstrogens nicht mehr wiederholen, während wiederholte Östradiolgabe die Wachstumseffekte verstärkt. Dies beruht auf der nafoxidinabhängigen Entleerung des cytoplasmatischen *Östrogen-Rezeptor-Kompartimentes*, da die östrogenabhängige Neusynthese des Östradiolrezeptors in Gegenwart des Antiöstrogens unterbleibt (Clark et al., 1973).

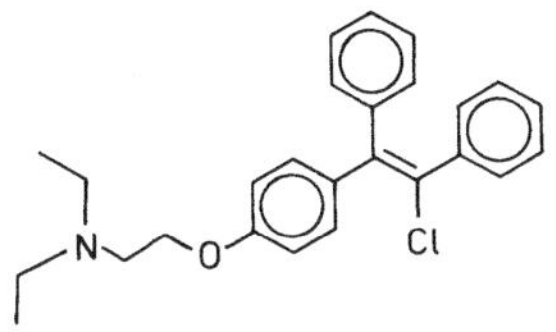

Abb. 6-47. Clomiphen, 1-(p-β-Diäthylaminoäthoxy-phenyl)-1,2-diphenyl-2-chloräthylen

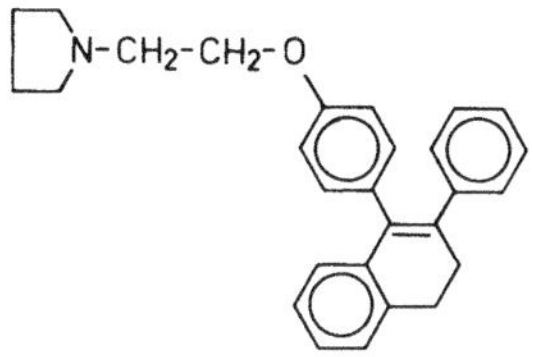

Abb. 6-48. Nafoxidin, 1-p-Phenoxyäthylpyrrolidin-2-phenyl-3,4-dihydro-6-methoxynaphthalin

In Struktur und Wirkung ist MER-25 mit Clomiphen und Nafoxidin vergleichbar (Abb. 6-49). Ein potentes Antiöstrogen mit Steroidstruktur steht mit 3,17β-Dihydroxy-17α-äthinyl-11α-methoxy-östra-1,3,5(10)-trien zur Verfügung (Abb. 6-50) (Raynaud et al., 1975). Einige Antiöstrogene werden nicht durch die gleiche Bindungsstelle auf dem Rezeptor gebunden wie Östradiol, verhindern aber dennoch die gleichzeitige Bindung des natürlichen Östrogens (Lunan und Klopper, 1975).

Gestagene sind natürliche Antiöstrogene (Brenner et al., 1974). Sie hemmen sowohl die Gonadotropinsekretion (Erzeugung eines Östrogenmangels) als auch

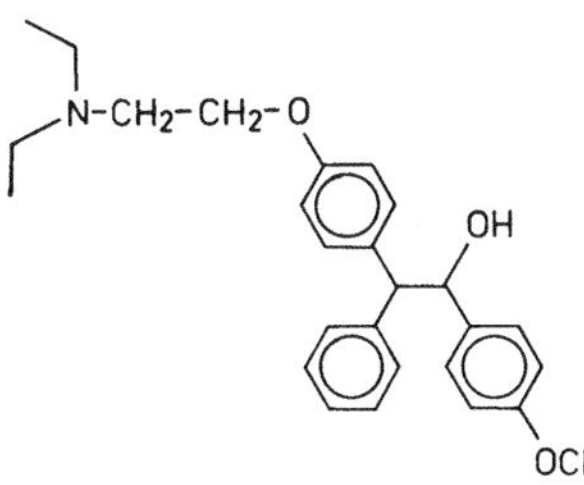

Abb. 6-49. MER-25, 1-(p-2-Diäthylaminoäthoxyphenyl)-1-phenyl-2-p-methoxyphenyläthanol

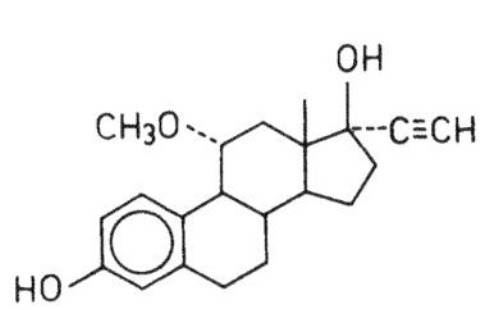

Abb. 6-50. RO 16117, 3,17β-Dihydroxy-17α-äthinyl-11α-methoxy-östra-1,3,5(10)-trien

die Synthese von *Östradiolrezeptoren* (Hsueh et al., 1976). Ferner induzieren Gestagene die Synthese der Östradiol-17β-Hydroxysteroid-Dehydrogenase [EC 1.1.1.62], wodurch in der zweiten Hälfte des Sexualcyclus der Frau die wirksame Östradiolkonzentration abnimmt. Schließlich sind auch die *Catecholöstrogene*, z.B. *2-Hydroxyöstradiol*, Östrogenantagonisten. Sie werden mit hoher Affinität an den Östradiolrezeptoren gebunden (Martucci und Fishman, 1976). Andererseits weist 2-Hydroxy-östradiol keine östrogene Aktivität auf, simuliert also einen Östradiolmangel (Naftolin et al., 1975 a). Es ist möglich, daß 2-Hydroxy-östradiol eine Schlüsselfunktion im Verlauf des *Hohlweg-Effektes* (s. Kap. 5.1.2.3) einnimmt, die auf der eben geschilderten antiöstrogenen Aktivität des Steroides beruht.

5α-Androstane wirken antiöstrogen, weil sie das aromatisierende System bei der Umwandlung von Androstendion oder Testosteron in Östrogene hemmen (Siiteri und Thompson, 1975). Bestimmte, nur noch schwach androgene C_{19}-Steroide werden daher bei der Therapie östrogenabhängiger Brusttumoren eingesetzt. Therapeutisch wichtig ist z.B. die Verwendung von *7β,17α-Dimethyltestosteron* bei Brustkrebs. Unter der Behandlung sinken der Östriolspiegel (zugunsten von 2-Hydroxy-östron) und die Östrogenneusynthese. Besonders stark wird die *16α-Hydroxylase* [EC 1.14.99.x] durch Dimethyltestosteron inhibiert (Fishman und Hellman, 1976).

Ebenso wie die *Corticoide* durch ihre lysosomenstabilisierenden Eigenschaften gleichzeitig antiandrogen sind, erklären sich auch die antiöstrogenen Wirkungen der Corticoide (Szego, 1974).

6.7.4 Anticorticoide

In kultivierbaren Lebertumorzellen (HTC-Zellen) verhalten sich *17α-Methyltestosteron* und *Progesteron* als Antiinduktoren der corticoidabhängigen Enzyminduktion der Tyrosinaminotransferase [EC 2.6.1.5] (Samuels und Tomkins, 1970). In der Leber wirken Testosteron und Östradiol als Antiinduktoren von Dexamethason, d.h. sie besetzen die cytoplasmatischen Corticoidrezeptoren und blockieren deren Transfer in den Kern.

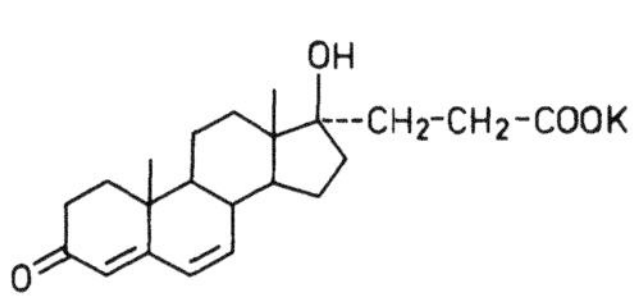

Abb. 6-51. Spirolacton SC 14266, 17β-Hydroxy-4,6-androstadien-17α-kaliumpropionat-3-on

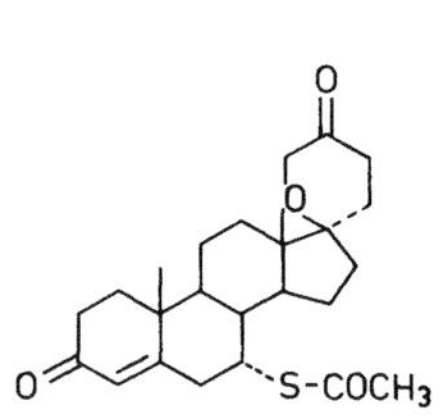

Abb. 6-52. Spironolacton SC 9420, 17β-Hydroxy-7α-thioacetyl-4-androsten-17α-propionsäure-lacton-3-on

Progesteron konkurriert mit Aldosteron um die Bindungsstellen und bewirkt daher eine vermehrte Na^+-Ausscheidung, verhält sich also wie ein Anti-Mineralocorticoid. Eine Reihe von synthetischen Steroiden haben sich als starke antimineralocorticoide Wirkstoffe erwiesen (Abb. 6-51 und 6-52) (Herken, 1969).

Spirolactone sind darüber hinaus gleichzeitig anti-androgen (s. Kap. 6.7.2).

7. Der Abbau der Steroidhormone

Alle Steroidhormone unterliegen im Körper einem erheblichen Stoffwechsel, der für die Regulationsfähigkeit des gesamten steroidabhängigen Systems von wesentlicher Bedeutung ist. Für Cortisol beträgt z. B. die Halbwertszeit beim Erwachsenen 90 Minuten, für Aldosteron 30 Minuten usw. Ähnliche Werte gelten für die Sexualsteroide. Die vielfältigen Steroidmuster sind ausgesprochen artspezifisch. Selbst unter den Primaten findet man starke Abweichungen hinsichtlich Quantität und Art der gebildeten Metabolite (Schubert und Schade, 1975).

Im Verlauf des Steroidstoffwechsels werden die Verbindungen nicht vollständig abgebaut, sondern nach Umwandlungen unter Erhaltung des Ringsystems ausgeschieden. Die Metabolisierung ist im Gegensatz zu der früher häufig geäußerten Anschauung (Utilisationstheorie) nicht unmittelbar mit der regulatorischen Funktion der Steroide in ihren Zielorganen verbunden. Sie ist vielmehr Ausdruck ihrer Regelbarkeit, jedoch nicht Teil ihrer Wirkung.

Die Inaktivierung der Steroide erfolgt vornehmlich in der Leber, aber auch in der Niere, Lunge, in den Gonaden und den meisten anderen Geweben sowie im Blut laufen zahlreiche Umwandlungen und Konjugationen am Steroidgerüst ab. Im menschlichen Urin lassen sich allein 200 Steroidmetabolite nachweisen. Die Organe des Menschen und aller höheren Organismen führen dabei folgende Hauptstoffwechselreaktionen durch:

a) Bildung von Estern zwischen Steroiden und Schwefelsäure, Phosphorsäure, Sulfatidsäure, Essigsäure oder weiteren Fettsäuren bzw. Bildung von Glykosiden der Steroide mit Glucuronsäure oder Aldosen. Beide Reaktionstypen, die als Konjugatbildung zusammengefaßt werden, haben im wesentlichen zwei Funktionen: entweder beeinflussen sie die weitere Umsetzung der Steroidkörper und begünstigen daher eine bestimmte Reaktionsrichtung (stark ausgeprägt bei den Steroidsulfaten) oder sie erleichtern die Ausscheidung der Steroide aus dem Organismus (was besonders für die Glucuronide gilt). Beide Funktionen lassen sich jedoch nicht klar trennen. So muß die Glucuronidbildung im Falle der 5β-Androstan-Synthese der Hydrierung der C_{19}-Steroide im Ring A vorausgehen. Denn freie 4-Androsten-3-on-Körper sind kein Substrat für die 5β-Reduktase [EC 1.3.1.23]. Die Sulfatbildung der Steroide ist von erheblicher Bedeutung bei der Biogenese der Steroide, und schließlich ermöglichen die Glucoside (im Gegensatz zu den Glucuroniden) eine spezielle Kompartimentierung dieser Steroidkonjugate.

b) Hydrierung der Doppelbindung im Ring A unter nachfolgender Umwandlung des Steroides in die 5α- bzw. 5β-Konformation. Östrogene können nicht im Ring A hydrogeniert werden. Im Falle des Androgenstoffwechsels ist die Ring-A-Hydrierung geschwindigkeitsbestimmend für die Gesamtmetabolisierung. In die aufhydrierten Steroide der 5β- oder auch 5α-Konformation kann nicht mehr enzymatisch eine Doppelbindung im Ring A eingeführt werden. Mit den bakteriellen Reduktasen [EC 1.3.99.5 bzw. 6] ist allerdings die Reduktion des Ringes A reversibel.

c) Einführung weiterer Hydroxygruppen, die den polaren Charakter der Steroide verstärken und damit die Ausscheidung der Metabolite erleichtern. Im Falle der Östrogene geht die Hydroxylierung an C-2 besonders deutlich mit dem Verlust der östrogenen Aktivität des Steroides parallel, so daß sich 2-Hydroxyöstrogene wie Östrogenantagonisten verhalten.

d) Umwandlung der Keto- und Hydroxyfunktionen durch Reduktion bzw. Oxydation. An Position 3 überwiegen die 3α-Hydroxymetabolite im Ausscheidungsmuster des Menschen. Bei anderen Vertebraten stehen dagegen die 3β-Hydroxy-Metabolite im Vordergrund.

e) Im Falle der C_{21}-Steroide stellt die Abspaltung der C-Atome 20 und 21 einen (quantitativ geringen) Teil der Gesamtinaktivierung dar. Meist gehen nicht mehr als 5 % der C_{21}-Steroide in die sog. 17-Ketosteroide über (s. Kap. 7.7).

Für die C_{19}- und C_{21}-Steroide läßt sich daher summarisch eine Reihe von Substitutions- und Modifikationsreaktionen definieren, durch die die Steroide inaktiviert und für die Ausscheidung vorbereitet werden (Abb. 7-1 und 7-2).

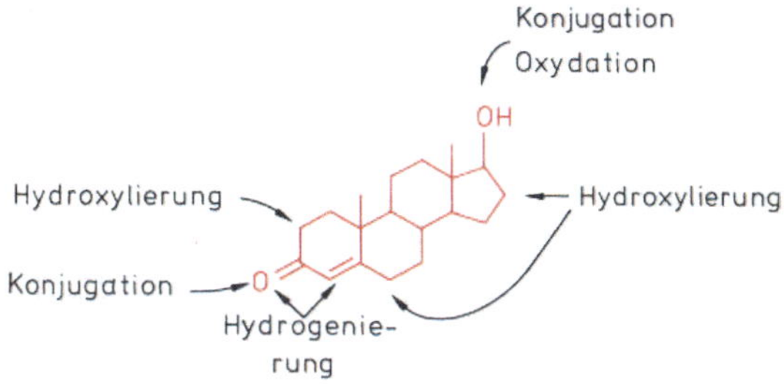

Abb. 7-1. Summe der wichtigsten Umwandlungsschritte von C_{19}-Steroiden

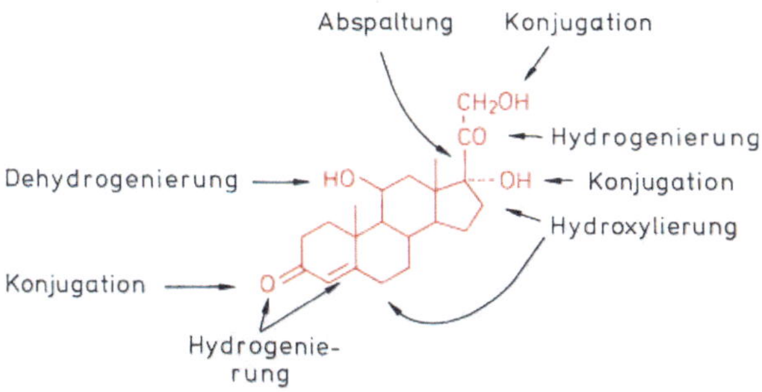

Abb. 7-2. Summe der wichtigsten Umwandlungs- und Abbauschritte von C_{21}-Steroiden

An den in Abb. 7-1 und 7-2 gezeigten Reaktionen nehmen die folgenden Enzyme bzw. Enzymgruppen teil:

Konjugation
Glucuronosyltransferasen [EC 2.4.1.x]
Sulfotransferasen [EC 2.8.2.2 bzw. 4]

Hydrogenierung
Oxidoreduktasen [EC 1.1.1.x]
Reduktasen [EC 1.3.1.x]

Hydroxylierung
Hydroxylasen [EC 1.14.x.x]
C-17,20-Lyase [EC 4.1.2.30].

Für die Geschwindigkeit, mit der die im Blut kreisenden Hormone inaktiviert werden, ist das Maß ihrer Bindung an *Plasmarezeptoren* ausschlaggebend. Je höher der Anteil an proteingebundenen Hormonen ist, desto kleiner ist die Chance zur enzymatischen Umwandlung in den durchbluteten Organen, d.h. desto länger ist ihre biologische Halbwertszeit (s. Kap. 8.1.2). Die Hormone werden vor allem in den Nieren aus dem Blut abfiltriert. Im geringen Umfang werden sie aber auch mit den Faeces sowie im Schweiß ausgeschieden.

Die wichtigsten, am Ab- und Umbau der Steroide beteiligten Enzyme sind in Tabelle 7-1 aufgeführt. Für einige Dehydrogenasen und Reduktasen sind die Positionen in NADH bzw. NADPH angegeben, aus denen das Hydridion eliminiert wird. Außerdem werden die Cosubstrate der Enzyme aufgeführt, sofern sie bekannt sind.

7.1 Konjugatbildung

Rund $^1/_3$ der täglich im Harn ausgeschiedenen Steroide, das sind etwa 20 mg, werden als Konjugate eliminiert.

7.1.1 Glucuronidierung

Für die Glucuronidierung ist ein mikrosomales Enzymsystem notwendig, das zunächst das Cosubstrat für die eigentliche Glucuronidierung bereitstellt (Abb. 7-3).

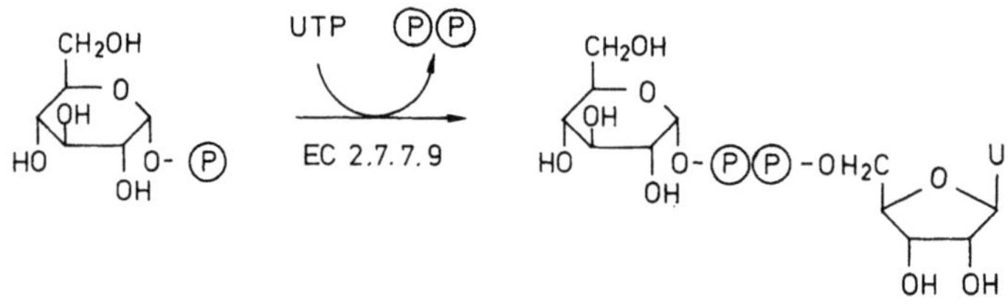

Abb. 7-3. Bildung von Uridindiphosphatglucose (UDPG) aus Glucose-1-phosphat und UTP. Enzym: Glucose-1-phosphat-Uridylyltransferase [EC 2.7.7.9]

UDPG wird anschließend mit Hilfe der UDPG-Dehydrogenase zu Uridindiphosphat-Glucuronsäure (UDPGS) oxydiert (Abb. 7-4). Das Proton wird auf die B-Seite von NAD^+ unter Besetzung der Position 4 pro S übertragen.

Das Enzym, das schließlich die Paarung der Steroidstoffwechselprodukte mit Glucuronsäure katalysiert, ist vor allem in der Mikrosomenfraktion der Leber und des Dünndarms enthalten. Uridindiphosphat wird dabei abgespalten (Abb. 7-5). Während die Glucose bzw. Glucuronsäure ursprünglich mit Uridindiphosphat über eine 1α-Bindung verknüpft waren, erfolgt während der Konjugation eine Konfigurationsänderung, denn die Glucuronide sind stets β-Glucuronide.

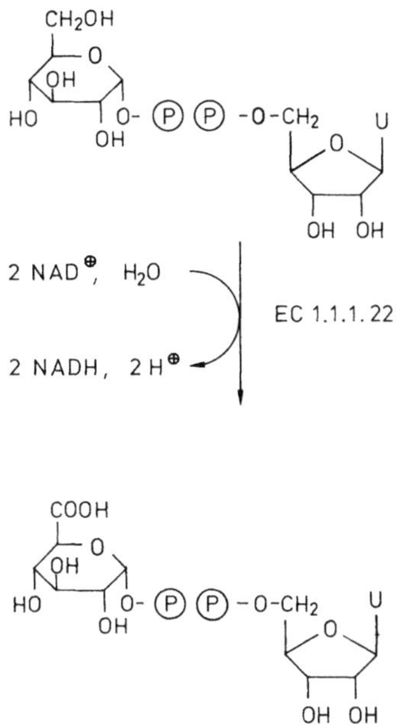

Abb. 7-4

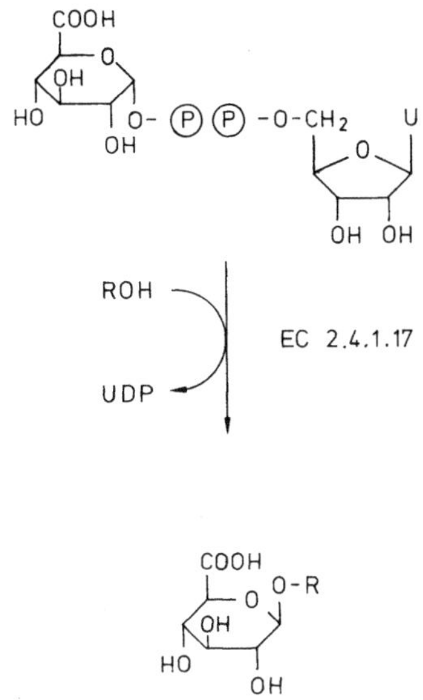

Abb. 7-5

Abb. 7-4. Bildung von Uridindiphosphat-Glucuronsäure (UDPGS) aus Uridindiphosphat-Glucose unter Verbrauch von NAD^+.
Enzym: UPD-Glucose-Dehydrogenase [EC 1.1.1.22]

Abb. 7-5. Bildung eines Steroid-glucuronides.
Enzym: Glucuronyltransferasen [EC 2.4.1.x], z.B. UDP-Glucuronosyltransferase [EC 2.4.1.17]

Bei den *UDP-Glucuronosyltransferasen* handelt es sich um ein heterogenes Gemisch sehr verschiedener Enzyme (s. Tabelle 7-1) mit unterschiedlicher Spezifität. Wegen ihrer Labilität sind die steroidglucuronidierenden Enzyme nur unter Aktivitätsverlust zu solubilisieren. Während sich die Mehrzahl der Glucuronosyltransferasen in den Mikrosomen befindet, ist aus Schweinedünndarmmitochondrien eine Östron-3-glucuronosyltransferase [EC 2.4.1.59] isoliert worden (Rao et al., 1972). Das Enzym liegt wahrscheinlich in verschieden aktiven Formen vor (Vollrath et al., 1974). Östrogene werden vornehmlich an C-3 glucuronidiert (Rao et al., 1974), C_{19}-Steroide bilden vornehmlich 3α-Glucuronide.

Tabelle 7-1. Liste der wichtigsten an Ab- und Umbaureaktionen der Steroide beteiligten Enzyme

Codenummer	Pos.	Steroidspezifität	Lokalisation	Organ	Cosubstrat		Referenz
Hydroxysteroid-Dehydrogenasen							
EC 1.1.1.50	3α		löslich und	Ovar	NADPH	4 pro R	Nimrod et al. (1975)
			mikrosomal	Vesikulardr.	NADPH	4 pro S	Suzuki und Tamaoki (1974)
					NADPH	4 pro R	
				Leber	NADH		Ghraf et al. (1975a)
EC 1.1.1.152	3α	5β-Androstan			NADH		
EC 1.1.1.51	3β		löslich und	Ovar	NADH		Nimrod et al. (1975)
			mikrosomal	Leber	NADH		Graef und Golf (1975)
					NADPH	4 pro S	Akhtar et al. (1972)
EC 1.1.3.16	3β	Ecdyson					
EC 1.1.1.145	Δ^5-3β		mikrosomal	NNR	NADH		Weidenfeld et al. (1975)
			mitoch.	Placenta	NADH		
					NADH	4 pro S	Bloxham et al. (1971)
EC 1.1.1.146	11β		mikrosomal		NADPH		
EC 1.1.1.147	16α				NADPH		
EC 1.1.1.148	17α	Östron	mikrosomal		NADPH		
EC 1.1.1.51	17β		löslich und mikrosomal	Gonaden	NADPH		Tamaoki und Inano (1975)
EC 1.1.1.62	17β	Östron	löslich, mikrosomal und mitochondrial		NADH		Pollow et al. (1976)
EC 1.1.1.63	17β	Testosteron			NADH		
EC 1.1.1.64	17β	Testosteron			NADPH	4 pro S	Inano und Tamaoki (1975)
EC 1.1.1.149	20α				NADPH	4 pro R	Podratz et al. (1974)
					NADH		Oshima et al. (1975)
EC 1.1.1.53	20β		löslich	Strept. hydrogenans	NADH	4 pro S	Gibb und Jeffery (1973)
EC 1.1.1.150	21				NADH		
EC 1.1.1.151	21				NADPH		
Konjugierende Enzyme							
EC 2.8.2.2	3β-Sulfokinase		löslich	Leber	PAPS		
EC 2.8.2.4	3-Sulfokinase Östrogene		löslich	Leber	PAPS		
EC 2.4.1.17	UDP-Glucuronosyltransferase		mikrosomal	Leber	UDP-GluS		Rao et al. (1972)
EC 2.4.1.42	17β-Glucuronosyltransferase		mikrosomal	Leber	UDP-GluS		Rao et al. (1974)
EC 2.4.1.59	3-Glucuronosyltransferase		mikrosomal	Leber	UDP-GluS		
EC 2.4.1.61	16α-Glucuronosyltransferase		mikrosomal		UDP-GluS		

Tabelle 7-1. Liste der wichtigsten an Ab- und Umbaureaktionen der Steroide beteiligten Enzyme

Codenummer	Pos.	Steroidspezifität	Lokalisation	Organ	Cosubstrat		Referenz
Hydroxysteroid-Dehydrogenasen							
EC 1.1.1.50	3α		löslich und	Ovar	NADPH	4 pro R	Nimrod et al. (1975)
			mikrosomal	Vesikulardr.	NADPH	4 pro S	Suzuki und Tamaoki (1974)
					NADPH	4 pro R	
				Leber	NADH		Ghraf et al. (1975a)
EC 1.1.1.152	3α	5β-Androstan			NADH		
EC 1.1.1.51	3β		löslich und	Ovar	NADH		Nimrod et al. (1975)
			mikrosomal	Leber	NADH		Graef und Golf (1975)
					NADPH	4 pro S	Akhtar et al. (1972)
EC 1.1.3.16	3β	Ecdyson					
EC 1.1.1.145	Δ^5-3β		mikrosomal	NNR	NADH		Weidenfeld et al. (1975)
			mitoch.	Placenta	NADH		
					NADH	4 pro S	Bloxham et al. (1971)
EC 1.1.1.146	11β		mikrosomal		NADPH		
EC 1.1.1.147	16α				NADPH		
EC 1.1.1.148	17α	Östron	mikrosomal		NADPH		
EC 1.1.1.51	17β		löslich und mikrosomal	Gonaden	NADPH		Tamaoki und Inano (1975)
EC 1.1.1.62	17β	Östron	löslich, mikrosomal und mitochondrial		NADH		Pollow et al. (1976)
EC 1.1.1.63	17β	Testosteron			NADH		
EC 1.1.1.64	17β	Testosteron			NADPH	4 pro S	Inano und Tamaoki (1975)
EC 1.1.1.149	20α				NADPH	4 pro R	Podratz et al. (1974)
					NADH		Oshima et al. (1975)
EC 1.1.1.53	20β		löslich	Strept. hydrogenans	NADH	4 pro S	Gibb und Jeffery (1973)
EC 1.1.1.150	21				NADH		
EC 1.1.1.151	21				NADPH		
Konjugierende Enzyme							
EC 2.8.2.2	3β-Sulfokinase		löslich	Leber	PAPS		
EC 2.8.2.4	3-Sulfokinase Östrogene		löslich	Leber	PAPS		
EC 2.4.1.17	UDP-Glucuronosyltransferase		mikrosomal	Leber	UDP-GluS		Rao et al. (1972)
EC 2.4.1.42	17β-Glucuronosyltransferase		mikrosomal	Leber	UDP-GluS		Rao et al. (1974)
EC 2.4.1.59	3-Glucuronosyltransferase		mikrosomal	Leber	UDP-GluS		
EC 2.4.1.61	16α-Glucuronosyltransferase		mikrosomal		UDP-GluS		
EC 2.4.1.35	UDP-Glucosyltransferase				UDP-Glu		

Die Hydrolyse der Glucuronide erfolgt mit Hilfe der *β-Glucuronidase* (β-D-Glucuronid-Glucuronohydrolase [EC 3.2.1.31]). Von diesem Enzym hatte man früher angenommen, daß es auch die Biosynthese der Glucuronide katalysiert. Die im Plasma circulierenden Glucuronide werden in der Lunge (Collins et al., 1975b) sowie in Leber, Darm und Niere (Rao et al., 1974) hydrolysiert.

7.1.2 Glycosidbildung

Nach Umfang und Art der Glucosidbildung unterscheiden sich verschiedene Tierspecies stark voneinander. Beim Schimpansen gehen 17α-Östradiol und 17α-Östradiol-3-β-D-glucuronid in 17α-Östradiol-17-β-D-glucosid bzw. 17α-Östradiol-3-β-D-glucuronid-17-β-D-glucosid über (Labow et al., 1975). Durch Mikrosomen der menschlichen Leber wird nur das freie 17α-Östradiol, nicht dessen 3-Glucuronid glucosidiert. Beim Menschen wird außerdem Östriol-16-β-D-glucosid gefunden. In keinem Fall findet man Glucoside mit der 17β-Hydroxyfunktion der Östrogene.

In der Regel ist die Glucosidbildung geringer im Vergleich zur Glucuronidierung, kann aber in bestimmten Fällen die Bildungsraten der Glucuronidierung erreichen. Die Glucosidierung scheint die Aufnahme der Östrogene durch die Zellmembran zu erleichtern. Gleichzeitig wird die extracelluläre Metabolisierung verringert (Williamson und Layne, 1975).

In der Kaninchenleber überträgt ein Enzymsystem aus UDP-Xylose den Zucker auf Östron, 17α-Östradiol und 17β-Östradiol. Das entstandene Xylosid trägt den Zucker am phenolischen HO (Layne et al., 1976). Die hierfür notwendige *Steroidxylosyltransferase* [EC 2.4.1.x] befindet sich an den Mikrosomen des Organs.

7.1.3 Sulfatbildung

Im Gegensatz zur mikrosomalen Glucuronidierung erfolgt die Sulfatbildung an einem löslichen Enzymsystem aus Leber, Gonaden, Nebennierenrinde und weiteren Geweben. Als Sulfatdonor fungiert 3′-Phosphoadenosin-5′-phosphosulfat (PAPS) (Abb. 7-6).

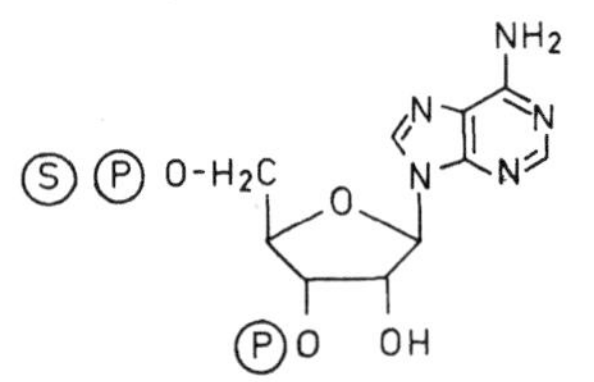

Abb. 7-6. 3′-Phosphoadenosin-5′-phosphosulfat (PAPS)

Dieser Sulfatdonor wird aus Sulfat und ATP mit Hilfe einer Sulfotransferase gebildet (Abb. 7-7). Zwar weist die Reaktion bei der Bildung des intermediären

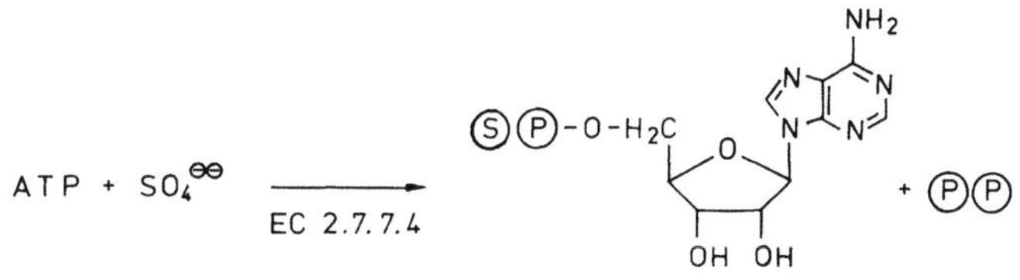

APS

Abb. 7-7. Bildung von Adenosin-5'-phosphosulfat (APS) aus ATP und Sulfat.
Enzym: Sulfat-Adenylyl-Transferase [EC 2.7.7.4]

Adenosin-5'-phosphosulfates (APS) eine sehr ungünstige Gleichgewichtslage auf und verläuft endergonisch, doch ist sie mit zwei exergonischen Folgereaktionen gekoppelt, die auf diese Weise die APS- und PAPS-Bildung ermöglichen (Abb. 7-8). Aus PAPS wird schließlich die Sulfatgruppe mit Hilfe einer *Sulfotransferase* übertragen. Es existieren mindestens zwei (Gruppen von) Sulfotransferasen: solche, die die phenolische Gruppe in den Östrogenen substituieren, und diejenigen, die die übrigen 3β-Hydroxygruppen verestern (Abb. 7-9). Für Androstane sollen spezielle Sulfotransferasen wirksam sein.

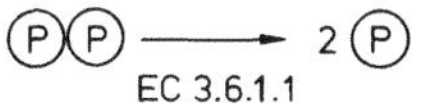

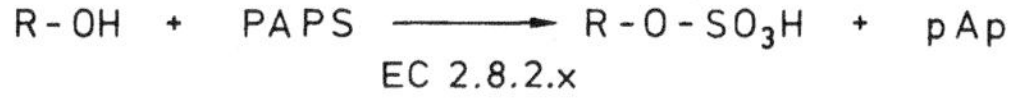

Abb. 7-9

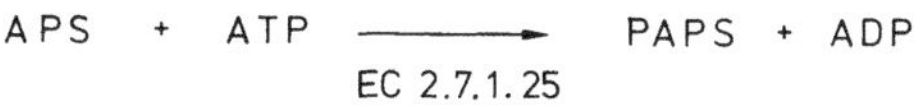

Abb. 7-8

Abb. 7-8. Exergonische Reaktionen, die die APS-Bildung aus Abb. 7-7 ermöglichen. Synthese von 3'-Phosphoadenosin-5'-phophosulfat (PAPS).
Enzyme: Pyrophosphat-Phosphohydrolase [EC 3.6.1.1], Adenylsulfat-Kinase [EC 2.7.1.25]

Abb. 7-9. Sulfatbildung an der Position C-3.
Enzyme: 3'-Phosphoadenylylsulfat:3β-Hydroxysteroid-Sulfotransferase [EC 2.8.2.2], 3'-Phosphoadenylylsulfat:Östronsulfotransferase [EC 2.8.2.4]

Die Steroidsulfate der C_{19}- und C_{21}-Reihe sind stets 3β-Sulfate. Die Affinität der Sulfotransferasen zu den Steroiden sinkt in der Reihenfolge 3β-Hydroxy-5-en → 3β-Hydroxy-5β → 3β-Hydroxy-5α. Die Steroidsulfotransferasen sind lösliche nichtpartikuläre Enzyme. Die Östronsulfotransferase der Rindernebenniere hat ein Mol.-Gew. von 74000. Im Uterus ist die Aktivität des Enzyms von der Phase des Sexualcyclus abhängig. Gegen Mitte des Cyclus nimmt die Aktivität stark zu, gegen Ende und zu Beginn des Cyclus ist keine Sulfotransferasenaktivität nachweisbar (Pack und Brooks, 1974).

Ebenso wie die Glucuronidierung ist auch die Sulfatbildung nicht nur für die Ausscheidung eines Teils der Steroide wichtig, sondern spielt auch eine große

Rolle im Intermediärstoffwechsel der Steroide. Besonders die 3β-Sulfate der Δ^5-Steroide einschließlich dem Cholesterinsulfat sind für die Steroidbiogenese wichtig. So wird z.B. Pregnenolon als Sulfat in das 17α-Hydroxy-Derivat und weiter bis zum DHEA-Sulfat umgewandelt.

Cholesterin
↓
Cholesterin-Sulfat
↓
Pregnenolon-Sulfat
↓
17α-Hydroxy-pregnenolon-Sulfat
↓
Dehydroepiandrosteron-Sulfat

DHEA-Sulfat dient in der Schwangerschaft als Vorläufer der Östrogene (s. Kap. 4.7). Auch Disulfate verschiedener Steroide sind gefunden worden: 3β,20α-Dihydroxy-5-pregnen-3,20-disulfat, 3β,21-Dihydroxy-5-pregnen-20-on-3,21-disulfat und Östriol-3,16-disulfat.

Die irreversible Hydrolyse der Sulfate erfolgt im Gegensatz zur Glucuronidspaltung durch hoch steroidspezifische *Sulfatasen*. So akzeptiert eine Arylsulfat-Sulfohydrolase-Aktivität [EC 3.1.6.1) nur Östrogen-3-sulfate. Ferner kann man zwischen solchen Sulfatasen unterscheiden, die durch Phosphat oder Sulfat gehemmt werden oder nicht. Weitere gruppenspezifische Sulfatasen akzeptieren jeweils ausschließlich 3β-Sulfate von 5α-Androstanen, 5-Androstenen, 5β-Androstanen, 5α-Pregnanen, 5α-Cholestanen bzw. 5-Cholestenen. Alle Sulfatasen liegen mikrosomal vor und lassen sich praktisch nicht solubilisieren, in den Mitochondrien fehlen sie. Sie kommen nahezu in allen Geweben, d.h. Leber, Testes, Ovarien, NNR, Placenta, Prostata, Haut, Hirn usw., vor. Allerdings ist ihre Menge stets sehr gering (Notation, 1975). In den fetalen Gonaden beiderlei Geschlechts ist der Sulfatasengehalt höher als in der fetalen Leber bzw. Nebenniere. Ihre Aktivität nimmt mit zunehmendem Lebensalter ab (Payne und Jaffe, 1975). Sulfatasen werden durch eine Reihe von Steroiden, besonders durch 3β,20α-Dihydroxy-5-pregnen und 3α,17β-Dihydroxy-5α-androstan, gehemmt. Dies ist für den Verlauf der Androgenbiosynthese über den Δ^5-Weg in den Testes wichtig, weil hierbei die Metabolite trotz der testikulären Sulfatase als Sulfate umgesetzt werden können. Um schließlich 3β-Hydroxy-5-en-3-Sulfate in die entsprechenden 4-en-3-Ketosteroide überzuführen, muß vorher die Sulfatgruppe abgespalten werden (Abb. 7-10).

Während die Aktivität der 3β-Hydroxy-Δ^5-Steroid-Dehydrogenase [EC 1.1.1.145] und der Isomerase [EC 5.3.3.1] in allen steroidbildenden Organen hoch ist, ist die Sulfatasenaktivität stets limitierend. Die in geringer Menge desulfurierten Steroide werden daher sofort durch das mit größerer Kapazität vorhandene Dehydrogenasen-Isomerasen-System akzeptiert. Aus diesem Grunde greift im Stoffwechsel die Regulation über die Einstellung der Sulfatasenaktivität in die Steroidverwertung ein. So verdoppelt *ACTH* in der Nebennierenrinde die Sulfatasenaktivität (Dominugez et al., 1975). Die Affinität

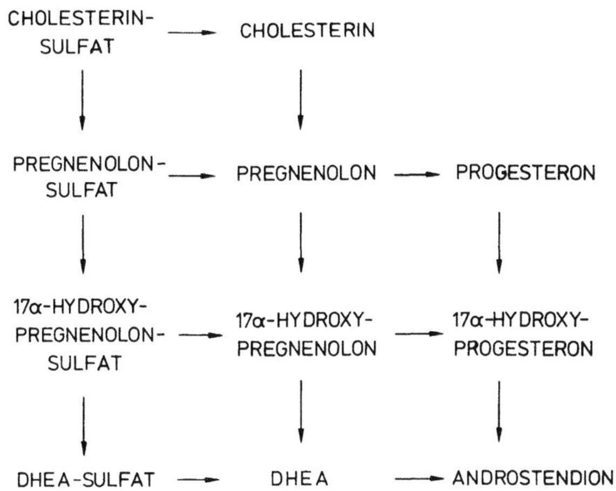

Abb. 7-10. Vorläufer-Produkt-Beziehung zwischen Steroidsulfaten und freien Steroiden. Enzyme: Sulfatasen [EC 3.1.6.1 bzw. 2], 3β-Hydroxy-Δ^5-Steroid-Dehydrogenase [EC 1.1.1.145], Steroid-Δ-Isomerase [EC 5.3.3.1]

von Pregnenolonsulfat zur NNR-Sulfatase ist mit K_m = 7,5 µM höher als die von DHEA-Sulfat (K_m = 36,6 µM). Aus diesem Grunde hemmt Pregnenolonsulfat stärker die Hydrolyse von DHEA-SO_4 als umgekehrt DHEA-SO_4 die Sulfathydrolyse von Pregnenolonsulfat zu inhibieren vermag. Beim erwachsenen Menschen steht *Pregnenolonsulfat* hinsichtlich seiner Menge an der Spitze der testikulären Steroide (Payne und Jaffe, 1975).

Die Steroidsulfate, z.B. *DHEA-Sulfat*, weisen wegen ihrer außerordentlich starken Bindung an Plasmaproteine nur eine geringe renale Clearance auf. Nicht zuletzt aus diesem Grunde bilden sie ein besonderes humorales Kompartiment, aus dem die Steroide erst intracellulär wieder zu den unkonjugierten Derivaten freigesetzt werden. Am Beispiel der Östrogenbildung in der Placenta wird außerdem deutlich, daß die Konjugation von DHEA durch den Sulfatrest dessen Verwertung in der Placenta garantiert, während freies DHEA rasch durch die Niere ausgeschieden wird. Im Gegensatz zum DHEA-Sulfat sind Testosteronsulfat und weitere C_{19}-Sulfate metabolisch praktisch inert (Dessypris, 1975). In der weiblichen Rattenleber sind 5α-Androstansulfate und -disulfate bevorzugtes Substrat einer mikrosomalen 15β-Hydroxylase, wodurch die Inaktivierung der stark androgenen Wirkstoffe ermöglicht wird. C_{21}-Sulfate werden relativ ungehindert über die Niere ausgeschieden.

7.1.4 Sulfatidbildung

Der Arbeitskreis von Oertel hat ausführlich die biochemischen Eigenschaften des DHEA-Sulfatids untersucht. Dieses Konjugat wird durch Lebermitochondrien gebildet. Im Plasma verhalten sich die Mengen von DHEA-Sulfat zu DHEA-Sulfatid wie 1:9 (Oertel und Benes, 1972).

Die Struktur des Konjugates ist noch nicht endgültig aufgeklärt. Wahrscheinlich handelt es sich um das Dipalmitylglycerinsulfat des DHEA (Kurtenbach et al., 1973). DHEA-Sulfatid gilt als starker nichtkompetitiver Inhibitor der Glucose-6-phosphat-Dehydrogenase [EC 1.1.1.49]. Da es auf diese Weise zu einem Anstau von Glucose-6-phosphat kommt, das die cAMP-Phosphodiesterase [EC 3.1.4.17] nichtkompetitiv hemmt, resultiert in Erythrocyten eine cAMP-Akkumulation (Oertel et al., 1975) (Abb. 7-11).

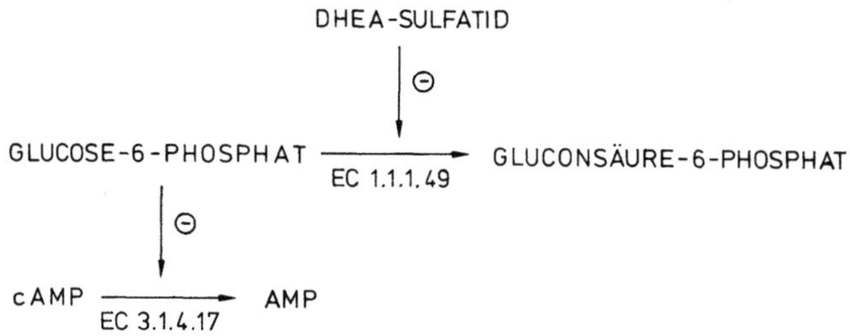

Abb. 7-11. Einfluß von DHEA-Sulfatid auf den cAMP-Abbau.
Enzyme: Glucose-6-phosphat-Dehydrogenase [EC 1.1.1.49], cAMP-Phosphodiesterase [EC 3.1.4.17]

7.1.5 Phosphate, Acetate und Fettsäureester

Über die Bedeutung und biologische Aktivität der Steroidphosphate liegen bisher nur wenig Untersuchungen vor, so daß eine eingehende Beurteilung nicht möglich ist.

Ecdyson wird von *Calliphora vicina* teilweise in Phosphate überführt (Sannasi und Karlson, 1974).

Die Hydrolyse der Phosphatreste aus den Positionen 3α, 3β oder 21 von C_{21}-Steroiden wird sowohl durch die saure [EC 3.1.3.2] als auch durch die alkalische Phosphatase [EC 3.1.3.1] katalysiert. 17β-Phosphate werden dagegen nur durch die saure Phosphatase gespalten (Botte und Koide, 1968).

Im Rattenhirn sind Testosteronester mit Laurin- und Stearinsäure gefunden worden, deren biologische Bedeutung ebenfalls unbekannt ist (Kishimoto, 1973). Cholesterin liegt im Plasma an low und high density lipoproteinen (LDL und HDL) gebunden und zu 75 % mit langkettigen Fettsäuren verestert vor. Am häufigsten ist hierbei der Cholesterinlinolsäureester.

7.2 Hydrogenierung im Ring A

Während die Umwandlung von Ring-A-ungesättigten Steroiden in die 5α-Form in der Regel nicht mit dem Verlust der biologischen Aktivität, wohl aber mit qualitativen Eigenschaftsänderungen verbunden ist, stellt die Hydrogenierung zur 5β-Form fast durchwegs eine biologische Inaktivierung dar. Diese Reaktion ist daher Teil des biologischen *Steroidabbaus*, die Bildung der 5α-Form stellt dagegen eine biochemische *Transformation* dar. Für die Reduktion von C_{19}-Steroiden zu den 5β-Androstanen werden ausschließlich die 17β-Glucuronide akzeptiert, die mit Hilfe spezifischer 5β-Reduktasen [EC 1.3.1.23 bzw. 1.3.99.6] in 17β-Hydroxy-5β-androstan-17-β-D-glucuronid-3-on-Derivate übergehen. Die 5α-Reduktase [EC 1.3.1.22 bzw. 1.3.99.5] akzeptiert dagegen nur freie nicht konjugierte C_{19}-Steroide. Die 5β-Reduktase überträgt ferner im Gegensatz zur 5α-Reduktase den Wasserstoff aus der Position 4 pro R des NADPH. Auch die mikrobielle 5β-Reduktase [EC 1.3.99.6] verhält sich anders als die Säuger-5β-Reduktasen [EC 1.3.1.3 bzw. 1.3.1.23], denn sie überträgt den Wasserstoff aus der Position 4 pro S des NADH (Tabelle 7-2).

Tabelle 7-2. Gegenüberstellung einiger Eigenschaften von eukaryotischen und prokaryotischen Steroidreduktasen [EC 1.3.1.3 bzw. 4 bzw. 22 bzw. 23 und EC 1.3.99.5 bzw. 6]

		Übertragung des H aus der Position	
		Säuger	Bakterien
	Lokalisation in der Leber		
5α-Reduktase	mikrosomal	4 pro S NADPH	4 pro R NADH
5β-Reduktase	löslich	4 pro R NADPH	4 pro S NADH

Mindestens im Falle der Testosteron-5α-Reduktase aus Lebermikrosomen handelt es sich um ein Enzymsystem, bei dem NADPH das Reduktionsäquivalent zunächst auf das Flavoenzym Cytochrom-c-Reduktase [EC 1.6.2.4] überträgt (s. Kap. 7.8). Unmittelbarer Elektronendonator ist hierbei Coenzym Q_{10} (Graef und Golf, 1975). Es ist sehr wahrscheinlich, daß in der Rattenleber mindestens fünf verschiedene Δ^4-3-Oxosteroid-5α-Reduktasen existieren, die jeweils hoch substratspezifisch sind. Die Aktivität der 5α-Reduktase ist in der Leber geschlechtsspezifisch und bei der weiblichen Ratte höher (s. Kap. 9.2). Durch Östrogene wird sowohl die 5α- als auch die 5β-Reduktase gehemmt (van Doorn und Clark, 1972; Lee et al., 1973).

Die Reduktasen akzeptieren nur 3-Keto-4-en-Verbindungen als Substrat, d.h. 3-Hydroxy-4-en-Verbindungen (die sog. Allylalkohole) werden nicht direkt in die 5α- bzw. 5β-Formen übergeführt. 3α,17β-Dihydroxy-4-androsten kann allerdings in Gegenwart einer 3α-Hydroxysteroid-Dehydrogenase [EC 1.1.1.50] in Testosteron übergehen und damit anschließend die Ring-A-hydrierte Form bilden (Sanyal et al., 1974).

Die Ring-A-Reduktion stellt in der Regel den langsamsten, d.h. geschwindigkeitsbestimmenden Schritt der Gesamtmetabolisierung dar. Die Reduktion durch die eukaryotischen Reduktasen ist irreversibel (allerdings ist die Teilreaktion zwischen Coenzym Q_{10} und der Übertragung der Reduktionsäquivalente auf die Reduktasen und das Steroid reversibel). Da jedoch der Elektronenfluß von der Cytochrom-c-Reduktase auf Coenzym Q_{10} irreversibel ist, ist die Ring-A-Reduktion insgesamt irreversibel und bedingt die endgültige Ausschleusung der Steroide aus dem Umwandlungscyclus. Im Gegensatz dazu vermögen Mikroorganismen mit Hilfe ihrer Steroidreduktasen auch eine Doppelbindung in den aufhydrierten Ring A einzuführen. Bei der Dehydrogenierung von 5α-Androstanen zu 3-Keto-4-en-Verbindungen wird in Gegenwart von *Nocardia restrictus* der Wasserstoff aus den Positionen 4β und 5α eliminiert (Nambara et al., 1975). Bei der Dehydrogenierung von 5β-Androstanen stammt der Wasserstoff entsprechend aus den Positionen 4α und 5β (Nambara et al., 1973a).

7.3 Einführung von Hydroxylgruppen

Die Reaktion erfolgt mit dem im Kapitel 4.3 beschriebenen Cytochrom-P-450-abhängigen Enzymsystem, das sich entweder in den Mitochondrien (11β-, 18-, 1α-Hydroxylasen) bzw. an den Mikrosomen befindet. Der Gehalt an Hydroxylasen ist in der Leber am höchsten. Die Aktivität der gesamten Reaktionskette vom NADPH (bzw. NADH) über die Cytochrom-P-450-Reduktase zum Cytochrom P-450 wird durch eine Reihe von Pharmaka, die durch das gleiche System inaktiviert werden, beeinflußt. So stimulieren Schlafmittel, wie Phenobarbital, die Synthese und Aktivität einer heterogenen Population von Cytochrom-P-450-Species (Haugen et al., 1975), wodurch gleichzeitig der Steroidstoffwechsel stark beschleunigt ist. Aus diesem Grunde haben Frauen, die Ovulationshemmer einnehmen und gleichzeitig unter hoher Pharmakabelastung stehen (z.B. durch eine Rifamycintherapie zur Tuberkulosebehandlung) einen verminderten bzw. lückenhaften Empfängnisschutz, weil die wirksamen Östrogenkonzentrationen im Plasma durch den verstärkten Abbau der Steroide zu niedrig sind.

Aktivität und Spezifität der meisten Hydroxylasen sind in der Leber sexuell differenziert (Gustafsson und Ingelman-Sundberg, 1974a) (s. Kap. 9.2). Von den zahlreichen durch Leberhydroxylasen modifizierten Steroidpositionen scheint die 2α-Hydroxylierung ohne Beteiligung von Cytochrom P-450 abzulaufen. Die 15β-Hydroxylase der Rattenleber akzeptiert nur im Ring D sulfurierte Steroide (Gustafsson und Ingelman-Sundberg, 1976). Darüber hinaus ist die Aktivität dieses Enzyms geschlechtsspezifisch und bei weiblichen Ratten höher (Gustafsson et al., 1975).

7.4 Hydrogenierung und Dehydrogenierung von Sauerstoff-Funktionen

Nach der Sättigung des Ringes A erfolgt die Reduktion der 3-Ketogruppe. Sie wird durch 3α- [EC 1.1.1.50] oder 3β-Hydroxysteroid-Dehydrogenasen [EC 1.1.1.51] katalysiert, die in verschiedenen Organen meist mikrosomal vorkommen. Sie benötigen NADPH oder NADH als Cosubstrat. Im Gegensatz zu den Reduktasen haben diese Dehydrogenasen keine ausgeprägte Substratspezifität. Neben den mikrosomalen Enzymen enthält die Leber auch noch lösliche Dehydrogenasen. Beim Menschen wiegen die *3α-Hydroxysteroid-Dehydrogenasen* vor.

Außerdem lassen sich mikrosomale Enzyme nachweisen, die die 3-Keto-Gruppe von Δ^4-Steroiden in die entsprechenden Alkoholgruppen überführen.

Die Produkte werden als sog. *Allylalkohole* zusammengefaßt. Da die 5α- bzw. 5β-Reduktasen diese Allylalkohole nicht als Substrat akzeptieren, können sie für die weitere Metabolisierung nicht direkt als Substrat dienen (Abb. 7-12). Sowohl 3α,17β-Dihydroxy-4-androsten als auch 3β,17β-Dihydroxy-4-androsten werden im Rattenhypothalamus (Genot et al., 1975) sowie als Hauptandrogenmetabolite im Uterus (Hoffmann et al., 1975) gefunden.

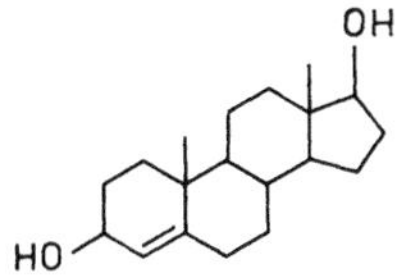

Abb. 7-12. 3β,17β-Dihydroxy-4-androsten, ein sog. „Allylalkohol"

Für die Bildung der 11β-Hydroxy-pregnene stehen mikrosomale 11β-Dehydrogenasen [EC 1.1.1.146] zur Verfügung, die sowohl NAD^+ als auch $NADP^+$ als Cosubstrat akzeptieren. Sie wandeln im Ring A reduzierte C_{21}-Steroide nicht um. Die Sauerstoff-Funktion an C-17 wird entweder durch die *17β-Hydroxysteroid-Dehydrogenasen* [EC 1.1.1.63 oder 64] oder die Östradiol-17β-Dehydrogenase [EC 1.1.1.62] umgewandelt. Je nach Organ verwerten die Enzyme entweder NAD^+ oder $NADP^+$ bzw. NADH oder NADPH als Cosubstrat. Die *20α-Hydroxysteroid-Dehydrogenase* [EC 1.1.1.149] sorgt für die Inaktivierung des Progesterons im Ovar. Das Enzym benötigt NADPH als Cosubstrat.

Die 3α- und 3β-Hydroxysteroid-Dehydrogenasen unterliegen in der Rattenleber einer altersabhängigen Entwicklung und sexualspezifischen Differenzierung (s. Kap. 9.2). Sie setzen sowohl 5α- als auch 5β-3-Oxo-Verbindungen um, allerdings werden in der Regel die 5β-Steroide bevorzugt. Mit 5α-Androstanen bildet das männliche Tier mehr 3β-Hydroxy-Derivate als der weibliche Organismus. Mit dem 5β-Substrat bilden beide Geschlechter annähernd gleiche Mengen an 3α- und 3β-Hydroxy-Metaboliten.

7.5 Die Rolle der Mikroorganismen

Die Fähigkeit zahlreicher Mikroorganismen, Steroide umzuwandeln, ist schon lange bekannt. 1937 wurde erstmals mit Hilfe von Hefe *Dehydroepiandrosteron* in Testosteron umgewandelt. Von den zahlreichen bisher beschriebenen Umwandlungsreaktionen, an denen Mikroorganismen beteiligt sind, soll nur eine kleine Auswahl auf die Vielfalt dieser biologischen Aktivitäten hinweisen. So werden 3-Ketone zu den 3α- oder 3β-Hydroxyden hydrogeniert, 17-Ketone in 17β-Hydroxy-Derivate überführt usw. Als Beispiel einer bakteriellen Hydroxylierung sei die Bildung von 11α-Hydroxy-progesteron durch *Rhizopus arrhizus*, einem in der Luft vorkommenden Keim, erwähnt. Der gleiche Mikroorganismus vermag auch, eine Sauerstoff-Funktion an 6β einzuführen. Andere Mikroorganismen (z. B. *Streptomyces spec.*) bilden 16α-Hydroxy-pregnane sowie 1α- bzw. 2β-Hydroxy-Derivate. Seltener sind dagegen Hydroxylierungen an den Positionen 11β, 14α, 14β, 15α oder 15β. Insgesamt wurden bisher an folgenden

Steroidpositionen durch Mikroorganismen Hydroxylierungen katalysiert: 1α,2β,3α,3β,4α,6α,6β,7α,7β,8β,9α,11α,11β,12α,12β,14α,14β,15α,15β,16α, 16β,17α,19 und 21 (Jones, 1973). Von großer technischer Bedeutung ist die durch Mikroorganismen katalysierte Bildung von Steroiden mit einer Doppelbindung an C-1. Dabei wird Wasserstoff aus den Positionen 1α und 2β eliminiert (Abb. 7-13). Für diesen Vorgang werden enzymgebundene Zwischenstufen postuliert (Abb. 7-14). Als Wasserstoffakzeptor dient nicht NAD^+ sondern

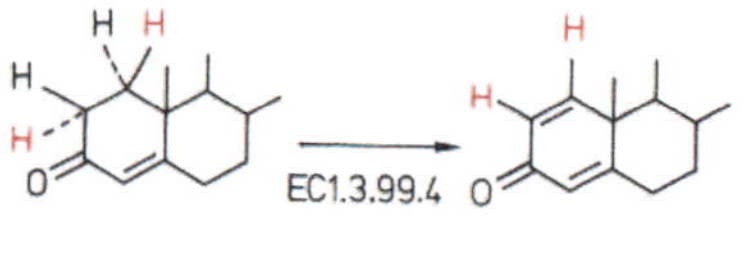

Abb. 7-13

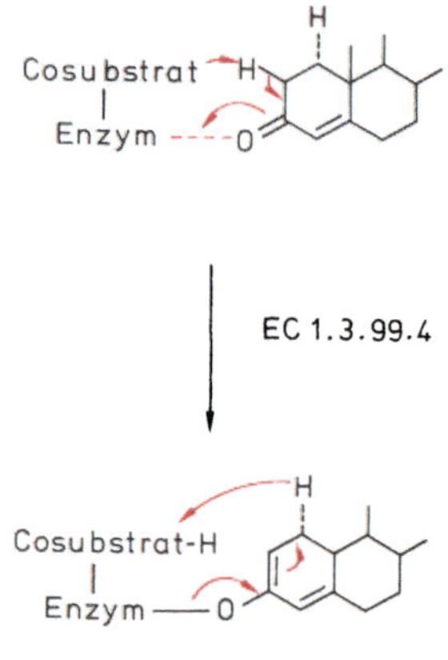

Abb. 7-14

Abb. 7-13. Bildung von 1-en-Verbindungen aus 3-Keto-4-en-Vorläufern.
Enzym: 3-Oxosteroid-Δ^1-Dehydrogenase [EC 1.3.99.4]

Abb. 7-14. Enzymgebundene Intermediate bei der Einführung der Doppelbindung an C-1 mit einer mikrobiellen Dehydrogenase.
Enzym: 3-Oxosteroid-Δ^1-Dehydrogenase [EC 1.3.99.4]

FAD. Von dem Enzym werden bevorzugt 3-Keto-4-en-Verbindungen akzeptiert, während 3-Keto-5α- oder -5β-Verbindungen nur schwer umgesetzt werden. Andererseits vermögen Mikroorganismen Doppelbindungen selbst im aromatischen Ring eines Östrogens selektiv aufzuhydrieren (Abb. 7-15) (Schubert et al., 1973).

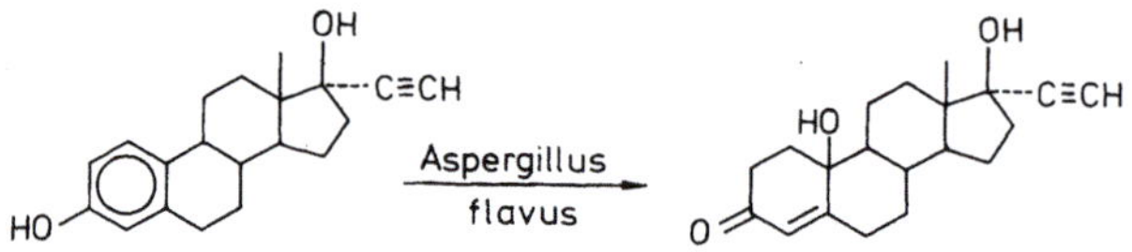

Abb. 7-15. Hydrogenierung von 17α-Äthinyl-3,17β-dihydroxy-1,3,5(10)-östratrien zu 17α-Äthinyl-10β,17-dihydroxy-4-östren-3-on durch *Aspergillus flavus*

Der Abbau des Steranskeletts wird nicht durch Enzyme höherer Organismen katalysiert, sondern ist eine Domäne bakterieller und einiger niederer eukaryotischer Organismen. Von C_{27}-, C_{21}- oder C_{19}-Körpern aus erfolgt der Abbau bis zur

Bildung der ringfreien Ketosäuren (Schubert et al., 1968 a). Zunächst wird eine Spaltung zwischen C-9 und C-10 herbeigeführt. Aus *Androstendion* entsteht auf diese Weise 3-Hydroxy-9,10-seco-androsta-1,3,5(10)-trien-9,17-dion (Abb. 7-16). Im weiteren Verlauf wird nach Hydroxylierung am Ring A dessen

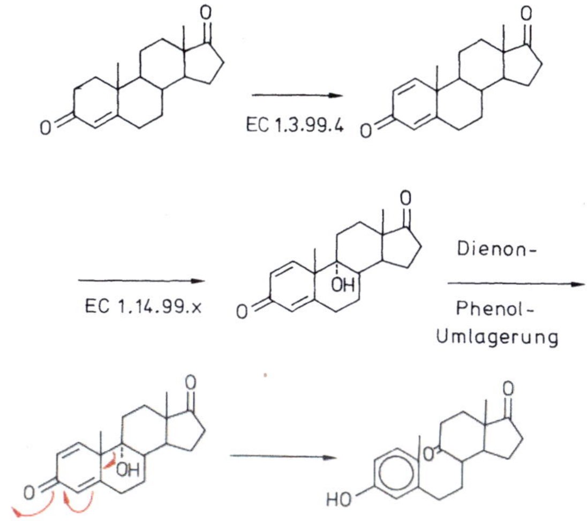

Abb. 7-16. Bildung eines Ring-B-Secosteroides aus 4-Androsten-3,17-dion.
Intermediate: 1,4-Androstadien-3,17-dion, 9α-Hydroxy-1,4-androstadien-3,17-dion, 3-Hydroxy-9,10-seco-androsta-1,3,5 (10) -trien-9,17-dion.
Enzyme: 3-Oxosteroid-Δ^1-Dehydrogenase [EC 1.3.99.4], 9α-Hydroxylase [EC 1.14.99.x]

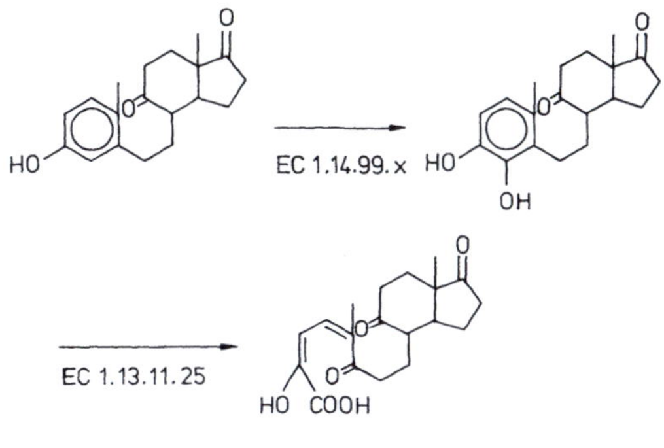

Abb. 7-17. Ring-A-Öffnung unter Bildung von 4(5),9(10)-Diseco-3-hydroxy-androsta-1(10),2-dien-5,9,17-trion-4-carbonsäure.
Intermediat: 3,4-Dihydroxy-9,10-seco-androsta-1,3,5 (10) -trien-9,17-dion.
Enzyme: 4-Hydroxylase [EC 1.14.99.x], Steroid-4,5-Dioxygenase [EC 1.13.11.25]

Aufspaltung zu 4(5),9(10)-Diseco-3-hydroxy-androsta-1(10),2-dien-5,9,17-trion-4-carbonsäure katalysiert (Abb. 7-17). Schließlich werden die vom Ring A verbliebenen Reste durch eine C-5,10-Lyase abgetrennt (Schubert et al., 1970; Coulter und Talalay, 1968) (Abb. 7-18). Die Spaltprodukte aus den ehemaligen Ringen B, C und D setzen sich aus CO_2, Bernsteinsäure und Lävulinsäure zusammen (Abb. 7-19). Insgesamt ist das C_{19}-Steroid in vier Moleküle CO_2, 2 C_3-Säuren, 1 C_4- und 1 C_5-Säure übergegangen (Schubert et al., 1975).

Auch im Verlauf des mikrobiellen Cholesterinabbaus wird zunächst an C-1 des Cholesterins mit Hilfe der 3-Oxosteroid-Δ^1-Dehydrogenase [EC 1.3.99.4] eine Doppelbindung gesetzt. In Analogie zur Androstendion-Dehydrogenierung erfolgt auch die Eliminierung des Wasserstoffs trans-diaxial aus den Positionen 1α und 2β (Phillips und Ross, 1974). Da die Δ^1-Dehydrogenase jedoch nur

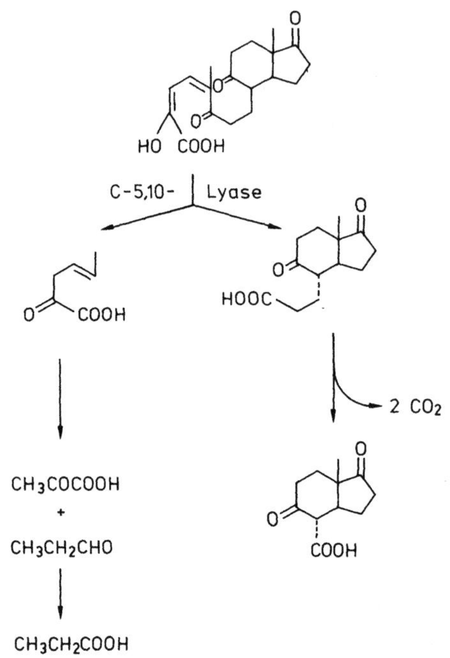

Abb. 7-18

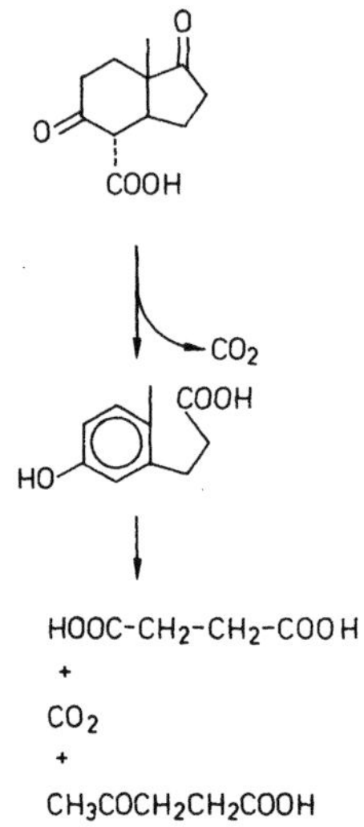

Abb. 7-19

Abb. 7-18. Mikrobieller Abbau eines Diseco-Steroides.
Intermediate des Ring-A-Abbaus: 2-Keto-4-hexensäure, Brenztraubensäure, Propionaldehyd, Propionsäure.
Intermediate der Ring-B-C-D-Metabolisierung: 8-Methyl-perhydroindan-1,5-dion-4α-propionsäure, 8-Methyl-perhydroindan-1,5-dion-4α-carbonsäure

Abb. 7-19. Vollständiger Abbau von 8-Methyl-perhydroindan-1,5-dion-4α-carbonsäure zu Bernsteinsäure,, CO_2 und Lävulinsäure (nach Schubert et al., 1975)

3-Oxo-Verbindungen akzeptiert, muß vorher Cholesterin an Position C-3 durch die 3β-Hydroxy-Δ^5-Steroid-Dehydrogenase [EC 1.1.1.145] oder durch die Cholesteroloxidase [EC 1.1.3.6] dehydrogeniert werden.

Mikroorganismen haben sich allgemein als ausgezeichnete Lebewesen für die Untersuchung grundlegender biochemischer und molekularbiologischer Mechanismen herausgestellt. Tatsächlich sind an Mikroorganismen zahlreiche wichtige Reaktionen des Intermediärstoffwechsels zum ersten Mal gefunden und eingehend beschrieben worden. So wurde der für alle Lebewesen gültige Mechanismus der *Fettsäurebiosynthese* durch Lynen durch Untersuchungen an der Hefe aufgedeckt (Lynen, 1965). Jacob und Monod haben die Arbeiten zur Transkriptionskontrolle mit genetischen Methoden an Mikroorganismen durchgeführt (Monod, 1966a und 1966b). Ebenso sind zahlreiche steroidumwandelnde Enzyme aus Mikroorganismen isoliert und anschließend charakterisiert worden (Hübener et al., 1959; Talalay und Williams-Ashman, 1960). Schubert kommt daher zu der Feststellung, daß der Biochemie der Steroide durch die Ergebnisse an Mikroorganismen in mehrfacher Weise neue Wege eröffnet werden: die

Auffindung von Sterinen in Bakterien (Schubert und Kaufmann, 1965; Schubert et al., 1964) löst zunächst die Vorstellung ab, nach der das Auftreten dieser Verbindungen an eine höhere Entwicklungsstufe gebunden sei. Außerdem können die mikrobiellen Aktivitäten als geeignete Modelle für die Untersuchung des Steroidstoffwechsels und als Grundlage für die Aufklärung des Steroidabbaus allgemein dienen (Schubert, 1967).

Der Steroidstoffwechsel bei Mikroorganismen wird zusätzlich durch die Tatsache interessant, daß die Synthese der steroidumwandelnden Enzyme unter der Kontrolle von Steroiden stehen kann (Michel-Briand et al., 1971; Wacker et al., 1965; Nesemann et al., 1967; Wacker et al., 1970). Allerdings ist die Frage noch immer unbeantwortet, ob die steroidabhängigen Enzyminduktionen bei Mikroorganismen über eine Regulation verlaufen, die den entsprechenden Steroidwirkungen beim Eukaryonten ähnelt oder nicht. Da Mikroorganismen das für den höheren Organismus charkteristische System der humoralen Signalübertragung nicht benötigen, hat Capek die Steroidumwandlung und alle anderen induktiven Wirkungen der Steroide auf die Bakterienzelle als unphysiologischen Steroidreiz interpretiert, so daß die Enzyminduktion als *Entgiftungsprozeß* anzusehen sei. Über die vermehrte Bildung der steroidumwandelnden Enzyme wird der beschleunigte Abbau der für den Mikroorganismus toxischen Steroide gewährleistet (Capek et al., 1966).

Untersuchungen an dem Mikroorganismus *Streptomyces hydrogenans*, bei dem durch Steroide eine Reihe von Steroiddehydrogenasen induziert werden kann (Betz et al., 1976; Markert und Träger, 1975), bestätigen die Capeksche Interpretation der bakteriellen Enzyminduktion durch Steroide. Obwohl die meisten untersuchten Steroide ohne meßbaren Einfluß auf Zellwachstum und Zellatmung bleiben, werden doch verschiedene biochemische und molekularbiologische Parameter intracellulär verändert, die eine Folge eines toxischen Steroidreizes sein können. So führen induktiv wirksame Steroide bei *Streptomyces hydrogenans* zu einem raschen Zusammenbruch der sonst stabilen Ribonucleinsäuren (Betz und Träger, 1975), verändern den intracellulären Purintriphosphatpool (Betz und Träger, 1976) und stimulieren die Bildung der für den sog. „stringent response" charakteristischen *Guanosinpolyphosphate*.

Bei Fungi und anderen niederen Eukaryonten wird dagegen der Steroidstoffwechsel nicht als Detoxifikationsreaktion angesehen (Sedlaczek et al., 1973).

7.6 Stoffwechsel der Gestagene

3α,20α-Dihydroxy-5β-pregnan — meist kurz Pregnandiol genannt — steht quantitativ an der Spitze der im Urin von Schwangeren ausgeschiedenen C_{21}-Steroide. Es ist das wichtigste Stoffwechselprodukt des Progesterons und wird vom Menschen als Glucuronid eliminiert (Abb. 7-20). Die Ausscheidung dieser Verbindung ist ein Maß für die Aktivität des Corpus luteum. 2 bis 3 mg dieser Verbindung werden während der Lutealphase des Menstruationscyclus mit dem 24-Stunden-Urin ausgeschieden. Während der ersten beiden Schwangerschaftsmonate werden etwa 10 mg/Tag, im dritten Schwangerschaftsdrittel bis

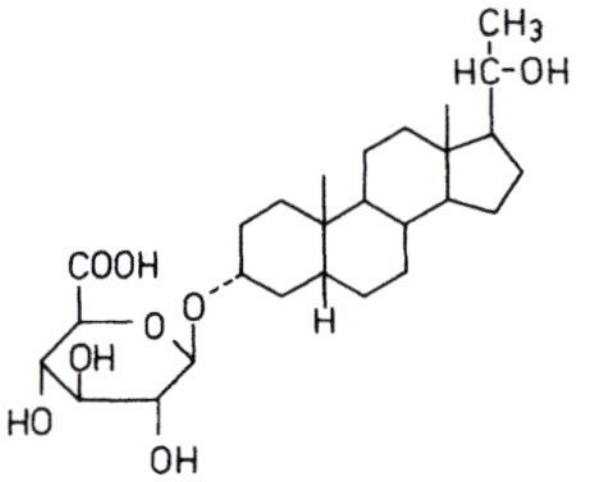

Abb. 7-20. 3-β-D-Glucosidouronsäurederivat des 3α,20α-Dihydroxy-5β-pregnans (Pregnandiol)

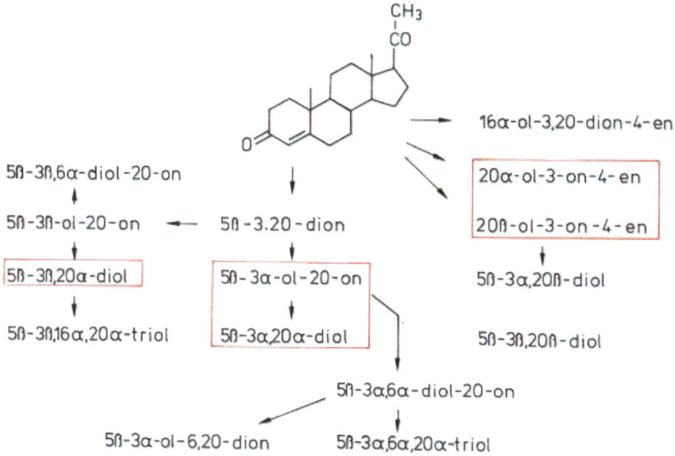

Abb. 7-21. Umwandlungsreaktionen des Progesterons zu den 5β-Pregnanen. Die Hauptmetabolite in menschlichem Plasma und Urin sind eingerahmt.
Enzyme: 16α-Hydroxylase [EC 1.14.99.x], 20α-Hydroxysteroid-Dehydrogenase [EC 1.1.1.149], 20β-Hydroxysteroid-Dehydrogenase [EC 1.1.1.53], 5β-Reduktase [EC 1.3.1.23], 3α-Hydroxysteroid-Dehydrogenase [EC 1.1.1.50], 3β-Hydroxysteroid-Dehydrogenase [EC 1.1.1.51], 6α-Hydroxylase [EC 1.14.99.x], 6α-Hydroxysteroid-Dehydrogenase [EC 1.1.1.x]

zu 60 mg/Tag ausgeschieden. Beim Mann entstehen nur Spuren von 5β-Pregnanen. Andere männliche Mammalier bilden allerdings signifikante Mengen an 5β-Pregnanen. Neben Pregnandiol existiert noch eine Vielzahl weiterer Progesteronmetabolite mit 5β-Struktur (Abb. 7-21), von denen im menschlichen Urin allerdings nur einige wenige quantitativ auffallen. Daneben werden auch 5α-Pregnane im Urin ausgeschieden, besonders

5α-Pregnan-3,20-dion
3α-Hydroxy-5α-pregnan-20-on
3β-Hydroxy-5α-pregnan-20-on
3α,20α-Dihydroxy-5α-pregnan
3β,20α-Dihydroxy-5α-pregnan
3α,20β-Dihydroxy-5α-pregnan
3β,20β-Dihydroxy-5α-pregnan

sowie in geringerer Menge

3α,6α-Dihydroxy-5α-pregnan-20-on
3β,16α,20β-Trihydroxy-5α-pregnan
3β,6α-Dihydroxy-5α-pregnan-20-on
3β,20α-Dihydroxy-5-pregnen.

Die polaren an C-6 hydroxylierten Pregnane machen im Urin rund 6 % der Gesamt-C_{21}-Metabolite aus. Der zuletzt genannte Metabolit 3β,20α-Dihydroxy-5-pregnen entsteht als Stoffwechselprodukt des Pregnenolons (Abb. 7-22).

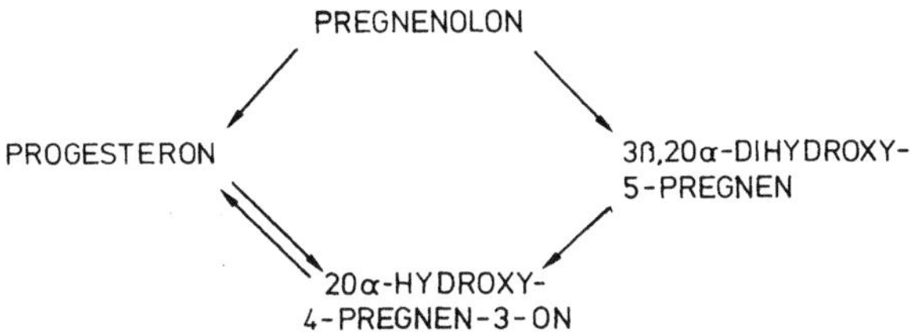

Abb. 7-22. Bildung von 3β,20α-Dihydroxy-5-pregnen aus Pregnenolon.
Enzyme: 20α-Hydroxysteroid-Dehydrogenase [EC 1.1.1.149], 3β-Hydroxy-Δ^5-Steroid-Dehydrogenase [EC 1.1.1.145], Steroid-Δ-Isomerase [EC 5.3.3.1]

Im Ovar kommt mehr 20α-Hydroxy-4-pregnen-3-on vor als Progesteron. Sowohl das 20α-Hydroxy-Derivat als auch 20β-Hydroxy-4-pregnen-3-on sind nur noch schwach gestagen. Im Uterusendometrium überwiegt normalerweise die oxydative Umwandlung von 20α-Hydroxy-4-pregnen-3-on zum Progesteron (Maeyama et al., 1973). Durch Östrogene wird aber die Synthese der *20α-Hydroxysteroid-Dehydrogenase* [EC 1.1.1.149] induziert, wodurch sich das Mengenverhältnis der beiden C_{21}-Steroide zugunsten des hydrogenierten 20α-Hydroxy-4-pregnen-3-ons verschiebt. Die 20α-Hydroxysteroid-Dehydrogenase spielt daher eine Schlüsselrolle bei der Einstellung der Gesamt-Gestagen-Aktivität im Uterus während des Menstruationscyclus (Pollow et al., 1975b). Zum Zeitpunkt der Geburt wird das Enzym durch einen placentaren Faktor stimuliert, so daß der charakteristische Abfall des Progesteronspiegels zustande kommt (Rodway und Kuhn, 1975).

Im Kaninchenuterus ist die Stoffwechselaktivität des Endometriums deutlich höher als die des Myometriums. Die für die 5α-Pregnan-Bildung notwendige 5α-Reduktase [EC 1.3.1.4 oder 1.3.99.5] befindet sich vorwiegend in den Kernen, während die 20α-Hydroxysteroid-Dehydrogenase [EC 1.1.1.149] im löslichen und die 3β-Hydroxysteroid-Dehydrogenase [EC 1.1.1.51] im mikrosomalen Kompartiment des Cytoplasmas lokalisiert sind (Verma und Laumas, 1976). Sie fördern die Bildung von 3β-Hydroxy-5α-pregnan-20-on. Bei der Frau überwiegt dagegen 20α-Hydroxy-5α-pregnan-3-on, bei der Ratte 3α-Hydroxy-5α-pregnan-20-on.

Die Ausscheidung der 5β- und 5α-Pregnane unterliegt (ebenso wie die Synthese der Steroide) einem tageszeitlichen Rhythmus mit einem Maximum zwischen 9 und 12 Uhr. Die Halbwertszeit des i.v. applizierten Progesterons beträgt nur fünf Minuten. Zwischen der Gabe des Steroides und der Sekretion der entsprechenden Metabolite vergeht allerdings wegen des starken enterohepatischen Kreislaufs in der Regel ein Tag. Progesteron liegt im Plasma nur zu maximal 3 % als freies Steroid vor. Mindestens 97 % sind an Albumin, Orosomucoid und Transcortin (s. Kap. 8.12) gebunden.

7.7 Stoffwechsel der Corticoide

Cortisol erleidet im Stoffwechsel einen sehr raschen Umbau bei einer Halbwertszeit von 90 Minuten. Die Modifikationen erfolgen für jede Tierspecies in einer charakteristischen Reaktionssequenz. Dabei bestehen selbst unter den Primaten starke Unterschiede, die sich zum Teil in quantitativen Differenzen, aber auch in qualitativen Unterschieden im Metabolitmuster der Corticoide bemerkbar machen (Setchell und Shackleton, 1975).

a) Die Metabolisierung der Corticoide beginnt mit der Reduktion des Ringes A einschließlich der Hydrogenierung der 3-Ketogruppe zu den sog. Tetrahydroderivaten (Abb. 7-23). In geringem Umfang entstehen hierbei auch

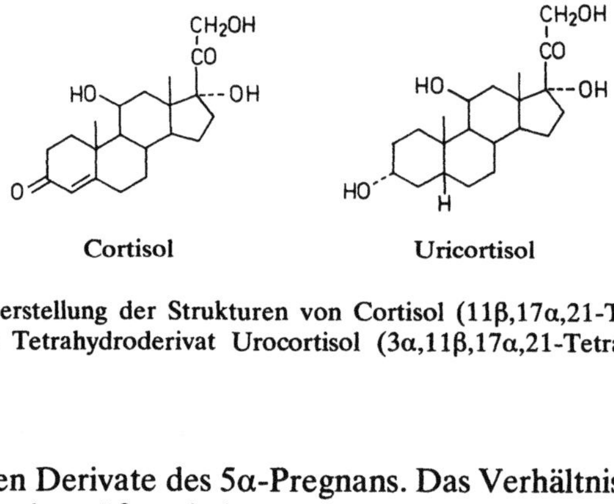

Abb. 7-23. Gegenüberstellung der Strukturen von Cortisol (11β,17α,21-Trihydroxy-4-pregnen-3,20-dion) und dem Tetrahydroderivat Urocortisol (3α,11β,17α,21-Tetrahydroxy-5β-pregnan-20-on)

die entsprechenden Derivate des 5α-Pregnans. Das Verhältnis der 5β:5α-Metabolite ist jedoch meist größer als 3.

Nach der Ring-A-Reduktion geht der überwiegende Teil der C_{21}-Metabolite in Konjugate über. Dabei überwiegt quantitativ die Glucuronidierung, die relativ rasch an C-3 erfolgt. Sulfate werden auch mit der Hydroxygruppe an C-21 identifiziert.

b) Schließlich gehen die Metabolite durch Reduktion der 20-Oxogruppe zu den Cortolen bzw. Cortolonen über. Als *Cortol* bezeichnet man das Derivat mit der 20α-Hydroxygruppe (Abb. 7-24), während *β-Cortol* das Isomere 3α,11β,17α,20β,21-Pentahydroxy-5β-pregnan ist. Beim Menschen überwiegt Cortol, bei anderen Mammaliern werden Cortol und β-Cortol in annähernd gleicher Menge ausgeschieden. Die Reduktion an C-20 kann auch vor der Ring-A-Reduktion erfolgen, so daß dann als erster Metabolit das *20β-Dihydrocortisol* (11β,17α,20β,21-Tetrahydroxy-4-pregnen-3-on) entsteht. Da bei der

Ring-A-Reduktion auch 5α-Pregnane entstehen, findet man als Hexahydroderivate noch *5α-Cortol* (3α,11β,17α,20α,21-Pentahydroxy-5α-pregnan) und weitere Isomere.

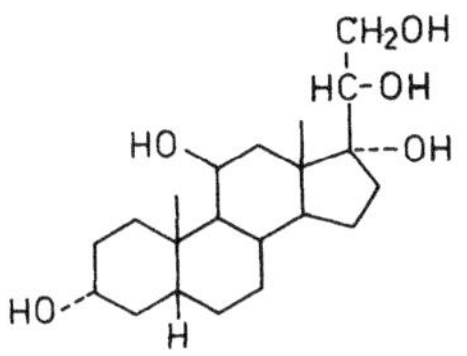

Abb. 7-24

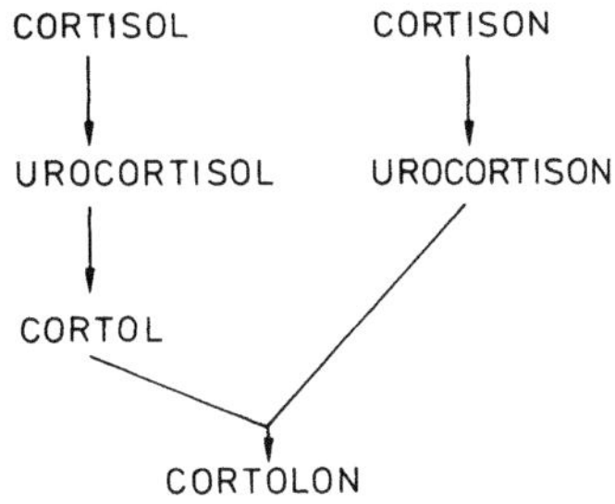

Abb. 7-25

Abb. 7-24. Der Hexahydro-Metabolit Cortol, 3α,11β,17α,20α,21-Pentahydroxy-5β-pregnan

Abb. 7-25. Schema der Cortolonbildung aus den beiden wichtigsten Corticoiden.
Cortisol 11β,17α,21-Trihydroxy-4-pregnen-3,20-dion, Cortison 17α,21-Dihydroxy-4-pregnen-3,11,20-trion, Urocortisol 3α,11β,17α,21-Tetrahydroxy-5β-pregnan-20-on, Urocortison 3α,17α,21-Trihydroxy-5β-pregnan-11,20-dion, Cortol 3α,11β,17α,20α,21-Pentahydroxy-5β-pregnan, Cortolon 3α,17α,20α,21-Tetrahydroxy-5β-pregnan-11-on.
Enzyme: 5α-Reduktase [EC 1.3.1.4], 5β-Reduktase [EC 1.3.1.3], 3α-Hydroxysteroid-Dehydrogenase [EC 1.1.1.50], 20α-Hydroxysteroid-Dehydrogenase [EC 1.1.1.149], 20β-Hydroxysteroid-Dehydrogenase [EC 1.1.1.53], 11β-Hydroxysteroid-Dehydrogenase [EC 1.1.1.146]

c) Durch Oxydation der 11β-Hydroxygruppe entstehen schließlich die *Cortolone* (Abb. 7-25). Auch hier findet man neben den 5β-Pregnan-Abkömmlingen, wie *5β-Cortolon* und *20β-Cortolon* (Abb. 7-26) die entsprechenden Isomeren in der 5α-Pregnan-Konformation.

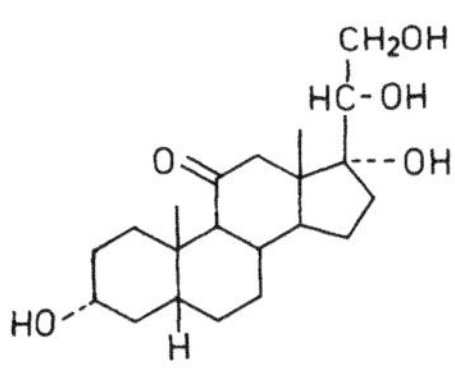

5β-Cortolon

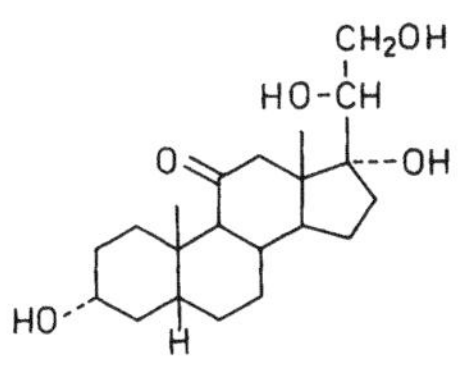

20β-Cortolon

Abb. 7-26. Gegenüberstellung der Strukturen von 5β-Cortolon (3α,17α,20α,21-Tetrahydroxy-5β-pregnan-11-on) und 20β-Cortolon (3α,17α,20β,21-Tetrahydroxy-5β-pregnan-11-on)

Durch Hydroxylierung bilden sich außerdem von allen genannten Cortisolmetaboliten die entsprechenden 6β-Hydroxy-Derivate. In allen Fällen ist charakteristisch, daß nach der Ring-A-Reduktion in der Leber die Sauerstoff-Funktion an C-3 in α-Position steht. In der Nebennierenrinde werden dagegen 5α-Pregnane mit der Hydroxygruppe an C-3β gebildet.

Aus Corticosteron, dem die Sauerstoff-Funktion an C-17 fehlt, werden entsprechende Metabolite gebildet (Abb. 7-27). Aus den Tetrahydrocorticoste-

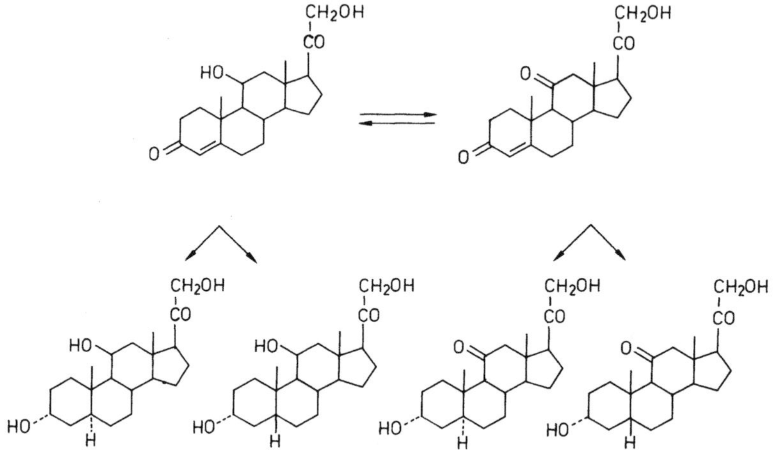

Abb. 7-27. Corticosteron-Metabolismus.
Corticosteron (11β,21-Dihydroxy-4-pregnen-3,20-dion), 11-Dehydrocorticosteron (21-Hydroxy-4-pregnen-3,11,20-trion), 5α-Tetrahydrocorticosteron (3α,11β,21-Trihydroxy-5α-pregnan-20-on), 5β-Tetrahydrocorticosteron (3α,11β,21-Trihydroxy-5β-pregnan-20-on), 5α-Tetrahydro-11-dehydrocorticosteron (3α,21-Dihydroxy-5α-pregnan-11,20-dion), 5β-Tetrahydro-11-dehydrocorticosteron (3α,21-Dihydroxy-5β-pregnan-11,20-dion)

ronen, z.B. 3α,11β,21-Trihydroxy-5α-pregnan-20-on, entstehen durch Reduktion an C-20 die Hexahydroderivate, z.B. 3α,11β,20β,21-Tetrahydroxy-5α-pregnan. Da bei der Biosynthese der Corticoide auch 21-Desoxycortisol anfällt, das nicht zum Cortisol aufhydroxyliert werden kann, entstehen die entsprechenden Metabolite dieses Steroides, z.B. 21-Desoxycortison (17α-Hydroxy-4-pregnen-3,11,20-trion) und 21-Desoxytetrahydrocortisol (3α,11β,17α-Trihydroxy-5β-pregnan-20-on) sowie 3α,17α,20α-Trihydroxy-5β-pregnan-11-on.

d) Entsprechend entsteht aus 11-Desoxycortisol über das Hexaderivat und durch Seitenkettenabspaltung ein *17-Ketosteroid* (Abb. 7-28). Aus den isome-

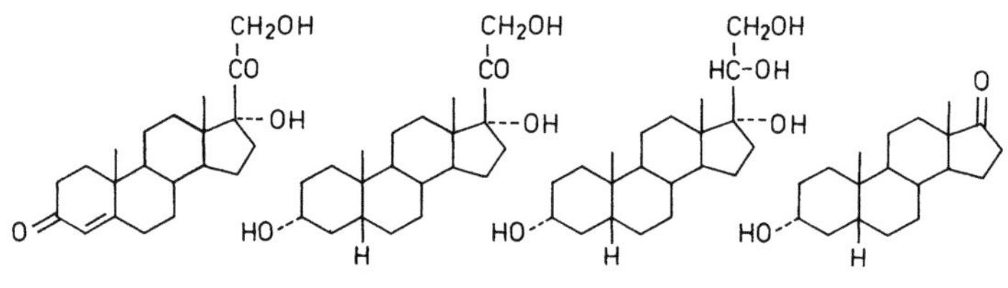

Abb. 7-28. Metabolitsequenz bei der 17-Ketosteroid-Bildung am Beispiel des 11-Desoxycortisols.
11-Desoxycortisol (17α,21-Dihydroxy-4-pregnen-3,20-dion), Tetrahydro-11-desoxycortisol (3α,17α,21-Trihydroxy-5β-pregnan-20-on), Hexahydro-11-desoxycortisol (3α,17α,20α,21-Tetrahydroxy-5β-pregnan), 3α-Hydroxy-5β-androstan-17-on (früher als Ätiocholanolon bezeichnet).
Enzyme: 5β-Reduktase [EC 1.3.1.3], 3α-Hydroxysteroid-Dehydrogenase [EC 1.1.1.50], 20α-Hydroxysteroid-Dehydrogenase [EC 1.1.1.149], C-17,20-Lyase [EC 4.1.2.30]

ren Cortolonen gehen dabei vier C_{19}-Steroide hervor (Abb. 7-29). Diese 17-Ketosteroide machen nur 5 % der Glucocorticoidmetabolite aus, während 95 % als Cortole und Cortolone ausgeschieden werden. Wie bereits erwähnt fallen sie vorzugsweise als Glucuronide mit der 3α-Hydroxy-Gruppe an. Im menschlichen Urin sind auch Diglucuronide nachgewiesen worden. $^2/_3$ der Harn-17-Keto-Steroide stammen aus dem Corticoidstoffwechsel, der Rest leitet sich aus dem C_{19}-Metabolismus ab. Eine erhöhte Ausscheidung an C_{17}-Ketosteroiden, deren Normalwerte bei der geschlechtsreifen Frau zwischen 5 und 15 mg/Tag, beim Mann 5–20 mg/Tag betragen, kann also sowohl Zeichen einer Überfunktion der Nebennierenrinde als auch Symptom einer vermehrten Androgenbildung (aus Ovar bzw. Testes) sein. Aus diesem Grunde hat die 17-Ketosteroid-Bestimmung an diagnostischem Wert verloren. Allerdings ist durch Suppression bzw. Stimulation der Nebennierenrinden-Steroidbiogenese eine Differenzierung möglich. Als Folge einer Nebennierenrinden-Überfunktion nimmt die Menge an Dehydroepiandrosteron (3β-Hydroxy-5-androsten-17-on) sowie von 3β,17β-Dihydroxy-5-androsten im Harn zu.

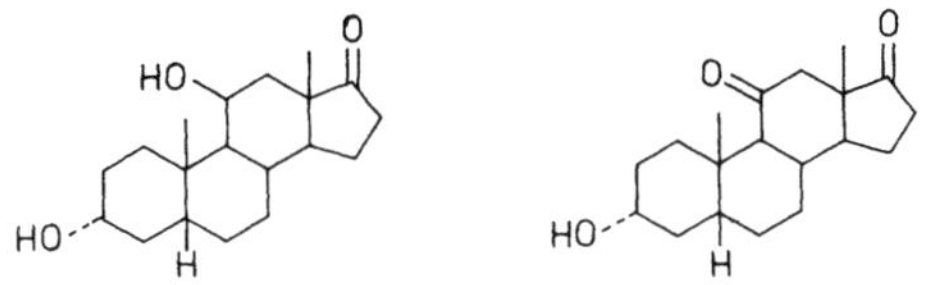

3α,11β-Dihydroxy-5β-androstan-17-on 3α-Hydroxy-5β-androstan-11,17-dion

Abb. 7-29. Zwei der vier 17-Ketosteroide aus Cortolon und Cortol (hinzu kommen die beiden 5α-Androstan-Abkömmlinge)

Die Ausscheidungsrate ist für die verschiedenen 17-Ketosteroide unterschiedlich, bei Mann und Frau jedoch in der gleichen Größenordnung (Tabelle 7-3).

Tabelle 7-3. Gehalt und Ausscheidungsrate der 17-Ketosteroide im Urin des gesunden Erwachsenen

	mg/24-Std-Urin	
	Frau	Mann
Dehydroepiandrosteron (DHEA)	0,4	0,6
3α-Hydroxy-5α-androstan-17-on	1,6	2,1
3α-Hydroxy-5β-androstan-17-on	1,9	2,1
3α,11β-Dihydroxy-5α-androstan-17-on	0,9	0,7
3α-Hydroxy-5β-androstan-11,17-dion	0,5	0,6

Neben den in Abb. 7-25 gezeigten Hauptmetaboliten der Corticoide resultieren aus der metabolischen Labilität der Seitenkette an C-17 weitere

Derivate. So kann die Hydroxygruppe an C-21 durch die 21-Hydroxysteroid-Dehydrogenase [EC 1.1.1.150] zum Carbonylrest dehydrogeniert werden. Dabei wird das eine Proton auf die Position 4 pro S von NAD^+ übertragen (Abb. 7-30).

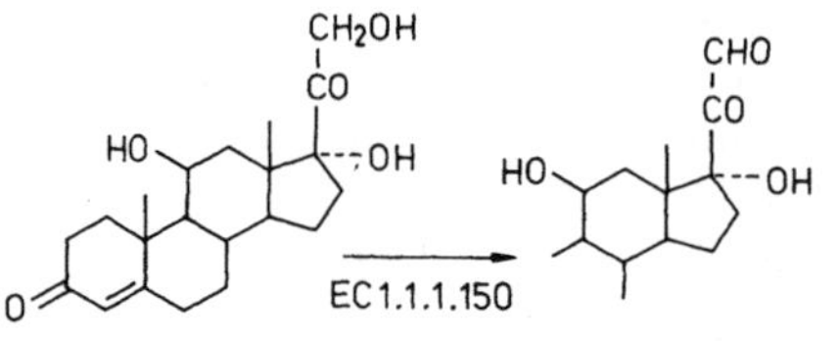

Abb. 7-30. Bildung von 21-Dehydrocortisol aus Cortisol.
Enzym: 21-Hydroxysteroid-Dehydrogenase [EC 1.1.1.150]

21-Dehydrocortisol könnte durch Oxydation der Aldehydgruppe Vorläufer der zugehörigen 21-Carbonsäure sein. Da jedoch nach Angebot von radioaktivem 21-Dehydrocortisol keine nennenswerten Mengen der 21-Carbonsäure vom Menschen ausgeschieden werden (Monder et al., 1975), erfolgt deren Bildung nicht oder nur in sehr geringem Umfang über die in Abb. 7-31 gekennzeichneten

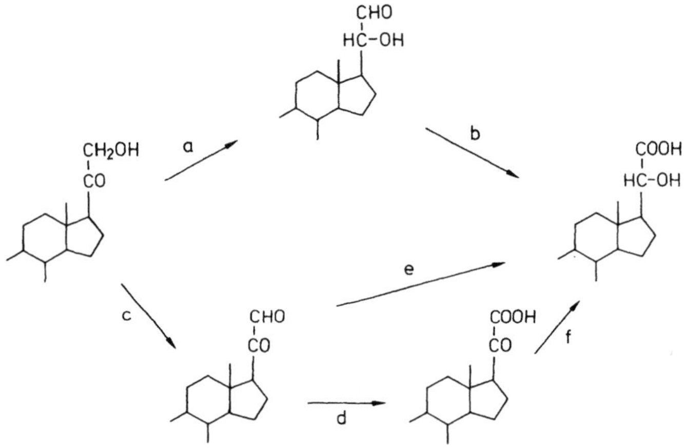

Abb. 7-31. Mögliche Intermediate bei der Bildung von 21-Carbonsäuren. (a) Umlagerung analog der van Ekensteinschen Reaktion, (b) Oxydation der Aldehydfunktion, (c) Dehydrogenierung mit der 21-Hydroxysteroid-Dehydrogenase [EC 1.1.1.150], (d) Oxydation der Aldehydfunktion, (e) Umlagerung analog der Cannizaroschen Reaktion, (f) Hydrogenierung an C-20

Stoffwechselwege d, e oder f, die vom 21-Dehydrocortisol ausgehen. Vielmehr ist wahrscheinlich, daß in der Seitenkette eine Umlagerung der Sauerstoff-Funktionen stattfindet (Weg a), die der van Ekensteinschen Umlagerung der Kohlenhydratchemie analog verläuft. Aus dem 20-Hydroxy-21-Aldehyd wird dann durch Oxydation der Aldehydgruppe (Weg b) die 21-Carbonsäure gebildet. Diese Steroidderivate stellen einen signifikanten Anteil in der Gruppe der *hochpolaren Corticoidmetabolite* (Martin und Monder, 1976). C_{21}-Carbonsäuren bilden sich auch aus den synthetischen Corticoiden, wie dem *Fluocortolon* (Abb. 7-32) (Gerhards et al., 1971). Durch oxydative Decarboxylierung gehen diese Verbindungen schließlich in C_{20}-Carbonsäuren über. Auf diesem Wege entsteht

z. B. aus Cortisol das C_{20}-Steroid 11β,17α-Dihydroxy-4-androsten-3-on-17β-carbonsäure.

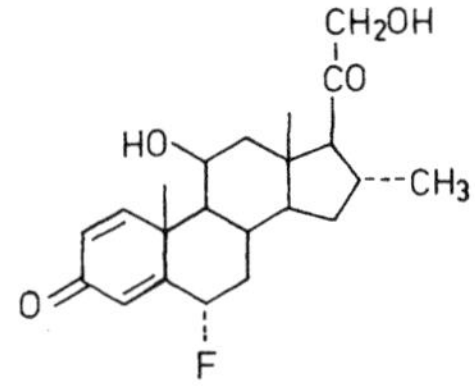

Abb. 7-32. Fluocortolon, 6α-Fluor-16α-methyl-11β,21-dihydroxy-1,4-pregnadien-3,20-dion

Beim Vergleich der Stoffwechselgeschwindigkeiten von Cortisol und weiteren Glucocorticoiden in Leberschnitten der Ratte zeigt sich, daß z. B. das Fluorderivat 9α-Fluorcortisol wesentlich langsamer inaktiviert wird (Tabelle 7-4). Sowohl die Fluorsubstitution als auch die Doppelbindung an C-1 lassen

Tabelle 7-4. Relative Inaktivierungsgeschwindigkeit bezogen auf Cortisol = 100 mit Rattenleberschnitten in vitro

Cortisol	100
9α-Fluorcortisol	74
Prednison	46
Prednisolon	29

keine Ring-A-Reduktion zu, so daß die Ausscheidung der Corticoide, die sonst über die Ring-A-reduzierten Metabolite verläuft, verlangsamt ist. Im Falle von Fluocortolon (s. Abb. 7-32) wird durch Hydroxylierung der Fluorrest eliminiert. Das hydroxylierte Derivat enthält nun die HO-Gruppe in 6β, und Fluor wird als Fluorid eliminiert. Der Konfigurationswechsel am C-6 weist darauf hin, daß diese Reaktion über einen anderen Mechanismus erfolgen muß als die normale Hydroxylierung (s. Kap. 4.3). Dennoch handelt es sich bei dieser 6β-Hydroxylase um eine mischfunktionelle Monooxygenase. Als Vorbild für diese hydroxylierende Dehalogenierung kann die Umsetzung von *p-Fluorphenylalanin* zu Tyrosin mit Hilfe der *Phenylalaninhydroxylase* [EC 1.14.16.1] dienen.

Die hohe therapeutische Wirksamkeit der fluorierten Corticoide sowie der Prednison-Abkömmlinge wird außerdem durch ihre Eigenschaft verstärkt, kaum eine Wechselwirkung mit dem Plasmabinder *Transcortin* (CBG, s. Kap. 8.1.2.3) einzugehen. Da nur freie, ungebundene Steroide biologisch aktiv sind, resultiert daraus eine wesentlich günstigere Dosis-Effekt-Beziehung im Vergleich zu den natürlichen Corticoiden.

Aldosteron geht ebenfalls eine Reihe von Um- und Abbaureaktionen im Stoffwechsel ein, wobei das an C-3 glucuronidierte Tetrahydroaldosteron (3α,11β,21-Trihydroxy-5β-pregnan-18,20-dion) als Hauptmetabolit anfällt (Abb. 7-33). Aus dem Tetrahydroaldosteron entsteht durch weitere Hydrogenierung das Hexahydroaldosteron (3α,11β,20β,21-Tetrahydroxy-5β-pregnan-

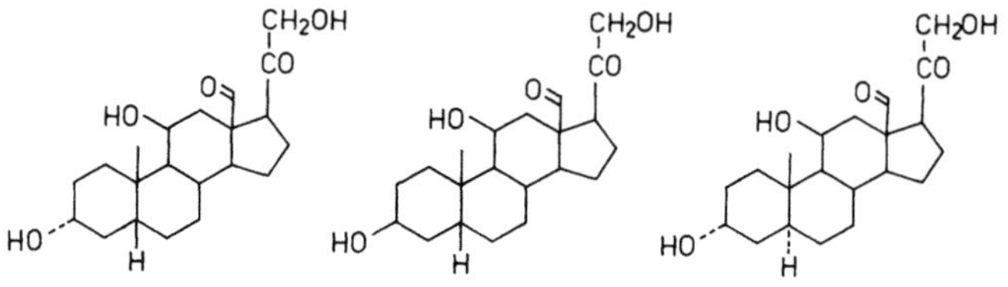

Abb. 7-33. Aldosteronmetabolite. 3α,11β,21-Trihydroxy-5β-pregnan-18,20-dion, 3β,11β,21-Trihydroxy-5β-pregnan-18,20-dion, 3α,11β,21-Trihydroxy-5α-pregnan-18,20-dion

18-on). Unter den Aldosteronmetaboliten findet sich auch ein 18-β-D-Glucuronid (Carpenter und Mattox, 1976). Hierbei ist die Glucuronsäure β-glykosidisch mit der sek. Alkoholgruppe an C-18 des Hemiacetals des Aldosterons verknüpft. Im Gegensatz zu anderen 21-β-D-Glururoniden ist das Derivat des Aldosterons nur mäßig gut durch β-Glucuronidase [EC 3.2.1.31] spaltbar. Die Halbwertszeit des freien Aldosterons beträgt 30 Minuten.

7.8 Stoffwechsel der Androgene

80 % des Androgenstoffwechsels erfolgen in der Leber, wobei die Synthese der abbauenden Enzyme durch die Androgene induziert wird. Ferner sind Prostata und Haut in größerem Umfang an der Androgenumwandlung beteiligt. Der Stoffwechsel des Testosterons verläuft im wesentlichen über die in Abb. 7-34

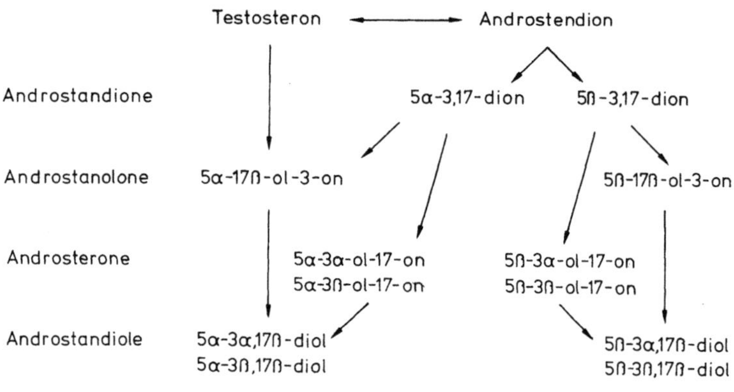

Abb. 7-34. Muster der wichtigsten Androgenmetabolite.
Enzyme: 5α-Reduktase [EC 1.3.99.5], 5β-Reduktase [EC 1.3.99.6], 17β-Hydroxysteroid-Dehydrogenase [EC 1.1.1.63 und 64], 3β-Hydroxysteroid-Dehydrogenase [EC 1.1.1.51], 3α-Hydroxysteroid-Dehydrogenase [EC 1.1.1.50]

dargestellten Reaktionswege. Das Metabolitmuster ist stark geschlechtsabhängig. Bei der männlichen Ratte werden mehr 5β-Androstane als bei der weiblichen Ratte gefunden. Entsprechend weist die weibliche Ratte in der Leber eine sechsfach aktivere 5α-Steroid-Reduktase auf als das männliche Tier. Bei der Bildung von 5α-Androstanen aus Testosteron in der Leber wird das Reduktionsäquivalent über die in Abb. 7-35 skizzierte Sequenz übertragen (Graef und Golf, 1975). Bei dieser Hydrogenierung gelangt der Wasserstoff aus der Position 4 pro S des NADPH zum Coenzym Q_{10}. Werden die 5α-Androstane mit oxydiertem Coenzym Q_{10} inkubiert, so ist die Reaktion reversibel. Die Gesamtreaktion bleibt jedoch irreversibel, weil der Elektronentransfer vom NADPH zum Coenzym Q_{10} nur in einer Richtung verläuft (Golf et al., 1974).

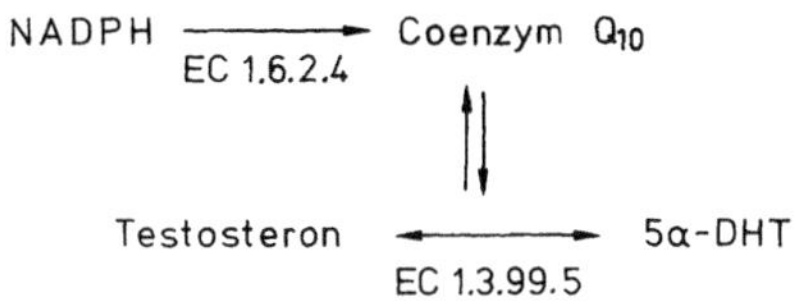

Abb. 7-35. Enzymsystem der Testosteron-5α-Reduktase in Rattenlebermikrosomen.
Enzyme: NADPH-Cytochrom-c-Reduktase [EC 1.6.2.4], 3-Oxo-5α-Steroid:(Acceptor)-Δ^4-Oxidoreduktase [EC 1.3.99.5]

Von den in Abb. 7-34 gezeigten Testosteronmetaboliten stehen 3α-Hydroxy-5α-androstan-17-on (Androsteron, 20%) und 3α-Hydroxy-5β-androstan-17-on (Isoandrosteron, Ätiocholanolon, 26%) im Vordergrund. Nur 1–1,5% des angebotenen Testosterons gehen in 3β-Hydroxy-5α-androstan-17-on (Epiandrosteron), 3α,17β-Dihydroxy-5α-androstan und 3α,17β-Dihydroxy-5β-androstan über. Da die 3α-Hydroxy-5α-androstane im Stoffwechsel relativ leicht zu 5α-Androstan-3-on-Derivaten dehydrogeniert werden (z. B. zu 5α-Dihydrotestosteron), verhalten sie sich wie ein Kompartiment von Proandrogenen. 3β-Hydroxy-5α-androstane unterliegen dagegen keiner vergleichbar schnellen Transformation.

Bei Mann und Frau ist die Ausschüttung an 3α-Hydroxy-5α-androstan-17-on (*Androsteron*) bzw. von 3α-Hydroxy-5β-androstan-17-on im Urin annähernd gleich groß. Man kann daraus schließen, daß diese C_{19}-Verbindungen in erheblicher Menge Metabolite der Nebennierencorticoide und -androgene sind. Ihr Anteil ändert sich z. B. bei der Frau nicht nach Ovariektomie, beim Eunuchen geht er allerdings auf die Hälfte zurück. Dieses Defizit wird durch Zunahme von 3β-Hydroxy-5-androsten-17-on (DHEA) ausgeglichen.

Die in der Abb. 7-34 formulierten Synthesewege zu den 5α-Androstanen gehen vorzugsweise von freiem Testosteron aus, während die 5β-Androstane durchweg aus Testosteron-17-glucuronid (bzw. 17-Glucuroniden von 17β-Hydroxy-5β-androstan-Intermediaten) entstehen. Die Glucuronide bilden (ebenso wie bei den Östrogenen) die Mehrzahl der eliminierbaren Androgenmetabolite. Daneben gibt es auch eine Reihe von Sulfaten, z. B. mit 3β,17β-Dihydroxy-5α-androstan oder 3β-Hydroxy-5α-androstan-17-on. Interessanterweise vermag auch Androstendion ein Sulfat zu bilden. Dies geschieht nach Enolisierung der 3-Keto-Gruppe unter Bildung von 3-Hydroxy-androsta-3,5-dien-17-on (Abb. 7-36).

Die Sulfatbildung überwiegt in Androgenmetabolismus des Säuglings und Kleinkindern gegenüber der relativ dazu höheren Glucuronidierung beim Erwachsenen. Dies beruht in erster Linie auf höheren Enzymaktivitäten der Sulfotransferase [EC 2.8.2.2] der fetalen und kindlichen Testes im Vergleich zum Erwachsenen (Krawczynska et al., 1976).

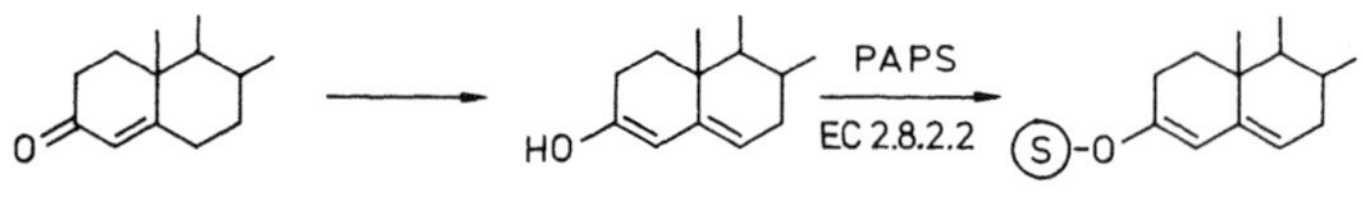

Abb. 7-36. Bildung von Androsten-3,17-dion-3-sulfat.
Enzym: 3β-Hydoxysteroid-Sulfotransferase [EC 2.8.2.2]

Es sind auch 3-Glucuronide von C_{19}-Steroiden mit einer Ketofunktion an C-3 gefunden worden. Die 6β-Hydroxylierung von Testosteron mit Hilfe der 6β-Hydroxylase [EC 1.14.99.11] erfolgt ebenfalls über ein enzymgebundenes Testosteronintermediat in der Enolform: 3β,17β-Dihydroxy-3,5-androstadien (Toft, 1974).

Mit Hilfe der 17α-Hydroxysteroid-Dehydrogenase [EC 1.1.1.148] geht Androstendion in *Epitestosteron* (17α-Hydroxy-4-androsten-3-on) über. Die Aktivität dieses Enzyms ist in der männlichen Rattenleber höher als in der Leber weiblicher Tiere (Gustafsson et al., 1975). Desgleichen findet man in der fetalen menschlichen Leber die 17α-Hydroxysteroid-Dehydrogenase (Plasse und Lisboa, 1973). Möglicherweise dient Epitestosteron als Vorläufer von 17α-Östradiol.

Zu den weiteren ungewöhnlichen Androgenmetaboliten gehören 3β-Hydroxy-5α-androstan-16-on (Abb. 7-37) sowie die entsprechenden Diole 3β,16β-Dihydroxy-5α-androstan und 3β,16α-Dihydroxy-5α-androstan. Außerdem sind Trihydroxyverbindungen mit einer 16α-Hydroxyfunktion identifiziert worden, z. B. 3α,16α,17β-Trihydroxy-5α-androstan (Abb. 7-38) und 3α,16α,17β-Trihydroxy-5β-androstan. Zu den ungewöhnlichen Androgenen mit einer Sauerstoff-Funktion an C-16 gehören ferner 3β,16α-Dihydroxy-5-androsten-17-on (16α-Hydroxy-DHEA, Abb. 7-39) sowie 3β,16α,17β-Trihydroxy-5-androsten und die entsprechenden 16β-Hydroxy-Epimeren.

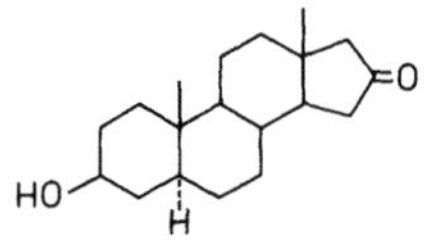

Abb. 7-37. 3β-Hydroxy-5α-androstan-16-on

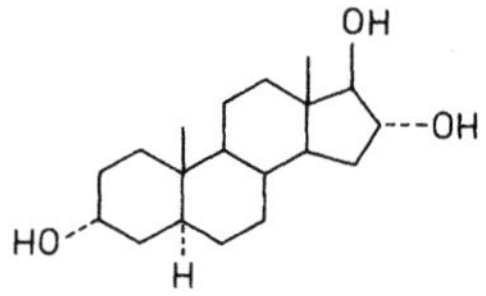

Abb. 7-38. 3α,16α,17β-Trihydroxy-5α-androstan

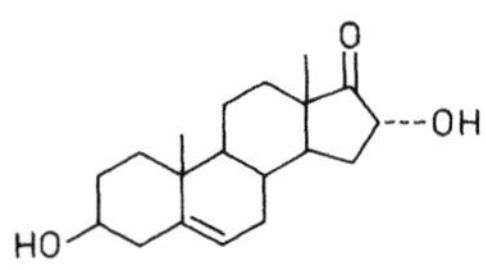

Abb. 7-39. 3β,16α-Dihydroxy-5-androsten-17-on (16α-Hydroxy-DHEA)

Im Uterus entstehen aus Testosteron u. a. die ungewöhnlichen sog. *Allylalkohole* 3β,17β-Dihydroxy-4-androsten und 3α,17β-Dihydroxy-4-androsten (Abb. 7-40) (Hoffmann et al., 1975). Die Bildung dieses Steroides wird durch den auffallenden Mangel an Testosteron-5α-Reduktase [EC 1.3.99.5] in diesem

Organ ermöglicht. In der Leber entstehen durch Hydroxylierung weitere polare Androgene, wie z.B. 6β,17β-Dihydroxy-4-androsten-3-on (Abb. 7-41) und 2β,17β-Dihydroxy-4-androsten-3-on (Lisboa und Gustafsson, 1968). Zur Inaktivierung der androgen wirksamen 5α-Androstansulfate, z.B. von 3α,17β-Dihydroxy-5α-androstan-3,17-disulfat, 3β,17β-Dihydroxy-5α-androstan-3,17-disulfat oder 3β,17β-Dihydroxy-5α-androstan-17-sulfat, besitzt die weibliche Rattenleber eine hochaktive mikrosomale 15β-Hydroxylase, die die Sulfate in nur noch schwach androgene Metabolite überführt. Die *15β-Hydroxylase* übernimmt daher eine Schutzfunktion im weiblichen Organismus (Gustafsson et al., 1975). Eine entsprechende Schutzfunktion übt die 17α-Hydroxysteroid-Dehydrogenase [EC 1.1.1.148] im Rattenhirn aus. Dieses Enzym kommt nur im Hypothalamus von fetalen bzw. unreifen weiblichen Ratten vor und beugt durch die Bildung der 17α-Hydroxy-Derivate einer Virilisierung der Hypothalamus-Hypophysen-Achse im heranwachsenden weiblichen Tier vor (Gustafsson et al., 1976). 17α-Hydroxy-4-androsten-3-on (Epitestosteron) weist keinerlei androgene Aktivität in vivo auf. In der Leber entstehen ferner in geringer Menge an C-18 hydroxylierte Metabolite, z.B. 3α,17β,18-Trihydroxy-5α-androstan-3-on (Gustafsson und Lisboa, 1969).

In Schweinetestes entstehen aus 3β,16α-Dihydroxy-4-androsten die sog. *Δ^{16}-Androstene*, deren physiologische Bedeutung noch nicht geklärt ist (Abb. 7-42). Möglicherweise sind sie an der Geruchsbildung des Harns beteiligt. Im Männerharn kommt dreifach mehr 5α-Androsta-16-en-3-on vor als im Harn der Frau (Claus und Alsing, 1976). Im Achselschweiß des Mannes ist 3α-Hydroxy-5α-androsta-16-en nachgewiesen worden (Brooksbank et al., 1974).

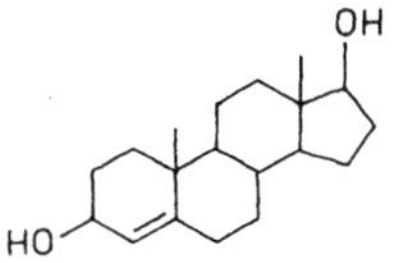

Abb. 7-40. 3β,17β-Dihydroxy-4-androsten

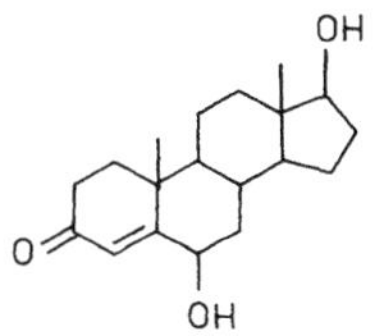

Abb. 7-41. 6β,17β-Dihydroxy-4-androsten-3-on

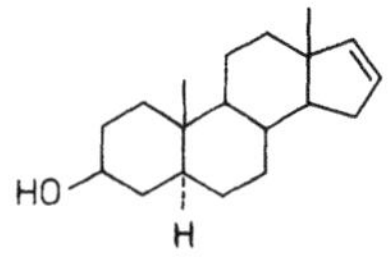

Abb. 7-42. 3β-Hydroxy-5α-androsta-16-en

Über den bei der Biosynthese der Östrogene (Kap. 4.7) beschriebenen Weg gehen schließlich die Androgene durch Aromatisierung in Östrogene über. Die Halbwertszeit des Testosterons beträgt beim Mann 12 Minuten. Im Gegensatz zu der oft geäußerten Meinung, nach der rund $^1/_3$ der Plasmaandrogene frei vorliegen, sind tatsächlich nur max. 2 % der C_{19}-Steroide ungebunden und 98 % an Albumin, SBG und CBG gebunden (s. Kap. 8.1.2).

7.9 Der Östrogenstoffwechsel

Bei der Beschreibung des Östrogenmetabolismus (Breuer et al., 1968) ist neben dem gut überschaubaren Stoffwechsel zwischen Östradiol und Östron bzw. Östriol noch die Bildung einer Reihe höherpolarer Verbindungen zu beachten, von denen die an C-2 hydroxylierten Abkömmlinge physiologisch wichtig sind (s. Kap. 5.1.2.3). Die Östrogene (Abb. 7-43) stehen im enterohepatischen Kreislauf mit ihren 3-Glucuroniden in einem Stoffwechselgleichgewicht. Dabei verhält sich Östriolglucuronid wie ein Endprodukt der Stoffwechselreihe. Außerdem werden erhebliche Mengen an Östron-3-sulfat gebildet (Abb. 7-44).

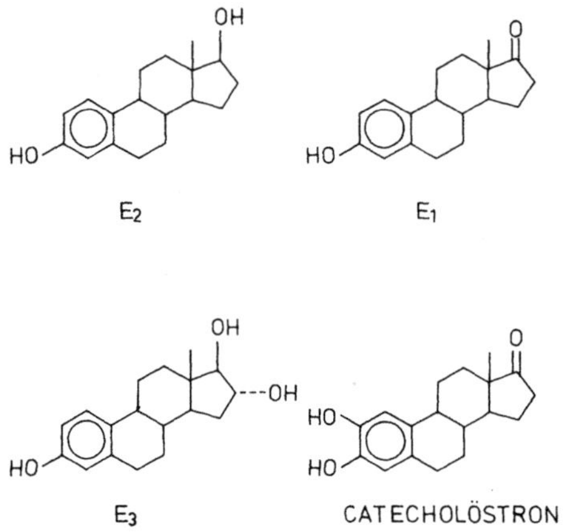

Abb. 7-43. Struktur wichtiger Östrogene. Östradiol, E_2 (3,17β-Dihydroxy-1,3,5(10)-östratrien); Östron, E_1 (3-Hydroxy-1,3,5(10)-östratrien-17-on); Östriol, E_3 (3,16α,17β-Trihydroxy-1,3,5(10)-östratrien); 2-Hydroxyöstron (2,3-Dihydroxy-1,3,5(10)-östratrien-17-on)

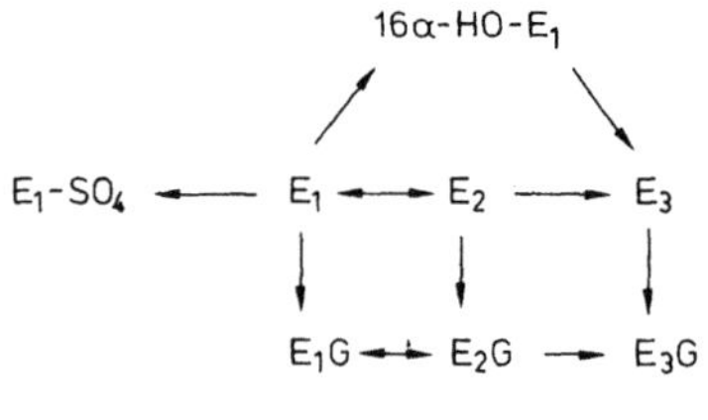

Abb. 7-44. Zusammenhang zwischen den Hauptöstrogenen und ihren Konjugaten (G = Glucuronid, SO_4 = Sulfat, E_1 Östron, E_2 Östradiol, E_3 Östriol, 16α-HO-E_1 = 3,16α-Dihydroxy-1,3,5(10)-östratrien-17-on)

Die Glucoronidierung ist wesentlicher Bestandteil des Östrogenstoffwechsels beim Menschen, so daß im Urin die Östrogenmetabolite vornehmlich als Glucuronide ausgeschieden werden. Zum Teil bilden sich auch Doppelkonjugate, wie Östriol-3-sulfat-16-glucuronid. Doppelkonjugate mit Schwefelsäure und Glucuronsäure sind bisher überhaupt nur bei Östrogenen gefunden worden. Daneben läßt sich im Plasma auch Östriol-3,16-disulfat und Östriol-16-sulfat nachweisen (Levitz et al., 1976). Östriol-16-glucuronid ist Hauptmetabolit während der Schwangerschaft. Beim trächtigen Pferd ist dagegen Östronsulfat das mengenmäßig wichtigste Ausscheidungsprodukt im Harn. Überhaupt lassen sich keine Verallgemeinerungen über das Metabolitmuster bei verschiedenen Tierspecies treffen. Selbst bei den taxonomisch eng mit dem Menschen verwandten großen Affen finden sich signifikante Unterschiede im Östrogenausscheidungsmuster. So scheidet die Frau mit durchschnittlich 14 µg/Tag wesentlich mehr Östriol aus als der weibliche Orang Utan (4 µg/Tag). Das Verhältnis der von der Frau in der zweiten Cyclushälfte eliminierten Östrogene Östron/Östradiol/Östriol beträgt 100:30:140. Die entsprechenden Werte für den großen Affen lauten 100:40:20 (Collins et al., 1975a). (Noch gravierendere Unterschiede bestehen bei der Ausscheidung von 3α,20α-Dihydroxy-5β-pregnan zwischen Frau und weiblichem Orang Utan.) Östronsulfat verhält sich im Stoffwechsel als relativ hydrophiler Vorläufer des Östradiols (Abb. 7-45).

$$E_1\text{-}SO_4 \xrightarrow[\text{EC 1.1.1.62}]{} E_2\text{-}SO_4 \xrightarrow[\text{EC 3.1.6.1}]{} E_2$$

Abb. 7-45. Vorläufer-Produkt-Beziehung zwischen Östronsulfat (E_1-SO_4) und Östradiol (E_2). Enzyme: Östradiol-17β-Dehydrogenase [EC 1.1.1.62], Arylsulfatase [EC 3.1.6.1]

Sowohl freies Östron als auch Östronsulfat unterliegen außerdem im Stoffwechsel einer Reihe von Hydroxylierungen und Dehydrogenierungen, die u. a. zu den *Catecholöstrogenen* führen (Fishman et al., 1973; Marks und Hecker, 1966). Während der Hydroxylierung kann die Sulfatgruppe am Steroid verbleiben (Abb. 7-46). Die in vivo vergleichsweise höhere Methylierungsrate an C-2 im

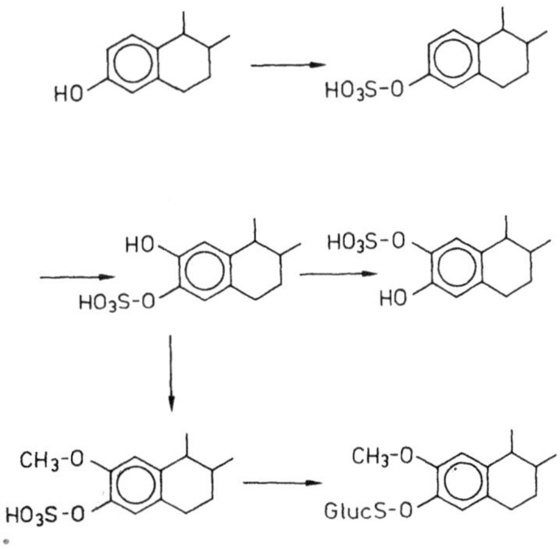

Abb. 7-46. Umwandlung von Östronsulfat in 2-Hydroxy-Östron und Bildung des 2-Methoxyöstron-3-sulfats bzw. 2-Methoxyöstron-3-glucuronids.
Enzyme: 3-Sulfokinase [EC 2.8.2.4], 2-Hydroxylase [EC 1.14.99.x], 2-Sulfokinase [EC 2.8.2.x] oder 2,3-Sulfotransferase, Catecholamin-O-methyltransferase [EC 2.1.1.6], 3-Glucuronosyltransferase [EC 2.4.1.59], Arylsulfatase [EC 3.1.6.1]

Vergleich zur Methylierung an C-3 wird dadurch erreicht, daß beim Menschen die Östrogene an C-3 vor der Methylierung durch Sulfatbildung konjugiert sind. Bei der Ratte wird dagegen bevorzugt das 3-Methoxy-Derivat gebildet, weil hier die C-2-Glucuronidierung die Substitution an dieser HO-Gruppe verhindert (Honma und Nambara, 1975). 2-Hydroxyöstrogene (Catecholöstrogene) entstehen in beträchtlichem Umfang im Bereich von Hypothalamus und Hypophyse. Ihnen wird eine regulatorische Funktion im Zusammenhang mit dem *Hohlweg-Effekt* (s. Kap. 5.1.2.3) zugeschrieben.

Ihre Bildung und Ausscheidung im Harn der schwangeren Frau steht in keinem erkennbaren Zusammenhang mit der Östradiolausscheidung (Gelbke et al., 1975). Kürzlich sind *Pyrogalloöstrogene*, das sind 2,3,4-Trihydroxyöstrogene, nach Umwandlung von Catecholöstrogen-monomethyläthern in der Leber identifiziert worden (Stubenrauch et al., 1976).

Die wichtigsten sauerstoffreichen Metabolite im Intermediärstoffwechsel von Östron sind in Abb. 7-47 zusammengestellt. Die Östriolbildung kann durch Hemmung der *16α-Hydroxylase* zurückgedrängt werden. Dies läßt sich pharmakologisch durch Gabe von *7β,17α-Dimethyltestosteron* erreichen, das bei der Behandlung von Brustkrebs eingesetzt wird (Fishman und Hellman, 1976).

Zu den wasserlöslichen Östrogenmetaboliten gehören ferner die 1- bzw. 4-*Glutathionäther* von 2-Hydroxyöstron bzw. 2-Hydroxyöstradiol sowie die 1,4-bis-Glutathiondithioäther der Östrogene, die an Lebermikrosomen gebildet werden (Hoppen et al., 1974). Auch die an Proteinen kovalent gebundenen Östrogene werden mit großer Wahrscheinlichkeit über Thioätherbindungen fixiert.

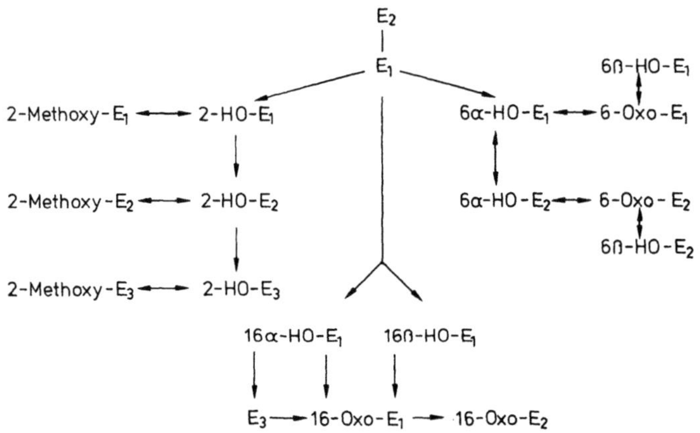

Abb. 7-47. Bildung sauerstoffreicher Östrogenmetabolite.
Enzyme: 17β-Hydroxysteroid-Dehydrogenase [EC 1.1.1.62], 2-Hydroxylase [EC 1.14.99.x], Catecholamin-O-methyltransferase [EC 2.1.1.6], 16α-Hydroxylase [EC 1.14.99.x], 16β-Hydroxylase [EC 1.14.99.x], 16α-Hydroxysteroid-Dehydrogenase [EC 1.1.1.147] 16β-Hydroxysteroid-Dehydrogenase [EC 1.1.1.x] 6α-Hydroxylase [EC 1.14.99.x] 6α-Hydroxysteroid-Dehydrogenase [EC 1.1.1.x] 6β-Hydroxysteroid-Dehydrogenase [EC 1.1.1.x]

Am peripheren Stoffwechsel der Östrogene kann die in den roten Blutkörperchen lokalisierte 17β-Hydroxysteroid-Dehydrogenase [EC 1.1.1.64] beteiligt sein, die $NADP^+$ als Cosubstrat benötigt (Jacobsohn und O'Rangers, 1974).

Im normalen Männerharn sind ebenfalls Östrogene nachweisbar, deren Konzentration rund $^1/_5$ der im Frauenharn beträgt. Ein geringer Anteil der Östrogene erscheint in Form der 6β-Hydroxy- bzw. 6-Oxo-Metabolite. Während der Schwangerschaft verschiebt sich das Verhältnis der mit dem Harn ausgeschiedenen Metabolite zugunsten von Östriol. Da hohe Östrogenkonzentrationen im Plasma der werdenden Mutter die Entwicklung des männlichen (und auch des weiblichen) Fetus stören können, werden die von der Placenta in den Fetus gelangenden Östrogene in Sulfate überführt und an 15α und 16α hydroxyliert (Östriolbildung). Im Organismus der Schwangeren werden dagegen die Östrogene hauptsächlich in die Glucuronide überführt und als Östriol-16α-glucuronid sowie (in geringerem Umfang) als Östriol-3-glucuronid ausgeschieden. Die Plasmaclearance der Östrogene weist auf einen biphasischen Abbau- und Ausscheidungsverlauf dieser Steroidgruppe mit Halbwertszeiten von 6 bzw. 20 Minuten hin.

7.10 Stoffwechsel weiterer Steroidhormone

25-Hydroxycholecalciferol wird in der Niere nicht nur in das biologisch aktive 1α,25-Dihydroxycholecalciferol überführt, sondern es entstehen dort auch 24,25-Dihydroxy- und 25,26-Dihydroxy-cholecalciferol. Deren Bildung verläuft umgekehrt proportional zur 1α,25-Dihydroxy-cholecalciferol-Synthese. 24R,25-Dihydroxy-cholecalciferol (Abb. 7-48) ist bei der Ratte nur noch schwach aktiv, beim rachitischen Hühnchen sogar inaktiv (Holick et al., 1976). Die Aktivität der für die Bildung dieses Metaboliten notwendigen *24-Hydroxylase* wird durch Parathormon gehemmt und durch 1α,25-Dihydroxy-cholecalciferol stimuliert. Die Halbwertszeit dieses Enzyms (und seines Messengers) betragen 1 bzw 5 Stunden (Tanaka et al., 1975). Vermutlich verläuft die Regulation durch die beiden Hormone über die Steigerung der Messengertranskription bzw. der Messengertranslation.

α- und β-Ecdyson werden nach Hydroxylierung an C-26 zum 26-Hydroxyecdyson (Abb. 7-49) sowie nach Konjugation über den Darm der Insekten ausgeschieden. Ferner stellt die Dehydrogenierung der Sauerstoff-Funktion an C-3 einen wichtigen Inaktivierungsprozeß dar. Die Reaktion wird durch die Ecdysonoxidase [EC 1.1.3.16] katalysiert (Koolman und Karlson, 1975) (Abb. 7-50).

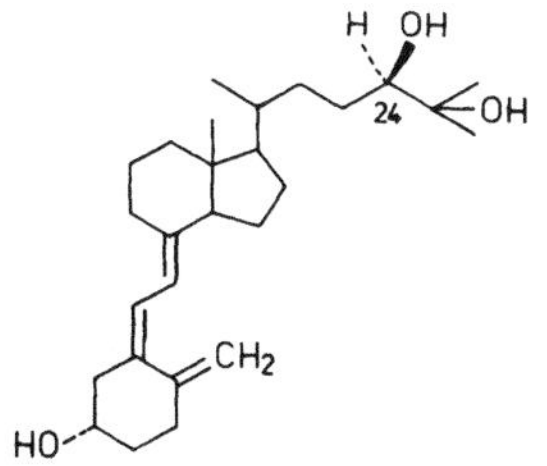

Abb. 7-48. 24R,25-Dihydroxy-cholecalciferol

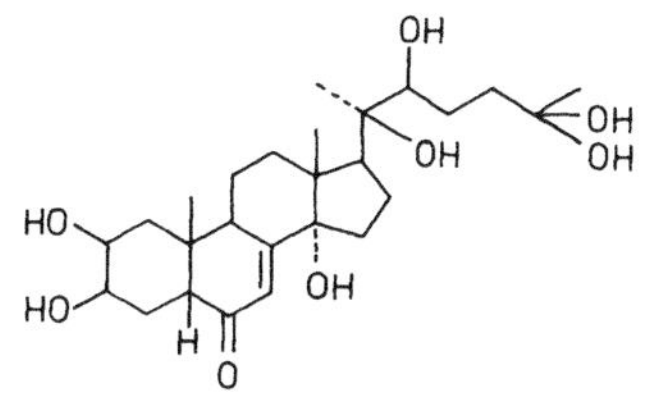

Abb. 7-49. 26-Hydroxy-β-ecdyson, 2β,3β, 14α,20,22R,25,26-Heptahydroxy-5β-cholesta-7-en-6-on

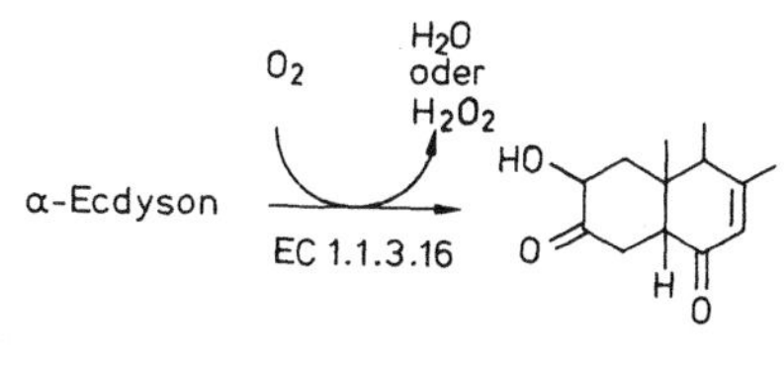

Abb. 7-50. Bildung von 3-Dehydroecdyson durch Dehydrierung mit Hilfe der Ecdysonoxidase [EC 1.1.3.16]

8. Molekularbiologische Wirkung der Steroidhormone

Die biologischen Aktivitäten der Steroidhormone in Hirn, Leber und Gonaden, in der Niere und Nebennierenrinde, bei Knochenaufbau und bei der Einstellung geschlechtsspezifischer Enzymmuster, hinsichtlich kataboler und anaboler Stoffwechselleistungen, bei Wachstum und Differenzierung usw. lassen sich nicht auf einen einzigen molekularbiologischen Mechanismus zurückführen. Man kann vielmehr verschiedene Primärwirkungen der Steroidhormone definieren:
Beeinflussung von

a) DNA-Synthese
   durch quantitative oder qualitative (Genamplifikation) Änderung der DNA-Replikation;
b) DNA-Transkription in RNA
   durch quantitative oder qualitative Änderung des Informationsflusses vom Genom auf die nucleoplasmatische RNA;
c) RNA-Verwertung
   durch Beeinflussung der Reifung der nucleoplasmatischen RNA und Änderung des Transfers aus dem Kern in das Cytoplasma; durch Stabilisierung der cytoplasmatischen Ribonucleinsäuren;
d) Translation der mRNA
   durch Aktivierung der mRNA zur Translation, die durch Translationsrepressoren inhibiert sein kann; durch Bereitstellung von aktiven Translationsfaktoren und Ribosomen; Änderung der Synthesequalität der Ribosomen durch Membranbindung; durch Einfluß auf die Bereitstellung niedermolekularer Vorläufer, z.B. Aminosäuren;
e) Enzymaktivitäten
   durch direkte Steuerung der Enzymaktivität nach Bindung der Steroidhormone als Effektoren der Enzyme;
f) Enzym- oder Proteinstabilität
   durch Steuerung von stabilisierenden oder labilisierenden Faktoren des Proteinturnovers, z.B. durch Beeinflussung der Lysosomen;
g) Membranqualitäten
   durch Regulation der Membranproliferation, Änderung der Ionen- und Vorläuferkompartimente im Cytoplasma und im Kern, durch Beeinflussung der Qualität von Membranenzymen.

Unter jedem dieser Stichworte verbirgt sich eine Vielzahl weiterer Effekte und Argumente. Für die meisten genannten Angriffspunkte ist allerdings immer noch nicht klar gezeigt worden, ob auf diese Weise in vivo Steroidhormone in die Informationsbereitstellung (Abb. 8-1) eingreifen.

Für die Beteiligung der Steroidhormone an den genannten Regulationsschritten sprechen meist indirekte Beweise, die aus einer Fülle von experimentellen Untersuchungen abgeleitet worden sind. Lediglich im Falle der Steroidhormonwirkung auf der Transkriptionsebene (Angriffspunkt b) stehen mittlerweile ausreichend gesicherte Ergebnisse zur Verfügung, aus denen auf die steroidabhängige spezifische Transkriptionsänderung der DNA geschlossen werden kann.

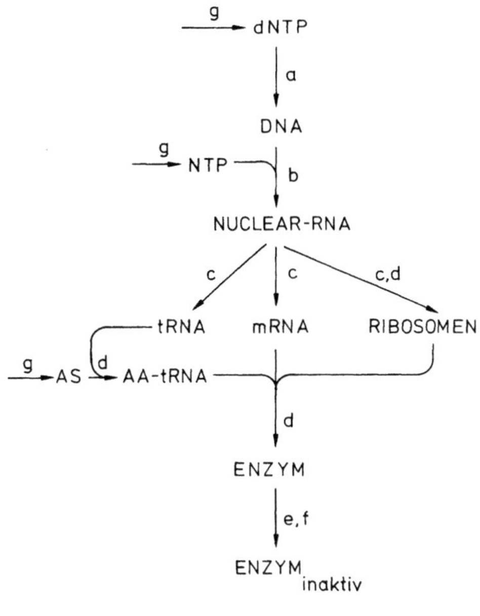

Abb. 8-1. Verlauf der DNA- und RNA-Bildung und Verwertung der Information bei der Biosynthese eines Enzyms. Einige der denkbaren Regulationsmöglichkeiten a bis g beziehen sich auf die im Text genannten Angriffspunkte der Steroidhormone

Die Verbindung der Steroidwirkungen mit einer primären Aktivitätsänderung wird dadurch erschwert, daß Steroide nebeneinander mehrere Wirkungen gleichzeitig entfalten können und die Wirkungsweise in verschiedenen Organen oder Geweben entsprechend dem jeweiligen Differenzierungsgrad der Zellen unterschiedlich sein kann.

8.1 Steroidrezeptoren

Der intracellulären Wirkung der Steroidhormone geht in den Zielorganen die Bindung an spezifische *cytoplasmatische Rezeptoren* voraus. Nur nach Kontakt mit diesen Rezeptoren kann das jeweilige Steroid innerhalb der Zelle seine biologische Aktivität entfalten. Als Rezeptoren dienen hochspezifische und hochaffine cytoplasmatische (in einigen Fällen auch nucleare) Proteine. Allerdings sind auch lipophile Rezeptoren an Plasmamembranen, an Lysosomen, Mitochondrien und an der Kernmembran beschrieben worden.

Die Rezeptoren sind für die Auswahl eines bestimmten Gewebetyps als Wirkort des Steroides verantwortlich. Die Unterschiede in der Wirkungsstärke eines Steroides in verschiedenen Geweben beruhen daher in erster Lini auf der quantitativen Differenz im Rezeptorgehalt der verglichenen Organe.

8.1.1 Cytoplasmatische und Kern-Rezeptoren

Nachdem die Steroide die Zellmembran passiert haben, werden sie im Cytoplasma der Zellen durch Proteine R gebunden, die die Eigenschaft von Steroidrezeptoren haben. Der Transfer durch die Zellmembran weist in einigen Fällen die Kinetik einer erleichterten Diffusion auf. Bei corticoidempfindlichen Zell-Linien in Primärkultur läßt sich der Corticoidtransfer in die Zellen durch *Neuraminidase*- [EC 3.2.1.18] oder *Phospholipase*-A_2-Behandlung [EC 3.1.1.4] inhibieren, während Proteasen ohne Wirkung sind (Harrison et al., 1974). Aus diesem Grunde muß die intakte Membranstruktur an dem Corticoidtransfer beteiligt sein (Harrison et al., 1975). Lediglich bei HTC-Zellen scheint die Membranpassage für die Corticoide ohne Bedeutung für den Steroidinflux zu sein.

Die cytoplasmatischen Steroidrezeptoren R verhalten sich wie allosterische Proteine, wobei nach Bindung des Steroides

$$S + R \rightleftarrows S \cdot R$$

spezifische räumliche Konformationswechsel an dem Protein erfolgen. Man kann daher die Wechselwirkung der biologisch aktiven Steroide — die wegen ihrer Wirkung vereinfachend als Induktoren bezeichnet werden — mit den Rezeptoren so beschreiben, daß sie in ein Gleichgewicht zwischen inaktiven R_i und aktiven Formen R_a des Rezeptors eingreifen:

$$R_i \underset{\text{Antiinduktoren}}{\overset{\text{Induktoren}}{\rightleftarrows}} R_a$$

Antiinduktoren sind daher Verbindungen, die das Gleichgewicht auf die Seite der inaktiven Formen des Rezeptors verschieben. Schwach wirksame Steroide unterscheiden sich schließlich von den Steroidinduktoren durch ihre geringere Affinität zu den Rezeptoren und damit durch ihre (geringere) Qualität, das Gleichgewicht zugunsten von R_a verändern zu können. Die Antiinduktoren werden in der Regel durch die gleichen Bindungsstellen auf den Rezeptoren gebunden wie die wirksamen Induktoren. Biologisch inaktive Steroide sind schließlich zur Bindung an den Rezeptoren unfähig und konkurrieren auch nicht mit Steroidinduktoren oder Antiinduktoren um die Bindung (Rousseau et al., 1972).

Nur die Form R_a erfährt in einem Folgeschritt eine temperaturabhängige Eigenschaftsänderung, die die Voraussetzung für die spätere Bindung im Kern ist:

$$R_a \cdot S \xrightarrow{> 20^\circ C} R_a^+ \cdot S.$$

Im Falle der Östrogenrezeptoren werden dabei positive Ladungen auf der Oberfläche des Rezeptors exponiert. Allgemein wird durch die Temperierung die Summe der Eigenschaften des cytoplasmatischen Rezeptors verändert (Milgrom et al., 1973a). Statt durch Temperierung kann die Modifikation auch durch Inkubation des Rezeptors mit Lösungen hoher Ionenstärke erreicht werden. Der Behandlung des Cytoplasmas mit dem Steroid oberhalb von 20° C entspricht also eine Inkubation des Rezeptors mit dem Steroid bei 0° C in Gegenwart von 0,4 M KCl (DeSombre et al., 1972). Diese salzabhängige Aktivierung ist nicht nur mit dem *Östrogenrezeptor*, sondern auch mit dem *Progesteronrezeptor* aus Hühnerovidukt gelungen (Buller et al., 1975a).

Nach der Temperierung gelangen die cytoplasmatischen Steroidrezeptoren zusammen mit dem gebundenen Steroid durch passive Diffusion in den Kern. Als Triebfeder dieses Transports wirkt das Konzentrationsgefälle, das sich durch die Bindung des cytoplasmatischen Rezeptors im Kern an *Nuclearakzeptoren* ergibt. Dadurch wird die Menge an noch nicht gebundenem steroidhaltigem Rezeptor im Kern niedriger als im Cytoplasma. Die Bindung an den Nuclearakzeptoren stellt eine weitere grundlegende Voraussetzung für die biologische Wirksamkeit des cytoplasmatischen Steroidrezeptor-Komplexes dar. Nach Eintritt in den Kern bezeichnet man den Rezeptor nun als *Neonuclearrezeptor*. Insgesamt kann man daher während der Steroidbindung drei Stufen unterscheiden: cytoplasmatische Bindung, Aktivierung und Transfer des cytoplasmatischen Steroidrezeptor-Komplexes in den Kern und Bindung des Neonuclearrezeptors am Nuclearakzeptor.

Die denkbare Alternative, nach der der cytoplasmatische Rezeptor lediglich für den Transfer des Steroides in den Kern benötigt wird, im übrigen aber die direkte Wechselwirkung des Steroides mit den Nucelarakzeptoren für den biologischen Effekt ausreicht, ließ sich durch den Versuch ausschließen: der cytoplasmatische Rezeptor wird zusammen mit dem Steroid am Nuclearakzeptor fixiert (Vallet-Strouve et al., 1976).

Als Nuclearakzeptoren können theoretisch eine Reihe verschiedener Komponenten dienen. Aus der Tatsache, daß der Komplex zwischen Steroidrezeptor und Nuclearakzeptor durch Inkubation mit Puffern hoher Ionenstärke dissoziiert werden kann, läßt sich ableiten, daß die Bindung wahrscheinlich über ionische Wechselwirkungen erfolgt. Die DNA des Chromatins erscheint hierfür als möglicher Partner, zumal durch DNase-Behandlung der Komplex ebenfalls labilisiert werden kann. Außerdem haben reine cytoplasmatische Steroidrezeptor-Komplexe in vitro eine hohe Affinität zu DNA. Inkubiert man z.B. einen Steroidrezeptor mit DNA und filtriert das Gemisch auf Sepharose 2B, so erscheint ein wesentlicher Teil des Rezeptorkomplexes zusammen mit der DNA im Ausschlußvolumen des Chromatogramms.

Enttäuschenderweise ist für die Wechselwirkung zwischen Rezeptor-Steroid-Komplex und DNA die Natur der DNA ohne Bedeutung. Die Bindung erfolgt nicht nur mit der DNA des homologen Gewebes, aus dem der Rezeptor isoliert wurde, sondern auch mit DNA anderer Wirbeltiere, ja sogar mit Bakterien-DNA (Rousseau et al., 1974). Tatsächlich wird der Rezeptor durch jedes synthetische Polyanion, wie Polynucleotide oder Dextransulfat, gebunden. Darüber hinaus mehren sich die Hinweise, daß nicht die DNA, sondern die chromosomalen Nichthistonproteine oder die nucleoplasmatischen Ribonucleoproteide als Akzeptoren dienen. Kürzlich ist ein basisches Protein als Akzeptor des Östrogenrezeptor-Komplexes identifiziert worden (Puca et al.,

1975). Auch für Androgenrezeptoren ist ein basisches Protein mit Mol.-Gew. von 70000 als Nuclearakzeptor beschrieben worden. Er soll zu den Nichthistonproteinen mit basischer Gesamtladung gehören (Mainwaring et al., 1976). Wahrscheinlich besteht der intakte Nuclearakzeptor sowohl aus DNA als auch aus Nichthistonproteinen, die die Bindung des Neonuclearrezeptors in der weiten Furche der DNA-Doppelhelix stabilisieren (Edelman, 1975). Durch Rekonstitutionsexperimente mit DNA und Nichthistonproteinen aus heterologen Geweben läßt sich zeigen, daß die Bindespezifität des Chromatins tatsächlich durch die Nichthistonproteine geprägt wird (Spelsberg et al., 1972; Klyzsejko-Stefanowicz et al., 1976).

Für die cytoplasmatischen Steroidrezeptoren ist charakteristisch, daß die Bindung hochspezifisch erfolgt. Im Falle der Östrogenrezeptoren wird z.B. 17β-Östradiol fixiert, während das nur durch seine Stellungsisomerie am C-17 verschiedene 17α-Östradiol nicht akzeptiert wird. Ferner ist für diese Rezeptoren typisch, daß sie das passende Steroid mit hoher Affinität binden. Die Wechselwirkung mit dem Rezeptor läßt sich durch das Gleichgewicht

$$R + S \underset{k_2}{\overset{k_1}{\rightleftarrows}} R \cdot S$$

beschreiben. Darin bedeuten k_1 und k_2 die Geschwindigkeitskonstanten für Bildung bzw. Dissoziation des Steroidrezeptor-Komplexes. Die Lage des Gleichgewichtes wird durch die Assoziationskonstante K_{ass} definiert:

$$K_{ass} = \frac{[S \cdot R]}{[S] \cdot [R]} \, [M^{-1}].$$

Darin bedeuten

- [S] Konzentration des ungebundenen Steroides nach Erreichen des Gleichgewichtes,
- [R] Konzentration des steroidfreien Rezeptors im Gleichgewicht,
- [S · R] Konzentration an Steroidrezeptor-Komplex.

Je höher die biologische Aktivität eines Steroides ist, desto höher ist sein am Rezeptor gebundener Anteil und daher auch seine Assoziationskonstante an diesem Rezeptor. Als dynamische Größe entspricht K_{ass} gleichzeitig dem Verhältnis der Geschwindigkeitskonstanten der Hin- und Rückreaktion

$$K_{ass} = k_1/k_2.$$

Die für die Bindung zweier verschiedener Steroide an einem Rezeptor gemessenen Bildungsgeschwindigkeiten v_1 können gleich sein, obwohl die Assoziationskonstanten verschieden sind. In diesen Fällen weichen die Dissoziationsgeschwindigkeiten v_2 stark voneinander ab. Tatsächlich unterscheiden sich die Assoziationskonstanten zahlreicher Steroidrezeptor-Komplexe sehr häufig auf Grund der ungleichen Reaktionsgeschwindigkeitskonstanten k_2 bei der Dissoziation der Komplexe (Pratt et al., 1975). Die Assoziationskonstanten K_{ass} liegen für die Mehrzahl der hochspezifischen intracellulären Rezeptoren im Bereich zwischen 10^9–10^{12} M^{-1}.

Für die Ermittlung und Auswertung von Assoziationskonstanten stehen eine Reihe verschiedener Methoden, wie Gleichgewichtsdialyse, Bindung der freien Steroide an Aktivkohle, Abtrennung der freien Steroide nach Filtration auf Sephadex oder durch Gelelektrophorese, zur Verfügung. Durch Kombination unterschiedlicher Auswerteverfahren erhält man Angaben für folgende Eigenschaften des Systems:

a) Stabilität und Spezifität der Rezeptoren,
b) Anzahl der Bindungsstellen auf den Rezeptoren und Anzahl der Rezeptoren pro Zelle (Kapazität der Bindung),
c) Affinität der Steroide zu den Rezeptoren,
d) Beeinflußbarkeit der Steroidbindung durch weitere Liganden.

Die begrenzte Zahl von Gesamtbindungsstellen pro Zelle, die Kapazität zur Steroidbindung, stellt ein weiteres Charakteristikum der steroidsensitiven Zelle dar. Dadurch entsteht bei der Steroidbindung eine Sättigungscharakteristik, wenn die Steroidkonzentration die Zahl der freien Bindungsstellen im System übersteigt.

Bei den Nuclearakzeptoren findet man je nach Organ und Typ des betrachteten Cytosol-Rezeptor-/Steroid-Komplexes zwischen 460 und 15000 Akzeptoren/Zellkern (Übersicht bei Buller und O'Malley, 1976). In einigen Fällen gelten jedoch für die Wechselwirkungen zwischen Steroid-Neonuclearrezeptor-Komplex und Nuclearakzeptor solche Parameter, die für sog. unspezifische Bindungen typisch sind, da die Bindung

a) mit niedriger Affinität,
b) ohne Selektivität und
c) ohne Sättigungscharakteristik

verläuft. Die fehlende Selektivität macht sich z.B. dadurch bemerkbar, daß Kerne aus Nichtzielorganen der Steroide ebenfalls zur Bindung der Steroidrezeptor-Komplexe in der Lage sind (Buller et al., 1975b; Chamness et al., 1973). Eine sehr große Zahl von Nuclearakzeptoren wurde z.B. in corticoidempfindlichen Geweben für den cytoplasmatischen Corticoidrezeptor gefunden (Simons et al., 1976). Sogar in solchen Geweben, die nicht zu den Corticoidzielorganen rechnen, lassen sich beträchtliche Mengen an Nuclearakzeptoren für die Corticoidrezeptoren nachweisen (Schimke et al., 1973; Andre und Rochefort, 1975; Chamness et al., 1974). Auch im Falle der intensiv untersuchten Östrogenrezeptoren binden hoch gereinigte Nuclei aus Magen, Leber und Milz vergleichbare Mengen an Cytosol-Rezeptor-Östradiol-Komplexen wie Nuclei aus dem eigentlichen Zielorgan Uterus, nämlich 3000–4000 Östradiolrezeptor-Komplexe pro Kern (McGuire et al., 1974). Eingehende Untersuchungen haben gezeigt, daß die Zahl der nuclearen Chromatinakzeptoren für den cytoplasmatischen Progesteron-Rezeptor-Komplex tatsächlich in Kernen aus Nichtzielorganen und aus dem Uterus gleich groß ist. In Nichtzielorganen wird aber der Nuclearakzeptor durch weitere Nichthistonproteine maskiert, die in Uteruskernen fehlen. Für die biologische Notwendigkeit dieses relativ aufwendigen Kontrollsystems fehlen bisher einleuchtende Erklärungen (Spelsberg et al., 1976).

Wenn der Steroidhormon-Rezeptor-Komplex im Kern tatsächlich an der Anschaltung bestimmter Operons und deren Transkription beteiligt ist, wie es die

Erfahrung bei der induzierten Enzymsynthese in vivo lehrt, so sollte es nur eine begrenzte Zahl von Nuclearakzeptoren geben. Doch die Messungen zeigen, daß die Aufnahme der Östradiolrezeptoren selbst bei unphysiologisch hohen Konzentrationen ohne die für einen spezifischen Bindeprozeß zu fordernde Sättigungscharakteristik erfolgt. Gleichzeitig besteht auch keine Kompetition durch den nichtradioaktiven Östradiol-Rezeptor-Komplex um die Bindungsstellen im Kern.

Die Tatsache, daß die im Experiment meßbaren nuclearen Akzeptoren nicht die theoretisch zu fordernde begrenzte Kapazität und hohe Spezifität für die cytoplasmatischen Rezeptoren zeigen, kann auf unterschiedliche Weise gedeutet werden. Die einfachste Erklärung folgt aus der Annahme, daß die Bindung der cytoplasmatischen Rezeptor-Steroid-Komplexe im Nucleus einen für die biologische Wirkung der Steroide unwesentlichen Seiteneffekt darstellt. Vielmehr könnten die Steroide (mit oder ohne Bindung an den Nuclearmembranen) an der Einstellung oder Modifizierung des K^+/Na^+-Verhältnisses oder an der Veränderung von Vorläuferkompartimenten für die Nucleinsäuresynthese beteiligt sein (Rensing und Fischer, 1975). Der Arbeitskreis von Szego nimmt an, daß Östrogene zunächst durch die cytoplasmatischen *Lysosomen* gebunden werden, wobei die lysosomalen Inhaltsstoffe nach Freisetzung und Transfer in den Kern die Transkriptionsfähigkeit des Chromatins verändern (Szego, 1974).

Lysosomen sind membranhaltige Vesikel, in deren Lumen eine Vielzahl hydrolysierender Enzyme, wie Proteasen, Nucleasen, Glykosidasen usw. verpackt ist. Tatsächlich liegen die Östrogene in den Zellen ihrer Zielorgane (und nur dort) innerhalb weniger Minuten nach Applikation des Steroides in den Lysosomen gebunden vor (Szego et al., 1974). Anschließend erfolgt die Translokation der Lysosomen an die Kernmembran und die Freigabe lysosomaler Enzyme in das Nucleoplasma. Dort kommt es durch die Wirkung der Hydrolasen auf dem Genom zur teilweisen Ablösung restriktiver Elemente, so daß sich das Transkriptionsmuster qualitativ und quantitativ ändern kann.

Dieses Modell macht einerseits verständlich, daß für die in die Zellkerne transferierten Steroidhormon-Protein-Komplexe keine Sättigungscharakteristik zu erwarten ist. Der Transfer der Steroidrezeptoren wäre nämlich nur ein passiver Begleiteffekt, der keine unmittelbare Verbindung mehr mit den biologischen Effekten der Hydrolasen am Chromatin hat. Zum anderen ist damit erklärbar, daß Östrogene eine so massive und generelle Verstärkung der RNA-Synthese einschließlich der Bildung ribosomaler RNA auslösen. Die Spezifität der Steroidhormonwirkung in den Zielorganen beruht auch hier auf dem gewebespezifischen Angebot steroidbindender Lysosomen. Nach ihrer Labilisierung können sie im Kern auf Grund des Differenzierungsgrades des betreffenden Gewebes ein ganz bestimmtes Leistungsmuster einstellen. Die Wirkung der lysosomalen Hydrolasen richtet sich „unspezifisch" auf alle veränderbaren Bausteine am Chromatin, die Auswahl ist bereits vor der Einwirkung der Lysosomen durch die gewebsspezifische Struktur des Chromatins (z. B. durch die Nichthistonproteine am Genom) getroffen worden. Die eingewanderten Nucleasen können außerdem in den Reifungsprozeß nuclearer Ribonucleinsäuren eingreifen.

Eine endgültige Bestätigung dieses Lysosomenmodells steht allerdings immer noch aus. Überdies kann das Modell nur für die lysosomenlabilisierenden Sexualhormone gelten, nicht jedoch für die Glucocorticoide.

Ein anderer Interpretationsversuch geht von der Vorstellung aus, daß die Vielzahl der im Kern vorliegenden unspezifischen Akzeptoren den Nachweis weniger spezifischer Bindestellen für den cytoplasmatischen Rezeptor maskiert. Yamamoto und Alberts (1975) ziehen hierfür einen Vergleich mit den Verhältnissen, die für den bakteriellen Regelkreis bei der Lac-Operon-Induktion bestehen. Der Lac-Repressor hat eine hohe Affinität zum Lac-Operator. Jedoch wird er auch mit niedriger Affinität durch die in großer Überzahl vorhandenen restlichen DNA-Sequenzen fixiert. Rechnerisch läßt sich zeigen, daß selbst 10^3 hochspezifische Bindungsstellen auf dem eukaryotischen Chromatin für den Östradiol-Rezeptor-Komplex durch die große Masse an unspezifischen Bindern so maskiert werden können, daß sie sich dem experimentellen Nachweis entziehen. Trotz des bisher fehlenden Nachweises sollte daher die biologische Wirkung der Östradiol-Rezeptor-Komplexe doch über die Bindung an (wenigen) hochspezifischen Akzeptoren verlaufen, die die vermehrte Transkription des nachfolgenden DNA-Stückes anschalten. Tatsächlich ist für die Progesteron-Rezeptor-Komplexe gezeigt worden, daß direkte Proportionalität zwischen der Menge der Steroid-Rezeptor-Komplexe im Kern und der Zahl der zur DNA-Transkription aktiven Startstellen im Hühnerovidukt besteht (Kalimi et al., 1976).

Aber auch in diesem Fall weist Chromatin aus Nichtzielorganen des Huhns noch beträchtliche Mengen an Nuclearakzeptoren auf. Im Vergleich zu 1300 Bindungsstellen am Oviduktchromatin/pg DNA weist Chromatin aus Milz oder Erythrocyten noch 840 bzw. 330 Bindungsstellen/pg DNA auf (Jaffe et al., 1975). Besonders bei der Bindung durch die Erythrocyten-DNA ist der Befund überraschend, denn die Zellkerne der aviären Erythrocyten sind genetisch stumm.

Nach dem — besonders von O'Malley ausgebauten — Modell der steroidabhängigen Transkriptionssteigerung nach Bindung der Neonuclearrezeptoren an Akzeptoren des Chromatins erfolgt die induktive Wirkung der Steroide insgesamt über folgende Reaktionssequenz:

a) Transfer der freien plasmatischen Steroide durch die Zellmembran in das Cytoplasma der Zelle. Die Steroidaufnahme ist in der Mehrzahl der bisher untersuchten Gewebe temperaturabhängig. Die Aktivierungsenergie der Steroidbindung nimmt dabei mit einem charakteristischen Knick oberhalb von 16° C ab. Dieses Verhalten entspricht solchen Phänomenen, bei denen die Lipidbeweglichkeit in der Membran für die biologische Wirkung entscheidend ist. Aus diesem Grund muß in diesen Fällen die Steroidaufnahme über einen membranabhängigen Prozeß erfolgen (Harrison et al., 1975). Möglicherweise nehmen daran die aus bakteriellen Membranmodellen abgeleiteten Lipoproteine als passive Diffusionsporen teil (Inouye, 1974).

Der Transfer erfolgt nur dann in nennenswertem Umfang, wenn intracellulär

b) die Bindung an cytoplasmatischen Rezeptoren erfolgt. Dieser Vorgang garantiert sowohl die Organspezifität als auch das für den Transfer in die Zelle notwendige Konzentrationsgefälle. (Möglicherweise können auch Kernrezeptoren ohne Beteiligung cytoplasmatischer Proteine diese Funktion übernehmen.) Die Zahl der cytoplasmatischen Rezeptoren kann in Zellen aus steroidsensitiven Geweben bis zu 100000/Zelle betragen.

c) Reversible Bildung aktiver Rezeptorkonformationen. Die Einstellung oder Stabilisierung der aktiven Rezeptorkonformation erfolgt durch das Steroid. Anschließend wird der Komplex in einem temperaturabhängigen Schritt zum

d) Transfer in den Kern vorbereitete. Der Rezeptor, der vor seiner Translokation nicht im Kern vorhanden war, wird nun als Neonuclearrezeptor bezeichnet.

e) Bindung des Neonuclearrezeptors an Akzeptoren des Kernes. Möglicherweise existieren spezifische Bindungsstellen, deren Nachweis durch die Überzahl an unspezifischen Bindern unmöglich ist. Als Nuclearakzeptoren können die DNA, Nichthistonproteine, basische Proteine, Histone und die nuclearen Ribonucleoproteine dienen. Durch die Wechselwirkung mit diesen Akzeptoren können sowohl aktivierende als auch inhibierende Wirkungen der Steroidhormone erklärt werden.

Bei der Untersuchung der sog. Steroidresistenz, d.h. der Unfähigkeit bestimmter Zell-Linien, durch Steroide hinsichtlich bestimmter Enzymsynthesen induzierbar zu sein, stellt sich heraus, daß entweder durch Mutation die Bildung des cytoplasmatischen Rezeptors völlig ausgefallen oder ein biochemisch veränderter Rezeptor gebildet worden ist. Beide Ereignisse führen zu verschiedenen Formen der Steroidresistenz. Entweder liegt tatsächlich ein quantitativer Rezeptormangel vor (was für bestimmte Formen des *Pseudohermaphroditismus* zutrifft). Oder es besteht eine Steroidresistenz, obwohl im Cytosol ein ausreichend großes Kompartiment des Steroidrezeptors besteht. Die Mutation hat hierbei die Fähigkeit des Rezeptors beeinflußt, in den Kern transferieren zu können oder nach seiner Translokation eine Bindung mit dem Nuclearakzeptor einzugehen. Da diese Mutationen unabhängig voneinander beobachtet werden, müssen auf den cytoplasmatischen Rezeptoren zwei verschiedene und definierbare Bindungsbereiche existieren: ein Zentrum für die Steroidbindung und eine Erkennungsstelle für den Nuclearakzeptor. Da die Bindung im Kern nur in Gegenwart des Steroides erfolgt, muß zwischen beiden Bindungsbereichen auf dem Rezeptor eine Wechselbeziehung bestehen (Gehring und Tomkins, 1974).

Auf welchem Wege die mit den Rezeptoren in den Kern transferierten Steroide den Kern wieder verlassen, ist unbekannt. Die vorherige Metabolisierung der Steroide als notwendige Voraussetzung für die Beendigung ihrer biologischen Aktion im Zellkern ist unbewiesen. Größere Wahrscheinlichkeit hat die Annahme, nach der der Neonuclearrezeptor im Kern eine begrenzte Stabilität aufweist. Bei kultivierten Mäusefibroblasten ist die Ablösung des Corticoid-Rezeptor-Komplexes vom nuclearen Chromatinakzeptor energieabhängig (Middlebrook et al., 1975).

Die Bindung der Steroide an den Rezeptoren, d.h. die Auswahl der Liganden, hängt mit der Eigenschaft der Rezeptoren zusammen, primär die Konturen und Ladungsverteilungen auf der Oberfläche der Steroidmoleküle abzutasten und bei ausreichender Kongruenz mit dem Bindungsbereich auf dem Protein die Liganden zu akzeptieren. Für die Wechselwirkung zwischen Steroid und Rezeptor sind daher Größe, Form, Umfang des Liganden und Affinität zwischen den Haftpunkten maßgebend. Dagegen ist es von untergeordneter

Bedeutung, durch welche Atome bzw. Atomgruppierungen diese sterischen und energetischen Merkmale ausgebildet werden. Besonders die Oberseite der Steroide, die β-Seite, wird durch die Rezeptoren abgetastet. Auf diese Weise können die Rezeptoren zwischen androgenen und östrogenen Steroidhormonen unterscheiden, da auf der Oberseite der Steroide als signifikanter Strukturunterschied die Methylgruppe an C-10 bei den Östrogenen fehlt. Diese Methylgruppe hält den Abstand zwischen den Androgenen und den Östrogenrezeptoren so groß, daß es nicht zur stabilen Ligand-Protein-Wechselwirkung kommt. Androgenrezeptoren tasten andererseits die Steroide erst „hinter" dieser Methylgruppe ab und erkennen dadurch weitere, für die Androgene charakteristische Strukturmerkmale. Außerdem benötigen die Androgenrezeptoren die angulare Methylgruppe an C-10 als seitliche Begrenzung (Hüttenrauch, 1973).

Es ist verständlich, daß Eingriffe in das Steroidgerüst, z. B. bei der Anordnung der Ringe zueinander oder durch Ringverengung oder -vergrößerung, zu wesentlichen Änderungen der biologischen Aktivität führen. Häufig bleibt dadurch zwar die Fähigkeit der Steroide zur Bindung am Rezeptor erhalten, aber die Fähigkeit zur Signalabgabe, d. h. zum Konformationswechsel des Rezeptors, geht verloren. Aus dem Steroid ist ein Antihormon geworden (s. Kap. 6.7).

An der Wechselwirkung zwischen den Steroiden und ihren Rezeptoren sind vorwiegend zwei Bindungstypen beteiligt:

a) ionogene Bindungen sowie Wasserstoffbrücken. Sie führen zur Ausrichtung des zu bindenden Steroides, die zur Erkennung der Liganden führt.

b) Hydrophobe Wechselwirkungen. Sie fixieren das Steroid auf dem Rezeptor.

Die Bereitstellung der Rezeptoren, d. h. ihre Synthese, unterliegt selbst einer hormonellen Regulation. Am ausführlichsten ist dieses Phänomen im Zusammenhang mit der wachstumsfördernden Wirkung des Östradiols auf das Uterusepithelium untersucht worden. Östradiol ermöglicht in der ersten Cyclushälfte durch Stimulation der Östradiol-Rezeptor-Bildung seine eigene Wirkung und bereitet durch die Stimulation der Progesteron-Rezeptor-Bildung die gestagenen Wirkungen in der zweiten Cyclushälfte vor. In der Lutealphase hemmt Progesteron die Bereitstellung der Östrogenrezeptoren und unterdrückt damit die östrogene Effektivität (Brenner et al., 1974). Die physiologische Potenz einer bestimmten Steroiddosis hängt daher nicht nur vom Plasmagehalt des betrachteten Steroides ab, sondern auch von der Menge und Aktivität der intracellulären Rezeptoren.

Die Bereitstellung der Steroidrezeptoren ist zwar ein notwendiges aber nicht hinreichendes Kriterium für die Steroidwirkung. In der neugeborenen Ratte unterbleibt z. B. die Induktion der gluconeogenetischen Enzyme in der Leber, obwohl die Corticoidrezeptoren ausreichend vorhanden sind. Hier ist die Differenzierung der Leberzelle noch nicht so weit vorangeschritten, daß die Zahl der aktiven Nuclearakzeptoren für die Erkennung der cytoplasmatischen Steroid-Rezeptor-Komplexe ausreicht. Die gleiche Beobachtung wird bei der corticoidabhängigen Induktion der Glutaminsynthetase [EC 6.3.1.2] in der neuralen Retina des Hühnerembryos gemacht. Nach dem 6. Bebrütungstag ist der Corticoidrezeptor nachweisbar, dessen Gehalt danach konstant hoch bleibt. Die corticoidabhängige Induktion der Glutaminsynthetase ist zu diesem Zeitpunkt jedoch nur schwach möglich und nimmt mit der weiteren Entwicklung des Embryos stetig zu (Lippman et al., 1974).

In einer Reihe etablierter Tumoren oder Zellkulturen hat man überraschenderweise nebeneinander für alle wichtigen Steroidhormone cytoplasmatische Rezeptoren nachweisen können, so in einer kultivierten menschlichen Brusttumor-Zell-Linie (Horwitz et al., 1975) oder in Mäusefibroblasten (Jung-Testas et al., 1976). Durch die Retrodifferenzierung ist daher die Information für die gleichzeitige Bildung von Gestagen-, Androgen-, Östrogen- und Corticoidrezeptoren transkribierbar geworden, so daß nun alle Rezeptoren in nahezu gleicher Konzentration vorliegen. Im intakten Organismus überwiegen dagegen stets die Rezeptoren eines Steroidtypus, während die Bildung der anderen Rezeptoren weitgehend (jedoch nicht vollständig) gehemmt ist.

8.1.1.1 Corticoidrezeptoren

Entsprechend den mannigfaltigen physiologischen Wirkungen der Corticoide findet man in nahezu allen untersuchten Säugetiergeweben cytoplasmatische Corticoidrezeptoren. Bei der Ratte sind lediglich Prostata, Uterus und Samenblase frei von Corticoidbindern (Ballard et al., 1974). Auch für die katabole Wirkung der Corticoide in den Muskeln sind Corticoidrezeptoren notwendig (Mayer et al., 1975). Im Cytosol der Rattenleber sind mindestens vier verschiedene Corticoidrezeptoren nachgewiesen worden. Der Binder II (oder G) ist ein Protein mit Mol.-Gew. 67000 und isoelektrischem Punkt 7,1. Seine Menge entspricht 0,005 % der Cytosolproteine. Nach der thermischen Aktivierung des Rezeptor-Steroid-Komplexes, die dem Transfer des Rezeptors in den Kern vorausgehen muß, sinkt der I.P. auf 6,1. Bei Lebertumorzellen (HTC) werden $1–2 \cdot 10^5$ Rezeptormoleküle pro Zelle gemessen. Auch die synthetischen Corticoide werden mit hoher Affinität durch diese Glucocorticoidrezeptoren fixiert. Für Dexamethason wurde K_{ass} zu $10^8\ M^{-1}$ bestimmt. Im diploiden Zellkern der Rattenleber wurden $1–2 \cdot 10^4$ Bindungsstellen pro Kern für den cytosolischen Rezeptor-Corticoid-Komplex gefunden.

Der im Lebercytosol der Ratte nachweisbare Binder IB mit Mol.-Gew. 30500 zeigt in Gegenwart von Corticoiden ein anormales zweiphasiges Bindeverhalten (Litwack und Rosenfeld, 1975). Der Corticoidrezeptor der menschlichen Leber ähnelt sehr dem Rattenleber-Corticoid-Rezeptor II (Agarwal, 1976a). Für die Affinität zwischen den Corticoiden und Corticoidrezeptoren besteht folgende abnehmende Reihe: Dexamethason → Corticosteron → Cortisol → Progesteron → Desoxycorticosteron → Cortison → Östradiol → Testosteron → Tetrahydrocortisol (inaktiv). Dies gilt sowohl für die Rezeptoren der Leber als auch der Niere. Der Cytosolrezeptor der Leber tastet die Steroide von der Oberseite sowie im Bereich der Substituenten am Ring D ab. Die Methylgruppen an den Positionen C-16 und C-17 der synthetischen Glucocorticoide scheinen für die hydrophobe Wechselwirkung zum Rezeptor sehr günstig zu sein. Die Sauerstoff-Funktion an C-11 ist zwar für die Bindung unwichtig (z.B. bei Progesteron und 11-Desoxycorticosteron), jedoch für die biologische Aktivität des Rezeptor-Steroid-Komplexes im Kern notwendig.

Außer in Leber und Muskeln als den wichtigsten Zielorganen der Corticoide sind auch im Thymus bzw. im lymphatischen System Rezeptoren gefunden worden, die die inhibierende Aktivität der Corticoide in diesen Organen vermitteln (Abraham und Sekeris, 1973). Es ist nicht bekannt, ob die Rezeptoren in Thymus und Leber chemisch gleich oder ähnlich sind. Auffällig ist die Beobachtung, daß die Zahl der Corticoidrezeptoren in Thymuskernen stets größer ist als im Cytosol des Gewebes (Wira und Munck, 1970). Für die Rückkopplung der Corticoide im Bereich von Hypothalamus und Hypophyse sind ebenfalls hochaffine Corticoidrezeptoren gefunden worden (Rhees et al., 1975; Watanabe, 1975). Im Hirn (Hippocampus, Amygdala sowie im Hypothalamus) weisen die Corticoidrezeptoren höhere Affinität für die natürlichen Glucocorticoide auf als zu den fluorierten synthetischen Corticoiden. In der fetalen Lunge verschiedener Säuger, einschließlich der des Menschen, vermittelt ein Corticoidrezeptor die induktorische Aktivität der Corticoide auf die Synthese des Schrittmacherenzyms des Lungensurfactants. Die Bildung des Rezeptors ist beim Menschen nach der 9. Schwangerschaftswoche nachweisbar. Zu diesem Zeitpunkt können die Corticoide allerdings noch nicht die Lungen-Surfactant-Bildung stimulieren. In der Lunge des erwachsenen Menschen fehlt der Corticoidrezeptor. Auch die embryonale Neuralretina des Kükens ist ein Zielorgan der Corticoide und enthält einen hochaffinen Rezeptor für diese Hormongruppe (Diamant et al., 1975). Die enge Verbindung zwischen Enzyminduktion und Gewebsdifferenzierung der Retina läßt sich aus der Beobachtung ableiten, daß die Synthese der Glutaminsynthetase [EC 6.3.1.2] normalerweise nicht in Monolayer-Zellkulturen des Gewebes induziert werden kann. Läßt man die Zellen jedoch in charakteristischer histotypischer Weise aggregieren, so ist nun auch das Enzym induzierbar (Moscona, 1975). Demnach sind durch den Zellkontakt bestimmte Oberflächenstrukturen entstanden (oder exponiert worden), die zusätzlich zur zeitgerechten Ontogenese des Cytosolrezeptors für Corticoide die differentielle Genexpression des Glutaminsynthetase-Gens kontrollieren.

Für Aldosteron sind im Rattennieren-Cytosol zwei spezifische Binder mit $K_{ass} = 5 \cdot 10^9\ M^{-1}$ und $4 \cdot 10^7\ M^{-1}$ gefunden worden. Im Kern stehen für den Cytosolrezeptor rund 600 Bindungsstellen zur Verfügung. Um die Bindung an dem cytosolischen Rezeptor kompetitieren mit Aldosteron sowohl 9α-Fluorcortisol als auch 11-Desoxycorticosteron und Corticosteron (Funder et al., 1973). Der Rezeptor sedimentiert mit 4,5 S und geht durch thermische Transformation in einen 3-S-Rezeptor über, der anschließend mit dem Steroid in den Kern wandert. Der Mineralocorticoidrezeptor tendiert — wie die meisten anderen Steroidrezeptoren — zur Aggregatbildung. Seine Untereinheit hat ein Mol.-Gew. von 67000 (Agarwal, 1976b). Interessanterweise ist sogar im Rattenhirn ein Aldosteronrezeptor gefunden worden (Anderson und Fanestil, 1976).

8.1.1.2 Gestagenrezeptoren

Progesteronrezeptoren sind in einer Vielzahl von Geweben gefunden worden. Mit einer Assoziationskonstante von rund $10^9\ M^{-1}$ verhält sich der Rezeptor aus Hühnerovidukt wie ein Gemisch zweier thermolabiler hochmolekularer Proteine mit Mol.-Gew. 110000 und 117000, die jede für sich zur Progesteronbindung fähig sind (Kuhn et al., 1975). Aus anderen Untersuchungen wurde sogar eine noch stärkere Heterogenität des Oviduktrezeptors abgeleitet. Von insgesamt fünf verschiedenen Bindern war auch der kleinste mit Mol.-Gew. von 20000 noch zur Progesteronbindung in der Lage (Sherman et al., 1976). Zur vollen biologischen Aktivität benötigt der Progesteronrezeptor aus dem Hühnerovidukt intakte SH-Gruppen. Seine Synthese wird durch Östrogene induziert (Rao et al., 1973), seine Aktivität unterliegt einer komplexen Regulation durch Progesteron selbst (Milgrom et al., 1973b). Da im Ovidukt 5α-Pregnan-3,20-dion die gleiche biologische Aktivität entfaltet wie Progesteron, ist es nicht überraschend, daß dieser Metabolit mit vergleichbar hoher Affinität durch den Rezeptor gebunden wird (Strott, 1974). Der Oviduktrezeptor bindet ATP, die physiologische Funktion dieses Vorgangs ist allerdings unbekannt (Moudgil und Toft, 1975).

Im Uteruscytosol liegen nebeneinander zwei Binder vor, wovon der eine Progesteron mit $K_{ass} = 2{,}9 \cdot 10^7\ M^{-1}$, der zweite mit $5{,}0 \cdot 10^5\ M^{-1}$ bindet. Die Kapazität beider Binder reicht aus, um den intracellulären Progesteronstoffwechsel bei Steroidkonzentrationen unterhalb von 10^{-6} M praktisch vollständig zu verhindern.

Progesteronrezeptoren des Hypothalamus und Hypophysenvorderlappens binden ebenfalls sowohl Progesteron als auch 5α-Pregnane, wie 5α-Pregnan-3,20-dion, 3α-Hydroxy-5α-pregnan-20-on (Seiki und Hattori, 1973). Der Progesteron-Rezeptorgehalt ist in diesen Hirnbereichen allerdings deutlich geringer als der der Östrogene bzw. Androgene (Kato, 1975).

Bei der Bestimmung der Cytosolrezeptoren für Progesteron besteht häufig die Schwierigkeit, dessen Kapazität von der des kontaminierenden Transcortins abzugrenzen. Mit dem synthetischen Gestagen 17,21-Dimethyl-19-nor-4,9-pregnadien-3,20-dion steht ein Steroid zur Verfügung, das keine Affinität zum Transcortin aufweist und nur durch die Cytosolrezeptoren gebunden wird (Abb. 8-2) (Horwitz und McGuire, 1975). Die Steroiderkennung durch die Cytosolre-

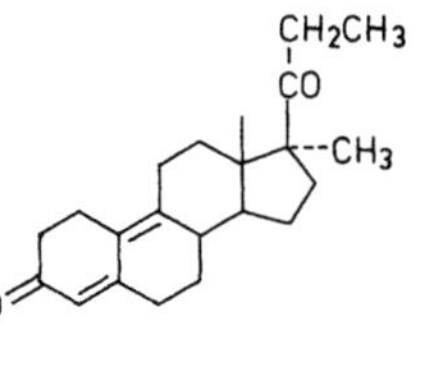

Abb. 8-2. 17,21-Dimethyl-19-nor-4,9-pregnadien-3,20-dion R 5020

zeptoren aus Hühnerovidukt oder Uterus erfolgt von der β-Seite der Ringe A und B (Smith et al., 1974a). Modifikationen in diesem Steroidbereich, z.B. durch Einführung von Doppelbindungen an C-1 oder C-6, setzen die Affinität zu dem Rezeptor stark herab. Der Rezeptor greift außerdem am Ring A um das Steroid herum und tastet dabei die α-Seite ab. Modifikationen im Ring D werden dagegen weitgehend toleriert. Die 3-Keto-4-en-Konstellation am Ring A und die Acetylseitenkette an C-17 tragen jeweils den gleichen Beitrag zur Stabilisierung der Progesteron-Rezeptor-Bindung bei. Die freie Energie zur Bindung der meisten biologisch aktiven Gestagene liegt um −12 kcal/Mol (Kontula et al., 1975). Da die Rezeptoren aus dem Hühnerovidukt und dem Uterus der Frau verschiedene Progesteronderivate unterschiedlich akzeptieren, handelt es sich bei beiden Bindern um verschiedene Proteine.

Bei dem Mikroorganismus *Streptomyces hydrogenans*, bei dem Progesteron die Synthese der 20β-Hydroxysteroid-Dehydrogenase [EC 1.1.1.53] induziert, ist ein hochaffiner Rezeptor für Progesteron ($K_{ass} = 1{,}4 \cdot 10^{10}\ M^{-1}$ bei 4° C) gefunden worden, an dem überraschenderweise 5α-Dihydrotestosteron um die Bindung mit Progesteron konkurriert (Träger, 1973). Über die mögliche Funktion dieses bakteriellen Steroidrezeptors bei der Vermittlung der steroidabhängigen Enzyminduktion können noch keine Aussagen gemacht werden. Bei *Pseudomonas testosteroni* ist ebenfalls ein Progesteronrezeptor nachgewiesen worden (Watanabe und Watanabe, 1974).

8.1.1.3 Androgenrezeptoren

Der cytoplasmatische Androgenrezeptor aus der Prostata der Ratte mit hoher Affinität für 5α-Dihydrotestosteron weist, je nach Ionenkonzentration und pH-Wert im Inkubationsgemisch, Sedimentationskoeffizienten im Bereich zwischen 3 und 12 S auf. Es ist zur Zeit nicht möglich zu entscheiden, welche der Formen und Aggregate der in vivo aktiven Variante des Rezeptors entspricht. Für die Form mit 8 S ist das Mol.-Gew. zu 270000 bestimmt worden. 5α-Dihydrotestosteron wird mit $K_{ass} = 3 \cdot 10^{10}\ M^{-1}$, Testosteron nur sehr schwach gebunden. Die Bildung des Rezeptors wird durch Prolactin stimuliert, wodurch die trophische Wirkung dieses Proteohormons auf die männlichen primären und sekundären Geschlechtsorgane zu erklären ist.

Neben dem für die 5α-Dihydrotestosteron-Bindung spezifischen Rezeptor, dem sog. β-Protein, findet man im Prostatacytosol einen weiteren Rezeptor (α-Protein), der außerdem Testosteron sowie weitere C_{19}-Steroide und Östradiol bindet. Nur der Komplex zwischen β-Binder und Androgen, nicht der des α-Proteins mit den C_{19}-Steroiden, wandert nach Temperaturaktivierung als sog. Komplex II mit einer Sed.-Konstante von 3,5 S in den Kern. In den Prostatakernen sind zwischen 2000 bis 6000 Akzeptoren für den cytoplasmatischen Rezeptor gemessen worden. Während die Androgenkonzentration im Cytoplasma rund 20 nM beträgt, wird das Steroid im Kern auf rund 250 nM konzentriert. Es wird jedoch angenommen, daß der Transfer des Steroides mit Hilfe des cytoplasmatischen Binders allein nicht ausreicht, dieses enorme Konzentrationsgefälle zwischen Kern und Cytoplasmas aufrecht zu erhalten. Vielmehr soll sich die Kernmembran wie eine Androgenbarriere verhalten und damit den intranuclearen Androgenspiegel hochhalten (Bruchovsky et al., 1975).

Die Prostata bindet Androgene außerdem an einem mikrosomalen Rezeptor, der sich biochemisch vom löslichen Rezeptor unterscheidet (Robel et al., 1974). In der menschlichen Prostata ist ebenfalls ein (löslicher) 5α-DHT-Rezeptor nachgewiesen worden (Geller et al., 1975).

Über die Bedeutung der im Kern der Prostatazellen mit Ribonucleoproteiden assoziierten Androgene sind noch keine Aussagen gemacht worden (Liao et al., 1973a; Liao und Liang, 1974). Cytoplasmatische Androgenrezeptoren finden sich auch in typischen Zielorganen der Östrogene, z.B. im Hühnerovidukt (Harrison und Toft, 1973), in Ovarien der Ratte (Schreiber et al., 1976) und in Brusttumoren (Horwitz et al., 1975). In der Rattenvagina findet man einen hochspezifischen Rezeptor für 3β,17β-Dihydroxy-5-androsten (Shao et al.,

1975). Das Steroid stimuliert dort sowohl Uteruswachstum als auch die Keratinisierung des Vaginalepitheliums.

Im Lebercytosol ist ein hochaffiner Rezeptor für Androstendion nachgewiesen worden, der an der Einstellung androgenabhängiger Leberenzymmuster beteiligt sein soll (Gustafsson et al., 1974). Ferner existiert ein Leberrezeptor, der sowohl 5α-DHT als auch Testosteron bindet (Roy et al., 1974).

Im Knochenmark existiert ein Testosteronrezeptor, der überraschenderweise 5α-DHT nur schwach bindet. Dieser Testosteron-Rezeptor-Komplex vermittelt die erythropoietische Wirkung des Testosterons. Auch in Skelettmuskeln vermittelt eine ausschließlich Testosteron bindender Rezeptor die anabole Wirkung des Androgens (Jung und Baulieu, 1972; Dubre et al., 1976). Desgleichen findet man in vielen weiteren peripheren Geweben Testosteron- und nicht 5α-DHT-Rezeptoren, ein Phänomen, das dem ubiquitären Vorkommen der Corticoidrezeptoren ähnelt (Gustafsson und Pousette, 1975). Auch in der Mäuseniere wird Testosteron nicht oder kaum in DHT überführt. Überraschenderweise konkurrieren hier aber nicht nur Androgene, sondern auch Östrogene um den Nierenrezeptor (Bullock und Bardin, 1974). Bemerkenswerterweise wird Testosteron in vivo am stärksten vom Pankreas retiniert. Dort wird rund dreifach mehr Testosteron angereichert als in den klassischen Zielorganen der Androgene, wie Prostata oder Vesikulardrüse (Pousette, 1976).

Ein interessantes Forschungsgebiet stellen die Androgenrezeptoren des Hypothalamus dar, die die Rückkopplung der Androgene auf die Hypothalamus-Hypophysen-Achse vermitteln. Es lassen sich zwei Bereiche unterscheiden, die durch Androgene unterschiedlich beeinflußt werden: im präoptischen Bereich des Rattenhypothalamus wird durch Androgenimplantation das Sexualverhalten männlicher Tiere stimuliert (und nicht blockiert). Dieser Bereich erkennt Cyproteronacetat nicht als Androgenantagonisten (Davidson et al., 1973) und wird nicht durch 5α-Dihydrotestosteron beeinflußt. Tatsächlich wird Testosteron vom Hypothalamus zunächst aromatisiert, Testosteron also als Östradiol fixiert (McEwen, 1976). In weiblichen Tieren gelangt Östradiol (besonders in der Fetalzeit) nicht bis zu diesen Rezeptoren, da es durch Bindung an α-Fetoprotein (s. Kap. 8.1.2.7) maskiert bleibt.

Für die negative Rückkopplung auf die Gn-RH-Sekretion ist ein Androgenrezeptor im Bereich der Eminentia mediana verantwortlich, der über die im Kap. 5.1.2.3 beschriebenen Mechanismen die Gn-RH-Sekretion steuert. In diesem Bereich soll 5α-Dihydrotestosteron besser wirken als Testosteron. Cyproteronacetat entwickelt hier seine starke antiandrogene Wirkung. Die aus verschiedenen Abschnitten des Rattenhirns isolierten Androgenrezeptoren sind hinsichtlich Affinität und Spezifität gleich (Naess, 1976). Untersucht man den Gehalt an Testosteronrezeptoren im Hirn der weiblichen und männlichen Ratte, so bestehen bei unreifen Tieren zunächst keine ausgeprägten Unterschiede, während bei der adulten weiblichen Ratte keine Androgenrezeptoren mehr nachweisbar sind (Gustafsson et al., 1976). Die relative Androgenunempfindlichkeit der weiblichen adulten Ratte bei der androgenabhängigen Einstellung des Leberenzymmusters (s. Kap. 9.2) beruht daher im wesentlichen auf diesem Mangel an hypothalamischen Testosteronrezeptoren. Für die Unterscheidung zwischen Cytosol- und Plasmabindern der Androgene hat sich Methyltrienolone

(Abb. 8-3) bewährt. Diese Verbindung wird nicht durch das sexhormonbindende Globulin (SBG, Kap. 8.1.2.4) gebunden (Bonne und Raynaud, 1975).

Abb. 8-3. Methyltrienolone (R 1881), 17α-Methyl-17β-hydroxy-östra-4,9,11-trien-3-on

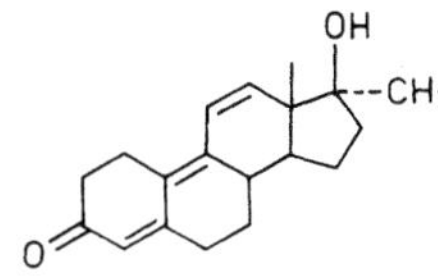

Die Bildung des cytoplasmatischen Androgenrezeptors bleibt bei der sog. testikulären Feminisierung (tfm) aus. Da die Information für den Androgenrezeptor vom X-Chromosom stammt (Meyer et al., 1975), wird der genetisch bedingte Ausfall auf die Hälfte der männlichen Nachkommen übertragen. Inzwischen sind 18 verschiedene Mutationen klassifiziert worden, die zum tfm-Syndrom führen (Goldstein und Wilson, 1975). Die Mutation führt bei diesen Patienten bei unauffälligem XY-Genotyp zu deutlich weiblichem Phänotyp. In den Androgenzielorganen liegt trotz normalem Androgenspiegel ein Androgen-Rezeptor-Mangel vor, so daß die Androgene nicht intracellulär wirken können. Aus diesem Grunde atrophieren alle androgenabhängigen akzessorischen Geschlechtsdrüsen. Darüber hinaus macht sich der Ausfall der Androgenwirkung auch in einem strukturell asexuellen Organ, der Leber, durch Beeinflussung einer Reihe Enzymaktivitäten bemerkbar, deren Ausprägung androgenabhängig ist (Schriefers et al., 1976) (s. auch Kap. 9.2).

Durch die tfm-Mutation wird bei der Ratte die Konzentration an den Cytosolrezeptoren für Androgene auf ein Achtel gesenkt, Sedimentationskoeffizient oder Affinität zum 5α-Dihydrotestosteron bleiben dagegen unverändert. Bei der tfm-Maus werden dagegen sowohl Quantität als auch Qualität des 5α-DHT-Binders in der Niere verändert (Attardi und Ohno, 1974). Es ist nicht bekannt, ob die nach der tfm-Mutation vermindert verfügbare Information des X-Chromosoms direkt für den Androgenrezeptor codiert oder für einen Faktor, der für die Rezeptorbildung notwendig ist.

Bei bestimmten Formen des Pseudohermaphroditimus ist allerdings nachgewiesen worden, daß kein 5α-DHT-Rezeptor-Mangel vorliegt. Bei der Überprüfung von neun Patienten mit dem Symptom der testikulären Feminisierung zeigte sich, daß vier Patieten normale Bindekapazitäten für 5α-DHT aufwiesen (Amrhein et al., 1976). Vielmehr besteht dann ein auf die Gonaden beschränkter Ausfall an 17β-Hydroxysteroid-Dehydrogenase [EC 1.1.1.64] (Harkness et al., 1975) bzw. von 5α-Reduktase [EC 1.3.99.5] (Wilson, 1975). Auch die vermehrte Bildung der 3β-Hydroxy-Δ^5-Steroid-Dehydrogenase [EC 1.1.1.145] wird zusammen mit der Steroid-Δ-Isomerase [EC 5.3.3.1] als Ursache bestimmter Formen der testikulären Feminisierung angesehen (Bell, 1975).

Da Steroide bei verschiedenen Mikroorganismen induktive Prozesse steuern, ist es mittlerweile gelungen, auch dort Steroidrezeptoren für C_{19}-Verbindungen nachzuweisen. Bei *Pseudomonas testosteroni* ist darüber hinaus gezeigt worden, daß der Testosteronrezeptor durch das Hormon selbst induziert wird (Watanabe et al., 1973), ein Vorgang, der eine gewisse Parallelität zur steroidabhängigen

Bildung von Steroidrezeptoren bei höheren Organismen zeigt. Bei *Streptomyces hydrogenans* liegt ein löslicher Rezeptor für 5α-Dihydrotestosteron vor, der das Steroid mit $K_{ass} = 10^8\ M^{-1}$ (bei 4° C) bindet (Kurth und Träger, 1975). Dagegen läßt sich kein Testosteronrezeptor in dem Mikroorganismus nachweisen, eine Beobachtung, die mit der sehr geringen biologischen Aktivität des Testosterons bei der Induktion steroidumwandelnder Enzyme bei *Streptomyces hydrogenans* parallel geht.

Für Androgene und strukturell davon abgeleitete Anabolika lassen sich aus dem Vergleich der für die Wirkung wesentlichen Strukturen diejenigen Regionen auf dem Steroidmolekül definieren, die durch Rezeptoren abgetastet werden, bevor es zur Bindung auf den Makromolekülen kommt (Hüttenrauch, 1973; Liao et al., 1973b). Am Ring A besitzt die α-Seite mit den axialen Substituenten an C-1, C-3 und C-5 besondere Bedeutung. An den Ringen B, C und D erkennen dagegen die Rezeptoren in erster Linie die β-Seite. Dort sind es die axialen Substituenten an C-6, C-10 und C-13 sowie außerdem die Liganden an C-8, C-11, C-16 und C-17. Der Rezeptor greift daher um das Steroidmolekül herum und verwendet auch die Randbereiche des Steroidmoleküls für dessen Erkennung.

8.1.1.4 Östrogenrezeptoren

Im wichtigsten Zielorgan der Östrogene, dem Uterus, sind schon vor mehr als 10 Jahren cytoplasmatische Rezeptoren des Östradiols nachgewiesen worden (Jensen et al., 1968; Jensen und DeSombre, 1973). Es handelt sich um Proteine mit Molekulargewicht 61000, deren Menge zwischen $2 \cdot 10^4$–$10 \cdot 10^4$ Bindungsstellen pro Zelle beträgt (Puca et al., 1972). Die Assoziationskonstante zwischen Östradiol und dem Rezeptor ist mit $K_{ass} = 10^{10}\ M^{-1}$ für hochaffine und spezifische Rezeptoren begrenzter Kapazität charakteristisch. Der Rezeptor aus dem menschlichen Uterus soll sowohl Kohlenhydrate als auch Phosphatreste enthalten (Hähnel et al., 1974) und ein Metalloprotein sein (Shyamala, 1975). In den einzelnen Uterusbereichen der Frau werden verschiedene Östrogen-Rezeptor-Konzentrationen gemessen. Am niedrigsten ist der Gehalt im Uterusgewölbe, am höchsten im mittleren Segment des Uterusendometriums. Während der Lutealphase ändert sich die Östradiol-Rezeptor-Verteilung zugunsten eines Optimums im vorderen Uterussegment (Lunan und Green, 1975).

Die Bindefähigkeit des Uterusrezeptors nimmt für verschiedene Östrogene in der Reihenfolge Östradiol → 2-Hydroxy-östradiol → Östron → Östriol → 2-Hydroxy-östron → 2-Methoxy-östradiol → 2-Hydroxy-3,4-dimethoxy-östradiol ab (Martucci und Fishman, 1976). Hierbei fällt auf, daß *2-Hydroxy-östradiol* eine größere Affinität zum Östrogenrezeptor hat als jeder andere Östrogenmetabolit. Da 2-Hydroxy-östradiol keine der hohen Bindefähigkeit vergleichbare östrogene Aktivität entwickelt, verhält sich dieses Steroid wie ein natürliches Antiöstrogen.

Aus dem Ovidukt der japanischen Wachtel wird der Östradiolrezeptor zusammen mit der RNA-Polymerase I angereichert und hat ein Mol.-Gew. von 100000–130000 (Müller et al., 1975). Hierbei ist nicht nur überraschend, daß der Rezeptor aus den Oviduktkernen eine enzymatische Aktivität aufweist, sondern daß das Mol.-Gew. dieser RNA-Polymerase sehr viel kleiner als das Partikelgewicht anderer Vertebratenpolymerasen ist.

In der menschlichen Prostata sind ebenfalls Östrogenrezeptoren vorhanden (Hawkins et al., 1975). Möglicherweise vermitteln sie die antiandrogene Aktivität der Östrogene in der hypertrophen Prostata. Da sich Östrogenrezeptoren auch in vielen weiteren Geweben der männlichen Ratte nachweisen lassen, muß man auf eine vielfältige Wirkung der Östrogene im männlichen Organismus schließen. Die Synthese des in der Säugerleber vorhandenen Östradiolrezeptors ($K_{ass} = 10^{10}\,M^{-1}$) wird durch Prolactin stimuliert (Chamness et al., 1975). Dieser Rezeptor ist für eine Reihe von Nebenwirkungen der östrogenen Komponente in den Ovulationshemmern verantwortlich, da er die östrogenabhängige Bildung von Angiotensinogen sowie die der Gerinnungsfaktoren vermittelt (Eisenfeld et al., 1976). Diese Wirkungen können als Ursache für die Blutdrucksteigerung und erhöhte Neigung zur Thromboembolie unter der Einnahme der Ovulationshemmer angesehen werden.

Entsprechend der biologischen Funktion der Östrogene bei der Rückmeldung der humoralen Steroidspiegel auf den Hypothalamus und der damit verbundenen Steuerung der Liberinsekretion sowie des Sexualverhaltens befinden sich im Hirn cytosolische Östradiolrezeptoren, deren Menge in den nachfolgend bezeichneten Hirnregionen wie folgt abfällt: Area präoptica-suprachiasmatica → Eminentia mediana → Hypophysenvorderlappen → Amygdala. Im Cerebellum der Ratte nimmt der Östradiol-Rezeptor-Gehalt mit zunehmendem Alter ab (Kanungo et al., 1975). Insgesamt scheint das limbisch-hypothalamische System östrogenanreichernde Neuronen in dem Maße zu besitzen, wie es für die Kontrolle des Paarungsverhaltens und für die Gonadotropinfreisetzung aus der Hypophyse notwendig ist (Pfaff und Keiner, 1973). Bei der Ratte beträgt das Mengenverhältnis an Östradiolrezeptoren in Uterus, Hypophysenvorderlappen und Hypothalamus 20:10:1 (Cidlowski und Muldoon, 1974). Aus Experimenten mit isolierten Synaptosomen, an denen die Freisetzung von Gn-RH mit Hilfe von Östradiol und Progesteron verfolgt wurde, wird geschlossen, daß die Steroidhormone nicht über den klassischen Nuclearrezeptor wirken (Bennett et al., 1975), obwohl sie im Hypophysenvorderlappen der weiblichen Ratte die Aktivität verschiedener Enzyme erhöhen: Glucose-6-phosphat-Dehydrogenase [EC 1.1.1.49], Malatdehydrogenase (decarboxylierend) [EC 1.1.1.40] und (in der präoptischen Region des Hypothalamus) die Cholinacetyltransferase [EC 2.3.1.6]. Ähnliche Effekte werden auch durch Testosteron in den genannten Hirnbereichen der männlichen Ratte ausgelöst (McEwen et al., 1975).

Östrogenrezeptoren liegen im Cytosol von Uterus- und Leberhomogenaten mit einer Sedimentationskonstante von 3 bis 4 S vor. Da unter den Bedingungen der Gewebebereitung meist Inkubationslösungen niedriger Ionenstärke eingesetzt werden, aggregiert der Rezeptor und sedimentiert nun mit 8 S.

Dieser Form kommt wahrscheinlich keine biologische Bedeutung zu. Die Aggregation bzw. Dissoziation verläuft reversibel, wenn die Ionenkonzentrationen entsprechend eingestellt werden.

$$3{,}8\ S \underset{\mu > 0{,}5}{\overset{\mu < 0{,}5}{\rightleftharpoons}} 8\ S$$

Die Dissoziation des 8-S-Aggregates wird durch cAMP beschleunigt (Eide et al., 1975). Die Form 8 S verhält sich wie ein Tetrameres mit Mol.-Gew. 240000, wobei die Untereinheiten paarweise verschieden sind. Möglicherweise entsteht der 8-S-Komplex auch als unspezifisches Aggregat des Östradiolbinders mit weiteren cytoplasmatischen Proteinen.

Vor dem Übergang in den Kern durchläuft der cytoplasmatische Rezeptor eine Transformation. Sie hängt sowohl von der vorherigen Bindung des Steroides als auch von einer Temperaturerhöhung auf oberhalb 20° C ab. Dabei geht die Form 3,8 S in den Rezeptor 5,2 S über. Wahrscheinlich beruht diese Erhöhung des Partikelgewichtes auf einer Dimerisierung des 3,8-S-Binders (DeSombre et al., 1975). Möglicherweise wird außerdem ein bestimmter Teil des 3,8-S-Rezeptors abgespalten (Notides et al., 1975). Die optimale Temperatur für die Rezeptortransformation liegt wahrscheinlich bei 37° C. Da aber der Östrogenbinder — wie die Mehrzahl aller anderen Steroidrezeptoren — bei 37° C sehr labil ist (Peck et al., 1973), wird bei den in-vitro-Untersuchungen die Aktivierung in der Regel bei 25° C durchgeführt.

Die temperaturabhängige Transformation zum Komplex 5,2 S · Östradiol verleiht dem Produkt die Fähigkeit, in den Kern penetrieren zu können. Die Retentionsdauer des cytoplasmatischen Rezeptors im Kern legt die biologische Aktivität des Komplexes fest. Dies ist besonders gut beim Vergleich der östrogenen Wirkungen von Östradiol und Östriol zu erkennen. Die raschen Wirkungen auf die Glucoseoxydation, Glucoseverwertung zur Lipidsynthese, auf die Aktivierung der RNA-Polymerase und die Flüssigkeitsaufnahme durch das Gewebe sind für beide Steroide identisch. Auch der Gehalt des Neonuclearrezeptors im Kern ist drei Stunden nach Östradiol- oder Östriolgabe gleich hoch. Nach insgesamt sechs Stunden ist er jedoch in Gegenwart von Östriol auf den Kontrollwert abgesunken, während Östradiol den Rezeptorgehalt weiterhin hoch hält. Die geringere uterotrophe Wirkung des Östriol beruht daher auf seiner Unfähigkeit, den cytoplasmatischen Binder im Kern zu halten. Wiederholt man im Drei-Stunden-Takt die Östriolinjektion, so bleibt auch der Neonuclearrezeptor-Gehalt hoch und die wachstumsfördernden Wirkungen beider Steroide sind vergleichbar geworden (Anderson et al., 1975).

Als Nuclearakzeptoren der Neonuclearrezeptoren fungiert ein heterogenes Gemisch von Makromolekülen. Einem Großteil niederaffiner und nichtsättigbarer Bindungsstellen steht eine sehr kleine Zahl hochaffiner Akzeptoren gegenüber. Im Ovidukt des Huhns werden rund 2000 Östradiolrezeptor-Bindungsstellen pro Kern gemessen. Der Nuclearakzeptor aus Kalbsuteruskernen ist ein Protein mit Mol.-Gew. 85000, das den Neonuclearrezeptor mit $K_{diss} = 2 \cdot 10^{-10}$ M (bei 0° C) bindet (Puca et al., 1975). Auch in der Hühnerleber wird eine begrenzte Anzahl von Nuclearakzeptoren (100/Kern) für den Östradiolrezeptor gefunden (Gschwendt und Kittstein, 1974). Wie es bereits für die Androgenrezeptoren beschrieben wurde, werden auch die cytoplasmatischen Östrogenrezeptoren durch nucleare Ribonucleoproteine des Uterus gebunden (Liang und Liao, 1974).

Die Biosynthese des Östradiolrezeptors wird durch Östradiol selbst induziert. Progesteron inhibiert die Bildung des Rezeptors. Im Uterus folgt daher nach dem Transfer des Rezeptors in den Kern zunächst eine Verarmung des

Cytosols an dem Östradiolrezeptor. Der Gehalt sinkt von 53 auf 22 fMol Rezeptor pro mg Naßgewicht innerhalb von vier Stunden. Anschließend nimmt jedoch durch die Neusynthese des Proteins die Rezeptormenge wieder zu, so daß der Verlust nach spätestens 16 Stunden wieder ausgeglichen ist (Mester und Baulieu, 1975). Als Vorläufer des cytoplasmatischen Östradiolrezeptors 3,8 S wurden zwei mikrosomale Proteine mit kationischen und anschließend anionischen Eigenschaften (nach Gelelektrophorese) identifiziert, die beide mit 3,5 S sedimentieren (Little et al., 1975). Die Halbwertszeit des Uterusrezeptors ist mit fünf Tagen erheblich länger als die der übrigen Uterusproteine mit durchschnittlich 22 Stunden (Sarff und Gorski, 1971).

Auf die Tatsache, daß Östrogene auch durch Lysosomen gebunden werden, die sie zur Wanderung zum Zellkern anregen, ist bereits hingewiesen worden (Kap. 8.1). Von Szego wird sogar der Standpunkt vertreten, daß die cytosolischen Östradiolrezeptoren ursprünglich Bestandteil der Lysosomen waren, aus denen sie unter den Bedingungen der Zellhomogenisation freigesetzt werden (Hirsch und Szego, 1974). Ein beträchtlicher Anteil der im Kern vorliegenden Östrogene befindet sich an der Innenwand der Nuclearmembran (Katzenellenbogen und Gorski, 1975).

Die Fähigkeit zur Östrogenbindung durch Mammagewebe wird als biochemischer Parameter für die Entscheidung einer hormonellen Therapie beim Mammacarcinom verwendet. Etwa 30 % aller Neoplasmen der Brust (und $^{2}/_{3}$ aller Primärtumoren) enthalten Östradiolrezeptoren (Lippman, 1976). Von den Patientinnen, die Östrogenrezeptoren im Tumorgewebe besitzen, sprechen rund zwei Drittel auf eine endokrine Therapie an. Dies bedeutet, daß insgesamt $^{4}/_{5}$ aller Patientinnen nicht für eine hormonelle Therapie geeignet sind, sondern daß die klassischen Methoden der Chemotherapie und Chirurgie eingesetzt werden müssen. Um die falsch-positiven Befunde — d.h. die fehlende Korrelation zwischen dem Nachweis von Östrogenrezeptoren und dem Erfolg einer endokrinen Therapie — zu verringern, wird vorgeschlagen, die Bestimmung der Östradiolrezeptoren durch die der Gestagenrezeptoren zu ersetzen (Horwitz und McGuire, 1975). Vergleichbare Überlegungen gelten auch für die endokrine Therapie des endometrialen Carcinoms (Pollow et al., 1975c).

8.1.1.5 Weitere intracelluläre Rezeptoren

1α,25-Dihydroxy-cholecalciferol wird durch einen hochspezifischen Rezeptor im Darm gebunden und wandert anschließend in den Kern der Zellen, wo eine begrenzte Zahl von spezifischen Akzeptoren den 1α,25-Dihydroxy-cholecalciferol-Rezeptor-Komplex bindet. Der cytoplasmatische Rezeptor ähnelt mit einem Sed.-Koeffizienten von 3,7 S den Eigenschaften der übrigen Steroidhormonrezeptoren. Die Diss.-Konstante zum 1α,25-Dihydroxycholecalciferol wird zu $2{,}2 \cdot 10^{-9}$ M angegeben. Ein davon unterscheidbarer Rezeptor für 25-Hydroxycholecalciferol wird aus dem Cytosol von Darm, Leber und Niere mit dem Sed.-Koeffizienten 5–6 S isoliert. Er bindet das Prohormon mit $K_{diss} = 4 \cdot 10^{-9}$ M. Im Gegensatz zum erstgenannten Rezeptor vermag der 25-Hydroxycholecalciferol-Binder nicht in den Zellkern zu wandern (Haussler, 1975). In der Brustdrüse existieren nebeneinander Cytosolrezeptoren für Cholecalciferol und

25-Hydroxycholecalciferol (Edelstein et al., 1976). Sie sollen für die Sekretion der Prohormone in der Milch notwendig sein. Von regulativer Bedeutung sind 1α,25-Dihydroxycholecalciferol-Rezeptoren im Cytoplasma der Nebenschilddrüsen (Brumbaugh et al., 1975). Das Protein hat ein Mol.-Gew. von 58000 und bindet das Hormon sehr spezifisch mit $K_{diss} = 3{,}2 \cdot 10^{-10}$ M.

8.1.2 Plasmarezeptoren

Während die cytoplasmatischen und Kernrezeptoren die für die biologische Wirkung der Steroide notwendigen Partner sind, mit denen die Steroide einen Komplex eingehen müssen, um biologisch wirken zu können, liegen die Steroidhormone im extracellulären Raum an Plasmarezeptoren gebunden vor, an denen sie biologisch inaktiv sind. Im Plasma sind vielmehr nur die ungebundenen Steroide biologisch wirksam, und die an Plasmarezeptoren fixierten Steroide sind „biologisch maskiert". Aus diesem Grunde kommt den in den Abschnitten des Kap. 6 angegebenen Plasmakonzentrationen der verschiedenen Steroide nur die Aufgabe zu, als Richtwerte für die steroidbildende Kapazität der Organe zu dienen. Sie sind kein Abbild der tatsächlichen hormonellen Aktivität, wenn man nicht außerdem Angaben über die Verteilung der einzelnen Steroide auf die Plasmaproteine macht.

Den Plasmarezeptoren kommen im wesentlichen drei Funktionen zu:

a) Schutz der circulierenden Hormone vor den inaktivierenden Enzymen im Blut und in den durchbluteten Organen. Auf diese Weise erhöhen die Plasmarezeptoren die biologische Halbwertszeit der Steroide.

b) Aufbau eines „Puffer-Kompartimentes", aus dem die Steroide durch Dissoziation von den relativ niederaffinen Plasmarezeptor-Steroid-Komplexen rasch abgelöst werden können.

$$\text{Steroid}_{\text{„inaktiv"}}/\text{Plasmarezeptor} \rightleftharpoons \text{Steroid}_{\text{„aktiv"}} + \text{Plasmarezeptor}$$

Die Plasmarezeptoren können umgekehrt auch extreme Steroidproduktionen nach Bindung „neutralisieren". Dies ist z.B. im Verlauf der Schwangerschaft für den hormonellen Status der werdenden Mutter und des Embryos wichtig.

c) Modulation der intracellulären Aktivität der Steroide durch die Kompetition der extracellulären Plasmabinder (vor allem von Albumin) mit dem intracellulären Rezeptor um das Steroid (Anderson et al., 1974). Im Falle der Mineralocorticoide sorgt z.B. die vergleichsweise hohe plasmatische Bindung von Corticosteron und Desoxycorticosteron dafür, daß das ungebundene und in sehr viel geringerer Konzentration vorliegende *Aldosteron* eine Chance hat, den intracellulären Rezeptor zu erreichen (Funder et al., 1973).

Die früher häufig vermutete Funktion der Plasmaproteine als Lösungsvermittler trifft nicht zu. Bei den im Plasma meßbaren Steroidkonzentrationen sind die Steroide auch ohne Plasmabindung löslich.

Allen Plasmarezeptoren ist die Eigenschaft gemeinsam, zu den Steroiden nur (relativ) niedrige Affinitäten zu entwickeln, was durch den (relativ) hohen Gehalt dieser Rezeptoren im Plasma kompensiert wird. Außerdem ist die Bindung häufig wenig spezifisch. So bindet der gleiche Rezeptortyp (SBG) nebeneinander Östrogene und Androgene. Die Affinität zu den Plasmaproteinen nimmt mit zunehmender Polarität der Steroide ab (*Polaritätsregel*).

8.1.2.1 Albumin

Albumin als Hauptbestandteil des Blutes (38 g/Liter) hat wegen seines mengenmäßig großen Anteils im Plasma eine außerordentlich große Kapazität zur Steroidbindung. Die Kapazität kann unter normalen Bedingungen nicht gesättigt werden. Andererseits ist die Affinität zur Steroidbindung sehr niedrig, so daß die gebildeten Steroid-Albumin-Komplexe rasch dissoziieren können. Die Assoziationskonstanten liegen zwischen $3 \cdot 10^4$–$40 \cdot 10^4$ M^{-1}. Es sollen bis zu 20 gleichwertige Bindungsstellen pro Albuminmolekül vorliegen. An der Bindung sind besonders Trp- und Tyr-Reste beteiligt. Ferner erfolgt die Bindung im Rahmen einer konzertierten Wechselwirkung bestimmter apolarer und polarer Aminosäurereste im nativen Albumin, denn durch Auffaltung des Proteins geht dessen Bindefähigkeit stark zurück (Romeu et al., 1976).

An Albumin werden auch die Steroidkonjugate (z.B. Glucuronide und Sulfate) sowie die synthetischen fluorierten Glucocorticoide gebunden, die nicht durch Transcortin akzeptiert werden. Albumin ist der wichtigste Plasmabinder für Aldosteron, das ebenfalls nicht durch Transcortin fixiert wird.

8.1.2.2 Orosomucoid (AAG)

Progesteron wird außer an Albumin und Transcortin noch an einem weiteren Plasmarezeptor, dem Orosomucoid, gebunden. Die Konzentration des Proteins ist mit 750 mg/L Plasma beträchtlich größer als die des Transcortins, seine Affinität zum Progesteron mit $9 \cdot 10^5$ M^{-1} aber niedriger als die des Transcortins zum Progesteron. Aus diesem Grunde steht es hinsichtlich seiner Bedeutung für die Progesteronbindung zwischen Albumin und Transcortin. Orosomucoid bindet auch andere 3-Keto-4-en-Verbindungen sowie *Östrogene*. Die synthetischen Gestagene werden im Plasma hauptsächlich durch Orosomucoid gebunden (Uniyal und Laumas, 1976). Die Assoziationskonstanten für *Testosteron* und Östradiol betragen $6 \cdot 10^5$ M^{-1} bzw. $1 \cdot 10^5$ M^{-1}.

Orosomucoid gehört zu den außerordentlich kohlenhydratreichen α_1-acid glycoproteins (AAG); der Kohlenhydratgehalt beträgt 41 %. Das Molekulargewicht des Binders wurde zu 41000 bestimmt, seine Bildung wird in der Leber durch Cortisol stimuliert. Im Meerschweinchenplasma existiert ein anderes Glykoprotein mit relativ hoher Affinität zu Progesteron ($K_{ass} = 1 \cdot 10^9$ M^{-1}) (Stroupe et al., 1975).

8.1.2.3 Transcortin (CBG)

Transcortin ist der wichtigste plasmatische Corticoidbinder. Seine Affinität zu den Corticoiden ist wesentlich höher als die des Albumins und beträgt $3 \cdot 10^7$ M^{-1} bei 37° C. Es gehört zur α_1-Globulin-Fraktion des Plasmas, hat ein Mol.-Gew. von rund 52000 und besteht zu 26–29 % aus Kohlenhydraten.

Dieses Glykoprotein kommt mit rund 40 mg/L Plasma vor. In der Schwangerschaft steigt der Gehalt auf 70 mg/L. Transcortin bindet neben den *Corticoiden* (ausgenommen Aldosteron) auch *Progesteron*, dessen Bindung mit $K_{ass} = 9 \cdot 10^7\ M^{-1}$ sogar noch höher ist als die des Cortisols. Testosteron und Östradiol werden nur mäßig gebunden ($K_{ass,Test.} = 1{,}4 \cdot 10^6\ M^{-1}$; $K_{ass,Östr.} = 2 \cdot 10^4\ M^{-1}$). Die Bindung an den Plasmarezeptoren läßt im Falle der Corticoide nur 1–3 % der Steroide frei. Die synthetischen Corticoide, wie *Dexamethason* usw., werden nicht durch Transcortin gebunden. Relativ schwach werden die Corticoidkonjugate fixiert (Polaritätsregel). Die Biosynthese des Corticoid-binding-Globulins (CBG) wird durch Östradiol gesteigert.

8.1.2.4 Sexhormonbindendes Globulin (SBG)

Testosteron und *Östradiol* werden durch das Sexhormonbindende Globulin gebunden. Bei einem Mol.-Gew. von 52000 tendiert das zu den β-Globulinen gehörende Protein zur Aggregatbildung. Für Östradiol und Testosteron werden folgende Assoziationskonstanten gemessen: $K_{ass,Östr.} = 6 \cdot 10^8\ M^{-1}$, $K_{ass,Test.} = 1{,}6 \cdot 10^9\ M^{-1}$. Testosteron und Östradiol werden durch die gleiche Bindungsstelle fixiert, so daß sie miteinander um die Bindung konkurrieren, wobei jedoch Testosteron die höhere Affinität zu SBG entwickelt.

Die Bindung an diesem Plasmarezeptor ist ein Beispiel einer zusätzlichen Kontrolle, durch die das Verhältnis Testosteron zu Östradiol außerhalb der hypophysären Regulation eingestellt wird. Steigt der Gehalt an Testosteron im Plasma, so wird es auf Grund seiner höheren Affinität zum Rezeptor das Östradiol verdrängen. Das freigesetzte Östrogen vermag die Bildung von SBG zu induzieren, wodurch nun auch die Östrogene gebunden werden. Steigt primär Östradiol an, so induziert es durch die vermehrte SBG-Bildung auch seine eigene Bindung an dem Plasmaprotein. Aus den Eigenschaften des SBG wird verständlich, daß beim männlichen Säuger die Östrogenclearance höher ist als die für Androgene.

SBG bindet auch *5α-Dihydrotestosteron*, 3α,17β-Dihydroxy-5α-androstan, DHEA und — allerdings schwächer — Androstendion und Östron. 5β-Androstane werden nicht akzeptiert. Die 5α-Androstane werden mit höherer Affinität als Testosteron gebunden (Rosenfield, 1975). Auf diese Weise führen sie zur Freisetzung von Testosteron. Das synthetische Östrogen *Diäthylstilböstrol* hat überraschenderweise keine Affinität zu SBG (Baulieu et al., 1971). Da geringe, aber signifikante Mengen an SBG auch im Cytoplasma der Prostata gefunden werden, wird geschlossen, daß die Androgene aus dem Plasma zumindest teilweise an SBG gebunden durch die Plasmazellmembran in die Zelle gelangen (Rosen et al., 1975b). Zumindest stimuliert SBG die androgene Wirkung von 5α-Dihydrotestosteron auf die Prostata (Lasnitzki und Franklin, 1975).

Die allgemein den Plasmarezeptoren zugeschriebene Schutzfunktion vor dem Zugriff inaktivierender Enzyme läßt sich auch in vitro zeigen. Dabei findet zwischen SBG und Testosteron-17β-Dehydrogenase [EC 1.1.1.63] eine Kompetition hinsichtlich des umzuwandelnden Substrates Testosteron bzw. Androstendion statt, die im Falle der Hydrogenierung von Androstendion über eine nichtkompetitive Kinetik verläuft (Hampl und Starka, 1975).

Im Alter nimmt die Menge an androgenbindenden Plasmarezeptoren zu, so daß trotz nahezu gleichbleibender Testosteronbiosynthese die Konzentration an aktivem (freiem) Steroid abnimmt. Entsprechend nimmt auch der Anteil an Androgenmetaboliten im Harn im Alter ab. Beim erwachsenen Mann liegen 58 % der Androgene an SBG gebunden vor. Der Rest verteilt sich auf Albumin (38 %) und auf die kleinen an Transcortin gebundenen Anteile (2–3 %) sowie auf das freie Testosteron (1–2 %). Bei der Frau ist wegen des absolut niedrigeren Testosterongehaltes der SBG-gebundene Anteil mit rund 81,1 % viel höher. Der freie Anteil ist prozentual nur wenig geringer als beim Mann (0,9 %). Rund 18 % sind an Albumin gebunden. Während der Schwangerschaft erhöht sich der an SBG gebundene Anteil auf 97 %, an Albumin sind dann nur noch 2,8 % gebunden. Der freie Anteil geht auf 0,2 % zurück, der absolute Gehalt an freien Androgenen bleibt wegen des Anstiegs der Androgensyntheserate in der NNR und in den Ovarien nahezu konstant. Während der Schwangerschaft sorgt daher SBG dafür, daß trotz hoher Testosteron-Gesamtproduktion keine Virilisierung bei weiblichen Feten eintritt. Der Gehalt an SBG beträgt rund 2–3 mg/L Plasma (ca. 10^{-7} M Bindungsstellen). Bei hirsuten Frauen werden manchmal erniedrigte SBG-Werte gefunden (Rosenfield, 1975).

Bei dem in der Evolution der Vertebraten sehr früh entstandenen Hai findet man ein Protein, das sowohl Progesteron als auch Östradiol, Testosteron und Corticosteron an der gleichen Bindungsstelle mit hoher Affinität ($K_{ass} = 4 \cdot 10^8\ M^{-1}$ bei 4° C) bindet. Es ist wahrscheinlich, daß dieser Binder ein Vorläufer der bei höheren Vertebraten nachgewiesenen nun weitgehend steroidspezifischen Binder ist (Martin, 1975).

8.1.2.5 Androgenbindendes Protein (ABP)

Eine spezielle Transportfunktion übernimmt das androgenbindende Protein ABP in den Testes (Hansson et al., 1974). Die in den Leydigschen Zwischenzellen gebildeten Steroide Testosteron und 5α-Dihydrotestosteron werden intratubulär durch ABP fixiert. Die Assoziationskonstante beträgt für 5α-DHT $1{,}25 \cdot 10^9\ M^{-1}$, für Testosteron $5 \cdot 10^8\ M^{-1}$. Dadurch wird eine ausreichende Akkumulation im Lumen der samentragenden Tubuli ermöglicht, so daß nun die Androgene zu den Keimzellen gelangen können. Von Rommerts et al. (1976) wird allerdings behauptet, daß ABP nicht für die Bereitstellung des aktiven ungebundenen Androgens im Bereich der Keimzellen benötigt wird, sondern daß es selbst bestimmte biologische Aktivitäten entwickelt, die erst durch die Bindung des Androgens optimal sind. Die Bildung von ABP wird in den Sertolizellen durch FSH stimuliert (Ritzen et al., 1974).

Das androgenbindende Protein hat ein Mol.-Gew. von 90000. Beim Kaninchen haben ABP und SBG auffallend viele gemeinsame physikalisch-chemische Eigenschaften, wie Mol.-Gew., Affinität zu 5α-Dihydrotestosteron ($K_{ass} = 1{,}6–1{,}9 \cdot 10^9\ M^{-1}$), kreuzpräzipitierbare Antigendeterminanten usw. Es kann sich daher bei beiden Bindern um identische Proteine handeln (Weddington et al., 1975).

8.1.2.6 Uteroglobin

Im Uterussekret bildet sich ein Protein mit Mol.-Gew. 12000–15000, das aus zwei gleichen Untereinheiten besteht und Progesteron mit $K_{ass} = 2 \cdot 10^6\,M^{-1}$ (bei 0° C) bindet (Beato und Baier, 1975). Seine Synthese wird durch Progesteron induziert. Rund 50% der vom stimulierten Kaninchenuterus-Endometrium synthetisierten Proteine entfallen auf Uteroglobin (Beato und Nieto, 1976). Seine Funktion kann mit der des androgenbindenden Proteins ABP in den Testes verglichen werden, da es die biologische Wirkung des Progesterons bei der Ernährung des Eies vermittelt.

8.1.2.7 Weitere Plasmabinder

Das aus Vitamin D_3 in der Niere gebildete aktive Hormon 1α,25-Dihydroxy-cholecalciferol wird im Plasma an einem α_1-Globulin gebunden. Für das unveränderte Cholecalciferol wird ein davon verschiedenes Lipoprotein als Binder angenommen (Daiger et al., 1975). 25-Hydroxy-cholecalciferol wird ebenfalls an einem α_1-Globulin (Mol.-Gew. 56000) mit hoher Affinität ($K_{ass} = 1{,}2 \cdot 10^{10}\,M^{-1}$ bei 4° C) gebunden, das mit dem sog. gruppenspezifischen Komplement (Gc) identisch ist und für das die Bezeichnung *Transcalciferin* vorgeschlagen wird (Bouillon et al., 1976). Darüber hinaus ist auch ein Gewebeprotein nachgewiesen worden, daß 25-Hydroxy-cholecalciferol mit $K_{ass} = 10^9\,M^{-1}$ zu binden vermag (Lawson et al., 1976).

α-Ecdyson wird in der Hämolymphe von *Drosophila-hydei*-Larven an einem Protein mit Mol.-Gew. 120000 gebunden (Butterworth und Berendes, 1974). Ein vergleichbares Protein ist in der Hämolymphe von *Calliphora erythrocephala* nachgewiesen worden (Thamer und Karlson, 1972).

Eine erhebliche Aktivität zur Östradiolbindung weist α_1-Fetoprotein im Plasma auf. Es kommt auch in der sich regenerierenden Leber sowie in Lebertumoren vor und besteht aus einem Gemisch verschiedener Proteine, die Östradiol mit K_{ass} zwischen 0,2 bis $0{,}7 \cdot 10^8\,M^{-1}$ binden (Benassayag et al., 1975). α-Fetoprotein kommt außerdem im Liquor cerebrospinalis vor. Dort verhindert es die virilisierende Wirkung der Östrogene im weiblichen Embryo (s. Kap. 9.1). α–Fetoprotein hat keine Affinität zu Androgenen. Durch Serumkontamination besteht ein erheblicher Teil der Östrogenrezeptoren aus Uteruscytosol unreifer Ratten aus α-Fetoprotein (Uriel et al., 1976).

8.2 Wirkungen auf die DNA-Synthese

Für verschiedene Steroidhormone, besonders Östrogene und Androgene, ist wegen ihrer trophischen Wirkungen in ihren Zielorganen in vivo eine Stimulation der DNA-Synthese denkbar. Durch die vermehrte Proliferation einer bestimmten Zellpopulation innerhalb des Gewebes können auf diese Weise neue Leistungsmuster des Organs sichtbar werden, die auf die Aktivitäten der in großer Zahl hinzugekommenen Zelltypen zurückzuführen sind. Dieses Phänomen wird im Abschnitt Zelldifferenzierung (Kap. 9.1) berücksichtigt.

Die Stimulation der DNA-Synthese ist über verschiedene durch Steroide vermittelte Aktivitätsänderungen denkbar:

a) Förderung oder Hemmung der DNA-Synthese durch Änderung der Histon- oder Nichthistonprotein-Neusynthese, die als Strukturelemente des Chromatins an der Replikation teilhaben. Steroide können dabei auch durch die Beeinflussung von Modifikationsreaktionen (Acetylierung oder Phosphorylierung der Histone und Nichthistonproteine) regelnd eingreifen.
b) Modifikation von Qualität oder Quantität der für die DNA-Replikation notwendigen DNA-Polymerasen.
c) Beeinflussung nucleolytischer Aktivitäten. Spezifische Desoxyribonucleasen können nach Vorbereitung durch spezifische Methylasen Startstellen für eine neue Replikationsrunde bilden.
d) Modifikation der Kernmembranregion, an der Teile des Chromatins fixiert sind. Qualitative Änderungen dieser Membranbereiche können den Start oder die Arretierung der DNA-Synthese beeinflussen.
e) Die Bereitstellung der Vorläufer der DNA-Synthese kann für die Replikation limitierend sein. Die Neubildung der Desoxynucleotide oder ihre Freisetzung aus intracellulären Kompartimenten könnte durch Steroide beeinflußbar sein.

Bei allen geschilderten Angriffspunkten der Steroidhormone bei der DNA-Synthese ist besonders auffallend das Mißverhältnis zwischen Zahl und Vielfalt der postulierten Modelle einerseits und den tatsächlich experimentell nachgeprüften und bestätigten Wirkungen der Steroide andererseits zu erkennen. Hierbei muß man berücksichtigen, daß für den Mechanismus der DNA-Synthese bei Eukaryonten selbst — unabhängig von den denkbaren Angriffspunkten der Regulation — noch zahlreiche Einzelschritte unbekannt sind.

8.2.1 Die Struktur des Chromatins

Die DNA liegt bei eukaryotischen Organismen in Form einzelner Chromosomen vor. Jede somatische Zelle enthält von jedem Chromosom zwei Vertreter, ihr Chromosomensatz ist diploid. Beim Menschen sind es 2 × 22 Autosomen und 2 Geschlechtschromosomen (bei der Frau XX, beim Mann XY). Für die Zusammensetzung der Chromosomen höherer Organismen ist charakteristisch, daß dem gewichtsmäßigen Anteil der DNA eine etwa gleich große Menge an Histonen gegenübersteht (Tabelle 8-1). Außerdem enthalten Chromosomen gewebs- und stadienspezifisch verschiedene Mengen an Nichthistonproteinen sowie RNA.

Tabelle 8-1. Durchschnittliche Zusammensetzung des isolierten Chromatins der Rattenleber

Desoxyribonucleinsäure (DNA)	37 %
Histone	37 %
Nichthistonproteine	25 %
Ribonucleinsäure (RNA)	1 %

Die Histone werden in fünf Hauptklassen H1 bis H5 aufgeteilt. Im Gegensatz zu der früher häufig geäußerten Meinung, nach der Histone keine großen Strukturvariabilitäten aufweisen, ist heute bekannt, daß z.B. die Fraktion H1 bei den meisten Mammaliern aus mindestens 10 Unterfraktionen besteht, deren Anteil in verschiedenen Organen unterschiedlich groß ist. Ähnliches gilt für die Histone der Gruppe H3. Darüber hinaus können die Histone durch postsynthetische Modifikationen (Methylierung, Acetylierung, Phosphorylierung, Substitution mit Poly[ADP-Ribose]) ihre Lage und Affinität zur DNA und zu den Nichthistonproteinen verändern. Die Histone H2A, H2B, H3 und H4 sind relativ fest mit der DNA assoziiert, H1 ist dagegen nur locker an der DNA gebunden. H5 ist ein für aviäre Reticulocyten charakteristisches Histon. Nach Entfernung der lysinreichen Histone H1 stellt sich das Grundelement der Chromatinstruktur als Kette sphärischer Partikel mit einem Durchmesser von 100 bis 125 Å dar, die als *Nucleosomen* bezeichnet werden. Sie bestehen aus einem 140–190 Basenpaare langen DNA-Stück und je zwei Vertretern der Histone H2A, H2B, H3 und H4. Histon H1 soll für die Verknüpfung oder Stabilisierung der Nucleosomenaggregate notwendig sein (Camerini-Otero et al., 1976). Die vier Histonpaare bilden einen Kern, auf dessen Oberfläche die DNA-Doppelhelix rund 10 nm lange, parallel zur Chromatinachse liegende Falten bildet (Damaschun, 1976). Die Notwendigkeit zur starken DNA-Faltung im Bereich eines Nucleosoms ergibt sich schon rechnerisch, weil ein 200 Basenpaare langes DNA-Stück in einer ungefalteten Doppelhelix etwa 700 Å lang ist. In den modernen Chromatinmodellen fehlen die früher vermuteten Superhelix-Strukturen. Rund 50 % des Gesamtgenoms von Eukaryonten liegen in Form von Nucleosomen vor, wobei sich nucleosomenreiche Chromatinfraktionen von nucleosomenarmen trennen lassen (Oudet et al., 1975).

Die biologische Funktion der Histone dürfte in erster Linie mit der Stabilisierung solcher und weiterer Chromatinstrukturen zusammenhängen (Simpson, 1972). Dadurch kann die Transkription oder Replikation bestimmter DNA-Sequenzen entweder begünstigt oder verhindert werden. Zu den Funktionen der Histone gehört auch die Stabilisierung der chromosomalen Transportform während der Mitose.

Sowohl die basische Natur der Histone als auch die Elektronegativität der Phosphatreste der DNA legen nahe, daß die Histone über ionische Bindungen an der DNA gebunden werden. Allerdings sind an der Wechselwirkung zwischen Histonen und der DNA in erheblichem Umfang auch hydrophobe Bindungen beteiligt. Die Gruppe der Nichthistonproteine wird in erster Linie mit der Regulation der RNA-Synthese (DNA-Transkription) in Verbindung gebracht. Die Nichthistonproteine sind im Vergleich zu den Histonen deutlich höhermolekular. Die gemessenen Molekulargewichte liegen zwischen 18000 und 80000, für die Mehrzahl der Nichthistonproteine werden Mol.-Gew. um 35000 gemessen (Teng et al., 1971).

Durch schrittweise und selektive Dissoziation in Gegenwart unterschiedlicher Salzkonzentrationen in Harnstoffpuffern lassen sich vom Chromatin neben den Histonfraktionen vier Haupt-Nichthistonprotein-Gruppen ablösen. Die Zusammensetzung der Nichthistonproteine (NHP) ist gewebespezifisch. Werden die Chromatinpräparationen verschiedener Organe in DNA und Protein dissoziiert und anschließend wieder mit den homologen chromosomalen Proteinen rekonstituiert, so bleibt das gewebespezifische RNA-Muster nach Transkription des Chromatins erhalten. Für die Herstellung der Gewebespezifität reicht dabei die Assoziation eines oder einiger NHP aus einer Fraktion mit durchschnittlichem Mol.-Gew. von 30000 aus (Blüthmann et al., 1975).

Das Verhältnis der Histone zu den Nichthistonproteinen variiert zwischen 0,25 und 1 in Abhängigkeit vom Zelltyp und von der Art der stimulierenden Effektoren. Zur RNA-Synthese aktive Chromosomenbereiche weisen höhere Nichthistonprotein-Anteile im Vergleich zum Histongehalt auf (Paul, 1972). Möglicherweise sind einige Nichthistonproteine mit den Nuclearakzeptoren der Neonuclearrezeptoren identisch.

Die in der Form bestimmter Desoxynucleotid-Sequenzen auf der DNA niedergelegten Informationen werden nur in begrenztem Umfang während der Transkription (s. Kap. 8.3) abgelesen. Der weitaus größte Teil der DNA ist für die strukturelle Integrität der Chromosomen notwendig oder wird für die geordnete Verteilung der Chromosomen während der Mitose benötigt. Dies gilt besonders für die hochrepetitiven Abschnitte der Chromosomen im Bereich der Centromeren. Selbst bei bakterieller DNA sind 10 % der Zell-DNA komplementär zu 99,85 % der cellulären RNA. Der Rest, d.h. 90 % der Gesamt-DNA, scheinen nie oder nur außerordentlich selten transkribiert zu werden (Kennell, 1968). Die repetitiven Basenfolgen auf der eukaryotischen DNA bestehen manchmal nur aus 100 und weniger Basenpaaren, die eine bestimmte Sequenz bilden, die viele Tausende mal hintereinander repetiert wird. Beim Menschen findet man die in Tabelle 8-2 aufgeführte Sequenzverteilung. Rund 65 % der menschlichen DNA kommen in Form einmaliger (sog. unique) Sequenzen vor, die durch meist 100–400 Basenpaare lange repetitive Sequenzen eingerahmt werden.

Tabelle 8-2. Häufigkeit und Länge repetitiver Sequenzen auf dem menschlichen Genom

Anteil von der Gesamt-DNA	Länge der Einheit in Nucleotidpaaren sog. Komplexizität	Anzahl dieser Einheiten pro Genom
3 %	$40 \cdot 10^4$	300
15 %	$1 \cdot 10^4$	40000
10 %	$0,1 \cdot 10^4$	300000

Bei einer Genomgröße von $6,5 \cdot 10^{-12}$ g DNA pro diploide Zelle — das sind $6 \cdot 10^9$ Basenpaare des menschlichen Chromosomensatzes — codieren die 65 % „unique“ Sequenzen bei einer angenommenen Länge von 1000 Basenpaaren pro Information für $4 \cdot 10^6$ Strukturgene. Wahrscheinlich ist die tatsächliche Zahl unterschiedlicher Informationen auf dem Genom wesentlich geringer. Mit Hilfe genetischer und molekularbiologischer Methoden sind bis heute nur rund 10^4 verschiedene Genprodukte definiert worden. Dieser Wert entspricht weniger als 1 % der rechnerisch möglichen Gesamtinformation des menschlichen Genoms. Aus der Zahl der RNA-Polymerase-II-Moleküle pro Zelle (s. Kap. 8.3.4) kann man indirekt schließen, daß das eukaroytische Genom wahrscheinlich nicht mehr als 10^5 verschiedene Strukturgene aufweist. Auf dem zur RNA-Synthese aktiven Chromatinbereich befinden sich ebensoviel RNA-Polymerase-Moleküle wie auf den genetisch stummen Chromatinsegmenten (Strätling und O'Malley, 1976).

8.2.2 Die DNA-Replikation

Die während der Zellteilung (Mitose) erkennbare Struktur eukaryotischer Chromosomen ist zum Zeitpunkt der DNA-Synthese (Interphase) nicht vorhanden. Aus diesem Grunde sind die aus cytologischen Untersuchungen abgeleiteten Strukturen der Chromosomen in der Transportform nicht für die Beschreibung der DNA-Synthese anwendbar. Dagegen lassen sich aus autoradiographischen Untersuchungen an replizierender DNA Details ableiten, die zusammen mit den Ergebnissen biochemischer und molekularbiologischer Untersuchungen den folgenden Verlauf der DNA-Synthese wahrscheinlich machen.

Auf der DNA jedes einzelnen Chromosoms kann an mehreren Stellen gleichzeitig bzw. in genetisch fixierter Reihenfolge die Replikation beginnen. Die einzelnen replizierenden Abschnitt der DNA werden als *Replikon* bezeichnet. Die DNA besteht im Doppelstrang aus antiparallel zueinander angeordneten Polydesoxynucleotiden, wobei jeder Base durch Wasserstoffbrücken-Bindung eine bestimmte andere Base gegenübersteht (*Basenpaarung*, Abb. 8-4).

Zu Beginn der Replikation erleidet die DNA im Replikon eine Störung des Doppelstrangs. Da sich 70 % der neu synthetisierten DNA-Sequenzen eukaryotischer Zellen in Komplexen mit der Kernmembran isolieren lassen, kann dieses

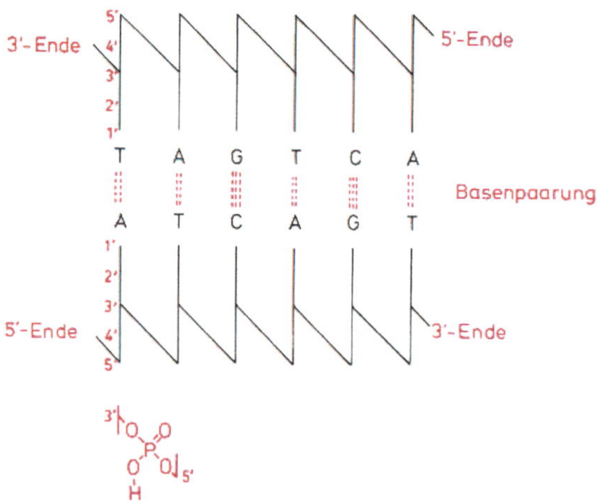

Abb. 8-4. Ausschnitt eines DNA-Doppelstrangs. Durch Basenpaarung stehen sich Thymin (*T*) und Adenin (*A*) bzw. Guanin (*G*) und Cytosin (*C*) gegenüber. Diese Basen sind am C-1′ der Desoxyribose gebunden. Das Rückgrat der DNA wird durch eine monotone Sequenz von Desoxyribose-3′→5′-phosphat gebildet. Die Richtung der Phosphodiester ist in beiden komplementären Polydesoxynucleotidsträngen antiparallel: im oberen Strang z. B. (von links nach rechts) von *3′* nach *5′*, im unteren von *5′* nach *3′*

Ereignis durch diesen Membranbereich ausgelöst werden. Gleichzeitig könnte die räumliche Koordination der Startstellen in verschiedenen Replikons durch die Lage der „Membraninitiatoren" erfolgen (Hildebrand und Tobey, 1973).

Die DNA-Struktur läßt sich im Bereich zweier Replikons vereinfachend, wie in Abb. 8-5 gezeigt, symbolisieren. Zwei Replikons können von ihren Startpunk-

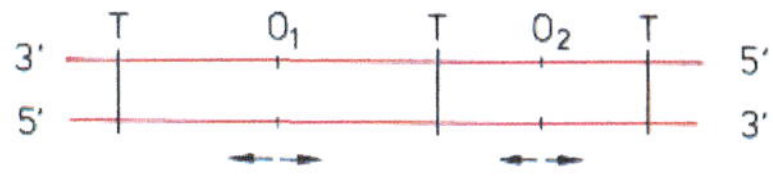

Abb. 8-5. Anordnung zweier benachbarter Replikons auf der doppelsträngigen DNA. Die Replikation beginnt jeweils am Ursprung O_1 und O_2 unabhängig voneinander und endet an den Termini T durch bidirektionale Replikation

ten O_1 bzw. O_2 unabhängig voneinander bidirektional repliziert werden, bis die Termini T erreicht werden. Nach einer örtlichen Störung wird an jedem Einzelstrang der DNA durch die DNA-Polymerase [EC 2.7.7.7] das jeweils passende Desoxynucleosidtriphosphat in die wachsende Kette eingefügt (Abb. 8-6). Im Unterschied zur RNA-Synthese (s. Kap. 8.3.4) benötigt jede neu zu

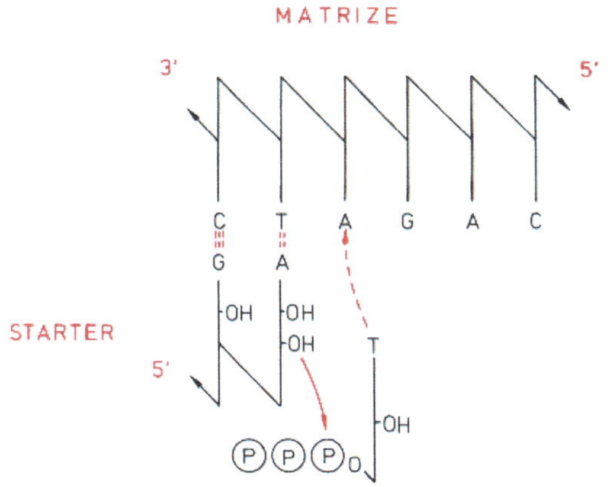

Abb. 8-6. Replikation des einen Stranges eines Replikons. Die Replikation beginnt an einem kurzen RNA-Starter, von dem nur die letzten beiden Nucleotide gezeigt sind. Die Synthese erfolgt unter Verlängerung vom 3'-Ende des Starters in Richtung 3'-Ende des neuen Polydesoxynucleotidstranges. Der elterliche DNA-Faden wird von 3' in Richtung 5' abgelesen.
Enzym: DNA-Polymerase [EC 2.7.7.7] im Replikationskomplex mit weiteren Hilfsenzymen

bildende DNA-Sequenz einen kurzen Starter („primer"), der eine freie 3'-Hydroxygruppe zur Verfügung stellt, an dem das erste Desoxynucleotid des neuen Stranges angeheftet wird. In der Mehrzahl der untersuchten replizierenden Systeme besteht der Starter aus einem kurzen Polyribonucleotid aus 30 bis 100 Nucleotiden. Für die Synthese dieser RNA-Sequenz ist eine besondere RNA-Polymerase [EC 2.7.7.6] im *Replikationskomplex* notwendig. Insgesamt erfolgt während der Replikation folgender stöchiometrischer Umsatz:

$$\begin{array}{l} n_1 \, dATP \\ n_2 \, dGTP \\ n_3 \, dCTP \\ n_4 \, dTTP \end{array} \xrightarrow{\text{Replikationskomplex}} \begin{array}{l} (dAMP)_{n_1} \, (dGMP)_{n_2} \, (dCMP)_{n_3} \, (TMP)_{n_4} \\ \text{neuer, zur elterlichen DNA komplementärer} \\ \text{Einzelstrang} \\ + \, (n_1 + n_2 + n_3 + n_4) \, PP \end{array}$$

Darin bedeuten dATP, dGTP, dCTP und dTTP die Desoxynucleosidtriphosphate von Adenin, Guanin, Cytosin und Thymin und PP freigesetztes Pyrophosphat.

Aus der Tatsache, daß die DNA-Polymerase vom Starter aus beginnend die Synthese des wachsenden Stranges nur in Richtung 3'-Ende katalysieren kann, folgt, daß der jeweils gegenüberliegende elterliche Strang der DNA nicht vom gleichen Enzymmolekül abgelesen werden kann. Vielmehr erfolgt die Replikation der beiden elterlichen Stränge in entgegengesetzter Richtung. Hierbei bilden sich intermediär die sog. *Okazaki-Stücke*. Sie sind bei DNA kernhaltiger Organismen zwischen 50 und 200 Nucleotide lang (Gautschi und Clarkson, 1975). Bei Mikroorganismen sind sie mit 1000 bis 2000 Nucleotiden erheblich länger. Zwischen den kurzen über Basenpaarung mit der elterlichen DNA verbundenen Okazaki-Stücken verbleiben Lücken, wenn die RNA-Starter hydrolytisch eliminiert worden sind. Sie müssen daher anschließend aufgefüllt und unter Beteiligung von Ligasen endgültig zum durchgehenden Strang verschlossen werden (Abb. 8-7). Jede einzelne Replikationsblase wächst unter

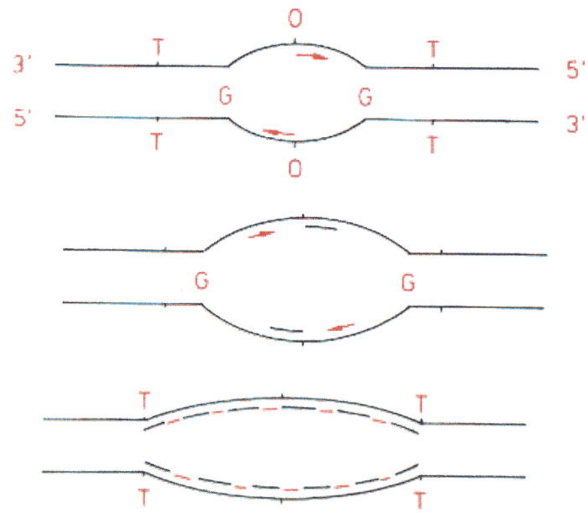

Abb. 8-7. Bidirektionale Replikation im Bereich einer Replikationseinheit (Replikon) vom Startpunkt *O* zu den beiden Termini *T*.
O Ursprung, *T* Termini, *G* Replikationsgabel, ← bzw. → neu replizierte Okazaki-Stücke, —— bereits synthetisierte Okazaki-Stücke, – – – nach Entfernung des RNA-Starters aufgefüllte DNA-Sequenz

Verlängerung der Anteile neu gebildeter DNA-Doppelstränge, bis sie sich mit dem Nachbarreplikon an den Termini vereinigt (s. Abb. 8-5) (Huberman und Tsai, 1973). Die Länge zwischen den Replikationseinheiten, d.h. der Abstand zwischen den Startstellen benachbarter Replikons, beträgt zwischen 20–70 μ, das sind im Mittel 100000 Basenpaare (Hori und Lark, 1973). Die Abbildung zeigt, daß gleichzeitig während der Replikation die Replikationsgabeln G am Doppelstrang entlang wandern. Am *Drosophila*-Chromosom wurde die Replikationsgeschwindigkeit zu $18 \cdot 10^6$ Basenpaaren/Min./Gesamtgenom gemessen (Kriegstein und Hogness, 1974). Da sich der Replikationskomplex an jeder Replikationsgabel nur mit einer Geschwindigkeit von 1–2 μ/Min. fortbewegt (Brewer, 1972), was rund 4200 Basenpaaren/Min./Replikationsstelle entspricht, müssen rund 6000 Replikationsgabeln auf dem *Drosophila*-Genom gleichzeitig aktiv sein. In Epithelialzellen aus Uteri wurde für die Wanderungsgeschwindigkeit der Replikationsgabeln 0,3 bis 0,45 μ/Min. gemessen (Leroy et al., 1975).

Bei einer durchschnittlichen Zellcyclusdauer von 22 Stunden (Abb. 8-8) erfolgt die DNA-Synthese in dem mit dem Buchstaben S (= synthesis) bezeichneten Teil der Interphase. Während die gesamte Interphase durchschnittlich 18–20 Stunden dauert, überspannt die S-Phase davon nur rund 6 Stunden. Bei hoch differenzierten, sich aber noch teilenden Zellen kann die S-Phase allerdings länger als 200 Stunden sein. Im frühen Teil der S-Phase werden vor allem die euchromatischen, später die heterochromatischen Teile der Chromosomen repliziert.

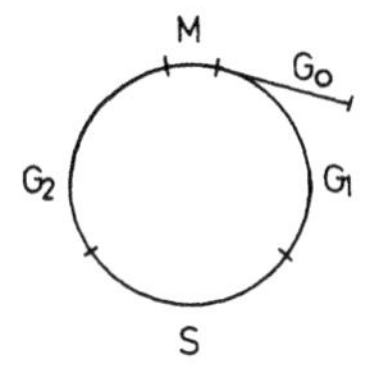

Abb. 8-8. Schema eines Zellcyclus. Die Phasen $G_1 + S + G_2$ sind Teile der Interphase. Ruhende Zellen befinden sich in der Phase G_0. Die Teilung erfolgt während der Mitose M

Die DNA-Polymerase [EC 2.7.7.7] der Eukaryonten kommt in mindestens zwei Formen α und β vor. Form α ist hochmolekular, hat einen Sed.-Koeffizienten von 6–8 S und ein Mol.-Gew. von rund 250000. Diese Form läßt sich nur im Cytoplasma nachweisen und ist möglicherweise ein Vorläufer einer weiteren cytoplasmatischen Form mit Mol.-Gew. 25000 (Zunino et al., 1975). Die biologische Funktion dieser cytoplasmatischen Enzyme im Zusammenhang mit der im Kern ablaufenden DNA-Replikation ist völlig offen. Das für die DNA-Synthese notwendige Nuclearenzym β hat bei einem Sed.-Koeffizienten von 3,5 S ein Mol.-Gew. von 40000 und geht nicht aus den beiden cytoplasmatischen Formen hervor. Die einzelnen DNA-Polymerasen sind außer durch ihre Größe auch noch durch weitere molekularbiologische Parameter, wie Matrizenbedarf, Thermostabilität, Hemm- und Aktivierbarkeit usw., voneinander unterscheidbar.

8.2.3 Einflüsse der Steroidhormone

Steroidhormonwirkungen auf die DNA-Synthese werden häufig summarisch durch den Einbau radioaktiven Thymidins in die DNA verfolgt (Talwar et al., 1973). Solche Bestimmungen sagen aber nichts über den Angriffspunkt der Steroidhormone in der Zelle aus. Auch die Messung von Aktivitätsänderungen der DNA-Polymerase nach dem Hormonstimulus läßt keine Rückschlüsse auf den Wirkungsmechanismus der Steroide zu.

Relativ viele Daten legen die Vermutung nahe, daß die Größe bzw. Verfügbarkeit der Desoxynucleotidkompartimente für die DNA-Synthese limitierend werden kann (Cory und Whitford, 1972; Noronha et al., 1972). Versucht man z.B. die Fähigkeit von ruhenden oder wachsenden Lymphocyten zur DNA-Synthese mit der Aktivität der isolierten DNA-Polymerase in Beziehung zu bringen, so findet man, daß auch in nichtreplizierenden, d.h. unstimulierten Lymphocyten die DNA-Polymerase voll zur DNA-Synthese in der Lage ist. Der Start zur DNA-Synthese kann daher nicht durch die Aktivität der DNA-Polymerase limitiert sein. Dagegen hängt die Aufnahme des DNA-Vorläufers Thymidin von der Wachstumsruhe oder der vorherigen Stimulation der Zellen ab. Phytohämagglutinin stimuliert daher vor der Transformation der Zellen die Aufnahme des DNA-Vorläufers durch die Zellen. Am Transport des extracellulären Thymidins in die Zellen sind spezifische kurzlebige Proteine beteiligt (Fridlender et al., 1974).

Außerdem wird die Aktivität des nuclearen Replikationskomplexes durch cytoplasmatische Faktoren beeinflußt. Steroidhormone könnten die Qualität dieser Faktoren sowie die Aktivität der für den Synthesestart der DNA notwendigen Kernmembranbereiche verändern.

Schließlich bliebe auch noch die relativ triviale Feststellung, daß Steroidhormone primär die Synthese chromosomaler Proteine (wie Histone oder Nichthistonproteine) beschleunigen können und dadurch die Arretierung des Zellcyclus in der Phase G_0 aufheben. Die Stimulation der DNA-Synthese würde dann von einer intakten RNA- und (oder) Proteinsynthese abhängen. In der Uteruszelle beschleunigt Östradiol die Wanderungsgeschwindigkeit der Replikationsgabel auf den Chromosomen, so daß insgesamt eine Verkürzung der S-Phase resultiert (Leroy et al., 1975). Auch bei der androgenabhängigen Stimulation der DNA-Synthese in der Prostata wird zunächst die Bildung eines oder mehrerer limitierender Proteine erhöht. Es wird spekuliert, daß sich darunter eine „Unwindase" befindet, die im Replikationskomplex für die Aufwindung der Doppelhelix notwendig ist (Rennie et al., 1975).

In der Hypophyse scheinen Steroidhormone die DNA-Synthese zu hemmen. So wird durch Kastration im HVL eine Welle von Mitosen ausgelöst, wobei gleichzeitig ein Anstieg der Thymidinkinaseaktivität [EC 2.7.1.75] um 100% gemessen wird (Valotaire und Duval, 1974). Durch Androgene (z.B. dem im Hirn aktiven 3α,17β-Dihydroxy-5α-androstan) werden diese Aktivitätsänderung und die Stimulation der DNA-Synthese wieder unterdrückt.

8.3 Änderungen der genetischen Aktivität

Steroidhormone, die nach Eintritt in die Zelle zunächst durch spezifische Rezeptoren gebunden werden (Kap. 8.1), können im Zellkern das Transkriptionsmuster verändern. So stimulieren Corticoide die Synthese solcher RNA-Arten, die die Information für die unter Cortisolapplikation vermehrt gebildeten Enzyme tragen. Das gleiche gilt für Östrogene, Androgene oder anabol wirkende Steroide, die außerdem einen allgemeinen Anstieg des Organgewichtes initiieren, der bei Hemmung der RNA-Synthese unterbleibt. Alle Steroide stimulieren stark die Synthese ribosomaler RNA. Sie assoziiert sich noch im Zellkern mit den ribosomalen Proteinen zu Ribosomenvorläufern, die nach Ausschleusung in das Cytoplasma in den Proteinsyntheseapparat übergehen. Möglicherweise ist die steroidabhängige Transkriptionssteigerung der rRNA der wesentliche Teil der trophischen Steroidwirkungen, denn durch die Vergrößerung der zellulären Kapazität zur Proteinsynthese wird auch die starke Zunahme von Zellmasse und -zahl möglich.

Alle Änderungen der RNA-Synthese werden als Regulation auf der Transkriptionsebene zusammengefaßt. Auf den direkten Einfluß der Steroidhormone auf die Gen-Transkription kann man auf Grund einer Reihe von Befunden schließen:

a) Steroide erhöhen in vivo die Anzahl neu synthetisierter Ribonucleinsäureketten;
b) Steroide werden im Nucleus akkumuliert, in dem auch der Großteil der cellulären RNA gebildet wird;
c) Chromatin hormonbehandelter Tiere hat in vitro erhöhte RNA-Syntheseaktivität gegenüber Chromatin aus Organen von Kontrolltieren;
d) die Steroidwirkung kann meist durch Hemmstoffe der RNA-Synthese unterdrückt werden;
e) nach der Steroidgabe sind nicht nur quantitative sondern auch qualitative Änderungen des RNA-Musters nachzuweisen.

Für die Steroidwirkung auf der Transkriptionsebene läßt sich die in Abb. 8-9 aufgezeigte Schrittfolge aufstellen. Dabei können Steroide die Aktivität der RNA-Polymerase, die Qualität der DNA als Matrize oder die Bereitstellung der RNA-Vorläufer beeinflussen.

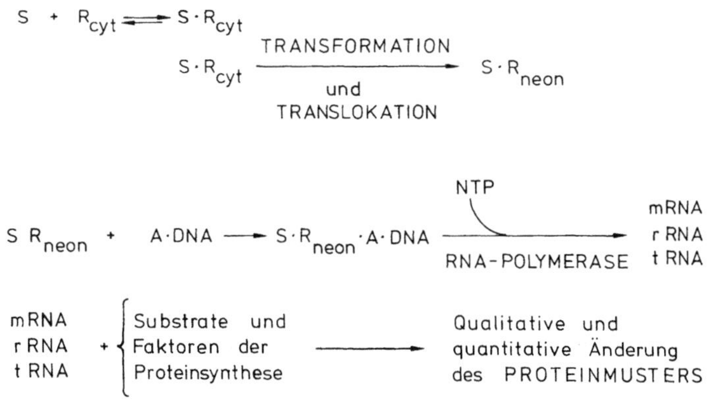

Abb. 8-9. Wirkungsweise der Steroidhormone auf der Transkriptionsebene.
S Steroid, R_{cyt} cytosolischer Steroidrezeptor, R_{neon} neonuclearer Steroidrezeptor, *A* Nuclearakzeptor, *DNA* Desoxyribonucleinsäure, *mRNA* Messenger-RNA, *rRNA* ribosomale RNA, *tRNA* Transfer-RNA, *NTP* Nucleosidtriphosphate.
Enzyme: RNA-Polymerase I und II [EC 2.7.7.6] (Definition der Polymeraseklassen siehe Kap. 8.3.4)

8.3.1 Beeinflussung der RNA-Polymerase

Aus vielen Untersuchungen wird der Schluß gezogen, daß Steroide primär die Aktivität der RNA-Polymerase verändern. Dies kann sowohl durch die vermehrte Bildung von bestimmten Gruppen von RNA-Polymerasen geschehen oder auch auf einer allgemeinen Steigerung der RNA-Polymerase-Aktivität beruhen. Im Falle der steroidabhängigen starken Steigerung dere Synthese der ribosomalen rRNA ist die Zahl der RNA-Polymerase-I-Moleküle, die spezifisch das nucleolare Chromatin zur rRNA-Synthese transkribieren, für die Bildung der ribosomalen RNA limitierend. Überdies ist die Halbwertszeit der RNA-Polymerase I mit 1,3 Stunden relativ kurz (Schwartz und Roeder, 1974). Das Enzym selbst oder ein notwendiger Faktor der RNA-Polymerase I können daher als Regelelement der rRNA-Synthese angesehen werden.

Die Aktivität der RNA-Polymerasen kann unter einer direkten (allosterischen) Kontrolle durch die Steroide stehen. Auf diese Möglichkeit weisen Untersuchungen über die Regulation der bakteriellen RNA-Synthese hin. Denn der ebenfalls niedermolekulare Effektor Guanosintetraphosphat (ppGpp) ändert nach Assoziation mit der Core-RNA-Polymerase deren Affinität zu bestimmten Promotoren des Bakteriengenoms und führt neben einer allgemeinen Änderung der RNA-Bildung darüber hinaus zu selektiv erhöhten Transkriptionsraten an bestimmten Cistrons (Smolin und Umbarger, 1975). Auch durch Phosphorylierung kann sich die biologische Qualität der RNA-Polymerase ändern. Dies soll bei der hCG-abhängigen RNA-Synthesesteigerung der Fall sein. Das durch das Hormon gebildete cAMP soll über eine spezifische Proteinkinase (s. Kap. 5.2) die Phosphorylierung der RNA-Polymerase II und dadurch deren Aktivität steigern (Jungmann et al., 1974a).

Die Aktivität der RNA-Polymerase läßt sich durch Kationen qualitativ beeinflussen. Dabei müßten die Hormone primär das Ionenkompartiment (bzw. Ionenquotienten) verändern, wodurch dann die Affinität der RNA-Polymerase zur Matrize sowohl erhöht als auch erniedrigt werden kann. Schließlich wird die Aktivität der RNA-Polymerase durch eiweißartige Faktoren gesteuert. Solche regelnden Proteine sind schon seit langem als limitierende Faktoren der (ribosomalen) RNA-Polymerase I angenommen worden. Hierauf zielt z.B. das von Baulieu postulierte „key intermediate protein" KIP (s. Kap. 6.2), das bei einer Halbwertszeit von nur 10 Minuten laufend nachsynthetisiert werden muß, um die optimale Enzymaktivität der RNA-Polymerase aufrecht zu erhalten. Eine interessante Hypothese präzisiert, daß es sich beim Faktor KIP um *Ornithindecarboxylase* [EC 4.1.1.17] handelt (Manen und Russell, 1975). Dieses Enzym katalysiert die Bildung von Polyaminen, z.B. von Spermidin, die als Cofaktoren der RNA-Synthese wirken. Ornithindecarboxylase weist in vivo ebenfalls eine Halbwertszeit von nur 10 Minuten auf. Auch Androgene stimulieren über die Bereitstellung eines kurzlebigen Faktors die rRNA-Synthese in der Prostata (Anderson et al., 1972).

Aus Ascites-Tumor-Zellen sind bisher zwei stimulierende Faktoren und ein inhibierendes Protein angereichert worden, die die Aktivität der RNA-Polymerase II in Gegenwart von nativer DNA als Matrize modulieren, während die Aktivität der RNA-Polymerase I unverändert bleibt (zur Definition der

RNA-Polymerasen s. Kap. 8.3.4). Das inhibierende Protein enthält in beträchtlichem Umfang RNA (Natori et al., 1975).

Schließlich wäre eine Aktivitätskontrolle der RNA-Polymerase durch die Blockade ihrer Bindung an der Matrize oder ihrer Funktion während der Transkription denkbar. Die hierfür erforderlichen Regelelemente würden daher Eigenschaften wie die bakteriellen Repressoren oder die an Promotoren bindenden Regelelemente aufweisen.

Die Aktivität der RNA-Polymerase kann schließlich durch die gebildete RNA selbst kontrolliert werden. Verbleibt z.B. die RNA an der Matrize, so hemmt sie ihre eigene Synthese. Dies ist z.B. in unbefruchteten Amphibieneiern der Fall und für die RNA-Lager-Formen in den *Lampenbürstenchromosomen* charakteristisch.

Insgesamt kommen die meisten Untersucher aber zu dem Schluß, daß die Aktivität der RNA-Polymerase II nicht als limitierender Faktor der Transkription anzusehen ist. So enthalten die zur RNA-Synthese aktiven (euchromatischen) Chromosomenbereiche etwa gleich viel aktive RNA-Polymerase-Moleküle wie die genetisch stummen Abschnitte. Die Unfähigkeit der heterochromatischen Chromosomenstücke zur RNA-Synthese beruht vielmehr auf ihrer hoch verknäulten, dichten Struktur, die die zum Beginn der Transkription notwendige partielle Lockerung des DNA-Doppelstrangs verhindert (Strätling und O'Malley, 1976; Borthwick und Smellie, 1975).

8.3.2 Beeinflussung der DNA

Stört man die hochgeordnete Struktur des Chromatins in der Weise, daß die bereits gebundenen RNA-Polymerase-Moleküle mit der Ablesung des codogenen DNA-Stranges beginnen können, so wird dieser DNA-Abschnitt nun in die komplementäre Nucleotidfolge einer RNA abgeschrieben. Eine solche Änderung der Chromatinstruktur ist durch eine Reihe verschiedener Eingriffe denkbar. So können durch Histonmodifikationen, Abspaltung und Anlagerungen von Histonen sowie Nichthistonproteinen regulierbare Strukturänderungen an der DNA eintreten. Durch die Acetylierung der ε-Aminogruppe an einem oder wenigen Lysin- und Argininrest(en) der Histone kann die DNA-Struktur gelockert und damit für die RNA-Synthese aktiv werden. Ähnliche Überlegungen gelten für die Histon- und Nichthistonprotein-Phosphorylierung. Auch hierdurch können durch strukturelle Modifikation der DNA-Aggregate im Chromosom Startsignale zur RNA-Synthese exponiert werden (Paul, 1972).

Diese Wirkung entspricht dem Modell der negativen Genkontrolle, das zuerst für Mikroorganismen nachgewiesen wurde. Für eukaryotische Zellen ist die negative Genkontrolle trotz vielversprechender Ansätze noch immer nicht zweifelsfrei nachgewiesen. Steroide würden nach diesem Modell Gen-Repressoren im Kern inaktivieren. Einen weiteren Angriffspunkt der Steroide stellen spezifische Nucleasen dar, die die kovalente Struktur der DNA beeinflussen und durch Schnitte auf der DNA zusätzliche Startstellen für die Transkription bereitstellen (Dausse et al., 1972).

Die Chromatinstruktur kann in vitro durch Änderungen der Ionenkonzentrationen beeinflußt werden. Wenn daher Steroide primär die Verteilung bestimmter Kationen zwischen Cytoplasma und Kern verändern, wäre dadurch die Transkriptionsfähigkeit der DNA steuerbar. Die Spezifität der Steroidwirkung würde hierbei einerseits auf der (via Steroidrezeptoren) festgelegten Gewebsauswahl beruhen. Andererseits ist die unterschiedliche Fähigkeit des Chromatins verschiedener Gewebe und Organe durch deren im Verlauf der Differenzierung erworbenen Grad der Spezialisierung festgelegt. Solche durch Kationen regelbaren DNA-Strukturen werden für die Einstellung der Puffmuster bei Riesenchromosomen der Insekten diskutiert.

In die gleiche Richtung führen Überlegungen, nach denen Steroidhormone die Translokation lysosomaler Hydrolasen in den Kern bewirken. Die Proteasen und Nucleasen dieser Organellen können bestimmte Chromatinstrukturen lockern oder auflösen und dadurch für die Transkription zugänglich machen. Gleichzeitig kommt es unter dem Einfluß von Proteasen zu einer verstärkten Histonphosphorylierung am Chromatin (Letnansky und Seelich, 1975). Durch die reversible Bindung von Proteinen können schließlich Schleifenstrukturen an der DNA stabilisiert oder labilisiert werden.

8.3.3 Beeinflussung der Substratbereitstellung

Steroide können über die Bereitstellung der RNA-Vorläufer, die aus dem Cytoplasma in den Kern wandern, eine Steigerung der RNA-Synthese bewirken. Tatsächlich hat man steroidabhängige Änderungen im Nucleotidangebot gemessen, die sowohl auf einer veränderten Neusynthese als auch einem stimulierten Transfer der Vorläufer durch die Zellmembran beruhten.

8.3.4 Verlauf der DNA-Transkription

Bei kernhaltigen Organismen erfolgt die RNA-Synthese sowohl im Kern als auch im Cytoplasma. In den Nucleoli wird die ribosomale RNA synthetisiert, am extranucleolären Chromatin werden solche DNA-Sequenzen transkribiert, die für die heterogene Nuclear-RNA (hnRNA), für die Vorläufer der tRNA und weitere Nuclear-Ribonucleinsäuren codieren. Ein Teil der hnRNA ist Vorläufer der in das Cytoplasma austretenden mRNA. Im Cytoplasma sind die Mitochondrien zur RNA-Synthese in der Lage. Schließlich existieren noch unbekannte extramitochondriale Bereiche im Cytoplasma, die RNA synthetisieren.

In allen Kompartimenten sind spezifische RNA-Polymerasen [EC 2.7.7.6] an der Transkription der DNA beteiligt. Die mitochondriale RNA-Polymerase besteht aus einer Polypeptidkette mit Mol.-Gew. zwischen 64000 und 68000. Sie ist sehr viel einfacher aufgebaut als die nuclearen RNA-Polymerasen I, II oder III, die aus bis zu 14 Untereinheiten bestehen können, von denen jedoch wahrscheinlich nicht alle für die biologische Aktivität der Enzyme wichtig sind. Die Eigenschaften der RNA-Polymerasen sind in Tabelle 8-3 zusammengefaßt.

Tabelle 8-3. Gegenüberstellung einiger Eigenschaften der eukaryotischen RNA-Polymerasen I, II bzw. III

Typ	Lokalisation	Produkt	α-Amanitin-Hemmbarkeit
I	Nucleolus	ribosomale RNA	sehr gering
II	Nucleoplasma	hnRNA, tRNA	sehr hoch
III	Nucleoplasma	5,8 S rRNA, tRNA	schwach

Durch die sog. α-Amanitin-Titration läßt sich die Zahl der RNA-Polymerase-II-Moleküle zu 20000 bis 40000/Zelle bestimmen. Mit Hilfe der RNA-Polymerasen wird von definierten Startstellen aus auf der DNA die Transkription einer der beiden Einzelstränge in der Doppelhelix — des codogenen Stranges — in die Sequenz eines Polyribonucleotides abgeschrieben (transkribiert). Hierfür wird die RNA-Polymerase zunächst unspezifisch durch die DNA gebunden und wandert dann in den sog. Präinitiationskomplex, der in Abhängigkeit von Temperatur und Ionenstärke in den sog. „rapidly starting complex" RS übergeht (Abb. 8-10). Erst auf der Stufe des RS-Komplexes ist ein rascher Transkriptionsstart in Gegenwart der vier Nucleosidtriphosphate möglich. Die einzelnen Enzym-DNA-Komplexe unterscheiden sich sowohl durch ihre physikalisch-che-

$$E + DNA \rightleftharpoons \underset{U}{E\text{-}DNA} \rightleftharpoons \underset{I}{[E\text{-}DNA]^{*}} \rightleftharpoons \underset{RS}{[E\text{-}DNA]^{**}}$$

Abb. 8-10. Bildung des „rapidly starting complex" aus DNA und RNA-Polymerase. *U* unspezifischer Komplex, *I* Präinitiationskomplex, *RS* zum Transkriptionsstart fähiger Komplex.
Enzym: RNA-Polymerase [EC 2.7.7.6]

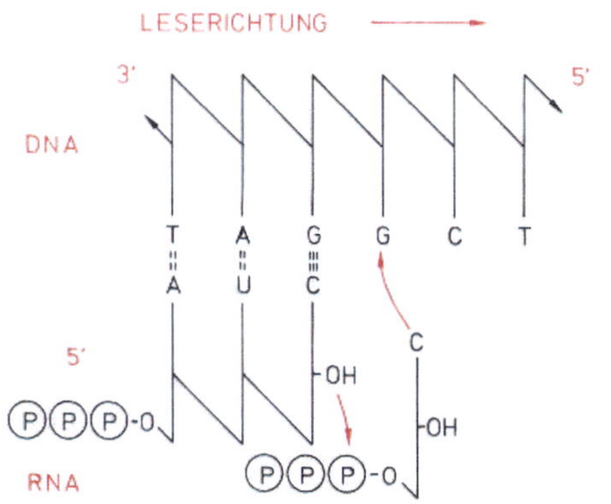

Abb. 8-11. Verlauf der RNA-Synthese. Der codogene Strang der DNA wird vom 3'- in Richtung 5'-Ende abgelesen. Die RNA-Synthese benötigt keinen Starter. Am 5'-Ende der synthetisierten RNA verbleibt daher ein Triphosphatrest. Nach nucleophilem Angriff der 3'-OH-Gruppe wird Pyrophosphat des nächsten Nucleosidtriphosphates eliminiert.
Enzym: RNA-Polymerase [EC 2.7.7.6]

mischen als auch biologischen Eigenschaften, sind z.B. durch Antibiotika verschieden stark hemmbar.

Ebenso wie im Falle der DNA-Synthese erfolgt auch die RNA-Synthese stets vom 3′-Ende der Matrize in Richtung 3′-Ende des Polymerisates. Wegen der Antiparallelität zweier komplementärer Polynucleotide verläuft die Synthese also unter Ablesung der DNA-Sequenz von 3′ nach 5′ und unter RNA-Synthese von 5′ nach 3′ (Abb. 8-11). Die RNA-Polymerase fördert zunächst die Anheftung freier Ribonucleosidtriphosphate an die Matrizen-DNA und knüpft dann nach der Ausrichtung der Substrate die Phosphodiester-Bindung zwischen den Nucleotiden unter Abspaltung eines Pyrophosphatrestes. Die Bruttoumsetzung bei der RNA-Synthese ähnelt dem stöchiometrischen Verlauf der DNA-Synthese (Abb. 8-12). Dennoch bestehen einige wesentliche Unterschiede zur DNA-Synthese:

n_1 ATP	DNA	
n_2 GTP	$\longrightarrow$	$PPn_1(AMP)n_2(GMP)n_3(UMP)n_4(CMP)$
n_3 UTP	RNA-Polymerase	komplementäres Polyribonucleotid
n_4 CTP		$+ (n_1 + n_2 + n_3 + n_4 - 1)$ PP

Abb. 8-12. Bruttoumsetzung bei der RNA-Synthese an DNA als Matrize

a) Die RNA-Synthese benötigt keinen Starter. Aus diesem Grund verbleibt am 5′-Ende der synthetisierten RNA, d.h. am Beginn der Kette, die originale Triphosphatgruppe des ersten Nucleotides.
b) Als komplementäre Base zu Adenin wird in RNA Uracil inkorporiert. Falls Thymin in Ribonucleinsäuren erscheint (z.B. in Transfer-Ribonucleinsäuren), ist diese Base als Folge einer nachträglichen Methylierung aus Uracil entstanden.
c) Es wird nur ein Strang der DNA — der codogene Strang der elterlichen DNA — transkribiert (sog. asymmetrische Synthese).
d) Als Startnucleotid am 5′-Ende jeder RNA steht stets ein Purin. Das 5′-Ende jeder beliebigen RNA hat also immer die Struktur

pppGpNp ... oder pppApNp ...,

wobei p für die Phosphodiesterbindung von 3′ nach 5′, ppp für das Triphosphatende am 5′-Hydroxyl der Ribose des ersten Nucleotides und N für jedes beliebige folgende Nucleosid steht.
e) Die Transkription erfolgt in vivo bei Eukaryonten mit einer Geschwindigkeit bis zu 100 Nucleotiden/Sec/abgelesenen Strang (Jelinek et al., 1973). Demgegenüber ist die DNA-Synthese mit 150 N/Sec deutlich schneller, obwohl der Gesamtmechanismus der DNA-Replikation mit Polymerisation, Ausschneidung der Starter und Ligation der Okazaki-Fragmente wesentlich komplizierter ist (s. Kap. 8.2.2).

Die DNA-Transkription erfolgt jeweils unter Bildung definiert langer Ribonucleinsäure-Sequenzen, die einem Strukturgen (bei Bakterien auch mehreren Strukturgenen) auf der DNA entsprechen. Diese DNA-Sequenz wird als Transkriptionseinheit bezeichnet (Georgiev et al., 1972; Paul, 1975). Das unmittelbare Transkriptionsprodukt scheint meist höhermolekular zu sein, als es der Länge der „reifen" RNA entspricht. Bei kernhaltigen Zellen wird die Mehrzahl der von der DNA transkribierbaren Sequenzen zunächst in heterogene Nuclear-RNA (hnRNA) abgeschrieben, für die Molekulargewichte zwischen 10^6 und 10^7 dalton, das sind 3000 bis 30000 Nucleotide im Polynucleotidstrang, gemessen wurden. Der überwiegende Teil dieser RNA verläßt nie den Kern und ist mit einer Halbwertszeit von weniger als 15 Minuten sehr labil. Ein kleiner Anteil tritt direkt oder nach Strangverkürzung („Reifung") in das Cytoplasma über, wo das Polynucleotid nun als mRNA die Information zur Proteinsynthese bereitstellt (Dubroff und Nemer, 1975).

In den Kernen kommen neben der hnRNA auch noch niedermolekulare und relativ stabile Ribonucleinsäuren unbekannter Funktion vor. Auch die unmittelbaren Transkriptionsprodukte für die Transfer-RNA und die ribosomalen Ribonucleinsäuren sind zunächst längerkettig als die funktionsfähigen Ribonucleinsäuren im Cytoplasma.

Die heterogene Nuclear-RNA wird im Kern teilweise durch Anpolymerisation von Adenylsäure am 3'-Ende modifiziert. Es bilden sich dabei Ribonucleinsäuren mit Polyadenylsäure (Poly-A)-Ketten am 3'-Ende, die bis zu 200 Adenylsäurereste enthalten. 80% der hnRNA aus kultivierten Säugetierzellen

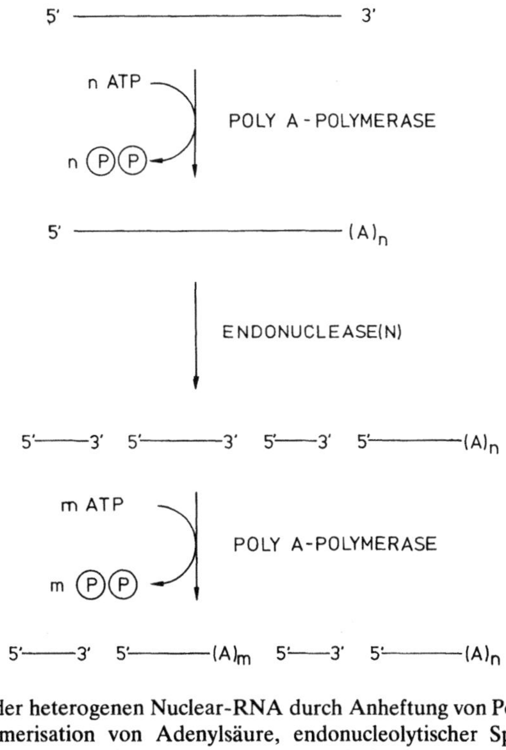

Abb. 8-13. Reifung der heterogenen Nuclear-RNA durch Anheftung von Poly-A-Segmenten nach schrittweiser Anpolymerisation von Adenylsäure, endonucleolytischer Spaltung und teilweiser Polyadenylylierung der RNA-Spaltprodukte. Höchstens 10% der hnRNA-Spaltprodukte bzw. der hnRNA selbst gelangen als mRNA in das Cytoplasma. Die Verpackung der hnRNA mit Hilfe der Informoferen ist nicht gezeigt.
Enzyme: Poly-A-Polymerase [EC 2.7.7.19], Endoribonucleasen [EC 3.1.4.x]

enthalten allerdings keine 3'-terminalen Poly-A-Segmente (Molloy und Puckett, 1976). Gleichzeitig unterliegt die hnRNA weiteren endonucleolytischen Spaltungen, wie sie in Abb. 8-13 schematisch wiedergegeben sind. Im Gegensatz zu früheren Angaben ist jedoch ein erheblicher Anteil der cytoplasmatischen mRNA auch bei Eukaryonten frei von Poly-A-Segmenten. Bei HeLa-Zellen tragen z. B. 30 % der Messenger-Ribonucleinsäuren keine Poly-A-Reste (Milcarek et al., 1974).

Die hnRNA liegt im Kern in Assoziaten mit Proteinen, den *Informoferen*, vor (Samarina et al., 1973; Lukanidin et al., 1972). Diese Ribonucleoproteine verlieren nach dem Durchtritt durch die Kernmembran alle oder nahezu alle gebundenen Proteine und erhalten im Cytoplasma einen neuen Satz von spezifischen mRNA-bindenden Proteinen. Die mRNA-Protein-Komplexe des Cytoplasmas haben von ihrem Entdecker die Bezeichnung *Informosom* erhalten. Das Proteinmuster dieser (cytoplasmatischen) mRNA-Protein-Aggregate ist wesentlich eintöniger im Vergleich zur Heterogenität der Informoferenpopulation im Kern (Kumar und Pederson, 1975). Während die Informoferen hoch species- und organspezifisch sind, sind die in den Informosomen fixierten Proteine sogar bei unterschiedlichen Zell-Linien identisch. Die Informosomenproteine verlassen während der Translation der mRNA am Ribosom nicht den Komplex. Ein spezifisch mit dem Poly-A-Segment assoziiertes Protein mit Mol.-Gew. 75 000 soll entweder den Export der mRNA aus dem Kern erleichtern (Schwartz und Darnell, 1976) oder es hat regulatorische Funktionen bei der Proteinsynthese (s. Kap. 8.4.1) (Abb. 8-14). Dies gilt besonders für das Protein, das am 5'-Ende mit der sog. „Cap"-Sequenz der mRNA (s. Kap. 8.4.1, Abb. 8-16) einen spezifischen Komplex bildet (Filipowicz et al., 1976).

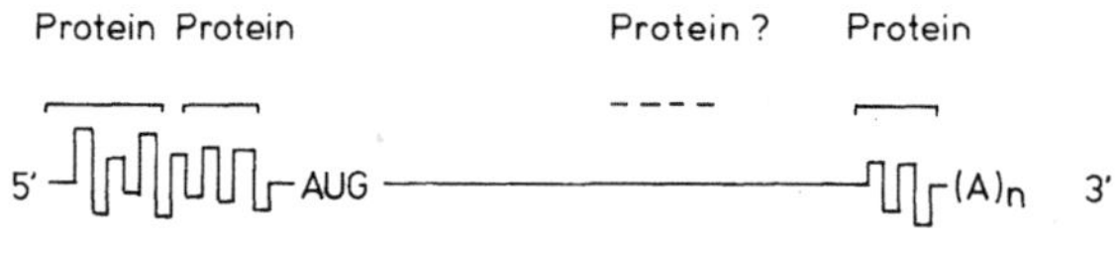

Abb. 8-14. Modell einer eukaryotischen mRNA

Am 5'-Ende und 3'-Ende der mRNA werden durch Proteine bestimmte Tertiärstrukturen der mRNA stabilisiert. Möglicherweise sind Proteine auch an den codogenen Sequenzen nach dem Startcodon AUG gebunden. Auch der codogene Teil der mRNA besteht nicht aus einem gestreckten Polyribonucleotid-Faden. Vielmehr wird durch Wasserstoffbrücken und durch die sog. Basenstapelung eine RNA-Struktur stabilisiert, die die sonst labilen Phosphodiester-Bindungen vor dem hydrolytischen Angriff des Wassers schützen (Ko, 1975).

8.3.5 Einfluß der Steroidhormone

Bereits 1948 wurde gezeigt, daß Östradiol die Proteinsynthese im Uterus ovariektomierter Ratten stimuliert, was mit einer vorherigen RNA-Zunahme verbunden ist. Seit dieser Zeit ist in vielen Untersuchungen bestätigt worden, daß die primäre Wirkung der Steroidhormone auf einer direkten Änderung der

DNA-Transkription beruht. 1961 postulierte schließlich Karlson, daß Steroide spezifische Wechselwirkungen mit dem Chromatin niederer und höherer Organismen eingehen, wodurch bestimmte Messenger-Ribonucleinsäuren vermehrt synthetisiert werden. Diese Arbeitshypothese hat ihren vorläufigen Höhepunkt durch die Isolierung der Ovalbumin-mRNA erreicht, deren Synthese unter dem Einfluß von Östradiol im Hühnerovidukt um das 40fache zunimmt (O'Malley et al., 1972).

Um das Modell der spezifischen Stimulation der mRNA-Synthese zu bestätigen, müssen drei Beweise geführt werden (Means et al., 1975):
a) Nachweis der quantitativen Zunahme der mRNA nach Hormonbehandlung,
b) Nachweis der qualitativen Änderung der Proteinsynthese in einem zellfreien proteinsynthetisierenden System,
c) Nachweis der quantitativen Zunahme des spezifisch gebildeten Proteins bzw. Enzyms in vivo.

Werden aus Hühnerovidukt mit oder ohne Hormonstimulus die Polysomen isoliert und in einem zellfreien System zur Proteinsynthese eingesetzt, so läßt sich das gebildete Ovalbumin durch Präzipitation mit einem Antiserum messend verfolgen. Wird die Proteinsynthese in Gegenwart radioaktiver Aminosäuren in vitro durchgeführt, so ist die Radioaktivität im Ovalbumin-/Antiserum-Präzipitat ein Maß der Ovalbumin-Synthese (Tabelle 8-4). In der geschlechtsreifen Henne sind pro tubulärer Oviduktzelle 101 000 Ovalbumin-mRNA-Moleküle vorhanden (Palmiter, 1975). Aus den Daten der Tabelle 8-4 und weiteren Untersuchungsergebnissen kann der Schluß gezogen werden, daß nach Einwirkung von Östradiol die für Ovalbumin codierende mRNA vermehrt zur Translation zugänglich ist. Gleichzeitig konnte gezeigt werden, daß die Stimulation organspezifisch verläuft.

Tabelle 8-4. Radioaktivität der mit ovalbuminspezifischem Antiserum gefällten Polysomen im in vitro proteinsynthetisierenden System aus Reticulocyten als Maß der Ovalbumin-mRNA-Konzentration im Ansatz

Polysomenquelle	Radioaktivität im Ovalbumin-/Antiserum-Präzipitat Imp./Min.
unstimuliertes Ovidukt	30
16tägige Stimulation mit Östradiol	1220
Hirn oder Leber	0

Zwischen der Menge der in den Kernen fixierten Östradiol-Rezeptor-Komplexe und der Anzahl der Startstellen zur RNA-Synthese besteht Proportionalität (Kalimi et al., 1976), solange die nuclearen Akzeptoren noch nicht abgesättigt sind. Während in Oviduktkernen aus unstimulierten Hühnern rund 10000 RNA-Ketten/pg DNA gestartet werden, beträgt der entsprechende Wert nach Östradiolgabe in vivo 34000 Ketten. Östrogene haben demnach die Zahl der Startstellen mehr als verdreifacht, während die Kettenlänge der Transkripte und die absolute Transkriptionsgeschwindigkeit konstant bleiben (Schwartz et al., 1975).

Durch Hybridisierung der gebildeten RNA mit der DNA läßt sich darüber hinaus zeigen, daß die vermehrt zur Translation verfügbare Ovalbumin-mRNA durch spezifische Neusynthese entstanden ist. Bei der Induktion handelt es sich also nicht um eine Demaskierung oder Reaktivierung bereits vorhandener mRNA. Wegen der außerordentlich günstigen experimentellen Bedingungen, die das System des Oviduktes bietet, konnten verschiedene molekulare Parameter der Ovalbumininduktion ausführlich untersucht werden. Während Ovalbumin als Glykoprotein aus 387 Aminosäuren und dem Glykosidanteil besteht (Palmiter, 1975), enthält die zugehörige mRNA rund 2200 Nucleotide. Diese Basen können rund 700 Tripletts (Codons) bilden und stellen daher wesentlich mehr Information zur Verfügung, als es für das fertige Ovalbuminmolekül mit weniger als 400 Aminosäuren benötigt wird. Auch von anderen eukaryotischen Messenger-Ribonucleinsäuren ist bekannt, daß sie neben der eigentlichen codogenen Sequenz noch weitere nicht übersetzbare Anteile enthalten. Möglicherweise handelt es sich bei diesen Abschnitten um Transkripte solcher DNA-Sequenzen, an denen Kontrollfaktoren, z.B. der Östradiol-Rezeptor-Komplex, angreifen. Am 3'-Ende der Ovalbumin-mRNA ist ein Poly-A-Segment gebunden. Insgesamt werden nach Östradiolinjektion $6{,}4 \cdot 10^5$ Ovalbuminmoleküle/Min. und Zelle gebildet. Der zugehörige Messenger wird mit 22 Molekülen/Min./Zelle bereitgestellt. Die Halbwertszeit des Messengers ist mit 24 Stunden sehr lang. Dies entspricht der allgemeinen Beobachtung, daß die mRNA für sog. „Luxus"-Proteine der Zelle stabiler ist als Messenger-Ribonucleinsäuren für die lebensnotwendigen Zellinhaltsstoffe. Nach Auffassung von Zerwekh et al. (1974) stimuliert 1α,25-Dihydroxy-cholecalciferol im Dünndarm des rachitischen Hühnchens die mRNA-Synthese über eine Aktivierung der RNA-Polymerase II.

Entsprechende Versuche sind auch an Säugern unternommen worden. Appliziert man einer noch nicht geschlechtsreifen Ratte 1 μg Östradiol, zusammen mit radioaktiven Vorläufern der Nucleinsäure- oder Proteinsynthese, so läßt sich spätestens nach 30 Minuten eine starke Steigerung der Synthesegeschwindigkeit der heterogenen Nuclear-RNA zeigen (Knowler und Smellie, 1973; Knowler, 1976). Nach vier Stunden werden alle RNA-Arten maximal gebildet. Entsprechend wird in der 1. Phase der RNA-Synthesesteigerung eine Aktivitätszunahme der RNA-Polymerase II, später die der RNA-Polymerase I beobachtet. Im Kaninchenuterus läßt sich zeigen, daß die geschilderten Aktivitätsänderungen der RNA-Polymerasen primär auf einer Änderung der Chromatinstruktur beruhen (Borthwick und Smellie, 1975).

Aus dem Uterus östradiolbehandelter Tiere läßt sich die hormonabhängig gebildete neue RNA-Qualität auch im biologischen Test bestimmen. Extrahiert man aus den Uteri die RNA und injiziert sie Kontrolltieren, so wird in diesen nicht mit Östradiol behandelten Tieren der gleiche Effekt ausgelöst, wie er nach Östradiolgabe erzielt wird. Ein analoges Experiment ist auch mit Progesteron durchgeführt worden (Segal et al., 1973). In dem Gemisch der im Segalschen Versuch übertragenen Ribonucleinsäuren befindet sich u.a. die Information, die die massive Verstärkung der Ribosomensynthese im Uterusgewebe ermöglicht. Diese Versuchsergebnisse sind ursprünglich angezweifelt worden, weil mit der übertragenen RNA möglicherweise gleichzeitig Spuren von Östradiol in das

Gewebe des Akzeptortieres gelangen könnten. Doch ließ sich dieser Einwand inzwischen zweifelsfrei ausräumen (Galand und Dupont-Mairesse, 1972). Überdies verliert die Präparation nach Behandlung mit RNase ihre biologische Aktivität. Inzwischen ist auch mit molekularbiologischen Methoden die Messenger-Natur der durch Östrogene in Rattenuteri (Villee, 1974) und durch Aldosteron in der Krötenblase (Rossier et al., 1974) gebildeten RNA gezeigt worden.

Auch Corticoide induzieren in der Leber die Bildung neuer RNA-Species, wobei überraschenderweise besonders stark repetitive Sequenzen der DNA transkribiert werden (Vorob'ev et al., 1974). Gleichzeitig vermehren Corticoide den Gehalt an ribosomaler RNA (Jacob et al., 1969). Androgene stimulieren in der Prostata die Synthese von Poly-A-haltiger mRNA, die im zellfreien proteinsynthetisierenden System für mehrere verschiedene Proteine codiert (Mainwaring et al., 1974). Auch Progesteron ist im Uterus zur Stimulation von mRNA- und hnRNA-Synthese in der Lage. Die Stimulation der rRNA-Synthese tritt dabei in den Hintergrund (Miller, 1973). Desgleichen stimuliert 1α,25-Dihydroxy-cholecalciferol in der Darmmucosa die mRNA-Synthese (Tsai und Norman, 1973).

Einen interessanten Versuch haben Couch und Anderson (1973) durchgeführt. Mißt man die Aktivität intakter Nuclei aus Prostatae von Kontrolltieren oder kastrierten Tieren zur RNA-Synthese, so stellt man keine signifikanten Unterschiede fest. Isoliert man aus den Nuclei das Chromatin und verwendet es als Matrize für die heterologe RNA-Polymerase aus Bakterien, so ist die Transkriptionsrate im Vergleich zu einer Inkubation mit endogener RNA-Polymerase größer. Diese Beobachtung unterstreicht zunächst die Tatsache, daß bakterielle RNA-Polymerase andere DNA-Bereiche transkribiert als die endogene RNA-Polymerase. Auch durch die sog. Nächstnachbarschaftsanalyse der synthetisierten RNA geht hervor, daß die von beiden RNA-Polymerasen gebildeten Transkripte verschieden sind. (Die heterologe Bakterienpolymerase liest demnach DNA-Sequenzen unter Bildung sinnloser Transkripte ab.)

Verwendet man nun Nuclei aus der ventralen Prostata und gewinnt daraus das Chromatin, so kann man das Chromatin nach dem Zustand der Tiere ordnen in

- N nichtoperierte Tiere;
- C kastrierte Tiere;
- CT_4 kastrierte Tiere, die vier Stunden lang mit Testosteron behandelt wurden;
- CT_{72} kastrierte Tiere, die über 72 Stunden durch wiederholte Testosteroninjektion mit dem Androgen substituiert wurden.

Während durch die Kastration der Histongehalt des Chromatins nur geringen Änderungen unterliegt, sinkt der Nichthistonprotein-Gehalt zunächst auf rund $^2/_3$ ab (Tabelle 8-5). Im CT_4-Chromatin ist der Rückgang bereits zur Hälfte kompensiert, im CT_{72}-Chromatin entspricht er den Kontrollwerten. Bestimmt man nun die RNA-Synthesekapazität dieser Chromatinfraktionen mit Hilfe der heterologen Bakterien-RNA-Polymerase, so geht sie nicht mit den Werten für den (relativen) Nichthistonprotein-Gehalt parallel. Vielmehr verhalten sich die Synthesekapazitäten wie

$$CT_4 : C : CT_{72} : N = 310 : 180 : 120 : 100.$$

Tabelle 8-5. Zusammensetzung des Chromatins aus der ventralen Rattenprostata bezogen auf die DNA. N, C, CT_4 und CT_{72} stehen für die Vorbehandlung der Tiere, wie es im Text erklärt ist

	Histon/DNA	Nichthistonprotein/DNA
N	1,07	0,70
C	0,98	0,52
CT_4	1,00	0,53–0,67
CT_{72}	1,06	0,83

Dies bedeutet, daß die relativ kurze Androgenbehandlung zu einer starken Aktivitätssteigerung führt, die nach langdauernder Applikation wieder verschwindet. Die Beobachtungen werden so gedeutet, daß das Androgen eine rasche und massive Aufnahme von Nichthistonproteinen aus dem Cytoplasma startet (Kadohama und Turkington, 1974). Dabei kommt es zu einer Reorganisation der Chromatinstruktur. Die im RNA-Synthese-Test verwendete bakterielle RNA-Polymerase ist während dieses Zeitraums der Chromatinumordnung an solchen zeitlich begrenzt zugänglichen Bereichen der DNA aktiv. Die Ergebnisse zeigen, daß als Folge eines gegebenen endokrinen Status' eine bestimmte „Chromatinkonformation" eingestellt wird. Auch durch Messung des Circulardichroismus von Chromatin aus Ovidukt von unstimulierten oder östradiolbehandelten Hühnern kann man definierte DNA-Strukturwechsel als Folge der Hormonbehandlung nachweisen (Spelsberg et al., 1973). Im Rattenuterus wird durch Östradiol die Synthese einer trypsinähnlichen Protease stimuliert (Katz et al., 1976). Das Enzym erhöht den Turnover von Histonen und weiteren Chromatinproteinen, was ebenfalls mit dem für den Steroidstimulus charakteristischen Wechsel des Transkriptionsmusters an der DNA verknüpft sein kann. Die androgen- oder östrogenabhängige Umordnung und Demaskierung des Chromatins läßt sich auch mit der von Szego postulierten hormonabhängigen Einschleusung von lysosomalen Hydrolasen in den Kern erklären (Szego, 1974). In diesem Zusammenhang ist erwähnenswert, daß mit der testosteronabhängigen Zunahme der Nuclear-RNA-Synthese im Knochenmark gleichzeitig die Aktivität einer nuclearen Ribonuclease zunimmt (Sierralta et al., 1974). Die durch verschiedene Hydrolasen ausgelösten Stimulationen der RNA-Synthese müssen nicht primär auf einem Abbau von Chromatinbestandteilen beruhen. Nach i.p. Applikation verschiedener Proteasen steigt nämlich die Phosphorylierung einiger Leberhistone. Diese Modifikation der Chromatinproteine kann ausreichen, um die Steigerung der RNA-Synthese auszulösen. Auf welchem Wege die Hydrolasen die Histonmodifizierung verstärken, ist noch nicht bekannt (Letnansky und Seelich, 1975).

Neben diesen direkten oder indirekten Steroidwirkungen auf die Transkriptionsaktivität des Chromatins beschleunigt Östradiol außerdem sowohl den Export der mRNA in das Cytoplasma als auch die rRNA-Vorläufer-Reifung (van den Berg et al., 1976).

Wie bereits im Kap. 8.3.1 erwähnt wurde, weist die RNA-Polymerase I, die die Synthese des rRNA-Vorläufers katalysiert, Eigenschaften auf, durch die eine direkte Aktivitätskontrolle des Enzyms durch Steroide möglich wird: sie ist kurzlebig (Halbwertszeit 1–2,5 Stunden; Anderson et al., 1972) und die Zahl der RNA-Polymerase-I-Moleküle ist in den Nucleoli für die rRNA-Synthese limitierend (Schwartz und Roeder, 1974). So nimmt Ohno (1971) an, daß Androgene nach Bindung an ihren Rezeptoren die nucleolare RNA-Polymerase I aktivieren. Auch Mainwaring et al. (1971) beobachten, daß Androgene die Aktivität der nucleolaren RNA-Polymerase erhöhen bevor die Matrizenaktivität der nucleolaren DNA meßbar zunimmt.

Der Anstieg der RNA-Polymerase-I-Aktivität läßt sich im Uterus unterbinden, wenn das Uterusgewebe nach der Östradiol-Applikation in vivo mit Cycloheximid inkubiert wird. Aus dem zeitabhängigen Rückgang des zur Stimulation notwendigen Faktors wird für dieses Protein eine Halbwertszeit von rund 10 Minuten gemessen. Sie ähnelt den vergleichbar kurzen Halbwertszeiten für die Ornithindecarboxylase [EC 4.1.1.17] (s. Kap. 8.3.1) bzw. für das „key intermediate protein“ KIP des Baulieuschen Regulationsmodells (Baulieu et al., 1972). Danach soll Östradiol insgesamt über folgende Zwischenstufen in die Transkription eingreifen:

a) Bindung und Translokation des gebundenen Östradiols in den Kern;
b) spezifische Stimulation einer mRNA-Synthese (Glasser et al., 1972). Die mRNA wird
c) im Cytoplasma in das „key intermediate protein“ KIP übersetzt. Dem Rücktransport des Proteins in den Kern folgt die
d) Aktivierung der RNA-Polymerase I. Sie bewirkt eine
e) verstärkte Transkription nucleolaren Chromatins unter vermehrter Bereitstellung ribosomaler RNA, die wiederum für den
f) Anstieg der Ribosomenmenge im Cytosol verantwortlich ist. Die Ribosomenvermehrung ermöglicht schließlich eine
g) Zunahme der allgemeinen Proteinsynthese-Kapazität der stimulierten Zelle.

In wenigen Arbeiten wird nachgewiesen, daß Steroide die Synthese der Transfer-Ribonucleinsäuren stimulieren. So soll Testosteron in der Vesikulardrüse der Ratte nach 90 Minuten die tRNA-Synthese steigern (Wicks et al., 1965). Auch beim Huhn steigern Östrogene die tRNA-Menge im Ovar (Dingman et al., 1969) und in der Leber (Mäenpää und Bernfield, 1969; Busby und Hele, 1970). Zum Teil werden die Änderungen im tRNA-Kompartiment auf eine östradiolabhängig verstärkte tRNA-Methylierung (Sharma und Borek, 1970) bzw. auf weitere Modifikationsreaktionen an der tRNA zurückgeführt (Klyde und Bernfield, 1973).

Wegen der im Vergleich zur Säugetierzelle oder zum Säugetierorgan sehr viel übersichtlicheren Bakterienzelle bieten sich Prokaryonten für die Untersuchung des Steroidwirkungs-Mechanismus an, wenn Steroide bestimmte biochemische Leistungen in den Mikroorganismen kontrollieren. Die Untersuchungen über die

Induktion der *Testosteron-17-β-Dehydrogenase* [EC 1.1.1.63] bei *Pseudomonas testosteroni* gehören mittlerweile zu den klassischen Arbeiten über bakterielle Steroidwirkungen. Auch in anderen Mikroorganismen sind induktive Leistungen nachgewiesen worden, die durch Steroide gesteuert werden. So induzieren Corticoide bei *Streptomyces hydrogenans* die Synthese der *20β-Hydroxysteroid-Dehydrogenase* [EC 1.1.1.53] (Wacker et al., 1970) und durch Östrogene wird beim gleichen Mikroorganismus die Testosteron-17β-Dehydrogenase [EC 1.1.1.63]-Synthese induziert (Markert und Träger, 1975). Mit Hilfe immunologischer Methoden läßt sich außerdem zeigen, daß es sich dabei um eine echte de-novo-Synthese der 20β-Hydroxysteroid-Dehydrogenase handelt (Betz et al., 1976). Der Induktion geht die vermehrte Bildung einer RNA voraus, die nach ihren biochemischen Eigenschaften vermutlich als Messenger des zu bildenden Enzyms dient.

8.4 Wirkungen auf der Translationsebene

Mitte 1960 erschienen die ersten Arbeiten Monods, in denen für die bakterielle Enzyminduktion ein überaus logisches und überzeugendes Modell vorgestellt wurde. Besonders durch die Verwendung genetischer Untersuchungsmethoden ließ sich das System von Repressoren, Corepressoren und Induktoren zusammen mit den entsprechenden Nucleotidsequenzen auf der DNA nachprüfen und in der Folgezeit auf eine Reihe weiterer induktorischer Prozesse bei Bakterien ausdehnen. Das zeitliche Zusammentreffen zwischen diesem — inzwischen etablierten — Modell einer Regulation auf der Transkriptionsebene und der ersten Phase molekularbiologischer Hypothesen zur Steroidhormonwirkung hat dazu geführt, daß Alternativvorschläge für die regulativen Leistungen der Steroidhormone außerhalb der Transkriptionsebene nur zögernd diskutiert wurden. Fasziniert vom Monodschen Induktionsmodell wurden verschiedene Befunde beim höheren Organismus so interpretiert, daß sie weitgehend mit dem bakteriellen Regulationssystem in Einklang gebracht werden konnten. (Karlson hatte übrigens sein Modell der ecdysonabhängigen Gen-Regulation noch vor den genetischen Experimenten Monods postuliert.)

Es hat sich jedoch herausgestellt, daß eine Reihe hormonelller Wirkungen auch ohne primäre Steigerung der RNA-Synthese ablaufen können. Zudem ist für die mRNA höherer Organismen charakteristisch, daß sie überwiegend lange Halbwertszeiten aufweist und sogar über die Zellteilung hinaus stabil bleiben kann. Mit stabilen mRNA-Populationen kann aber durch Regulation ihrer Synthese nur eine Steigerung, jedoch keine Verminderung der davon abhängigen Proteinsynthese erreicht werden. Die Stabilität der mRNA ist allerdings keine fixe Größe. Während der Differenzierung eines Zelltyps kann eine bestimmte mRNA charakteristische Stabilitätsänderungen durchlaufen (Molloy und Pukkett, 1976). Dies ist auch bei der östradiolabhängigen Induktion der Ovalbumin-mRNA-Synthese im Ovidukt beobachtet worden, wo nach Östradiolentzug die Stabilität der mRNA stark absinkt (s. Kap. 8.4.2).

8.4.1 Mechanismus der Translation

Um die Steroideffekte im Verlauf der Proteinsynthese lokalisieren zu können, sollen zunächst die wichtigsten Daten zur Translation in eukaryotischen Zellen beschrieben werden. Die Proteinsynthese in kernhaltigen Zellen unterscheidet sich in einigen Details vom Mechanismus der prokaryotischen Translation bzw. der Proteinbildung innerhalb der Mitochondrien. Die Proteinsynthese hängt zunächst von der Bereitstellung einer Reihe von Partikeln bzw. Komponenten ab. Dies sind

a) die kleine Untereinheit der eukaryotischen Ribosomen mit der Sedimentationskonstante 40 S.
b) Die mit der Start-Aminosäure Methionin acylierte Transfer-Ribonucleinsäure $tRNA_f^{Met}$ (der Index f steht für „front“ = Beginn). Im Gegensatz zur prokaryotischen Proteinsynthese ist die Aminogruppe am Methionin der Methionyl-$tRNA_f^{Met}$ nicht formyliert.
c) Zur Translation aktive *Startfaktoren* und GTP. Die Startfaktoren der Eukaryonten können nicht durch bakterielle Startfaktoren ersetzt werden. Umgekehrt sind die eukaryotischen Startfaktoren auch nicht in prokaryotischen proteinsynthetisierenden Systemen aktiv.

Die mit Aminosäuren am 3′-Ende veresterten Transfer-Ribonucleinsäuren, die Aminoacyl-Transfer-Ribonucleinsäuren, entstehen aus den Aminosäuren in Gegenwart von ATP und den Aminoacyl-tRNA-Synthetasen [EC 6.1.1.x] über ein gemischtes Säureanhydrid, dem Aminoacyl-adenylat (Abb. 8-15). Das Enzym führt das Aminoacyladenylat ohne Ablösung vom Protein in Gegenwart der zugehörigen tRNA in die Aminoacyl-tRNA über. Die *Aminoacyl-tRNA-Synthetasen* sind hoch Aminosäure-spezifische Enzyme. Das intermediär gebildete Aminoacyladenylat trägt so viel intramolekulare Energie, daß damit die

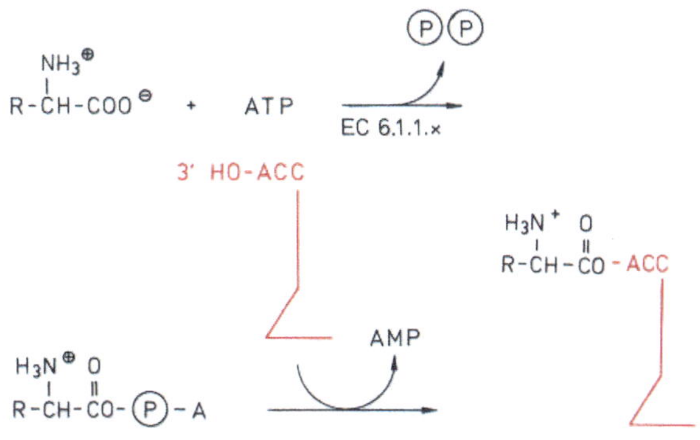

Abb. 8-15. Bildung von Aminoacyl-tRNA aus Aminosäure und ATP in Gegenwart einer Aminoacyl-tRNA-Synthetase. Bei der Bildung des intermediären Aminoacyladenylates, das nicht vom Enzym abgelöst wird, wird Pyrophosphat abgespalten. Am 3′-Ende wird schließlich die Aminosäure über das 2′- oder 3′-Hydroxyl in einer energiereichen Esterbindung fixiert. Für jede Aminosäure gibt es eine spezifische Synthetase.
Enzymgruppe: Aminoacyl-tRNA-Synthetasen [EC 6.1.1.x], das methioninübertragende Enzym trägt die Codenummer [EC 6.1.1.10]

Esterbildung mit der passenden Transfer-Ribonucleinsäure geknüpft werden kann. Je nach Typ der Aminosäure erfolgt dabei die Bindung entweder mit dem Hydroxyl an C-2' oder an C-3' der terminalen Ribose der tRNA. Bei einer Reihe von Transfer-Ribonucleinsäuren werden allerdings wahlweise beide Hydroxyle mit der Carboxylgruppe der Aminosäure verestert.

Mit der auf diese Weise spezifisch gebildeten Methionyl-$tRNA_f^{Met}$, der 40-S-Untereinheit der Ribosomen, den Startfaktoren und 1 Molekül GTP erfolgt die Bildung des 40-S-Initiationskomplexes:

Met-$tRNS_f^{Met}$/40-S-Untereinheit/GTP/Startfaktoren.

Bis jetzt kann man zwischen sieben verschiedenen eukaryotischen Startfaktoren EIF 1 bis 7 unterscheiden (Tabelle 8-6).

Tabelle 8-6. Übersicht über die wichtigsten Eigenschaften der für die Translation natürlicher eukaryotischer mRNA notwendigen Startfaktoren (nach Staehelin et al., 1976). 40 S = kleine Ribosomen-Untereinheit, 60 S = große Ribosomen-Untereinheit, 80 S = komplettes Ribosom, [Met-$tRNA_f$/GTP/40 S/Faktoren] 40-S-Initiationskomplex

Bezeichnung		Molekulargewicht	Funktion
IF oder	EIF		
M1	1	15000	stabilisiert 40-S-Initiations-Komplex (ähnlich dem bakteriellen Startfaktor IF-1)
MP	2	besteht aus drei Untereinheiten m. Mol.-Gewicht 55000, 50000 u. 35000	bildet einen Komplex mit der eukaryotischen Start-tRNA und GTP Met-$tRNA_f^{Met}$/GTP/EIF-2 (ähnlich der Funktion des bakteriellen IF-2). Aus diesem Komplex geht durch Anlagerung der 40-S-Untereinheit der 40-S-Initiationskomplex hervor
M5	3	mind. 8 Untereinheiten, Gesamtmasse: >500000	stabilisiert den 40-S-Initiationskomplex. Zugleich wichtigster Faktor für die nachfolgende mRNA-Bindung. Wegen seiner Größe auch als „Mini-Ribosom" bezeichnet. Für die Anlagerung der mRNA ist die Hydrolyse eines Mol. ATP zu ADP + P notwendig
M4	4	50000	stabilisiert den mRNA-haltigen Startkomplex
M2A	5	160000	Für die Anlagerung der großen Untereinheit 60 S an den Komplex aus Met-$tRNA_f$/mRNA/40 S notwendig. Für die Bildung dieses 80-S-Initiationskomplexes ist die Hydrolyse eines Mol. GTP zu GDP + P notwendig. Der Faktor ist möglicherweise mit einem ribosomalen Protein der großen Untereinheit identisch (Nombela et al., 1975)
M3	6	80000	Funktion analog EIF-4
M2Bβ	7	17000	Funktion analog EIF-4

Teilweise sind diese Startfaktoren organspezifisch (Gilbert, 1974a).

Für den Startkomplex ist charakteristisch, daß er noch keine Messenger-RNA enthält. Vielmehr ermöglicht die auf dem Komplex fixierte Met-$tRNA_f^{Met}$ zusammen mit den Startfaktoren die Erkennung und Bindung der mRNA, die in Form der Informosomen überdies als Ribonucleoprotein vorliegt (s. Abb. 8-14). Für die Bindung der mRNA (unter Beteiligung verschiedener Startfaktoren) wird 1 Mol. ATP hydrolysiert. Da die Translation stets in der Richtung 5′ nach 3′ verläuft, muß die mRNA auf dem Ribosom (bzw. der 40-S-Untereinheit des Ribosoms) korrekt fixiert werden. Am 5′-Ende befindet sich die sog. „Cap-Sequenz", die möglicherweise die Funktion eines hierzu notwendigen Erkennungssignals hat. Hierbei handelt es sich um ein Dinucleotid, dessen Ribosereste durch eine 5′-5′-Phosphodiester-Bindung miteinander verknüpft sind. Auf diese Weise trägt das terminale Nucleotid am 5′-Ende der mRNA kein freies 5′-Hydroxyl oder eine an einem 5′-Hydroxyl gebundene Phosphatgruppe. Ein Beispiel einer solchen Verschlußsequenz ist in Abb. 8-16 abgebildet. Diese umgekehrt ankondensierten „Cap-Sequenzen" sind für die Translationsaktivität der mRNA wesentlich (Rao et al., 1975).

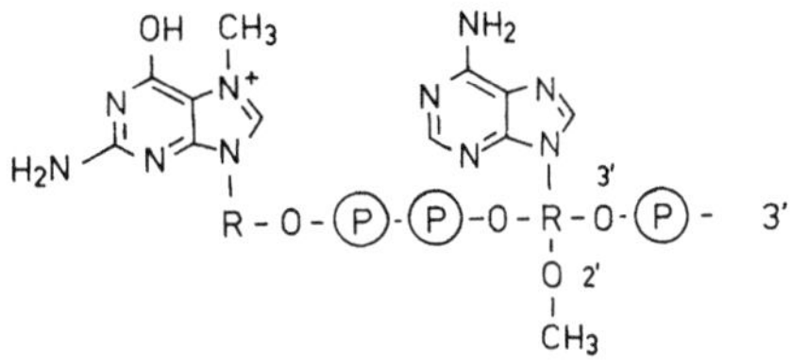

$m^7G^{5'}pp^{5'}A^{2'Om}p \ldots$

Abb. 8-16. Verschlußsequenz am 5′-Terminus einer mRNA. Sie besteht aus N-7-methylierter Guanylsäure, die über eine 5′-5′-Diesterbindung mit Adenylsäure verknüpft ist, in deren Ribose die Hydroxygruppe an C-2′ ebenfalls durch Methylierung maskiert ist

Inzwischen sind auch noch weitere „Cap-Sequenzen" identifiziert worden, z.B.

$m^7G^{5'}ppp^{5'}N^{2'Om}p \ldots$
$m_3^{2,2,7}G^{5'}pp^{5'}A^{2'Om}p \ldots$
$m^7G^{5'}pp^{5'}C^{2'Om}p \ldots$

Das nach dem umgekehrt inserierten methylierten Guanosinphosphat folgende Nucleotid ist stets in der Ribose am C-2′ methyliert. Im Bereich der „Cap-Sequenzen" wird ein (oder einige wenige bestimmte) Protein(e) gebunden, das die Bindung der mRNA am Ribosom erleichtert, aber nicht mit einem der bekannten Initiationsfaktoren identisch ist (Filipowicz et al., 1976).
Der Komplex aus

Met-$tRNA_f^{Met}$/40-S-Untereinheit/mRNA/Startfaktoren

bindet im nächsten Schritt die große ribosomale Untereinheit mit der Sed.-Konstante 60 S, komplettiert sich also zu

80 S/Met-$tRNA_f^{Met}$/mRNA.

Hierbei wird GTP zu GDP + P hydrolysiert. Die Spaltprodukte sowie die Startfaktoren verlassen den Komplex. Met-$tRNA_f^{Met}$ befindet sich auf dem sog. Peptidylbereich des Ribosoms. Das dem Startcodon AUG folgende Codewort auf der mRNA bindet die dazu passende Aminoacyl-tRNA im Akzeptorbereich des Ribosoms.
Die zweite (und jede weitere) Aminoacyl-tRNA wird aus einem Komplex aus

Aminoacyl-tRNA/Elongationsfaktor I/GTP

vom Akzeptorbereich des Ribosoms fixiert. Nun trägt das Ribosom zwei Aminoacyl-Transfer-Ribonucleinsäuren, von denen die erste die Startaminosäure Methionin, die zweite eine Folgeaminosäure trägt (Abb. 8-17).

Im nächsten Schritt muß zwischen den beiden Aminosäuren die Peptidbindung geknüpft werden. Diese Reaktion verläuft ohne weitere Energiezufuhr als nucleophile Substitution und wird durch die *Peptidyltransferase* [EC 2.3.2.12] katalysiert, die integraler Bestandteil der großen ribosomalen Untereinheit ist. Unmittelbare Folge dieser Umsetzung ist die Deacylierung der ersten Transfer-Ribonucleinsäure (Abb. 8-18). Nach vollendeter Bildung des Dipeptides liegt die

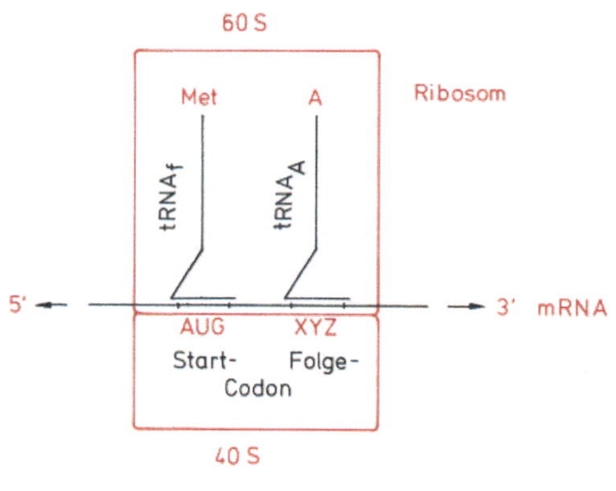

Abb. 8-17

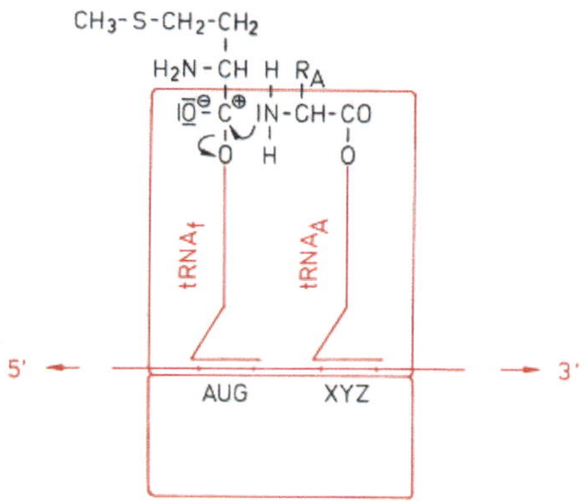

Abb. 8-18

Abb. 8-17. Beginn der Translation nach Bindung der Start-tRNA im Peptidylbereich der großen ribosomalen Untereinheit (durch das Startcodon AUG dirigiert) und der folgenden Amino-acyl-tRNA, die die zum Codon XYZ passende Aminosäure A trägt

Abb. 8-18. Vorbereitung zur Knüpfung der Peptidbindung mit Hilfe der ribosomalen Peptidyltransferase

tRNA der ersten Aminosäure Methionin deacyliert vor (Abb. 8-19). Das Dipeptid wird durch die tRNA der zweiten Aminosäure A gebunden.

Die deacylierte tRNA wird nun vom Ribosom eliminiert. Anschließend wandert die mRNA um ein Codewort auf dem Ribosom weiter. Hierfür wird der Elongationsfaktor EF II und die Hydrolyse eines zweiten Moleküls GTP

Abb. 8-19. Deacylierung der im Peptidylbereich des Ribosoms stehenden Aminoacyl-tRNA. Das Dipeptid befindet sich an der tRNA der folgenden Aminosäure.

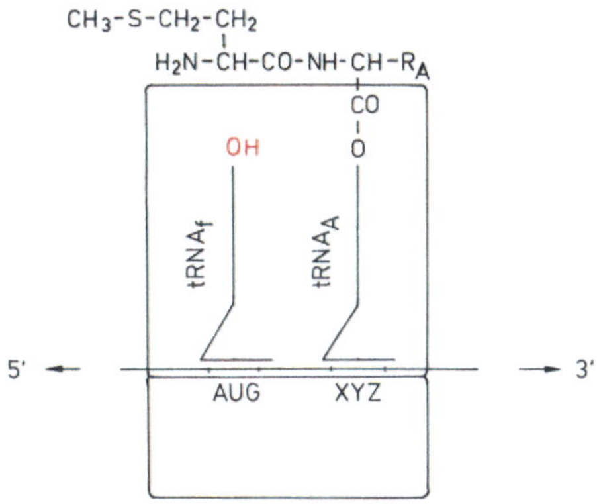

benötigt. (Die Spaltung des ersten Moleküls GTP war zur Ablösung des Elongationsfaktors EF I vom Ribosom vor der Knüpfung der Peptidbindung notwendig.)

Nach der Translokation enthält das Ribosom die Dipeptidyl-tRNA im Peptidylbereich und stellt für das 3. Codon X′Y′Z′ den Acceptorbereich zur Verfügung (Abb. 8-20). Dieses Codon bindet nun wieder eine passende

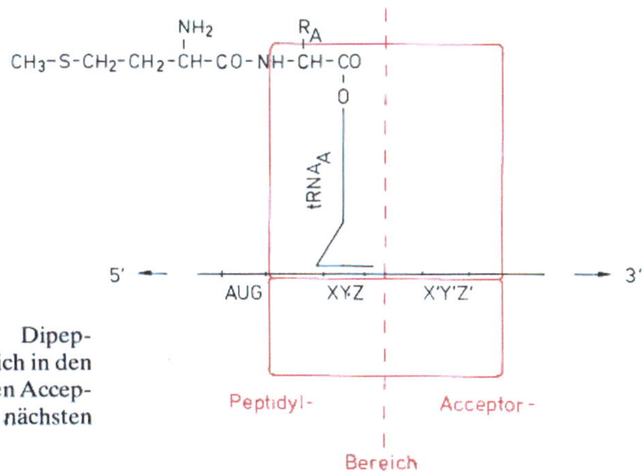

Abb. 8-20. Translokation der Dipeptidyl-tRNA aus dem Acceptorbereich in den Peptidylbereich. Sie räumt daher den Acceptorbereich für die Bindung der nächsten Aminoacyl-tRNA

Aminoacyl-tRNA aus dem Komplex mit EF-I und GTP. Da Wirk- und Bindeort von EF-I und EF-II gleich sind, muß für die Bindung der neuen Aminoacyl-tRNA der Faktor EF-II vom Ribosom abgelöst werden. Schließlich erreicht das Ribosom nach der Bindung und Verknüpfung der n-ten Aminosäure eines der drei Terminalcodons UAA, UAG oder UGA. Sie werden durch einen oder mehrere verschiedene *Terminationsfaktoren* erkannt, die auch als *Releasing factors* bezeichnet werden. Sie verändern die Wirkspezifität der ribosomalen Peptidyltransferase, so daß nun die nucleophile Substitutionsreaktion mit Wasser als Reaktionspartner erfolgt. Dies führt zur Ablösung des fertigen Peptides vom

Ribosom (Abb. 8-21). Wahrscheinlich ist für die Eliminierung der Terminationsfaktoren vom Ribosom ebenfalls die Hydrolyse eines Moleküls GTP notwendig.

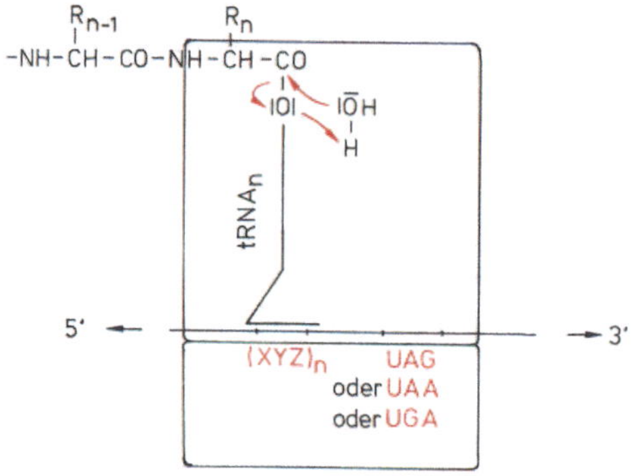

Abb. 8-21. Termination der Proteinsynthese. Erreicht ein Stopcodon UAG, UAA oder UGA den Acceptorbereich des Ribosoms, so katalysiert die Peptidyltransferase durch Vermittlung der Terminationsfaktoren die hydrolytische Abspaltung der kompletten Peptidkette von der tRNA der letzten Aminosäure am C-Terminus des Peptides

Zahlreiche (oder alle) Proteine verlassen das Ribosom in Form höhermolekularer Vorläufer. Sie werden in den Vesikeln des *Golgi-Apparates* akkumuliert und schließlich durch Exocytose aus den Zellen abgegeben, sofern es sich um Proteine handelt, die von den Zellen sezerniert werden. Während dieses Vorgangs erleiden die höhermolekularen Proteinvorläufer eine spezifische Kettenverkürzung. Außerdem ist eine Reihe von Proteinen charakteristischen Modifikationsreaktionen unterworfen. So werden Histone und Nichthistonproteine nach ihrer Biosynthese durch Acetylierung, Phosphorylierung, Methylierung und weiteren Substitutionsreaktionen verändert. Auch die Hydroxylierung von Kollagenen stellt eine posttranslationale Modifikation dar.

Mit den im eukaryotischen Translationsapparat enthaltenen rund

70–77	verschiedenen ribosomalen Proteinen,
4	ribosomalen Ribonucleinsäuren (mit den Sed.-Koeffizienten 18 S, 5 S, 5,8 S und 28 S),
1	mRNA,
ca. 60	verschiedenen tRNA-Species,
20	verschiedenen Aminoacyl-tRNA-Synthetasen,
ca. 10	Initiations-, Elongations- und Terminationsfaktoren,
20	Aminosäuren sowie ATP und GTP als Energiedonatoren

wird für die korrekte Biosynthese einer Peptidkette ein außerordentlich komplizierter Mechanismus in Bewegung gesetzt, der mehreren Regelmechanismen zugänglich ist.

8.4.2 Einfluß der Steroidhormone und weiterer Effektoren

Auf dem Weg vom Gen bis zum fertigen funktionsfähigen Enzym (oder allgemein Protein) können die Hormone in vielfältiger Weise den Informationsfluß verändern (Abb. 8-22).

Abb. 8-22. Informationsfluß von der heterogenen Nuclear-RNA (hnRNA) bis zum fertigen Protein. Die wichtigsten durch Steroidhormone steuerbaren Aktivitäten sind eingerahmt

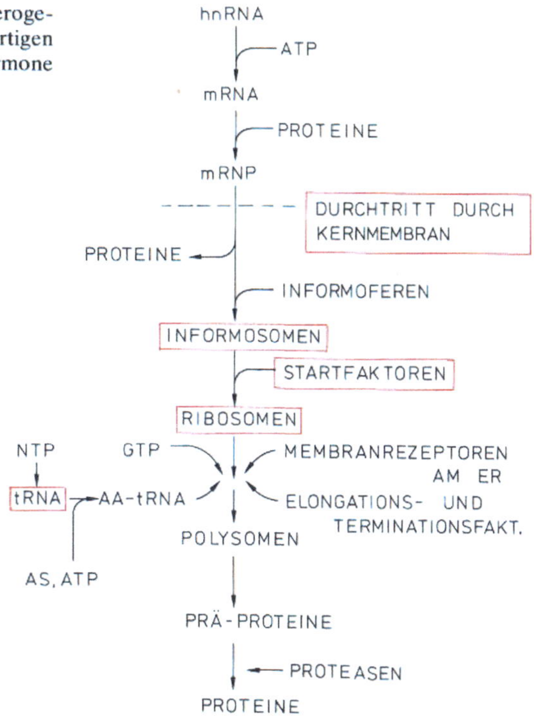

Im einzelnen greifen Steroidhormone an folgenden Stellen des Informationsflusses an:

a) Einwirkung auf die Reifung der Nuclear-RNA. Ein Teil der primären DNA-Transkripte, wahrscheinlich nicht mehr als 10 % der heterogenen Nuclear-RNA, muß vor der Bildung einer funktionsfähigen mRNA einen mehrere Schritte umfassenden Reifungsprozeß durchlaufen (s. Abb. 8-13). Dabei werden in den hochmolekularen Vorläufer Schnitte gesetzt, Adenylsäurereste mit Hilfe einer Poly-A-Polymerase anpolymerisiert und die RNA schließlich mit den Informoferen assoziiert, wobei die sog. nuclearen *Ribonucleoprotein-Partikel*, RNP, entstehen.

Die Anpolymerisation der AMP-Reste erfolgt mit Hilfe einer Poly-A-Polymerase [EC 2.7.7.19], die möglicherweise Bestandteil der in den RNP enthaltenen Proteine ist. Steroide können die Aktivität der an der Aufschneidung beteiligten Endonucleasen [EC 3.1.4.x], der Poly-A-Polymerase und die Bildung der RNP-Partikel beeinflussen. Dies entspräche der beobachteten Änderung der Ribosomen-Vorläufer-Reifung durch Östrogene (van den Berg et al., 1976).

b) Änderung des Ribonucleinsäure-Transfers in das Cytoplasma. Die RNP-Partikel verlieren beim Durchtritt durch die Kernmembran in das Cytoplasma ihre charakteristischen Proteine und erhalten neue, für die cytoplasmatische mRNA-Population typische Proteine unter Bildung der sog. *Informosomen.* Der Transfer der Ribonucleinsäuren verläuft hochselektiv. In Tumorzellen ist das cytoplasmatische RNA-Muster verändert, obwohl die Netto-RNA-

Transkription konstant bleibt (Shearer und Smuckler, 1972). Steroide können den RNA-Export regulieren (Church und McCarthy, 1970; Levitan und Webb, 1970).

c) Regulation der Synthesekapazität des proteinsynthetisierenden Apparates. Informosomen gehen mit den cytoplasmatischen Ribosomen unter Erhalt der mRNA-Protein-Komplexe in den proteinsynthetisierenden Startkomplex über. Die Fähigkeit zur Polysomenbildung kann durch Aktivitätsänderung der folgenden Komponenten geregelt werden: Die Proteine der Informosomen bilden einen Teil der unter dem Begriff „Kern-Cytoplasma-Wechselwirkung" zusammengefaßten Effektoren. Sie regulieren den Aufbau des für jedes Gewebe oder jede Zelle spezifischen cytoplasmatischen RNA-Musters. Nach Abspaltung von der mRNA können sie in den Kern wandern, weisen aber im übrigen eine relativ große Halbwertszeit auf (Yannarell et al., 1976). Assoziation, Inaktivierung oder Modifizierung der Informosomenproteine könnten durch Steroidhormone beeinflußt werden. Auf diese Weise könnten Steroide auch die unter b genannte Änderung des RNA-Transfers aus dem Kern steuern.

Polysomen, an denen die Biosynthese derjenigen Proteine erfolgt, die von der Zelle sezerniert werden, befinden sich vornehmlich an den Membranen des endoplasmatischen Reticulums. Hierbei erfolgt der Kontakt zum Polysom durch die große Untereinheit der Ribosomen. Aber auch die mRNA selbst ist am 3'-terminalen Bereich mit der Membran starr verknüpft (Lande et al., 1975). Diese Assoziationsstellen zwischen Protein-Synthese-Apparat und Membran können durch Steroidhormone aktiviert oder vermehrt bereitgestellt werden.

Die Aktivität der Ribosomen sowie die Dissoziation der kompletten Partikel für den Start der Proteinsynthese können limitierend sein. Auch die Start-, Elongations- und Terminationsfaktoren unterliegen mit großer Wahrscheinlichkeit regulativen Einflüssen. So ist z. B. die Insektenentwicklung mit stadienspezifischen Aktivitätsänderungen der Initiationsfaktoren verbunden (Ilan und Ilan, 1971). Phosphorylierung oder proteolytische Reifungsprozesse kommen als weitere — allerdings teilweise nicht reversible — Modifikationsreaktionen in Frage.

Die Bereitstellung und Modifizierung bestimmter Transfer-Ribonucleinsäuren, die die Anticodons zu seltenen Codewörtern tragen, können ebenfalls die Proteinsynthese-Geschwindigkeit beeinflussen. Werden solche limitierenden tRNA-Species durch Steroide vermehrt bereitgestellt, so resultiert ebenfalls eine Änderung der Proteinsynthese-Kapazität (Sharma et al., 1976).

d) Die für die Proteinsynthese notwendigen niedermolekularen Substrate können sich wie limitierende Faktoren verhalten. In erster Linie handelt es sich um Aminosäuren und die energiereichen Phosphate von Adenosin und Guanosin. Bei Konzentrationsänderungen im Angebot dieser Verbindungen reagiert die Proteinsynthese meist sehr empfindlich. Durch Permeabilitätsänderungen an Membranen können Steroide u. a. die Größe und Verfügbarkeit der Vorläuferkompartimente ändern.

e) Der Reifungsprozeß der Proteine, d. h. die spezifische Strangverkürzung und Modifikation der Peptidkette, wird durch Endopeptidasen, Exopeptidasen und weitere modifizierende Enzyme katalysiert. Deren Aktivität kann hormonell verändert werden.

Von diesen hier skizzierten hypothetischen Angriffspunkten bezeichnet man die Fälle a und b genauer als posttranskriptionelle Regulation, womit ausgedrückt werden soll, daß sie nach Transkription, aber vor der Translation stattfindet. Die Fälle c und d können als die eigentlichen Wirkungen auf der Translationsebene angesehen werden, e wäre eine posttranslationale Regulation. Ein Teil dieser Steuerungsmechanismen wird durch relativ gut belegte Befunde beschrieben, wobei jedoch meist keine Steroide beteiligt sind. Am besten bekannt ist die positive Kontrolle der Globin-Messenger-Translation durch Häm. Das Porphyrin greift dabei sowohl in die Synthese als auch die Aktivität eines Translationsrepressors ein. Der Repressor garantiert, daß in Abwesenheit von Häm die — nun unökonomische — Globinsynthese unterbleibt. DerRepressor hat die Eigenschaft einer Proteinkinase, die durch Phosphorylierung den Startfaktor EIF-2 (s. Tabelle 8-6) inaktiviert. Dadurch unterbleibt die Bildung des Komplexes

$$[\text{Met-tRNA}_f^{\text{Met}}/\text{GTP}/\text{EIF-2}]$$

(Clemens, 1976). Häm stimuliert wiederum eine Phosphatase, die die ursprüngliche Aktivität des Repressors wiederherstellt.

$$\text{EIF-2}_{\text{aktiv}} + \text{ATP} \xrightarrow[\text{repressor}]{\text{Translations-}} \text{EIF-2-Phosphat}_{\text{inaktiv}} + \text{ADP}$$

$$\text{Häm} \xrightarrow{\text{Aktivierung}} \text{Phosphatase} \quad \downarrow$$

$$\text{EIF-2}_{\text{aktiv}} + \text{P}$$

Ferner ist die Translationsfähigkeit der Informosomen stadienabhängig. Hierzu gehört die Beobachtung, daß cAMP durch Informosomen mit hoher Affinität gebunden wird (Obrig et al., 1975). Da die vermehrte Bildung von cAMP zu den typischen Leistungen der meisten Proteohormone gehört, könnte auf diese Weise die Translation der in den Informosomen enthaltenen mRNA geregelt werden.

Leider sind jedoch nur in wenigen Fällen definitiv Steroide als direkte Regelelemente der Translation nachgewiesen worden (Pitot et al., 1971). Die Signifikanz der Untersuchungsergebnisse ist außerdem häufig gering. Cytosol aus der Prostata kastrierter Ratten ist zum Start der Proteinsynthese weniger aktiv als Cytosol aus kastrierten Tieren, die 5α-Dihydrotestosteron erhielten. Bereits 10 Minuten nach Injektion des Androgens soll sich die Translationskapazität normalisieren (Liang und Liao, 1975). Dabei werden außerdem nucleare RNA-Reifung und Nuclear-RNA-Export in das Cytoplasma androgenabhängig verändert (Ichii et al., 1974).

Darüber hinaus scheint die Stabilität der mRNA steroidabhängig zu sein. Da im Gegensatz zur embryonalen Induktion bei der hormonellen Stimulation das induzierende Steroid fortlaufend anwesend sein muß, führt der Steroidentzug zu einem Rückgang der Menge des induzierten Messengers. Im Hühnerovidukt beträgt die Halbwertszeit der Ovalbumin-mRNA rund 24 Stunden, nach Östradiolentzug sinkt der Wert auf ein Zehntel (Palmiter und Carey, 1974). Durch Steroidgabe wird die Halbwertszeit wieder erhöht. Auch in Speicheldrüsen aus *Chironomus* tentans, die mit dem Induktionsphänomen der Puffbildung an Riesenchromosomen ein Beispiel einer steroidabhängigen Transkriptionskontrolle liefern, sind ebenfalls steroidabhängige selektive mRNA-Stabilisierungen beobachtet worden. Diese Effekte variieren außerdem in Abhängigkeit vom Entwicklungsstadium des Insekts (Rubinstein und Clever, 1972). Auch bei Mikroorganismen nimmt unter der Einwirkung von Steroiden bei der Induktion steroidumwandelnder Enzyme die Halbwertszeit des induzierten Messengers zu (Betz et al., 1976).

Östrogene sollen die Translationseffektivität der Ribosomen erhöhen. Durch Rekonstitution der freien Ribosomenuntereinheiten aus dem Uterus kastrierter bzw. östradiolbehandelter Tiere läßt sich zeigen, daß die große Untereinheit mit Sed.-Koeffizient 60 S nach Kastration biologisch ineffizient wird, durch Östradiolgabe wieder aktiviert wird (Shapiro et al., 1975). Gleichzeitig soll Östradiol die Zusammensetzung des tRNA-Kompartimentes optimieren. Diese Wirkung wird sowohl in Hühnerleber als auch im Ovidukt des Huhns beobachtet (Klyde und Bernfield, 1973). Im Ovidukt wird besonders eine der vier Serin-Isoakzeptor-Transfer-Ribonucleinsäuren vermehrt bereitgestellt. Dies steht im Zusammenhang mit dem hohen Serinbedarf bei der Biosynthese der serinreichen Eidotterproteine (Mäenpää und Bernfield, 1975). Im Mäuseuterus steigert Östradiol spezifisch die Aktivität einiger weniger Aminoacyl-tRNA-Synthetasen [EC 6.1.1.4 und 7] (Berg, 1975), der tRNA-Methyltransferasen [EC 2.1.1.x] (Baliga und Borek, 1974) und der Elongationsfaktoren der Proteinsynthese. Möglicherweise ist hieran cGMP beteiligt, das im zellfreien System die Umwandlung des inaktiven Elongationsfaktors EF-1 in ein aktives Protein auslöst (Lanzani et al., 1974). Corticoide stimulieren in kultivierten Hepatomazellen HTC die Synthese einer bestimmten Isoakzeptor-tRNA für Phenylalanin. Die Mehrzahl der genannten Wirkungen auf die Translationseffektivität beruht demnach auf der vorherigen spezifischen Stimulation der tRNA-Synthese, stellt also primär eine Änderung der Transkriptionsaktivität dar.

Im Falle der Proteo- und Peptidhormone wird nach der hormonabhängigen cAMP- und cGMP-Bildung die Proteinsynthese direkt durch Phosphorylierung von Ribosomen verändert (Barden und Labrie, 1973). Inkubiert man Hypophysenexplantate mit Dibutyryl-cAMP, so steigt die Proteinsyntheserate innerhalb zwei Stunden um 50–80 % (Boucher et al., 1973). Auch Aldosteron fördert die Phosphorylierung von Ribosomenproteinen der Niere (Hill und Trachewsky, 1974).

8.4.3 Die Modelle von Tomkins und Ohno

Das wohl bekannteste Modell der steroidabhängigen Translationskontrolle stammt von Tomkins. Seine Arbeitsgruppe hatte seit mehr als einem Jahrzehnt die biochemischen Vorgänge bei der Änderung der Tyrosinaminotransferase-Aktivität [EC 2.6.1.5] in der Leber und in isolierten Hepatomazellkulturen (z. B. HTC-Zellen) nach Applikation von Glucocorticoiden untersucht.

Drei Stunden nach Gabe von $3 \cdot 10^{-5}$ M *Dexamethason* steigt die Enzymaktivität der *Tyrosinaminotransferase* um das 5–15fache an (Tomkins et al., 1969). Mit immunologischen Methoden wurde zunächst gezeigt, daß die Induktion des

Enzyms mit einer Steigerung der Neusynthese des Proteins einhergeht und nicht auf einer Aktivitätssteigerung des Enzyms beruht. Entfernt man das Glucocorticoid aus dem Nährmedium voll induzierter Zellen, so fällt die Enzymaktivität wieder ab. Da auch entsprechend die immunologisch wirksame Enzymmenge abnimmt, wird dabei das Enzym selbst abgebaut. Der konstante Enzymspiegel, der sich nach 10 Stunden in Gegenwart von Corticoiden einstellt, ist daher das Resultat eines Gleichgewichtes zwischen Enzymsynthese und -abbau.

Werden synchronisierte HTC-Zellen verwendet, so läßt sich zeigen, daß das Enzym zwar in allen Phasen des Zellcyclus synthetisiert wird, die Induktion der Enzymsynthese jedoch nur in der zweiten Hälfte der G_1-Phase sowie in der S-Phase stattfindet. Insgesamt kommt Tomkins daher zu folgenden Schlüssen:

a) Die Induktion des Enzyms durch Glucocorticoide beruht bei HTC-Zellen auf einer vermehrten Enzymsynthese.
b) Das Enzym weist eine Halbwertszeit von 3–7 Stunden, die durch Steroide nicht beeinflußbar ist und nicht von einer intakten RNA- oder Proteinsynthese abhängt.
c) Nach 12stündiger Kultivierung in Gegenwart von Corticoiden stellt sich ein Enzymniveau ein, das aus dem Gleichgewicht zwischen Neusynthese und Abbau des Enzyms resultiert.
d) Das Enzym wird in allen Phasen des Zellcyclus synthetisiert, die Synthese ist jedoch nur in bestimmten Cyclusphasen induzierbar.
e) Die Steroidinduktoren beeinflussen die Translationsausbeute und erhöhen gleichzeitig die Stabilität der codierenden Messenger-RNA.
f) Die Enzymsynthese erfolgt an einem Messenger, der in nichtinduzierbaren Phasen stabil ist. In induzierbaren Phasen unterliegt die mRNA einem beschleunigten Abbau, der durch die induzierenden Steroide gehemmt wird. Die Steroide haben keinen Einfluß auf die Neusynthese der mRNA.

Tomkins fordert daher, daß die Wirkung der Steroidinduktoren auf der Inaktivierung des mRNA-Translations-Repressors beruht. Dieser Repressor könnte folgende Wirkungen entfalten: Abbau der Nuclear-RNA, Verminderung des RNA-Transportes aus dem Kern, Inaktivierung der mRNA-Bindung am Ribosom, Inaktivierung der Ribosomen, Inaktivierung von Translationsfaktoren und Inaktivierung der Prozesse der Proteinreifung. Tomkins nahm an, daß der Repressor die Erkennbarkeit der mRNA durch die Ribosomen, also die Polysomenbildung, verhindert und gleichzeitig den nucleolytischen Abbau der RNA begünstigt. Die induktorabhängige Repressorinaktivierung könnte durch eine allosterische Aktivitätsänderung des Repressors erfolgen. Es wäre aber auch denkbar, daß Steroide die Synthese, den Transport oder den Abbau des Repressors beeinflussen. Insgesamt geht aus Tomkins' Hypothese hervor, daß die Translationsfähigkeit bestimmter (sonst stabiler) mRNA-Arten durch mRNA-spezifische Proteine (Repressoren) erniedrigt wird. Erst nach Dissoziation dieser Proteine kann die Translation beginnen.

Das Tomkinsche Modell basiert ganz wesentlich auf der Beobachtung, nach der Hemmstoffe der RNA-Synthese in Leberzellen keinen Einfluß auf die corticoidabhängige Induktion der Enzymsynthese haben, obwohl die Synthese anderer Proteine retardiert. Darüber hinaus wird durch den Inhibitor eine sog. „*Superinduktion*" ausgelöst: trotz gehemmter RNA-Synthese wird das durch das

Hormon induzierte Enzym vermehrt gebildet (Thompson et al., 1970). Das die Translation inhibierende Protein müßte daher labil sein und laufend auf einer mRNA mit ebenfalls kurzer Halbwertszeit nachgebildet werden. Das zu induzierende Enzym entsteht dagegen auf einer stabilen mRNA mit großer Halbwertszeit. Durch die Einwirkung eines RNA-Synthese-Inhibitors wie Actinomycin D wird die Nachbildung der für den Repressor codierenden mRNA und damit auch dessen Translation unterbunden. Auf diese Weise bleibt die stabile mRNA des induzierten Enzyms für die Translation erhalten und Tyrosinaminotransferase wird vermehrt gebildet. Das Modell besagt ferner, daß die Steroide den Repressor inaktivieren, zum anderen ohne Einfluß auf die mRNA-Synthesen von Repressor oder Enzym sind.

Die Beweisführung Tomkins' ist einer vielfachen Kritik unterzogen worden. Am wichtigsten dürfte der Einwand sein, daß die verwendeten Hemmstoffe (meist wird Actinomycin zur „Superinduktion" eingesetzt) zu vielfältigen Störungen im Kern-Cytoplasma-Verhältnis führen, den RNA-Export aus dem Kern verändern und die Aktivität der Ribosomen beeinflussen. Zum anderen — und dies ist wohl der wichtigste Einwand — können die nach Einwirkung des RNA-Syntheseinhibitors „überlebenden" mRNA-Arten mit höherer Halbwertszeit erfolgreich mit den übrigen Ribonucleinsäuren um den Translationsapparat kompetitieren. Auf diese Weise entsteht das Phänomen der Superinduktion ohne Beteiligung eines labilen Translationsrepressors. Überdies ist dieser Repressor noch nie stofflich nachgewiesen worden. Allerdings machen genetische Untersuchungen nach Zellhybridisierungen wahrscheinlich, daß ein Genprodukt mit den Eigenschaften des Tomkinschen Translationsrepressors vom X-Chromosom stammt (Croce et al., 1973).

Als eine Variante des Tomkinschen Modells kann man die Hypothese von Ohno auffassen. Er geht von der Tatsache aus, daß die Mehrzahl der Steroidhormone vornehmlich die Synthese der ribosomalen RNA stimulieren. Alle weiteren qualitativen und quantitativen Änderungen in der Zelle werden als sekundäre Ereignisse angesehen. (Diese Feststellung geht mit den Betrachtungen Baulieus parallel, der die rRNA-Synthese unter die Kontrolle einer regulierbaren rRNA-Polymerase stellt, für die ein kurzlebiger Faktor verantwortlich sei; s. Kap. 8.3.1 und 6.2).

Bei Ohno (1971) wird nicht die Neusynthese eines solchen Regelelementes vermutet, sondern dessen Transfer aus dem Cytoplasma in den Kern soll steroidabhängig sein. Wie beim Tomkinsschen Modell nimmt Ohno an, daß der Faktor vom X-Chromosom codiert wird und nach Translation im Cytoplasma als Translationsrepressor an bestimmten mRNA-Species deren Translationsstart unterbindet. Ein ebenfalls mit dem Tomkinsschen Modell vergleichbarer Mechanismus kann für die Inaktivierung des Repressors durch Steroide sorgen, das Protein von der mRNA ablösen und dessen Transfer in den Kern starten. Anschließend aktiviert dieser Steroid-Protein-Komplex im Kern die RNA-Polymerase I.

Demnach fungiert das von Ohno postulierte vom X-Chromosom stammende Genprodukt in zweifacher Weise: zum einen steuert es die Translationshäufigkeit bestimmter Messenger-Ribonucleinsäuren, zum anderen erhöht es die Transkriptionsrate der für rRNA codierten Cistrons in den Nucleoli. Ohno hat sein

Modell besonders an Hand von Inzuchtstämmen der Maus, die das Syndrom der testikulären Feminisierung aufweisen, untersucht. Das vom X-Chromosom codierte Protein vermag die postulierten Funktionen nach Bindung von Androgenen auszuführen. Es wäre also außerdem ein cytoplasmatischer Androgenrezeptor. Bei beiden von Tomkins und Ohno aufgestellten Regulationsmodellen fehlen bislang Untersuchungen und experimentelle Beweise für die Existenz der geforderten cytoplasmatischen Translationsrepressoren. Erst dann kann ein abschließendes Urteil über die — in einigen Details sehr überzeugenden — Translations-Regulationsmodelle abgegeben werden.

8.5 Wirkungen an Membranen

Bei den durch Steroidhormonen beeinflußbaren Aktivitäten zur Translation wurde die Möglichkeit diskutiert, daß die veränderte Bereitstellung einfacher Substrate, z. B. der Aminosäuren, durch Steroidhormone reguliert werden kann.

Solche Wirkungen müssen über die Änderung von Membraneigenschaften verlaufen. So fand man, daß an der Leberzelle durch Corticoide die Aufnahme der Vorläufer zur Purinnucleotid-Biosynthese gesteigert wird. In der Thymuszelle erniedrigen dagegen Corticoide diesen Prozeß (Lang et al., 1967). Gleichzeitig ist der Aminosäurentransport in die und aus den Thymuszellen erniedrigt (Baran et al., 1973). Testosteron stimuliert den Nucleosid- und Glucosetransport in der Prostata (Härkönen et al., 1975). Progesteron hemmt die L-Leucin-Aufnahme durch Froschoocyten und löst dadurch deren Reifung aus (Belle et al., 1976).

In all diesen Fällen handelt es sich jedoch nicht um echte Steroid-Membran-Wechselwirkungen. Vielmehr geht stets eine cytoplasmatische Proteinsynthese voraus, wobei das jeweilig gebildete Produkt sekundär die Eigenschaften der Zellmembran modifiziert. Das gleiche gilt für die prednisolonabhängige Induktion von Membranrezeptoren, die für die Reifung von Lymphoblasten in Granulocyten und Makrophagen notwendig sind. Dieser Effekt wird für die Behandlung bestimmter Formen der myeloischen Leukämie ausgenutzt (Lotem und Sachs, 1975). Auch in anderen Zelltypen induzieren Corticoide die Synthese bestimmter Membranproteine (Ballard und Tomkins, 1970).

Dagegen handelt es sich bei den steroidabhängigen Stabilisierungen bzw. Labilisierungen von Plasmazellmembranen um direkte physikalisch-chemische Kontakte zwischen Steroid und Membran. So stabilisieren Testosteron und Prednisolon die Erythrocytenmembran, verringern dadurch die Hämolyse und finden daher Anwendung bei der symptomatischen Behandlung der Sichelzellenanämie. Das entsprechende gilt für die Membranstabilisierung durch Corticoide, die die Grundlage für deren antiinflammatorische Aktivität ist. Zwischen antiinflammatorischer Wirkung und dem Grad der Membranstabilisierung besteht direkte Proportionalität (s. Kap. 6.4). Auch auf die steroidabhängige Labilisierung der Lysosomenmembran durch Sexualhormone wurde bereits hingewiesen (Kap. 8.1.1). Die labilisierende Wirkung von Östradiol ist bereits zwei Minuten nach Injektion an den Uteruslysosomen meßbar. Dieser Effekt ist nur auf Lysosomen der Organe beschränkt, in denen der Östradiolrezeptor vorkommt. Andere ebenfalls lysosomenreiche Organe, wie die Niere, Lunge und Leber, zeigen nach Östradiolinjektion keine Stabilitätsänderungen in ihren Lysosomen. Die Ausscheidung der lysosomalen Hydrolasen in Cytoplasma und Kern der Uteruszellen bietet eine Erklärung für die Vielfalt der biologischen Effekte der Östrogene im Uterus und in der Vaginalschleimhaut: Umbau der Schleimhaut, Anstieg im Stoffwechsel sehr unterschiedlicher Zellmaterialien (Szego et al., 1971) und Reizung des Gewebes, die den klinischen Definitionen einer Entzündung entspricht. Sowohl Östrogene als auch Progesteron hemmen die Bindung von PG E_1 bzw. PG $F_{2\alpha}$ an den jeweiligen Membranrezeptoren (Rao, 1976). Auch dieser Effekt kommt durch die direkte Veränderung der Membranstruktur zustande, wobei die Zahl der Prostaglandinrezeptoren drastisch zurückgeht.

Außer den Östrogenen sind auch Progesteron, 3β-Hydroxy-5β-pregnan-20-on und Testosteron zur Labilisierung von Lysosomen in der Lage. 5α-Dihydrotestosteron, Dehydroepiandrosteron und die Corticoide stabilisieren dagegen die Lysosomen bzw. sind biologisch inaktiv. Die Wechselwirkung zwischen der Membran und einem Steroid erfolgt über einen 2-Punkte-Kontakt des Steroides an C-3 und C-17 bzw. C-20. Da die 3α- und 17α-Hydroxy-Verbindungen inaktiv sind, kommt der Kontakt von der β-Seite des Moleküls her zustande. Durch die Winkelung des Steroidmoleküls in den 5β-Pregnanen wird die Wechselwirkung mit der Membran erhöht. 5α-Pregnane sind entweder inaktiv oder stabilisieren sogar die Membranstruktur. Auf die spezifischen Effekte anaesthetisch wirksamer Gestagene auf die Beweglichkeit der Lipidphase von Zellmembranen wurde bereits hingewiesen (s. Kap. 6.1).

Aus elektronenoptischen Aufnahmen weiß man, daß die Plasmamembran der Zellen je nach Stoffwechsellage unterschiedliche Strukturen aufweist. Durch Cholesterin kann dabei die Packungsdichte der Membran verändert werden. Je höher der Cholesteringehalt ist, desto kleiner ist das Membranvolumen. Cholesterinreiche Membranen sind außerdem stärker lipophil, während cholesterinarme Membranen für polare Substanzen besser permeabel sind. Steroide können nun in bestimmtem Umfang die für Cholesterin vorbehaltenen Stellen in der Membran besetzen und dadurch eine Reihe physiologischer Aktivitätsänderungen auslösen (Willmer, 1961):

a) Änderung der relativen Affinität der Membran zu Wasser und polaren bzw. apolaren Verbindungen,
b) Beeinflussung der Membranoberfläche,
c) Änderung der Membranstabilität,
d) Änderung der Membranpermeabilität.

Die Veränderung der Zellmembranpermeabilität für polare Komponenten könnte eine Erklärung für die von Kroeger vermutete steroidabhängige Einstellung des K^+/Na^+-Verhältnisses in bestimmten Zellkompartimenten bieten (Kroeger und Müller, 1973). Im Experiment lassen sich bei isolierten Riesenchromosomen aus Dipteren durch Manipulation der Na^+- und K^+-Konzentrationen Puffmuster induzieren, die den nach Einwirkung von *Ecdyson* folgenden Gen-Aktivierungen ähneln (Rensing und Fischer, 1975). Ob es sich hierbei — wie Kritiker behaupten — um Artefakte handelt, weil durch die

Manipulation am Ionenmilieu labile chromosomale Proteine von den Chromosomen abgelöst worden sind, ist immer noch offen. Östradiol führt in Zellen des Mäuseuterus zu einem verstärkten Na^+-Einstrom in die Zellkerne (Maurer, 1972). Das Na^+/K^+-Verhältnis beeinflußt auch die cytoplasmatische Proteinsynthese (Allfrey et al., 1961).

8.6 Wirkungen auf Enzyme

Entsprechend dem Wissensstand um 1960 hat man ursprünglich eine direkte Wechselwirkung der Steroide mit Enzymproteinen als wichtigsten Wirkungsmechanismus der Steroidhormone angesehen. Solche effektorischen Wirkungen sind mittlerweile für eine größere Zahl von Enzymen nachgewiesen worden. Am bekanntesten ist die qualitative Aktivitätsänderung der *Glutamatdehydrogenase* durch Östradiol. Das Enzym verhält sich wie ein östrogenbindendes Protein, wonach eine allosterische Änderung der Struktur des aus sechs identischen Untereinheiten zusammengesetzten Enzyms [EC 1.4.1.3] stattfindet. Östradiol vermindert dabei die Aktivität zur 2-Ketoglutarsäure-Bildung und steigert die durch das gleiche Enzym katalysierte Bildung von Brenztraubensäure aus Alanin (Yielding und Tomkins, 1960; Yeates, 1974). Dabei wird auch eine direkte Beeinflussung des katalytischen Zentrums durch Steroide diskutiert (Douville und Warren, 1968).

Weitere reversible steroidabhängige Aktivitätsänderungen betreffen die Phosphorylase b [EC 2.4.1.1], Thymidin-5'-phosphokinase [EC 2.7.1.75] (Ford und Mason, 1968; Nelson und Carter, 1967) sowie die Acetyltransferase [EC 2.3.1.x] (Libby, 1972). An all diesen Wirkungen ist wesentlich, daß durch die Steroide keine Änderung in der Enzymsynthese ausgelöst wird, sondern daß das gegebene Enzym einen Aktivitätswechsel erleidet. Die einzelnen Enzyme wären gleichzeitig definierte Zielmoleküle für die Steroide. Die für die Auslösung der Aktivitätsänderung im in-vitro-Test notwendigen Steroidkonzentrationen sind jedoch in der Regel um den Faktor 100 höher im Vergleich zu den in vivo vorliegenden Steroidkonzentrationen. Diese Tatsache hat dazu geführt, die direkten Enzym-Steroid-Wechselwirkungen nicht als wesentliche Ursache der biologischen Aktivität der Hormone anzusehen.

Bei der Deutung einer Reihe von Stoffwechseländerungen in Gegenwart von Steroiden hat man aber inzwischen diese einschränkende Betrachtungsweise aufgegeben und nimmt doch für einige Enzyme an, daß ihre Aktivität in vivo unter der regulativen Kontrolle von Steroiden steht.

So stellte man fest, daß Östradiol eine sehr rasche Zunahme des Nucleotidkompartimentes in Rattenuteri verursacht (Oliver, 1972). Dabei erfolgt eine beschleunigte Verwertung von Glutaminsäure, Asparaginsäure, Glutamin und Ameisensäure. Da im Verlauf der Purinnucleotidbiosynthese die Phosphoribosyl-1-pyrophosphat-Aminotransferase [EC 2.4.2.14] den langsamsten Teilschritt der Biosynthesekette kontrolliert, nahm man an, daß Östradiol ebenfalls die Aktivität dieses Enzyms beeinflußt. Jedoch werden weder dieses Enzym (Abb. 8-23), noch die Aktivität der Phosphoribosyltransferasen [EC 2.4.2.7 bis 10]

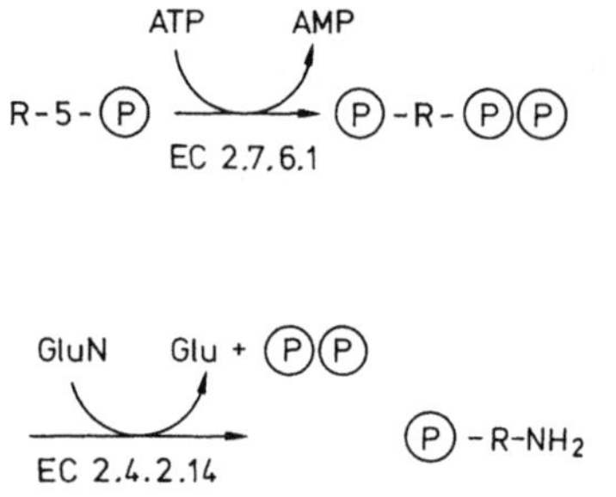

Abb. 8-23

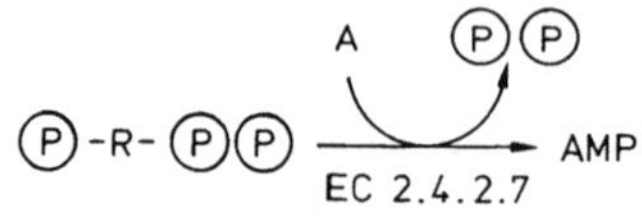

Abb. 8-24

Abb. 8-23. Anfangsschritte der Purinbiosynthese. Bildung von Phosphoribosepyrophosphat bzw. 5-Phosphoribosylamin aus Ribose-5-phosphat.
Enzyme: Ribosephosphat-Pyrophosphokinase [EC 2.7.6.1], Amidophosphoribosyltransferase [EC 2.4.2.14]

Abb. 8-24. Reaktion des Salvage-Pathway. Bildung von Adenylsäure aus Adenin und Phosphoribosepyrophosphat.
Enzym: Adenin-Phosphoribosyltransferase [EC 2.4.2.7).
Zu dieser Enzymgruppe gehören noch die Phosphoribosyltransferasen für die Bildung von Inosinsäure [EC 2.4.2.8], Uridylsäure [EC 2.4.2.9] und Oritidinmonophosphat [EC 2.4.2.10]

verändert. Die letztgenannte Enzymgruppe katalysiert im Rahmen des Salvage-Pathways die Nucleotidbiosynthese aus freien Basen und Phosphoribosylpyrophosphat (Abb. 8-24). (Von Testosteron ist bekannt, daß es sowohl in der Niere als auch in der Vesikulardrüse die Aktivitä der Salvage-Pathway-Enzyme erhöht; Dubovsky und Kochakian, 1973.) Die Stimulation durch Östradiol bleibt aus, wenn die Zellen mit einem Überschuß an Phosphoribosylpyrophosphat inkubiert werden. Demnach muß Östradiol in die Bereitstellung dieses Vorläufers eingreifen und läßt die Phosphoribosyltransferasen unverändert. Tatsächlich wird durch Östradiol die Aktivität der Ribosephosphat-pyrophosphatkinase [EC 2.7.6.1] erhöht. Das aus der Reaktion hervorgehende Phosphoribosylpyrophosphat wird in erster Linie über den Salvage-Pathway verwertet. Auch Corticoide sollen die Aktivität der Enzyme der Purinnucleotidbiosynthese steigern (Feigelson und Feigelson, 1966).

Eine weitere physiologisch bedeutsame Wechselwirkung besteht zwischen Dehydroepiandrosteron bzw. weiteren Steroiden und der Glucose-6-phosphat-Dehydrogenase [EC 1.1.1.49] (Raineri und Levy, 1970). Das Enzym wird durch DHEA-Sulfat und DHEA-Sulfatid (s. Kap. 7.1.3) nichtkompetitiv gehemmt (Oertel und Benes, 1972). Da in Tumoren die Kapazität des Pentosephosphat-Cyclus erhöht ist, läßt sich durch Hemmung dieses Enzyms durch DHEA das Wachstum von Ehrlich-Ascites-Tumoren in vitro inhibieren (Avenarius und Schwartz, 1975).

Östrogene und Progesteron inhibieren die 5α-Reduktase [EC 1.3.1.22], die die Umwandlung von Testosteron in 5α-Dihydrotestosteron katalysiert (Lee et al., 1973). Auf diese Weise wirken Östrogene und Gestagene in den Zielorganen der Androgene antiandrogen (Lee et al., 1974). Ferner hemmt Progesteron die C-17,20-Lyase [EC 4.1.2.30]. Die Hemmung der testikulären Steroidsulfatase

[EC 3.1.6.2] stellt ein wichtiges Detail der Androgenbiosynthese über die Steroidsulfate im Δ^5-Weg dar (Vihko und Ruokonen, 1974).

Schließlich gehört auch die Wechselwirkung der Steroidhormone mit den hypophysären bzw. hypothalamischen Peptidasen zu den direkten Enzym-Steroid-Interaktionen. Steroide aktivieren die (Pyroglutamyl)-Peptidasen und verringern dadurch die Konzentration der im Bereich der Eminentia mediana bzw. des Hypophysenstiels in das Portalvenengefäßsystem des HVL übertretenden Liberine (Abb. 8-25). Hierbei wirken Gonadotropine permissiv (Kuhl und Taubert, 1975).

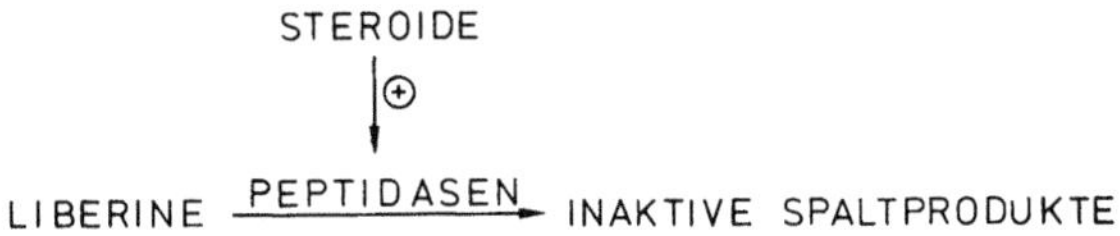

Abb. 8-25. Hypothetische Wirkung der Steroide bei der negativen Rückkopplung auf die Ausschüttung der Liberine in das Portalgefäßsystem des Hypophysenvorderlappens

Ein Progesteronmetabolit, das 3α,20β-Dihydroxy-5β-pregnan, kommt in der Muttermilch vor und kann beim Neugeborenen die Aktivität der humoralen Bilirubin-Gluconsäuretransferase [EC 2.4.1.17] hemmen. Dies ist Ursache für eine bestimmte Form des Neugeborenen-Ikterus.

Im Falle der Tyrosinaminotransferase-Induktion durch Corticoide in der Leber wirken die Steroide nicht nur direkt über eine vermehrte Transkription der für das Enzym codierenden mRNA, sondern unterstützen permissiv die Wirkung von cAMP. Die cAMP-Effekte verlaufen über einen anderen Wirkungsmechanismus als die Steroide (Rousseau, 1975). Die Corticoide greifen dabei vor cAMP in den Informationsfluß ein.

Es wird spekuliert, daß die Corticoide die Synthese von Regulatorelementen steigern, deren Aktivität anschließend durch cAMP erhöht wird. So könnte z.B. durch eine cAMP-abhängige Phosphorylierung die Wechselwirkung der Regulatorelemente mit dem entsprechenden Strukturgen der Gluconeogenese-Enzyme begünstigt werden (Jost und Averner, 1975).

Im Falle der Östrogene findet man bereits kurz nach Gabe der Steroide einen deutlichen Anstieg im cAMP-Gehalt. Hemmt man die cAMP-Bildung durch sog. β-Blocker, so bleibt dennoch die uterotrophe Wirkung des Östradiol erhalten (Dupont-Mairesse et al., 1974). Dieses Ergebnis zeigt zum einen, daß die östrogenabhängige Steigerung des cAMP-Spiegels nicht über eine vermehrte cAMP-Synthese, sondern über einen verminderten cAMP-Abbau verläuft. Zum anderen wird die uterotrophe Wirkung des Steroides auch ohne Beteiligung von cAMP meßbar. Die östrogenabhängige cAMP-Akkumulation ist besonders deutlich im Rattenhypothalamus (Gunaga und Menon, 1973).

Die für den Abbau von cAMP verantwortliche cAMP-Phosphodiesterase [EC 3.1.4.17] wird durch verschiedene Steroide in vitro gehemmt. So wird das Enzym durch 50 μM Progesteron halbmaximal gehemmt (Goff und Major, 1976). Da sich die Eigenschaften des Östradiolrezeptors durch cAMP steuern lassen (Eide et al., 1975), könnte das Nucleotid damit auch die Steroidwirkung modulieren. Der cAMP-Anstieg in Gegenwart von DHEA-Sulfatid beruht dagegen zunächst auf der vorherigen Hemmung der Glucose-6-phosphat-Dehydrogenase, wodurch Glucose-6-phosphat angehäuft wird, das nun als nichtkompetitiver Inhibitor der cAMP-Phosphodiesterase agiert. Insgesamt resultiert auch hier eine Erhöhung des cAMP-Gehaltes in vivo. Auch Ecdyson soll neben seiner Fähigkeit zur Transkriptionssteigerung die cAMP- und cGMP-Bildung erhöhen (Gilbert, 1974b).

Aus weiteren Untersuchungen geht hervor, daß der östradiolbedingte Anstieg von cAMP im Uterus entweder sehr gering oder überhaupt nicht nachweisbar ist. Vielmehr soll Östradiol die cGMP-Synthese fördern (Kuehl et al., 1975). Diese Beobachtung läuft mit anderen physiologischen Wirkungen der Östrogene parallel, denn cGMP wirkt ebenso wie die Östrogene mitogen und labilisiert die Lysosomenmembran. cAMP arretiert dagegen die Zellen in der G_1-Phase und stabilisiert die Lysosomenmembran. Auf welche Weise Östradiol das cGMP-Kompartiment erhöht, ist unbekannt. Testosteron soll in der Vesikulardrüse die Kapazität der Adenylcyclase um das sechsfache steigern (Thomas und Singhal, 1973).

Im Falle der 17β-Hydroxysteroide Testosteron und Östradiol können Wasserstoff und Reduktionsäquivalente aus der Position C-17 mit Hilfe der entsprechenden Steroid-17β-Dehydrogenasen auf NAD^+ übertragen werden. Die oxydierten Substrate können jedoch durch NADPH-haltige Dehydrogenasen hydrogeniert werden. Insgesamt resultiert daher eine Transhydrogenase-Reaktion (Talalay und Williams-Ashman, 1960) zwischen den beiden Cosubstraten verschiedener Dehydrogenasen (Abb. 8-26), so daß es je nach der Lage der NADPH- oder NADH-verbrauchenden Systeme zur Entnahme des benötigten reduzierten Nucleotids kommen kann (Pollow et al., 1975a; Pollow und Pollow, 1971). Da das eingesetzte Steroid stets regeneriert wird, verhält es sich wie ein Katalysator. Es wird spekuliert, daß die 17β-Hydroxysteroide auf diese Weise einen nennenswerten Beitrag zum H^+-Transfer durch die Mitochondrienmembran bringen.

$$\text{ÖSTRADIOL} + NAD^{\oplus} \xrightarrow[\text{EC 1 1 1 62}]{} \text{ÖSTRON} + NADH + H^{\oplus}$$

$$\text{ÖSTRON} + NADPH + H^{\oplus} \xrightarrow[\text{EC 1 1 1 64}]{} \text{ÖSTRADIOL} + NADP^{\oplus}$$

$$NAD^{\oplus} + NADPH \longrightarrow NADH + NADP^{\oplus}$$

Abb. 8-26. Durch Östradiol katalytisch aufrecht erhaltene Transhydrogenierung zwischen NADH und NADPH.
Enzyme: Östradiol-17β-Dehydrogenase [EC 1.1.1.62], Testosteron-17β-Dehydrogenase [EC 1.1.1.64]

9. Zelldifferenzierung durch Steroidhormone

Die Zelldifferenzierung beschreibt Vorgänge, die auf verschiedenen Stufen der Ontogenese ablaufen. Dabei handelt es sich um die Umwandlung der omnipotenten Eizelle zur relativ dazu eingeschränkt leistungsfähigen Gewebszelle bzw. um die laufende Nachbildung hochdifferenzierter Zellen des Blutes, des lymphatischen Systems usw. aus den jeweiligen Stammzellen im erwachsenen Organismus. Während der Zelldifferenzierung wird die Auswahl getroffen, wann und in welchem Umfang bestimmte Leistungen durch die Zelle betont und welche Aktivitäten nicht mehr erbracht werden müssen. In einem Zellverband kann eine Differenzierung stattfinden, wenn

a) das Gewebe bestimmte auslösende Signale bilden und sie an die zu differenzierende Nachbarzelle weitergeben kann. Dieser Verlauf garantiert sowohl die zeitliche als auch örtliche Koordination im Gewebe.

b) Die Empfängerzelle muß geeignete Rezeptoren besitzen, mit denen sie diese Signale erkennen kann.

c) Die Differenzierung erfolgt in der Regel erst nach Durchlaufen einer Replikationsrunde in den Tochterzellen. Wird die Mitose unterdrückt, so kann auch das neue Differenzierungsniveau nicht erreicht werden (Vonderhaar und Topper, 1973 und 1974).

d) Die Erfahrung lehrt, daß Zellteilung und gewebsspezifische Funktion Programme sind, die sich bis zu einem gewissen Grade gegenseitig ausschließen (Kram et al., 1973). Das bedeutet, daß eine voll differenzierte Zelle nicht mehr teilungsfähig ist. Muß daher wegen ihrer begrenzten Lebensdauer eine Nachbildung erfolgen, so beginnt sie stets auf der Stufe der weniger differenzierten Stammzelle.

e) Das auslösende Signal braucht nur während einer kurzen definierten Zeitspanne im Gewebe zu wirken.

f) Jedes differenzierte Stadium ist durch ein qualitativ neues Transkriptionsmuster ausgezeichnet. Durch die Differenzierung wird demnach eine Leistungsspezialisierung des Genoms erreicht, so daß nur noch ein Bruchteil der gesamten Information abgelesen wird. Zelldifferenzierung und differentielle Gen-Aktivität beschreiben also das gleiche Phänomen. Besonders im Verlauf der Spermatogenese ist die sequentielle Bildung und das schrittweise Erlöschen bestimmter Enzymaktivitäten intensiv untersucht worden (Turkington und Majumder, 1975).

g) Der einmal erreichte Differenzierungsgrad kann unter normalen Umständen nicht mehr in den Ausgangszustand überführt werden. An der Aufrechterhaltung des gegebenen Zustandes ist die sog. Kern-Cytoplasma-Wechselwirkung beteiligt.

Die für die Auslösung der Differenzierung notwendigen chemischen Signale rekrutieren sich aus folgenden Stoffklassen: Proteine und Peptide, cyclische Nucleotide, Steroide und anorganische Ionen. Die cyclischen Nucleotide beeinflussen den Zellcyclus und die damit zusammenhängenden Leistungen der Zelle unterschiedlich. cAMP arretiert den Zellcyclus sowohl unmittelbar vor (G_2) als auch nach der Mitose (G_1-Phase). So wird beim Kontakt nichtcancerogener Zellen ein Signal in der Zellmembran gesetzt, das zur Steigerung der cAMP-Bildung und damit zur Arretierung des Zellcyclus führt. Darüber hinaus fördert cAMP bestimmte Differenzierungsschritte. So folgt der Plastocyste in der Entwicklung eines Feten die Einstülpung der Zellschicht unter Bildung der Urmundlippe. Aus ihr bildet sich im weiteren Verlauf Nervengewebe. Diese Differenzierung läßt sich auch in Gewebekultur erreichen. In Abwesenheit von cAMP unterbleibt diese Entwicklung.

Im Vergleich zum cAMP wirkt cGMP in der Regel antagonistisch. So führt eine Erhöhung des cGMP-Spiegels zu einer Steigerung der DNA-Synthese. cGMP erhöht die Zellteilungsrate von *Lymphocyten* und erhöht deren Transformationshäufigkeit.

Steroide sind bei der Entwicklung niederer und höherer Organismen an der stadienspezifischen Induktion bestimmter Enzymmuster beteiligt. Die morphogenetische Wirkung von Progesteron auf die Reifung der Amphibienoocyten läßt sich morphologisch durch die Bildung des sog. weißen Fleckes am animalischen Pol der Oocyten verfolgen. Mit der Einleitung der Maturation bewirkt Progesteron eine Verlangsamung der Proteinsynthese in den Zellen. Progesteron wird hierzu durch einen Rezeptor gebunden, der mit dem sog. Pseudomaturations-Induktionsfaktor oder einem Teil dieses Faktors identisch ist (Jacobelli et al., 1974).

9.1 Die Differenzierung des Sexualzentrums, die Entwicklung der Gonaden und weitere morphogenetische Effekte

Zu den wichtigsten durch Sexualhormone gesteuerten Entwicklungsschritten gehört die geschlechtsspezifische Differenzierung des Sexualzentrums und der Fortpflanzungsorgane. Zwar wird das Geschlecht der Tiere durch die Art des Gonosomenpaares XX bzw. XY genetisch festgelegt, doch ist dies eine notwendige aber nicht hinreichende Bedingung für die ordnungsgemäße Entwicklung beider Geschlechtsmerkmale.

Für die Bildung des Sexualzentrums und des für das Sexualverhalten verantwortlichen Bereichs im Hirn ist bei den meisten Vertebraten zunächst das weibliche Grundmuster festgelegt. Erst durch die vom genetisch männlichen Embryo in der Fetalphase ausgeschiedenen Androgene erfolgt die Umsteuerung der Entwicklung (Abb. 9-1). Bei Vögeln ist die Situation umgekehrt, da das männliche Geschlecht als Grundmuster vorliegt, gegen das die Entwicklung zu den weiblichen Geschlechtsanlagen durchgesetzt werden muß (Jost et al., 1973). Aus der Abb. 9-1 ergibt sich, daß bei fehlenden Androgenen und Faktor X trotz männlichen Genotyp eine Differenzierung in Richtung weibliche Geschlechtsanlagen, einschließlich weiblichem Verhaltens- und Cyclusmusters, stattfindet. Beim genetisch männlichen Fetus führt dies zum *Pseudohermaphroditismus*. Auf welche Weise das Y-Chromosom die Differenzierung der Urnierenfalte zu den embryonalen Testes bewirkt (Ohno, 1976), ist nicht bekannt.

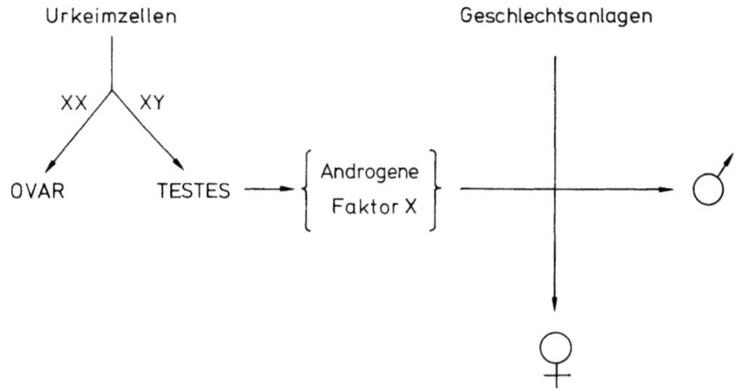

Abb. 9-1. Ausbildung der weiblichen Geschlechtsanlagen in Abwesenheit der testikulären Androgene und des Faktors X. Umdifferenzierung gegen das weibliche Programm durch die testikulären Produkte Androgen + Faktor X in Richtung männlicher Geschlechtsanlagen

Auf Grund des unterschiedlichen Zeitpunktes, zu dem die Steroidhormone in die Differenzierung eingreifen, kann man zwischen prä- und postnatalen morphogenetischen Wirkungen der Steroidhormone unterscheiden (Dörner, 1973). Die pränatalen Wirkungen erfolgen in bestimmten kurzen Perioden der fetalen Entwicklung und sind irreversibel. Nachdem — durch das Y-Chromosom gesteuert — die männlichen Keimdrüsen nach der siebenten Schwangerschaftswoche beim Menschen mit der Bildung der Androgene beginnen, stehen sie für die Entwicklung des „männlichen" Verhaltensmusters im Gehirn des Embryos zur Verfügung. Dörner (1973) leitet aus den verschiedenen tierexperimentellen Untersuchungen bei der Differenzierung des Hypothalamus-Hypophysenvorderlappen-Gonaden-Systems folgendes Organisationsgesetz ab:

a) Die Stellgröße (Sexualhormon) des Steuersystems (Placenta und fetale Gonaden bzw. fetaler Hypothalamus) entwickelt sich in der Organisationsphase zur Regelgröße des Systems.
b) Die Stellgröße (Sexualhormon) bestimmt die Sollwerteinstellung des Reglers (Hypothalamus) in der Funktionsphase. Dieser Differenzierungsprozeß ist mit irreversiblen strukturellen und funktionellen Änderungen des Reglers verbunden.

Die embryonale androgenabhängige Differenzierung des männlichen Sekretions- und Verhaltensmusters im Gehirn betrifft in erster Linie das Gebiet um den Nucleus ventromedialis, die Area praeoptica medialis und den rostralen Teil des Nucleus hypothalamicus anterior. Die Kerngröße im Bereich der Area praeoptica steht dabei in einem direkten Verhältnis zur Intensität des weiblichen Paarungsverhaltens (Dörner und Staudt, 1968). Im Bereich des Nucleus ventromedialis werden weitere Zentren für die „weibliche" und für die „männliche" Erotisierung definiert. Bei männlichen Ratten ist die Differenzierung des Erotisierungszentrums am 7. Lebenstag abgeschlossen, das weibliche Erotisierungszentrum ist dagegen zu diesem Zeitpunkt noch nicht ausdifferenziert (Dörner, 1974b). Gustafsson et al. (1976) haben zeigen können, daß Androgene bei der Ratte neonatal den Androgen-Rezeptorgehalt durch Induktion steigern und damit die Grundlage für die androgenabhängigen Leistungen im Hypothalamus der erwachsenen Ratte legen.

Nach den Untersuchungen von McEwen (1976) erfolgt bei der Androgenisierung im Bereich der Area praeoptica eine starke Zunahme an vernetzten Synapsen, die in normalen weiblichen Tieren in diesem Bereich fehlen. Der Androgenisierung geht stets die Aromatisierung der Androgene zu Östradiol voraus. Aus diesem Grunde unterbleibt die Androgenisierung bei der stereotaktischen Applikation von 5α-Dihydrotestosteron oder von Testosteron + Hemmstoffen der Aromatisierung.

Die auf diese Weise pränatal festgelegte Entwicklung des Hypothalamus, speziell die des Geschlechtszentrums, wird in der Regel erst in der Pubertät meßbar. Bei der Ratte läßt sie sich durch die Bestimmung der 5α-Reduktase-Aktvität im Hypothalamus und in der Hypophyse verfolgen. Sie ist höher bei der weiblichen Ratte und wird durch neonatale Androgenbehandlung erniedrigt. Sie ist niedrig bei der männlichen Ratte und wird durch neonatale Kastration erhöht (Massa et al., 1975). Auch weist die unreife weibliche Ratte noch hypothalamische Testosteronrezeptoren auf, die im erwachsenen Tier nicht mehr vorhanden sind (Gustafsson et al., 1976). Die gesamte pränatale morpho-genetische Wirkung der Androgene erfolgt über eine gesteigerte RNA- und Proteinsynthese, denn beim intakten Tier läßt sich die normale Geschlechtsdifferenzierung durch Hemmstoffe der RNA- und Proteinsynthese hemmen (Salaman und Birkeit, 1974).

Da durch Abwesenheit von Androgenen bzw. dem Faktor X während der Organisationsphase der Geschlechtsanlagen Intersexe und feminine Formen trotz Genotyp XY entstehen, werden auch beim Menschen für einen Teil der angeborenen Homosexualität Fehldifferenzierungen verantwortlich gemacht, die auf einen Androgenmangel beruhen sollen (Dörner et al., 1972). Liegt nämlich zum Zeitpunkt der Differenzierung des hypothalamischen Sexualzentrums ein absoluter oder relativer Androgenmangel vor, das heißt zwischen dem 4. und 7. Fetalmonat, so führt dies zur weiblichen Differenzierung des Gehirns. Tatsächlich läßt sich bei homosexuellen Männern der für den weiblichen Organismus typische positive Hohlweg-Effekt, d.h. die Auslösung der LH-Sekretion durch Östradiol, induzieren. Normalerweise wird beim heterosexuellen Mann durch Östradiolgabe die LH-Sekretion über die Hypothalamus-Hypophysen-Achse repremiert (Dörner, 1974a). Es darf jedoch nicht übersehen werden, daß Homosexualität eine so große Schwankungsbreite in den Verhaltensabweichungen aufweist, so daß sie nicht auf einen gemeinsamen ätiologischen Faktor zurückgeführt werden kann.

Durch die Verwendung von Androgenantagonisten (s. Kap. 6.7.2) läßt sich die morphogenetische Wirkung der Androgene ebenfalls verfolgen. Neumann behandelte Ratten vom 17. bis 20. Tag ihrer Embryonalentwicklung (Gesamtträchtigkeitsdauer 22 Tage) mit Cyproteronacetat. Dabei differenziert sich das äußere Genital männlicher Feten weiblich unter Ausbildung einer Vagina. Das Organ reagiert im heranwachsenden Tier auf Östrogengaben so, wie es bei normalen weiblichen Tieren zu erwarten ist. Gleichzeitig wird das Sexualzentrum der Tiere in Richtung weiblich geprägt. Dadurch weisen die genotypisch männlichen Tiere homosexuelle Verhaltensweisen und cyclische Gonadotropinsekretion auf.

Umgekehrt wird bei der genetisch weiblichen Ratte durch Gabe von 1 µg Testosteron pro Tier innerhalb der ersten zehn Lebenstage die Entwicklung des weiblichen Sexualzentrums einschließlich der Fähigkeit zur cyclischen Gonadotropinsekretion unterdrückt. Die Steroide werden durch die für die spätere cyclische Gonadotropinsekretion verantwortliche Area praeoptica medialis gebunden (Fox, 1975). Die Tiere sind durch diese Behandlung irreversibel steril geworden. Außerdem werden die Ovarien desensibilisiert. Denn die Ovarien der neonatal androgensterilisierten Tiere lassen sich durch hCG nicht mehr zur Östradiolsynthese stimulieren (Marton und Endröczi, 1974).

Für die Sexualdifferenzierung sind in Richtung weibliche Geschlechtsorgane weder Östrogene noch Gestagene notwendig. Tatsächlich bewirken Östrogene bei der weiblichen neugeborenen Ratte eine Maskulinisierung, verhalten sich also wie Androgene (Doughty und McDonald, 1974). Der beim weiblichen Fetus vorhandene (relativ niedrige) Östrogenspiegel führt nicht zur Androgenisierung, weil die auch im Gehirn vorkommenden α-Fetoproteine mit relativ hoher Affinität Östrogene binden und dadurch deren biologische Aktivität maskieren. Bei männlichen Tieren initiieren Östrogene — am 1. Lebenstag appliziert — einen Androgenmangel, so daß sich die Ontogenese der Leberenzyme in Richtung weiblich verschiebt (s. Kap. 9.2; Schriefers et al., 1973).

Der an der Sexualdifferenzierung beteiligte Faktor X ist wahrscheinlich ein Polypeptid. Er steuert die Rückbildung der weiblichen Strukturen in den Uranlagen, z. B. die der Müllerschen Gänge, und promoviert die Ausbildung der männlichen Geschlechtsanlagen. Testosteron programmiert darüber hinaus die (irreversible) Differenzierung des Leberenzymmusters zum männlichen Metabolisierungstyp. Auch hier findet normalerweise eine Differenzierung zum weiblichen Metabolisierungstyp statt, der durch einen hypophysären Feminisierungsfaktor unterhalten und dessen Sekretion durch den hypothalamischen Inhibierenden Faktor unterdrückt wird. Androgene stimulieren die Bildung dieses inhibierenden Faktors, so daß das steroidmetabolisierende Enzymsystem der Leber die für männliche Tiere typischen Aktivitäten entwickelt (Gustafsson und Stenberg, 1976).

Durch Einwirkung von Androgenen können auf verschiedenen Stufen der fetalen Entwicklung Abweichungen in der normalen weiblichen Differenzierung (bei Vorliegen des Genotyps XX) entstehen (Neumann et al., 1974). Obwohl eine solche Konstellation relativ ungewöhnlich erscheint, haben aber tatsächlich einige synthetische Gestagene, die ursprünglich im Zusammenhang mit der Erhaltung von Risikoschwangerschaften eingesetzt wurden, deutlich androgene Nebenwirkungen. Weibliche Feten wurden daher, wenn die Gestagene zum kritischen Zeitpunkt der Sexualentwicklung während der Schwangerschaft appliziert wurden, virilisiert. Solche androgenen Gestagene — in erster Linie Norethisteron und Medroxyprogesteronacetat — dürfen daher während der Schwangerschaft nicht eingesetzt werden. Eine Virilisierung findet außerdem unter dem Einfluß von Androgenen während der Schwangerschaft statt, die beim kongenitalen adrenogenitalen Syndrom (AGS) von der Nebennierenrinde des Fetus ausgeschüttet werden.

Auch Corticoide greifen in die Entwicklung und Reifung verschiedener fetaler Gewebe ein (Giannopoulos, 1975). So wird corticoidabhängig die Bildung des Lungensurfactants ermöglicht. Sie hängt von der Induktion der Cholinphosphotransferase [EC 2.7.8.2] bzw. der Glycerinphosphat-Phosphatidyltransferase [EC 2.7.8.5] ab. Auch an der Entwicklung des fetalen Pancreas sind Corticoide beteiligt (McEvoy et al., 1975). Schließlich sind Corticoide auch für die Differenzierung der Hühnerretina notwendig. Biochemisch läßt sich diese Wirkung über die glucocorticoidabhängige Induktion der Glutaminsynthetase [EC 6.3.1.2] messen. Hierbei ist deutlich der Zusammenhang zwischen der Ontogenese des Corticoidrezeptors und weiterer morphogenetischer Faktoren, wie die histotypische Ausprägung von Oberflächenstrukturen, zu erkennen (Moscona, 1975). Dadurch wird nicht nur das Ausmaß sondern auch der Zeitpunkt der Retinaldifferenzierung festgelegt. Auch in der Leber induzieren Corticoide jeweils bestimmte Enzymsynthesen zu verschiedenen Zeitpunkten der fetalen Entwicklung (Greengard, 1975).

Die Wirkung von Östradiol im Hühner*ovidukt*, das in einigen Funktionen dem Uterus des Säugers ähnelt, stellt sowohl eine biochemische als auch morphologische Cytodifferenzierung dar, die zur Geschlechtsreife der Tiere führt. Der zeitliche Ablauf ist streng festgelegt und kann durch geeignete Effektoren blockiert werden. Für die Entwicklung der tubulären Zellen, die später durch Östrogene zur Synthese von Ovalbumin, Lysozym, Ovomucoid und weiteren Proteinen induziert werden, und die Entwicklung eines weiteren Zelltyps, in dem durch Progesteron die Avidinsynthese stimuliert wird, ist ausschließlich Östradiol notwendig. Hierfür steigern Östrogene die DNA-Synthese und ändern das Nichthistonprotein-Muster in dem sich entwickelnden Ovidukt (Harrison und Chytil, 1975). Nach Abschluß der zehntägigen Differenzierungsphase kann nun Östradiol alle für dieses Stadium charakteristischen Enzymsynthesen induzieren. Insgesamt spielt daher Östradiol in diesem Gewebe eine zweifache Rolle. Es stimuliert die Teilung derjenigen Stammzellen, die zur späteren Synthese induzierbarer Proteine kompetent sind. Nach abgeschlossener Differenzierung induziert das Östrogen die Bildung der Oviduktproteine (Talwar et al., 1973).

Zu den weiteren Steroidwirkungen nach Eintritt in die Geschlechtsreife gehören die Entwicklung und Unterhaltung der Keimzellen sowie die der Brustdrüse. Im zweiten Fall sind neben weiteren Hormonen und Faktoren auch Corticoide notwendig. Die Mehrzahl der Hormonwirkungen beruht im erwachsenen Organismus aber auf der reversiblen Einstellung eines charakteristischen Protein- und Enzymmusters. Sie ist das Ergebnis der für Steroide typischen Modulation der zellulären Leistungen innerhalb der Reaktionsnorm, die durch den sowohl hormonabhängigen als auch hormonunabhängigen Differenzierungsgrad der Zelle festgelegt ist.

9.2 Geschlechtsabhängige Enzymmuster

Die steroidmetabolisierenden Enzyme der Leber lassen sich in drei Gruppen teilen, die die unterschiedliche hormonabhängige Steuerung ihrer Biosynthese widerspiegeln (Schriefers et al., 1973):

a) Enzyme, deren Aktivität spätestens zum Zeitpunkt der Geburt irreversibel durch Androgene festgelegt ist;

b) Enzyme, deren Aktivität unabhängig vom Zeitpunkt in der Ontogenese durch Androgene eingestellt werden, und
c) androgenunabhängige Enzymaktivitäten.

Zu diesen drei Gruppen sind in Tabelle 9-1 jeweils einige Vertreter aufgeführt. In den meisten Fällen liegt die Enzymaktivität, falls sie geschlechtsabhängig ist, beim männlichen Individuum höher als beim weiblichen. Dies trifft z. B. für die mikrosomalen Hydroxysteroid-Dehydrogenasen zu, die die Sauerstoff-Funktionen an 3α, 3β und 11β umwandeln, sowie für die lösliche 17β-Hydroxysteroid-Dehydrogenase (Ghraf et al., 1975 a). Andererseits ist die Aktivität der löslichen 3α-Hydroxysteroid-Dehydrogenase, der 5α-Reduktase, der 15β-Hydroxylase und weiterer Enzyme in der Leber weiblicher Ratten höher (Gustafsson et al., 1975). Bei Mäusen sind ohne Ausnahme alle geschlechtsabhängigen steroidumwandelnden Enzymaktivitäten in der männlichen Leber höher als in der weiblichen Leber (Schriefers et al., 1976). Das höhere Plateau der männlichen Enzymmuster wird in der Regel früher erreicht als das der weiblichen (Hoff et al., 1973). Neben der geschlechtsabhängigen Entwicklung erfolgt außerdem die Einstellung der Aktivitätsmuster als Funktion des Alters der Tiere (Gustafsson und Ingelman-Sundberg, 1974 b).

Tabelle 9-1. Einteilung einiger steroidumwandelnder Enzyme der Leber in Abhängigkeit von ihrer hormonellen Regulierbarkeit (nach Gustafsson et al., 1974)

pränatal androgenabhängig	postnatal durch Androgene einstellbar	androgen-unabhängig
16α-Hydroxylase	6β-Hydroxylase [EC 1.14.99.11]	7α-Hydroxylase
5α-Reduktase [EC 1.3.1.22]	18-Hydroxylase [EC 1.14.15.5]	17β-Hydroxysteroid-Dehydrogenase [EC 1.1.1.64, mikrosomal]
5β-Reduktase [EC 1.3.1.23]	3α-Hydroxysteroid-Dehydrogenase [EC 1.1.1.50]	
3β-Hydroxysteroid-Dehydrogenase [EC 1.1.1.51]		
17α-Hydroxysteroid-Dehydrogenase [EC 1.1.1.148]		

Wie komplex das Phänomen der sexuell differenzierten Enzymaktivitäten ist, zeigt die Tatsache, daß in der Rattenleber die 3α-Hydroxysteroid-Dehydrogenase [EC 1.1.1.50] innerhalb des Cytosols und an den Mikrosomen in weiter unterscheidbaren Einzelaktivitäten vorkommt, die zum Teil unterschiedlich geschlechtsabhängig sind (Tabelle 9-2). Ähnliches gilt für die 3β-Hydroxysteroid-Dehydrogenase [EC 1.1.1.51]. Demnach werden sowohl Substrat- und Cosubstrat-Spezifität als auch Lokalisierung der Enzyme im subcellularen Bereich durch Hormone geschlechtsspezifisch eingestellt. Es ist denkbar, daß die Vielfalt der beschriebenen Enzymaktivitäten durch geeignete Kombinationen von Untereinheiten unter Bildung verschiedener Isoenzyme entstanden ist

Tabelle 9-2. Vergleich verschiedener 3α-Hydroxysteroid-Dehydrogenasen [EC 1.1.1.50] in der Rattenleber (nach Hoff und Schriefers, 1973)

Aktivität	Sexualspezifität	Lokalisation	Substrat	Cosubstrat
A	höher in ♀	Cytosol	bevorzugt 5β	mit NADPH
			5α	mit NADH
B	keine	Cytosol	5β	NADH
			5α	NADPH
C	höher in ♂	Mikrosomen	nur 5α	NADH
D	höher in ♂	Mikrosomen	5β und 5α	NADPH
E	keine	Mikrosomen	nur 5β	NADH

(Kochakian et al., 1973). Ähnliche Beobachtungen wurden auch mit der 17β-Hydroxysteroid-Dehydrogenase der Leber, Niere, Nebenniere und Gonaden gemacht. Dabei ist nur in der Leber der männlichen Ratte die 17β-Hydroxysteroid-Dehydrogenasen-Aktivität höher, in allen anderen Organen ist die Aktivität bei der weiblichen Ratte höher (Ghraf et al., 1974).

Tabelle 9-3. Vergleich verschiedener 3β-Hydroxysteroid-Dehydrogenasen [EC 1.1.1.51] in der Rattenleber

Aktivität	Sexualspezifität	Lokalisation	Substrat	Cosubstrat
A	höher in ♂	Cytosol	5β	NADPH
			5α	NADH
B	keine	Cytosol	nur 5β	NADPH
C	höher in ♂	Mikrosomen	5α	NADH
D	höher in ♂	Mikrosomen	nur 5β	NADPH oder NADH

Für die Einstellung der Enzymmuster ist die Aktivität der Androgene allein häufig nicht ausreichend. Vielmehr steuert die Hypophyse in der Regel einen *feminisierenden Faktor* bei (Lax et al., 1974), der zur Ausprägung des weiblichen Metabolisierungstyps führt. Dieser Faktor steigert sogar in kultivierten HTC-Zellen die 5α-Reduktase-Aktivität durch Erniedrigung des K_m-Wertes des Enzyms (Skett et al., 1976). Androgene stimulieren — vergleichbar den Vorgängen während der Differenzierung der Leber während der Fetalperiode bzw. neonatal — die Sekretion eines hypothalamischen *Inhibiting factors* im männlichen Hypothalamus, der die Ausscheidung des hypophysären Feminisierungsfaktors unterdrückt (Gustafsson et al., 1975). Fehlen die Androgene oder erhalten männliche Tiere Östrogene, so kommt es im adulten Tier zu einer reversiblen Feminisierung des Metabolisierungstyps der Leberenzyme. Der feminisierende Faktor ist sowohl für die „Induktion“ der höheren Enzymaktivitäten in der weiblichen Rattenleber als auch für die Unterdrückung der, im Vergleich zum männlichen Tier, niedrigeren Aktivitäten notwendig (Gustafsson und Stenberg, 1974). Im Fall der löslichen 20α-Hydroxysteroid-Dehydrogenase [EC 1.1.1.149] der Rattenleber erfolgt allerdings die geschlechtsspezifische

Einstellung der Enzymaktivität auch in hypophysektomierten Tieren, also ohne Beteiligung der Hypophyse (Ghraf et al., 1975a). Bei den von der Hypophyse kontrollierten geschlechtsabhängigen Enzymaktivitäten kann nach Hypophysektomie zumindest teilweise das ursprüngliche Aktivitätsmuster durch Prolactin wiederhergestellt werden (Schriefers et al., 1975). Prolactin vermag auch die 5α-Reduktase-Aktivität in der Nebennierenrinde hypophysektomierter Tiere wiederherzustellen (Witorsch und Edwards, 1976).

Die höhere Aktivität der 5α-Reduktase in der weiblichen Leber kann aus den unterschiedlichen Umsatzgeschwindigkeiten von Testosteron zu den 5β- bzw. 5α-Androstanen aus Abb. 9-2 abgelesen werden.

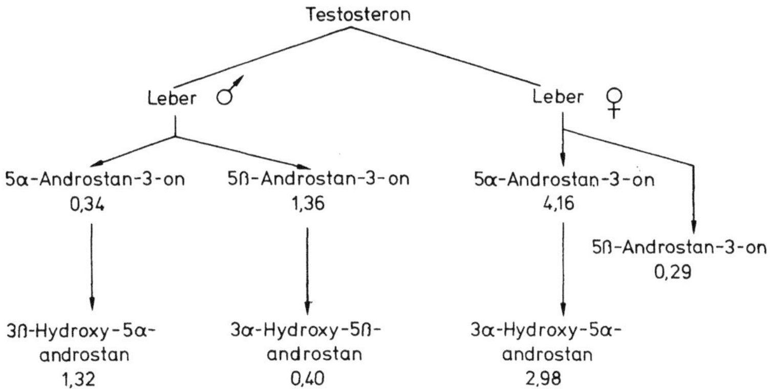

Abb. 9-2. Geschlechtsunterschiede bei der Umwandlung von Testosteron durch die Leber männlicher bzw. weiblicher Ratten (nach Schriefers, 1968).
Enzyme: 5α-Reduktase [EC 1.3.1.22], 5β-Reduktase [EC 1.3.1.23], 3α-Hydroxysteroid-Dehydrogenase [EC 1.1.1.50], 3β-Hydroxysteroid-Dehydrogenase [EC 1.1.1.51].
Die Zahlen bedeuten Umsatzgeschwindigkeit in nMol/Min./g Leber. Die 17β-Hydroxyfunktion wurde der Einfachheit halber weggelassen

Bei der Leberperfusion findet man entsprechend für das Verhältnis der gebildeten 5α- zu 5β-Androstane bei männlichen Ratten den Quotienten 0,7, bei weiblichen Tieren den Wert 2,6 (Staib et al., 1970).

Auch die 5α-Reduktase im Hypothalamus und in weiteren Hirnbereichen der männlichen Ratte ist deutlich weniger aktiv als in den entsprechenden weiblichen Hirnbereichen (Gustafsson et al., 1976). Darüber hinaus fehlt im männlichen Rattenhirn die 17α-Hydroxysteroid-Dehydrogenase [EC 1.1.1.148] vollständig, während bei der weiblichen Ratte beträchtliche Mengen an 17α-Hydroxy-4-androsten-3-on und 17α-Hydroxy-5α-androstan-3-on gebildet werden. Ebenso ist die für die Bildung von 5α-Pregnan-3,20-dion aus Progesteron notwendige 5α-Reduktase [EC 1.3.1.22] in Hirn und Uterus vom endokrinen Status abhängig (Kniewald et al., 1974).

Vergleichbares gilt auch für die Steroidglucuronosyltransferasen. Durch einmalige Injektion von Östradiol läßt sich beim genetisch männlichen Tier die Kapazität der Leber zur Glucuronidierung von Testosteron oder Corticosteron stark einschränken, wobei die für weibliche Tiere charakteristischen Sulfate in den Vordergrund treten (Eriksson, 1974). Gleichzeitig geht die Aktivität der 5β-Reduktase [EC 1.3.99.6] zur Bildung der 5β-Androstane zurück. Beide Aktivitätsänderungen stehen mit der Beobachtung im Einklang, daß beim intakten männlichen Tier die Bildung von 5β-Androstan-glucuroniden ein Maß für die sexuelle Aktivität des Tieres ist. Entsprechend nimmt auch die Menge dieser Steroidkonjugate im Urin mit zunehmendem Lebensalter von Tier und Mensch ab.

Schießlich ist auch die Aktivität und Qualität der Hydroxylasen geschlechts- und altersabhängig (Gustafsson und Ingelman-Sundberg, 1974a). Aus diesem Grunde sind im Leberperfusat männlicher Ratten wesentlich mehr polare Androgene (2α-Hydroxy-4-androsten-3,17-dion; 6β-Hydroxy-4-androsten-3,17-dion; 7α-Hydroxy-4-androsten-3,17-dion; 2β-Hydroxy-Testosteron, 6β-Hydroxy-Testosteron und 16α-Hydroxy-Testosteron) nachweisbar als in dem von weiblichen Tieren (Staib et al., 1970). An der Einstellung des Hydroxylasenmusters der Leber ist FSH beteiligt (Gustafsson und Stenberg, 1975).

Außer den steroidumwandelnden Enzymen werden auch noch weitere Proteine der Leber geschlechtsabhängig gebildet. So wird z.B. das im Urin ausgeschiedene α_{2u}-Globulin geschlechtsspezifisch nur von der männlichen Ratte in der Leber gebildet (Kumar et al., 1969). Ebenso bildet die Niere geschlechtsabhängige Enzymmuster (Ghraf et al., 1975b). Bei der Regulation der bisher untersuchten androgenabhängigen Enzymmuster fällt auf, daß Cyproteron nicht die Maskulinisierung blockiert. Die Wirkung der Androgene kann hier also nicht über die in den Gonaden und anderen peripheren Organen definierten klassischen Androgenrezeptoren verlaufen.

10. Ausblick

Trotz beachtlicher Fortschritte unseres Wissens über die Steroidhormonwirkungen können wir noch von keinem Hormon präzise den molekularbiologischen Mechanismus seiner biologischen Aktivitäten formulieren. Besonders lückenhaft sind unsere Kenntnisse über die steroidabhängigen Zell- und Organdifferenzierungen.

Einen interessanten Aspekt der Hormonbiochemie stellt die Frage nach der Entwicklung steroidabhängiger Systeme im Verlauf der Phylogenese. Den niederen Eukaryonten sowie den Prokaryonten fehlen die für die Aktivität der Steroide typischen Organe und Organsysteme höherer Organismen. Doch sind in der Evolution die durch Steroide geregelten Aktivitäten nicht in einem großen Sprung entstanden, sondern haben sich graduell entwickelt. Die Natur hat die biochemischen und molekularbiologischen Reaktionsmöglichkeiten der Steroide bereits frühzeitig im Stoffwechsel der Organismen erprobt und deren Anpassung an die biologischen Bedürfnisse der Lebewesen eingeleitet. Hierauf weist die Fähigkeit selbst einfacher Mikroorganismen hin, Steroide zu bilden und zu speichern, abzubauen und schließlich in bestimmten Regelkreisen fakultativ als Steuerelement zu verwenden. Ähnliches gilt auch für Proteohormone. So stimuliert Glucagon, nicht aber Insulin oder gastrointestinale Hormone, bei *E. coli*-Sphäroplasten die allgemeine RNA-Synthese (Candela und Nieto, 1972). Schließlich zeigt die Tatsache, daß Cholesterin und Cholesterinabkömmlinge in zahlreichen Bakterien (Schubert et al., 1968b) und in blaugrünen Algen vorkommen, daß das Sterangerüst zu den unter Urbedingungen synthetisierten Verbindungen gehört. Diese Erkenntnisse datieren daher die Entwicklung steroidverwertender und steroidabhängiger Systeme weit vor dem Erscheinen der Insekten und Vertebraten (Sandor und Sonea, 1975), wo die Steroide schließlich so vielfältig in die Entwicklung und Erhaltung des gesamten Organismus eingreifen.

Von allen denkbaren Hormonwirkungen gehört die Steigerung der RNA-Synthese zu den am ausführlichsten untersuchten biologischen Effekten der Steroidhormone. Die Zunahme der DNA-Transkription gilt selbst für solche Organe, in denen Steroide insgesamt hemmend wirken, z. B. bei der corticoidabhängigen Involution des lymphatischen Systems. Bei Prokaryonten werden Steroide in der Regel mit Hilfe spezifischer Enzyme um- oder abgebaut, da sie meist für Mikroorganismen toxisch sind. Ihr Abbau nach Induktion der entsprechenden steroidumwandelnden Enzyme ist daher lebenswichtig. Mikroorganismen können darüber hinaus sogar unter Mangelbedingungen Steroide als Kohlenstoffquelle akzeptieren. Die induktorischen Aktivitäten zum Steroidabbau verleihen daher dem Mikroorganismus einen evolutionären Vorteil. Die organisatorischen (morphogenetischen) Effekte der Steroidhormone werden dagegen von Prokaryonten (noch) nicht benötigt.

Die Aktivitäten der Steroidhormone beschränken sich beim höheren Organismus nicht auf die induktorische Änderung von RNA-Snythesekapazitäten, sondern es ist mittlerweile eine Vielzahl direkter Steroid-Enzym- und Steroid-Membran-Wechselwirkungen nachgewiesen worden. Auch die rasche Labilisierung bzw. Stabilisierung von Zellmembranen durch Sexualhormone bzw. Corticoide zeigen, daß diese Wirkstoffe über eine Palette sehr unterschiedlicher Angriffspunkte verfügen, die in einer sinnvollen Sequenz nach- und nebeneinander durchlaufen werden (Spaziani, 1975).

Unter den Naturstoffen gibt es keine weitere Substanzklasse, die an einer so großen Zahl biologischer Wirkungen beteiligt ist und gleichzeitig durch chemische Modifikationen hinsichtlich Wirkspezifität und Wirkort verändert werden kann. Aus diesem Grunde hat die Biochemie der Hormone schon lange das Interesse von Biochemikern, Biologen und Medizinern gefunden. Bis heute hat dieses Forschungsgebiet nicht seine Aktualität verloren. Rund 20000 Steroide sind bis jetzt in den großen Steroidlaboratorien synthetisiert und getestet worden. Viele Modifikationen haben die Eigenschaften der natürlichen Steroidhormone verstärkt, ergänzt oder in Einzelaktivitäten dissoziiert. Von den zahlreichen weiteren Steroidvarianten werden auch in Zukunft weitere Fortschritte für die Therapie endokriner und anderer Störungen des Organismus zu erhoffen sein.

11. Anhang

11.1 Verzeichnis der verwendeten Abkürzungen

A	Adenin
Å	Angström, 10^{-10} m
AA-tRNA	Aminoacyl-tRNA
ACTH	Corticotropin
ADP	Adenosindiphosphat
AMP	Adenosinmonophosphat
ATP	Adenosintriphosphat
cAMP	Adenosin-3′,5′-monophosphat (cyclisches Adenosinmonophosphat)
CBG	Corticosteroid-binding globulin, Transcortin
cGMP	Guanosin-3′,5′-monophosphat (cyclisches Guanosinmonophosphat)
CO	Kohlenmonoxid
CoA	Coenzym A
CRH	Corticoliberin
DHEA	Dehydroepiandrosteron
DHT	5α-Dihydrotestosteron
DNA	Desoxyribonucleinsäure
DNase	Desoxyribonuclease
dNTP	Desoxynucleosidtriphosphat
E_1	Östron
E_2	Östradiol
E_3	Östriol
FSH	Follitropin
Gn-RH	Gonadoliberin
GTP	Guanosintriphosphat
GTPase	Guanosintriphosphatase
hCG	Humanes Choriongonadotropin
HeLa	Seit über 20 Jahren kultivierte Tumorzellen, die aus einem menschlichen Cervix-Adenocarcinom stammen
HHL	Neurohypophyse (Hypophysenhinterlappen)
HTC	hepatoma tissue cells, kultivierte Lebertumorzellen
HVL	Adenohypophyse (Hypophysenvorderlappen)
ICSH	Interstitiell cell stimulating hormone, ältere Bezeichnung für Lutropin (LH)
i.v.	intravenös
K_m	Michaelis-Menten-Konstante
K.-Gew.	Körpergewicht
LH	Lutropin

μ	mikro (10^{-6}) oder Ionenstärke
M	molar (Mol pro Liter)
mM	millimolar
Mol.-Gew.	Molekulargewicht
MSH	Melanocyten-stimulierendes Hormon, Melanotropin
ng	Nanogramm, 10^{-9} g
NADH	Nicotinamiddinucleotid, reduziert
NADPH	Nicotinamiddinucleotidphosphat, reduziert
NHI	non-heme-iron, Gruppe von eisenhaltigen Proteinen in Elektronen-Transport-Ketten, z.B. Adrenodoxin
NHP	non-histone-proteins, Gruppe von chromosomalen Proteinen. Hierunter befinden sich sowohl saure, neutrale als auch basische Proteine, die an regulativen Prozessen am Genom beteiligt sind
nm	Nanometer, 10^{-9} m
NNR	Nebennierenrinde
NTP	Nucleosidtriphosphat
Ⓟ	Phosphat
Ⓟ Ⓟ	Pyrophosphat
pAp	Adenosin-3′,5′-diphosphat
Poly A	Polyadenylsäure nicht definierter Kettenlänge
PIF	Prolactostatin (prolactin-inhibiting-factor)
PRL	Prolactin
PTH	Parathormon
RH	Liberine (Releasing hormones)
RNA	Ribonucleinsäure
hnRNA	heterogene Nuclear-RNA
mRNA	Messenger-RNA
rRNA	ribosomale RNA
tRNA	Transfer-RNA
RNase	Ribonuclease
RNP	Ribonucleoprotein
S	Sedimentionskoeffizient in Verbindung mit einer Zahl. Dimension 1 S = Svedberg-Einheit = 10^{-13} sec
SBG	Sex-hormon-binding globulin
s.c.	subcutan
ZNS	Zentralnervensystem

11.2 Erklärung wichtiger Fachausdrücke

adrenal	zur Nebenniere gehörend
adrenogenital	die Nebennieren und Gonaden betreffend
afferent	zuführend
Affinität	Neigung zur Bindung oder Verbindung zwischen zwei oder mehreren Partikeln

Allosterie	Eigenschaft eines Proteins, unter dem Einfluß einer meist niedermolekularen Verbindung seine räumliche Anordnung zu verändern. Der allosterische Effektor greift bei allosterischen Enzymen nicht am aktiven Zentrum des Enzymproteins an
Amenorrhoe	fehlende Regelblutung
anabol	Wirkung beim Aufbau von Verbindungen
angular	winkelig, angulare Methylgruppen der Steroide ragen im 90°-Winkel aus der Oberseite des Moleküls heraus
Antagonist	Gegenspieler, z.B. Verbindungen mit ähnlicher Struktur wie das natürliche Substrat (Agonist), jedoch ohne dessen biologische Aktivität
Anticodon	zum Code-Triplett auf der mRNA komplementäre Basensequenz in einem bestimmten Bereich der tRNA
Antigen	höher- bis hochmolekulare Verbindungen, die bei Vertebraten die Bildung von Antikörpern stimulieren und spezifisch mit diesen Proteinen reagieren
Antigenität	Teil der immunologischen Reaktion
antiinflammatorisch	entzündungshemmend
Antikörper	lösliche Proteine (Globuline) des Serums, die zwei Antigen-Bindungsstellen besitzen
antiparallel	die in einer doppelsträngigen Nucleinsäure (RNA oder DNA) nebeneinander über Wasserstoffbrükken fixierten Polynucleotidstränge haben auf Grund der Di-ester-Bindungen (von 5′ nach 3′ bzw. von 3′ nach 5′) antiparallele Strukturen
Area praeoptica medialis	einer der Kernbereiche im Hypothalamus vor dem Chiasma opticum
Basenpaarung	die durch Wasserstoffbrücken stabilisierte Bindung zwischen Guanin (G) und Cytosin (C) [drei H-Brücken] bzw. zwischen Adenin (A) und Thymin (T) oder Uracil (U) [zwei H-Brücken]
Carrier	Träger- oder Transportprotein (bzw. -faktor) im Blut oder intracellulär. Speziell für den Transport durch Membranen (in den Kern oder in die Mitochondrien) werden Carrier postuliert, deren Identifizierung bisher noch nicht gelungen ist
Centromer	Spindelfaseransatzstelle am Chromosom
Cerebellum	Kleinhirn
Chiasma opticum	Sehnervenkreuzung auf dem Weg zum Vorderhirn
Chiralität	Molekülstruktur, die nicht mit ihrem Spiegelbild zur Deckung gebracht werden kann. Chiralität ist die notwendige aber nicht ausreichende Bedingung für das Auftreten optischer Aktivität

Chorion	vom Trophoblast entwickelte Membran, die sich zum Teil zur Placenta entwickelt
Chromatin	Gesamtheit der Chromosomen in der Interphase
Chromosomen	fadenförmige Gebilde bei Pro- und Eukaryonten, die aus DNA und Protein sowie RNA bestehen und den wesentlichen Teil der genetischen Information der Zelle enthalten (ein kleiner Anteil befindet sich in den Desoxyribonucleinsäuren der Plasmide, Mitochondrien und [pflanzlichen] Choroplasten)
circadianer Rhythmus	Tagesrhythmus
Cistron	Abschnitt der DNA-Basensequenz des Genoms, der für die Biosynthese eines definierten Produktes, z.B. einer Proteinuntereinheit oder einer kompletten ribosomalen RNA usw. codiert
Clearance	Nierenkapazität zur Entfernung eines Stoffes aus dem Plasma, angegeben in ml Plasma, die pro Min. von dem angegebenen Stoff befreit wird
Codon	Folge dreier Basen auf der DNA oder RNA, die den Einbau einer Aminosäure oder den Proteinsynthesestop determiniert
Corpus luteum	aus dem gesprungenen Follikel im Ovar gebildete Struktur. Bildet sowohl Progesteron als auch Östrogene
Cosubstrate	Verbindungen, die für die enzymatische Funktion notwendig sind. Z.B. die Cosubstrate der Oxidoreduktasen: NADH, NADPH, $FADH_2$ usw.
Cytolyse	Auflösung von Zellen
Cytoplasma	Teil der Zelle außerhalb des Kernes. Enthält Mikrosomen, Mitochondrien, die Vesikel des Golgi-Apparates, weitere partikuläre Strukturen sowie die löslichen Anteile des Cytoplasmas (Cytosol)
Cytosol	löslicher Teil des Cytoplasmas, in der Regel durch Abzentrifugation des Zellhomogenates erhalten, meist auch frei von Ribosomen und Polysomen (Überstand nach Zentrifugation bei 100000 x g)
dalton	Molekulargewichtseinheit
Dienzephalon	Zwischenhirn
efferent	abführend
endokrine Drüsen	Drüsen mit innerer Sekretion
Endometrium	Uterusschleimhaut
epimer	Strukturunterschied einer Gruppe in einem Molekül; z.B. sind 3α- oder 3β-Hydroxy-Steroide zueinander epimer
Epiphyse	Zirbeldrüse
Epiphysenfuge	Gewebeschicht, die für das Längenwachstum von Röhrenknochen maßgeblich ist

Eukaryonten	Organismen, deren Zellen einen durch eine Membran vom Cytoplasma abgetrennten Kern besitzen
Exocytose	umgekehrte Pinocytose. Entleerung von Sekretgranulae aus der Zelle in das Plasma
Fetus	Frucht im Mutterleib nach Ablauf des ersten Schwangerschaftsdrittels
Follikel	Ovarieller Zellhaufen, der eine Oocyte enthält, die sich zum Ei entwickeln kann
Genotypus	Gesamtheit der Gene. Dabei geben die Geschlechtschromosomen (Art und Anzahl) Auskunft über das genetische Geschlecht
Genom	Gesamtheit des genetischen Materials einer Zelle
Ghost	leerer Plasmamembransack
Gonaden	primäre Geschlechtsorgane: Testes bzw. Ovarien
Halbwertszeit	Zeit, in der die Hälfte der Verbindung durch Abbau verschwindet
HeLa-Zellen	Zellen, die nach Entnahme aus einem menschlichen Adenocarcinom der Cervix seit über 20 Jahren kultiviert werden können. Die Buchstaben entsprechen den Initialen der erkrankten Patientin
heterogen	uneinheitlich
heterolog	verschiedenartig
Hirsutismus	verstärkte Körperbehaarung bei Frauen
Histotropie	auf Gewebe wirkend
homogen	einheitlich
homolog	gleichartig
humoral	die Körperflüssigkeit betreffend
Hybridisierung	Bildung von Doppelstrangstrukturen aus den Einzelsträngen von komplementären Polynucleotiden
Hyperplasie	Organvergrößerung durch Vermehrung der Zellzahl
Hypertrophie	Organvergrößerung durch Vergrößerung der Einzelzellen
Hypophysektomie	Ausschaltung der Hypophyse
Induktion	biochemisch: vermehrte Synthese eines (induzierten) Proteins. Embryogenese: Differenzierung eines Gewebes durch einen (hormonellen) Faktor
Ionenstärke	Konzentrationsmaß, das die Wechselwirkungen zwischen gelösten Ionen als Funktion ihrer Konzentration und Ladung widerspiegelt $\mu = \frac{1}{2} \cdot \left(c_1 \cdot z_1^2 + c_2 \cdot z_2^2 + \ldots\right)$
Kapazitation	Einfluß der Vaginalflüssigkeit auf die Fähigkeit (Kapazität) der Spermien zur Befruchtung des Eies
katabol	Wirkung beim Abbau von Verbindungen

Kompartiment	(separater) cellulärer Raum für einen Stoff oder eine Stoffgruppe
Kompetition	Hemmung
komplementär	molekularbiologisch: spezifische Zuordnung der Basen G und A zu C und T bzw. U (siehe Basenpaarung)
Konfiguration	Anordnung der Atome im Molekül
Konformation	Anordnung eines Moleküls im Raum
kongenital	angeboren
kovalent	Bindung, die durch ein Elektronenpaar vermittelt wird, das zwei Atomen gemeinsam angehört
Kropfmilch	Epithel der Kropfwand von Tauben, mit denen die Nestjungen gefüttert werden. Die Bildung des Epithels wird durch Prolactin stimuliert
Kryptorchismus	Hodenretention
Lipolyse	Fettspaltung, Freisetzung von freien Fettsäuren aus dem Fettgewebe
Lutealphase	Zweite Hälfte des Menstruationscyclus (Sekretionsphase oder -stadium der Uterusschleimhaut)
Luteolyse	Zerfall des Corpus luteum
Lymphopenie	Verminderung der Lymphocytenanzahl im peripheren Blut
Meiose	Reduktionsteilung, aus der die haploiden Gameten hervorgehen (Geschlechtszellen mit einfachem Chromosomensatz)
Mikrosomen	Membranbruchstücke nach Zellhomogenisation, die aus dem endoplasmatischen Reticulum hervorgehen
Mitochondrien	Zellorganellen im Cytoplasma kernhaltiger Zellen. Enthalten die Enzyme des Citronensäurecyclus (Tricarbonsäurecyclus), der Atmungskette, der Cholesterinspaltung, der Steroid- und Häm-Biosynthese und weitere Proteine. Ferner besitzen sie DNA, Ribosomen und einen eigenen Protein-Syntheseapparat. Die Mehrzahl der für die Biogenese der Mitochondrien notwendigen Informationen wird allerdings von der Kern-DNA bereitgestellt
mitogen	die Mitose fördernd
Mitose	Zellteilung, während der die Tochterzellen die gleiche Zahl von Chromosomen erhalten, die die ursprüngliche Zelle besaß
Modulation	Änderung zellulärer Aktivitäten, die innerhalb des durch den Dfifferenzierungsgrad der Zelle festgelegten Funktionsbereichs möglich ist
Myometrium	Muskelschicht in der Uteruswand
neonatal	unmittelbar nach der Geburt
Nucleolus	Kernkörperchen, Ort der rRNA-Synthese

Nucleoplasma	Kernsaft ohne Nucleolus, auch extranucleolärer Raum genannt
Nucleus	Zellkern; im Hypothalamus und weiteren Hirnbereichen: definierbarer Gewebsbereich
Oocyte	Eizelle
Operon	DNA-Sequenz, die für ein oder mehrere Proteine codiert, die jedoch gleichartig reguliert werden
Orientierung	räumliche Lage von Substituenten am Molekül, synonym mit Konfiguration des Substituenten
osteoid	Knochengewebe, das noch nicht calcifiert ist
Ovar	weibliches primäres Geschlechtsorgan. Bildet Eier und Geschlechtshormone
Ovulation	Ausstoßen eines Eies aus dem Graafschen Follikel nach dem Follikelsprung
Pentosephosphat-Cyclus	oxydativer Abbau von Glucose-6-phosphat unter Bildung von NADPH
Phänotyp	Erscheinungsbild. Das phänotypische Geschlecht kann bei Abweichungen innerhalb der Sexualdifferenzierung vom genotypischen Geschlecht abweichen
Phylogenese	evolutionäre Entwicklung der Lebewesen
Pinocytose	partikuläre Substanzaufnahme durch die Zellen, z. B. bei phagocytierenden Zellen der Nieren- und Dünndarmepithelien, der Granulocyten und Makrophagen
Plasma	Blutflüssigkeit ohne Zellen
pleiotypisch	allgemeine Stoffwechselsteuerung durch ein gemeinsames Signal, z. B. durch cAMP
Polynucleotide	jede höhermolekulare Nucleinsäurekette, die aus mindestens 10 aneinander gereihten Nucleotiden besteht
Prokaryonten	Zellen, in denen das genetische Material nicht durch eine Membran vom übrigen Zellinhalt abgetrennt ist
Proliferationsphase	erste Hälfte des Menstruationscyclus (Follikelreifungsphase)
Promoter	DNA-Sequenz, die für die spezifische Bindung von RNA-Polymerase verantwortlich ist. Wird selbst nicht transkribiert
Pyknose	Zellverdichtung vor dem Absterben der Zelle
Repetitivität	Eigenschaft einer Basensequenz, sich sehr oft — im Grenzfall bis zu millionenfach — hintereinander zu wiederholen. Die Sequenz besteht manchmal nur aus einer Folge von sechs Nucleotiden, ihre Anordnung ist repetitiv oder re-iterierend. Der gesamte repetitive Basenabschnitt auf der DNA ist hochredundant

Replikation	Herstellung einer exakten Kopie einer elterlichen Nucleinsäure. Meist wird DNA repliziert, in seltenen Fällen auch (Virus-)RNA
Repressor	Protein, das im aktiven Zustand die Informationsabgabe eines bestimmten Operons unterdrückt
Rezeptor	biochemisch: lösliches oder membrangebundenes Protein mit hoher Affinität zu bestimmten nieder- oder hochmolekularen Komponenten (Hormonen)
Salvage-Pathway	enzymatischer Weg, durch den die beim Nucleinsäureabbau entstandenen freien Nucleoside und Basen zur Nucleinsäuresynthese wiederverwertet werden können
Spermatogenese	Entwicklung der männlichen Samenzellen im Keimepithel der Hodenkanälchen
Stammzellen	Vorläuferzellen, die sich zu den nicht mehr teilungsfähigen hochdifferenzierten Zellen entwikkeln können
Sterin	stickstoff-freie polycyclische Verbindungen mit mind. 27 C-Atomen
Steroid	sterinähnliche polycyclische Verbindung. Die natürlichen Steroide haben höchstens 21 und mindestens 18 C-Atome im Ringsystem
stringent	streng. Enge Kopplung zwischen Aminosäuren-Angebot und RNA-Synthese
Synaptosomen	isolierte Nervenenden
Synergismus	additive oder potenzierte Wirkung zweier Stoffe
Target-Organ	Zielorgan
testikuläre Feminisierung	Form des Pseudohermaphroditismus, weiblicher Phänotyp trotz männlichem Genotyp
Transkription	RNA-Synthese von der DNA als Matrize
Translation	Proteinsynthese von der mRNA als Matrize
Trophoblast	embryonales Epithel, das später die embryonale Seite der Placenta bildet
Tropine	trophisch wirkende Hormone der Adenohypophyse und weiterer endokriner Drüsen, die Aktivität und Wachstum ihrer Zielorgane unterhalten
Vasodilatation	Blutgefäßerweiterung
Vasokonstriktion	Engstellung der Gefäße

11.3 Liste der Trivialnamen verschiedener Steroide

Adrenosteron	4-Androsten-3,11,17-trion
Aldosteron	11β,21-Dihydroxy-4-pregnen-3,18,20-trion
Allo-	5α-

Androstanolon	17β-Hydroxy-5α-androstan-3-on
Androstenolon	3β-Hydroxy-5-androsten-17-on (DHEA)
Androsteron	3α-Hydroxy-5α-androstan-17-on
Äthinylöstradiol	17α-Äthinyl-3,17β-dihydroxy-1,3,5(10)-östratrien
Ätiocholandion	5β-Androstan-3,17-dion
Ätiocholanolon	3α-Hydroxy-5β-androstan-17-on
Betamethason	9α-Fluor-11β,17,21-trihydroxy-16β-methyl-1,4-pregnadien-3,20-dion
Calciferol	3β-Hydroxy-9,10-seco-5,7,10(19)-cholestatrien (Cholecalciferol)
Cholestanol	3β-Hydroxy-5α-cholestan
Cholesterin	3β-Hydroxy-5-cholesten
Coprostanol	3β-Hydroxy-5β-cholestan
Cortexolon	17,21-Dihydroxy-4-pregnen-3,20-dion
Cortexon	21-Hydroxy-4-pregnen-3,20-dion
Corticosteron	11β,21-Dihydroxy-4-pregnen-3,20-dion
Cortisol	11β,17,21-Trihydroxy-4-pregnen-3,20-dion
Cortison	17,21-Dihydroxy-4-pregnen-3,11,20-trion
Cortol	3α,11β,17,20α,21-Pentahydroxy-5β-pregnan
β-Cortol	3α,11β,17,20β,21-Pentahydroxy-5β-pregnan
Cortolon	3α,17,20α,21-Tetrahydroxy-5β-pregnan-11-on
Cyproteronacetat	6-Chlor-17α-hydroxy-1α,2α-methylen-4,6-pregnadien-3,20-dion-17-acetat
11-Dehydrocorticosteron	21-Hydroxy-4-pregnen-3,11,20-trion
Dehydroepiandrosteron	3β-Hydroxy-5-androsten-17-on
1-Dehydrotestosteron	17β-Hydroxy-1,4-androstadien-3-on
11-Desoxycorticosteron	21-Hydroxy-4-pregnen-3,20-dion
11-Desoxycortisol	17α,21-Dihydroxy-4-pregnen-3,20-dion
Dexamethason	9α-Fluor-11β,17,21-trihydroxy-16α-methyl-1,4-pregnadien-3,20-dion
Dihydroandrosteron	3α,17β-Dihydroxy-5α-androstan
Dihydrocortisol	11β,17,21-Trihydroxy-5β-pregnan-3,20-dion
Dihydrotestosteron	17β-Hydroxy-5α-androstan-3-on
Dydrogesteron	9β,10α-Pregna-4,6-dien-3,20-dion
Ecdyson	(20S)-2β,3β,14α,22R,25-Pentahydroxy-5β-cholesta-7-en-6-on
Ecdysteron	(20S)-2β,3β,14α,20β,22R,25-Hexahydroxy-5β-cholesta-7-en-6-on
Epiandrosteron	3β-Hydroxy-5α-androstan-3-on
Epitestosteron	17α-Hydroxy-4-androsten-3-on
Ergocalciferol	3β-Hydroxy-9,10-seco-5,7,10(19),22-ergostatrien
Ethisteron	17α-Äthinyl-17-hydroxy-4-androsten-3-on
Ethynodioldiacetat	17α-Äthinyl-3β,17-dihydroxy-4-östren-3,17-diacetat
Hydrocortison	11β,17,21-Trihydroxy-4-pregnen-3,20-dion

Lathosterol	3β-Hydroxy-5α-cholesta-7-en
Lynestrenol	17α-Äthinyl-17-hydroxy-4-östren
Medrogeston	6,17-Dimethyl-4,6-pregnadien-3,20-dion
Medroxyprogesteronacetat	6α-Methyl-17-hydroxy-4-pregnen-3,20-dion-17-acetat
Methyltrienolon	17-Methyl-17β-hydroxy-4,9,11-östratrien-3-on
19-Norandrostan	Östran
Norethisteron	17α-Äthinyl-17-hydroxy-4-östren-3-on
Norgestrel	17α-Äthinyl-17-hydroxy-18-methyl-4-östren-3-on
Nortestosteron	17β-Hydroxy-4-östren-3-on
Östradiol	3,17β-Dihydroxy-1,3,5(10)-östratrien
Östriol	3,16α,17β-Trihydroxy-1,3,5(10)-östratrien
Östron	3-Hydroxy-1,3,5(10)-östratrien-17-on
Prednisolon	11β,17,21-Trihydroxy-1,4-pregnadien-3,20-dion
Prednison	17,21-Dihydroxy-1,4-pregnadien-3,11,20-trion
Pregnandiol	3α,20α-Dihydroxy-5β-pregnan
Pregnanolon	3β-Hydroxy-5β-pregnan-20-on
Pregnantriol	3α,17,20α-Trihydroxy-5β-pregnan
Progesteron	4-Pregnen-3,20-dion
Retroprogesteron	9β,10α-Pregna-4,6-dien-3,20-dion
Testosteron	17β-Hydroxy-4-androsten-3-on
Tetrahydrocortisol	3α,11β,17,21-Tetrahydroxy-5β-pregnan-20-on
Tetrahydrocortison	3α,17,21-Trihydroxy-5β-pregnan-11,20-dion
Triamcinolon	9α-Fluor-11β,16α,17,21-tetrahydroxy-1,4-pregnadien-3,20-dion
Urocortisol	3α,11β,17,21-Tetrahydroxy-5β-pregnan-20-on
Urocortison	3α,17,21-Trihydroxy-5β-pregnan-11,20-dion
Zymosterin	3β-Hydroxy-5α-cholesta-8,24-dien

11.4 Empfohlene weiterführende Literatur

Barrington, E. J. W.: An introduction to general and comparative endocrinology. Clarendon Press, Oxford 1975.

Baserga, R. (Hrsg.): The cell cycle and cancer. Marcel Dekker, Inc., New York 1971.

Bentley, P. J.: Endocrines and osmoregulation. A comparative account of the regulation of water and salt in vertebrates. Springer, Berlin-Heidelberg-New York 1971.

Bernstein, S. und S. Solomon (Hrsg.): Chemical and biological aspects of steroid conjugation. Springer, Berlin-Heidelberg-New York 1970.

Blickenstaff, R. T.: Total synthesis of steroids. Academic Press, New York 1974.

Boyd, G. S. und R. M. S. Smellie (Hrsg.): Biological hydroxylation mechanisms. Academic Press, London-New York 1972.

Briggs, M. H. und J. Brotherton: Steroid biochemistry and pharmacology. Academic Press, London-New York 1970.

Burdette, W. J. (Hrsg.): Invertebrate endocrinology and hormonal heterophylly. Springer, Berlin-Heidelberg-New York 1974.

Busch, H. (Hrsg.): The cell nucleus. Vol. III. Academic Press, New York-London 1974.

Capek, A., O. Hanc und M. Tadra: Microbial transformations of steroids. Academia Publishing House of the Czechoslovak Academy of Sciences, Prague 1966.

Deck, A.: Endokrinologie, ein Leitfaden mit 100 Multiple-Choice-Fragen. Georg Thieme, Stuttgart 1976.

Döcke, F. (Hrsg.): Veterinärmedizinische Endokrinologie. VEB Gustav Fischer, Jena 1975.

Dörner, G.: Sexualhormonabhängige Gehirndifferenzierung und Sexualität. Springer, Wien-New York 1972.

Dörner, G. (Hrsg.): Endocrinology of Sex. Johann Ambrosius Barth, Leipzig 1974.

Donovan, B.: Neuroendokrinologie der Säugetiere. Georg Thieme, Stuttgart 1973.

Dufau, M. L. und A. R. Means (Hrsg.): Hormone binding and target cell activation in the testis. Current Topics in molecular endocrinology, Vol. 1 (1974).

Frieden, E. und H. Lipner: Biochemical endocrinology of the vertebrates. Prentice-Hall, Inc., Englewood Cliffs, New Jersey 1971.

Gupta, D. und W. Voelter (Hrsg.): Hypothalamic hormones — structure, synthesis and biological activity. Verlag Chemie, Weinheim 1975.

Hafez, E. S. E. und J. R. Reel (Hrsg.): Perspectives in human reproduction. Vol. 1. Hypothalamic hormones. Ann arbor science publishers Inc., Ann Arbor, Michigan 1975.

Hanke, W.: Vergleichende Wirkstoffphysiologie der Tiere. Gustav Fischer, Stuttgart 1973.

King, R. J. B. und W. I. P. Mainwaring: Steroid-cell interactions. Butterworths, London 1974.

Kornberg, A.: DNA synthesis. W. H. Freeman and comp., San Francisco 1974.

Lederis, K. und K. E. Cooper (Hrsg.): Recent studies of hypothalamic function. S. Karger, Basel-München-Paris-London 1974.

Litwack, G. (Hrsg.): Biochemical actions of hormones, Vol. II. Academic Press, New York-London 1972.

Litwack, G. (Hrsg.): Biochemical actions of hormones, Vol. III. Academic Press, New York-London 1975.

Ludvik, W.: Andrologie, eine Einführung. Georg Thieme, Stuttgart 1976.

McKerns, K. W. (Hrsg.): Hormones and cancer. Academic Press, New York-London 1974.

Moudgal, N. R. (Hrsg.): Gonadotropins and gonadal function. Academic Press, New York-San Francisco-London 1974.

Müller, J.: Regulation of aldosterone biosynthesis. Springer, Berlin-Heidelberg-New York 1971.

Neumann, F., G. Döring und C. Hossfeld: Endokrinologie II und Fortpflanzung. Physiologie des Menschen, Bd. 17. Urban & Schwarzenberg, München-Berlin-Wien 1972.

Norman, A. W., K. Schaefer, H.-G. Grigoleit, D. von Herrath und E. Ritz (Hrsg.): Vitamin D and problems related to uremic bone disease. Walter de Gruyter, Berlin-New York 1975.

Onken, D.: Steroide. Zur Chemie und Anwendung. Akademie-Verlag, Berlin; Pergamon Press, Oxford; Vieweg + Sohn, Braunschweig 1971.

Page, I. H. und F. M. Bumpus (Hrsg.): Angiotensin. Springer, Berlin-Heidelberg-New York 1974.

Rechcigl, M. (Hrsg.): Enzyme synthesis and degradation in mammalian systems. S. Karger, Basel-München-Paris-London 1971.

Rickenberg, H. V. (Hrsg.): Biochemistry of hormones. MTP international Review of Science. Vol. 8. Butterworths, London; University Park Press, Baltimore 1974.

Smellie, R. M. S. (Hrsg.): The biochemistry of steroid hormone action. Academic Press, London-New York 1971.

Söling, H.-D. und B. Willms (Hrsg.): Regulation of gluconeogenesis. Georg Thieme, Stuttgart; Academic Press, New York-London 1971.

Stein, G. S. und L. J. Kleinsmith (Hrsg.): Chromosomal proteins and their role in the regulation of gene expression. Academic Press, New York-San Francisco-London 1975.

Stoll, B. A. (Hrsg.): Mammary cancer and neuroendocrine therapy. Butterworths, London 1974.

Szontagh, F. E.: Wirkungsmechanismus oraler Progestagene. Johann Ambrosius Barth, Leipzig 1976.

Tausk, M.: Pharmakologie der Hormone. Georg Thieme, Stuttgart 1973.

Träger, L.: Einführung in die Molekularbiologie. Gustav Fischer, Stuttgart 1975.

Voss, H. E. und G. Oertel (Hrsg.): Androgene I und II. Springer, Berlin-Heidelberg-New York 1973 und 1974.

Weber, R. (Hrsg.): The biochemistry of animal development. Vol. III. Molecular aspects of animal development. Academic Press, New York-San Francisco-London 1975.

Westphal, U.: Steroid-protein interaction. Springer, Berlin-Heidelberg-New York 1971.

11.5 Originalarbeiten

Abou-Issa, H., Reichert, L. E.: Properties of follitropin-receptor interaction. Characterization of the interaction of follitropin with receptors in purified membranes isolated from mature rat testes tubules. J. Biol. Chem. **251**, 3326 (1976).

Abraham, A. D., Sekeris, C. E.: Corticosteroid-binding macromolecules in the nucleus and cytosol of rat thymus cells. Biochim. Biophys. Acta **297**, 142 (1973).

Abul-Haji, Y. J.: Stereospecificity of hydrogen transfer from NADPH by steroid Δ^4-5α- and 5β-reductase. Steroids **20**, 215 (1972).

Adcock, E. V., Teasdale, F., August, C. S., Cox, S., Meschia, G., Battaglia, F. C., Naughton, M. A.: Human chorion gonadotropin: its possible role in maternal lymphocyte suppression. Science **181**, 845 (1973).

Agarwal, M. K.: Human liver glucocorticoid receptors are similar to those in rat liver. Naturwissenschaften **63**, 50 (1976a).

Agarwal, M. K.: Identification and properties of renal mineralocorticoid receptors in relation to glucocorticoid binders in rat liver and kidney. Biochem. J. **154**, 567 (1976b).

Agmo, A., Södersten, P.: Sexual behaviour in castrated rabbits treated with testosterone, öestradiol, dihydrotestosterone or oestradiol in combination with dihydrotestosterone. J. Endocr. **67**, 327 (1975).

Ahmad, P., Mellors, A.: Glucocorticoid potency and parachor. J. Steroid Biochem. **7**, 19 (1976).

Ainsworth, L., Ryan, K. J.: Steroid hormone transformations by endocrine organs from pregnant mammals. V. The biosynthesis and metabolism of progesterone and estrogens by orang-utan placental tissue in vitro. Steroids **14**, 301 (1969).

Akhtar, M., Wilton, D. C., Watkinson, I. A., Rahimtula, A. D.: Substrate activation in pyridine nucleotide-linked reactions. Illustrations from the steroid field. Proc. Roy. Soc. London, Ser. B. **180**, 167 (1972).

Alexander, K., Akhtar, M.: The role of 5α-hydroxylated intermediates in the formation of the 5,6-double bond in cholesterol biosynthesis. Biochem. J. **145**, 345 (1975).

Alexander, K., Akhtar, M., Boar, R. B., McGhie, J. F., Barton, D. H. R.: The removal of the 32-carbon atom as formic acid in cholesterol biosynthesis. J. Chem. Soc. Chem. Comm. **1972**, 383.

Alfano, J., Brownie, A. C., Orme-Johnson, W. H., Beinert, H.: Adrenal mitochondrial cytochrome P 450 and cholesterol side chain cleavage activity. Differences in the response of the zona glomerulosa and zona fasciculata-reticularis to adrenocorticotropic hormone und its withdrawel. J. Biol. Chem. **248**, 7860 (1973).

Allfrey, V. G., Meudt, R., Hopkins, J. W ., Mirsky, A. E.: Sodium-dependent „transport“ reactions in the cell nucleus and their role in protein and nucleic acid synthesis. Proc. Natl. Acad. Sci. **47**, 907 (1961).

Amrhein, J. A., Meyer, W. J., Jones, H. W., Migeon, C. J.: Androgen insensitivity in man: evidence for genetic heterogeneity. Proc. Natl. Acad. Sci. **73**, 891 (1976).

Anderson, J. N., Peck, E. J., Clark, J. H.: Nuclear receptor-estrogen complex: in vivo and in vitro binding of estradiol and estriol as influenced by serum albumin. J. Steroid Biochem. **5**, 103 (1974).

Anderson, J. N., Peck, E. J., Clark, J. H.: Estrogen-induced uterine responses and growth: relationship to receptor estrogen binding by uterine nuclei. Endocrinology **96**, 160 (1975).

Anderson, K. M., Cohn, H., Samuels, S.: Further evidence for an androgen-dependent intermediate with a short half life required for maximal ribosomal RNA synthesis in the rat ventral prostate. FEBS Letters **27**, 149 (1972).

Anderson, N. S., Fanestil, D. D.: Corticoid receptors in rat brain: evidence for an aldosterone receptor. Endocrinology **98**, 676 (1976).

Andre, J., Rochefort, H.: In vitro binding of the estrogen receptor to DNA: absence of saturation at equilibrium. FEBS Letters **50**, 319 (1975).

Armstrong, D. T., Flint, A. P. F.: Isolation and properties of cholesterol ester-storage granules from ovarian tissues. Biochem. J. **134**, 399 (1973).

Arthur, J. R., Boyd, G. S.: The effect of inhibitors of protein synthesis on cholesterol side-chain cleavage in the mitochondria of luteinized rat ovaries. Europ. J. Biochem. **49**, 117 (1974).

Arthur, J. R., Mason, J. I., Boyd, G. S.: The effect of calcium ions on the metabolism of exogeneous cholesterol by rat adrenal mitochondria. FEBS Letters **66**, 206 (1976a).

Arthur, J. R., Blair, H. A. F., Boyd, G. S., Mason, J. I., Suckling, K. E.: Oxidation of cholesterol and cholesterol analogues by mitochondrial preparations of steroid-hormone-producing tissue. Biochem. J. **158**, 47 (1976b).

Ashburner, M.: Sequential gene activation by ecdysone in polytene chromosomes of Drosophila melanogaster. Develop. Biol. **35**, 47 (1973).

Atolabi, S. K., Tulloch, B. R., Kissebach, A. H., Vydelingum, N., Fraser, T. R.: Oestrogen induced hypertriglyceridaemia: role of the adrenal cortex. Clin. Endocr. **5**, 203 (1976).

Attardi, B., Ohno, S.: Cytosol androgen receptor from kidney of normal and testicular feminized (Tfm) mice. Cell **2**, 205 (1974).

Avenarius, I., Schwartz, E.: Beeinflussung des Wachstums von Ehrlich Ascites-Tumoren durch Dehydroepiandrosteron. Naturwissenschaften **62**, 44 (1975).

Axelrod, J.: Relationship between catecholamines and other hormones. Rec. Progr. Hormone Res. **31**, 1 (1975).

Ayres, B. E., Newall, C. E., Phillips, G. H.: Steroidal anaesthetics: synthesis of 3α-hydroxy-5α-pregnane-11,20-dione-[12-^{14}C] and 3α,21-dihydroxy-5α-pregnane-11,20-dione-[21-^{14}C]-21-acetate. Steroids **26**, 219 (1975).

Baliga, B. S., Borek, E.: An early effect of estrogen on the tRNA-methyltransferases of rat uterus. Endocrinology **94**, 815 (1974).

Ballard, P. L., Tomkins, G. M.: Glucocorticoid-induced alteration of the surface membrane of cultured hepatoma cells. J. Cell. Biol. **47**, 222 (1970).

Ballard, P. L., Baxter, J. D., Higgins, S. J., Rousseau, G. G., Tomkins, G. G.: General presence of glucocorticoid receptors in mammalian tissues. Endocrinology **94**, 998 (1974).

Baran, D. T., Peck, W. A., Frengley, P. A., Lichtman, M. A.: Cortisol-induced inhibition of amino acid transport in thymic lymphocytes. Kinetic parameters; relation to ATP levels and protein synthesis; and specificity. Biochim. Biophys. Acta **307**, 627 (1973).

Barden, N., Labrie, F.: Cyclic adenosine 3',5'-monophosphate dependent phosphorylation of ribosomal proteins from bovine anterior pituitary gland. Biochemistry **12**, 3096 (1973).

Baron, J.: Immunochemical studies on adrenal ferredoxin: involvement of adrenal ferredoxin-like iron-sulfur proteins in the cholesterol side-chain cleavage of mammalian steroidogenic tissues. Arch. Biochem. Biophys. **174**, 239 (1976).

Bartmann, W.: Prostaglandine. Angew. Chem. **87**, 143 (1975).

Baulieu, E.-E., Alberga, A., Jung, I., Lebeau, M.-C., Merciere-Bodard, C., Milgrom, E., Raynaud, J.-P., Raynaud-Jammet, C., Rochefort, H., Truong, H., Robel, P.: Metabolism and protein binding of sex steroids in target organs: an approach to the mechanism of hormone action. Rec. Progr. Hormone Res. **27**, 351 (1971).

Baulieu, E.-E., Wira, C. R., Milgrom, E., Raynaud-Jammet, C.: Ribonucleic acid synthesis and oestradiol action in the uterus. Acta endocr. (Kbh.) **71**, Suppl. 168, 396 (1972).

Bazzell, K. L., Price, G., Tu, S., Griffin, M., Cox, R., Ghosh, N.: Cortisol modification of HeLa 65 alkaline phosphatase. Decreased phosphate content of the induced enzyme. Eur. J. Biochem. **61**, 493 (1976).

Beato, M., Arnemann, J.: Hormone-dependent synthesis and secretion of uteroglobin in isolated rabbit uterus. FEBS Letters **58**, 126 (1975).

Beato, M., Baier, R.: Binding of progesterone to the proteins of the uterine luminal fluid. Identification of uteroglobin as the binding protein. Biochim. Biophys. Acta **392**, 346 (1975).

Beato, M., Nieto, A.: Translation of the mRNA for rabbit uteroglobin in cell-free systems. Evidence for a precursor protein. Eur. J. Biochem. **64**, 15 (1976).

Beedle, A. S., Walton, M. J., Goodwin, T. W.: Isoprenoid biosynthesis in aseptic larvae of Calliphora erythrocephala. Insect Biochem. **5**, 465 (1975).

Begue, R.-J., Gustafsson, J.-A., Goldman, A. S.: New potent inhibitors of 3β-hydroxy-Δ^5-steroid oxidoreductase with short duration of action. Endocrinology **95**, 238 (1974).

Behrman, H. R., Ng, T. S., Ovczyk, G. R.: Interactions between prostaglandins and gonadotropins on Corpus luteum function. In: Gonadotropins and gonadal function, Moudgal N. R. (ed.). Academic Press, New York, 1974, p. 332.

Bekemeier, H., Giessler, A. J., Hirschelmann, R.: Rolle von Prostaglandinen und Catecholaminen bei der Entzündung und im Wirkungsmechanismus von Antiphlogistica. Pharmazie **29**, 671 (1974).

Belham, J. E., Neal, G. E., Williams, D. C.: Testosterone metabolism in the rat ventral prostate, Biochim. Biophys. Acta **187**, 159 (1969).

Bell, J. B. G.: Studies of in vitro steroid metabolism by testis tissue from „complete" and „incomplete" forms of testicular feminization. Clin. Endocrin. **4**, 343 (1975).

Bell, J. J., Harding, B. W.: The acute action of adrenocorticotropic hormone on adrenal steroidogenesis. Biochim. Biophys. Acta **348**, 285 (1974).

Bell, J. J., Sargeant, T. E., Watson, J. A.: Inhibition of 3-hydroxy-3-methylglutaryl coenzyme A reductase activity in hepatoma tissue culture cells by pure cholesterol and several cholesterol derivatives. Evidence supporting two distinct mechanisms. J. Biol. Chem. **251**, 1745 (1976).

Belle, R., Marot, J., Ozon, R.: Nature of progesterone action on amino acid uptake by isolated full-grown oocyte of Xenopus laevis. Biochim. Biophys. Acta **419**, 342 (1976).

Benassayag, C., Vallette, G., Cittanova, N., Nunez, E., Jayle, M. F.: Isolation of two forms of rat alpha-fetoprotein and comparison of their binding parameters with estradiol-17β. Biochim. Biophys. Acta **412**, 295 (1975).

Benisek, W. F., Jacobson, A.: Catalysis of the isomerization of Δ^5-3-ketosteroids to Δ^4-3-ketosteroids by primary animes. Evidence for an imine intermediate. Bioorgan. Chem. **4**, 41 (1975).

Bennett, G. W., Edwardson, J. A., Holland, D., Jeffcoate, S. L., White, N.: Release of immunoreactive luteinising hormone-releasing hormone and thyrotrophin-releasing hormone from hypothalamic synaptosomes. Nature **257**, 323 (1975).

Berg, B. H.: The influence of 17β-oestradiol on aminoacyl-tRNA synthetases from mouse uterus and mouse liver. Biochim. Biophys. Acta **395**, 173 (1975).

van den Berg, J. A., Gruber, M., Ab, G.: Estradiol-induced enhancement of the processing of the 32 S ribosomal precursor in rooster liver. FEBS Letters **63**, 65 (1976).

Berridge, M. J.: Control of cell division: a unifying hypothesis. J. Cycl. Nucl. Res. **1**, 305 (1975).

Betz, J., Träger, L.: Enzyminduktion bei Streptomyces hydrogenans. IV. Quantitative und qualitative Änderungen der RNA während der Enzyminduktion. Hoppe-Seyler's Z. Physiol. Chem. **356**, 357 (1975).

Betz, J., Träger, L.: Nucleoside triphosphate levels in Streptomyces hydrogenans during growth and induction of 20β-hydroxysteroid dehydrogenase. Z. Naturforschg. **31c**, 486 (1976).

Betz, J., Lotz, B., Träger, L.: Enzyme induction in Streptomyces hydrogenans. VI. Induction of 20β-hydroxysteroid dehydrogenase as studied by immunological methods. Hoppe-Seyler's Z. Physiol. Chem. **357**, 777 (1976).

Beyer, B., Terenius, L., Brueggemeier, R. W., Ranade, V. V., Counsell, R. E.: Synthesis of potential antiprogestogens. Steroids **27**, 123 (1976).

Birmingham, M. K., Bartova, A.: Effects of calcium and theophylline on ACTH- and dibutyryl cyclic AMP-stimulated steroidogensis and glycolysis by intact mouse adrenal glands in vitro. Endocrinology **92**, 743 (1973).

Birnbaumer, L., Yang, P.-C.: Studies on receptor-mediated activation of adenylyl cyclases. III. Regulation by purine nucleotides of the activation of adenylyl cyclases from target organs for prostaglandins, luteinizing hormone, neurohypophyseal hormones and catecholamines. Tissue- and hormone-dependent variations. J. Biol. Chem. **249**, 7867 (1974).

Bjersing, L., Cajander, S.: Ovulation and the role of the ovarian surface epithelium. Experientia **31**, 605 (1975).

Björkhem, I., Karlmar, K.-E.: 18-Hydroxylation of deoxycorticosterone by reconstituted systems from rat and bovine adrenals. Eur. J. Biochem. **51**, 145 (1975).

Björkhem, I., Einarsson, K., Gustafsson, J.-A.: 3β-Hydroxy-Δ^5-C_{19}- and C_{21}-steroid oxidoreductase activity in rat liver. Steroids **19**, 471 (1972).

Bloxham, D. P., Wilton, D. C., Akhtar, M.: Studies on the mechanism and regulation of C-4 demethylation in cholesterol biosynthesis. Biochem. J. **125**, 625 (1971).

Blüthmann, H., Mrozek, S., Gierer, A.: Non-histone chromosomal proteins. Their isolation and role in determining specificity of transcription in vitro. Eur. J. Biochem. **58**, 315 (1975).

Bogdanove, E. M., Nolin, J. M., Campbell, G. T.: Qualitative and quantitative gonad-pituitary feedback. Rec. Progr. Hormone Res. **31**, 567 (1975).

Bohn, H., Weinmann, E.: Immunologische Unterbrechung der Schwangerschaft bei Affen mit Antikörpern gegen das menschliche schwangerschaftsspezifische β_1-Glykoprotein (SP_1). Archiv f. Gynäkologie **217**, 209 (1974).

Bolte, E., Coudert, S., Lefebvre, Y.: Steroid production from plasma cholesterol. II. In vivo conversion of plasma cholesterol to ovarian progesterone and adrenal C_{19} and C_{21} steroids in humans. J. Clin. Endocr. Metab. **38**, 394 (1974).

Bonne, C., Raynaud, J.-P.: Methyltrienolone, a specific ligand for cellular androgen receptors. Steroids **26**, 227 (1975).

Borgeat, P., Chavancy, G., Dupont, A., Labrie, F., Arimura, A., Schally, A. V.: Stimulation of adenosine 3',5'-cyclic monophosphate accumulation in anterior pituitary gland in vitro by synthetic luteinizing hormone-releasing hormone. Proc. Natl. Acad. Sci. **69**, 2677 (1972).

Borgeat, P., Labrie, F., Garneau, P.: Characteristics of action of prostaglandine on cyclic AMP accumulation in rat anterior pituitary gland. Canad. J. Biochem. **53**, 455 (1975).

Borthwick, N. M., Bell, P. A.: Early glucocorticoid-dependent stimulation on RNA polymerase B in rat thymus cells. FEBS Letters **60**, 396 (1975).

Borthwick, N. M., Smellie, R. M. S.: The effects of oestradiol-17β on the ribonucleic acid polymerase of immature rabbit uterus. Biochem. J. **147**, 91 (1975).

Botte, V., Koide, S. S.: Enzymic hydrolysis of steroid phosphates. Biochim. Biophys. Acta **152**, 396 (1968).

Boucher, R., Guathier, M., Jolicoeur, P., Labrie, F.: Translational control of protein synthesis in rat anterior pituitary by N^6-2'-O-dibutyryladenosine-3',5'-monophosphate. Canad. J. Biochem. **51**, 913 (1973).

Bouillon, R., van Baelen, H., Rombauts, W., de Moor, P.: The purification and characterisation of the human-serum binding protein for the 25-hydroxycholecalciferol (transcalciferin). Identity with group-specific component. Eur. J. Biochem. **66**, 285 (1976).

Boyd, G. S.: Cholesterol absorption. In: The role of fats in human nutrition (A. J. Vergroesen, Edt.). Academic Press, New York 1975, S. 369.

Bramble, F. J., Houghton, A. L., Eccles, S. S., Murray, M. A. F., Jacobs, H. S.: Specific control of follicle stimulating hormone in the male: postulated site of action of inhibin. Clin. Endocrin. **4**, 443 (1975).

Braselton, W. E., Engel, L. L., Orr, J. C.: The flux of intermediates and products in aromatization of C_{19} steroids by human placental microsomes. Eur. J. Biochem. **48**, 35 (1974).

Bräuer, R., Gersch, M., Baumann, E.: Specific action of activation factor I on RNA synthesis in prothoracic glands in insects. J. Insect Physiol. **22**, 147 (1976).

Bremner, W. J., Paulsen, C. A.: Two pools of luteinizing hormone in the human pituitary: evidence from constant administration of luteinizing hormone-releasing hormone. J. Clin. Endocrin. Metab. **39**, 811 (1974).

Brenner, R. M., Resko, J. A., West, N. B.: Cyclic changes in oviductal morphology and residual cytoplasmic estradiol binding capacity induced by sequential estradiol-progesterone treatment of spayed Rhesus monkeys. Endocrinology **95**, 1094 (1974).

Breuer, H., Köster, G.: Interaction between oestrogens and neurotransmitters at the hypophyseal-hypothalamic level. J. Steroid Biochem. **5**, 961 (1974).

Breuer, H., Breuer, J., Dahm, K., Knuppen, R., Lehmann, W. D.: Some newer aspects of oestrogen metabolism. Adv. Biosci. **2**, 113 (1968).

Brewer, E. N.: DNA replication in Physarum polycephalum. J. Mol. Biol **68**, 401 (1972).

Briggs, M.: Biochemical effect of oral contraceptives. Adv. Steroid Biochem. Pharmacol. **5**, 66 (1976).

Briggs, M., Briggs, M.: Vitamin C requirements and oral contraceptives. Nature **238**, 277 (1972).

Brody, M. J., Kadowitz, P. J.: Prostaglandins as modulators of the autonomic nervous system. Fed. Proc. **33**, 48 (1974).

Brooksbank, B. W. L., Brown, R., Gustafsson, J.-A.: The detection of 5α-androsta-16-en-3α-ol in human male axillary sweat. Experientia **30**, 864 (1974).
Brophy, P. J., Gower, D. B.: Studies on the inhibition by 5α-pregnane-3,20-dione of the biosynthesis of 16-androstenes and dehydroepiandrosterone in boar testis preparations. Biochim. Biophys. Acta **360**, 252 (1974).
Broulik, P. D., Starka, L.: Corticosteroid-like effect of cyproterone and cyproterone acetate in mice. Experientia **31**, 1364 (1975).
Brown, M. S., Luskey, K., Bohmfalk, H.A., Helgeson, J., Goldstein, J. L.: Role of the LDL receptor in the regulation of cholesterol and lipoprotein metabolism. In: Lipoprotein metabolism. Greten, H. (ed.), Springer, Berlin-Heidelberg 1976, p. 82.
Bruchovsky, N., Rennie, P. S., Vanson, A.: Studies on the regulation of the concentration of androgens and androgen receptors in nuclei of prostatic cells. Biochim. Biophys. Acta **394**, 248 (1975).
Brumbaugh, P. F., Haussler, M. R.: Specific binding of 1α,25-dihydroxycholecalciferol to nuclear components of chick intestine. J. Biol. Chem. **250**, 1588 (1975).
Brumbaugh, P. F., Hughes, M. R., Haussler, M. R.: Cytoplasmic and nuclear binding components for 1α,25-dihydroxyvitamin D_3 in chick parathyroid glands. Proc. Natl. Sci. **72**, 4871 (1975).
Bucher, N. L. R., Overath, P., Lynen, F.: β-Hydroxy-β-methyl-glutaryl coenzyme A reductase, cleavage and condensing enzymes in relation to cholesterol formation in rat liver. Biochim. Biophys. Acta **40**, 491 (1960).
Buggy, J., Fischer, A. E.: Evidence for a dual central role for angiotensin in water and sodium intake. Nature **250**, 733 (1974).
Buller, R. E., O'Malley, B. W.: The biology and mechanism of steroid hormone receptor interaction with the eukaryotic nucleus. Biochem. Pharmacol. **25**, 1 (1976).
Buller, R. E., Toft, D. O., Schrader, W. T., O'Malley, B. W.: Progesterone-binding components of chick oviduct. VIII. Receptor activation and hormone-dependent binding to purified nuclei. J. Biol. Chem. **250**, 801 (1975a).
Buller, R. E., Schrader, W. T., O'Malley, B. W.: Progesterone-binding components of chick oviduct. IX. The kinetics of nuclear binding. J. Biol. Chem. **250**, 809 (1975b).
Bullock, L. P., Bardin, C. W.: Androgen receptors in mouse kidney: a study of male, female and androgen-insensitive (ftm/y) mice. Endocrinology **94**, 746 (1974).
Burmeister, P., Simon, A.: Episodische Sekretion von ACTH durch einen Tumor des Nebennierenmarks. Deutsche Med. Wschrft. **100**, 1132 (1975).
Burstein, S.: Kinetic studies on the mechanism of conversion of cholesterol to pregnenolon. Ann. N.Y. Acad. Sci. **212**, 262 (1973).
Burstein, S., Gut, M.: Biosynthesis of pregnenolone. Rec. Progr. Hormone Res. **27**, 303 (1971).
Burstein, S., Gut, M.: Intermediates in the conversion of cholesterol to pregnenolone: kinetics and mechanism. Steroids **28**, 115 (1976).
Burstein, S., Byon, C. Y., Kimball, H. L., Gut, M.: Exclusion of 20(22)-dehydrocholesterol as an intermediate in the biosynthesis of pregnenolone in bovine adrenocortical mitochondrial acetone-dried powder preparations. Steroids **27**, 691 (1976).
Busby, W. F., Hele, P.: Estrogen-induced variation of lysine transfer ribonucleic acid isoacceptors in chicken liver. Biochim. Biophys. Acta **224**, 413 (1970).
Butterworth, F. M., Berendes, H. D.: Ecdysone-binding proteins in haemolymph and tissues of Drosophila hydei larvae. J. Insect Physiol. **20**, 2195 (1974).
Cahn, R. S., Ingold, C., Prelog, V.: Spezifikation der molekularen Chiralität. Angew. Chem. **78**, 413 (1966).
Calandra, R. S., Blaquier, D. A.: Receptors for androgens in rat epididymis. Interactions with 5α-androstane-3α,17β-diol. J. Steroid Biochem. **4**, 525 (1973).

Camerini-Otero, R. D., Sollner-Webb, B., Felsenfeld, G.: The organization of histones and DNA in chromatin: evidence for an arginine-rich histone kernel. Cell **8**, 333 (1976).

Candela, J. L. R., Nieto, A.: Effect of glucagon on protein and RNA synthesis by spheroplasts of Escherichia coli. Nature New Biol. **237**, 85 (1972).

Capek, A., Hanc, O., Tadra, M.: Microbial transformations of steroids. Academia Publishing House of Czechoslovak Acad. Sci., Prague 1966, p. 55.

Caron, M. G., Goldstein, S., Savard, K., Marsh, J. M.: Protein kinase stimulation of a reconstituted cholesterol side chain cleavage enzyme system in the bovine corpus luteum. J. Biol. Chem. **250**, 5137 (1975).

Carpenter, P. C., Mattox, V. R.: Isolation, determination of structure and synthesis of the acid-labile conjugate of aldosterone. Biochem. J. **157**, 1 (1976).

Castro-Vazquez, A., Gomez, E., de Carli, D. N., Rosner, J. M.: Further evidence for histamine facilitating oestrogen-action in the uterus. J. Endocr. **68**, 121 (1976).

Catt, K. J., Dufau, M. L., Neaves, W. B., Walsh, P. C., Wilson, J. D.: LH-hCG receptors and testosterone content during differentiation of the testis in the rabbit embryo. Endocrinology **97**, 1157 (1975).

Chamness, G. C., Jennings, A. W., McGuire, W. L.: Oestrogen receptor binding is not restricted to target nuclei. Nature **241**, 458 (1973).

Chamness, G. C., Jennings, A. W., McGuire, W. L.: Estrogen receptor binding to isolated nuclei. A nonsaturable process. Biochemistry **13**, 327 (1974).

Chamness, G. C., Costlow, M. E., McGuire, W. L.: Estrogen receptor in rat liver and its dependence on prolactin. Steroids **26**, 363 (1975).

Cheng, Y.-J., Karavolas, H. J.: Subcellular distribution and properties of progesterone (Δ^4-steroid) 5α-reductase in rat medial basal hypothalamus. J. Biol. Chem. **250**, 7997 (1975).

Cheung, W. Y., Bradham, L. S., Lynch, T. J., Lin, Y. M., Tallant, E. A.: Protein activator of cyclic 3′,5′-nucleotide phosphodiesterase of bovine or rat brain also activates its adenylate cyclase. Biochem. Biophys. Res. Commun. **66**, 1055 (1975).

Chihara, C. J., Fristrom, J. W.: Effects and interactions of juvenile hormone and β-ecdysone on Drosophila imaginal discs cultured in vitro. Develop. Biol. **35**, 36 (1973).

Chiu, A. T., Peach, M. J.: Inhibition of induced aldosterone biosynthesis with a specific antagonist of angiotensin II. Proc. Natl. Acad. Sci. **71**, 341 (1974).

Church, R. B., McCarthy, B. J.: Unstable nuclear RNA synthesis following estrogen stimulation. Biochim. Biophys. Acta **199**, 103 (1970).

Cidlowski, J. A., Muldoon, T. G.: Estrogenic regulation of cytoplasmic receptor populations in estrogen-responsive tissues of the rat. Endocrinology **95**, 1621 (1974).

Clark, J. H., Anderson, J. N., Peck, E. J.: Estrogen receptor-anti-estrogen complex: atypical binding by uterine nuclei and effects on uterine growth. Steroids **22**, 707 (1973).

Claus, R., Alsing, W.: Occurence of 5α-androstene-16-en-3-one, a boar pheromone, in man and its relationship to testosterone. J. Endocr. **68**, 483 (1976).

Clemens, M. J.: Functional relationships between a reticulocyte polypeptide chain initiation factor (IF-MP) and the translational inhibitor involved in regulation of protein synthesis by haemin. Eur. J. Biochem. **66**, 413 (1976).

Clinkenbeard, K. D., Reed, W. D., Mooney, R. A., Lane, D.: Intracellular localization of the 3-hydroxy-3-methylglutaryl coenzyme A cycle enzymes in liver. Separate cytoplasmic and mitochondrial 3-hydroxy-3-methylglutaryl coenzymes A generating systems for cholesterogenesis and ketogenesis. J. Biol. Chem. **250**, 3108 (1975).

Cohen, A., Kulka, R. G.: Induction of chymotrypsinogen by hydrocortisone in embryonic chick pancreas in vitro. J. Biol. Chem. **249**, 4522 (1974).

Cohen, M. E., Hamilton, T. H.: Sequential stimulation of synthesis of two specific cytoplasmic proteins in early estrogen action. Biochem. Biophys. Res. Commun. **64**, 633 (1975).
Collins, D. C., Graham, C. E., Preedy, J. R. K.: Identification and measurement of urinary estrone, estradiol-17β, estriol, pregnanediol and androsterone during the menstrual cycle of the orang utan. Endocrinology **96**, 93 (1975a).
Collins, D. C., Balikian, H. M., Preedy, J. R. K.: Hydrolysis of estrogen conjugates by the lungs of the dog in vivo. Endocrinology **96**, 1543 (1975b).
Collman, J. P., Sorrell, T. N., Dawson, J. H., Trudell, J. R., Bunnenberg, E., Djerassi, C.: Magnetic circular dichroism of ferrous carbonyl adducts of cytochromes P-450 and P-420 and their synthetic models: further evidence for mercaptide as the fifth ligand to iron. Proc. Natl. Acad. Sci. **73**, 6 (1976).
Cook, I. F., Lloyd-Jones, J. G., Rees, H. H., Goodwin, T. W.: The stereochemistry of hydrogen elimination from C-7 during biosynthesis of ecdysons in insects and plants. Biochem. J. **136**, 135 (1973).
Cook, J. W., Dodds, E. C., Hewett, C. L., Lawson, W.: The oestrogenic activity of some condensed-ring compounds in relation to their other biological activities. Proc. Roy. Soc. Ser. B **114**, 272 (1934).
Copinschi, G., L'Hermite, M., Leclercq, R., Goldstein, J., Vanhaelst, L., Virasoro, E., Robyn, C.: Effects of glucocorticoids on pituitary hormonal responses to hypoglycemia. Inhibition of prolactin release. J. Clin. Endocr. Metab. **40**, 442 (1975).
Correia, M. A., Meyer, U. A.: Apocytochrome P-450: reconstitution of functional cytochrome with hemin in vitro. Proc. Natl. Acad. Sci. **72**, 400 (1975).
Corvol, P., Michaud, A., Menard, J., Freifeld, M., Mahoudeau, J.: Antiandrogenic effect of spirolactones: mechanism of action. Endocrinology **97**, 52 (1975).
Cory, J. G., Whitford, T. W.: Ribonucleotide reductase and DNA synthesis in Ehrlich ascites tumor cells. Cancer Res. **32**, 1301 (1972).
Couch, R. M., Anderson, K. M.: Rat ventral prostate chromatin. Effect of androgens on its chemical composition, physical properties, and template activity. Biochemistry **12**, 3114 (1973).
Coulter, A. W., Talalay, P.: Studies on the microbiological degradation of steroid ring A. J. Biol. Chem. **243**, 3238 (1968).
Coy, D. H., Coy, E. J., Hirotsu, Y., Vilchez-Martinez, J. A., Schally, A. V., van Nispen, J. W., Tesser, G. I.: Investigation of the role of tryptophan in the luteinizing hormone releasing hormone. Biochemistry **13**, 3550 (1974).
Croce, C. M., Litwack, G., Koprowski, H.: Human regulatory gene for inducible tyrosine aminotransferase in rat-human hybrids. Proc. Natl. Acad. Sci. **70**, 1268 (1973).
Daiger, S. P., Schanfield, M. S., Cavalli-Sforza, L. L.: Group-specific component (Gc) proteins bind vitamin D and 25-hydroxyvitamin D. Proc. Natl. Acad. Sci. **72**, 2076 (1975).
Damaschun, G.: Die Faltung der Desoxyribonukleinsäure im Chromatin. Acta biol. med. germ. **34**, K 47 (1975).
Daniel, P. M., Prichard, M. M. L.: Studies of the hypothalamus and the pituitary gland. Acta endocr. (Kbh.) **80**, Suppl. 201 (1975).
Danon, A., Chang, L. C. T., Sweetman, B. J., Nies, A. S., Oates, J. A.: Synthesis of prostaglandins by the rat renal papilla in vitro. Mechanism of stimulation by angiotensin II. Biochim. Biophys. Acta **388**, 71 (1975).
Dattatreymurty, B., Raghavan, V. P., Purandare, T. V., Sheth, A. R., Rao, S. S.: Synergistic action of prolactin with hCG on rat ventral prostate. J. Reprod. Fert. **44**, 555 (1975).
Dausse, J.-P., Sentenac, A., Fromageot, P.: Interaction of RNA polymerase from

Escherichia coli with DNA. Influence of DNA scissions on RNA polymerase binding and chain initiations. Eur. J. Biochem. **31**, 394 (1972).

Davidson, J. M., Cheung, C., Smith, E. R., Johnston, P.: Feedback regulation of gonadotropins in the male. Adv. Biosc. **10**, 63 (1973).

Davis, J. O., Freeman, R. H.: Mechanisms regulating renin release. Phys. Rev. **56**, 2 (1976).

Dean, P. M.: Exocytosis modelling: an electrostatic function for calcium in stimulus-secretion coupling. J. theor. Biol. **54**, 289 (1975).

Debeljuk, L., Vilchez-Martinez, J. A., Arimura, A., Schally, A. V.: Effect of gonadal steroids on the response to LH-RH in intact and castrated male rats. Endocrinology **94**, 1519 (1974).

Deeley, R. G., Mullinix, K. P., Wetekam, W., Kronenberg, H. M., Meyers, M., Eldridge, J. D., Goldberger, R. F.: Vitellogenin synthesis in the avian liver. Vitellogenin is the precursor of the egg yolk phosphoproteins. J. Biol. Chem. **250**, 9060 (1975).

Deery, D. J., Howell, S. L.: Rat anterior pituitary adenylyl cyclase activity: GTP requirement of prostaglandine E_1 and E_2 and synthetic luteinizing hormone-releasing hormone activity. Biochim. Biophys. Acta **329**, 17 (1973).

Degkwitz, E., Walsch, S., Dubberstein, M.: Influence of L-ascorbate on the concentrations of microsomal cytochrome P-450 and cytochrome b_5 in adrenals, kidneys and spleen of guinea pigs. Hoppe-Seyler's Z. Physiol. Chem. **355**, 1152 (1974).

Deis, R. P., Alonso, N.: Effect of synthetic thyrotropin releasing factor on prolactin and luteinizing hormone secretion in male and female rats during various reproductive states. J. Endocr. **67**, 425 (1975).

Demisch, K., Magnet, W., Neubauer, M., Schöffling, K.: Untersuchungen über das Verhalten der Androgene im Plasma hirsuter Frauen. Dtsch. Med. Wschr. **100**, 1117 (1975).

Dempsey, M. E.: Regulation of steroid biosynthesis. Ann. Rev. Biochem. **43**, 967 (1974).

DeSombre, E. R., Mohla, S., Jensen, E. V.: Estrogen-independent activation of the receptor protein of calf uterine cytosol. Biochem. Biophys. Res. Commun. **48**, 1601 (1972).

DeSombre, E. R., Mohla, S., Jensen, E. V.: Receptor transformation, the key to estrogen action. J. Steroid Biochem. **6**, 469 (1975).

Dessypris, A. G.: Testosterone sulphate, its biosynthesis, metabolism, measurement, functions and properties. J. Steroid Biochem. **6**, 1287 (1975).

Diamant, A., Eshel, M., Ben-Or, S.: Interaction of cortisol with the neural retina of the chick embryo in culture. Cell differentiation **4**, 101 (1975).

Dierks-Ventling, C., Jost, J.-P.: Effect of 17β-estradiol on the synthesis of non-histone nuclear proteins in chick liver. Eur. J. Biochem. **50**, 33 (1974).

Dingman, C. W., Aronow, A., Bunting, S. L., Peacock, A. C., O'Malley, B. W.: Changes in chick oviduct ribonucleic acid following hormonal stimulation. Biochemistry **8**, 489 (1969).

Dofuku, R., Tettenborn, U., Ohno, S.: Testosteron-„Regulon" in the mouse kidney. Nature New Biol. **232**, 5 (1971).

Dominguez, O. V., Valencia, S. A., Loza, A. C.: On the role of steroid sulfates in hormone biosynthesis. J. Steroid Biochem. **6**, 301 (1975).

Donald, R. A., Espiner, E. A., Cowles, R. J., Fazackerley, J. E.: The effect of cyproterone acetate on the plasma gonadotrophin response to gonadotrophin releasing hormone. Acta endocr. (Kbh.) **81**, 680 (1976).

van Doorn, E. J., Clark, A. F.: In vitro studies on the inhibition of pig liver steroid Δ^4-5β-reductase activity by naturally occuring and synthetic estrogens. Biochim. Biophys. Acta **309**, 254 (1972).

Dörner, G.: Zur Bedeutung prä- oder perinataler Umweltsbedingungen für die postnatale Regelung neuroendokriner Systeme. Endokrinologie **61**, 107 (1973).
Dörner, G.: Sex hormone dependent brain differentiation and sexual function. In: Endocrinology of Sex. Dörner, G. (ed.), Johann Ambrosius Barth, Leipzig 1974a, p. 30.
Dörner, G.: Diskussionsbeitrag in: Endocrinology of Sex. Dörner, G. (ed.), Johann Ambrosius Barth, Leipzig 1974b, p. 113.
Dörner, G., Staudt, J.: Structural changes in the preoptic anterior hypothalamic area of the male rat, following neonatal castration and androgen substitution. Neuroendocrinology **3**, 136 (1968).
Dörner, G., Rohde, W., Krell, L.: Auslösung eines positiven Östrogenfeedback-Effektes bei homosexuellen Männern. Endokrinologie **60**, 297 (1972).
Dörner, G., Stahl, F., Rohde, W., Schnorr, D.: An apparently direct inhibiting effect of oestrogen on the human testis. Endokrinologie **22**, 221 (1975).
Doughty, D., McDonald, P. G.: Hormonal control of sexual differentiation of the hypothalamus in the neonatal female rat. Differentiation **2**, 275 (1974).
Douville, A. W., Warren, J. C.: Steroid-protein interaction at sites which influence catalytic activity. Biochemistry **7**, 4052 (1968).
Dubovsky, J., Kochakian, C. D.: Early effect of testosterone in the incorporation of uridine into RNA of mouse kidney and seminal vesicles. Endocrinology **92**, 917 (1973).
Dubre, J. Y., Lesage, R., Tremblay, R. R.: Androgen and estrogen binding in rat skeletal and perineal muscles. Canad. J. Biochem. **54**, 50 (1976).
Dubroff, L. M., Nemer, M.: Molecular classes of heterogeneous nuclear RNA in sea urchin embryos. J. Mol. Biol. **95**, 455 (1975).
Dufau, M. L., Catt, K. J., Tsuruhara, T.: Biological activity of human chorionic gonadotropin released from testis binding sites. Proc. Natl. Acad. Sci. **69**, 2414 (1972).
Dunn, J. D., Hess, M., Johnson, D. C.: Effect of thyroidectomy on rhythmic gonadotropin release. Proc. Soc. Exp. Biol. **151**, 22 (1976).
Dupont-Mairesse, N., van Sande, J., Rooryck, J., Fastrez-Boute, A., Galand, P.: Mechanism of estrogen action. Independence of several responses of the rat uterus from the early increase in adenosine 3′,5′-cyclic monophosphate. J. Steroid Biochem. **5**, 173 (1974).
Earp, H. S.: Glucocorticoid regulation of transcription: the role of physiologic concentrations of adrenal glucocorticoids in the diurnal variation of rat liver chromatin template availability. Biochim. Biophys. Acta **340**, 95 (1974).
Edelman, I. S.: Mechanism of action of steroid hormones. J. Steroid Biochem. **6**, 147 (1975).
Edelstein, S., Eizenberg, Z., Harell, A.: Specific binding-protein for cholecalciferol in mammary glands of lactating rats. FEBS Letters **62**, 245 (1976).
Edmond, J., Popjak, G., Wong, S.-M., Williams, V. P.: Presqualene alcohol. Further evidence on the structure of a C_{30} precursor of squalene. J. Biol. Chem. **246**, 6254 (1971).
Edwards, D. P., O'Conner, J. J., Bransome, E. D., Braselton, W. E.: Human placental 3β-hydroxysteroid dehydrogenease:Δ^5-isomerase. Demonstration of an intermediate in the conversion of 3β-hydroxypregn-5-en-20-one to pregn-4-ene-3,20-dione. J. Biol. Chem. **251**, 1632 (1976).
Edwardson, J. A., Gilbert, D.: Sensitivity of self-potentiating effect of luteinising hormone-releasing hormone to cycloheximide. Nature **255**, 71 (1975).
Eggena, P., Chu, C. L., Barrett, J. D., Sambhi, M. P.: Purification and partial characterization of human angiotensinogen. Biochim. Biophys. Acta **427**, 208 (1976).

Eide, A., Høisaeter, P. A., Kvinnsland, S.: Estradiol receptor in uterine tissue from neonatal mice. Influence by cyclic AMP. J. Steroid Biochem. **6**, 1121 (1975).

Eik-Nes, K. B.: Estimation of specific radioactivity of steroids by the testis from labelled steroid precursors. In: Testosteron. Tamm, J. (ed.), Georg Thieme, Stuttgart 1968, p. 2.

Eisenfeld, A. J., Aten, R., Weinberger, M., Haselbacher, G., Halpern, K., Krakoff, L.: Estrogen receptor in the mammalian liver. Science **191**, 862 (1976).

Eldridge, J. C., McPherson, J. C., Mahesh, V. B.: Maturation of the negative feedback control of gonadotropin secretion in the female rat. Endocrinology **94**, 1536 (1974).

Ellis, L. C., Sorenson, D. K., Buhrley, L. E.: Mechanisms and interactions in testicular steroidogenesis and prostaglandin synthesis. J. Steroid Biochem. **6**, 1081 (1975).

Engel, K., Karsznia, R.: Der Einfluß von Cyproteronacetat auf die Testosteron-Biosynthese im Rattenhoden. Hoppe-Seyler's Z. Physiol. Chem. **352**, 559 (1971).

Eriksson, H.: Hormonal mechanisms regulating hepatic steroid metabolizing activities. Estrogenic induction of a corticosterone-metabolizing enzyme in the regenerating liver from castrated male rats. Eur. J. Biochem. **46**, 603 (1974).

Eshkol, A., Lunenfeld, B., Insler, V.: The effect of sex steroids on pituitary responsiveness to gonadotropin releasing hormone. J. Steroid Biochem. **6**, 1061 (1975).

Estabrook, R. W., Mason, J. I., Baron, J., Lambeth, D., Waterman, M.: Drugs, alcohol and sex hormones: a molecular perspective of the receptivity of cytochrome P-450. Ann. N.Y. Acad. Sci. **212**, 27 (1973).

Estabrook, R. W., Martinez-Zedillo, G., Young, S., Peterson, J. A., McCarthy, J.: The interaction of steroids with liver microsomal cytochrome P-450 — a general hypothesis. J. Steroid Biochem. **6**, 419 (1975).

Evans, C. R., Pierrepoint, C. G.: Demonstration of a specific cytosol receptor in the normal and hyperplastic canine prostate for 5α-androstane-3α,17α-diol. J. Endocr. **64**, 539 (1975).

Evans, C. R., Pierrepoint, C. G.: Studies on the uptake and binding of 5α-androstane-3α,17α-diol by canine prostatic nuclei. J. Endocr. **70**, 31 (1976).

Fakunding, J. L., Tindall, D. J., Dedman, J. R., Mena, C. R., Means, A. R.: Biochemical actions of follicle-stimulating hormone in the sertoli cells of the rat testis. Endocrinology **98**, 392 (1976).

Fan, D.-F., Troen, P.: Studies of the human testis. VII. Conversion of pregnenolon to progesterone. J. Clin. Endocr. Metab. **41**, 563 (1975).

Feigelson, M., Feigelson, P.: Relationships between hepatic enzyme induction, glutamate formation and purine nucleotide biosynthesis in glucocorticoid action. J. Biol. Chem. **241**, 5819 (1966).

Ferre, F., Breuiller, M., Cedard, L., Duchesne, M.-J., Saintot, M., Descomps, B., de Paulet, A. C.: Human placental Δ^5-3β-hydroxysteroid dehydrogenase activity: intracellular distribution, kinetic properties, retroinhibition and influence of membrane delipidation. Steroids **26**, 551 (1975).

Fevold, H. R., Drummond, H. B.: Factors affecting the adrenocorticotropic hormone stimulation of rabbit adrenal 17α-hydroxylase activity. Biochim. Biophys. Acta **313**, 211 (1973).

Fichman, M., Littenberg, G., Woo, J., Horton, R.: The effect of prostaglandin (PGA_1) on adrenal function in man. Adv. Biosci. **9**, 313 (1972).

Filipowicz, W., Furuichi, Y., Sierra, J. M., Muthukrishnan, S., Shatkin, A. J., Ochoa, S.: A protein binding the methylated 5′-terminal sequence, m^7GpppN, of eukaryotic messenger RNA. Proc. Natl. Acad. Sci. **73**, 1559 (1976).

Fishman, J., Hellman, L.: 7β,17α-dimethyltestosterone (calusterone)-induced changes in the metabolism, production rate, and excretion of estrogens in women with breast cancer, a possible mechanism of action. J. Clin. Endocr. Metabol. **42**, 365 (1976).

Fishman, J., Yoshizawa, I., Hellman, L.: Mechanism of catechol estrogen formation in man. Steroids **22**, 401 (1973).

Flint, A. P. F., Armstrong, D. T.: Activities of enzymes responsible for steroid biosynthesis and cholesterol ester metabolism in rabbit ovarian interstitial tissue and corpora lutea. Biochem. J. **132**, 301 (1973).

Ford, H. C., Engel, L. L.: Purification and properties of the Δ^5-3β-hydroxysteroid dehydrogenase-isomerase system of sheep adrenal cortical microsomes. J. Biol. Chem. **249**, 1363 (1974).

Ford, J., Mason, M.: Effects of anionic steroids and glycolytic intermediates on the catalytic activity, conformation, and stability of phosphorylase B. Proc. Natl. Acad. Sci. **59**, 980 (1968).

Foster, R. P., Wilson, L. D.: Purification and characterization of adrenodoxin reductase from bovine adrenal cortex. Biochemistry **14**, 1477 (1975).

Fox, T. O.: Oestradiol receptor of neonatal mouse brain. Nature **258**, 441 (1975).

Franchimont, P., Chari, S., Hagelstein, M. T., Duraiswami, S.: Existence of a follicle-stimulating hormone inhibiting factor „inhibin" in bull seminal plasma. Nature **257**, 402 (1975).

Francis, M. J. O., Hill, D. J.: Prolactin-stimulated production of somatomedin by rat liver. Nature **255**, 167 (1975).

Fridlender, B. R., Medrano, E. Mordoh, J.: Synthesis of DNA in human lymphocytes: possible control mechanism. Proc. Natl. Acad. Sci. **71**, 1128 (1974).

Froehlich, J. E., Rachmeler, M.: Inhibition of cell growth in the G_1 phase by adenosine 3′,5′-cyclic monophosphate. J. Cell Biol. **60**, 249 (1974).

Fuhrman, S. A., Gill, G. N.: Adrenocorticotropic hormone stimulation of adrenal RNA polymerase I and III activities. Nucleotide incorporation into internal positions and 3′ chain termini. Biochemistry **14**, 2925 (1975).

Funder, J. W., Feldman, D., Edelman, I. S.: The roles of plasma binding and receptor specificity in the mineralocorticoid action of aldosterone. Endocrinology **92**, 994 (1973).

Galand, P., Dupont-Mairesse, N.: Evaluation of the role of oestrogen contamination in functional studies with uterine RNA from oestradiol-treated rats. Endocrinology **90**, 936 (1972).

Gautschi, J. R., Clarkson, J. M.: Discontinous DNA replication in mouse P-815 cells. Eur. J. Biochem. **50**, 403 (1975).

Gautvik, K. M., Kriz, M.: Stimulation of prolactin synthesis and of adenosine 3′,5′-cyclic phosphate formation by prostaglandins and thyroliberin in cultured rat pituitary cells. Biochem. J. **156**, 111 (1976).

Gaylor, J. L., Delwiche, C. V., Swindell, A. C.: Enzymatic isomerization (Δ^8–Δ^7) of intermediates of sterol biosynthesis. Steroids **8**, 353 (1966).

Geck, R., Beckerhoff, R., Vetter, W., Armbruster, H., Siegenthaler, W.: Control of plasma aldosterone in normal man during upright posture. Klin. Wschr. **53**, 955 (1975).

Gehring, U., Tomkins, G. M.: A new mechanism for steroid unresponsiveness: loss of nuclear binding activity of a steroid hormone receptor. Cell **3**, 301 (1974).

Gelbke, H. P., Böttger, M., Knuppen, R.: Excretion of 2-hydroxyestrone in urine throughout human pregnancies. J. Clin. Endocr. Metab. **41**, 744 (1975).

Geller, J., Cantor, T., Albert, J.: Evidence for a specific dihydrotestosterone-binding cytosol receptor in the human prostate. J. Clin. Endocr. Metab. **41**, 854 (1975).

Genot, A., Loras, B., Monbon, M., Bertrand, J.: In vitro metabolism of testosterone in the rat brain during sexual maturation. III. Studies of the formation of main androstane-diols and androstene-diols. J. Steroid Biochem. **6**, 1247 (1975).

Georgiev, G. P., Ryskov, A. P., Coutelle, C., Mantieva, V. L., Avakyan, E. R.: On the structure of the transcriptional unit in mammalian cells. Biochim. Biophys. Acta **259**, 259 (1972).

Gerhards, E., Nieuweboer, B., Schulz, G., Gibian, H.: Stoffwechsel von 6α-Fluor-16α-methyl-pregna-1,4-dien-11β,21-diol-3,20-dion (Fluocortolon) beim Menschen. Isolierung von 6β-hydroxylierten Metaboliten. Acta endocr. (Kbh.) **68**, 98 (1971).

Gethmann, U., Knuppen, R.: Effect of 2-hydroxyoestrone on lutropin (LH) and follitropin (FSH) secretion in the ovarectomized primed rat. Hoppe-Seyler's Z. Physiol. Chem. **357**, 1011 (1976).

Ghosh, N. K., Cox, R. P.: Production of human chorionic gonadotropin in HeLa cell cultures. Nature **259**, 416 (1975).

Ghraf, R., Vetter, U., Schriefers, H.: Die Organspezifität der sexuellen Differenzierung der 17β-Hydroxysteroid-Dehydrogenase-Aktivitäten der Ratte. Hoppe-Seyler's Z. Physiol. Chem. **355**, 543 (1974).

Ghraf, R., Lax, E. R., Schriefers, H.: The hypophysis in the regulation of androgen and oestrogen dependent enzyme activities of steroid hormone metabolism in rat liver cytosol. Hoppe-Seyler's Z. Physiol. Chem. **356**, 127 (1975 a).

Ghraf, R., Lax, E. R., Hoff, K.-G., Schriefers, H.: The role of the gonads and the hypophysis in the regulation of hydroxysteroid dehydrogenase activities in rat kidney. Hoppe-Seyler's Z. Physiol. Chem. **356**, 135 (1975 b).

Giannopoulos, G.: Early events in the action of glucocorticoids in developing tissues. J. Steroid Biochem. **6**, 623 (1975).

Gibb, W., Hagerman, D. D.: The specificity of the 3β-hydroxysteroid dehydrogenase activity of bovine ovaries toward dehydroepiandrosterone and pregnenolone: evidence for multiple enzymes. Steroids **28**, 31 (1976).

Gibb, W., Jeffery, J.: The steric course with respect to the reduced nicotinamide-adenine dinucleotide of the reduction of 3-oxo steroids catalysed by cortisone reductase. Eur. J. Biochem. **34**, 395 (1973).

Gibbons, G. F.: The metabolic sequence by which some 4,4-dimethyl sterols are converted into cholesterol. Biochem. J. **144**, 59 (1974).

Gilbert, J. M.: Differences in the translation of rat forebrain messenger RNA dependent on the source of protein synthesis factors. Biochim. Biophys. Acta **340**, 140 (1974 a).

Gilbert, L. I.: Endocrine action during insect growth. Rec. Progr. Hormone Res. **30**, 347 (1974 b).

Girndt, J., Kramer, P., Quellhorst, E., Held, K., Bohle, A., Scheler, F.: Ovulationshemmer, Hypertoni und Nephrosklerose. Dtsch. Med. Wschrft. **101**, 1246 (1976).

Glasser, S. R., Chytil, F., Spelsberg, T. C.: Early effects of oestradiol-17β on the chromatin and activity of the deoxyribonucleic acid-dependent ribonucleic acid polymerase (I and II) of the rat uterus. Biochem. J. **130**, 947 (1972).

Goff, A. K., Major, P. W.: Bovine luteal cyclic AMP and cyclic GMP phosphodiesterase activity. Sensitivity to various drugs and hormones. FEBS Letters **61**, 144 (1976).

Goldberg, M. L.: The glucose effect: carbohydrate repression of enzyme induction, RNA synthesis, and glucocorticoid activity — a role for cyclic AMP and cyclic GMP. Life Sci. **17**, 1747 (1975).

Goldberg, V. J., Ramwell, P. W.: Role of prostaglandins in reproduction. Physiol. Rev. **55**, 325 (1975).

Goldfarb, S.: Sex hormones and hepatic neoplasia. Cancer Res. **36**, 2584 (1976).

Goldstein, J. L., Wilson, J. D.: Genetic and hormonal control of male sexual differentiation. J. Cell. Physiol. **85**, 365 (1975).

Golf, S. W., Graef, V., Staudinger, H.: Untersuchungen zum Mechanismus der Δ^4-3-Oxosteroid-5α-Reduktion in Rattenleber-Mikrosomen. Hoppe-Seyler's Z. Physiol. Chem. **355**, 1499 (1974).

Gorman, R. R.: Prostaglandin endoperoxides: possible new regulators of cyclic nucleotide metabolism. J. Cycl. Nucl. Res. **1**, 1 (1975).

Gorman, R. R., Hamberg, M., Samuelsson, B.: Inhibition of basal and hormone-stimulated adenylate cyclase in adipocyte ghosts by the prostaglandin endoperoxide protaglandin H_2. J. Biol. Chem. **250**, 6460 (1975).

Gower, D. B.: Modifiers of steroid-hormone metabolism: a review of their chemistry, biochemistry and clinical applications. J. Steroid Biochem. **5**, 501 (1974).

Graef, V., Golf, S. W.: Der Stoffwechsel von Δ^4-3-Oxosteroiden in der Rattenleber. Z. Klin. Chem. **13**, 25 (1975).

Greengard, O.: Steroids and the maturation of rat tissues. J. Steroid Biochem. **6**, 639 (1975).

Greenman, D. L.: Estrogenic stimulation of cytidine uptake by the uterus. Steroids **17**, 17 (1971).

Greibrokk, T., Hansen, J., Knudsen, R., Lam, Y.-K., Folkers, K., Bowers, C. Y.: On the isolation of a prolaction inhibiting factor (hormone). Biochem. Biophys. Res. Comm. **67**, 338 (1975).

Griffiths, E. C., Hooper, K. C.: Competitive inhibition between oxytocin and luteinizing hormone-releasing factor (LRF) for the same enzyme system in the rat hypothalamus. Acta endocr. (Kbh.) **75**, 435 (1974).

Grimek, H. J., Nuti, L. C., Nuti, K. M., McShan, W. H.: Effect of neuraminidase treatment on the biological activity of highly purified ovine FSH and LH in hypophysectomized immature male and female rats. Endocrinology **98**, 105 (1976).

Grivell, A. R., Jackson, J. F.: Thymidine phosphotransferase and nucleotide phosphohydrolase of the fern Asplenium nidus. General properties and inhibition by adenosine 3′,5′-cyclic monophosphate. Biochem. J. **155**, 571 (1976).

Grower, M. F., Bransome, E. D.: Adenosine 3′,5 monophosphate, adrenocorticotropic hormone, and adrenocortical cytosol protein synthesis. Science **168**, 483 (1970).

Grunwell, J. F., Benson, H. D., Johnston, J. O'N., Petrow, V.: Antiprogestational agents. The synthesis of 7-alkyl steroidal ketones with anti-implantational and antidecidual activity. Steroids **27**, 759 (1976).

Gschwendt, M., Kittstein, W.: Specific binding of estradiol to the liver chromatin of estrogenized roosters. Biochim. Biophys. Acta **361**, 84 (1974).

Gunaga, K. P., Menon, K. M. J.: Effect of catecholamine and ovarian hormones on cyclic AMP accumulation in rat hypothalamus. Biochem. Biophys. Res. Commun. **54**, 440 (1973).

Gunsalus, I. C., Lipscomb, J. D., Marshall, V., Frauenfelder, H., Greenbaum, E., Münck, E.: Structure and reaction of oxygenase active centers: cytochrome P-450 and iron sulfur proteins. In: Biological hydroxylation mechnisms. Boyd, G. S., R. M. S. Smellie (eds)., Academic Press, London 1972, p. 135.

Gustafsson, J.-A., Ingelman-Sundberg, M.: Regulation and properties of a sex-specific hydroxylase system in female rat liver microsomes active on steroid sulfates. I. General characteristics. J. Biol. Chem. **249**, 1940 (1974a).

Gustafsson, J.-A., Ingelman-Sundberg, M.: Age-dependent induction and repression of rat liver microsomal hydroxylase by estradiol. Biochim. Biophys. Acta **354**, 172 (1974b).

Gustafsson, J.-A., Ingelman-Sundberg, M.: Multiple forms of cytochrome P-450 in rat-liver microsomes. Separation and some properties of different hydroxylases activ on free and sulphoconjugated steroids. Eur. J. Biochem. **64**, 35 (1976).

Gustafsson, J.-A., Lisboa, B. P.: Studies on the metabolism of C_{19} steroids in rat liver. 5. 18-Hydroxylation of 17β-hydroxy C_{19} steroids in rat liver microsomes. Steroids **14**, 659 (1969).

Gustafsson, J.-A., Pousette, A.: Demonstration and partial characterization of cytosol receptors for testosterone. Biochemistry **14**, 3094 (1975).
Gustafsson, J.-A., Stenberg, A.: Masculinization of rat liver enzyme activities following hypophysectomy. Endocrinology **95**, 891 (1974).
Gustafsson, J.-A., Stenberg, A.: Partial masculinization of rat liver enzyme activities following treatment with FSH. Endocrinology **96**, 501 (1975).
Gustafsson, J.-A., Stenberg, A.: On the obligatory role of the hypophysis in sexual differentiation of hepatic metabolism in rats. Proc. Natl. Acad. Sci. **73**, 1462 (1976).
Gustafsson, J.-A., Gustafsson, S. A., Ingelman-Sundberg, M., Pousette, A., Stenberg, A., Wrange, Ö.: Sexual differentiation of hepatic steroid metabolism in the rat. J. Steroid Biochem. **5**, 855 (1974).
Gustafsson, J.-A., Ingelman-Sundberg, M., Stenberg, A.: Neonatal androgenic programming of hepatic steroid metabolism in rats. J. Steroid Biochem. **6**, 643 (1975).
Gustafsson, J.-A., Pousette, A., Svensson, E.: Sex-specific occurence of androgen receptors in rat brain. J. Biol. Chem. **251**, 4047 (1976).
Habener, J. F., Potts, J. T., Rich, A.: Pre-proparathyroid hormone. Evidence for an early biosynthetic precursor of proparathyroidhormone. J. Biol. Chem. **251**, 3893 (1976).
Hagedorn, H. H., O'Connor, J. D., Fuchs, M. S., Sage, B., Schlaeger, D. A., Bohm, M. K.: The ovary as a source of α-ecdysone in an adult mosquito. Proc. Natl. Acad. Sci. **72**, 3255 (1975).
Hähnel, R., Twaddle, E., Brindle, L.: The influence of enzymes on the estrogen receptor of human uterus and breast carcinoma. Steroids **24**, 489 (1974).
Haksar, A., Maudsley, D. V., Kimmel, G. L., Peron, F. G.: Adrenocorticotropin stimulation of cyclic adenosine 3′,5′-monophosphate formation in isolated rat adrenal cells. The role of membrane sialic acid. Biochim. Biophys. Acta **362**, 356 (1974).
Hamberg, M., Samuelsson, B.: Prostaglandin endoperoxides. VII. Novel transformations of arachidonic acid in guinea pig lung. Biochem. Biophys. Res. Commun. **61**, 942 (1974).
Hammerstein, J., Meckies, J., Leo-Rossberg, I., Moltz, L., Zielske, F.: Use of cyproterone acetate in the treatment of acne, hirsutism and virilism. J. Steroid Biochem. **6**, 827 (1975).
Hampl, R., Starka, L.: Effect of testosterone-estradiol-binding globulin on the enzymic oxidoreduction of 17-oxygenated C_{19} steroids. Hormone Res. **6**, 57 (1975).
Hamprecht, B.: Regulation der Cholesterol-Synthese. Naturwissenschaften **56**, 398 (1969).
Hansson, V., Ritzen, E. M., French, F. S.: Androgen transport mechanism in the testis and epididymis. Acta endocr. (Kbh.). **77**, Suppl. 191, 191 (1974).
Harkness, R. A., Thistlethwaite, D., Darling, J. A. B., Shakkebaek, N. E., Corker, C. S.: 17β-Hydroxysteroid oxidoreductase deficiency causing male pseudohermaphroditism in a child. J. Endocr. **67**, 16P (1975).
Härkönen, P., Isotalo, A., Santti, R.: Studies on the mechanism of testosterone action on glucose metabolism in the rat ventral prostate. J. Steroid Biochem. **6**, 1405 (1975).
Harrison, R. W., Toft, D. O.: Testosterone binding in the chick oviduct. Biochem. Biophys. Res. Commun. **55**, 857 (1973).
Harrison, R. W., Chytil, F.: Changes in chick oviduct chromatin antigenicity following estrogen withdrawel. Endocrinology **97**, 1325 (1975).
Harrison, R. W., Fairfield, S., Orth, D. N.: Evidence for glucocorticoid transport through the target cell membrane. Biochem. Biophys. Res. Commun. **61**, 1262 (1974).
Harrison, R. W., Fairfield, S., Orth, D. N.: Evidence for glucocorticoid transport into AtT-20/D-1 cells. Biochemistry **14**, 1304 (1975).
Haugen, D. A., van der Hoeven, T. A., Coon, M. J.: Purified liver microsomal cytochrome

P-450. Separation and characterization of multiple forms. J. Biol. Chem. **250**, 3567 (1975).

Hauschke, P. V., Everhart, L. P., Rubin, R. W.: Alteration of nucleoside transport of chinese hamster cells by dibutyryl adenosine 3′,5′-cyclic monophosphate. Proc. Natl. Acad. Sci. **69**, 3542 (1972).

Hausmann, L., Kaffarnik, H.: Einfluß von Ovulationshemmern auf den Glucosestoffwechsel. Dtsch. Med. Wschr. **100**, 1703 (1975).

Haussler, M. R.: Vitamin D_3: metabolism, mode of action and assay of circulating hormonal form. In: Vitamin D and problems related to uremic bone disease. Norman, A. W., Schaefer, K., Grigoleit, H.-G., von Herath, D., Ritz, E. (eds.). Walter de Gruyter, Berlin 1975, p. 25.

Hawkins E. F., Nijs, M., Brassine, C., Tagnon, H. J.: Steroid receptors in the human prostate. 1. Estradiol- 17β binding in benign prostatic hypertrophy. Steroids **26**, 458 (1975).

Haye, B., Champion, S., Jacquemin, C.: Existence of two pools of prostaglandins during stimulation of the thyroid by TSH. FEBS Letters **41**, 89 (1974).

Hechter, O., Calek, A.: Principles of hormone action. The problem of molecular linguistics. Acta endocr. (Kbh.) **77**, Suppl. 191, 39 (1974).

Heinemann, M.: Hormone und Stimme. Johann Ambrosius Barth, Leipzig 1976.

Helmsing, P. J., Berendes, H. D.: Induced accumulation of nonhistone proteins in polytene nuclei of Drosophila hydei. J. Cell Biol. **50**, 893 (1971).

Henderson, I. C., Fischel, R. E., Loeb, J. N.: Suppression of liver DNA synthesis by cortisone. Endocrinology **88**, 1471 (1971).

Henry, H. L.. Norman, A. W.: Biochemical and physiological regulation of 25-hydroxycholecalciferol-1-hydroxylase. In: Vitamin D and problems related to uremic bone disease. Norman, A. W., Schaefer, K., Grigoleit, H.-G., von Herath, D., Ritz, E. (edts.), Walter de Gruyter, Berlin 1975, p. 1.

Herken, H.: Aldosteron-Antagonisten. Hdbch. der exp. Pharmakologie Bd. **24**, 436 (1969).

Hew, C.-L., Yip, C. C.: Biosynthesis of polypeptide hormones. Canad. J. Biochem. **54**, 591 (1976).

Hildebrand, C. E., Tobey, R. A.: Temporal organization of DNA in chinese hamster cells: cell-cycle dependent association of DNA with membrane. Biochim. Biophys. Acta **331**, 165 (1973).

Hill, A. M., Trachewsky, D.: Effect of aldosterone on renal ribosomal protein phosphorylation. J. Steroid Biochem. **5**, 561 (1974).

Hinman, J. W.: Prostaglandins. Ann. Rev. Biochem. **41**, 161 (1972).

Hirsch, P. C., Szego, C. M.: Estradiol receptor functions of soluble proteins from target-specific lysosomes. J. Steroid Biochem. **5**, 533 (1974).

Hochberg, R. B., Ladany, S., Welch, M., Lieberman, S.: Cholesterol and cholesterol sulfate as substrates for the adrenal side-chain cleavage enzyme. Biochemistry **13**, 1938 (1974).

Hochberg, R. B., McDonald, P. D., Ladany, S., Lieberman, S.: Transient intermediates in steroidogenesis. J. Steroid Biochem. **6**, 323 (1975).

Hodgen, G. D., Gulyas, B. J., Tullner, W. W.: Role of the primate placenta in cortisol secretion by the maternal adrenals. Steroids **26**, 233 (1975).

Hofbauer, K. G., Zschiedrich, H., Gross, F.: Regulation of renin release and intrarenal formation of angiotensin. Studies in the isolated perfused rat kidney. Clin. Exp. Pharmacol. Physiol. **3**, 73 (1976).

Hoff, H.-G., Schriefers, H.: Sexuell differenzierte und sexuell undifferenzierte 3α- und 3β-Hydroxysteroid-Dehydrogenase-Aktivitäten und ihre intrazelluläre Lokalisation in der Rattenleber. Hoppe-Seyler's Z. Physiol. Chem. **354**, 507 (1973).

Hoff, H.-G., Ghraf, R., Raible, M., Schriefers, H.: Ontogenese von Hydroxysteroid-Dehydrogenase-Aktivitäten in der Rattenleber. Altersabhängige Entwicklung und sexuelle Differenzierung in Cytosol und Mikrosomenfraktion. Hoppe-Seyler's Z. Physiol. Chem. **354**, 306 (1973).

Hoffmann, U., Maass, H., Lisboa, B. P.: Metabolism of 4-^{14}C-testosterone in the rat uterus in vitro. Eur. J. Biochem. **59**, 305 (1975).

Hohlweg, W., Junkmann, K.: Die hormonal-nervöse Regulierung der Funktion des Hypophysenvorderlappens und der Keimdrüsen. Klin. Wschr. **11**, 321 (1932).

Holick, M. F., Baxter, L. A., Schraufrogel, P. K., Tavela, T. E., DeLuca, H. F.: Metabolism and biological activity of 24,25-dihydroxyvitamin D_3 in the chick. J. Biol. Chem. **251**, 397 (1976).

Holzbauer, M., Bull, G., Blatchford, D., Urquhart, J.: Effect of ACTH on the total pregnenolone content of the adrenal gland and its subcellular distribution. J. Steroid Biochem. **6**, 1301 (1975).

Honma, S., Nambara, T.: Studies on steroid conjugates. XIV. Participation of glucuronidation in selective O-methylation of catechol estrogen in the rat. Chem. Pharm. Bull. **23**, 787 (1975).

Hooper, K. C.: The effects of ovariectomy and injected oestradiol monobenzoate on polypeptide metabolism in the hypothalamus. Biochem. J. **110**, 151 (1968).

Hoppen, H.-O., Siekmann, L., Breuer, H.: Stoffwechsel von Östron in der Mikrosomenfraktion der Rattenleber. Hoppe-Seyler's Z. Physiol. Chem. **355**, 1305 (1974).

Hori, T.-A., Lark, K. G.: Effect of puromycin on DNA replication in chinese hamster cells. J. Mol. Biol. **77**, 391 (1973).

Horiuchi, N., Suda, T., Sasaki, S., Ogata, E., Ezawa, I., Sano, Y., Shimazawa, E.: The regulatory role of calcium in 25-hydroxycholecalciferol metabolism in chick kidney in vitro. Arch. Biochem. Biophys. **171**, 540 (1975).

Horwitz, K. B., McGuire, W. L.: Specific progesterone receptors in human breast cancer. Steroids **25**, 497 (1975).

Horwitz, K. B., Costlow, M. E., McGuire, W. L.: MCF-7: a human breast cancer cell line with estrogen, androgen, progesterone, and glucocorticoid receptors. Steroids **26**, 785 (1975).

Hosey, M. M., Tao, M.: Effect of 5′-guanylylimidodiphosphate on prostaglandin- and fluoride-sensitive adenylate cyclase of rabbit red blood cells. Biochem. Biophys. Res. Commun. **64**, 1263 (1975).

Hoshino, J., Kühne, U., Filjak, B., Kröger, H.: Potentiating effect of a physiological dose of cortisone acetate on the dibutyryl cyclic AMP-mediated induction of tyrosine aminotransferase in rat liver. FEBS Letters **56**, 62 (1975a).

Hoshino, J., Kühne, U., Filjak, B., Kröger, H.: Inhibitory effect of cortisone acetate on the stimulation of rat liver cytosol L-serine pyruvate aminotransferase by dibutyryl adenosine 3′,5′-monophosphate. Biochim. Biophys. Acta **399**, 42 (1975b).

Hrycay, E. G., Gustafsson, J.-A., Ingelman-Sundberg, M., Ernster, L.: The involvement of cytochrome P-450 in hepatic microsomal steroid hydroxylation reactions supported by sodium periodate, sodium chlorite, and organic hydroperoxides. Eur. J. Biochem. **61**, 43 (1976).

Hsueh, A. J. W., Peck, E. J., Clark, J. H.: Control of uterine estrogen receptor levels by progesterone. Endocrinology **98**, 438 (1976).

Hübener, H. J., Sahrholz, F. G., Schmidt-Thome, J., Nesemann, G., Junk, R.: 20β-Hydroxysteroid-Dehydrogenase, ein neues kristallines Enzym. Biochim. Biophys. Acta **35**, 270 (1959).

Huberman, J. A., Tsai, A.: Direction of DNA replication in mammalian cells. J. Mol. Biol. **75**, 5 (1973).

Hudson, R. W., Schachter, H., Killinger, D. W.: Studies of 11β-hydroxylation by beef adrenal mitochondria. J. Steroid Biochem. **7**, 255 (1976).

Hunt, N. H., Martin, T. J., Michelangeli, V. P., Eisman, J. A.: Effect of guanyl nucleotides on parathyroid hormone-responsive adenylate cyclase in chick kidney. J. Endocr. **69**, 401 (1976).

Husson, A., Gautier, C., Vaillant, R.: Control activities and regulation by the glucocorticoide of three urea-cycle enzymes in rat foetal liver: argininosuccinat synthetase, argininosuccinase and arginase. Experientia **31**, 1403 (1975).

Hüttenrauch, R.: Chemische und physikalisch-chemische Faktoren für die Wirksamkeit von Steroiden. Pharmazie **28**, 84 (1973).

Ichii, S., Izawa, M., Murakami, N.: Hormonal regulation of protein synthesis in rat ventral prostate. Endocrinol. Japon. **21**, 267 (1974).

Ilan, J., Ilan, J.: Stage-specific initiation factors for protein synthesis during insect development. Dev. Biol. **25**, 280 (1971).

Inano, H., Tamaoki, B.-I.: Relationship between steroids and pyridine nucleotides in the oxido-reduction catalyzed by the 17β-hydroxysteroid dehydrogenase purified from the porcine testicular microsomal fraction. Eur. J. Biochem. **53**, 319 (1975).

Incefy, G. S., Kappas, A.: Enhancement of RNA synthesis in avian liver cell cultures by a 5β steroid metabolite during induction of δ-aminolevulinate synthase. Proc. Natl. Acad. Sci. **71**, 2290 (1974).

Ingelman-Sundberg, M., Rane, A., Gustafsson, J.-A.: Properties of hydroxylase systems in the human fetal liver active on free and sulfoconjugated steroids. Biochemistry **14**, 429 (1975).

Inouye, M.: A three-dimensional molecular assembly model of a lipoprotein from the Escherichia coli outer membrane. Proc. Natl. Acad. Sci. **71**, 2396 (1974).

Irving, R. A., Mainwaring, W. I. P., Spooner, P. M.: The regulation of haemoglobin synthesis in cultured chick blastoderms by steroids related to 5β-androstane. Biochem. J. **154**, 81 (1976).

Ishikawa, H., Goto, S.: CRF-stimulated biosynthesis of ACTH in a cell-free system from rat anterior pituitaries. Biochem. Biophys. Res. Commun. **52**, 884 (1973).

Ivatt, R. J., Rosemeyer, M. A.: Lactose synthetase. The isolation and characterisation of the protein-protein complex. Eur. J. Biochem. **64**, 233 (1976).

Jacob, S. T., Sajdel, E. M., Munro, H. N.: Regulation of nucleolar RNA metabolism by hydrocortisone. Eur. J. Biochem. **7**, 449 (1969).

Jacobelli, S., Paparatti, L., Bompiani, A.: Oestrogen-induced protein (IP) of rat uterus. Isolation and preliminary characterization. FEBS Letters **32**, 199 (1973).

Jacobelli, S., Hanocq, J., Baltus, E., Brachet, J.: Hormone-induced maturation of Xenopus laevis oocytes: effects of different steroids and study of the properties of a progesterone receptor. Differentiation **2**, 129 (1974).

Jacobsohn, G. M., O'Rangers, J. J.: Activation of 17β-hydroxysteroid dehydrogenase from human red blood cells. Arch. Biochem. Biophys. **161**, 384 (1974).

Jaffe, R. C., Socher, S. H., O'Malley, B. W.: An analysis of the binding of the chick oviduct progesterone-receptor to chromatin. Biochim. Acta **399**, 403 (1975).

Jelinek, W., Adesnik, M., Salditt, M., Sheiness, D., Wall, R., Molloy, G., Philipson, L., Darnell, J. E.: Further evidence on the nuclear origin and transfer to the cytoplasm of polyadenylic acid sequences in mammalian cell RNA. J. Mol. Biol. **75**, 515 (1973).

Jensen, E. V., Suzuki, T., Kawashima, T., Stumpf, W. E., Jungblut, E. W., DeSombre, E. R.: A two-step mechanism for the interaction of estradiol with rat uterus. Proc. Natl. Acad. Sci. **59**, 632 (1968).

Jensen, E. V., DeSombre, E. R.: Estrogen-receptor interaction. Estrogenic hormones effect transformation of specific receptor proteins to a biochemically functional form. Science **182**, 126 (1973).

Jentsch, D., Schulz, V., Wendt, H.: Pharmakokinetik von Cyproteronacetat bei gesunden Probanden nach intramuskulärer und oraler Applikation. Arzneimittelforschg. **26**, 914 (1976).

Johnson, L. D., Hadden, J. W.: Cyclic GMP and lymphocyte proliferation: effects on DNA-dependent RNA polymerase I and II activities. Biochem. Biophys. Res. Commun. **66**, 1498 (1975).

Johnson, P., Cook, I. F., Rees, H. H., Goodwin, T. W.: Mode of formation of cholesta-5,7-dien-3β-ol from cholest-5-en-3β-ol by larvae of Calliphora erythrocephala. Biochem. J. **152**, 303 (1975a).

Johnson, R. L., Okamura, W. H., Norman, A. W.: Studies on the mode of calciferol. X. 24-Nor-25-hydroxyvitamin D_3, an analog of 25-hydroxyvitamin D_3 having „anti-vitamin" activity. Biochem. Biophys. Res. Comm. **67**, 797 (1975b).

Jones, F. R. H.: The microbiological hydroxylation of steroids and related compounds. Pure appl. Chem. **33**, 39 (1973).

Jonsson, H. T., Middleditch, B. S., Desiderio, D. M.: Prostaglandins in human seminal fluid: two novel compounds. Science **187**, 1093 (1975).

Jost, A., Vigier, B., Prepin, J., Perchellet, J. P.: Studies on sex differentiation in mammals. Rec. Progr. Hormone Res. **29**, 1 (1973).

Jost, J.-P., Averner, M.: Gene regulation in mammalian cells: a model for the interaction of steroids and 3′,5′-cyclich AMP. J. theor. Biol. **49**, 337 (1975).

Jost, J.-P., Pehling, G., Baca, O. G.: Rate of synthesis of β_L-lipovitellin in the liver of immature chicks treated with 17β-estradiol. Biochem. Biophys. Res. Commun. **62**, 957 (1975).

Jung, I., Baulieu, E.-E.: Testosterone cytosol „receptor" in the rat levator ani muscle. Nature New Biol. **237**, 24 (1972).

Jung-Testas, I., Bayard, F., Baulieu, E.-E.: Two sex steroid receptors in mouse fibroblasts in culture. Nature **259**, 136 (1976).

Jungmann, R. A., Hiestand, P. C., Schweppe, J. S.: Adenosine 3′,5′-monophosphat-dependent protein kinase and the stimulation of ovarian nuclear ribonucleic acid polymerase activities. J. Biol. Chem. **249**, 5444 (1974a).

Jungmann, R. A., Hiestand, P. C., Schweppe, J. S.: Mechanism of action of gonadotropin. IV. Cyclic adenosine monophosphate-dependent translocation of ovarian cytoplasmic cyclic adenosine monophosphate-binding protein and protein kinase to nuclear acceptor sites. Endocrinology **94**, 168 (1974b).

Justisz, M., Berault, A., Theoleyre, M.: Cyclic AMP and the mechanism of action of gonadotropin releasing hormone (LH-RH). Ann. Biol. anim. Bioch. Biophys. **16**, 205 (1976).

Kadahoma, N., Turkington, R. W.: Changes in acidic chromatin proteins during the hormone-dependent development of rat testis and epididymis. J. Biol. Chem. **249**, 6225 (1974).

Kalimi, M., Tsai, S. Y., Tsai, M.-J., Clark, J. H., O'Malley, B. W.: Effect of estrogen on gene expression in the chick oviduct. Correlation between nuclear-bound estrogen receptor and chromatin initiation sites for transcription. J. Biol. Chem. **251**, 516 (1976).

Kanungo, M. S., Patnaik, S. K., Koul, O.: Decrease in 17β-oestradiol receptor in brain of ageing rats. Nature **253**, 366 (1975).

Kappas, A., Bradlow, H. L., Gillette, P. N., Gallagher, T. F.: Studies in porphyria. I. A defect in the reductive transformation of natural steroid hormones in the hereditary liver disease, acute intermittent porphyria. J. Exp. Med. **136**, 1043 (1972).

Karavolas, H. J., Hodges, D., O'Brien, D.: Uptake of [^{3}H]progesterone and [^{3}H]5α-dihydroprogesterone by rat tissues in vivo and analysis of accumulated radioactivity:

accumulation of 5α-dihydroprogesterone by pituitary and hypothalamic tissues. Endocrinology **98**, 164 (1976).

Karlson, P., Shaaya, E.: Der Ecdysontiter während der Insektenentwicklung. I. Eine Methode zur Bestimmung des Ecdysongehaltes. J. Insect. Physiol. **10**, 797 (1964).

Katchen, B., Buxbaum, S.: Disposition of a new, nonsteroid, antiandrogen, α,α,α-trifluoro-2-methyl-4'-nitro-m-propiono-toluidide (Flutamide), in men following a single oral 200 mg dose. J. Clin. Endocr. Metab. **41**, 373 (1975).

Kato, J.: The role of hypothalamic and hypophyseal 5α-dihydrotestosterone, estradiol and progesterone receptors in the mechanism of feedback action. J. Steroid Biochem. **6**, 979 (1975).

Katz, J., Troll, W., Levy, M., Filkins, K., Russo, J., Levitz, M.: Estrogen-dependent trypsin-like activity in the rat uterus. Localization of activity in the 12000 g pellet and nucleus. Arch. Biochem. Biophys. **173**, 347 (1976).

Katzenellenbogen, B. S., Gorski, J.: Estrogen action on synthesis of macromolecules in target cells. In: Biochemical action of hormones. Litwack, G. (ed.). Academic Press, New York 1975, Vol. III, p. 187.

Kem, D. C., Gomez-Sanchez, C., Kramer, N. J., Holland, O. B., Higgins, J. R.: Plasma aldosterone and renin activity response to ACTH infusion in dexamethasone-suppressed normal and sodium-depleted man. J. Clin. Endocr. Metab. **40**, 116 (1975).

Kennell, D.: Titration of the gene sites on DNA by DNA-RNA hybridization. II. The Escherichia coli chromosome. J. Mol. Biol. **34**, 85 (1968).

Kimura, T., Nagata, Y., Tsuguri, J.: Studies on adrenal steroid hydroxylases. The reactivity of triphenyl phosphine with labile sulfur in adrenal iron-sulfur protein (adrenodoxin). J. Biol. Chem. **246**, 5140 (1971).

King, R. J. B., Sömjen, D., Kaye, A. M., Lindner, H. R.: Stimulation by oestradiol-17β of specific cytoplasmic and chromosomal protein synthesis in immature rat uterus. Mol. Cell. Endocrinology **1**, 21 (1974).

Kirschner, M. A., Cohen, F. B., Jespersen, D.: Estrogen production and its origin in men with gonadotropin-producing neoplasms. J. Clin. Endocr. Metab. **39**, 112 (1974).

Kishimoto, Y.: Fatty acid esters of testosterone in rat brain: identification, distribution, and some properties of enzymes which synthesize and hydrolyse the esters. Arch. Biochem. Biophys. **159**, 528 (1973).

Kizer, J. S., Palkovits, M., Tappaz, M., Kebabian, J., Brownstein, M. J.: Distribution of releasing factors, biogenic amines, and related enzymes in the bovine median eminence. Endocrinology **98**, 685 (1976).

Kledzik, G. S., Marshall, S., Campbell, G. A., Gelato, M., Meites, J.: Effects of castration, testosterone, estradiol, and prolactin on specific prolactin-binding activity in ventral prostate of male rats. Endocrinology **98**, 373 (1976).

Klein, A., Siebenmann, R., Curtius, H. C., Zachmann, M.: Steroid 11β-hydroxylase activity in the microsomal fraction od human adrenals. J. Steroid Biochem. **7**, 283 (1976).

Klyde, B. J., Bernfield, M. R.: Rate of serine transfer ribonucleic acid synthesis during estrogen-induced phosphoprotein synthesis in chick liver. Biochemistry **12**, 3757 (1973).

Klyzsejko-Stefanowicz, L., Chiu, J.-F., Tsai, Y.-H., Hnilica, L. S.: Acceptor proteins in rat androgenic tissue chromatin. Proc. Natl. Acad. Sci. **73**, 1954 (1976).

Kniewald, Z., Massa, R., Stupnicka, F., Martini, L.: The metabolism of sex steroids in the brain and in the anterior pituitary. In: Endocrinology of Sex, Dörner, G. (ed.), Johann Ambrosius Barth, Leipzig 1974, p. 196.

Knobil, E.: On the control of gonadotropin secretion in the Rhesus monkey. Rec. Progr. Hormone Res. **30**, 1 (1974).

Knowler, J. T.: The incorporation of newly synthesized RNA into nuclear ribonucleoprotein particles after oestrogen administration to immature rats. Eur. J. Biochem. **64**, 161 (1976).

Knowler, J. T., Smellie, R. M. S.: The oestrogen-stimulated synthesis of heterogeneous nuclear ribonucleic acid in the uterus of immature rats. Biochem. J. **131**, 689 (1973).

Ko, T.-S.: Possible mechanism of E. coli messenger RNA degradation: non-enzymatic degradation. BioSystems **6**, 205 (1975).

Koch, Y., Baram, T., Chobsieng, P., Fridkin, M.: Enzymatic degradation of luteinizing hormone-releasing hormone [LH-RH] by hypothalamic tissue. Biochem. Biophys. Res. Commun. **61**, 95 (1974).

Kochakian, C. D., Stevenson, D., Mayumi, T.: Dependence of the guinea pig kidney 17β-hydroxy-C_{19}-steroiddehydrogenase isoenzyme profile on androgen. Biochem. Biophys. Res. Commun. **54**, 519 (1973).

Kontula, K., Jänne, O., Vihko, R., de Jager, E., de Visser, J., Zeelen, F.: Progesterone-binding proteins: in vitro binding and biological activity of different steroidal ligands. Acta Endocr. (Kbh.) **78**, 574 (1975).

Koob, T. J., Jeffrey, J. J., Eisen, A. Z.: Regulation of human skin collagenase activity by hydrocortisone and dexamethasone in organ culture. Biochem. Biophys. Res. Commun. **61**, 1083 (1974).

Koolman, J., Karlson, P.: Ecdysone oxidase, an enzyme from the blowfly Calliphora erythrocephala (Meigen). Hoppe-Seyler's Z. Physiol. Chem. **356**, 1131 (1975).

Korach, K. S., Muldoon, T. G.: Inhibition of anterior pituitary estrogen-receptor complex formation by low-affinity interaction with 5α-dihydrotestosterone. Endocrinology **97**, 231 (1975).

Kraaipoel, R. J., Degenhart, H. J., Leferink, J. G., van Beek, V., de Leeuw-Boon, H., Visser, H. K. A.: Pregnenolone formation from cholesterol in bovine adrenal cortex mitochondria: proposal of a new mechanism. FEBS Letters **50**, 204 (1975a).

Kraaipoel, R. J., Degenhart, H. J., van Beek, V., de Leeuw-Boon, H., Abeln, G., Visser, H. K. A., Leferink, J. G.: Evidence for 20,22-epoxycholesterol as an intermediate in side-chain cleavage of 22R-hydroxycholesterol by adrenal cortex mitochondria. FEBS Letters **54**, 172 (1975b).

Kram, R., Mamont, P., Tomkins, G. M.: Pleiotypic control by adenosine 3′,5′-cyclic monophosphate: a model for growth control in animal cells. Proc. Natl. Acad. Sci. **70**, 1432 (1973).

Krawczynska, H., Zachmann, M., Prader, A.: Urinary testosterone glucuronide and sulphate in newborns and young infants. Acta endocr. (Kbh.) **82**, 842 (1976).

Kremers, P.: Progesterone and pregnenolone 17α-hydroxylase: substrate specificity and selective inhibition by 17α-hydroxylated products. J. Steroid Biochem. **7**, 571 (1976).

Kriegstein, H. K., Hogness, D. S.: Mechanism of DNA replication in Drosophila chromosomes: structure of replication forks and evidence for bidirectionality. Proc. Natl. Acad. Sci. **71**, 135 (1974).

Kroeger, H., Müller, G.: Control of puffing activity in three chromosomal segments of explanted salivary gland cells of Chironomus thummi by variation in extracellular Na, K and Mg. Exp. Cell. Res. **82**, 89 (1973).

Krone, W., Huttner, W. B., Seitz, H. J., Tarnowski, W.: Induction of rat liver phosphoenolpyruvate carboxykinase (GTP) by cyclic AMP during starvation. The permissive action of glucocorticoids. Biochim. Biophys. Acta **437**, 62 (1976).

Kuehl, F. A., Ham, E. A., Zanetti, M. E., Sanford, C. H., Nicol, S. E., Goldberg, N. D.: Estrogen-related increases in uterine guanosine 3′,5′-cyclic monophosphate levels. Proc. Natl. Acad. Sci. **71**, 1866 (1974).

Kuehl, F. A., Zanetti, M. E., Cirillo, V. J., Ham, E. A.: Estrogen-induced alterations in cyclic nucleotide and prostaglandin levels in target tissues. J. Steroid Biochem. **6**, 1099 (1975).

Kuhl, H., Taubert, H.-D.: Inactivation of luteinizing hormone releasing hormone by rat hypothalamic L-cystine arylamidase. Acta endocr. (Kbh.) **78**, 634 (1975).

Kuhl, H., Sachs, A., Rosniatowski, C., Taubert, H.-D.: The role of pituitary L-cystine arylamidase in the feedback control of luteinizing hormone. Acta endocr. (Kbh.) Suppl. **199**, 195 (1975).

Kuhl, H., Kaplan, H.-G., Taubert, H.-D.: Die Wirkung eines neuen Analogs des LH-RH, D-Ser(TBU)^{6}-EA^{10}-LH-RH, auf die Gonadotropin-Freisetzung bei Männern. Dtsch. Med. Wschr. **101**, 361 (1976a).

Kuhl, H., Frey, W., Rosniatowski, C., Dericks-Tan, J. S.-E., Taubert, H.-D.: The effect of prostaglandins on hypothalamic L-cystine arylamidase activity and on luteinizing hormone secretion in the rat. Acta endocr. (Kbh.) **82**, 15 (1976b).

Kuhn, R. W., Schrader, W. T., Smith, R. G., O'Malley, B. W.: Progesterone binding components of chick oviduct. J. Biol. Chem. **250**, 4220 (1975).

Kumar, A., Pederson, T.: Comparison of proteins bound to heterogeneous nuclear RNA and messenger RNA in HeLa cells. J. Mol. Biol. **96**, 353 (1975).

Kumar, M., Roy, A. K., Axelrod, A. E.: Androgenic induction of α_{2u}-globulin in the rat: requirement of an intact pituitary. Nature **223**, 399 (1969).

Kuo, J. F., Kuo, W.-N., Shoji, M., Davis, C. W., Seerey, V. L., Donnelly, T. E.: Purification and general properties of guanosine 3′,5′-monophosphate-dependent protein kinase from guinea pig fetal lung. J. Biol. Chem. **251**, 1759 (1976).

Kurtenbach, P., Bennes, P., Oertel, G. W.: On steroid conjugates in plasma. Biosynthesis of lipophile steroid sulfoconjugates from steroid sulfate. Eur. J. Biochem. **39**, 541 (1973).

Kurth, J., Träger, L.: Receptor for 5α-dihydrotestosterone from Streptomyces hydrogenans. Zbl. Bak. Hyg. I. Abt., Orig. A **233**, 376 (1975).

Kwa, H. G., Cleton, F., Jong-Bakker, M., Bulbrook, R. D., Hayward, J. L., Wang, D. Y.: Plasma prolactin and its relationship to risk factors in human breast cancer. Int. J. Cancer **17**, 441 (1976).

Labow, R. S., Williamson, D. G., Layne, D. S., Collins, D. C.: The transfer of glucose to steroids by chimpanzee liver microsomes. Canad. J. Biochem. **53**, 1028 (1975).

Labrie, F., Pelletier, G., Lemay, A., Borgeat, P., Barden, N., Dupont, A., Savary, M., Cote, J., Boucher, R.: Control of protein synthesis in anterior pituitary gland. Acta endocr. (Kbh.) **74**, Suppl. 180, 301 (1973).

Lalumiere, G., Bleau, G., Chapdelaine, A., Roberts, K. D.: Cholesteryl sulfate and sterol sulfatase in the human reproductive tract. Steroids **27**, 247 (1976).

Lande, M. A., Adesnik, M., Sumida, M., Tashiro, Y., Sabatini, D. D.: Direct association of messenger RNA with microsomal membranes in human diploid fibroblasts. J. Cell Biol. **65**, 513 (1975).

Lane, S. E., Gidari, A. S., Levere, R. D.: Cytoplasmic receptor protein for etiocholanolone in chick embryo liver. J. Biol. Chem. **250**, 8209 (1975).

Lang, R. F., Stevens, W., Dougherty, T. F.: Autoradiographic studies of the effects of cortisol on DNA synthesis in lymphatic tissue. Nature **216**, 934 (1967).

Lang, U., Fauchere, J.-L., Pelican, G.-M., Karlaganis, G., Schwyzer, R.: Hormone-receptor interactions. Adrenocorticotrophin-(7-24)-octadecapeptide stimulates adipocyte membrane adenylate cyclase without causing lipolysis in fat cells. FEBS Letters **66**, 246 (1976).

Lanzani, G. A., Giannattasio, M., Manzocchi, L. A., Bollini, R., Soffientini, A. N., Macchia, V.: The influence of cyclic AMP on polypeptide synthesis in a cell-free system derived from wheat embryos. Biochem. Biophys. Res. Commun. **58**, 172 (1974).

Laschet, U., Laschet, L.: Antiandrogens in the treatment of sexual deviations of men. J. Steroid Biochem. **6**, 821 (1975).

Lasnitzki, I., Franklin, H. R.: The influence of serum on the uptake, conversion and action of dihydrotestosterone in rat prostate glands in organ culture. J. Endocr. **64**, 289 (1975).

Lawrence, D. K., Gill, E. W.: Structurally specific effects of some steroid anesthetics on spin-labeled liposomes. Mol. Pharmacol. **11**, 280 (1975).

Lawson, D. E. M., Charman, M., Wilson, P. W., Edelstein, S.: Some characteristics of new tissue-binding proteins for metabolites of vitamin D other than 1,25-dihydroxy vitamin D. Biochim. Biophys. Acta **437**, 403 (1976).

Lax, E. R., Hoff, H.-G., Ghraf, R., Schröder, E., Schriefers, H.: The role of the hypophysis in the regulation of sex differences in the activities of enzymes involved in hepatic steroid hormone metabolism. Hoppe-Seyler's Z. Physiol. Chem. **355**, 1325 (1974).

Layne, D. S., Labow, R. S., Paquet, A., Williamson, D. G.: Transfer of xylose to steroids by rabbit liver microsomes. Biochemistry **15**, 1268 (1976).

Lee, D. K. H., Bird, C. E., Clark, A. F.: In vitro effects of estrogens on rat prostatic 5α-reduction of testosterone. Steroids **22**, 677 (1973).

Lee, D. K. H., Bird, C. E., Clark, A. F.: Studies on the in vivo hormonal control of rat prostatic testosterone 4-ene-5α-reductase activity. J. Steroid Biochem. **5**, 609 (1974).

Lee, P. L., Radloff, D., Schweppe, J. S., Jungmann, R. A.: Testicular protein kinases. Characterization of multiple forms and ontogeny. J. Biol. Chem. **251**, 914 (1975a).

Lee, Q. P., Zachariah, P. K., Juchau, M. R.: Differential inhibition of androst-4-en-3,17-dione aromatization by carbon monoxide in the presence of estr-4-en-3,17-dione. Steroids **26**, 571 (1975b).

Legan, S. J., Karsch, F. J.: An analysis of the positive feedback action of estrogen on LH secretion in the rat. In: Recent studies of hypothalamic function. Lederis, K., Cooper, K. E. (edts.). S. Karger, Basel 1974, p. 147.

Lerner, L. J., Galliani, G., Carminati, P., Mosca, M. C.: Anti-fertility drugs: novel non-hormonal compounds that inhibit prostaglandin metabolism. Nature **256**, 130 (1975).

Leroy, F., Bogaert, C., van Hoeck, J.: DNA replication and accelerated chain growth in oestrogen-stimulated uterine cells. Nature **258**, 259 (1975).

Letnansky, K., Seelich, F.: The influence of proteolytic enzymes on the phosphorylation of rat liver histones. Experientia **31**, 434 (1975).

Levine, J. H., Nicholson, W. E., Peytremann, A., Orth, D. N.: The mechanism of ACTH stimulation of adrenal ornithin decarboxylase activity. Endocrinology **97**, 136 (1975).

Levitan, I. B., Webb, T. E.: Posttranscriptional control in the steroid-mediated induction of hepatic tyrosine transaminase. Science **167**, 283 (1970).

Levitz, M., Kadner, S., Young, B. K.: 16-sulfates of estriol in body fluids of human pregnancy at term. Steroids **27**, 287 (1976).

Lewis, G. P., Piper, P. J.: Inhibition of release of prostaglandins as an explanation of some of the actions of anti-inflammatory corticosteroids. Nature **254**, 308 (1975).

Liang, T., Liao, S.: Association of the uterine-17β-estradiol receptor complex with ribonucleoprotein in vitro and in vivo. J. Biol. Chem. **249**, 4671 (1974).

Liang, T., Liao, S.: Dihydrotestosterone and the initiation of protein synthesis by prostate ribosomes. J. Steroid Biochem. **6**, 549 (1975).

Liao, S., Liang, T.: Receptors and mechanism of action of androgens in prostates. In: Hormones and cancer. McKerns, K. W. (ed.), Academic Press, New York 1974, p. 229.

Liao, S., Liang, T., Tymoczko, J. L.: Ribonucleoprotein binding of steroid „receptor" complexes. Nature New Biol. **241**, 211 (1973a).

Liao, S., Liang, T., Fang, S., Castaneda, E., Shao, T.-C.: Steroid structure and androgenic activity. Specificities involved in the receptor binding and nuclear retention of various androgens. J. Biol. Chem. **248**, 6154 (1973b).
Libby, P. R.: Histone acetylation and hormone action. Early effects of oestradiol-17β on histone acetylation in rat uterus. Biochem. J. **130**, 663 (1972).
Lieberman, M. E., Ahren, K., Tsafriri, A., Bauminger, S., Lindner, H. R.: Relationship between glycolysis and steroidogenesis in cultured Graafian follicles stimulated by LH or prostaglandin E_2. J. Steroid Biochem. **6**, 1445 (1975a).
Lieberman, M. E., Barnea, A., Bauminger, S., Tsafriri, A., Collins, W. P., Lindner, H. R.: LH effect on the pattern of steroidogenesis in cultured Graafian follicles of the rat: dependence on macromolecular synthesis. Endocrinology **96**, 1533 (1975b).
Lin, M.-T., Haksar, A., Peron, F. G.: The role of the Krebs cycle in the generation of intramitochondrial reducing equivalents for the 11β-hydroxylation of deoxycorticosteron in isolated rat adrenal cells. Arch. Biochem. Biophys. **164**, 429 (1974a).
Lin, T. M., Halbert, S. P., Kiefer, D., Spellacy, W. N.: Three pregnancy-associated human plasma proteins: purification, monospecific antisera and immunological identification. Int. Arch. Allergy **47**, 35 (1974b).
Lindner, H. R., Tsafriri, A., Liebermann, M. E., Zor, U., Koch, Y., Bauminger, S., Barnea, A.: Gonadotropin action on cultured Graafian follicles: induction of maturation division of the mammalian oocyte and differentiation of the luteal cell. Rec. Progr. Hormone Res. **30**, 79 (1974).
Lippman, M.: Steroid hormone receptors in human malignancy. Life Sci. **18**, 143 (1976).
Lippman, M. E., Wiggert, B. O., Chader, G. J., Thompson, E. B.: Glucocorticoid receptors. Characteristics, specificity, and ontogenesis in the embryonic chick neural retina. J. Biol. Chem. **249**, 5916 (1974).
Lisboa, B. P., Gustafsson, J.-A.: Biosynthesis of two new steroids in the human foetal liver: 1β- and 2β-hydroxytestosterone. Eur. J. Biochem. **6**, 419 (1968).
Lisse, K., Schürenkemper, P.: Beziehungen zwischen dem ovariellen Steroidhormon-Stoffwechsel und den generativen Vorgängen im menschlichen Ovar im Verlauf des Zyklus. In: Endodrinology of Sex, Dörner, G. (ed.), Johann Ambrosius Barth, Leipzig 1974, p. 396.
Little, M., Szendro, P., Teran, C., Hughes, A., Jungblut, P. W.: Biosynthesis and transformation of microsomal and cytosol estradiol receptors. J. Steroid Biochem. **6**, 493 (1975).
Litwack, G., Rosenfeld, S. A.: Liver cytosol corticosteroid binder Ib, a new binding protein. J. Biol. Chem. **250**, 6799 (1975).
Liu, A. Y.-C., Greengard, P.: Aldosterone-induced increase in protein phosphatase activity in toad bladder. Proc. Natl. Acad. Sci. **71**, 3869 (1974).
Lommer, D., Distler, A., Nast, H. P., Sinterhauf, K., Walter, U., Wolff, H. P.: Tagesprofile von Plasmaaldosteron, -cortisol, -renin, -angiotensinogen und -angiotensinasen bei Normalpersonen. Klin. Wschr. **54**, 123 (1976).
Londos, C., Salomon, Y., Lin, M. C., Harwood, J. P., Schramm, M., Wolff, J., Rodbell, M.: 5′-Guanylylimidodiphophate, a potent activator of adenylate cyclase systems in eukaryotic cells. Proc. Natl. Acad. Sci. **71**, 3087 (1974).
van Loon, G. R.: Brain catecholamines in the regulation of ACTH secretion. In: Recent studies of hypothalamic function. Lederis, K., Cooper, K. E. (edts.), S. Karger, Basel 1974, p. 100.
Lotem, J., Sachs, L.: Induction of specific changes in the surface membrane of myeoloid leukemic cells by steroid hormones. Int. J. Cancer **15**, 731 (1975).
Lukanidin, E. M., Zalmanzon, E. S., Komaromi, L., Samarina, O. P., Georgiev, G. P.: Informoferes. Nature New Biol. **238**, 193 (1972).

Lunan, C. B., Green, B.: Oestradiol-17β uptake in vitro into the nuclei of endometrium from different regions of the human uterus. Acta endocr. (Kbh.) **78**, 353 (1975).
Lunan, C. B., Klopper, A.: Antioestrogens: a review. Clin. Endocr. **4**, 551 (1975).
Luttrell, B., Hochberg, R. B., Dixon, W. R., McDonald, P. D., Lieberman, S.: Studies on the biosynthetic conversion of cholesterol to pregnenolone. J. Biol. Chem. **247**, 1462 (1972).
Lynen, F.: Der Weg von der „aktivierten Essigsäure" zu den Terpenen und Fettsäuren. Angew. Chem. **77**, 929 (1965).
Mäenpää, P. H., Bernfield, M. R.: Quantitative variation in serine transfer ribonucleic acid during estrogen-induced phosphoprotein synthesis in rooster liver. Biochemistry **8**, 4926 (1969).
Mäenpää, P. H., Bernfield, M. R.: Subcellular redistribution of seryl-transfer RNA during estrogen-induced phosvitin synthesis and specificity of the estrogen effect. Biochemistry **14**, 4820 (1975).
Maeyama, M., Nakahara, K., Sudo, I., Mori, N.: Conversion of 20α-hydroxy-4-pregnen-3-one to progesterone by human endometrium in vitro. J. Steroid Biochem. **4**, 457 (1973).
Mahajan, D. K., Samuels, L. T.: Inhibition of 17,20(17)-Hydroxyprogesteron-lyase by progesterone. Steroids **25**, 217 (1975).
Mahesh, V. B., Muldoon, T. G., Eldridge, J. C., Korach, K. S.: The role of steroid hormones in the regulation of gonadotropin secretion. J. Steroid Biochem. **6**, 1025 (1975).
Mains, R. E., Eipper, B. A.: Biosynthesis of adrenocorticotropic hormone in mouse pituitary tumor cells. J. Biol. Chem. **251**, 4115 (1976).
Mainwaring, W. I. P., Mangan, F. R., Peterken, B. M.: Studies on the solubilized ribonucleic acid polymerase from rat ventral prostate gland. Biochem. J. **123**, 619 (1971).
Mainwaring, W. I. P., Wilce, P. A., Smith, A. E.: Studies on the form and synthesis of messenger ribonucleic acid in the rat ventral prostate gland, including its tissue specific stimulation by androgens. Biochem. J. **137**, 513 (1974).
Mainwaring, W. I. P., Symes, E. K., Higgins, S. J.: Nuclear components responsible for the retention of steroid-receptor complexes, especially from the standpoint of the specificity of hormonal responses. Biochem. J. **156**, 129 (1976).
Mandelbaum, J., Millet, D., Netter, A.: LH-RH therapy of human infertility. Ann. Biol anim. Bioch. Biophys. **16**, 253 (1976).
Manderlier, T., Bergans, A., Nijs, N., Struyven, J., Brauman, H., Fuss, M., Corvilain, J.: Metabolism of human PTH by the kidney and the liver. In: Vitamin D and problems related to uremic bone disease. Norman, A. W., Schaefer, K., Grigoleit, H.-G., von Herath, D., Ritz, E. (edts.), Walter de Gruyter, Berlin 1975, p. 439.
Manen, C.-A., Russell, D. H.: Relationship of ornithine decarboxylase to RNA polymerase I activity. Life Sci. **17**, 1769 (1975).
Markert, C., Träger, L.: Enzyminduktion bei Streptomyces hydrogenans. V. Charakterisierung der Testosteron-17β-Dehydrogenase und ihre Induktion durch Steroide. Hoppe-Seyler's Z. Physiol. Chem. **356**, 1843 (1975).
Marks, F., Hecker, E.: Zum Stoffwechsel und Wirkungsmechanismus der Östrogene. VIII. Biogenese und Stoffwechsel von 2-Hydroxyöstron in Beziehung zur Bildung proteingebundener und wasserlöslicher Östronmetaboliten und zur NADPH-Oxydation in Rattenlebermikrosomen. Hoppe-Seyler's Z. Physiol. Chem. **345**, 22 (1966).
Marks, N., Stern, F.: Enzymatic mechanism for the inactivation of luteinizing hormone-releasing hormone (LH-RH). Biochem. Biophys. Res. Commun. **61**, 1458 (1974).
Marks, N., Galoyan, A., Grynbaum, A., Lajtha, A.: Protein and peptide hydrolases of the rat hypothalamus and pituitary. J. Neurochem. **22**, 735 (1974).

Marsh, J. M., LeMaire, W. J.: The role of cyclic AMP and prostaglandins in the actions of luteinizing hormone. In: Gonadotropins and gonadal function. Moudgal, N. R. (ed.), Academic Press, New York 1974, p. 376.
Marshall, S., Kledzik, G. S., Gelato, M., Campbell, G. A., Meites, J.: Effects of estrogen and testosterone on specific prolactin binding in the kidneys and adrenals of rats. Steroids **27**, 187 (1976).
Martin, B.: Steroid-protein interactions in nonmammalian vertebrates. I. Elasmobranch steroids-binding protein (E.SBP) in dogfish serum (Scyliorhinus canicula). Gen. comp. Endocrin. **25**, 42 (1975).
Martin, K. O., Monder, C.: Oxidation of corticosteroids to steroidal-21-oic acids by human liver enzyme. Biochemistry **15**, 576 (1976).
Martin, L., Pollard, J. W., Fagg, B.: Oestriol, oestradiol-17β, and the proliferation and death of uterine cells. J. Endocr. **69**, 103 (1976).
Marton, I., Endröczi, E.: Contributions to the changes in the hypothalamo-pituitary-gonadal function in androgen sterilized rats. Endokrinologie **63**, 409 (1974).
Martucci, C., Fishman, J.: Uterine estrogen receptor binding of catecholestrogens and of estetrol (1,3,5(10)-estratriene-3,15α,16α,17β-tetrol). Steroids **27**, 325 (1976).
Marusic, E. T., White, A., Aedo, A. R.: Oxidative reactions in the formation of an aldehyde group in the biosynthesis of aldosterone. Arch. Biochem. Biophys. **157**, 320 (1973).
Mason, P. A., Fraser, R.: Estimation of aldosterone, 11-deoxycorticosterone, corticosterone, cortisol and 11-deoxycortisol in human plasma by gas-liquid chromatography with electron capture detection. J. Endocr. **64**, 277 (1975).
Massa, R., Martini, L.: Testosterone metabolism: a necessary step of activity? J. Steroid Biochem. **5**, 941 (1974).
Massa, R., Justo, S., Martini, L.: Conversion of testosterone into 5α-reduced metabolites in the anterior pituitary and in the brain of maturing rats. J. Steroid Biochem. **6**, 567 (1975).
Maurer, H. R.: Cleavage of ATP by mouse uterine chromatin after in vivo administration of estradiol. Z. Naturforschg. **27b**, 1267 (1972).
Mayer, M., Kaiser, N., Milholland, R. J., Rosen, F.: Cortisol binding in rat skeletal muscle. J. Biol. Chem. **250**, 1207 (1975).
Mayer, M., Shafrir, E., Kaiser, N., Milholland, R. J., Rosen, F.: Interaction of glucocorticoid hormones with rat skeletal muscle: catabolic effects and hormone binding. Metabolism **25**, 157 (1976).
McCracken, J. A., Barcikowski, B., Carlson, J. C., Green, K., Samuelsson, B.: The physiological role of prostaglandin $F_{2\alpha}$ in Corpus luteum regression. Adv. Biosci. **9**, 599 (1972).
McDonald, P. G., Gilmore, D. P.: The effect of ovarian steroids on hypothalamic thresholds for ovulation in the female rat. J. Endocr. **49**, 421 (1971).
McEvoy, R. C., Lazarow, A., Hegre, O. D.: Organ culture of foetal rat pancreas. Effects of parabiotic culture with foetal adrenal glands. Differentiation **3**, 69 (1975).
McEwen, B. S.: Interactions between hormones and nerve tissue. Sci. Amer. **235**, 48 (1976).
McEwen, B. S., Luine, V. N., Plapinger, L., de Kloet, E. R.: Putative estrogen and glucocorticoid receptors in the limbic brain. J. Steroid Biochem. **6**, 971 (1975).
McGuire, W. L., Chamness, G. C., Costlow, M. E., Shepherd, R. E.: Subcellular biochemistry of estrogen in breast cancer. In: Hormones and cancer. McKerns, K. W. (ed.), Academic Press, New York 1974, p. 75.
McKelvy, J. F.: Isolation of a cyclic AMP dependent protein kinase from bovine hypothalamus and its interaction with hypothalamic substituents. Biochem. Biophys. Res. Commun. **65**, 54 (1975).

McLean, B. K., Chang, N., Nikitovitch-Winer, M. B.: Ovarian steroids directly alter luteinizing hormone release by pituitary homografts. Endocrinology **97**, 196 (1975).
McNatty, K. P., Sawers, R. S., McNeilly, A. S.: A possible role for prolactin in control of steroid secretion by the human Graafian follicle. Nature **250**, 653 (1974).
Means, A. R.: Some effects of FSH on the seminiferous epithelium of mammalian testis. In: Gonadotropins and gonadal function. Moudgal, N. R. (ed.). Academic Press, New York 1974, p. 485.
Means, A. R., Vaitukaitis, J.: Peptide hormone receptors: specific binding of ^{3}H-FSH to testis. Endocrinology **90**, 39 (1972).
Means, A. R., MacDougall, E., Soderling, T. R., Corbin, J. D.: Testicular adenosine 3′,5′-monophosphat-dependent protein kinase, regulation by follicle-stimulating hormone. J. Biol. Chem. **249**, 1231 (1974).
Means, A. R., Woo, S., Harris, S. E., O'Malley, B. W.: Estrogen induction of ovalbumin mRNA: evidence for transcription control. Mol. Cell. Biochem. **7**, 33 (1975).
Meites, J., Lu, K. H., Wuttke, W., Welsch, C. W., Nagasawa, H., Quadri, S. K.: Recent studies on functions and control of prolactin secretion in rats. Rec. Progr. Hormone Res. **28**, 471 (1972).
Mendelson, C., Dufau, M., Catt, K.: Dependence of gonadotropin-induced steroidogenesis upon RNA and protein synthesis in the interstitial cells of the rat testis. Biochim. Biophys. Acta **411**, 222 (1975).
Merz, W. E., Hilgenfeldt, U., Dörner, M., Brossmer, R.: Biological, immunological and physical investigations on human chorionic gonadotropin. Hoppe-Seyler's Z. Physiol. Chem. **355**, 1035 (1974).
Mester, J., Baulieu, E.-E.: Dynamics of oestrogen-receptor distribution between the cytosol and nuclear fractions of immature rat uterus after oestradiol administration. Biochem. J. **146**, 617 (1975).
Meyer, W. J., Migeon, B. R., Migeon, C. J.: Locus on human X chromosome for dihydrotestosterone receptor and androgen insensitivity. Proc. Natl. Acad. Sci. **72**, 1469 (1975).
Meyuhas, O., Reshef, L., Ballard, F. J., Hanson, R. W.: The effect of insulin and glucocorticoids on the synthesis and degradation of phosphoenolpyruvate carboxykinase (GTP) in rat adipose tissue cultured in vitro. Biochem. J. **158**, 9 (1976).
Michael, R. P., Plant, T. M., Wilson, M. I.: Preliminary studies on the effects of cyproterone acetate on sexual activity and testicular function in adult male rhesus monkeys (Macacca mulatta). Adv. Biosc. **10**, 197 (1973).
Michel-Briand, Y., Balavoine, G., Kagan, H., Vigneron, J.-P.: Influence de steroides, substitutes en position 3 par une chaine carbonee sur la synthese des enzymes induites de Pseudomonas testosteroni. Eur. J. Biochem. **19**, 218 (1971).
Middlebrook, J. L., Wong, M. D., Ishii, D. N., Aronow, L.: Subcellular distribution of glucocorticoid receptors in mouse fibroblasts. Biochemistry **14**, 180 (1975).
Milcarek, C., Price, R., Penman, S.: The metabolism of a Poly A-minus mRNA fraction in HeLa cells. Cell **3**, 1 (1974).
Milgrom, E., Atger, M., Baulieu, E.-E.: Acidophilic activation of steroid hormone receptors. Biochemistry **12**, 5198 (1973a).
Milgrom, E., Thi, M. L., Baulieu, E.-E.: Control mechanisms of steroid hormone receptors in the reproductive tract. Acta endocr. (Kbh.) **74**, Suppl. 180, 380 (1973b).
Miller, B. G.: Effects of progesterone on the synthesis of ribonucleic acids in the uterus. Biochim. Biophys. Acta **299**, 568 (1973).
Miller, W. L., Gaylor, J. L.: Investigation of the component reactions of oxidative sterol demethylation. Oxidation of a 4,4-dimethyl sterol to a 4β-methyl-4α-carboxylic acid during cholesterol biosynthesis. J. Biol. Chem. **245**, 5375 (1970).

Milner, M. J., Sang, J. H.: Relative activities of α-ecdysone and β-ecdysone for the differentiation in vitro of Drosophila melanogaster imaginal discs. Cell **3**, 141 (1974).
Mizobe, F., Kurokawa, M.: Enhancement of hydroxyindole-O-methyltransferase and DNA-dependent RNA polymerase activities induced by oestradiol in rat pineals in culture. Eur. J. Biochem. **66**, 193 (1976).
Moguilevsky, J. A., Scacchi, P., Deis, R., Siseles, N. O.: Effect of melatonin on the luteinizing hormone release induced by clomiphene and luteinizing hormone-releasing hormone. Proc. Soc. Exp. Biol. Med. **151**, 663 (1976).
Molloy, G., Puckett, L.: The metabolism of heterogeneous nuclear RNA and the formation of cytoplasmic messenger RNA in animal cells. Progr. Biophys. Mol. Biol. **31**, 1 (1976).
Monder, C., Zumoff, B., Bradlow, H. L., Hellman, L.: Studies in the biotransformation of cortisol to the cortoic acids in man. I. Metabolism of 21-dehydrocortisol. J. Clin. Endocr. Metab. **40**, 86 (1975).
Monod, J.: Von der enzymatischen Adaption zur allosterischen Umlagerung. Angew. Chem. **78**, 694 (1966a).
Monod, J.: On the mechanism of molecular interactions in the control of cellular metabolism. Endocrinology **78**, 412 (1966b).
Morand, P., Kalapurackal, M., Lompa-Krzymien, L., van Tongerloo, A.: Steroid oxides as potential precursors in the biosynthesis of estrogens. J. theor. Biol. **56**, 503 (1976).
Morgan, F. J., Birken, S., Canfield, R. E.: The amino acid sequence of human chorionic gonadotropin. The α subunit and β subunit. J. Biol. Chem. **250**, 5247 (1975).
Morisaki, M., Bannai, K., Ikekawa, N., Shikita, M.: Cholesterol 20,22-epoxides: no conversion to pregnenolone by adrenal cytochrome P-450_{scc}. Biochem. Biophys. Res. Commun. **69**, 481 (1976).
Moscona, A. A.: Hydrocortisone-mediated regulation of gene expression in embryonic neural retina: induction of glutamine synthetase. J. Steroid Biochem. **6**, 633 (1975).
Mosebach, K.-O., Engels, T.: Einfluß von Testosteron auf den DNA-Stoffwechsel in Vesikulardrüsen unreifer Ratten. Hoppe-Seyler's Z. Physiol. Chem. **345**, 111 (1966).
Moudgil, V. K., Toft, D. O.: Binding of ATP to the progesterone receptor. Proc. Natl. Acad. Sci. **72**, 901 (1975).
Mowszowicz, I., Bieber, D. E., Chung, K. W., Bullock, L. P., Bardin, C. W.: Synandrogenic and antiandrogenic effect of progestins: comparison with nonprogestational antiandrogens. Endocrinology **95**, 1589 (1974).
Moyle, W. R., Bahl, O. P., März, L.: Role of the carbohydrate of human chorionic gonadotropin in the mechanism of hormone action. J. Biol. Chem. **250**, 9163 (1975).
Müller, J., Baumann, K.: Multifactorial regulation of the final steps of aldosterone biosynthesis in the rat. J. Steroid Biochem. **5**, 795 (1974).
Müller, W. E. G., Totsuka, A., Zahn, R. K.: Association of an estradiol receptor with the DNA-dependent RNA polymerase I from immature quail oviduct. Biochim. Biophys. Acta **366**, 224 (1974).
Munck, A., Wira, C., Young, D. A., Mosher, K. M., Hallahan, C., Bell, P. A.: Glucocorticoid-receptor complexes and the earliest steps in the action of glucocorticoids on thymus cells. J. Steroid Biochem. **3**, 567 (1972).
Murphy, G., Ariyanayagam, A. D., Kuhn, N. J.: Progesterone and the metabolic control of the lactose biosynthetic pathway during lactogenesis in the rat. Biochem. J. **136**, 1105 (1973).
Murray, M. A. F., Bancroft, J. H. J., Anderson, D. C., Tennent, T. G., Carr, P. J.: Endocrine changes in male sexual deviants after treatment with anti-androgens, oestrogens or tranquillizers. J. Endocr. **67**, 179 (1975).
Myatt, L., Bray, M. A., Gordon, D., Morley, J.: Macrophages on intrauterine contraceptive device produce prostaglandins. Nature **257**, 227 (1975).

Naess, O.: Characterization of the androgen receptors in the hypothalamus, preoptic area and brain cortex of the rat. Steroids **27**, 167 (1976).

Naftolin, F., Ryan, K. J.: The metabolism of androgens in central neuroendocrine tissues. J. Steroid Biochem. **6**, 993 (1975).

Naftolin, F., Morishita, H., Davies, I. J., Todd, R., Ryan, K. J., Fishman, J.: 2-Hydroxyestrone induced rise in serum luteinizing hormone in the immature male rat. Biochem. Biophys. Res. Comm. **64**, 905 (1975a).

Naftolin, F., Ryan, K. J., Davies, I. J., Reddy, V. V., Flores, F., Petro, Z., Kuhn, M., White, R. J., Takaoka, Y., Wolin, L.: The formation of estroegens by central neuroendocrine tissues. Rec. Progr. Hormone Res. **31**, 295 (1975b).

Nagata, N., Kimura, N., Sasaki, M., Nakane, K., Tanaka, Y.: Localization of cell groups sensitive to parathyroid hormone and calcitonine in rat skeletal tissue. Biochim. Biophys. Acta **421**, 218 (1976).

Nakayama, T., Suzuki, M., Ishizuka, N.: Action of progesterone on preoptic thermosensitive neurones. Nature **258**, 80 (1975).

Nambara, T., Ikegawa, S., Hosoda, H.: Stereochemistry of microbial dehydrogenation of 5β-3-ketosteroids. Chem. Pharm. Bull. **21**, 2794 (1973a).

Nambara, T., Anjyo, T., Ito, M., Hosoda, H.: The steric mechanism of enzymatic aromatization of 19-norsteroids. Chem. Pharm. Bull. **21**, 1938 (1973b).

Nambara, T., Ikegawa, S., Takahashi, C.: Stereochemistry of microbial dehydrogenation of 5α-3-ketosteroids. Chem. Pharm. Bull. **23**, 2358 (1975).

Natori, S., Takeuchi, K., Mizuno, D.: DNA dependent RNA polymerase from Ehrlich Ascites cells. V. Characterization of a factor repressing RNA polymerase II as a ribonucleoprotein. J. Biochem. **77**, 1319 (1975).

Nayfeh, S. N., Baggett, B.: Metabolism of progesterone by rat testicular homogenates. III. Inhibitory effects of intermediates and other steroids. Steroids **14**, 269 (1969).

Nelboeck, M.: Cyclisches Adenosinphosphat in der Kausalkette hormoneller Wirkungen. Naturwissenschaften **59**, 209 (1972).

Nelson, J. D., Carter, C. E.: Inhibition of thymidine-5′-monophosphokinase from L 5178 Y mouse leukemia by diethylstilbestrol and 17-ethynyl-β-estradiol. Mol. Pharmacol. **3**, 341 (1967).

Nelson, J. D., Jato-Rodriguez, J. J., Mookerjea, S.: Effect of ovarian hormones on glycosyltransferase activities in the endometrium of ovariectomized rats. Arch. Biochem. Biophys. **169**, 181 (1975).

Nesemann, G., Hübener, H. J., Junk, R., Schmidt-Thome, J.: 20β-Hydroxysteroid-Dehydrogenase. I. Züchtung von Streptomyces hydrogenans und Induktion des Enzyms. Biochem. Z. **333**, 88 (1960).

Neumann, F., Gräf, K.-J., Elger, W.: Hormone-induced disturbance in sexual differentiation. Adv. Biosci. **13**, 71 (1974).

Nieschlag, E., Isamail, A. A. A.: Bestimmung der Tagesschwankungen des Plasma-Testosterons normaler Männer durch kompetitive Proteinbindung. Klin. Wschr. **48**, 53 (1970).

Nikitovitch-Winer, M. B., Chang, N. G., Scott, J. N., McLean, B. K.: The interrelation of LH-RH, ovarian steroids and the adenohypophysis. J. Reprod. Med. **16**, 11 (1976).

Nilsson, L., Selstam, G.: Effects of LH and hCG on the metabolism of the prepubertal rat ovary: stimulation of amino acid transport, protein synthesis, and glycolysis. Acta endocr. (Kbh.) **78**, 122 (1975).

Nimrod, A., Lamprecht, S., Lindner, H. R.: Separation and characterization of two 3-hydroxysteroid oxidoreductases from the soluble fraction of rat ovarian cells. J. Steroid Biochem. **6**, 1205 (1975).

Nimrod, A., Erickson, G. F., Ryan, K. J.: A specific FSH receptor in rat granulosa cells: properties of binding in vitro. Endocrinology **98**, 56 (1976).

Nishi, N., Arimura, A., Coy, D. H., Vilchez-Martinez, J. A., Schally, A. V.: The effect of oral and vaginal administration of synthetic LH-RH and [D-Ala^6, des Gly^{10}-NH_2] LH-RH ethylamide on serum LH levels in ovariectomized, steroid blocked rats. Proc. Soc. Exp. Biol. Med. **148**, 1009 (1975).
Nishiura, J. T., Fristrom, J. W.: Effect of insect hormones on RNA polymerases of mass-isolated imaginal discs of Drosophila melanogaster cultured in vitro. Proc. Natl. Acad. Sci. **72**, 2984 (1975).
Nocke, W., Leyendecker, G.: Neue Erkenntnisse über die endokrine Physiologie des menstruellen Cyclus. Der Gynäkologe **5**, 39 (1972).
Nombela, C., Nombela, N. A., Ochoa, S., Merrick, W. C., Anderson, W. F.: Nature of eukaryotic proteins required for joining of 40 S and 60 S ribosomal subunits. Biochem. Biophys. Res. Comm. **63**, 409 (1975).
Noronha, J. M., Sheys, G. H., Buchanan, J. M.: Induction of a reductive pathway for deoxyribonucleotide synthesis during early embryogenesis of the sea urchin. Proc. Natl. Acad. Sci. **69**, 2006 (1972).
Notation, A. D.: Regulatory interactions for the control of steroid sulfate metabolism. J. Steroid Biochem. **6**, 311 (1975).
Notides, A. C., Hamilton, D. E., Auer, H. E.: A kinetic analysis of the estrogen receptor transformation. J. Biol. Chem. **250**, 3945 (1975).
Nugteren, D. H., Hazelhof, E.: Isolation and properties of intermediates in prostaglandin biosynthesis. Biochim. Biophys. Acta **326**, 448 (1973).
Obrig, T. G., Antonoff, R. S., Kirwin, K. S., Ferguson, J. J.: The binding of adenosine 3′,5′-monophosphate by messenger ribonucleoprotein-like particles. Biochem. Biophys. Res. Commun. **66**, 437 (1975).
Oertel, G. W., Benes, P.: The effects of steroids on glucose-6-phosphat dehydrogenase. J. Steroid Biochem. **3**, 493 (1972).
Oertel, G. W., Benes, P., Rauer, A., Rauer, H.: Effects of DHEA or its sulfoconjugates upon c-AMP phosphodiesterase. Experientia **31**, 29 (1975).
Oettel, M.: Beitrag zur Entwicklung von Interzeptiva. Pharmazie **30**, 42 (1975).
Ohno, S.: Simplicity of mammalian regulatory systems inferred by single gene determination of sex phenotypes. Nature **234**, 134 (1971).
Ohno, S.: Major regulatory genes for mammalian sexual development. Cell **7**, 315 (1976).
Ojeda, S. R., Harms, P. G., McCann, S. M.: Effect of inhibitors of prostaglandin synthesis on gonadotropin release in the rat. Endocrinology **97**, 843 (1975).
Oliver, J. M.: A possible role for 5-phosphoribosyl-1-pyrophosphate in the stimulation of uterine purine nucleotide synthesis in response to oestradiol-17β. Biochem. J. **128**, 771 (1972).
Olsen, R. W.: Filamentous protein model for cyclic AMP-mediated cell regulatory mechanisms. J. theor. Biol. **49**, 263 (1975).
Olson, J. A.: The biosynthesis of cholesterol. Ergeb. Physiol. **56**, 174 (1965).
O'Malley, B. W., Rosenfeld, G. C., Comstock, J. P., Means, A. R.: Induction of specific translatable messenger RNAs by oestrogens and progesterone. Acta endocr. (Kbh.) **71**, Suppl. 168, 381 (1972).
Ono, T., Bloch, K.: Solubilization and partial characterization of rat liver squalene epoxidase. J. Biol. Chem. **250**, 1571 (1975).
Orrenius, S., Wilson, B. J., Bahr, C., Schenkman, J. B.: On the significance of drug-induced spectral changes in liver microsomes. In: Biological hydroxylation mechanisms. Boyd, G. S., Smellie, R. M. S. (edts.). Academic Press, London 1972, p. 55.
Oshima, H., Fan, D.-F., Troen, P.: Studies on the human testis. VI. NADH-linked reactions of microsomal 20α- and 20β-hydroxysteroid dehydrogenase and 17α-hydroxylase. J. *Clin. Endocr. Metab.* **40**, 426 (1975).

Otten, U., Thoenen, H.: Selective induction of tyrosine hydroxylase and dopamine β-hydroxylase in sympathetic ganglia in organ culture: role of glucocorticoids as modulators. Mol. Pharmacol. **12**, 353 (1976).

Oudet, P., Gross-Bellard, M., Chambon, P.: Electron microscopic and biochemical evidence that chromatin structure is an repeating unit. Cell **4**, 281 (1975).

Pack, B. A., Brooks, S. C.: Cyclic activity of estrogen sulfotransferase in the gilt uterus. Endocrinology **95**, 1680 (1974).

Palmiter, R. D.: Quantitation of parameters that determine the rate of ovalbumin synthesis. Cell **4**, 189 (1975).

Palmiter, R. D., Haines, M. E.: Regulation of protein synthesis in chick oviduct. IV. Role of testosterone. J. Biol. Chem. **248**, 2107 (1973).

Palmiter, R. D., Carey, N. H.: Rapid inactivation of ovalbumin messenger ribonucleic acid after acute withdrawal of estrogen. Proc. Natl. Acad. Sci. **71**, 2357 (1974).

Parvizi, N., Ellendorff, F.: 2-Hydroxy-oestradiol-17β as a possible link in steroid brain interaction. Nature **256**, 59 (1975).

Paul, J.: General theory of chromosome structure and gene activation in eukaryotes. Nature **238**, 444 (1972).

Paul, J.: The transcriptional unit in eukaryotes. Genetics **79**, 151 (1975).

Payne, A. H., Jaffe, R. B.: Androgen formation from pregnenolone sulfate by fetal, neonatal, prepubertal and adult human testes. J. Clin. Endocr. Metabol. **40**, 102 (1975).

Peck, E. J., DeLibero, J., Richards, R., Clark, J. H.: Instability of the uterine estrogen receptor under in vitro conditions. Biochemistry **12**, 4603 (1973).

Pennequin, P., Robel, P., Baulieu, E.-E.: Steroid-induced early protein synthesis in rat uterus and prostate. Eur. J. Biochem. **60**, 137 (1975).

Peron, F. G., Tsang, C. P. W., Haksar, A.: Further studies on corticosteroidogenesis. IX. Energy-linked transhydrogenase in rat adrenal gland mitochondria. Biochim. Biophys. Acta **270**, 266 (1972).

Peterson, J. A., Ebel, R. E., O'Keefe, D. H., Matsubara, T., Estabrook, R. W.: Temperature dependence of cytochrom P-450 reduction. A model for NADPH-cytochrome P-450 reductase: cytochrome P-450 interaction. J. Biol. Chem. **251**, 4010 (1976).

Peytremann, A., Brown, R. D., Nicholson, W. D., Island, D. P., Liddle, G. W., Hardman, J. G.: Regulation of aldosterone synthesis. Steroids **24**, 451 (1974).

Pfaff, D., Keiner, M.: Atlas of estradiol-concentrating cells in the central nervous system of the female rat. J. comp. Neurol. **151**, 121 (1973).

Phillips, G. T., Ross, F. P.: Stereochemistry of C-1,2-dehydrogenation during cholesterol degradation by Mycobacterium phlei. Eur. J. Biochem. **44**, 603 (1974).

Phillips, G. T., Clifford, K. H.: Stereochemistry of a methylgroup rearrangement during the biosynthesis of lanosterol. Eur. J. Biochem. **61**, 271 (1976).

Pietras, R. J., Szego, C. M.: Surface modifications evoked by estradiol and diethylstilbestrol in isolated endometrial cells. Evidence from lection probes and extracellular release of lysosomal protease. Endocrinology **97**, 1445 (1975).

Pitot, H. C., Kaplan, J., Cihak, A.: Translational regulation of enzyme levels in liver. In: Enzyme synthesis and degradation in mammalian systems. Rechcigl, M. (ed.). S. Karger, Basel 1971, p. 216.

Pittaway, D. E., Andersen, R. R., Givens, J. R.: In vitro studies on an hCG responsive, testosterone secreting adrenal cortical adenoma. Steroids **22**, 731 (1973).

Plasse, J.-C., Lisboa, B. P.: Studies on the metabolism of steroids in the foetus. Biosynthesis of epitestosterone in the human foetal liver. Eur. J. Biochem. **39**, 443 (1973).

Plotnikoff, N. P., Kastin, A. J.: Neuropharmacology of hypothalamic releasing factors. Biochem. Pharmacol. **25**, 363 (1976).

Podratz, K. C., Munns, T. W., Patzman, P. A.: Estrogen induction of 20α-hydroxysteroid dehydrogenase in mouse vaginal tissue. Steroids **24**, 765 (1974).

Pollow, K., Pollow, B.: Oxydativ-reduktive Wechselwirkung zwischen Oestrogenen und Androgenen in Leberschnitten von Ratten. Z. Naturforschg. **26b**, 40 (1971).

Pollow, K., Sokolowski, G., Schmalbek, J., Pollow, B.: Hydroxysteroid-Oxidoreduktasen und ihre Funktion als Katalysatoren des spezifischen Wasserstoff-Transfers zwischen Steroidhormonen in Humanplacenta. II. Kinetische Untersuchungen und Wasserstoff-Transfer zwischen C-17 von Östradiol-17β und C-20 von Progesteron. Hoppe-Seyler's Z. Physiol. Chem. **355**, 515 (1974).

Pollow, K., Runge, W., Pollow, B.: Kinetische Untersuchungen und Charakterisierung der solubilisierten Östradiol- bzw. Testosteron-„sensitiven“ 17β-Hydroxysteroid-Dehydrogenase-Aktivitäten. Z. Naturforschg. **30c**, 17 (1975a).

Pollow, K., Lübbert, H., Boquoi, E., Pollow, B.: Progesterone metabolism in normal human endometrium during the menstrual cycle and in endometrial carcinoma. J. Clin. Endocr. Metab. **41**, 729 (1975b).

Pollow, K., Lübbert, H., Boquoi, E., Kreuzer, G., Pollow, B.: Characterization and comparison of receptors for 17β-estradiol and progesterone in human proliferative endometrium and endometrial carcinoma. Endocrinology **96**, 319 (1975c).

Pollow, K., Lübbert, H., Pollow, B.: On the mitochondrial 17β-hydroxysteroid dehydrogenase from human endometrium and endometrial carcinoma: characterization and intramitochondrial distribution. J. Steroid Biochem. **7**, 45 (1976).

Poulter, C. D., Rilling, H. C.: Prenyltransferase: the mechanism of the reaction. Biochemistry **15**, 1079 (1976).

Pousette, A.: Demonstration of an androgen receptor in rat pancreas. Biochem. J. **157**, 229 (1976).

Powers, M. L., Florini, J. R.: A direct effect of testosterone on muscle cells in tissue culture. Endocrinology **97**, 1043 (1975).

Pratt, W. B., Kaine, J. L., Pratt, D. V.: The kinetics of glucocorticoid binding to the soluble specific binding protein of mouse fibroblasts. J. Biol. Chem. **250**, 4584 (1975).

Puca, G. A., Nola, E., Sica, V., Bresciani, F.: Estrogen-binding protein of calf uterus. Interrelationship between various forms and identification of a receptor-transforming factor. Biochemistry **11**, 4157 (1972).

Puca, G. A., Nola, E., Hibner, U., Cicala, G., Sica, V.: Interaction of the estradiol receptor from calf uterus with its nuclear acceptor sites. J. Biol. Chem. **250**, 6452 (1975).

Purvis, J. L., Canick, J. A., Latif, S. A., Rosenbaum, J. H., Hologgitas, J., Menard, R. H.: Lifetime of microsomal cytochrome P-450 and steroidogenic enzymes in rat testis as influenced by human chorionic gonadotrophin. Arch. Biochem. Biophys. **159**, 39 (1973a).

Purvis, J. L., Canick, J. A., Mason, J. I., Estabrook, R. W., McCarthy, J. L.: Lifetime of adrenal cytochrome P-450 as influenced by ACTH. Ann. N.Y. Acad. Sci. **212**, 319 (1973b).

Raineri, R., Levy, H. R.: On the specificity of steroid interaction with mammary glucose-6-phosphat dehydrogenase. Biochemistry **9**, 2233 (1970).

Rao, B. R., Wiest, W. G., Allen, W. M.: Progesteron-receptor in rabbit uterus. I. Characterization and estradiol-17β augmentation. Endocrinology **92**, 1229 (1973).

Rao, C. V.: Inhibition of [^{3}H] prostaglandin $F_{2\alpha}$ binding to its receptors by progesterone. Steroids **27**, 831 (1976).

Rao, G. S., Schumacher, R., Rao, M. L., Breuer, H.: Steroidglucuronyltransferases. IV. Localization of the oestradiol-17β 3-glucuronyltransferase in the outer membrane of the mitochondria of pig intestine. Hoppe-Seyler's Z. Physiol. Chem. **353**, 1789 (1972).

Rao, G. S., Rao, M. L., Haueter, G., Breuer, H.: Steroidglucuronyltransferases. V. Formation and hydrolysis of oestrogen glucuronides by the liver, kidney and intestine of the pig. Hoppe-Seyler's Z. Physiol. Chem. **355**, 881 (1974).

Rao, M. S., Wu, B. C., Waxman, J., Busch, H.: Rigid structural requirement of the 5′ terminus of mRNA for translational activity. Biochem. Biophys. Res. Commun. **66**, 1186 (1975).

Rastogi, G. K., Dash, R. J., Sharma, B. R., Sawhney, R. C., Sialy, R.: Circadian responsiveness of the hypothalamic — pituitary axis. J. Clin. Endocr. Metab. **42**, 798 (1976).

Raynaud, J. P., Bonne, C., Bouton, M. M., Moguilewsky, M., Philbert, D., Azadian-Boulanger, G.: Screening for antihormone by receptor studies. J. Steroid Biochem. **6**, 615 (1975).

Rees, L. H.: The biosynthesis of hormones by non-endocrine tumours. A review. J. Endocr. **67**, 143 (1975).

Renaud, L. P., Martin, J. B., Brazeau, P.: Depressant action of TRH, LH-RH and somatostatin on activity of central neurones. Nature **255**, 233 (1975).

Rennie, P. S., Symes, E. K., Mainwaring, W. I. P.: The androgenic regulation of the activities of enzymes engaged in the synthesis of deoxyribonucleic acid in rat ventral prostate gland. Biochem. J. **152**, 1 (1975).

Rensing, L., Fischer, M.: The effects of sodium, potassium and ATP on a developmental puff sequence in Drosophila salivary glands in vitro. Cell Differentiation **4**, 209 (1975).

Rhees, R. W., Grosser, B. I., Stevens, W.: The autoradiographic localization of ^{3}H-dexamethasone in the brain and pituitary of the rat. Brain Res. **100**, 151 (1975).

Richards, C. D., Hesketh, T. R.: Implications for theories of anaestesia or antagonism between anaestetic and non-anaestetic steroids. Nature **256**, 179 (1975).

Richards, J. F.: Ornithine decarboxylase activity in tissues of prolactin-treated rats. Biochem. Biophys. Res. Comm. **63**, 292 (1975).

Rillema, J. A.: Possible role of prostaglandin $F_{2\alpha}$ in mediating effect of prolactin on RNA synthesis in mammary gland explants of mice. Nature **253**, 466 (1975).

Ritzen, E. M., Hagenäs, L., Hansson, V., French, F. S., Nayfeh, S. N.: Androgen binding proteins in different testis compartiments. J. Steroid Biochem. **5**, 849 (1974).

Robel, P., Blondeau, J.-P., Baulieu, E.-E.: Androgen receptors in rat ventral prostate microsomes. Biochim. Biophys. Acta **373**, 1 (1974).

Roberts, J. S., McCracken, J. A.: Prostaglandin $F_{2\alpha}$ production by the brain during estrogen-induced secretion of luteinizing hormone. Science **190**, 894 (1975).

Rodway, R. G., Kuhn, N. J.: Hormonal control of luteal 20α-hydroxy steroid dehydrogenase and Δ^5-3β-hydroxy steroid dehydrogenase during luteolysis in the pregnant rat. Biochem. J. **152**, 433 (1975).

Romeu, A. M., Martino, E. E., Stoppani, A. O. M.: Structural requirements for steroid binding and quenching of albumin fluorescence in bovine plasma albumin. Biochim. Biophys. Acta **439**, 175 (1976).

Rommerts, F. F. G., Grootegoed, J. A., van der Molen, H. J.: Physiological role for androgen binding protein-steroid complex in testis? Steroids **28**, 43 (1976).

Rosen, J. M., Woo, S. L. C., Comstock, J. P.: Regulation of casein messenger RNA during the development of the rat mammary gland. Biochemistry **14**, 2895 (1975a).

Rosen, V., Jung, I., Baulieu, E.-E., Robel, P.: Androgen-binding proteins in human benign prostatic hypertrophy. J. Clin. Endocr. Metab. **41**, 761 (1975b).

Rosenfield, R. L.: Studies on the relation of plasma androgen levels to androgen action in women. J. Steroid Biochem. **6**, 695 (1975).

Rosman, P. M., Agarwal, R., Goodman, A. D., Steiner, A. L.: Effect of angiotensin II on

cyclic guanosine monophosphate and cyclic adenosine monophosphate in human plasma. J. Clin. Endocr. Metab. **42**, 531 (1976).
Rosner, J. M., Macome, J. C.: Biosynthesis of 5-androstendiol by human testis in vitro. Steroids **15**, 181 (1970).
Rossier, B. C., Wilce, P. A., Edelman, I. S.: Kinetics of RNA labeling in toad bladder epithelium: effects of aldosterone and related steroids. Proc. Natl. Acad. Sci. **71**, 3101 (1974).
Rousseau, G. G.: Interaction of steroids with hepatoma cells: molecular mechanisms of glucocorticoid hormone action. J. Steroid Biochem. **6**, 75 (1975).
Rousseau, G. G., Baxter, J. D., Tomkins, G. M.: Glucocorticoid receptors: relations between steroid binding and biological effects. J. Mol. Biol. **67**, 99 (1972).
Rousseau, G. G., Higgins, S. J., Baxter, J. D., Tomkins, G. M.: Nuclear acceptor sites for glucocorticoid receptors. J. Steroid Biochem. **5**, 935 (1974).
Rouzaire-Dubois, B., Devynck, M. A., Chevilotte, E., Meyer, P.: Angiotensin receptors in rat uterine membranes. FEBS Letters **55**, 168 (1975).
Roy, A. K., Milin, B. S., McMinn, D. M.: Androgen receptor in rat liver: hormonal and developmental regulation of the cytoplasmic receptor and its correlation with the androgen-dependent synthesis of α_{2u}-globulin. Biochim. Biophys. Acta **354**, 213 (1974).
Rubin, R. T., Gouin, P. R., Lubin, A., Poland, R. E., Pirke, K. M.: Nocturnal increase of plasma testosterone in men: relation to gonadotropins and prolactin. J. Clin. Endocr. Metab. **40**, 1027 (1975).
Rubinstein, L., Clever, U.: Chromosome activity and cell function in polytenic cells. V. Developmental changes in RNA synthesis and turnover. Develop. Biol. **27**, 519 (1972).
Ruf, H. H., Nastainczyk, W.: Binding of metyrapone spin label to microsomal cytochrome P-450. Eur. J. Biochem. **66**, 139 (1976).
Ruf, K. B., Kitchen, J. H., Wilkinson, M.: Synergistic effects of oestrogen and brain stimulation on precocious sexual maturation in the female rat. Acta Endocr. (Kbh.) **82**, 225 (1976).
Sabine, J. R., James, M. J.: The intracellular mechanism responsible for dietary feedback control of cholesterin synthesis. Life Sci. **18**, 1185 (1976).
Saffran, M., Pearlmutter, A. F., Rapino, E., Upton, G. V.: Pressinoic acid: a peptide with potent corticotrophin releasing activity. Biochem. Biophys. Res. Commun. **49**, 748 (1972).
Saito, T., Saxena, B. B.: Specific receptors for prolactin in the ovary. Acta endocr. (Kbh.) **80**, 126 (1975).
Saksena, S. K., Lau, I. F., Chang, M. C.: The inhibition of the conversion of testosterone into 5α-dihydrotestosterone in the reproductive organs of the male rat. Steroids **27**, 751 (1976).
Salaman, D. F., Birkeit, S.: Androgen-induced sexual differentiation of the brain is blocked by inhibitors of DNA and RNA synthesis. Nature **247**, 109 (1974).
Saletu, B., Saletu, M., Herrmann, W. M., Itil, T. M.: Are hormones psychoactive? Evoked potential investigations in man. Arzneimittelforschg. **25**, 1321 (1975).
Salvador, R. A., Tsai, I., Stassen, F. L. H.: On the mechanism of the increase in prolyl hydroxylase activity in the uterus of the rat given estradiol-17β. Biochem. Pharmacol. **25**, 907 (1976).
Samarina, O. P., Lukanidin, E. M., Georgiev, G. P.: Ribonucleoprotein particles containing mRNA and pre-mRNA. Acta endocr. (Kbh.) **74**, Suppl. 180, 130 (1973).
Samuels, H. H., Tomkins, G. M.: Relation of steroid structure to enzyme induction in hepatoma tissues culture cells. J. Mol. Biol. **52**, 57 (1970).

Samuels, L. T., Harding, B. W.: Aldose reductase and ketose reductase in male accessory organs of reproduction. Biochem. J. **84**, 39 (1962).

Samuels, L. T., Bussmann, L., Matsumoto, K., Huseby, R. A.: Organization of androgen biosynthesis in the testis. J. Steroid Biochem. **6**, 291 (1975).

Samuelsson, B., Granström, E., Green, K., Hamberg, M., Hammarström, S.: Prostaglandins. Ann. Rev. Biochem. **44**, 669 (1975).

Sandor, T., Sonea, S.: Are steroids universal biomolecules? Biochem. Soc. Trans. **3**, 1157 (1975).

Sandow, J., Babej, M.: Modulating effects of prostaglandins in the hypothalamo-hypophyseal system. In: Hypothalamic hormones — structure, synthesis and biological activity. Gupta, D., Voelter, W. (edts.). Verlag Chemie, Weinheim 1975, p. 137.

Sannasi, A., Karlson, P.: Metabolism of ecdysone: phosphate and sulphate esters as conjugates of ecdysone in Calliphora vicina. Zool. Jb., Abt. allg. Zool. Physiol. **78**, 378 (1974).

Sanyal, M. K., Orr, J. C., Engel, L. L.: The reversible reduction of testosterone to androst-4-ene-3α,17β-diol by a soluble enzyme of rat liver. Eur. J. Biochem. **48**, 21 (1974).

Sarff, M., Gorski, J.: Control of estrogen binding protein concentration under basal conditions and after estrogen administration. Biochemistry **10**, 2557 (1971).

Sasaki, G. H., Leung, B. S.: Prolactin stimulation of estrogen receptor in vitro in 7,12-dimethylbenz(A)anthracene-induced mammary tumor. Res. Comm. Chem. Path. Pharm. **8**, 409 (1974).

Saxena, B. B., Rathnam, P.: Amino acid sequence of the β subunit of follicle-stimulating hormone from human pituitary glands. J. Biol. Chem. **251**, 993 (1976).

Scala, A., Galli-Kienle, M., Anastasia, M., Galli, G.: The reversibility of the isomerization of the Δ^8 to Δ^7 bond in cholesterol biosynthesis. Eur. J. Biochem. **48**, 263 (1974).

Scallen, T. J., Seetharam, B., Srikantaiah, M. V., Hansbury, E., Lewis, M. K.: Sterol carrier protein hypothesis: requirement for three substrate-specific soluble proteins in liver cholesterol biosynthesis. Life Sci. **16**, 853 (1975).

Schally, A. V., Arimura, A., Kastin, A. J., Coy, D. H., Coy, E. J., Vilchez-Martinez, J., Redding, T. W., Geiger, R., König, W., Wissmann, H.: Physiological, veterinary and clinical effects of hypothalamic releasing hormones (RH), especially LH-RH. Pure appl. Chem. **37**, 315 (1974).

Schimke, R. T., Rhoads, R. E., Palacios, R., Sullivan, D.: Ovalbumin mRNA, complementary DNA and hormone regulation in chick oviduct. Acta endocr. (Kbh.) **74**, Suppl. 180, 357 (1973).

Schindler, A. E.: Steroid metabolism in foetal tissues. IV. Conversion of testosterone to 5α-dihydrotestosterone in human foetal brain. J. Steroid Biochem. **7**, 97 (1976).

Schreiber, J. R., Reid, R., Ross, G. T.: A receptor-like testosterone-binding protein in ovaries from estrogen-stimulated hypophysectomized immature female rats. Endocrinology **98**, 1206 (1976).

Schriefers, H.: Factors regulating the metabolism of steroids in the liver. Adv. Biosc. **2**, 69 (1968).

Schriefers, H., Schmid, I.: Biotransformation von Testosteron in Explantatkulturen von Rattenovarien. Hoppe-Seyler's Z. Physiol. Chem. **349**, 1085 (1968).

Schriefers, H., Hoff, H.-G., Ghraf, R.: Androgenabhängigkeit der Ontogenese des Aktivitätsmusters von Enzymen des Steroidstoffwechsels in der Rattenleber. Hoppe-Seyler's Z. Physiol. Chem. **354**, 501 (1973).

Schriefers, H., Keck, E., Klein, S., Schröder, E.: Die Funktion der Hypophyse und des Hypophysenhormons Prolactin für die Aufrechterhaltung der Sexualspezifität des Stoffwechsels von Testosteron und 5α-Dihydrotestosteron in Rattenleberschnitten. Hoppe-Seyler's Z. Physiol. Chem. **356**, 1535 (1975).

Schriefers, H., Eimiller, A., Drews, U.: Der sexuell differenzierte Stoffwechsel von Testosteron in Leberschnitten der Maus und seine Alteration durch eine zur testikulären Feminisierung führende X-Chromosom-gebundene Mutation. Hoppe-Seyler's Z. Physiol. Chem. **357**, 95 (1976).

Schubert, K.: Neue Aspekte der Biosynthese, des Stoffwechsels und des Abbaus von Steroiden in Mikroorganismen. Z. Chem. **7**, 289 (1967).

Schubert, K., Kaufmann, G.: Bildung von Sterinestern in der Bakterienzelle. Biochim. Biophys. Acta **106**, 592 (1965).

Schubert, K., Schade, K.: In vivo steroid metabolism in primates — a review. Endokrinologie **66**, 228 (1975).

Schubert, K., Rose, G., Tümmler, R., Ikekawa, N.: Sterine in Escherichia coli. Hoppe-Seyler's Z. Physiol. Chem. **339**, 293 (1964).

Schubert, K., Böhme, K.-H., Ritter, F., Hörhold, C.: Mikrobieller Abbau von Progesteron zu α-Ketoglutarsäure und Bernsteinsäure. Biochim. Biophys. Acta **152**, 401 (1968 a).

Schubert, K., Rose, G., Wachtel, H., Hörhold, C., Ikekawa, N.: Zum Vorkommen von Sterinen in Bakterien. Eur. J. Biochem. **5**, 246 (1968b).

Schubert, K., Hörhold, C., Böhme, K.-H., Groh, H., Ritter, F., Schumann, W.: Mechanismen des Steroidabbaus. Steroidologia **1**, 201 (1970).

Schubert, K., Rose, G., Hörhold, C.: Mikrobielle Hydrierung des aromatischen Systems von 17α-Äthinylöstradiol. J. Steroid Biochem. **4**, 283 (1973).

Schubert, K., Ritter, F., Sorkina, T., Böhme, K.-H., Hörhold, C.: Abbau von Steroiden. XIV. Bildung von [1-^{14}C]-Bernsteinsäure und [5-^{14}C]-Lävulinsäure aus 7a-Methyl-5,6,7,7a-tetrahydroindan-[5-^{14}C]-1,5-dion-4-(3-propionsäure[1-^{14}C]) durch Nocardia opaca. J. Steroid Biochem. **6**, 1501 (1975).

Schwabe, C., Braddon, S. A.: Evidence for one essential tryptophan residue at the active site of relaxin. Biochem. Biophys. Res. Commun. **68**, 1126 (1976).

Schwartz, H., Darnell, J. E.: The association of protein with the polyadenylic acid of HeLa cell messenger RNA: evidence for a „transport" role of a 75000 molecular weight polypeptide. J. Mol. Biol. **104**, 833 (1976).

Schwartz, L. B., Roeder, R. G.: Purification and subunit structure of deoxyribonucleic acid-dependent ribonucleic acid polymerase I from the mouse myeloma, MOPC 315. J. Biol. Chem. **249**, 5898 (1974).

Schwartz, R. J., Tsai, M.-J., Tsai, S. Y., O'Malley, B. W.: Effects of estrogen on gene expression in the chick oviduct. V. Changes in the number of RNA polymerase binding and initiation sites in chromatin. J. Biol. Chem. **250**, 5175 (1975).

Schwinn, G., von zur Mühlen, A., Warnecke, U.: Effects of dexamethasone on thyrotrophin and prolactin plasma levels in rats. Acta Endocr. (Kbh.) **82**, 486 (1976).

Sedlaczek, L., Jaworski, A., Pajkowska, H., Zych, L., Czerniawski, E.: The effect of substrates and products of steroid bioconversion on microorganism metabolism. Acta microbiol. Pol B **5**, 163 (1973).

Segal, S. J., Ige, R. O., Tuohimaa, P., Burgos, M. H.: Progesterone dependent messenger RNA: heterospecific activity in vivo. Science **181**, 570 (1973).

Seiki, K., Hattori, M.: In vivo uptake of progesterone by the hypothalamus and pituitary of the female ovarectomized rat and its relationship to cytoplasmic progesterone-binding protein. Endocrinol. Japon. **20**, 111 (1973).

Sekeris, C. E., Lang, N., Karlson, P.: Zum Wirkungsmechanismus der Hormone. V. Der Einfluß von Ecdyson auf den RNA-Stoffwechsel in der Epidermis der Schmeißfliege Calliphora erythrocephala. Hoppe-Seyler's Z. Physiol. Chem. **341**, 36 (1965).

Setchell, K. D. R., Shackleton, C. H. L.: The in vivo metabolism of cortisol and corticosterone by the macaque monkey. Acta endocr. (Kbh.) **78**, 91 (1975).

Seyler, L. E.: Disappearance of biological activity of synthetic LRH in normal and hypogonadel men. J. Clin. Endocr. Metab. **41**, 1155 (1975).

Shani, J., Sulimovici, S., Goldhaber, G., Givant, Y., Sulman, F. G., Lunenfeld, B.: Adenosine 3′,5′-cyclic monophosphate as a possible mediator in the proliferative effect of prolactin on the pigeon crop sac. J. Endocr. **69**, 169 (1976).
Shao, T.-C., Castaneda, E., Rosenfield, R. L., Liao, S.: Selective retention and formation of a Δ^5-androstenediol-receptor complex in cell nuclei of the rat vagina. J. Biol. Chem. **250**, 3095 (1975).
Shapiro, S. S., Phiromsawat, S., Hagerman, D. D.: Effects of 17β-estradiol treatment in vivo on the amino acid incorporating capacity of reconstituted ribosomes from guinea pig uterus. Biochem. Biophys. Res. Commun. **62**, 376 (1975).
Sharma, O. K., Borek, E.: Hormonal effect on transfer ribonucleic acid methylases and on serine transfer ribonucleic acid. Biochemistry **9**, 2507 (1970).
Sharma, O. K., Beezley, D. N., Borek, E.: Modulation of the synthesis in vitro of a hormone-induced protein by transfer RNA. Nature **262**, 62 (1976).
Sharma, R. K., Ahmed, N. K., Sutliff, L. S., Brush, J. S.: Metabolic regulation of steroidogenesis in isolated adrenal cells of the rat. ACTH regulation of cGMP and cAMP levels and steroidogenesis. FEBS Letters **45**, 107 (1974).
Shearer, R. W., Smuckler, E. A.: Altered regulation of the transport of RNA from nucleus to cytoplasm in rat hepatoma cells. Cancer Res. **32**, 339 (1972).
Sherman, M. R., Tuazon, F. B., Diaz, S. C., Miller, L. K.: Multiple forms of oviduct progesterone receptors analyzed by ion exchange filtration and gelelectrophoresis. Biochemistry **15**, 980 (1976).
Sheterline, P., Schofield, J. G.: Endogenous phosphorylation and dephosphorylation of microtubule-associated proteins isolated from bovine anterior pituitary. FEBS Letters **56**, 297 (1975).
Shikita, M., Hall, P. F.: Cytochrome P-450 from bovine adrenocortical mitochondria: an enzyme for the side chain cleavage of cholesterol. I. Purification and properties. J. Biol. Chem. **248**, 5598 (1973).
Shikita, M., Hall, P. F.: The stoichiometry of the conversion of cholesterol and hydroxycholesterols to pregnenolone (3β-hydroxypregn-5-en-20-one) catalysed by adrenal cytochrome P-450. Proc. Natl. Acad. Sci. **71**, 1441 (1974).
Shima, S., Mitsunaga, M., Kawashima, Y., Taguchi, S., Nakao, T.: Studies on cyclic nucleotides in the adrenal gland. III. Properties of cyclic AMP- and GMP-dependent protein kinases in the adrenal gland. Biochim. Biophys. Acta **341**, 56 (1974).
Sholiton, L. J., Taylor, B. B., Lewis, H. P.: The uptake and metabolism of labelled testosterone by the brain and pituitary of the male rhesus monkey. Steroids **24**, 537 (1974).
Sholiton, L. J., Srivastava, L., Taylor, B. B.: The in-vitro and in-vivo effects of diethylstilbestrol on testicular synthesis of testosterone. Steroids **26**, 797 (1975).
Sholl, S. A., Robinson, J. A., Coy, R. W.: Neural uptake and metabolism of testosterone and dihydrotestosterone in the guinea pig. Steroids **25**, 203 (1975).
Shome, B., Parlow, A. F.: Human follicle stimulating hormone (hFSH): first proposal for the amino acid sequence of the α-subunit (hFSHα) and first demonstration of its identity with the α-subunit of human luteinizing hormone (hLHα). J. Clin. Endocr. Metab. **39**, 199 (1974).
Shyamala, G.: Is the estrogen receptor of mammary glands a metallo protein? Biochem. Biophys. Res. Commun. **64**, 408 (1975).
Sierralta, W., Gonzalez, M. C., Minguell, J.: The effect of testosterone on rat bone marrow nuclear ribonucleic acid metabolism. J. Steroid Biochem. **5**, 645 (1974).
Siew, Y. C., Gilbert, L. I.: Effects of moulting hormone and juvenile hormone on insect endocrine gland activity. J. Insect Physiol. **17**, 2095 (1971).
Sih, C. J.: Enzymatic mechanism of steroid hydroxylation. Science **163**, 1297 (1969).

Siiteri, P. K., Thompson, E. A.: Studies of human placental aromatase. J. Steroid Biochem. **6**, 317 (1975).
Silver, M. J., Smith, J. B.: Prostaglandins as intracellular messenger. Life Sci. **16**, 1635 (1975).
Simons, S. S., Martinez, H. M., Garcea, R. L., Baxter, J. D., Tomkins, G. M.: Interactions of glucocorticoid receptor-steroid complexes with acceptor sites. J. Biol. Chem. **251**, 334 (1976).
Simpson, E. R., Frenkel, R.: Substrate-induced efflux of an ion from bovine adrenal cortex mitochondria and its relationship to steroidogenesis. Biochem. Biophys. Res. Comm. **35**, 765 (1969).
Simpson, E. R., Williams-Smith, D. L., Barlow, S. M., Morrison, P. J.: Electron-paramagnetic-resonance studies of cytochrome P-450 in whole rat adrenal glands. Biochem. Soc. Trans. **3**, 828 (1975).
Simpson, R. T.: Modification of chromatin by trypsin. The role of proteins in maintainance of deoxyribonucleic acid conformation. Biochemistry **11**, 2003 (1972).
Sippel, A. E., Feigelson, P., Roy, A. K.: Hormonal regulation of the hepatic messenger RNA levels for α_{2u}-globulin. Biochemistry **14**, 825 (1975).
Skett, P., Gustafsson, J.-A., Stenberg, A., Larsson, A.: Pituitary involvement in the control of hepatic steroid metabolism in the rat. Biochem. Soc. Trans. **4**, 115 (1976).
Smith, H. E., Smith, R. G., Toft, D. O., Neergaard, J. R., Burrows, E. P., O'Malley, B. W.: Binding of steroids to progesterone receptor proteins in chick oviduct and human uterus. J. Biol. Chem. **249**, 5924 (1974a).
Smith, O. W., Ofner, P., Vena, R. L.: In vitro conversion of testosterone-4-^{14}C to androgens of the 5α-androstan series by a normal human ovary. Steroids **24**, 311 (1974b).
Smolin, D. E., Umbarger, H. E.: Specificity of the stimulation of in vitro ribonucleic acid synthesis by guanosine 5′-diphosphate 3′-diphosphate. Molec. gen. Genet. **141**, 277 (1975).
Sonek, M., Bibbo, M., Wied, G. L.: Colposcopic findings in offspring of DES-treated mothers as related to onset of therapy. J. Reprod. Med. **16**, 65 (1976).
Spaziani, E.: Accessory reproductive organs in mammals: control of cell and tissue transport by sex hormones. Pharmacol. Rev. **27**, 207 (1975).
Spelsberg, T. C., Steggles, A. W., Chytil, F., O'Malley, B. W.: Progesterone-binding components of chick oviduct. V. Exchange of progesterone-binding capacity from target to nontarget tissue chromatins. J. Biol. Chem. **247**, 1368 (1972).
Spelsberg, T. C., Mitchell, W. M., Chytil, F., Wilson, E. M., O'Malley, B. W.: Chromatin of the developing chick oviduct: changes in the acidic proteins. Biochim. Biophys. Acta **312**, 765 (1973).
Spelsberg, T. C., Webster, R. A., Pikler, G. M.: Chromosomal proteins regulate steroid binding to chromatin. Nature **262**, 65 (1976).
Spielman, W. S., Davis, J. O., Freeman, R. H.: Des-Asp-1-Angiotensin II: possible role in mediating the renin-angiotensin response in the rat. Proc. Soc. Exp. Biol. **151**, 177 (1976).
Spies, H. G., Norman, R. L.: Interaction of estradiol and LHRH on LH release in Rhesus females: evidence for an neural site of action. Endocrinology **97**, 685 (1975).
Staehelin, T., Trachsel, H., Erni, B., Schreier, M. H.: Initiation of protein biosynthesis in eukaryotes. Lecture No. 03-4-L 010, Tenth Intern. Congr. Biochemistry, Hamburg 1976.
Staib, R., Sonnenschein, R., Staib, W.: Der Testosteronstoffwechsel in der isoliert perfundierten Rattenleber. Eur. J. Biochem. **13**, 142 (1970).
Stamm, H.: Die Antibaby-Pille. Therapie der Gegenwart **114**, 1231 (1975).

Stetson, M. H., Watson-Whitmyre, M.: Nucleus suprachiasmaticus: the biological clock in the hamster? Science **191**, 197 (1976).

Stewart, J.: Genetic studies on the mechanism of action of aldosterone in mice. Endocrinology **96**, 711 (1975).

Stone, T. W., Taylor, D. A., Bloom, F. E.: Cyclic AMP and cyclic GMP may mediate opposite neuronal responses in the rat cerebral cortex. Science **187**, 845 (1975).

Stoudemire, G. A., Stumpf, W. E., Sar, M.: Synergism between prolactin and ovarian hormones on DNA synthesis in rat mammary gland. Proc. Soc. Exp. Biol. Med. **149**, 189 (1975).

Strätling, W. H., O'Malley, B. W.: Studies on the structure and function of chick-oviduct chromatin. 2. Biochemical characterization of two chromatin fractions isolated by ECTHAM-cellulose chromatography. Eur. J. Biochem. **66**, 435 (1976).

Strott, C. A.: Metabolism of progesterone in the chick oviduct: relation to the progesterone receptor and biological acitivity. Endocrinology **96**, 826 (1974).

Stroupe, S. D., Cheng, S.-L., Westphal, U.: Steroid-protein interactions. Fluorescence quenching of progesterone-binding globuline and α_1-acid glycoprotein upon binding of steroids. Arch. Biochem. Biophys. **168**, 473 (1975).

Stubenrauch, G., Gelbke, H. P., Knuppen, R.: Pyrogalloestrogens — a new group of oestrogen metabolites. Hoppe-Seyler's Z. Physiol. Chem. **357**, 75 (1976).

Studinger, G., Willig, A.: Biosynthesis of α- and β-ecdysone in isolated abdomens of larvae of Musca domestica. J. Insect Physiol. **21**, 1793 (1975).

Suzuki, K., Tamaoki, B.-I.: In vitro metabolism of testosterone in seminal vesicles of rats. J. Steroid Biochem. **5**, 249 (1974).

Sze, P. Y., Neckers, L., Towle, A. C.: Glucocorticoids as a regulatory factor for brain tryptophan hydroxylase. J. Neurochem. **26**, 169 (1976).

Szego, C. M.: The lysosome as a mediator of hormone action. Rec. Progr. Hormone Res. **30**, 171 (1974).

Szego, C. M., Seeler, B. J., Steadman, R. A., Hill, D. F., Kimura, A. K., Roberts, J. A.: The lysosomal membrane complex. Focal point of primary steroid hormone action. Biochem. J. **123**, 523 (1971).

Szego, C. M., Steadman, R. A., Seeler, B. J.: Intranuclear concentration of lysosomal hydrolases in steroid target cells. Acute response to administration of gonadal hormones in vivo. Eur. J. Biochem. **46**, 377 (1974).

Takagi, Y., Shikita, M., Hall, P. F.: The active form of cytochrome P-450 from bovine adrenocortical mitochondria. J. Biol. Chem. **250**, 8445 (1975).

Takemori, S., Sato, H., Gomi, T., Suhara, K., Katagiri, M.: Purification and properties of cytochrome P-$450_{11\beta}$ from adrenocortical mitochondria. Biochem. Biophys. Res. Commun. **67**, 1151 (1975).

Talalay, P., Williams-Ashman, H. G.: Participation of steroid hormones in the enzymatic transfer of hydrogen. Rec. Progr. Hormone Res. **16**, 1 (1960).

Talwar, G. P., Jailkhani, B. L., Narayanan, P. R., Narasimhan, C.: Oestrogen induced synthesis of a protein in avian liver. Acta endocr. (Kbh.). **74**, Suppl. 180, 341 (1973).

Tamaoki, B.-I., Inano, H.: Testicular 17β-hydroxysteroid dehydrogenase: its distribution, purification and properties. J. Steroid Biochem. **6**, 361 (1975).

Tan, L., Rousseau, J.: Anaerobic degradation of the progesterone side chain: a possible new pathway for the biosynthesis of androgen hormones. Biochem. Biophys. Res. Commun. **65**, 1320 (1975).

Tan, S. Y., Antonipillai, I., Murphy, B. E. P.: Inhibition of testosterone metabolism in the human prostate. J. Clin. Endocr. Metab. **39**, 936 (1974).

Tanaka, Y., Lorenc, R. S., DeLuca, H. F.: The role of 1,25-dihydroxyvitamin D_3 and parathyroid hormone in the regulation of chick renal 25-hydroxyvitamin D_3-24-hydroxylase. Arch. Biochem. Biophys. **171**, 521 (1975).

Tang, L. K. L., Spies, H. G.: Effects of gonadal steroids on the basal and LRF-induced gonadotropin secretion by cultures of rat pituitary. Endocrinology **96**, 349 (1975).

Taniguchi, T., Kimura, T.: Studies on NO_2-Tyr^{82} and NH_2-Tyr^{82} derivatives of adrenodoxin. Effects of chemical modification on electron transferring activity. Biochemistry **14**, 5573 (1975).

Tashjian, A. H., Weintraub, B. D., Barowsky, N. J., Rabson, A. S., Rosen, S. W.: Subunits of human chorionic gonadotropin: unbalanced synthesis and secretion by clonal cell strains derived from a bronchogenic carcinoma. Proc. Natl. Acad. Sci. **70**, 1419 (1973).

Teng, C. S., Teng, C. T., Allfrey, V. G.: Studies of nuclear acidic proteins. Evidence for their phosphorylation, tissue specificity, selective binding to deoxyribonucleic acid, and stimulatory effects on transcription. J. Biol. Chem. **246**, 3597 (1971).

Tenniswood, M., Bird, C. E., Clark, A. F.: Acid phosphatases: androgen dependent markers of rat prostate. Canad. J. Biochem. **54**, 350 (1976).

Thamer, G., Karlson, P.: Nachweis der Proteinbindung von Ecdyson bei der Schmeißfliege Calliphora erythrocephala. Z. Naturforschg. **27b**, 1191 (1972).

Thomas, J. A., Singhal, R. L.: Testosterone-stimulation of adenylcyclase and cyclic 3′,5′-adenosine monophosphate formation in rat seminal vesicles. Biochem. Pharmacol. **22**, 507 (1973).

Thompson, E. B., Granner, D. K., Tomkins, G. M.: Superinduction of tyrosine aminotransferase by actinomycin D in rat hepatoma (HTC) cells. J. Mol. Biol. **54**, 159 (1970).

Tilley, B. E., Watanuki, M., Hall, P. F.: Cytochrome P-450 from bovine adrenocortical mitochondria: two species of subunit. Biochem. Biophys. Res. Comm. **70**, 1303 (1976).

Toft, P.: Studies on the metabolism of steroid hormones. II. Reversible steroid-protein interactions via enol intermediates. Steroids **24**, 875 (1974).

Tojo, S., Ashitaka, Y., Maruo, T., Nishimoto, H.: Some biological properties of human chorionic follicle stimulating hormone. Endocrinol. Japon. **22**, 585 (1975).

Tomkins, G. M., Gelehrter, T. D., Granner, D., Martin, D., Samuels, H. H., Thompson, E. B.: Control of specific gene expression in higher organisms. Expression of mammalian genes may be controlled by repressors acting on the translation of messenger RNA. Science **166**, 1474 (1969).

Träger, L.: Enzyminduktion bei Streptomyces hydrogenans. III. Aufnahme und Bindung von Steroiden. Hoppe-Seyler's Z. Physiol. Chem. **354**, 1077 (1973).

Trzeciak, W. H., Boyd, G. S.: Activation of cholesteryl esterase in bovine adrenal cortex. Eur. J. Biochem. **46**, 201 (1974).

Tsai, H. C., Norman, A. W.: Studies on the mode of action of calciferol. VI. Effect of 1,25-dihydroxyvitamin D_3 on RNA synthesis in the intestinal mucosa. Biochem. Biophys. Res. Commun. **54**, 622 (1973).

Tseng, L., Gurpide, E.: Induction of human endometrial estradiol dehydrogenase by progestins. Endocrinology **97**, 825 (1975).

Tsujimura, T., Mizutani, S., Matsumoto, K.: Pathway from progesterone to 5α-reduced C_{19}-steroids not involving androstene-dione and testosterone in immature mouse testes in vitro. Endocrinology **96**, 515 (1975).

Tung, P. S., Dorrington, J. H., Fritz, I. B.: Structural changes induced by follicle-stimulating hormone or dibutyryl cyclic AMP on presumptive sertoli cells in culture. Proc. Natl. Acad. Sci. **72**, 1838 (1975).

Turkington, R. W., Majumder, G. C.: Gene activation during spermatogenesis. J. Cell Physiol. **85**, 495 (1975).

Turnell, R. W., Burton, A. F.: Glucocorticoid receptors and lymphocytolysis in normal and neoplastic lymphocytes. Mol. Cell. Biochem. **9**, 175 (1975).

Ullrich, V.: Enzymatische Hydroxylierung. Angew. Chem. **84**, 689 (1972).
Ungar, F., Kan, K. W., McCoy, K. E.: Activator and inhibitor factors in cholesterol side-chain cleavage. Ann. N.Y. Acad. Sci. **212**, 276 (1973).
Uniyal, J. P., Laumas, K. R.: Binding of norgestrel to human plasma protein. Biochim. Biophys. Acta **427**, 218 (1976).
Uriel, J., Bouillon, D., Aussel, C., Dupiers, M.: Alpha-fetoprotein: the major high-affinity estrogen binder in rat uterine cytosols. Proc. Natl. Acad. Sci. **73**, 1452 (1976).
Vaitukaitis, J. L., Ross, G. T.: Subunits of human glycoprotein hormones. Their immunological and biological behavior. In: Heterogeneity of polypeptide hormones. Rabinowitz, D., Roth, J. (edts.). Acad. Press, New York 1974, p. 98.
Vallet-Strouve, C., Rat, L., Sala-Trepat, J. M.: Limited proteolysis of cytoplasmic and nuclear uterine estradiol receptors yields identical estradiol-binding fragments. Eur. J. Biochem. **66**, 327 (1976).
Valotaire, Y., Duval, J.: Opposite effects of androgens and oestrogens on rat pituitary thymidine kinase activity. Acta endocr. **77**, 509 (1974).
Vekemans, M., Robyn, C.: The influence of exogeneous estrogen on the circadian periodicity of circulating prolactin in women. J. Clin. Endocr. Metab. **40**, 886 (1975).
Verma, U., Laumas, K. R.: Effect of oestradiol-17β and progesterone on the metabolism of [1,2-^{3}H]progesterone by the rabbit endometrium and myometrium. Biochem. J. **156**, 55 (1976).
Vignon, F., Rochefort, H.: Regulation of estrogen receptors in ovarian-dependent rat mammary tumors. Effects of castration and prolactin. Endocrinology **98**, 722 (1976).
Vihko, R., Ruokonen, A.: Regulation of steroidogenesis in testis. J. Steroid Biochem. **5**, 843 (1974).
Villee, C. A.: Effects of estrogens on uterine poly (A)-rich RNA. J. Steroid Biochem. **5**, 887 (1974).
Vollrath, W., Rao, G. S., Rao, M. L., Breuer, H.: New results on oestrogen glucuronyltransferase. J. Steroid Biochem. **5**, 877 (1974).
Vonderhaar, B. K., Topper, Y. J.: Critical cell proliferation as a prerequisite for differentiation of mammary epithelial cells. Enzyme **15**, 340 (1973).
Vonderhaar, B. K., Topper, Y. J.: A role of the cell cycle in hormone-dependent differentiation. J. Cell Biol. **63**, 707 (1974).
Vorob'ev, V. I., Konstantinova, I. M., Kulitchkova, V. A.: Effect of cortisone on transcription of rat liver DNA of various degrees of repetition. FEBS Letters **47**, 39 (1974).
Voute, C. L., Thummel, J., Brenner, M.: Aldosterone effect in the epithelium of the frog skin — a new story about an old enzyme. J. Steroid Biochem. **6**, 1175 (1975).
van der Vusse, G. J., Kalkman, M. L., van Winsen, M. P. I., van der Molen, H. J.: On the regulation of rat testicular steroidogenesis. Short term effect of luteinizing hormone and cycloheximide in vivo and Ca^{++} in vitro on steroid production in cell-free systems. Biochim. Biophys. Acta **398**, 28 (1975).
Wacker, A., Drews, J., Pratt, W. B., Laurent, H., Petzoldt, K.: Enzyminduktion mit Steroiden bei Pseudomonas testosteroni. Z. Naturforschg. **20b**, 547 (1965).
Wacker, A., Bauer, B., Träger, L.: Enzyminduktion bei Streptomyces hydrogenans. I. Merkmale der Enzyminduktion. Hoppe-Seyler's Z. Physiol. Chem. **351**, 320 (1970).
Wakabayashi, K., Date, Y., Tamaoki, B.-I.: On the mechanism of action of luteinizing hormone-releasing factor and prolactin release inhibiting factor. Endocrinology **92**, 698 (1973).
Wallace, A. M., Grant, J. K.: The testosterone 5α-reductase of human hyperplastic prostate. J. Endocr. **67**, 10P (1975).
Wallat, S., Kunau, W.-H.: In vitro activation of a soluble cholesterol esterase from bovine

adrenals by a cAMP-dependent protein kinase. Hoppe-Seyler's Z. Physiol. Chem. **357**, 949 (1976).
Walsh, D. A., Ashby, C. D.: Protein kinase: aspects of their regulation and diversity. Prec. Progr. Hormone Res. **29**, 329 (1973).
Wang, H.-P., Pfeiffer, D. R., Kimura, T., Tchen, T. T.: Phospholipids of adrenal cortex mitochondria and the steroid hydroxylases: the lipid-environment of cytochrom P-450. Biochem. Biophys. Res. Commun. **57**, 93 (1974).
Warberg, J., Eskay, R. L., Porter, J. C.: Prostaglandin-induced release of anterior pituitary hormones: structure-activity relationships. Endocrinology **98**, 1135 (1976).
Wardlaw, S., Lauersen, N. H., Saxena, B. B.: The LH-hCG receptor of human ovary at various stages of the menstrual cycle. Acta endocr. (Kbh.) **79**, 568 (1975).
Watanabe, H.: Binding of glucocorticoid hormones in bovine hypothalamic and pituitary cytosol. J. Steroid Biochem. **6**, 1113 (1975).
Watanabe, M., Watanabe, H.: Periplasmic steroid-binding proteins and steroid transforming enzymes of Pseudomonas testosteroni. J. Steroid Biochem. **5**, 439 (1974).
Watanabe, M., Phillips, K., Chen, T.: Steroid-receptor in Pseudomonas testosteroni released by osmotic shock. J. Steroid Biochem. **4**, 613 (1973).
Weddington, S. C., Brandtzaeg, P., Hansson, V., French, F. S., Petrusz, P., Nayfeh, S. N., Ritzen, E. M.: Immunological cross reactivity between testicular androgen-binding protein and serum testosteron-binding globulin. Nature **258**, 257 (1975).
Weidenfeld, J., Ben-Uzilio, R., Ne'eman, Y.: Cofactor requirements of microsomal 3β-hydroxy-steroid oxidoreductase, 5-ene-isomerase from human placenta. J. Steroid Biochem. **6**, 1243 (1975).
Weissmann, E. B., Cheng, L. C., Orten, J. M.: The role of certain 5βH-steroids in the regulation of porphyrin-heme formation. Enzyme **16**, 286 (1973).
Wickramasinghe, R. H.: Biological aspects of cytochrome P-450 and associated hydroxylation reactions. Enzyme **19**, 348 (1975).
Wickramasinghe, R. H., Bryan, G. T.: Effect of progesterone on human corticosteroid 21-hydroxylation. Experientia **31**, 1366 (1975).
Wicks, W. D., Greenman, D. L., Kenney, F. T.: Stimulation of ribonucleic acid synthesis by steroid hormones. I. Transfer ribonucleic acid. J. Biol. Chem. **240**, 4414 (1965).
Williamson, D. G., Layne, D. S.: Effect of conjugation to glucose on the uptake of 17β-[6-^{3}H]estradiol by rabbit liver subcellular fractions. Biochem. Biophys. Res. Commun. **64**, 256 (1975).
Willmer, E. N.: Steroids and cell surface. Biol. Rev. **36**, 368 (1961).
Wilson, J. D.: Dihydrotestosterone formation in cultured human fibroblasts. Comparison of cells from normal subjects and patients with familial incomplete male pseudohermaphrotidism, Typ 2. J. Biol. Chem. **250**, 3498 (1975).
Wilson, L. D., Harding, B. W.: Oxidation of 20α-hydroxycholesterol by adrenal cortex mitochondria. J. Biol. Chem. **248**, 9 (1973).
Wilton, D. C.: Is a Schiff base involved in the mechanism of the Δ^4-3-oxo steroid 5α- or 5β-reductase from mammalian liver? Biochem. J. **155**, 487 (1976).
Wilton, D. C., Akhtar, M.: The mechanism of C-4-demethylation during cholesterol biosynthesis. Evidence for a decarboxylation mechanism not involving a schiff-base intermediate. Biochem. J. **149**, 233 (1975).
Wira, C., Munck, A.: Specific glucocorticoid receptors in thymus cells. Localization in the nucleus and extraction of the cortisol-receptor complex. J. Biol. Chem. **245**, 3436 (1970).
Wirz-Justice, A., Hackmann, E., Lichtsteiner, M.: The effect of oestradiol dipropionate and progesterone on monoamine uptake in rat brain. J. Neurochem. **22**, 187 (1974).
Witorsch, R. J., Edwards, J. T.: Comparison of effects of prolactin and growth hormone on

adrenal 5α-reductase in hypophysectomized rats. Proc. Soc. Exp. Biol. Med. **151**, 689 (1976).

Wollenberg, P., Scheulen, M., Bolt, H. M., Kappus, H., Remmer, H.: Wirkung von 2-Hydroxyöstradiol-17β auf den NADPH-abhängigen Elektronentransport in Rattenleber-Mikrosomen in vitro. Hoppe-Seyler's Z. Physiol. Chem. **357**, 351 (1976).

Yamada, M., Miyaji, H., Kasai, H., Matsumoto, K.: Formation of 5α-reduced C_{19} steroids from progesterone in vivo by 5α-reduced pathway in older prepubertal rat testis. Biochim. Biophys. Acta **424**, 82 (1976).

Yamamoto, K. R., Alberts, B.: The interaction of estradiol-receptor protein with the genome: an argument for the existence of undetected specific sites. Cell **4**, 301 (1975).

Yang, K.-P., Samaan, N. S., Ward, D. N.: Characterization of an inhibitor for luteinizing hormone receptor site binding. Endocrinology **98**, 233 (1976).

Yannarell, A., Schumm, D. E., Webb, T. E.: Nature of the facilitated messenger ribonucleic acid transport from isolated nuclei. Biochem. J. **154**, 379 (1976).

Yates, J., Deshpande, N., Goldman, A. S.: Inhibitors of human adrenal $C_{17\text{-}20}$ lyase and C_{19}-5-ene,3β-hydroxysteroid dehydrogenase. J. Steroid Biochem. **6**, 1325 (1975).

Yeates, R. A.: Induction of conformational changes in bovine liver glutamate dehydrogenase by a steroid analogue. Biochim. Biophys. Acta **334**, 45 (1974).

Yen, S. S. C., Vandenberg, G., Siler, T. M.: Modulation of pituitary responsiveness to LRF by estrogen. J. Clin. Endocr. Metab. **39**, 170 (1974).

Yen, S. S. C., Lasley, B. L., Wang, C. F., Leblanc, H., Siler, T. M.: The operating characteristics of the hypothalamic-pituitary system during the menstrual cycle and observations of biological action of somatostatin. Rec. Progr. Hormone Res. **31**, 321 (1975).

Yielding, K. L., Tomkins, G. M.: Structural alterations in crystalline glutamic dehydrogenase induced by steroid hormones. Proc. Natl. Acad. Sci. **46**, 1483 (1960).

Younglai, E. V.: Steroid production by the isolated rabbit ovarian follicle. III. Actinomycin D-insensitive stimulation of steroidogenesis by LH. Endocrinology **96**, 468 (1975).

Zachariah, P. K., Juchau, M. R.: Interactions of steroids with human placental cytochrome P-450 in the presence of carbon monoxide. Life Sci. **16**, 1689 (1975).

Zannoni, V. G., Sato, P. H.: Effects of ascorbic acid on microsomal drug metabolism. Ann. N.Y. Acad. Sci. **258**, 119 (1975).

Zerwekh, J. E., Haussler, M. R., Lindell, T. J.: Rapid enhancement of chick intestinal DNA-dependent RNA polymerase II activity by 1α,25-dihydroxyvitamin D_3 in vitro. Proc. Natl. Acad. Sci. **71**, 2337 (1974).

Zunino, F., Gambetta, R., Colombo, A., Luoni, G., Zaccara, A.: DNA polymerases of rat liver. Partial characterization and effect of various inhibitors. Eur. J. Biochem. **60**, 495 (1975).

12. Sachverzeichnis

Batch number: 10683525

Printed by Printforce, the Netherlands